U0166677

精油分析——毛细管气相色谱和碳-13核磁共振波谱法

（原书第二版）

Essential Oils Analysis by Capillary Gas Chromatography and Carbon-13 NMR Spectroscopy

（Second Edition）

Karl-Heinz Kubeczka   Viktor Formáček

〔德〕卡尔-海因斯·库贝茨卡
〔德〕维克托·弗梅塞克　　著

雷　声　冒德寿　王　凯　译

科学出版社

北京

图字：01-2022-3327 号

内 容 简 介

与常规气相色谱或气相色谱-质谱技术比较，碳-13核磁共振波谱在精油分析领域中有其特殊优势，如能分析热不稳定或非挥发性成分、不需进行预分离、化学位移范围广和可直接获得分子结构信息等。因此，碳-13核磁共振波谱法为精油的无损分析和品质鉴定提供了一种新颖可靠的技术手段。本书给出了工业用量较大且价值较高的41种60个天然植物精油样品的毛细管气相色谱谱图及数据、碳-13核磁共振波谱图和解析结果，同时还提供了188个重要精油成分的碳-13核磁共振谱图等基础信息。

本书可作为天然植物精油相关领域从事研发和质检人员的重要参考资料，也可作为化学、制药、植物学、食品等专业师生的学习材料。

Essential Oils Analysis by Capillary Gas Chromatography and Carbon-13 NMR Spectroscopy by Karl-Heinz Kubeczka and Viktor Formáček, ISBN:978-0-471-96314-3

©2002 John Wiley & Sons,Ltd.

All Rights Reserved. This translation published under license. Authorized translation from the English language edition, Published by John Wiley & Sons . No part of this book may be reproduced in any form without the written permission of the original copyrights holder.

Copies of this book sold without a Wiley sticker on the cover are unauthorized and illegal.

图书在版编目（CIP）数据

精油分析：毛细管气相色谱和碳-13核磁共振波谱法：原书第二版/（德）卡尔-海因斯·库贝茨卡，（德）维克托·弗梅塞克著；雷声，冒德寿，王凯译. —北京：科学出版社，2023.2

书名原文：Essential Oils Analysis by Capillary Gas Chromatography and Carbon-13 NMR Spectroscopy（Second Edition）

ISBN 978-7-03-074748-8

Ⅰ．①精… Ⅱ．①卡… ②维… ③雷… ④冒… ⑤王… Ⅲ．①香精油–气相色谱②香精油–碳13核磁共振谱法 Ⅳ．①TQ654

中国版本图书馆 CIP 数据核字（2023）第 016124 号

责任编辑：张 析／责任校对：杜子昂
责任印制：肖 兴／封面设计：东方人华

科 学 出 版 社 出版
北京东黄城根北街 16 号
邮政编码：100717
http://www.sciencep.com
三河市春园印刷有限公司 印刷
科学出版社发行 各地新华书店经销
*
2023 年 2 月第 一 版 开本：889×1194 1/16
2023 年 2 月第一次印刷 印张：30
字数：970 000
定价：298.00 元
（如有印装质量问题，我社负责调换）

编译委员会

著　者：卡尔-海因斯·库贝茨卡　维克托·弗梅塞克

主　译：雷　声　冒德寿　王　凯

副主译：高　莉　何　靓　王　猛　刘秀明

　　　　胡瑞林　宋春满

审　校：雷　声　冒德寿　王　凯

译 者 序

对天然植物精油的品质鉴定和掺假鉴别一直是学术界和产业界关注的焦点。常规手段是气相色谱法或气相色谱-质谱法，然而因不同成分可能存在进样口气化反应、色谱峰重叠等问题，难以得到无损可靠的精油指纹图谱。^{13}C 核磁共振波谱在精油分析领域中有其特殊优势，如能分析热不稳定或非挥发性成分、不需进行预分离、化学位移范围广，以及可直接获得分子结构信息等。因此，^{13}C 核磁共振波谱法为天然植物精油的无损分析和鉴定提供了一种新颖可靠的技术手段。

本书给出了工业用量较大且价值较高的 41 种 60 个天然植物精油样品的毛细管气相色谱谱图及数据，以及 ^{13}C 核磁共振波谱图和解析结果，同时还提供了 188 个重要精油成分的 ^{13}C 核磁共振谱图等信息。相关标准图谱和基础数据为从事精油、香水、香料和食品研发和生产的科研人员提供了可借鉴的参考。

本书精油的中文命名主要参考《GB/T 39009—2020 精油 命名》和《GB/T 14455.1—2021 精油 命名原则》标准，精油中物质的中文命名直接引用《GB 2760—2014 食品安全国家标准 食品添加剂使用标准》，若某物质不存在于该标准，则参考《日英汉香料词典》(1999 版)和《有机化合物命名原则 2017》给出中文译名。本书的翻译和中文出版得到了 John Wiley & Sons 出版社的授权，得到了云南中烟工业有限责任公司科技计划(2022XL01)等项目的资助。

由于译者学识水平有限，书中难免有错误和不当之处，敬请读者批评指正。

雷 声 冒德寿 王 凯

2022 年 12 月 22 日

第一版导论

精油分析是一类复杂问题的代表，这类问题可以采用不同的分析方法单独或组合起来解决。本书提供这套气相色谱和 ^{13}C 核磁共振波谱数据，有以下两个目的：首先，该书应该能成为那些关注精油、香水和食用香料的学生和专业人士的指南。气相色谱图和相应的数据表在这里提供了对所研究精油成分的一个定性定量的概述。其次，我们希望将相对新颖的 ^{13}C 核磁共振波谱技术引入精油分析领域。本书所研究的精油是根据其在工业上的重要性来选择的。

毫无疑问，^{13}C 核磁共振波谱法是当今仪器分析中最重要的方法之一，其在化学、物理和生物学中有广泛的应用。^{13}C 核磁共振波谱通常用于阐明分子结构、研究分子动力学、确定聚合物和生物多聚体的组成、构型和构象。一般来说，这类应用聚焦于单离化学品的研究。将 ^{13}C 核磁共振波谱应用于复杂混合物的研究是相对罕见的。

与其他物理或物理化学技术相比，^{13}C 核磁共振波谱在解决精油分析中某些有趣的问题方面，具有更加简便和更易成功的特殊优势。最重要的是分析的便捷性，即可在未对精油样品成分进行预分离的情况下，仍可实现单个核磁共振信号的良好分离。此外，从化学位移值可以获得有关单一组分的分子结构和官能团的直接信息。

在精油的常规分析中，因灵敏度和选择性缘故，质子宽带去耦是最实用的技术。只有在特殊情况下，才建议使用其他技术，如偏共振去耦、门控去耦或选择性激发等。

精油的定性分析是基于精油波谱图与精油纯组分波谱图的比较，若有可能，应记录同一条件下的实验参数（溶剂、温度、锁场物质和参考化合物等），这样可确保参考化合物与精油混合物中单一 ^{13}C 核磁共振波谱线的化学位移值偏差可以忽略不计。通过比较定性确定的每个组分的质子化 ^{13}C 核磁共振信号的平均强度值，可实现精油 ^{13}C 核磁共振波谱图分析良好的定量结果。

实验部分

所研究的精油在所有案例下都是商业产品。对于一些最重要的精油，用于分析的样品来自不同的来源。我们尽一切努力获取了真实的、未掺假的精油。

气相色谱

气相色谱分离是通过 Fractovap 品牌的 2900 型气相色谱仪（Carlo Erba 仪器公司）进行的，配有毛细管色谱柱和 Grob 型分流器。分离参数为：

色谱柱：50 m 玻璃毛细管柱，固定相 WG 11（源自杜塞尔多夫的 W. Günther 分析仪器公司）。

载气：氮气，1.5 mL/min。

柱温：70 ℃保持 7 min，然后以 3 ℃/min 升温到 200 ℃。

进样口温度：200 ℃。

检测器温度：220 ℃。

记录仪：2 mV，图表速度 1 cm/min，信号衰减 1∶128。

精油采用正戊烷稀释成 20 %溶液，用 1.0 μL 注射器注射 0.1 μL 进入气相色谱仪进行分析，分流比为 1∶40。

通过真实样品或文献值，比较保留时间和谱图（IR，UV，NMR 或 MS）等数据完成对化合物的鉴定。定量数据是基于计算机计算的归一化峰面积（美国 Spectra-Physics 公司 System 1）而得到的，未使用校正因子。

^{13}C 核磁共振波谱法

本书所选录的大部分 ^{13}C 核磁共振波谱图是在布鲁克 WP-80DS 波谱仪上测定获取的，工作频率为 20.1 MHz，只有几个精油是在布鲁克 WM-250 波谱仪（工作频率为 62.89MHz）上测定的，包括斯里兰卡肉桂皮精油、亚洲薄荷精油(所有类型)、椒样薄荷精油(所有类型)和迷迭香精油(西班牙型)。

参考化合物的 ^{13}C 核磁共振波谱图

参考化合物的 ^{13}C 核磁共振谱数据集包括了 134 种纯物质。为减少溶剂、浓度和温度对单个 ^{13}C 核磁共振信号化学位移的影响,大部分化合物 ^{13}C 核磁共振谱的测定条件与精油的分析条件接近。考虑到对所有测试样品均有良好的溶解性,采用苯-d_6 作为溶剂和锁场物质。此外,苯对于不稳定组分(倍半萜)是化学惰性的,且 C_6D_6 的 ^{13}C 核磁共振谱线出现在谱图合适的位置上。以 C_6D_6 三重峰的中心线作为化学位移的参照(相对于 TMS 为 128.0 ppm,1ppm=10^{-6})。液体样品中溶剂的浓度为 80 %～20 %(体积比)。对于固体样品,使用饱和溶液。样品分别在 10 mm、5 mm 或 2.5 mm 核磁共振管中测试,而管径的选择取决于可用样品的质量。为了获得一致的波谱数据集,所有样品测试及波谱图绘制均使用以下标准参数:

光谱仪频率	20.1 MHz
谱宽	5000 Hz
脉冲宽度(翻转角度)	30°
脉冲重复率(弛豫时间 T1)	1.6 s
数据大小	16 K/24 bit
扫描次数	100～1000(取决于样品量)
窗函数线宽因子	0.5 Hz
宽带去耦(质子噪声去耦)	2 W
连续波偏共振去耦	5 W,去耦频率 400 Hz 至高场(TMS)
^{13}C NMR 化学位移值范围	+ 232～–8 ppm
测试温度	300 K
参考化合物 C_6D_6	128 ppm(相对于 TMS)

数据表中参考化合物的波谱数据包括(a)化学位移、(b)多重峰归属(q 表示四重峰,t 表示三重峰,d 表示双重峰,s 表示单峰)和(c)信号强度(最强线设置为 100)。为便于直观的比较,本书给出了波谱的柱状图,其中包含数据表中所列的化学位移和强度(无溶剂信号)。为了完成参考化合物的收集,我们引用了一些文献中的数据,并将谱线重绘为虚线,且设置所有谱线的强度均相等。

精油的 ^{13}C 核磁共振波谱图

精油的 ^{13}C 核磁共振波谱是以一张图的形式呈现,给出了总化学位移范围为+ 232～-8 ppm 的完整谱图,随后列出了有字母标记的各区域放大图。

沿垂直轴主谱图的大小与参考化合物谱图的大小相对应,这样就可以在参考化合物和精油的谱图之间或不同精油的谱图之间进行直观的比较。主谱中的特征信号采用物质代码(见第 xi～xv 物质代码表)进行标记。

为便于识别出所有可解析的核磁共振信号,本书将谱图的特征部分进行了扩展。扩展图的数量和大小取决于主谱图的复杂性。为便于比较,也采用同样的方法扩展了同类型精油的谱图。扩展谱的记录由一个数据表补充,该表包括(a)强度、(b)代码和(c)化学位移。代码后的星号表示这一行的赋值不确定,或者可能可以与邻行互换。谱图中的峰或数据表中无代码的条目对应于尚未得到归属的信号。由计算机打印的数据表所显示的核磁共振信号的最低强度受所选定阈值水平的限制。主谱图中最高核磁共振信号的强度被设定为 100。每个精油谱图的阈值水平(一般为 0.5～1.0)是根据噪声水平单独选择的。由于这个原因,在某些情况下,谱图中有些低强度信号的代码没有在数据表中表示出来。具有非典型线形(聚合物、动态过程)的信号在代码后采用'b'(broad,宽峰)标识。

样品的浓度为 80 %,即精油与 C_6D_6 的体积比为 80∶20。20.1 MHz 和 62.89 MHz^{13}C 核磁共振光谱仪所用样品管的直径分别为 10 mm 和 5 mm,光谱参数如下表:

光谱仪类型	WP-80DS	WM-250
光谱仪频率	20.1 MHz	62.89 MHz
谱宽	5000 Hz	15000 Hz
脉冲宽度(翻转角度)	30°	20°
脉冲重复率(弛豫时间 T1)	3.2 s	1.1 s
数据大小	32 K/24 bit	
扫描次数	10～50 K	
窗函数线宽因子	0.5 Hz	
宽带去耦(质子噪声去耦)	2 W	
^{13}CNMR 化学位移值范围	+ 232～−8 ppm	
测试温度	300 K	
参考化合物 C_6D_6	128 ppm(相对于 TMS)	

致谢

非常感谢以下公司和个人提供样品:Dragoco(霍尔茨明登)、Aromachemie(奥夫塞斯)、Kaders(汉堡)、Haarmann & Reimer(霍尔茨明登)和 Rücker 教授(波恩大学);感谢布鲁克分析测试科技有限公司(卡尔斯鲁厄)提供分析仪器的支持;感谢 W. E. Hull 博士、Tony Keller 先生、A. Viernickel 小姐、T. Benkert 先生和 U. Martin 小姐提供的个人帮助。

第二版导论

新版出版的目的与前版相同。因扩充了气相色谱和 ^{13}C 核磁共振数据的收集，本书可作为那些关注精油、香水和食用香料的专业人士和学生的指南。本书所提供的气相色谱图和相应的数据表对具商业价值的精油提供了很好的定性及定量概述。

与其他物理或物理化学技术相比，^{13}C 核磁共振波谱在解决精油分析领域中某些问题方面有其特殊优势，如在分析热不稳定或非挥发性成分时更加便捷且更易成功。最重要的是可在室温下分析复杂样品而不必对其组分进行预分离。此外，从化学位移值可以获得有关单一化合物的分子结构和官能团的直接信息。

精油的定性分析是基于精油波谱与精油纯组分波谱的比较，若有可能，应记录同一条件下的实验参数（溶剂、温度、锁场物质和参考化合物等），这样可确保参考化合物与精油混合物中单一 ^{13}C 核磁共振波谱线的化学位移值偏差可以忽略不计。通过比较定性确定的每个成分的质子化 ^{13}C 核磁共振信号的平均强度值，可实现精油 ^{13}C 核磁共振光谱分析良好的定量结果。

实验部分

所研究的精油在所有案例下都是商业产品。对于一些最重要的精油，用于分析的样品来自不同的来源。我们尽一切努力获取了真实的、未掺假的精油。本版额外增加了两种实验室蒸馏的精油——茴芹籽精油和欧洲刺柏籽精油。

气相色谱法

新增加精油的气相色谱分离是通过 HP 5890 系列 II 型气相色谱仪（惠普公司）进行的。分离参数为：

色谱柱：30 m DB-Wax（J&W）熔融石英毛细管（内径为 0.25 mm，膜厚为 0.25 μm）。

载气：氮气，0.7 mL/min。

柱温：以 3 ℃/min 从 46 ℃升温至 220 ℃。

进样口温度：220 ℃；分流比 1∶20。

检测器温度：220 ℃。

母菊精油的气相色谱分离采用了不同的色谱柱，即非极性的 30 m DB-5（J&W）熔融石英毛细管（内径为 0.25 mm，膜厚为 0.25 μm），其他分离参数同上。

精油采用正戊烷稀释成 5 %～10 %的溶液，用 1.0 μL 注射器注射 0.2 μL 进入气相色谱仪进行分析。

通过比较真实样品与文献的保留时间和质谱数据实现对化合物的鉴定。定量数据是基于 HP 3365 ChemStation 软件（惠普公司）计算的峰面积百分比而得到的，未使用校正因子。

^{13}C 核磁共振波谱法

本书新增加的 ^{13}C 核磁共振波谱图是在布鲁克 AMX 400 波谱仪上测定获取的，操作频率为 100.62 MHz。这些精油是：圆叶当归籽精油、茴芹籽精油（实验室蒸馏法）、香柠檬精油、卡南伽精油、母菊精油（两种类型）、斯里兰卡肉桂皮精油、香茅精油（爪哇型）、蓝桉叶精油（两种类型）、欧洲刺柏籽精油（实验室蒸馏法）、白柠檬精油（两种类型）、山苍子精油、甜橙精油、广藿香精油、大马士革玫瑰精油（两种类型）、留兰香精油（两种类型）、茶树精油、百里香精油、依兰依兰精油。

^{13}C 核磁共振波谱图

参考化合物的 ^{13}C 核磁共振谱数据集包含 188 种纯物质，其中 67 种为本版新增。为减少溶剂、浓度和温度对单个 ^{13}C 核磁共振谱信号化学位移的影响，大部分化合物 ^{13}C 核磁共振谱的测定条件与精油的分析条件接近。苯-d_6、氯仿-d_1（仅在少数参考化合物中）被用作溶剂和锁场物质。苯是首选物质，被用于所有的精油样品，因为它对于敏感成分（许多倍半萜）是化学惰性的，并且 C_6D_6 的 ^{13}C 核磁共振谱线出现在谱图合适的位置上。以 C_6D_6 和 $CDCl_3$ 三重峰的中心线作为化学位移的参照（相对于 TMS 分别为 128.0 ppm 和 77.0

ppm)。样品中溶剂的浓度为 80%～20%(质量比),取决于样品的用量。样品在 5 mm 核磁共振管中测量。为了获得一致的波谱数据集,所有样品测试及波谱图绘制均使用以下标准参数:

光谱仪频率	100.62 MHz
光谱宽度	331 ppm
脉冲宽度(翻转角度)	30°
脉冲重复率(弛豫时间 T1)	1.98 s
数据大小	64 K
扫描次数	3～5 K
窗函数线宽因子	1 Hz
宽带去耦(质子噪声去耦)	CPD
测试温度	300 K
参考化合物 C_6D_6	128 ppm(相对于 TMS)

所有参考化合物和精油核磁共振波谱数据的详细情况可从第一版导论中获得。

致谢

非常感谢以下公司和个人提供样品:Dragoco(霍尔茨明登)、Erich Ziegler GmbH(奥夫塞斯)、Grau Aromatics GmbH(施瓦本格明德)、Paul Kaders GmbH(汉堡)、K.H.C.Baser 教授(阿纳多卢大学,埃斯基谢希尔/土耳其)和 Tatyana Stoeva 博士(保加利亚科学院,索菲亚);感谢布鲁克分析测试科技有限公司(卡尔斯鲁厄)和 V.Sinnwell 博士(汉堡大学)提供分析仪器的支持;感谢 S. Badziong 小姐、G. Debler-Schröder 小姐、G. Genter 小姐、G. Melles 小姐和 G. Toth 小姐提供的个人帮助。

给读者的说明

每种精油的内容介绍均遵循相同的排序模式。开头有一个简短的介绍部分，概述了精油的来源、用途和主要成分。接着展示了精油的气相色谱图，并列出了该精油中识别出的所有化合物及其百分比，每一种化合物都用三个或更多字符的代码表示。所有气相色谱和核磁共振谱图及数据表中的物质均采用第一版的代码进行简化标记(所有代码的完整清单见第 xi～xv 物质代码表)。

第二版新收录精油气相色谱图的色谱峰，以及新鉴定出的色谱峰均参照前面的物质代码表以峰号标出，方便读者识别新结果。

与化合物附表对应的是精油的 ^{13}C 核磁共振完整谱图。在每个案例下还给出了扩展谱图，它们的范围在完整谱图的横轴上用 A、B 等字母表示。这些扩展谱图在后续的页面上，其化学位移值和强度数据放在谱图的后面。

物质代码表

序号	代码	英文名称	中文名称
1	Aal	Anisaldehyde	大茴香醛
2	ABz2,4MeO	Benzene,allyl-2,4-dimethoxy-	2,4-二甲氧基烯丙基苯
3	ABz4M	Ally-2,3,4,5-tetramethoxylbenzene	2,3,4,5-四甲氧基烯丙基苯
4	Aci	Aciphyllene	顺式-β-愈疮木烯
5	cAne	cis-Anethole	顺式-茴香脑
6	tAne	trans-Anethole	反式-茴香脑
7	AneO	Anethole epoxide	茴香脑环氧化物
8	Aol	Anise alcohol	茴香醇
9	Apd	Apiole,dill	莳萝油脑
10	App	Apiole,parsley	欧芹脑
11	Ari	Aristolene	马兜铃烯
12	Aro	Aromadendrene	香橙烯
13	AzuCh	Chamazulene	母菊薁
14	AzuG	Guaiazulene	愈疮木薁
15	Azul1,4DiMe	1,4-Dimethylazulene	1,4-二甲基薁
16	Bal	Benzaldehyde	苯甲醛
17	βBen	β-Bisabolene	β-红没药烯
18	aBer	trans-α-Bergamotene	反式-α-香柠檬烯
19	BiGen	Bicyclogermacrene	二环大根香叶烯
20	Bol	α-Bisabolol	α-红没药醇
21	BolOxA	α-Bisabolol oxide A	α-红没药醇氧化物 A
22	BolOxB	α-Bisabolol oxide B	α-红没药醇氧化物 B
23	BonOx	α-Bisabolone oxide	α-红没药酮氧化物
24	Bor	Borneol	龙脑
25	BorAc	Bornyl acetate	乙酸龙脑酯
26	iBorAc	Isobornyl acetate	乙酸异龙脑酯
27	BoriVal	Bornyl isovalerate	异戊酸龙脑酯
28	βBou	β-Bourbonene	β-波旁烯
29	Bul	α-Bulnesene	α-布藜烯
30	BuPht	3-n-Butylphthalide	3-正丁基苯酞
31	BzAc	Benzyl acetate	乙酸苄酯
32	BzBenz	Benzyl benzoate	苯甲酸苄酯
33	BzOl	Benzyl alcohol	苯甲醇
34	BzSal	Benzyl salicylate	水杨酸苄酯

续表

序号	代码	英文名称	中文名称
35	*dCad*	δ-Cadinene	δ-杜松烯
36	*aCal*	Geranial（Citral a）	香叶醛
37	*bCal*	Neral（Citral b）	橙花醛
38	*Car*	β-Caryophyllene	β-石竹烯
39	*d3Car*	Δ^3-Carene	3-蒈烯
40	*CarOx*	Caryophyllene oxide	氧化石竹烯
41	*aCdl*	α-Cadinol	α-杜松醇
42	*Ced*	Cedrol	柏木脑
43	*Cen*	Camphene	莰烯
44	*Cin1,4*	1,4-Cineole	1,4-桉叶素
45	*Cin1,8*	1,8-Cineole	1,8-桉叶素
46	*Clla*	Citronellal	香茅醛
47	*CllAc*	Citronellyl acetate	乙酸香茅酯
48	*CllFo*	Citronellyl formate	甲酸香茅酯
49	*Cllo*	Citronellol	香茅醇
50	*Col*	Carvacrol	香芹酚
51	*Cop*	α-Copaene	α-珂珆烯
52	*Cor*	Camphor	樟脑
53	*CreMe*	Methyl-*p*-cresol	对甲酚甲醚
54	*aCur*	α-Curcumene	α-姜黄烯
55	*Cvn*	Carvone	香芹酮
56	*pCym*	*para*-Cymene	对异丙基甲苯
57	*Deth*	Dill ether	莳萝醚
58	*cDhCvn*	*cis*-Dihydrocarvone	顺式-二氢香芹酮
59	*tDhCvn*	*trans*-Dihydrocarvone	反式-二氢香芹酮
60	*Ecn*	Elemicin	榄香素
61	*Emn*	β-Elemene	β-榄香烯
62	*Emol*	Elemol	榄香醇
63	*Eol*	Estragole	龙蒿脑
64	*Eud10eg*	10-*epi*-γ-Eudesmol	10-表-γ-桉叶醇
65	*Eug*	Eugenol	丁香酚
66	*ciEug*	*cis*-Isoeugenol	顺式-异丁香酚
67	*tiEug*	*trans*-Isoeugenol	反式-异丁香酚
68	*EugAc*	Eugenyl acetate	乙酸丁香酯
69	*EugMe*	Methyleugenol	甲基丁香酚
70	*iEugMe*	*trans*-Methylisoeugenol	反式-异丁香酚甲醚
71	*ψiEugMebut*	Pseudoisoeugenyl 2-methylbutyrate	假异丁香酚 2-甲基丁酸酯
72	*Far*	Farnesol	金合欢醇

续表

序号	代码	英文名称	中文名称
73	EEaFen	(E,E)-α-Farnesene	(E,E)-α-金合欢烯
74	EβFen	(E)-β-Farnesene	(E)-β-金合欢烯
75	ZβFen	(Z)-β-Farnesene	(Z)-β-金合欢烯
76	ZEaFen	(Z,E)-α-Farnesene	(Z,E)-α-金合欢烯
77	ZZaFen	(Z,Z)-α-Farnesene	(Z,Z)-α-金合欢烯
78	Fon	Fenchone	葑酮
79	GenB	Germacrene B	大根香叶烯 B
80	GenD	Germacrene D	大根香叶烯 D
81	Ger	Geraniol	香叶醇
82	GerAc	Geranyl acetate	乙酸香叶酯
83	GerFo	Geranyl formate	甲酸香叶酯
84	aGua	α-Guaiene	α-愈疮木烯
85	6,9Gua	Guaia-6,9-diene	6,9-愈疮木二烯
86	gHim	γ-Himachalene	γ-喜马雪松烯
87	Hum	α-Humulene	α-蛇麻烯
88	Lig	Ligustilide	藁本内酯
89	Lim	Limonene	柠檬烯
90	Lol	Lavandulol	薰衣草醇
91	LolAc	Lavandulyl acetate	乙酸薰衣草酯
92	Loo	Linalool	芳樟醇
93	LooAc	Linalyl acetate	乙酸芳樟酯
94	cLooOx	cis-Linalool oxide	顺式-氧化芳樟醇
95	tLooOx	trans-Linalool oxide	反式-氧化芳樟醇
96	MeAnt	Methyl anthranilate,N-methyl-	N-甲基邻氨基苯甲酸甲酯
97	MeBenz	Methyl benzoate	苯甲酸甲酯
98	Mfn	Menthofuran	薄荷呋喃
99	Min	Myristicin	肉豆蔻醚
100	iMin	trans-Isomyristicin	反式-异肉豆蔻醚
101	Mol	Menthol	薄荷脑
102	nMol	Neomenthol	新薄荷醇
103	MolAc	Menthyl acetate	乙酸薄荷酯
104	Mon	Menthone	薄荷酮
105	iMon	Isomenthone	异薄荷酮
106	gMuu	γ-Muurolene	γ-木罗烯
107	Myal	Myrtenal	桃金娘烯醛
108	Myr	Myrcene	月桂烯
109	MyrAc	Myrtenyl acetate	乙酸桃金娘烯酯
110	Nar	Nardosinone	甘松新酮

序号	代码	英文名称	中文名称
111	Ner	Nerol	橙花醇
112	NerAc	Neryl acetate	乙酸橙花酯
113	cOci	cis-β-Ocimene	顺式-β-罗勒烯
114	tOci	trans-β-Ocimene	反式-β-罗勒烯
115	Pal	Perillaldehyde	紫苏醛
116	aPat	α-Patchoulene	α-广藿香烯
117	βPat	β-Patchoulene	β-广藿香烯
118	PatOl	Patchouli alcohol	广藿香醇
119	Pgol	Pogostol	广藿香奠醇
120	aPhe	α-Phellandrene	α-水芹烯
121	βPhe	β-Phellandrene	β-水芹烯
122	Ph2ol	Phenylethyl alcohol	苯乙醇
123	Ph2iBut	Phenylethyl isobutyrate	异丁酸苯乙酯
124	Ph2iVal	Phenylethyl isovalerate	异戊酸苯乙酯
125	aPin	α-Pinene	α-蒎烯
126	βPin	β-Pinene	β-蒎烯
127	Pip	Piperitone	胡椒酮
128	iPol	Isopulegol	异胡薄荷醇
129	iiPol	Isoisopulegol	异异胡薄荷醇
130	Pon	Pulegone	胡薄荷酮
131	Sab	Sabinene	桧烯
132	SabH	trans-Sabinene hydrate	反式-水合桧烯
133	Saf	Safrole	黄樟素
134	iSaf	trans-Isosafrole	反式-异黄樟素
135	San	Santene	檀烯
136	βSel	β-Selinene	β-蛇床烯
137	Sey	Seychellene	塞瑟尔烯
138	Sky	Senkyunolide	洋川芎内酯
139	cSpi	cis-Spiroether	顺式-螺醚
140	tSpi	trans-Spiroether	反式-螺醚
141	Tcy	Tricyclene	三环烯
142	Ten	α-Thujene	α-侧柏烯
143	aTer	α-Terpinene	α-松油烯
144	gTer	γ-Terpinene	γ-松油烯
145	Tno	Terpinolene	异松油烯
146	aTol	α-Terpineol	α-松油醇
147	TolAc	α-Terpinyl acetate	乙酸松油酯
148	aTon	α-Thujone	α-侧柏酮

序号	代码	英文名称	中文名称
149	βTon	β-Thujone	β-侧柏酮
150	Trn4	Terpinen-4-ol	4-松油醇
151	Tyl	Thymol	百里香酚
152	TylMe	Thymol methylether	百里香酚甲醚
153	Val	Valencene	巴伦西亚桔烯
154	Ver	Verbenone	马鞭草烯酮
155	Vir	Viridiflorol	绿花白千层醇
156	Vll	Vanillin	香兰素
157	Von	Valeranone	缬草烷酮
158	Zal	trans-Cinnamaldehyde	肉桂醛
159	2ol	Ethanol	乙醇
160	Zol	Cinnamic alcohol	肉桂醇
161	4ol2	2-Butanol	2-丁醇
162	ZolAc	Cinnamyl acetate	乙酸肉桂酯
163	4on2	2-Butanone	2-丁酮
164	5Bz	Pentylbenzene	正戊苯
165	5ol2	2-Pentanol	2-戊醇
166	5on2	2-Pentanone	2-戊酮
167	5on3	3-Pentanone	3-戊酮
168	7ol2	2-Heptanol	2-庚醇
169	7on2,6Me	6-Methyl-5-hepten-2-one	6-甲基-5-庚烯-2-酮
170	8all	Octanal	辛醛
171	8enlol3	1-Octen-3-ol	蘑菇醇（1-辛烯-3-醇）
172	8oll	n-Octanol	正辛醇
173	8ol2	2-Octanol	2-辛醇
174	8ol3	3-Octanol	3-辛醇
175	8on2	2-Octanone	2-辛酮
176	8on3	3-Octanone	3-辛酮
177	9all	Nonanal	壬醛
178	9ol2	2-Nonanol	2-壬醇
179	9on2	2-Nonanone	2-壬酮
180	10all	Decanal	正癸醛
181	10ol2	2-Decanol	2-癸醇
182	10on2	2-Decanone	2-癸酮
183	11on2	2-Undecanone	2-十一酮
184	12on2	2-Dodecanone	2-十二酮
185	19an	Nonadecane	正十九烷

目　录

译者序

第一版导论

第二版导论

给读者的说明

物质代码表

1　精油 ·· 1

　1.1　圆叶当归籽精油 ·· 3

　1.2　茴芹籽精油 ··· 10

　1.3　香柠檬精油 ··· 20

　1.4　卡南伽精油 ··· 27

　1.5　葛缕籽精油 ··· 37

　1.6　芹菜籽精油 ··· 42

　1.7　母菊精油 ··· 48

　1.8　斯里兰卡肉桂皮精油 ·· 61

　1.9　香茅精油 ··· 68

　1.10　丁香花蕾精油 ·· 87

　1.11　芫荽籽精油 ··· 92

　1.12　莳萝籽精油 ··· 98

　1.13　欧洲山松精油 ··· 102

　1.14　蓝桉叶精油 ··· 111

　1.15　小茴香精油 ··· 122

　1.16　香叶精油 ·· 142

　1.17　欧洲刺柏籽精油 ·· 149

　1.18　杂薰衣草精油 ··· 161

　1.19　薰衣草精油 ··· 168

　1.20　柠檬精油 ·· 175

　1.21　柠檬草精油 ··· 181

　1.22　白柠檬精油 ··· 187

　1.23　山苍子精油 ··· 200

　1.24　橘子精油 ·· 206

　1.25　亚洲薄荷精油 ··· 211

　1.26　甜橙精油 ·· 232

　1.27　欧芹籽精油 ··· 236

　1.28　广藿香精油 ··· 241

　1.29　椒样薄荷精油 ··· 247

　1.30　苦橙叶精油 ··· 263

　1.31　松针精油 ·· 269

　1.32　大马士革玫瑰精油 ·· 281

1.33	迷迭香精油	293
1.34	鼠尾草精油	308
1.35	香紫苏精油	322
1.36	留兰香精油	326
1.37	穗薰衣草精油	339
1.38	八角茴香精油	345
1.39	茶树精油	354
1.40	百里香精油	360
1.41	依兰依兰精油	366
2	**参考化合物**	**375**
2.1	参考化合物列表	377
2.2	参考化合物 ^{13}C NMR 波谱图及化学位移值	383
附录 A	**参考化合物 ^{13}C NMR 数据表**	431
附录 B	**参考文献**	458

1

精油

1.1　圆叶当归籽精油

英文名称：Angelica seed oil。

法文和德文名称：*Essence de semence d'angélique*；*Angelikasamenöl*。

研究类型：商品（比利时型）。

圆叶当归籽精油是通过水蒸气蒸馏圆叶当归（又称欧白芷，伞形科植物，*Angelica archangelica* L.）干燥的成熟果实（"籽"为不正确术语）提取得到的。圆叶当归在法国、德国、匈牙利、荷兰和印度北部均有种植。

圆叶当归籽精油常用于香水中复杂香精的调配，主要由萜烯组成。其主要成分是柠檬烯和β-水芹烯等单萜物质。若该精油储存不当，这些单萜则容易发生聚合反应。

1.1.1　气相色谱分析（图 1.1.1、图 1.1.2，表 1.1.1）

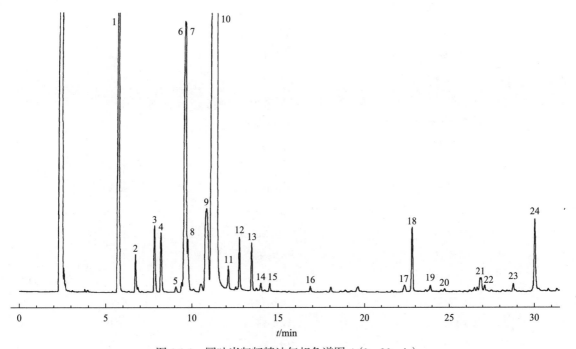

图 1.1.1　圆叶当归籽精油气相色谱图 A（0～30 min）

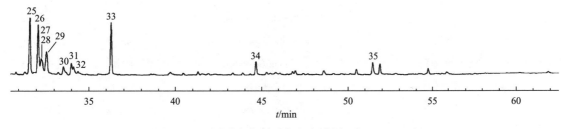

图 1.1.2　圆叶当归籽精油气相色谱图 B（30～62 min）

表 1.1.1　圆叶当归籽精油气相色谱图分析结果

序号	中文名称	英文名称	代码	百分比/%
1	α-蒎烯	α-Pinene	aPin	8.80
2	莰烯	Camphene	Cen	0.38
3	β-蒎烯	β-Pinene	βPin	0.74
4	桧烯	Sabinene	Sab	0.67
5	3-蒈烯	Δ^3-Carene	d3Car	0.07
6	月桂烯	Myrcene	Myr	2.87
7	α-水芹烯	α-Phellandrene	αPhe	2.72
8	对-1(7),8-二烯	p-Menth-1(7),8-diene		0.60
9	柠檬烯	Limonene	Lim	2.32
10	β-水芹烯	β-Phellandrene	βPhe	72.06
11	顺式-β-罗勒烯	cis-β-Ocimene	cOci	0.28
12	反式-β-罗勒烯	trans-β-Ocimene	tOci	0.54
13	对异丙基甲苯	para-Cymene	pCym	0.49
14	异松油烯	Terpinolene	Tno	0.09
15	戊酸 2-甲基丁酯	2-Methylbutyl valerate		0.09
16	当归酸丁酯	Butyl angelate		0.06
17	α-依兰烯	α-Ylangene		0.12
18	α-玷䒤烯	α-Copaene	Cop	0.78
19	β-波旁烯	β-Bourbonene	βBou	0.10
20	β-荜澄茄烯	β-Cubebene		0.03
21	β-榄香烯	β-Elemene	Emn	0.14
22	β-石竹烯	β-Caryophyllene	Car	0.07
23	γ-榄香烯	γ-Elemene		0.08
24	α-蛇麻烯	α-Humulene	Hum	1.06
25	大根香叶烯 D	Germacrene D	GenD	0.69
26	姜烯	Zingiberene	Zin	0.62
27	α-木罗烯	α-Muurolene		0.31
28	β-甜没药烯	β-Bisabolene		
29	二环大根香叶烯	Bicyclogermacrene	BiGen	0.42
30	δ-杜松烯	δ-Cadinene	dCad	0.15
31	β-倍半水芹烯	β-Sesquiphellandrene		0.15
32	α-姜黄烯	α-Curcumene	aCur	0.10
33	大根香叶烯 B	Germacrene B	GenB	0.67
34	环十三内酯	Cyclotridecanolide		0.18
35	环十五内酯	Cyclopentadecanolide		0.19

1.1.2 核磁共振碳谱分析（图 1.1.3～图 1.1.7，表 1.1.2～表 1.1.5）

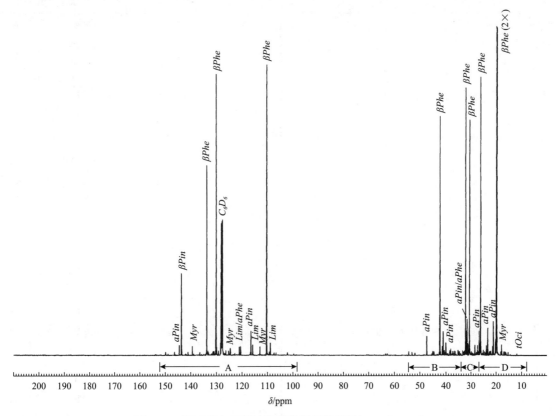

图 1.1.3　圆叶当归籽精油核磁共振碳谱总图（0～210 ppm）

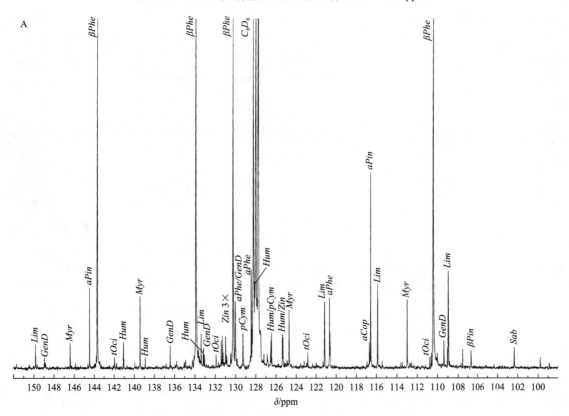

图 1.1.4　圆叶当归籽精油核磁共振碳谱图 A（98～152 ppm）

表 1.1.2　圆叶当归籽精油核磁共振碳谱图 A（98～152 ppm）分析结果

化学位移/ppm	相对强度/%	中文名称	代码	化学位移/ppm	相对强度/%	中文名称	代码
149.86	0.8	柠檬烯	*Lim*	128.10	3.0	α-蛇麻烯	*Hum*
148.96	0.3	大根香叶烯 D	*GenD*	128.00	38.3	氘代苯(溶剂)	*C₆D₆*
146.42	0.8	月桂烯	*Myr*	127.89	2.4		
144.51	2.8	α-蒎烯	*aPin*	127.77	38.8	氘代苯(溶剂)	*C₆D₆*
143.71	23.3	β-蒎烯	*βPin*	127.21	0.5		
141.99	0.4	反式-β-罗勒烯	*tOci*	126.89	0.5		
141.09	0.9	α-蛇麻烯	*Hum*	126.52	0.9	α-蛇麻烯/对异丙基甲苯	*Hum/pCym*
139.46	2.5	月桂烯	*Myr*	126.46	1.2	α-蛇麻烯/姜烯	*Hum/Zin*
138.94	0.3	α-蛇麻烯	*Hum*	125.38	1.2		
136.47	0.8	大根香叶烯 D	*GenD*	125.32	1.0		
133.89	54.5	β-水芹烯	*βPhe*	124.73	2.0	月桂烯	*Myr*
133.69	0.6			122.87	0.5	反式-β-罗勒烯	*tOci*
133.39	1.1	柠檬烯	*Lim*	121.18	2.3	柠檬烯	*Lim*
133.17	0.7	大根香叶烯 D	*GenD*	120.70	2.4	α-水芹烯	*aPhe*
133.07	0.5	α-蛇麻烯	*Hum*	120.66	1.2		
131.93	0.4	反式-β-罗勒烯	*tOci*	116.70	0.9	α-玷𤑶烯	*aCop*
131.44	0.9	姜烯	*Zin*	116.57	6.8	α-蒎烯	*aPin*
131.33	1.1	姜烯	*Zin*	115.89	2.9	柠檬烯	*Lim*
131.28	0.5			113.00	2.3	月桂烯	*Myr*
131.01	1.1	姜烯	*Zin*	110.73	0.4	反式-β-罗勒烯	*tOci*
130.90	0.4			110.58	0.5		
130.53	0.5			110.40	83.2	β-水芹烯	*βPhe*
130.25	80.6	β-水芹烯	*βPhe*	110.02	0.5		
130.05	2.3	α-水芹烯/大根香叶烯 D	*aPhe/GenD*	109.39	0.9	大根香叶烯 D	*GenD*
130.02	1.0			109.03	0.7		
129.99	0.6			108.94	3.4	柠檬烯	*Lim*
129.29	1.2	对异丙基甲苯	*pCym*	107.53	0.6		
128.48	3.4	α-水芹烯	*aPhe*	106.69	0.6	β-蒎烯	*βPin*
128.37	1.3			102.33	0.7	桧烯	*Sab*
128.24	37.8	氘代苯(溶剂)	*C₆D₆*	99.76	0.3		

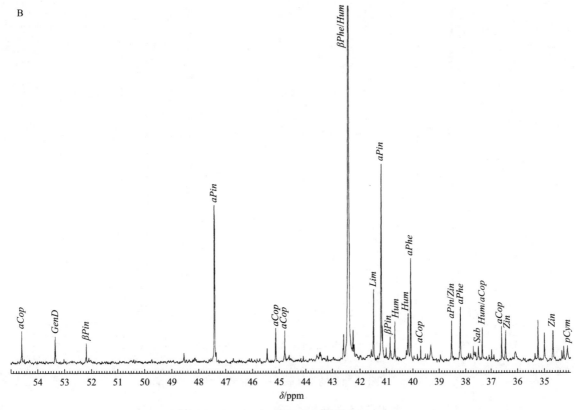

图 1.1.5　圆叶当归籽精油核磁共振碳谱图 B(34～65 ppm)

表 1.1.3　圆叶当归籽精油核磁共振碳谱图 B(34～65 ppm)分析结果

化学位移/ppm	相对强度/%	中文名称	代码	化学位移/ppm	相对强度/%	中文名称	代码
63.61	0.4			40.19	1.6	α-蛇麻烯	Hum
62.95	0.4			40.09	3.5	α-水芹烯	aPhe
54.59	1.0	α-玷䉬烯	aCop	39.72	0.5	α-玷䉬烯	aCop
53.34	0.9	大根香叶烯 D	GenD	39.32	0.5		
52.18	0.6	β-蒎烯	βPin	38.53	1.4	α-蒎烯/姜烯	aPin/Zin
48.54	0.3			38.20	1.8	α-水芹烯	aPhe
47.42	5.4	α-蒎烯	aPin	37.70	0.5		
45.44	0.4			37.50	0.5	桧烯	Sab
45.11	1.1	α-玷䉬烯	aCop	37.35	1.1	α-蛇麻烯/ α-玷䉬烯	Hum/aCop
44.77	1.0	α-玷䉬烯	aCop	36.99	0.4		
43.46	0.3			36.60	1.2	α-玷䉬烯	aCop
42.59	0.9			36.45	1.0	姜烯	Zin
42.43	68.5	β-水芹烯/α-蛇麻烯	βPhe/Hum	36.08	0.3		
42.24	1.1			35.24	1.4		
41.48	2.5	柠檬烯	Lim	34.99	0.9		
41.19	6.7	α-蒎烯	aPin	34.68	1.0	姜烯	Zin
41.14	1.2			34.35	0.3		
41.01	0.5			34.28	0.5		
40.86	0.8	β-蒎烯	βPin	34.13	0.5	对异丙基甲苯	pCym
40.69	1.3	α-蛇麻烯	Hum				

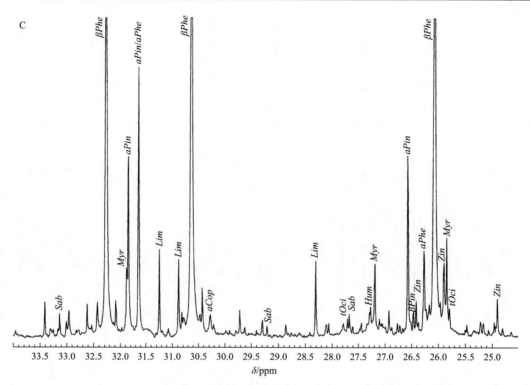

图 1.1.6　圆叶当归籽精油核磁共振碳谱图 C（24~34 ppm）

表 1.1.4　圆叶当归籽精油核磁共振碳谱图 C（24~34 ppm）分析结果

化学位移/ppm	相对强度/%	中文名称	代码	化学位移/ppm	相对强度/%	中文名称	代码
33.41	1.3			28.06	0.5		
33.31	0.3			27.79	0.5		
33.13	0.9	桧烯	Sab	27.70	0.7	反式-β-罗勒烯	tOci
33.00	0.6			27.67	0.9	桧烯	Sab
32.96	1.0			27.44	0.6		
32.62	1.3			27.27	1.2	α-蛇麻烯	Hum
32.43	1.3			27.19	2.8	月桂烯	Myr
32.26	76.6	β-水芹烯	βPhe	27.11	0.7		
32.08	1.4			26.93	1.0		
31.88	2.6	月桂烯	Myr	26.76	0.6		
31.84	6.9	α-蒎烯	aPin	26.57	6.9	α-蒎烯	aPin
31.64	10.3	α-蒎烯/α-水芹烯	aPin/aPhe	26.46	1.0	β-蒎烯	βPin
31.24	3.4	柠檬烯	Lim	26.41	1.4	姜烯	Zin
31.07	0.4			26.27	3.3		
30.88	3.0	柠檬烯	Lim	26.17	1.3	α-水芹烯	aPhe
30.82	1.0			26.08	79.6	β-水芹烯	βPhe
30.63	67.4	β-水芹烯	βPhe	25.89	2.8	姜烯	Zin
30.42	1.9			25.84	3.8	月桂烯	Myr
30.27	0.9	α-玷𦱘烯	aCop	25.79	1.1	反式-β-罗勒烯	tOci
29.72	1.0			25.47	0.5		
29.29	0.7			25.22	0.6		
29.21	0.4	桧烯	Sab	25.17	0.6		
28.87	0.5			24.96	0.6		
28.30	2.9	柠檬烯	Lim	24.90	1.5	姜烯	Zin
28.10	0.5						

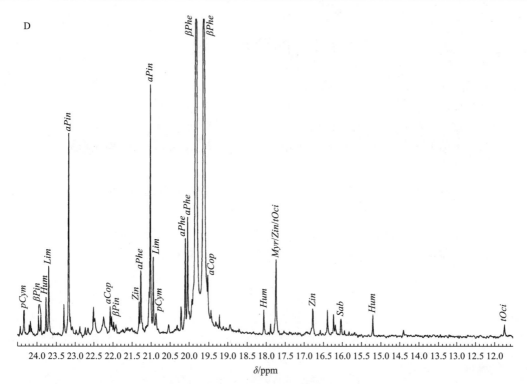

图 1.1.7 圆叶当归籽精油核磁共振碳谱图 D（10～25 ppm）

表 1.1.5 圆叶当归籽精油核磁共振碳谱图 D（10～25 ppm）分析结果

化学位移/ppm	相对强度/%	中文名称	代码	化学位移/ppm	相对强度/%	中文名称	代码
24.43	0.4			20.94	3.0	柠檬烯	Lim
24.33	1.0	对异丙基甲苯	pCym	20.87	0.9	对异丙基甲苯	pCym
24.20	0.4			20.54	0.4		
24.17	0.6			20.21	1.1		
23.95	0.8	β-蒎烯	βPin	20.10	3.7	α-水芹烯	aPhe
23.89	0.8	β-蒎烯	βPin	20.04	4.6	α-水芹烯	aPhe
23.76	1.5	α-蛇麻烯	Hum	19.83	100.0	β-水芹烯	βPhe
23.69	2.7	柠檬烯	Lim	19.63	93.7	β-水芹烯	βPhe
23.30	1.2			19.52	2.3	α-珂钯烯	aCop
23.17	7.8	α-蒎烯	aPin	19.44	1.0		
22.87	0.4			19.22	0.8		
22.73	0.3			18.07	1.0	α-蛇麻烯	Hum
22.51	1.1			17.89	0.5		
22.24	0.7			17.75	2.9	月桂烯/姜烯/反式-β-罗勒烯	Myr/Zin/tOci
22.07	1.1	α-珂钯烯	aCop	16.78	1.1	姜烯	Zin
22.03	0.8	β-蒎烯	βPin	16.40	1.0		
21.98	0.5			16.24	0.8		
21.31	1.3	姜烯	Zin	16.04	0.7	桧烯	Sab
21.27	2.5	α-水芹烯	aPhe	15.21	0.8	α-蛇麻烯	Hum
21.02	9.6	α-蒎烯	aPin	11.75	0.4	反式-β-罗勒烯	tOci

1.2 茴芹籽精油

英文名称：Anise seed oil。

法文和德文名称：*Essence d'anis vert*；*Anisöl*。

研究类型：商品(西班牙型)、实验室蒸馏法。

茴芹籽精油是采用水蒸气蒸馏茴芹(伞形科植物，*Pimpinella anisum* L.)干燥的成熟果实("籽"为不正确术语)提取得到的。

茴芹是一年生草本植物，原产于近东地区，现今在许多国家均有种植，但只有少数国家和地区生产茴芹籽精油，最重要的是波兰、俄罗斯、土耳其、北非和一些南欧国家。

茴芹籽精油主要用于食用香精、酒精饮料和药物制剂，而对于工业香水和专用制剂，常使用较便宜的八角茴香精油和合成茴香脑，后两者在很大程度上已取代了茴芹籽精油。

茴芹籽精油含有约 80 %～90 %的反式-茴香脑和少量的龙蒿脑，而较廉价的八角茴香精油，是从八角茴香(八角科，*Illicium verum* Hooker)的果实中提取的，与茴芹籽精油具有非常相似的化学成分，不易区分。

5-甲氧基-2-反式-丙烯基苯酚 2-甲基丁酸酯即假异丁香酚 2-甲基丁酸酯，以及倍半萜 γ-喜马雪松烯(在参考化合物的 ^{13}C 核磁共振谱总表中给出了谱图)是茴芹籽精油的特征成分，但其在八角茴香精油中并不存在。

1.2.1 茴芹籽精油(西班牙型)

1.2.1.1 气相色谱分析(图 1.2.1、图 1.2.2，表 1.2.1)

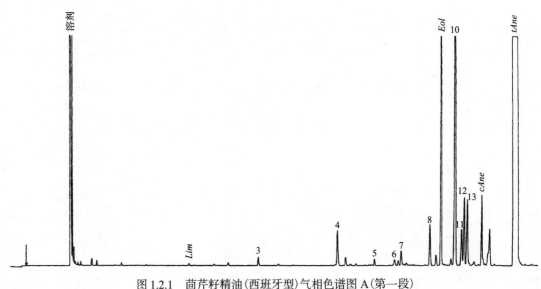

图 1.2.1 茴芹籽精油(西班牙型)气相色谱图 A(第一段)

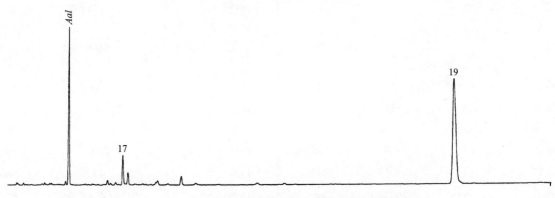

图 1.2.2 茴芹籽精油(西班牙型)气相色谱图 B(第二段)

表 1.2.1　茴芹籽精油(西班牙型)气相色谱图分析结果

序号	中文名称	英文名称	代码	百分比/%	
				西班牙型	实验室蒸馏法
1	柠檬烯	Limonene	*Lim*	0.01	0.03
2	1,8-桉叶素	1,8-Cineole	*Cin1,8*	—	0.02
3	吉枝烯	Geijerene		0.04	0.02
4	δ-榄香烯	δ-Elemene		0.15	0.06
5	芳樟醇	Linalool	*Loo*	0.03	0.04
6	前吉枝烯	Pregeijerene		0.02	0.02
7	β-榄香烯	β-Elemene	*Emn*	0.06	0.02
8	α-喜马雪松烯	α-Himachalene		0.17	0.08
9	龙蒿脑	Estragole	*Eol*	1.18	2.31
10	γ-喜马雪松烯	γ-Himachalene	*gHim*	2.17	0.79
11	β-喜马雪松烯	β-Himachalene		0.15	0.10
12	α-姜烯	α-Zingiberene		0.28	0.10
13	β-红没药烯	β-Bisabolene	*βBen*	0.28	0.04
14	顺式-茴香脑	*cis*-Anethole	*cAne*	0.31	0.18
15	反式-茴香脑	*trans*-Anethole	*tAne*	91.75	93.74
16	大茴香醛	Anisaldehyde	*Aal*	0.63	0.31
17	对甲氧基苯丙酮	*p*-Methoxyphenylacetone		0.12	0.07
18	未知物	Unknown		—	0.07
19	假异丁香酚 2-甲基丁酸酯	ψ-Isoeugenyl 2-methylbutyrate	*ψiEugMebut*	1.42	1.58
20	环氧假异丁香酚 2-甲基丁酸酯	Epoxy-ψ-isoeugenyl 2-methylbutyrate		—	0.30

1.2.1.2　核磁共振碳谱分析(图 1.2.3～图 1.2.5,表 1.2.2～表 1.2.4)

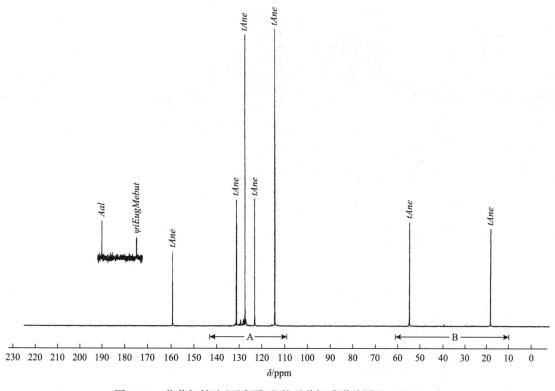

图 1.2.3　茴芹籽精油(西班牙型)核磁共振碳谱总图(0～230 ppm)

表 1.2.2　茴芹籽精油（西班牙型）核磁共振碳谱图分析结果（150～190 ppm）

化学位移/ppm	相对强度/%	中文名称	代码
190.71	0.2	大茴香醛	*Aal*
175.22	0.1	假异丁香酚 2-甲基丁酸酯	*ψiEugMebut*
159.25	25.4	反式-茴香脑	*tAne*

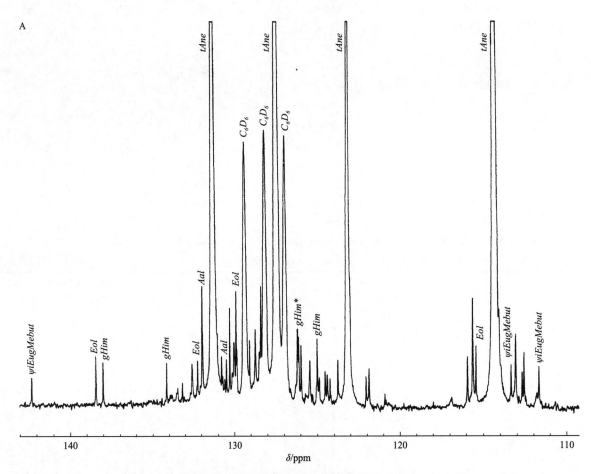

图 1.2.4　茴芹籽精油（西班牙型）核磁共振碳谱图 A（110～143 ppm）

表 1.2.3 茴芹籽精油(西班牙型)核磁共振碳谱图 A(110～143 ppm)分析结果

化学位移/ppm	相对强度/%	中文名称	代码	化学位移/ppm	相对强度/%	中文名称	代码
142.29	0.3	假异丁香酚 2-甲基丁酸酯	ψiEugMebut	126.04	0.7		
138.45	0.5	龙蒿脑	Eol	125.98	0.7	γ-喜马雪松烯	gHim
138.11	0.4	γ-喜马雪松烯	gHim	125.84	0.6		
134.19	0.4	γ-喜马雪松烯	gHim	125.48	0.4		
133.20	0.2			124.95	0.3	γ-喜马雪松烯	gHim
132.65	0.4			124.88	0.7		
132.25	0.4	龙蒿脑	Eol	124.63	0.3		
131.80	1.1	大茴香醛	Aal	124.48	0.3		
131.15	43.2	反式-茴香脑	tAne	124.30	0.3		
131.11	35.2	反式-茴香脑	tAne	123.77	0.4		
131.00	0.7			123.02	43.6	反式-茴香脑	tAne
130.78	0.5			122.06	0.3		
130.44	0.4	大茴香醛	Aal	121.97	0.3		
130.13	0.9			115.98	0.5		
129.88	0.6			115.48	1.0		
129.73	1.1	龙蒿脑	Eol	115.28	0.6	龙蒿脑	Eol
126.69	0.6			114.34	3.3	大茴香醛+龙蒿脑	Aal+Eol
129.20	2.4	氘代苯(溶剂)	C₆D₆	114.19	100.0	反式-茴香脑	tAne
128.92	0.6			114.01	0.9		
128.57	0.7			113.40	0.4	假异丁香酚 2-甲基丁酸酯	ψiEugMebut
128.44	0.5			112.92	0.7		
128.24	1.1	假异丁香酚 2-甲基丁酸酯	ψiEugMebut	112.78	0.3		
128.00	2.5	氘代苯(溶剂)	C₆D₆	112.43	0.5		
127.30	97.9	反式-茴香脑	tAne	111.67	0.4	假异丁香酚 2-甲基丁酸酯	ψiEugMebut
126.80	2.4	氘代苯(溶剂)	C₆D₆				

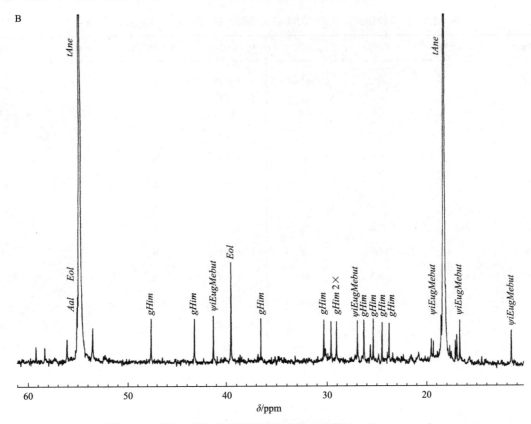

图 1.2.5 茴芹籽精油(西班牙型)核磁共振碳谱图 B(11～60 ppm)

表 1.2.4 茴芹籽精油(西班牙型)核磁共振碳谱图 B(11～60 ppm)分析结果

化学位移/ppm	相对强度/%	中文名称	代码	化学位移/ppm	相对强度/%	中文名称	代码
55.17	0.2	假异丁香酚 2-甲基丁酸酯	ψiEugMebut	26.22	0.4	γ-喜马雪松烯	gHim
54.94	0.6	大茴香醛	Aal	25.72	0.2	γ-喜马雪松烯	gHim
54.88	0.7	龙蒿脑	Eol	25.26	0.4		
54.65	35.5	反式-茴香脑	tAne	23.84	0.4	γ-喜马雪松烯	gHim
53.5	0.3			24.46	0.4	γ-喜马雪松烯	gHim
47.67	0.4	γ-喜马雪松烯	gHim	19.68	0.2		
43.22	0.4	γ-喜马雪松烯	gHim	19.28	0.2		
41.27	0.5	假异丁香酚 2-甲基丁酸酯	ψiEugMebut	18.72	0.5	假异丁香酚 2-甲基丁酸酯	ψiEugMebut
39.41	1	龙蒿脑	Eol	18.14	33.4	反式-茴香脑	tAne
36.68	0.4	γ-喜马雪松烯	gHim	17.08	0.2		
30.25	0.4	γ-喜马雪松烯	gHim	16.98	0.3		
29.67	0.4	γ-喜马雪松烯	gHim	16.74	0.4	假异丁香酚 2-甲基丁酸酯	ψiEugMebut
28.99	0.4	γ-喜马雪松烯	gHim	11.55	0.3	假异丁香酚 2-甲基丁酸酯	ψiEugMebut
27.01	0.4	假异丁香酚 2-甲基丁酸酯	ψiEugMebut				

1.2.2　茴芹籽精油(实验室蒸馏法)

1.2.2.1　气相色谱分析(图 1.2.6、图 1.2.7，表 1.2.5)

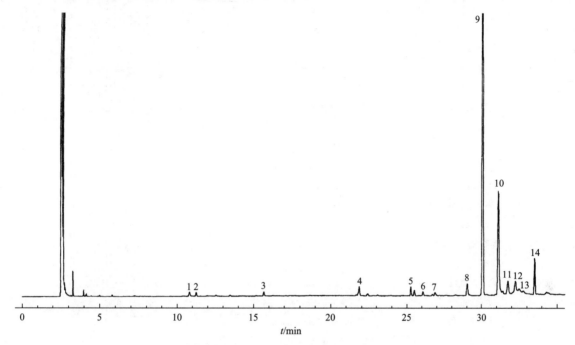

图 1.2.6　茴芹籽精油(实验室蒸馏法)气相色谱图 A(0～35 min)

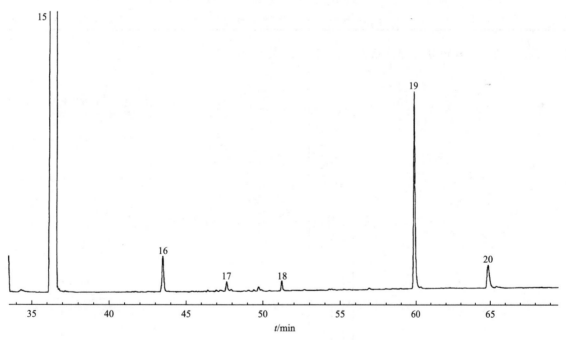

图 1.2.7　茴芹籽精油(实验室蒸馏法)气相色谱图 B(35～70 min)

表 1.2.5　茴芹籽精油(实验室蒸馏法)气相色谱图分析结果

序号	中文名称	英文名称	代码	百分比/%	
				西班牙型	实验室蒸馏法
1	柠檬烯	Limonene	*Lim*	0.01	0.03
2	1,8-桉叶素	1,8-Cineole	*Cin1,8*	—	0.02
3	吉枝烯	Geijerene		0.04	0.02
4	δ-榄香烯	δ-Elemene		0.15	0.06
5	芳樟醇	Linalool	*Loo*	0.03	0.04
6	前吉枝烯	Pregeijerene		0.02	0.02
7	β-榄香烯	β-Elemene	*Emn*	0.06	0.02
8	α-喜马雪松烯	α-Himachalene		0.17	0.08
9	龙蒿脑	Estragole	*Eol*	1.18	2.31
10	γ-喜马雪松烯	γ-Himachalene	*gHim*	2.17	0.79
11	β-喜马雪松烯	β-Himachalene		0.15	0.10
12	α-姜烯	α-Zingiberene		0.28	0.10
13	β-红没药烯	β-Bisabolene	*βBen*	0.28	0.04
14	顺式-茴香脑	*cis*-Anethole	*cAne*	0.31	0.18
15	反式-茴香脑	*trans*-Anethole	*tAne*	91.75	93.74
16	大茴香醛	Anisaldehyde	*Aal*	0.63	0.31
17	对甲氧基苯丙酮	*p*-Methoxyphenylacetone		0.12	0.07
18	未知物	Unknown		—	0.07
19	假异丁香酚 2-甲基丁酸酯	ψ-Isoeugenyl 2-methylbutyrate	*ψiEugMebut*	1.42	1.58
20	环氧假异丁香酚 2-甲基丁酸酯	Epoxy-ψ-isoeugenyl 2-methylbutyrate		—	0.30

1.2.2.2　核磁共振碳谱分析(图 1.2.8～图 1.2.11，表 1.2.6～表 1.2.8)

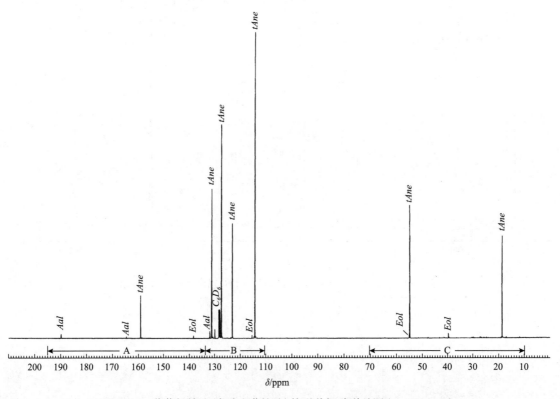

图 1.2.8　茴芹籽精油(实验室蒸馏法)核磁共振碳谱总图(0～210 ppm)

A

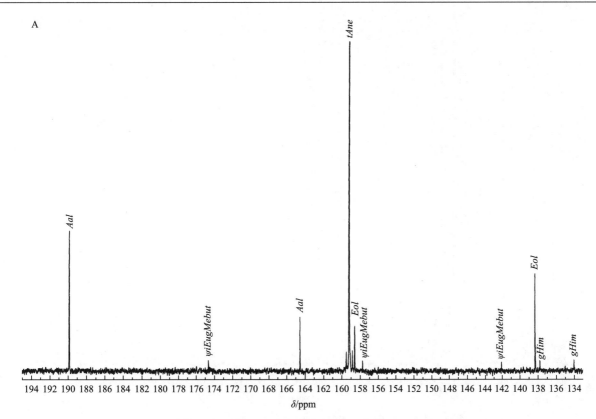

图 1.2.9　茴芹籽精油（实验室蒸馏法）核磁共振碳谱图 A（133～195 ppm）

表 1.2.6　茴芹籽精油（实验室蒸馏法）核磁共振碳谱图 A（133～195 ppm）分析结果

化学位移/ppm	相对强度/%	中文名称	代码
189.84	1.3	大茴香醛	Aal
174.65	0.1	假异丁香酚 2-甲基丁酸酯	ψiEugMebut
164.50	0.5	大茴香醛	Aal
159.48	0.2		
159.16	13.0	反式-茴香脑	tAne
158.82	0.2		
158.57	0.4	龙蒿脑	Eol
157.73	0.1	假异丁香酚 2-甲基丁酸酯	ψiEugMebut
142.07	0.1	假异丁香酚 2-甲基丁酸酯	ψiEugMebut
138.29	0.9	龙蒿脑	Eol
137.80	0.1	γ-喜马雪松烯	gHim
134.03	0.1	γ-喜马雪松烯	gHim

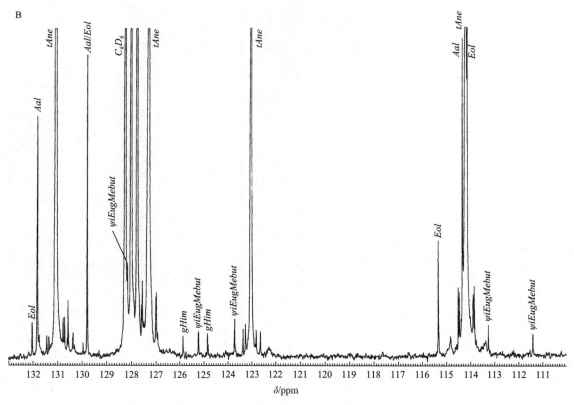

图 1.2.10   茴芹籽精油(实验室蒸馏法)核磁共振碳谱图 B(110～133 ppm)

表 1.2.7   茴芹籽精油(实验室蒸馏法)核磁共振碳谱图 B(110～133 ppm)分析结果

化学位移/ppm	相对强度/%	中文名称	代码	化学位移/ppm	相对强度/%	中文名称	代码
132.01	0.3	龙蒿脑	*Eol*	125.85	0.2	γ-喜马雪松烯	*gHim*
131.81	2.2	大茴香醛	*Aal*	125.20	0.2	假异丁香酚 2-甲基丁酸酯	*ψiEugMebut*
131.74	0.2			124.85	0.2	γ-喜马雪松烯	*gHim*
131.44	0.2			123.70	0.3	假异丁香酚 2-甲基丁酸酯	*ψiEugMebut*
131.35	0.2			123.35	0.2		
131.08	46.2	反式-茴香脑	*tAne*	123.25	0.3		
131.05	21.1	反式-茴香脑	*tAne*	123.04	35.4	反式-茴香脑	*tAne*
130.77	0.3			122.81	0.2		
130.71	0.4			122.63	0.2		
130.57	0.5			122.27	0.1		
130.37	0.2			115.33	1.1	龙蒿脑	*Eol*
129.95	0.1			114.83	0.2		
129.78	2.8	大茴香醛/龙蒿脑	*Aal/Eol*	114.50	0.6		
128.24	8.7	氘代苯(溶剂)	*C₆D₆*	114.46	0.6		
128.15	0.9	氘代苯(溶剂)	*C₆D₆*	114.32	2.9	大茴香醛	*Aal*
128.00	8.8			114.19	100.0	反式-茴香脑	*tAne*
127.77	8.5			114.12	3.4	龙蒿脑	*Eol*
127.59	0.5			113.88	0.6		
127.55	0.7			113.84	0.6		
127.29	65.8	反式-茴香脑	*tAne*	113.36	0.1		
126.99	0.5			113.25	0.3	假异丁香酚 2-甲基丁酸酯	*ψiEugMebut*
126.97	0.6			111.41	0.2	假异丁香酚 2-甲基丁酸酯	*ψiEugMebut*

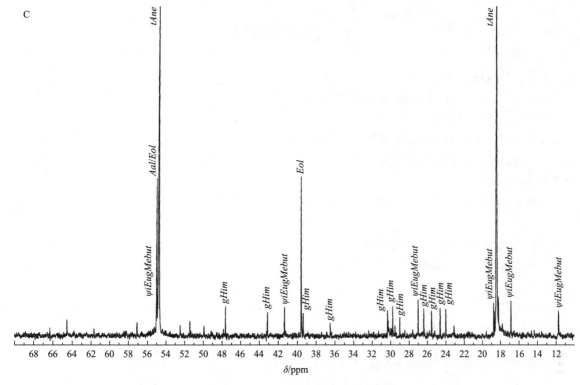

图 1.2.11　茴芹籽精油(实验室蒸馏法)核磁共振碳谱图 C(10～70 ppm)

表 1.2.8　茴芹籽精油(实验室蒸馏法)核磁共振碳谱图 C(10～70 ppm)分析结果

化学位移/ppm	相对强度/%	中文名称	代码	化学位移/ppm	相对强度/%	中文名称	代码
64.51	0.1			29.76	0.3	γ-喜马雪松烯	*gHim*
57.04	0.1			29.51	0.1		
55.01	0.3	假异丁香酚 2-甲基丁酸酯	*ψiEugMebut*	29.00	0.2	γ-喜马雪松烯	*gHim*
54.95	1.4	大茴香醛/龙蒿脑	*Aal/Eol*	27.02	0.3	假异丁香酚 2-甲基丁酸酯	*ψiEugMebut*
54.74	40.9	反式-茴香脑	*tAne*	26.40	0.2	γ-喜马雪松烯	*gHim*
52.43	0.1			25.53	0.2	γ-喜马雪松烯	*gHim*
51.40	0.1			24.60	0.2	γ-喜马雪松烯	*gHim*
49.88	0.1			23.97	0.2	γ-喜马雪松烯	*gHim*
47.62	0.3	γ-喜马雪松烯	*gHim*	23.12	0.1		
43.11	0.2	γ-喜马雪松烯	*gHim*	18.73	0.3	假异丁香酚 2-甲基丁酸酯	*ψiEugMebut*
41.31	0.2	假异丁香酚 2-甲基丁酸酯	*ψiEugMebut*	18.64	0.2		
39.60	1.5	龙蒿脑	*Eol*	18.43	31.3	反式-茴香脑	*tAne*
39.39	0.2	γ-喜马雪松烯	*gHim*	18.20	0.3		
36.49	0.1	γ-喜马雪松烯	*gHim*	17.79	0.1		
30.31	0.2	γ-喜马雪松烯	*gHim*	16.85	0.3	假异丁香酚 2-甲基丁酸酯	*ψiEugMebut*
30.24	0.1			11.72	0.2	假异丁香酚 2-甲基丁酸酯	*ψiEugMebut*

1.3　香柠檬精油

英文名称：Bergamot oil。

法文和德文名称：*Essence de bergamote*；*Bergamottöl*。

研究类型：意大利雷焦型。

香柠檬精油是从香柠檬（又称贝加毛橙，芸香科植物，*Citrus aurantium* L. subsp. *Bergamia = Citrus bergamia* Risso et Pioteau）接近成熟的新鲜果实的果皮中冷榨获得的。这种树几乎完全种植在意大利卡拉布里亚南部的沿海地带。

香柠檬精油因其甜美清新的气味被广泛用于香水生产，特别是古龙型、西普型、馥奇型和现代幻想型等。

香柠檬精油常掺入合成的乙酸芳樟酯和芳樟醇，但这种掺假行为现在很容易通过对映体选择性气-液色谱分离技术所识别。其他常见的掺假物有甜橙精油、白柠檬精油和柠檬烯等。香柠檬精油的掺假事件导致了"香柠檬工业协会"的成立，以保证协会出售的所有香柠檬精油的纯正性。

真实的香柠檬精油含有 30 %～60 %的乙酸芳樟酯、10 %～20 %的游离芳樟醇、其他萜烯醇和萜烯醛（特别是柠檬醛和烷烃），以及高达 5 %的香豆素。

1.3.1　气相色谱分析（图 1.3.1、图 1.3.2，表 1.3.1）

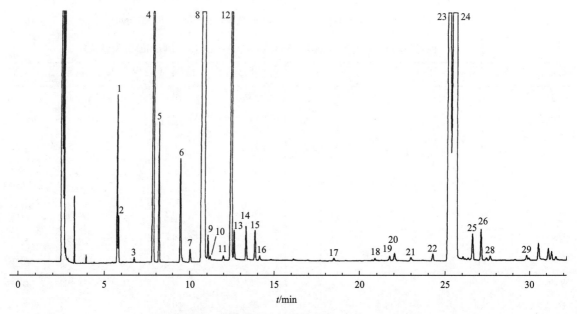

图 1.3.1　香柠檬精油气相色谱图 A（0～30 min）

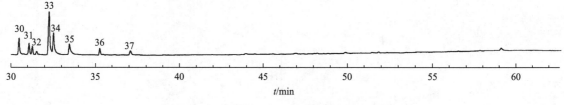

图 1.3.2　香柠檬精油气相色谱图 B（30～62 min）

表 1.3.1　香柠檬精油气相色谱图分析结果

序号	中文名称	英文名称	代码	百分比/%
1	α-蒎烯	α-Pinene	aPin	1.04
2	α-侧柏烯	α-Thujene	Ten	0.27
3	莰烯	Camphene	Cen	0.03
4	β-蒎烯	β-Pinene	βPin	5.87
5	桧烯	Sabinene	Sab	1.02
6	月桂烯	Myrcene	Myr	0.89
7	α-松油烯	α-Terpinene	aTer	0.13
8	柠檬烯	Limonene	Lim	33.10
9	β-水芹烯	β-Phellandrene	βPhe	0.21
10	1,8-桉叶素	1,8-cineole	Cin1,8	0.04
11	顺式-β-罗勒烯	cis-β-Ocimene	cOci	0.04
12	γ-松油烯	γ-Terpinene	gTer	6.54
13	反式-β-罗勒烯	trans-β-Ocimene	tOci	0.27
14	对异丙基甲苯	para-Cymene	pCym	0.30
15	异松油烯	Terpinolene	Tno	0.28
16	辛醛	Octanal	8all	0.04
17	壬醛	Nonanal	9all	0.02
18	顺式-柠檬烯-1,2-环氧化物	cis-Limonene-1,2-epoxide	cLimOx	0.02
19	反式-水合桧烯乙酸酯	trans-Sabinene hydrate a cetate		0.04
20	乙酸辛酯	Octyl acetate	8ollAc	0.09
21	正癸醛	Decanal	10all	0.04
22	顺式-水合桧烯乙酸酯	cis-Sabinene hydrate acetate		0.08
23	芳樟醇	Linalool	Loo	14.63
24	乙酸芳樟酯	Linalyl acetate	LooAc	32.51
25	反式-α-香柠檬烯	trans-α-Bergamotene		0.29
26	β-石竹烯	β-Caryophyllene	Car	0.33
27	4-松油醇	terpinen-4-ol	Trn4	0.03
28	十一醛	Undecanal	11all	0.05
29	乙酸香茅酯	Citronellyl acetate	CllAc	0.04
30	橙花醛	Neral	bCal	0.21
31	乙酸松油酯	α-Terpinyl acetate	TolAc	0.14
32	α-松油醇	α-Terpineol	aTol	0.09
33	乙酸橙花酯	Neryl acetate	NerAc	0.68
34	香叶醛	Geranial	aCal	0.36
35	乙酸香叶酯	Geranyl acetate	GerAc	0.20
36	橙花醇	Nerol	Ner	0.08
37	香叶醇	Geraniol	Ger	0.07

1.3.2　核磁共振碳谱分析（图 1.3.3～图 1.3.6，表 1.3.2～表 1.3.4）

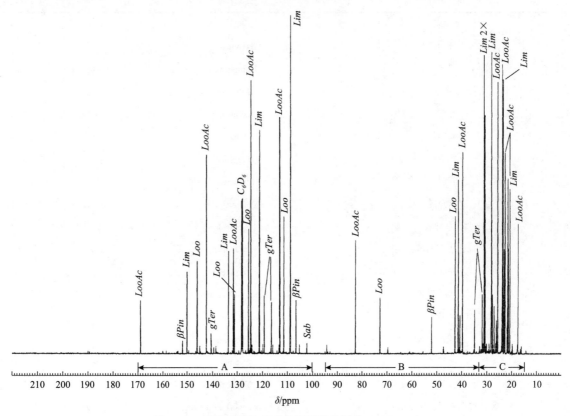

图 1.3.3　香柠檬精油核磁共振碳谱总图（0～220 ppm）

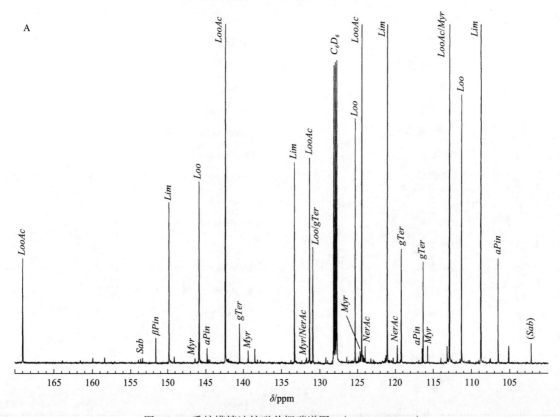

图 1.3.4　香柠檬精油核磁共振碳谱图 A（100～190 ppm）

表 1.3.2　香柠檬精油核磁共振碳谱图 A（100～190 ppm）分析结果

化学位移/ppm	相对强度/%	中文名称	代码	化学位移/ppm	相对强度/%	中文名称	代码
189.82	0.7			124.90	0.9		
168.97	14.9	乙酸芳樟酯	LooAc	124.71	1.7		
159.95	0.7			124.50	76.4	乙酸芳樟酯	LooAc
158.41	0.8			124.32	1.1		
153.73	0.6	桧烯	Sab	124.21	0.7		
153.46	0.7			124.04	2.4	乙酸橙花酯	NerAc
151.68	3.5	β-蒎烯	βPin	123.31	0.7		
149.83	23.0	柠檬烯	Lim	123.01	0.5		
149.14	0.9			121.38	0.7		
146.42	0.6	月桂烯	Myr	121.31	1.1		
145.91	26.0	芳樟醇	Loo	121.14	62.6	柠檬烯	Lim
144.85	2.1	α-蒎烯	aPin	120.37	0.8		
142.39	55.7	乙酸芳樟酯	LooAc	119.81	2.5	乙酸橙花酯	NerAc
141.96	0.6	乙酸橙花酯	NerAc	119.29	16.4	γ-松油烯	gTer
140.54	5.6	γ-松油烯	gTer	116.53	2.1	α-蒎烯	aPin
139.44	1.7	月桂烯	Myr	116.42	14.5	γ-松油烯	gTer
138.58	2.0			115.83	2.5	月桂烯	Myr
133.38	28.8	柠檬烯	Lim	114.09	0.8		
131.81	0.8	月桂烯/乙酸橙花酯	Myr/NerAc	113.29	2.4		
131.41	29.4	乙酸芳樟酯	LooAc	113.21	0.8		
130.99	16.6	芳樟醇/γ-松油烯	Loo/gTer	112.99	66.2	乙酸芳樟酯/月桂烯	LooAc/Myr
129.26	0.8			111.58	0.7		
128.29	1.8			111.39	38.5	芳樟醇	Loo
128.19	42.8	氘代苯(溶剂)	C₆D₆	108.89	100.0	柠檬烯	Lim
128.00	43.2	氘代苯(溶剂)	C₆D₆	107.65	0.7		
127.81	43.5	氘代苯(溶剂)	C₆D₆	106.63	15.0	β-蒎烯	βPin
126.47	0.9			105.24	2.4		
125.37	35.1	芳樟醇	Loo	102.28	2.8	桧烯	Sab

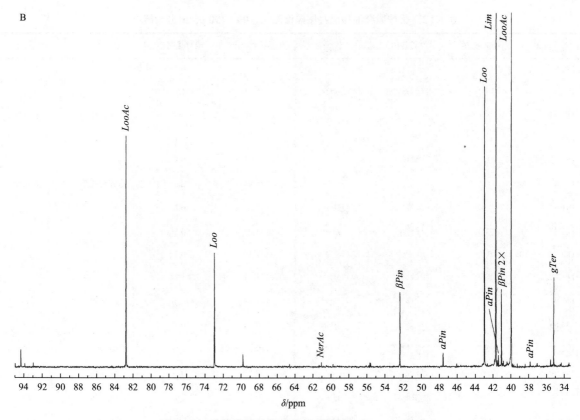

图 1.3.5　香柠檬精油核磁共振碳谱图 B（34～95 ppm）

表 1.3.3　香柠檬精油核磁共振碳谱图 B（34～95 ppm）分析结果

化学位移/ppm	相对强度/%	中文名称	代码	化学位移/ppm	相对强度/%	中文名称	代码
94.32	2.4			41.33	0.9		
93.89	0.5			41.19	1.6	α-蒎烯	aPin
92.96	0.6			40.86	10.7	β-蒎烯	βPin
82.70	31.8	乙酸芳樟酯	LooAc	40.83	3.1	β-蒎烯	βPin
72.91	15.7	芳樟醇	Loo	40.62	0.8		
69.68	1.7			40.24	0.7		
60.94	0.6	乙酸橙花酯	NerAc	39.81	4.1		
55.51	0.6			39.75	56.4	乙酸芳樟酯	LooAc
55.43	0.5			37.64	0.7	α-蒎烯	aPin
52.19	10.2	β-蒎烯	βPin	36.84	0.5		
47.42	1.9	α-蒎烯	aPin	35.31	1.0		
42.77	38.5	芳樟醇	Loo	34.94	12.3	γ-松油烯	gTer
41.47	48.6	柠檬烯	Lim	34.10	0.6		

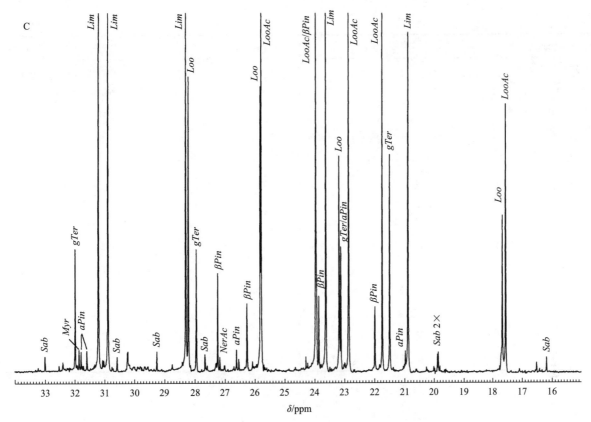

图 1.3.6　香柠檬精油核磁共振碳谱图 C（14～34 ppm）

表 1.3.4　香柠檬精油核磁共振碳谱图 C（14～34 ppm）分析结果

化学位移/ppm	相对强度/%	中文名称	代码	化学位移/ppm	相对强度/%	中文名称	代码
33.00	2.0	桧烯	Sab	28.75	1.0		
32.53	0.8			28.29	84.2	柠檬烯	Lim
32.40	1.3			28.21	40.0	芳樟醇	Loo
31.98	16.6	γ-松油烯	gTer	27.95	16.6	γ-松油烯	gTer
31.86	2.9	月桂烯	Myr	27.67	2.3	桧烯	Sab
31.79	2.7	α-蒎烯	aPin	27.59	0.8		
31.71	0.8			27.30	1.2	月桂烯	Myr
31.60	2.8	α-蒎烯	aPin	27.24	13.3	β-蒎烯	βPin
31.20	83.4	柠檬烯	Lim	27.18	2.0	乙酸橙花酯	NerAc
31.07	1.6			27.03	0.8		
31.03	1.5			26.70	0.7		
30.88	66.7	柠檬烯	Lim	26.62	2.9	α-蒎烯	aPin
30.75	0.7			26.54	1.7		
30.58	2.0	桧烯	Sab	26.26	9.2	β-蒎烯	βPin
30.22	2.7			26.09	1.4		
29.81	0.8			25.82	38.7	芳樟醇	Loo
29.56	0.8			25.79	75.9	乙酸芳樟酯	LooAc
29.26	2.7	桧烯	Sab	25.70	1.0	月桂烯	Myr

化学位移/ppm	相对强度/%	中文名称	代码	化学位移/ppm	相对强度/%	中文名称	代码
24.64	0.7			20.98	2.8	α-蒎烯	aPin
24.30	2.0			20.89	46.1	柠檬烯	Lim
24.24	1.2			20.28	0.7	乙酸橙花酯	NerAc
23.96	80.8	乙酸芳樟酯/β-蒎烯	LooAc/βPin	20.02	0.7		
23.86	10.2	β-蒎烯	βPin	19.90	2.4	桧烯	Sab
23.62	76.7	柠檬烯	Lim	19.87	2.7	桧烯	Sab
23.50	0.6			19.82	0.8		
23.18	29.2	芳樟醇	Loo	17.78	0.8	月桂烯	Myr
23.12	16.9	γ-松油烯/α-蒎烯	gTer/aPin	17.68	21.3	芳樟醇	Loo
23.00	1.2			17.58	36.3	乙酸芳樟酯	LooAc
22.86	56.3	乙酸芳樟酯	LooAc	16.54	1.3		
22.00	8.8	β-蒎烯	βPin	16.20	2.0	桧烯	Sab
21.75	49.0	乙酸芳樟酯	LooAc	14.35	0.8		
21.50	29.4	γ-松油烯	gTer				

1.4　卡南伽精油

英文名称：Cananga oil。

法文和德文名称：*Essence de cananga*；*Canangaöl*。

研究类型：爪哇型（印度尼西亚）。

卡南伽精油是通过水蒸气蒸馏卡南伽树［属于番荔枝科，*Cananga odorata*（Lamarck）Hooker et Thomson］的花朵而得到的。卡南伽树被认为原产自菲律宾，已发现其两种不同的物种类型将得到不同类的精油：卡南伽精油源自依兰的变种大叶依兰（即卡南伽），而依兰依兰精油则源自依兰的真正品种。大叶依兰野生于印度尼西亚和菲律宾，最重要的产地位于爪哇岛的北部和西部。

这种橙黄色或略带绿黄色的精油具有花甜及膏香的气味，被用于肥皂香水中，因还有木香和皮革的韵调，也被用于男士香水中。

卡南伽精油主要由倍半萜（含量高达 80 %）组成，其中 β-石竹烯、蛇麻烯、大根香叶烯 D、α-金合欢烯和 δ-杜松烯是最主要的成分。但从嗅香角度看，芳樟醇、香叶醇和苯的衍生物（对甲酚甲基醚和苯甲酸苄酯）才是重要的致香成分。

该精油的主要掺假方式是使用依兰依兰精油的高沸点馏分，掺入合成香味化合物和卡南伽精油馏分等以弥补所缺失香韵。

1.4.1　气相色谱分析（图 1.4.1、图 1.4.2，表 1.4.1）

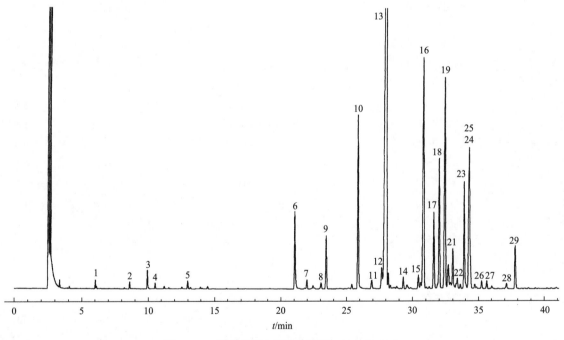

图 1.4.1　卡南伽精油气相色谱图 A（0～40 min）

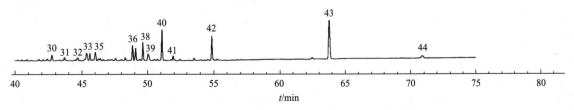

图 1.4.2　卡南伽精油气相色谱图 B（40～80 min）

表 1.4.1　卡南伽精油气相色谱图分析结果

序号	中文名称	英文名称	代码	百分比/%
1	α-蒎烯	α-Pinene	aPin	0.14
2	桧烯	Sabinene	Sab	0.15
3	月桂烯	Myrcene	Myr	0.43
4	α-松油烯	α-Terpinene	aTer	0.14
5	γ-松油烯	γ-Terpinene	gTer	0.20
6	对甲酚甲醚	p-Cresyl methyl ether	CreMe	2.56
7	α-荜澄茄烯	α-Cubebene		0.28
8	α-依兰烯	α-Ylangene		0.21
9	α-玷珥烯	α-Copaene	Cop	1.76
10	芳樟醇	Linalool	Loo	5.58
11	β-依兰烯	β-Ylangene		0.32
12	β-愈疮木烯	β-Guaiene		0.89
13	β-石竹烯	β-Caryophyllene	Car	38.17
14	3,5-杜松二烯	Cadina-3,5-diene		0.40
15	β-榄香烯/龙蒿脑	β-Elemene/Estragole	Emn/Eol	0.49
16	α-蛇麻烯	α-Humulene	Hum	9.18
17	γ-木罗烯	γ-Muurolene	gMuu	2.69
18	(Z,Z)-α-金合欢烯	(Z,Z)-α-Farnesene	ZZaFen	4.38
19	大根香叶烯 D	Germacrene D	GenD	8.33
20	双环倍半水芹烯	Bicyclosesquiphellandrene		1.10
21	α-木罗烯	α-Muurolene		1.49
22	二环大根香叶烯	Bicyclogermacrene	BiGen	0.51
23	(E,E)-α-金合欢烯	(E,E)-α-Farnesene	EEaFen	3.75
24	δ-杜松烯	δ-Cadinene	dCad	5.96
25	乙酸香叶酯	Geranyl acetate	GerAc	1.49
26	1,4-杜松二烯	Cadina-1,4-diene		0.26
27	α-杜松烯	α-Cadinene		0.26
28	去氢白菖蒲烯	Calamenene		0.13
29	香叶醇	Geraniol	Ger	1.45
30	氧化石竹烯	Caryophyllene oxide	CarOx	0.13
31	甲基丁香酚	Methyleugenol	EugMe	0.07
32	橙花叔醇	Nerolidol		0.06
33	荜澄茄油烯醇	Cubenol		0.43
34	表荜澄茄油烯醇	epi-Cubenol		0.22
35	榄香醇	Elemol	Emol	0.36
36	丁香酚	Eugenol	Eug	0.53
37	T-杜松醇	T-Cadinol		0.45
38	T-木罗醇	T-Muurolol		0.61
39	δ-杜松醇	δ-Cadinol		0.37
40	α-杜松醇	α-Cadinol		1.07
41	(2E,6E)-金合欢醇乙酸酯	(2E,6E)-Farnesyl acetate		0.08
42	(2E,6E)-金合欢醇	(2E,6E)-Farnesol		0.80
43	苯甲酸苄酯	Benzyl benzoate	BzBenz	1.96
44	水杨酸苄酯	Benzyl salicylate	BzSal	0.07

1.4.2　核磁共振碳谱分析(图 1.4.3~图 1.4.9，表 1.4.2~表 1.4.7)

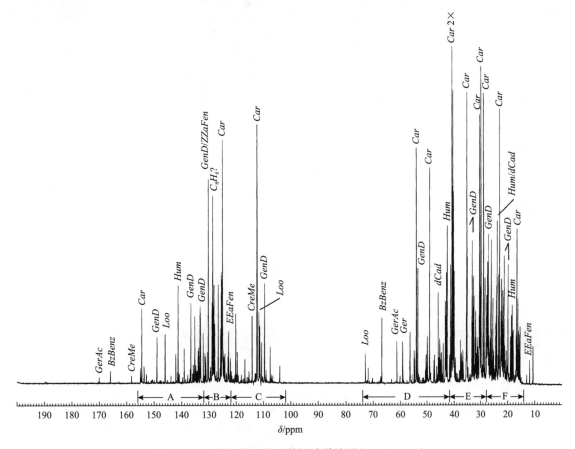

图 1.4.3　卡南伽精油核磁共振碳谱总图(0~200 ppm)

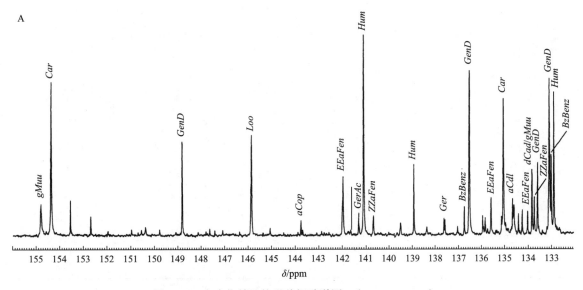

图 1.4.4　卡南伽精油核磁共振碳谱图 A(132~170 ppm)

表 1.4.2　卡南伽精油核磁共振碳谱图 A(132～170 ppm)分析结果

化学位移/ppm	相对强度/%	中文名称	代码
169.89	2.2	乙酸香叶酯	GerAc
165.78	3.8	苯甲酸苄酯	BzBenz
158.09	2.5	对甲酚甲醚	CreMe
154.80	4.8	γ-木罗烯	gMuu
154.37	22.3	β-石竹烯	Car
153.55	5.3		
152.69	3.1		
148.81	13.8	大根香叶烯 D	GenD
145.84	14.7	芳樟醇	Loo
143.74	2.5	α-玷玴烯	aCop
141.96	8.8	(E,E)-α-金合欢烯	EEaFen
141.29	3.6	乙酸香叶酯	GerAc
141.09	29.1	α-蛇麻烯	Hum
140.66	3.2	(Z,Z)-α-金合欢烯	ZZaFen
138.91	10.5	α-蛇麻烯	Hum
137.59	2.8	香叶醇	Ger
136.72	4.5	苯甲酸苄酯	BzBenz
136.50	23.9	大根香叶烯 D	GenD
135.91	3.2		
135.54	5.7	(E,E)-α-金合欢烯	EEaFen
135.02	20.0	β-石竹烯	Car
134.62	5.6	α-杜松醇	aCdl
134.38	3.5		
134.21	4.0		
133.99	3.8	(E,E)-α-金合欢烯	EEaFen
133.80	9.9	δ-杜松烯/γ-木罗烯	dCad/gMuu
133.70	5.9	(Z,Z)-α-金合欢烯	ZZaFen
133.57	10.8	大根香叶烯 D	GenD
133.06	22.9	大根香叶烯 D	GenD
132.99	12.0	苯甲酸苄酯	BzBenz
132.87	20.9	α-蛇麻烯	Hum

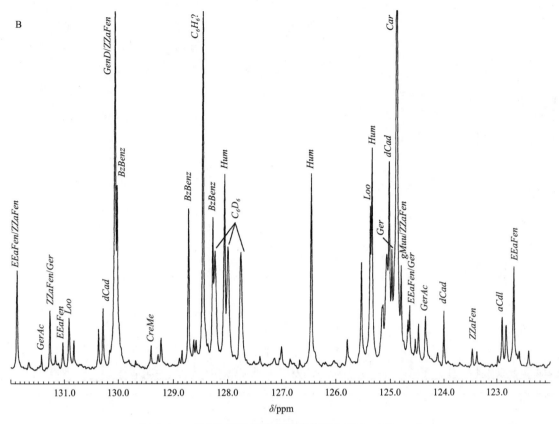

图 1.4.5　卡南伽精油核磁共振碳谱图 B（121～132 ppm）

表 1.4.3　卡南伽精油核磁共振碳谱图 B（121～132 ppm）分析结果

化学位移/ppm	相对强度/%	中文名称	代码	化学位移/ppm	相对强度/%	中文名称	代码
131.89	15.1	(E,E)-α-金合欢烯/(Z,Z)-α-金合欢烯	EEaFen/ZZaFen	125.80	4.8		
131.44	2.7	乙酸香叶酯	GerAc	125.54	16.2		
131.28	9.2	(Z,Z)-α-金合欢烯/香叶醇	ZZaFen/Ger	125.38	24.6	芳樟醇	Loo
131.03	4.5	(E,E)-α-金合欢烯	EEaFen	125.34	33.1	α-蛇麻烯	Hum
130.93	8.1	芳樟醇	Loo	125.14	9.9		
130.83	4.8			125.07	17.4		
130.37	6.5			125.03	31.1	δ-杜松烯	dCad
130.29	9.5	δ-杜松烯	dCad	124.98	18.1	香叶醇	Ger
130.07	61.0	大根香叶烯 D/(Z,Z)-α-金合欢烯	GenD/ZZaFen	124.89	72.6	β-石竹烯	Car
130.03	27.7	苯甲酸苄酯	BzBenz	124.81	15.7	γ-木罗烯/(Z,Z)-α-金合欢烯	gMuu/ZZaFen
129.41	4.0	对甲酚甲醚	CreMe	124.64	9.8	(E,E)-α-金合欢烯/香叶醇	EEaFen/Ger
129.23	5.1			124.48	7.1		
128.72	24.2	苯甲酸苄酯	BzBenz	124.34	8.2	乙酸香叶酯	GerAc
128.46	56.1	氘代苯(溶剂)?	C₆H₆?	124.01	9.0	δ-杜松烯	dCad
128.28	22.9	苯甲酸苄酯	BzBenz	123.46	3.5	(Z,Z)-α-金合欢烯	ZZaFen
128.24	18.0	氘代苯(溶剂)	C₆H₆	122.90	8.0	α-杜松醇	aCdl
128.06	29.4	α-蛇麻烯	Hum	122.83	6.9		
128.00	18.6	氘代苯(溶剂)	C₆H₆	122.69	15.5	(E,E)-α-金合欢烯	EEaFen
127.76	17.8	氘代苯(溶剂)	C₆H₆	122.41	3.1		
127.01	3.8			121.97	7.7		
126.46	29.4	α-蛇麻烯	Hum	121.65	3.9		

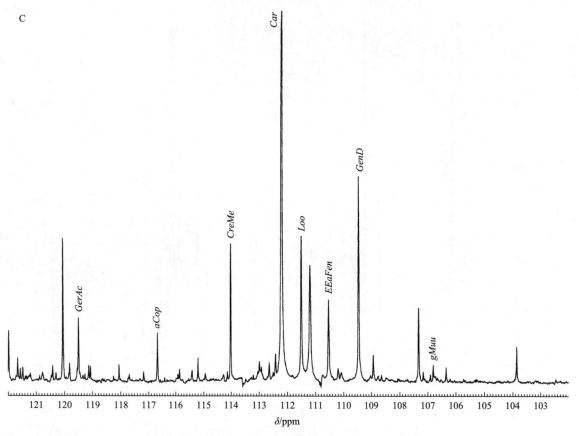

图 1.4.6　卡南伽精油核磁共振碳谱图 C（102～121 ppm）

表 1.4.4　卡南伽精油核磁共振碳谱图 C（102～121 ppm）分析结果

化学位移/ppm	相对强度/%	中文名称	代码
120.05	20.8		
119.81	3.1		
119.49	9.5	乙酸香叶酯	GerAc
118.05	2.9		
116.67	7.4	α-玷珌烯	aCop
115.18	3.8		
114.01	20.1	对甲酚甲醚	CreMe
112.99	3.4		
112.63	3.2		
112.40	4.5		
112.19	77.1	β-石竹烯	Car
111.51	21.3	芳樟醇	Loo
111.20	17.1		
110.54	12.2	(E,E)-α-金合欢烯	EEaFen
109.47	29.8	大根香叶烯 D	GenD
108.94	4.3		
107.32	11.0		
106.81	2.9		
103.87	5.5		

D

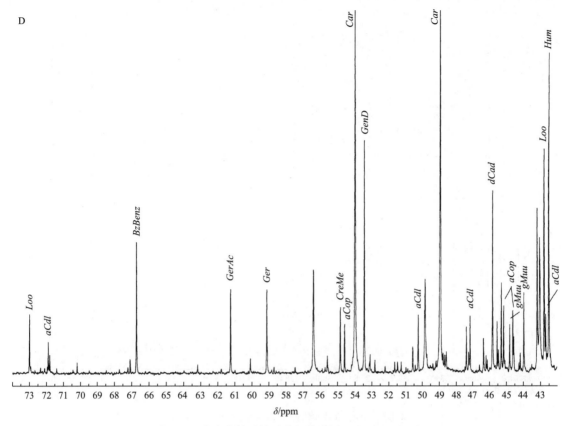

图 1.4.7　卡南伽精油核磁共振碳谱图 D（42～74 ppm）

表 1.4.5　卡南伽精油核磁共振碳谱图 D（42～74 ppm）分析结果

化学位移/ppm	相对强度/%	中文名称	代码	化学位移/ppm	相对强度/%	中文名称	代码
72.95	8.9	芳樟醇	Loo	47.37	7.0		
71.86	4.9	α-杜松醇	aCdl	47.15	8.6	α-杜松醇	aCdl
71.77	3.0			46.33	5.3		
66.69	19.4	苯甲酸苄酯	BzBenz	46.18	2.8		
61.22	12.5	乙酸香叶酯	GerAc	45.80	26.9	δ-杜松烯	dCad
60.06	2.5			45.53	7.8		
59.10	12.5	香叶醇	Ger	45.46	3.7		
56.37	15.3			45.28	13.4		
55.56	2.8			45.14	10.1	α-玷��烯	aCop
54.81	9.9	对甲酚甲醚	CreMe	44.79	7.3	γ-木罗烯	gMuu
54.57	7.4	α-玷��烯	aCop	44.60	9.3	α-玷��烯	aCop
53.98	70.1	β-石竹烯	Car	44.55	5.5		
53.44	34.2	大根香叶烯 D	GenD	44.17	3.2		
53.08	3.0			43.96	11.9	γ-木罗烯	gMuu
50.57	4.1			43.19	24.3		
50.24	8.7	α-杜松醇	aCdl	43.04	20.0		
49.84	14.0			42.78	33.0	芳樟醇	Loo
48.95	64.4	β-石竹烯	Car	42.70	8.8	α-杜松醇	aCdl
48.58	3.4			42.50	47.0	α-蛇麻烯	Hum

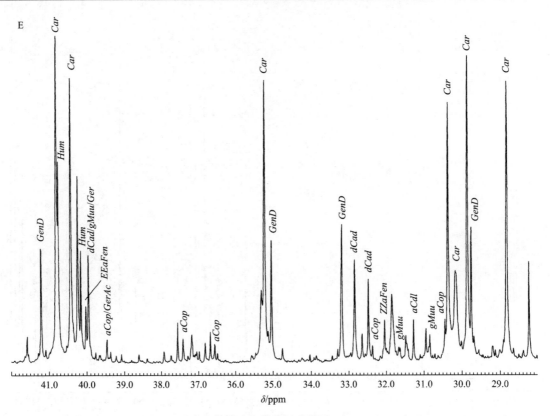

图 1.4.8　卡南伽精油核磁共振碳谱图 E(27～42 ppm)

表 1.4.6　卡南伽精油核磁共振碳谱图 E(27～42 ppm)分析结果

化学位移/ppm	相对强度/%	中文名称	代码	化学位移/ppm	相对强度/%	中文名称	代码
41.57	8.7			34.76	5.0		
41.21	35.3	大根香叶烯 D	GenD	34.03	3.1		
40.80	100.0	β-石竹烯	Car	33.29	4.8		
40.74	61.8	α-蛇麻烯	Hum	33.18	42.5	大根香叶烯 D	GenD
40.41	87.2	β-石竹烯	Car	32.84	31.9	δ-杜松烯	dCad
40.23	57.4	α-杜松醇+?	aCdl+?	32.64	9.5		
40.15	34.7	α-蛇麻烯	Hum	32.47	26.1	δ-杜松烯	dCad
40.02	17.8	(E,E)-α-金合欢烯	EEaFen	32.37	5.8	α-珂珀烯	aCop
39.95	33.3	δ-杜松烯/γ-木罗烯/香叶醇	dCad/gMuu/Ger	32.05	13.7	(Z,Z)-α-金合欢烯	ZZaFen
39.46	7.8	α-珂珀烯/乙酸香叶酯	aCop/GerAc	31.85	21.4		
39.07	3.4			31.67	5.3	γ-木罗烯	gMuu
38.62	3.2			31.48	9.0		
37.92	4.1			31.27	13.7	α-杜松醇	aCdl
37.55	12.9			30.95	11.0		
37.41	8.0	α-珂珀烯	aCop	30.84	9.2	γ-木罗烯	gMuu
37.18	9.2			30.44	13.9	α-珂珀烯	aCop
36.98	4.1			30.36	79.8	β-石竹烯	Car
36.81	6.7			30.17	28.6	β-石竹烯	Car
36.67	10.0			29.85	94.0	β-石竹烯	Car
36.56	6.3	α-珂珀烯	aCop	29.75	41.7	大根香叶烯 D	GenD
35.29	22.7			29.20	5.6		
35.21	86.5	β-石竹烯	Car	28.82	86.2	β-石竹烯	Car
35.04	37.7	大根香叶烯 D	GenD	28.23	31.3		

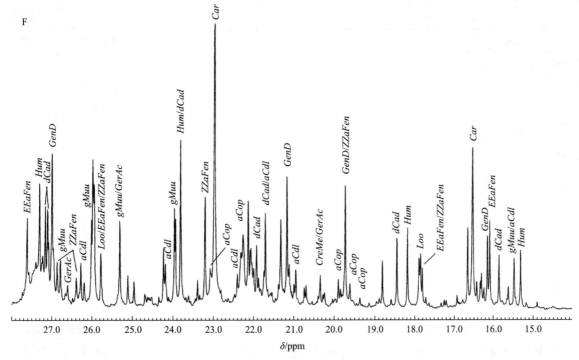

图 1.4.9　卡南伽精油核磁共振碳谱图 F（10～28 ppm）

表 1.4.7　卡南伽精油核磁共振碳谱图 F（10～28 ppm）分析结果

化学位移/ppm	相对强度/%	中文名称	代码	化学位移/ppm	相对强度/%	中文名称	代码
27.62	26.1	(E,E)-α-金合欢烯	EEaFen	24.22	17.7		
27.31	36.2	α-蛇麻烯	Hum	24.17	13.1	α-杜松醇	aCdl
27.23	15.4			23.95	29.0	γ-木罗烯	gMuu
27.17	29.5	δ-杜松烯	dCad	23.93	25.9		
27.11	28.5	δ-杜松烯	dCad	23.80	48.5	α-蛇麻烯/δ-杜松烯	Hum/dCad
26.99	44.6	大根香叶烯 D	GenD	23.38	8.5		
26.86	13.7	(Z,Z)-α-金合欢烯/香叶醇	ZZaFen/Ger	23.19	32.2	(Z,Z)-α-金合欢烯	ZZaFen
26.78	14.2	γ-木罗烯	gMuu	23.07	11.8	α-玷珌烯	aCop
26.60	7.0	乙酸香叶酯	GerAc	22.96	81.5	β-石竹烯/α-杜松醇	Car/aCdl
26.38	9.2	(Z,Z)-α-金合欢烯	ZZaFen	22.40	10.2	α-杜松醇	aCdl
26.27	13.4	α-杜松醇	aCdl	22.25	21.4		
26.19	7.8			22.12	31.0		
26.01	25.6	γ-木罗烯	gMuu	22.05	17.5	α-玷珌烯	aCop
25.97	42.9			21.99	11.7		
25.94	35.8			21.91	18.3	δ-杜松烯	dCad
25.77	16.1	芳樟醇/(E,E)-α-金合欢烯/(Z,Z)-α-金合欢烯	Loo/EEaFen/ZZaFen	21.86	9.0		
25.30	25.3	γ-木罗烯/乙酸香叶酯	gMuu/GerAc	21.69	27.5	δ-杜松烯/α-杜松醇	dCad/aCdl
25.10	9.9			21.31	25.7		
24.95	8.1			21.15	37.9	大根香叶烯 D	GenD
24.68	4.5			21.10	13.0		

续表

化学位移/ppm	相对强度/%	中文名称	代码	化学位移/ppm	相对强度/%	中文名称	代码
20.99	7.2			16.91	4.0		
20.94	11.3	α-杜松醇	aCdl	16.65	23.2		
20.73	6.2			16.52	46.0	β-石竹烯	Car
20.68	6.8			16.41	7.8		
20.33	9.8	对甲酚甲醚/乙酸香叶酯	CreMe/GerAc	16.32	8.0		
20.22	4.9			16.29	10.3		
19.89	8.6	α-玷理烯	aCop	16.22	6.1	香叶醇	Ger
19.83	5.8			16.13	20.9	大根香叶烯 D	GenD
19.71	35.3	大根香叶烯 D/(Z,Z)-α-金合欢烯	GenD/ZZaFen	16.07	25.2	(E,E)-α-金合欢烯	EEaFen
19.60	7.4	α-玷理烯	aCop	15.83	15.4	δ-杜松烯	dCad
19.36	3.3	α-玷理烯	aCop	15.60	6.4		
18.79	13.9			15.46	14.5	γ-木罗烯/α-杜松醇	gMuu/aCdl
18.44	20.2	δ-杜松烯	dCad	15.29	16.8	α-蛇麻烯	Hum
18.17	23.2	α-蛇麻烯	Hum	12.89	2.7		
17.88	14.5			11.85	7.0	(E,E)-α-金合欢烯	EEaFen
17.84	15.8	芳樟醇	Loo	10.60	11.1		
17.79	11.7	(E,E)-α-金合欢烯/(Z,Z)-α-金合欢烯	EEaFen/ZZaFen				

1.5　葛缕籽精油

英文名称：Caraway oil。

法文和德文名称：*Essence de carvi*；*Kümmelöl*。

研究类型：商品。

葛缕籽精油是通过水蒸气蒸馏葛缕子(伞形科植物，*Carum carvi* L.)干燥碾碎的成熟果实而得到的。这种二年生草本植物野生于亚洲、欧洲、北非和美国，其在欧洲的许多国家(特别是荷兰和俄罗斯)、北非、印度和巴基斯坦都有种植。

市场上有两种等级的葛缕籽精油：一种是"粗油"或"原油"，具有强烈而独特的气味；另一种是经过"精提"或"重蒸"的精油，气味强烈但脂肪气息较少。

葛缕籽精油主要用于调味食品，如面包、肉类、奶酪、泡菜、酱汁和调味料，也用于药物、漱口水制剂和一些酒精饮料中。

天然葛缕籽精油中越来越多出现掺入廉价香芹酮和柠檬烯等合成品的行为，而这些掺入的化合物是葛缕籽精油的主要成分。

葛缕籽精油含有 50 %～85 %的 D-香芹酮、高达 50 %的 D-柠檬烯、少量的香芹醇异构体及其二氢衍生物等。

1.5.1　气相色谱分析(图 1.5.1、图 1.5.2，表 1.5.1)

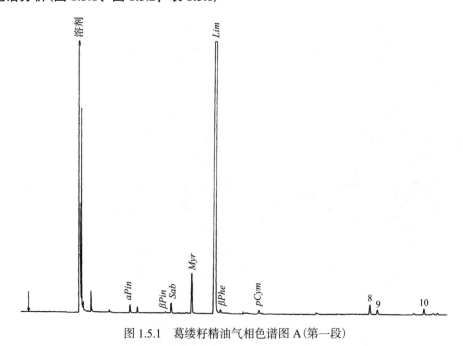

图 1.5.1　葛缕籽精油气相色谱图 A(第一段)

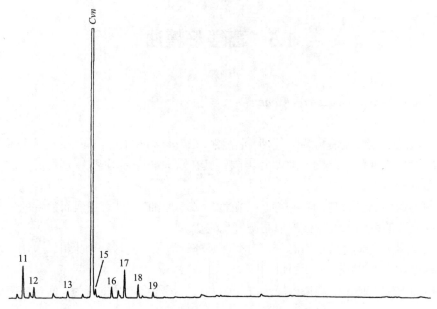

图 1.5.2　葛缕籽精油气相色谱图 B(第二段)

表 1.5.1　葛缕籽精油气相色谱图分析结果

序号	中文名称	英文名称	代码	百分比/%
1	α-蒎烯	α-Pinene	aPin	0.07
2	β-蒎烯	β-Pinene	βPin	0.01
3	桧烯	Sabinene	Sab	0.10
4	月桂烯	Myrcene	Myr	0.46
5	柠檬烯	Limonene	Lim	53.85
6	β-水芹烯	β-Phellandrene	βPhe	0.03
7	对异丙基甲苯	para-Cymene	pCym	0.03
8	顺式-柠檬烯-1, 2-环氧化物	cis-Limonen-1,2-epoxide		0.12
9	反式-柠檬烯-1, 2-环氧化物	trans-Limonen-1,2-epoxide		0.06
10	芳樟醇	Linalool	Loo	0.07
11	顺式-二氢香芹酮	cis-Dihydrocarvone	cDhCvn	0.48
12	反式-二氢香芹酮	trans-Dihydrocarvone	tDhCvn	0.12
13	α-松油醇	α-Terpineol	aTol	0.09
14	香芹酮	Carvone	Cvn	43.39
15	二氢香芹醇	Dihydrocarveol		0.10
16	异二氢香芹醇	iso-Dihydrocarveol		0.12
17	新异二氢香芹醇	neoiso-Dihydrocarveol		0.40
18	反式-香芹醇	trans-Carveol		0.15
19	顺式-香芹醇	cis-Carveol		0.08

1.5.2　核磁共振碳谱分析（图 1.5.3～图 1.5.5，表 1.5.2～表 1.5.4）

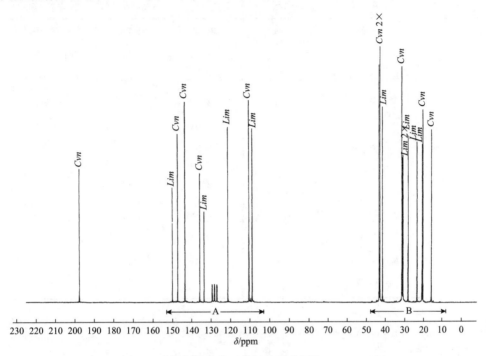

图 1.5.3　葛缕籽精油核磁共振碳谱总图（0～230 ppm）

表 1.5.2　葛缕籽精油核磁共振碳谱图（160～230 ppm）分析结果

化学位移/ppm	相对强度/%	中文名称	代码
197.48	53.0	香芹酮	Cvn

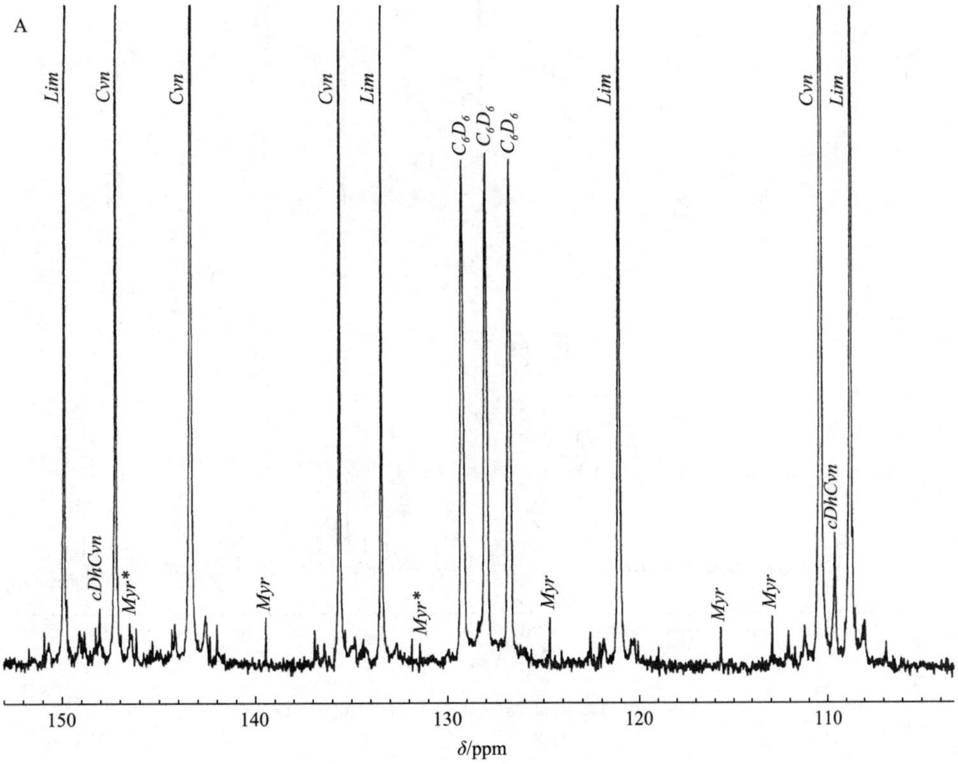

图 1.5.4　葛缕籽精油核磁共振碳谱图 A（104～153 ppm）

表1.5.3　葛缕籽精油核磁共振碳谱图A（104～153 ppm）分析结果

化学位移/ppm	相对强度/%	中文名称	代码	化学位移/ppm	相对强度/%	中文名称	代码
149.89	53.0	香芹酮	*Cvn*	128.00	7.5	氘代苯（溶剂）	C_6D_6
149.74	1.0			126.80	7.4	氘代苯（溶剂）	C_6D_6
148.05	0.9	顺式-二氢香芹酮	*cDhCvn*	124.69	0.7		
147.21	66.5	香芹酮	*Cvn*	121.11	69.0	柠檬烯	*Lim*
147.11	1.3			112.93	0.7	月桂烯	*Myr*
143.36	78.9	香芹酮	*Cvn*	110.41	79.5	香芹酮	*Cvn*
142.60	0.7			109.64	1.9	顺式-二氢香芹酮	*cDhCvn*
139.46	0.7	月桂烯	*Myr*	108.78	68.4	柠檬烯	*Lim*
135.61	51.1	香芹酮	*Cvn*	108.65	2.0		
133.43	36.1	柠檬烯	*Lim*	108.49	0.8		
129.20	7.4	氘代苯（溶剂）	C_6D_6				

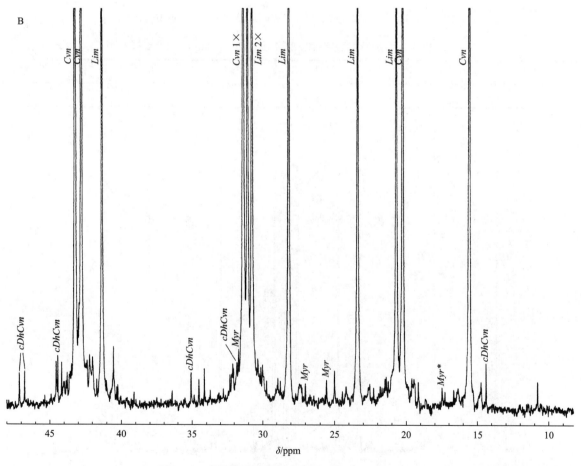

图1.5.5　葛缕籽精油核磁共振碳谱图B（9～48 ppm）

表 1.5.4　葛缕籽精油核磁共振碳谱图 B(9～48 ppm)分析结果

化学位移/ppm	相对强度/%	中文名称	代码	化学位移/ppm	相对强度/%	中文名称	代码
47.13	0.7	顺式-二氢香芹酮	cDhCvn	32.10	1.0		
46.76	0.8	顺式-二氢香芹酮	cDhCvn	32.05	0.8		
44.55	1.0			31.80	1.0	顺式-二氢香芹酮	cDhCvn
44.44	1.2	顺式-二氢香芹酮	cDhCvn	31.69	1.3	月桂烯	Myr
44.17	1.0			31.35	92.2	香芹酮	Cvn
43.78	0.8			31.04	57.2	柠檬烯	Lim
43.56	0.8			30.73	58.2	柠檬烯	Lim
43.48	1.0			30.34	1.1		
43.19	92.8	香芹酮	Cvn	30.14	0.9		
42.99	2.1			30.01	0.9		
42.75	100.0	香芹酮	Cvn	28.15	65.5	柠檬烯	Lim
42.35	1.0			25.01	0.8		
42.17	1.2			23.38	63.2	柠檬烯	Lim
41.97	1.1			20.67	62.2	柠檬烯	Lim
41.31	76.8	柠檬烯	Lim	20.23	75.6	香芹酮/顺式-二氢香芹酮	Cvn/cDhCvn
40.54	1.4			15.56	67.8	香芹酮	Cvn
35.07	0.7	顺式-二氢香芹酮	cDhCvn	14.40	1.0	顺式-二氢香芹酮	cDhCvn
34.15	0.9						

1.6　芹菜籽精油

英文名称：Celery seed oil。

法文和德文名称：*Essence de semence de célerie*；*selleriesamenöl*。

研究类型：商品。

采用水蒸气蒸馏野生或种植芹菜(又称旱芹，伞形科植物，*Apium graveolens* L.)的成熟果实("籽"为不正确术语)就可得到芹菜籽精油。芹菜在全球几乎均有分布，而在荷兰、法国、匈牙利、印度、中国和美国等地区，则主要采用种植方式用作提取目的。

芹菜籽精油经常以少量被用于香水调配中，同时也是食品和利口酒的调料商品，少数也被用于药物制剂中。

芹菜籽精油的主要成分是萜烯物质，其中柠檬烯和 β-蛇床烯占据精油总量约 80%。除其他萜烯外，少量存在的丁基苯酞类物质则决定了该精油的特征香气及香味。

柠檬烯是在芹菜籽精油商品中发现的最常见掺假物或稀释剂。

1.6.1　气相色谱分析(图 1.6.1、图 1.6.2，表 1.6.1)

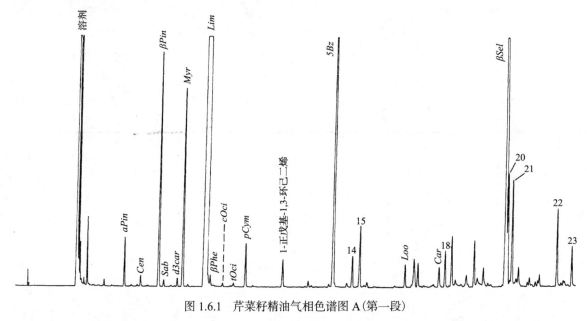

图 1.6.1　芹菜籽精油气相色谱图 A(第一段)

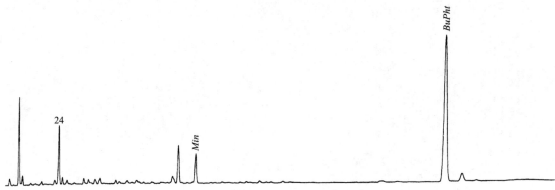

图 1.6.2　芹菜籽精油气相色谱图 B(第二段)

表 1.6.1　芹菜籽精油气相色谱图分析结果

序号	中文名称	英文名称	代码	百分比/%
1	α-蒎烯	α-Pinene	aPin	0.15
2	莰烯	Camphene	Cen	0.04
3	β-蒎烯	β-Pinene	βPin	0.90
4	桧烯	Sabinene	Sab	0.03
5	Δ^3-蒈烯	Δ^3-Carene	d3Car	0.03
6	月桂烯	Myrcene	Myr	0.79
7	柠檬烯	Limonene	Lim	85.13
8	β-水芹烯	β-Phellandrene	βPhe	0.05
9	顺式-β-罗勒烯	cis-β-Ocimene	cOci	0.01
10	反式-β-罗勒烯	trans-β-Ocimene	tOci	0.02
11	对异丙基甲苯	para-Cymene	pCym	0.18
12	1-正戊基-1,3-环己二烯	Pentylcyclohexa-1,3-diene		0.12
13	正戊苯	Pentylbenzene	5Bz	1.93
14	顺式-柠檬烯-1,2-环氧化物	cis-Limonene-1,2-epoxide		0.13
15	反式-柠檬烯-1,2-环氧化物	trans-Limonene-1,2-epoxide		0.27
16	芳樟醇	Linalool	Loo	0.09
17	β-石竹烯	β-Caryophyllene	Car	0.10
18	顺式-二氢香芹酮	cis-Dihydrocarvone	cDhCvn	0.16
19	β-蛇床烯	β-Selinene	βSel	3.68
20	α-蛇床烯	α-Selinene		0.46
21	香芹酮	Carvone	Cvn	0.45
22	反式-香芹醇	trans-Carveol		0.34
23	顺式-香芹醇	cis-Carveol		0.18
24	氧化石竹烯	Caryophyllene oxide	CarOx	0.26
25	肉豆蔻醚	Myristicin	Min	0.18
26	3-正丁基苯酞	3-n-Butylphthalide	BuPht	1.93
27	洋川芎内酯(未显示)	Senkyunolide (not shown)	Sky	

1.6.2　核磁共振碳谱分析（图 1.6.3～图 1.6.5，表 1.6.2～表 1.6.4）

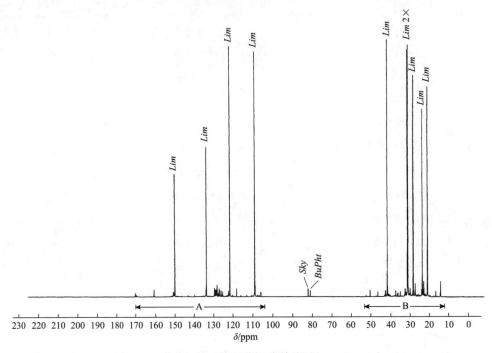

图 1.6.3　芹菜籽精油核磁共振碳谱总图（0～230 ppm）

表 1.6.2　芹菜籽精油核磁共振谱图（60～100 ppm）分析结果

化学位移/ppm	相对强度/%	中文名称	代码
81.94	3.5	洋川芎内酯	*Sky*
80.83	2.8	3-正丁基苯酞	*BuPht*

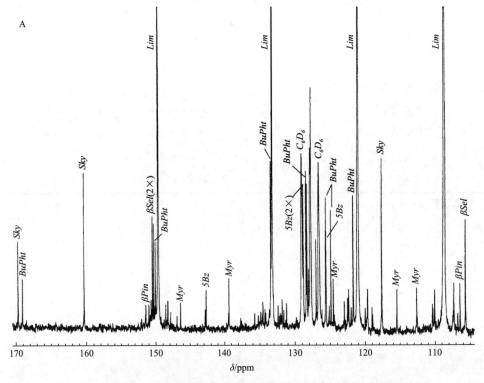

图 1.6.4　芹菜籽精油核磁共振碳谱图 A（105～170 ppm）

表 1.6.3　芹菜籽精油核磁共振碳谱图 A(105～170 ppm)分析结果

化学位移/ppm	相对强度/%	中文名称	代码	化学位移/ppm	相对强度/%	中文名称	代码
169.95	1.8	洋川芎内酯	*Sky*	128.49	3.0	正戊苯	*5Bz*
169.32	1.1	3-正丁基苯酞	*BuPht*	128.30	1.3		
160.56	3.2	洋川芎内酯	*Sky*	128.00	3.8	氘代苯(溶剂)	*C₆D₆*
151.62	0.5	β-蒎烯	*βPin*	127.90	5.0		
151.18	0.5			127.23	1.9		
150.86	0.6			126.80	3.5	氘代苯(溶剂)	*C₆D₆*
150.66	2.4	β-蛇床烯	*βSel*	126.44	0.4		
150.49	2.2	β-蛇床烯	*βSel*	125.88	2.1	正戊苯	*5Bz*
150.32	0.5			125.82	2.7	3-正丁基苯酞	*BuPht*
150.24	1.8	3-正丁基苯酞	*BuPht*	125.36	0.5		
149.82	48.2	柠檬烯	*Lim*	125.12	2.5	3-正丁基苯酞	*BuPht*
148.77	0.5			124.79	1.1	月桂烯	*Myr*
148.45	0.6			123,22	0.6		
148.05	0.4			122.74	0.7		
146.56	0.6	月桂烯	*Myr*	122.59	0.9		
143.03	0.4			122.24	0.5		
142.88	0.8	正戊苯	*5Bz*	121.93	2.8	3-正丁基苯酞	*BuPht*
139.63	0.4			121.23	97.3	柠檬烯	*Lim*
139.55	1.1	月桂烯	*Myr*	120.21	0.5		
135.95	0.4			119.86	0.9		
135.09	0.4			119.23	0.5		
134.76	0.6			117.82	3.5	洋川芎内酯	*Sky*
134.49	0.4			115.64	0.9	月桂烯	*Myr*
134.39	0.4			112.83	0.9	月桂烯	*Myr*
133.87	0.4			110.58	0.6	香芹酮	*Cvn*
133.62	3.5	3-正丁基苯酞	*BuPht*	110.51	0.5		
133.40	58.8	柠檬烯	*Lim*	110.25	0.9		
132.61	0.5			109.34	0.4		
132.31	0.4			108.88	95.2	柠檬烯	*Lim*
132.04	0.7			108.76	4.7	β-蛇床烯	*βSel*
131.82	0.4			107.52	1.0		
131.41	0.6	月桂烯	*Myr*	106.97	0.4		
129.22	3.6	氘代苯(溶剂)	*C₆D₆*	106.64	1.0	β-蒎烯	*βPin*
129.02	3.0	正戊苯	*5Bz*	105.89	2.3	β-蛇床烯	*βSel*
128.60	3.3	3-正丁基苯酞	*BuPht*				

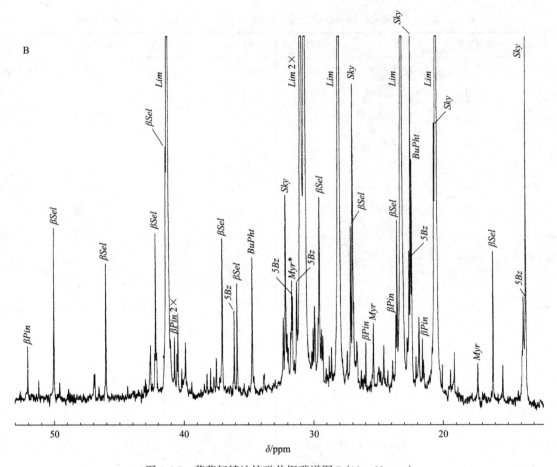

图 1.6.5　芹菜籽精油核磁共振碳谱图 B(12～53 ppm)

表 1.6.4　芹菜籽精油核磁共振碳谱图 B(12～53 ppm)分析结果

化学位移/ppm	相对强度/%	中文名称	代码	化学位移/ppm	相对强度/%	中文名称	代码
52.26	0.9	β-蒎烯	βPin	40.38	0.5		
50.24	3.0	β-蛇床烯	βSel	40.10	1.0		
47.17	0.4			38.42	0.4		
47.12	0.4			38.14	0.5		
46.27	2.4	β-蛇床烯	βSel	37.68	0.7		
42.83	0.9			37.22	2.8	β-蛇床烯	βSel
42.49	0.8			36.30	1.5	正戊苯	5Bz
42.42	2.9	β-蛇床烯	βSel	36.09	2.0	β-蛇床烯	βSel
42.32	0.8			34.91	2.5	3-正丁基苯酞	BuPht
41.59	4.5	β-蛇床烯	βSel	33.97	0.4		
41.46	100.0	柠檬烯	Lim	32.52	1.4		
41.26	1.0			32.36	3.6	洋川芎内酯	Sky
40.93	1.1	β-蒎烯	βPin	32.23	1.1		
40.76	0.8	β-蒎烯	βPin	32.16	0.9		
40.68	1.5			31.96	1.1		

化学位移/ppm	相对强度/%	中文名称	代码	化学位移/ppm	相对强度/%	中文名称	代码
31.89	2.1	月桂烯	Myr	25.22	0.5		
31.83	1.8	正戊苯	5Bz	25.07	0.4		
31.69	0.6	香芹酮	Cvn	24.81	0.9		
31.50	2.0	正戊苯	5Bz	24.51	0.5		
31.16	95.9	柠檬烯	Lim	24.16	0.6		
30.87	97.8	柠檬烯	Lim	23.90	1.5	β-蒎烯	βPin
30.37	0.8			23.81	3.1	β-蛇床烯	βSel
30.27	1.2			23.44	73.1	柠檬烯	Lim
30.16	1.6			23.02	1.0		
29.87	1.4			22.85	2.6	正戊苯	5Bz
29.77	3.6	β-蛇床烯	βSel	22.75	6.4	洋川芎内酯	Sky
29.63	1.2			22.65	4.2	3-正丁基苯酞	BuPht
29.51	1.1			22.34	0.7		
29.27	0.5			22.09	1.4		
29.15	0.4			21.85	1.0	β-蒎烯	βPin
29.03	0.7			21.76	0.6		
28.85	0.9			20.90	4.9	洋川芎内酯	Sky
28.27	86.1	柠檬烯	Lim	20.73	81.9	柠檬烯/香芹酮	Lim/Cvn
27.64	0.8			20.30	0.6		
27.36	3.0	β-蛇床烯	βSel	19.67	0.5		
27.22	5.6	洋川芎内酯	Sky	19.37	0.8		
27.13	1.7	月桂烯	Myr	17.57	0.6	月桂烯	Myr
26.89	1.0			16.39	2.6	β-蛇床烯	βSel
26.56	0.5			15.66	0.5		
26.33	0.4			14.07	1.8	正戊苯	5Bz
26.20	1.0	β-蒎烯	βPin	13.89	6.4	洋川芎内酯	Sky
25.63	1.3	月桂烯	Myr				

1.7　母　菊　精　油

英文名称：Chamomile oil。

法文和德文名称：*Essence de camomille*；*Kamillenöl*。

研究类型：埃及型、西班牙型。

采用水蒸气蒸馏母菊（也称德国春黄菊或蓝春黄菊）（菊科植物，*Matricaria chamomilla* L.，或 *Chamomilla recutita* (L.) Rauschert，亦或 *Matricaria recutita* L.）的花就可得到深蓝色的母菊精油。母菊属一年生草本植物，原产于南欧和东欧，后扩展至西亚，现野生于整个欧洲、大部分亚洲、北非、北美、南美和澳大利亚等地区，而在埃及、阿根廷、西班牙、巴尔干国家、捷克和德国等地区则以种植为主。全球母菊花总产量中仅有少部分被用于蒸馏，故母菊精油的年产量十分有限，其大部分是以药茶形式用于制药工业、药房和药店等。

母菊精油是一种稍黏稠液体，主要成分是倍半萜类衍生物，具有强烈的甜香和药草香等韵调，同时有新鲜水果的尾香，其主要在药物中使用，仅少部分被用于香水和食用香料行业（如某些教团僧侣型利口酒）中。

因不同产地种植母菊的化学类型不同，故母菊精油的物质组成有一定的差异，其主要成分是(Z)-(–)-α-红没药醇、(–)-α-红没药醇氧化物 A、(–)-α-红没药醇氧化物 B、母菊薁、(E)-β-金合欢烯和两个聚乙炔衍生物即顺式-螺醚和反式-螺醚等。母菊精油价格相当昂贵，添加含有红没药醇和薁类物质的合成及天然香料混合物是常见的掺假方式。

1.7.1　母菊精油（埃及型）

1.7.1.1　气相色谱分析（图 1.7.1、图 1.7.2，表 1.7.1）

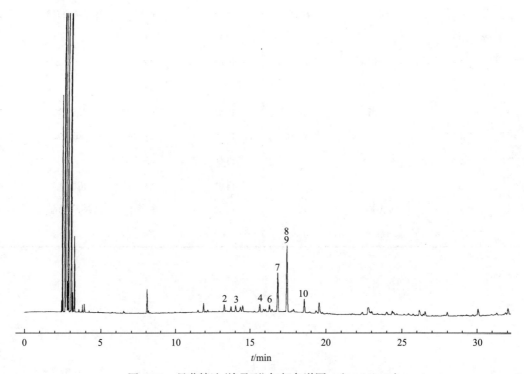

图 1.7.1　母菊精油（埃及型）气相色谱图 A（0～30 min）

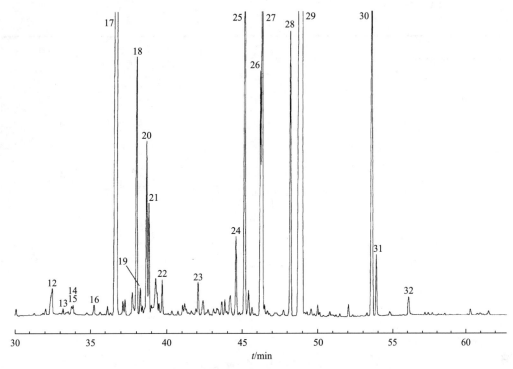

图 1.7.2　母菊精油（埃及型）气相色谱图 B（30～62 min）

表 1.7.1　母菊精油（埃及型）气相色谱图分析结果

序号	中文名称	英文名称	代码	百分比/% 埃及型	百分比/% 西班牙型
1	α-蒎烯	α-Pinene	aPin	0.02	0.06
2	桧烯	Sabinene	Sab	0.06	0.08
3	月桂烯	Myrcene	Myr	0.05	0.11
4	对异丙基甲苯	para-Cymene	pCym	0.06	0.23
5	柠檬烯	Limonene	Lim	0.02	0.06
6	顺式-β-罗勒烯	cis-β-Ocimene	cOci	0.06	0.08
7	反式-β-罗勒烯	trans-β-Ocimene	tOci	0.34	0.43
8	γ-松油烯	γ-Terpinene	gTer	0.15	0.26
9	青蒿酮	Artemisia ketone		0.47	0.30
10	青蒿醇	Artemisia alcohol		0.12	0.04
11	异松油烯	Terpinolene	Tno	0.01	0.06
12	癸酸	Decanoic acid		0.52	—
13	α-玷𣬺烯	α-Copaene	Cop	0.05	0.06
14	β-榄香烯	β-Elemene	Emn	0.10	0.18
15	地洞草烯(?)	Isocomene(?)		0.09	0.19
16	β-石竹烯	β-Caryophyllene	Car	0.13	0.23
17	(E)-β-金合欢烯	(E)-β-Farnesene	EβFen	23.19	30.06
18	大根香叶烯 D	Germacrene D	GenD	3.01	5.09

续表

序号	中文名称	英文名称	代码	百分比/%	
				埃及型	西班牙型
19	(Z,E)-α-金合欢烯	(Z,E)-α-Farnesene	ZEaFen	0.32	0.74
20	二环大根香叶烯	Bicyclogermacrene	BiGen	2.06	1.08
21	(E,E)-α-金合欢烯	(E,E)-α-Farnesene	EEaFen	1.13	4.75
22	δ-杜松烯	δ-Cadinene	dCad	0.40	0.20
23	斯巴醇(大花桉油醇)	Spathulenol		0.36	0.35
24	未知物	Unknown		0.95	—
25	α-红没药醇氧化物 B	α-Bisabolol oxide B	BolOxB	4.89	3.92
26	α-红没药醇	α-Bisabolol	Bol	2.49	27.79
27	α-红没药酮氧化物	α-Bisabolone oxide	BonOx	5.23	0.45
28	母菊薁	Chamazulene	AzuCh	3.38	5.75
29	α-红没药醇氧化物 A	α-Bisabolol oxide A	BolOxA	37.69	2.06
30	顺式-螺醚	cis-Spiroether	cSpi	5.58	10.35
31	反式-螺醚	trans-Spiroether	tSpi	0.67	0.50
32	螺醚同系物	Spiroether homologue		0.27	0.53

1.7.1.2　核磁共振碳谱分析(图 1.7.3～图 1.7.6，表 1.7.2～表 1.7.5)

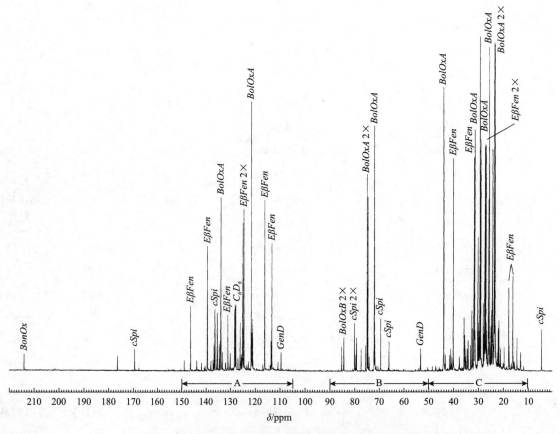

图 1.7.3　母菊精油(埃及型)核磁共振碳谱总图(0～220 ppm)

表 1.7.2　母菊精油(埃及型)核磁共振碳谱图(150～220 ppm)分析结果

化学位移/ppm	相对强度/%	中文名称	代码
213.93	4.6	α-红没药酮氧化物	BonOx
176.31	4.1		
169.31	5.9	顺式-螺醚	cSpi

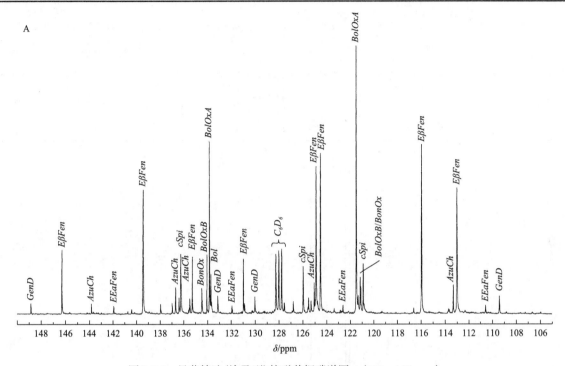

图 1.7.4　母菊精油(埃及型)核磁共振碳谱图 A(105～150 ppm)

表 1.7.3　母菊精油(埃及型)核磁共振碳谱图 A(105～150 ppm)分析结果

化学位移/ppm	相对强度/%	中文名称	代码	化学位移/ppm	相对强度/%	中文名称	代码
148.84	2.9	大根香叶烯 D	GenD	133.83	48.8	α-红没药醇氧化物 A	BolOxA
146.28	18.1	(E)-β-金合欢烯	EβFen	133.70	11.2	α-红没药醇	Bol
143.82	2.8	母菊薁	AzuCh	133.12	5.2	大根香叶烯 D	GenD
141.92	2.2	(E,E)-α-金合欢烯	EEaFen	131.92	2.3	(E,E)-α-金合欢烯	EEaFen
139.43	35.1	(E)-β-金合欢烯	EβFen	130.96	15.6	(E)-β-金合欢烯	EβFen
137.95	2.8			130.86	2.9		
136.97	2.9			130.01	5.0	大根香叶烯 D	GenD
136.68	7.5	母菊薁	AzuCh	128.24	17.0	氘代苯(溶剂)	C_6D_6
136.39	4.6			128.00	18.0	氘代苯(溶剂)	C_6D_6
136.24	17.0	顺式-螺醚	cSpi	127.76	18.5	氘代苯(溶剂)	C_6D_6
135.47	4.3	母菊薁	AzuCh	127.56	3.1		
135.26	16.1	(E)-β-金合欢烯	EβFen	126.81	3.5		
134.45	7.4	α-红没药酮氧化物	BonOx	125.97	13.4	顺式-螺醚	cSpi
134.05	8.3	α-红没药醇氧化物 B	BolOxB	125.51	4.6		

续表

化学位移/ppm	相对强度/%	中文名称	代码	化学位移/ppm	相对强度/%	中文名称	代码
125.31	3.7			121.08	7.8	α-红没药酮氧化物	BonOx
125.04	8.9	母菊薁	AzuCh	120.88	14.3	顺式-螺醚	cSpi
124.88	41.7	(E)-β-金合欢烯	EβFen	115.95	48.0	(E)-β-金合欢烯	EβFen
124.50	45.5	(E)-β-金合欢烯	EβFen	113.34	8.3	母菊薁	AzuCh
122.61	2.5	(E,E)-α-金合欢烯	EEaFen	113.03	35.8	(E)-β-金合欢烯	EβFen
121.48	75.9	α-红没药醇氧化物 A	BolOxA	110.58	2.5	(E,E)-α-金合欢烯	EEaFen
121.33	5.3			109.41	5.1	大根香叶烯 D	GenD
121.15	10.5	α-红没药醇氧化物 B	BolOxB				

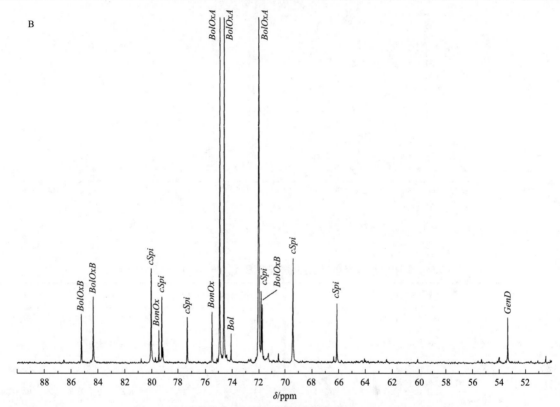

图 1.7.5　母菊精油(埃及型)核磁共振碳谱图 B(50~90 ppm)

表 1.7.4　母菊精油(埃及型)核磁共振碳谱图 B(50~90 ppm)分析结果

化学位移/ppm	相对强度/%	中文名称	代码	化学位移/ppm	相对强度/%	中文名称	代码
85.23	6.7	α-红没药醇氧化物 B	BolOxB	74.60	49.1	α-红没药醇氧化物 A	BolOxA
84.35	9.2	α-红没药醇氧化物 B	BolOxB	74.06	4.0	α-红没药醇	Bol
80.03	13.2	顺式-螺醚	·cSpi	72.02	69.2	α-红没药醇氧化物 A	BoloxA
79.44	4.5	α-红没药酮氧化物	BonOx	71.82	10.0	顺式-螺醚	cSpi
79.21	9.2	顺式-螺醚	cSpi	71.74	8.2	α-红没药醇氧化物 B	BolOxB
77.31	6.3	顺式-螺醚	cSpi	69.43	14.6	顺式-螺醚	cSpi
75.50	7.1	α-红没药酮氧化物	BonOx	66.13	8.3	顺式-螺醚	cSpi
74.92	55.4	α-红没药醇氧化物 A	BolOxA	53.36	6.3	大根香叶烯 D	GenD

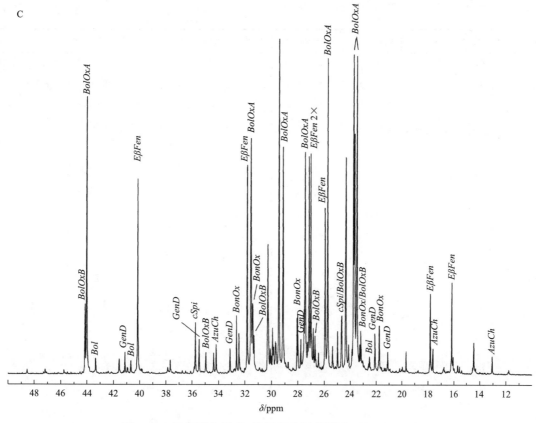

图 1.7.6　母菊精油（埃及型）核磁共振碳谱图 C（0～50 ppm）

表 1.7.5　母菊精油（埃及型）核磁共振碳谱图 C（0～50 ppm）分析结果

化学位移/ppm	相对强度/%	中文名称	代码	化学位移/ppm	相对强度/%	中文名称	代码
44.13	20.2	α-红没药醇氧化物 B /α-红没药酮氧化物	BolOxB /BonOx	31.52	68.0	α-红没药醇氧化物 A	BolOxA
44.02	80.0	α-红没药醇氧化物 A	BoloxA	31.41	20.4		
43.34	4.5	α-红没药醇	Bol	31.37	20.0	α-红没药酮氧化物	BonOx
41.57	4.3			31.29	11.3	α-红没药醇氧化物 B	BolOxB
41.12	6.3	大根香叶烯 D	GenD	30.25	37.6		
40.67	3.9	α-红没药醇	Bol	30.21	17.8		
40.15	60.1	(E)-β-金合欢烯	EβFen	30.07	7.4		
37.65	4.1			30.00	5.4		
35.75	14.9	顺式-螺醚	cSpi	29.91	13.4		
35.47	10.0	大根香叶烯 D	GenD	29.82	7.8		
34.95	6.3	α-红没药醇氧化物 B	BolOxB	29.70	9.5		
34.36	6.1			29.43	100.0		
34.17	8.5	母菊薁	AzuCh	29.13	65.5	α-红没药醇氧化物 A	BolOxA
33.12	7.3	大根香叶烯 D	GenD	28.06	16.3		
32.61	16.9	α-红没药酮氧化物	BonOx	28.00	18.9	α-红没药酮氧化物	BonOx
32.43	11.8			27.77	10.2	大根香叶烯 D	GenD
31.81	60.3	(E)-β-金合欢烯	EβFen	27.52	18.8	α-红没药醇氧化物 B	BolOxB

续表

化学位移/ppm	相对强度/%	中文名称	代码	化学位移/ppm	相对强度/%	中文名称	代码
27.45	64.0	α-红没药醇氧化物 A	*BolOxA*	23.47	91.9	α-红没药醇氧化物 A	*BolOxA*
27.24	9.4	α-红没药酮氧化物	*BonOx*	23.25	8.6	α-红没药醇氧化物 B	*BolOxB*
27.14	62.9	(E)-β-金合欢烯	*EβFen*	23.17	12.5	α-红没药酮氧化物	*BonOx*
27.00	63.7	(E)-β-金合欢烯	*EβFen*	22.50	5.1	α-红没药醇	*Bol*
26.81	13.3			22.09	11.8	大根香叶烯 D	*GenD*
26.69	11.2			21.75	14.1	α-红没药酮氧化物	*BonOx*
26.42	6.2	α-红没药醇氧化物 B	*BolOxB*	21.10	6.5	大根香叶烯 D	*GenD*
25.92	48.2	(E)-β-金合欢烯	*EβFen*	19.66	6.7		
25.74	91.3	α-红没药醇氧化物 A	*BolOxA*	17.83	23.3	(E)-β-金合欢烯	*EβFen*
25.36	8.1			17.63	7.5	母菊薁	*AzuCh*
24.99	12.5			16.17	26.6	(E)-β-金合欢烯	*EβFen*
24.66	17.0	顺式-螺醚/α-红没药醇氧化物 B	*cSpi/BolOxB*	16.07	5.1		
24.34	62.6			15.69	2.7		
24.12	8.6			14.46	9.2		
23.85	7.3			13.06	5.3	母菊薁	*AzuCh*
23.73	92.4	α-红没药醇氧化物 A	*BolOxA*	4.44	11.5	顺式-螺醚	*cSpi*
23.64	69.3						

1.7.2　母菊精油(西班牙型)

1.7.2.1　气相色谱分析(图 1.7.7、图 1.7.8，表 1.7.6)

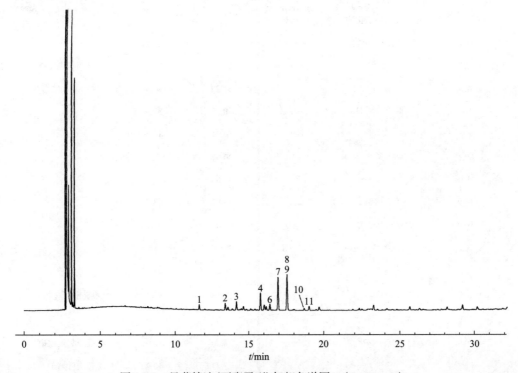

图 1.7.7　母菊精油(西班牙型)气相色谱图 A(0~30 min)

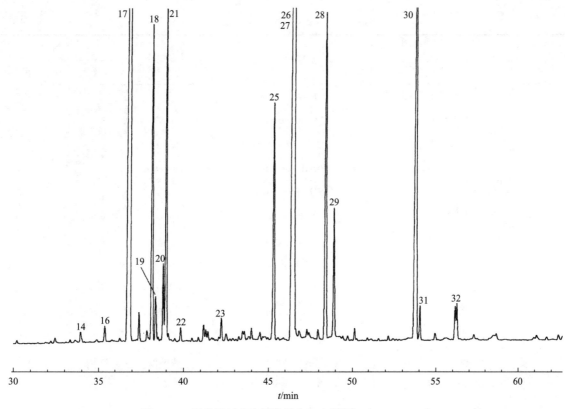

图 1.7.8　母菊精油(西班牙型)气相色谱图 B(30～62 min)

表 1.7.6　母菊精油(西班牙型)气相色谱图分析结果

序号	中文名称	英文名称	代码	百分比/%	
				埃及型	西班牙型
1	α-蒎烯	α-Pinene	*aPin*	0.02	0.06
2	桧烯	Sabinene	*Sab*	0.06	0.08
3	月桂烯	Myrcene	*Myr*	0.05	0.11
4	对异丙基甲苯	*para*-Cymene	*pCym*	0.06	0.23
5	柠檬烯	Limonene	*Lim*	0.02	0.06
6	顺式-β-罗勒烯	*cis*-β-Ocimene	*cOci*	0.06	0.08
7	反式-β-罗勒烯	*trans*-β-Ocimene	*tOci*	0.34	0.43
8	γ-松油烯	γ-Terpinene	*gTer*	0.15	0.26
9	青蒿酮	Artemisia ketone		0.47	0.30
10	青蒿醇	Artemisia alcohol		0.12	0.04
11	异松油烯	Terpinolene	*Tno*	0.01	0.06
12	癸酸	Decanoic acid		0.52	—
13	α-玷理烯	α-Copaene	*Cop*	0.05	0.06
14	β-榄香烯	β-Elemene	*Emn*	0.10	0.18
15	地洞草烯(?)	Isocomene(?)		0.09	0.19
16	β-石竹烯	β-Caryophyllene	*Car*	0.13	0.23

续表

序号	中文名称	英文名称	代码	百分比/%	
				埃及型	西班牙型
17	(E)-β-金合欢烯	(E)-β-Farnesene	EβFen	23.19	30.06
18	大根香叶烯 D	Germacrene D	GenD	3.01	5.09
19	(Z,E)-α-金合欢烯	(Z,E)-α-Farnesene	ZEaFen	0.32	0.74
20	二环大根香叶烯	Bicyclogermacrene	BiGen	2.06	1.08
21	(E,E)-α-金合欢烯	(E,E)-α-Farnesene	EEaFen	1.13	4.75
22	δ-杜松烯	δ-Cadinene	dCad	0.40	0.20
23	斯巴醇(大花桉油醇)	Spathulenol		0.36	0.35
24	未知物	Unknown		0.95	—
25	α-红没药醇氧化物 B	α-Bisabolol oxide B	BolOxB	4.89	3.92
26	α-红没药醇	α-Bisabolol	Bol	2.49	27.79
27	α-红没药酮氧化物	α-Bisabolone oxide	BonOx	5.23	0.45
28	母菊薁	Chamazulene	AzuCh	3.38	5.75
29	α-红没药醇氧化物 A	α-Bisabolol oxide A	BolOxA	37.69	2.06
30	顺式-螺醚	cis-Spiroether	cSpi	5.58	10.35
31	反式-螺醚	trans-Spiroether	tSpi	0.67	0.50
32	螺醚同系物	Spiroether homologue		0.27	0.53

1.7.2.2　核磁共振碳谱分析(图 1.7.9～图 1.7.12，表 1.7.7～表 1.7.10)

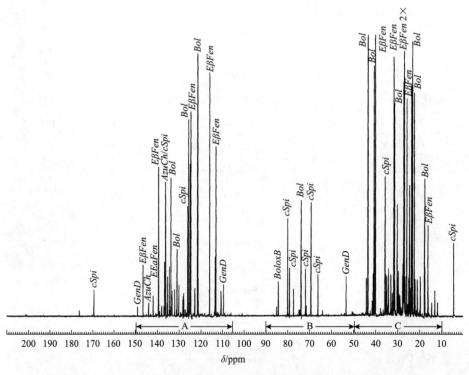

图 1.7.9　母菊精油(西班牙型)核磁共振碳谱总图(0～210 ppm)

表 1.7.7　母菊精油(西班牙型)核磁共振谱图(150～210 ppm)分析结果

表 1.7.7　母菊精油(西班牙型)核磁共振谱图(150～210 ppm)分析结果

化学位移/ppm	相对强度/%	中文名称	代码
176.14	1.8		
169.34	8.6	顺式-螺醚	cSpi

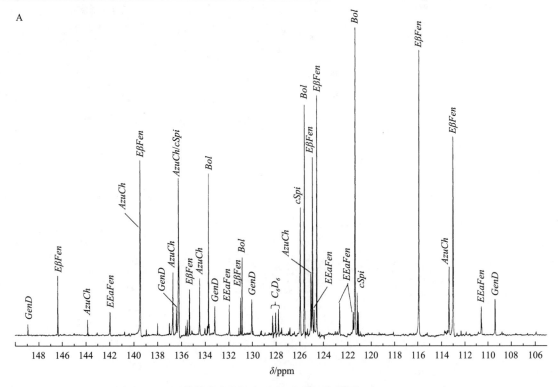

图 1.7.10　母菊精油(西班牙型)核磁共振碳谱图 A(105～150 ppm)

表 1.7.8　母菊精油(西班牙型)核磁共振碳谱图 A(105～150 ppm)分析结果

化学位移/ppm	相对强度/%	中文名称	代码	化学位移/ppm	相对强度/%	中文名称	代码
148.89	3.0	大根香叶烯 D	GenD	135.46	4.3		
146.31	16.9	(E)-β-金合欢烯	EβFen	135.28	13.0	(E)-β-金合欢烯	EβFen
143.82	4.3	母菊薁	AzuCh	134.43	16.3	母菊薁	AzuCh
141.92	6.6	(E,E)-α-金合欢烯	EEaFen	133.99	1.9		
139.46	28.7	母菊薁	AzuCh	133.78	2.6		
139.43	50.3	(E)-β-金合欢烯	EβFen	133.68	46.6	α-红没药醇	Bol
138.92	1.7			133.63	3.1		
137.97	3.4			133.14	8.3	大根香叶烯 D	GenD
136.96	3.3			131.92	8.7	(E,E)-α-金合欢烯	EEaFen
136.68	17.9	母菊薁	AzuCh	131.10	2.1		
136.39	7.9	大根香叶烯 D	GenD	130.96	10.7	(E)-β-金合欢烯	EβFen
136.21	45.2	顺式-螺醚	cSpi	130.83	22.3	α-红没药醇	Bol
136.18	19.9	母菊薁	AzuCh	130.01	10.2	大根香叶烯 D	GenD
135.59	2.6			129.19	1.3		

化学位移/ppm	相对强度/%	中文名称	代码	化学位移/ppm	相对强度/%	中文名称	代码
128.24	5.5	氘代苯(溶剂)	C_6D_6	124.52	69.1	(E)-β-金合欢烯	EβFen
127.99	6.4	氘代苯(溶剂)	C_6D_6	122.63	9.2	(E,E)-α-金合欢烯	EEaFen
127.75	7.5	氘代苯(溶剂)	C_6D_6	121.50	6.6	(E,E)-α-金合欢烯	EEaFen
127.49	2.1			121.35	88.7	α-红没药醇	Bol
126.80	2.1			121.16	12.1	顺式-螺醚	cSpi
125.92	36.8	顺式-螺醚	cSpi	121.06	6.5		
125.57	66.5	α-红没药醇	Bol	115.90	82.2	(E)-β-金合欢烯	EβFen
125.32	1.9			113.34	19.6	母菊薁	AzuCh
125.04	17.6	母菊薁	AzuCh	112.99	57.2	(E)-β-金合欢烯	EβFen
124.90	51.2	(E)-β-金合欢烯	EβFen	110.53	8.2	(E,E)-α-金合欢烯	EEaFen
124.77	7.3	(E,E)-α-金合欢烯	EEaFen	109.37	10.4	大根香叶烯 D	GenD

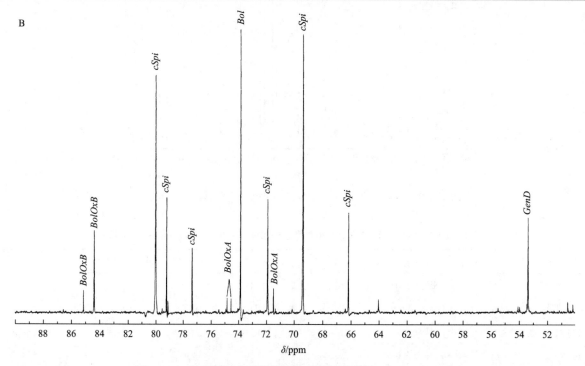

图 1.7.11　母菊精油(西班牙型)核磁共振碳谱图 B(50～90 ppm)

表 1.7.9　母菊精油(西班牙型)核磁共振碳谱图 B(50～90 ppm)分析结果

化学位移/ppm	相对强度/%	中文名称	代码	化学位移/ppm	相对强度/%	中文名称	代码
85.11	3.1	α-红没药醇氧化物 B	BolOxB	73.84	38.9	α-红没药醇	Bol
84.36	11.4	α-红没药醇氧化物 B	BolOxB	71.89	15.6	顺式-螺醚	cSpi
79.98	32.6	顺式-螺醚	cSpi	71.46	3.4	α-红没药醇氧化物 A	BolOxA
79.18	15.9	顺式-螺醚	cSpi	69.39	38.2	顺式-螺醚	cSpi
79.08	1.7			66.16	13.8	顺式-螺醚	cSpi
77.31	9.0	顺式-螺醚	cSpi	64.03	1.9		
74.79	2.1	α-红没药醇氧化物 A	BolOxA	53.37	13.2	大根香叶烯 D	GenD
74.51	2.0	α-红没药醇氧化物 A	BolOxA	50.53	1.6		

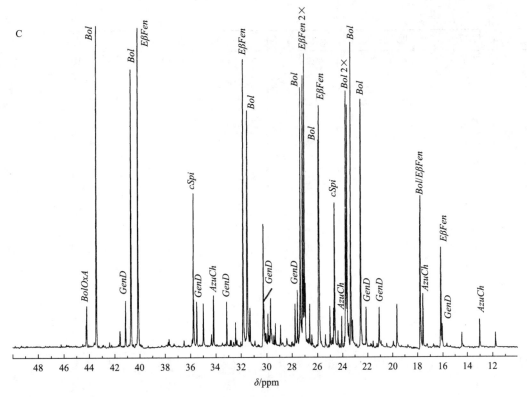

图 1.7.12 母菊精油(西班牙型)核磁共振碳谱图 C(0～50 ppm)

表 1.7.10 母菊精油(西班牙型)核磁共振碳谱图 C(0～50 ppm)分析结果

化学位移/ppm	相对强度/%	中文名称	代码	化学位移/ppm	相对强度/%	中文名称	代码
44.23	6.7			32.42	7.5		
44.19	12.5	α-红没药醇氧化物 A	BolOxA	32.31	2.3		
43.44	100.0	α-红没药醇	Bol	32.01	1.8		
42.39	1.7			31.82	87.6	(E)-β-金合欢烯	EβFen
41.57	5.0			31.50	72.0	α-红没药醇	Bol
41.12	14.2	大根香叶烯 D	GenD	31.28	11.9		
40.69	84.5	α-红没药醇	Bol	30.90	2.0		
40.14	97.2	(E)-β-金合欢烯	EβFen	30.24	37.6		
40.08	19.6			30.20	13.2	大根香叶烯 D	GenD
37.67	2.6			30.06	4.3		
36.48	2.2			29.90	10.2		
35.74	47.0	顺式-螺醚	cSpi	29.81	3.5		
35.48	13.8	大根香叶烯 D	GenD	29.70	14.8		
34.96	13.3			29.43	3.8		
34.33	4.0			29.32	7.3		
34.15	15.7	母菊薁	AzuCh	28.91	6.8		
33.12	13.8	大根香叶烯 D	GenD	28.41	2.7		
32.83	2.3			27.99	1.8		
32.76	2.2			27.76	13.1		
32.58	1.6			27.56	17.3	大根香叶烯 D	GenD

化学位移/ppm	相对强度/%	中文名称	代码	化学位移/ppm	相对强度/%	中文名称	代码
27.34	79.0	α-红没药醇	*Bol*	23.63	73.7	α-红没药醇	*Bol*
27.23	8.2			23.48	7.3		
27.14	82.6	(E)-β-金合欢烯	*EβFen*	23.33	92.8	α-红没药醇	*Bol*
27.11	22.4			23.17	8.3		
27.02	89.4	(E)-β-金合欢烯	*EβFen*	22.53	75.5	α-红没药醇	*Bol*
26.94	19.4			22.10	12.2	大根香叶烯 D	*GenD*
26.71	2.8			21.54	2.0		
26.59	13.1			21.06	12.1	大根香叶烯 D	*GenD*
26.42	3.9			19.93	1.9		
25.91	63.1	α-红没药醇	*Bol*	19.64	13.0	α-红没药醇	*Bol*
25.86	73.5	(E)-β-金合欢烯	*EβFen*	17.76	46.2	(E)-β-金合欢烯	*EβFen*
25.37	3.9			17.55	16.2	母菊薁	*AzuCh*
25.01	12.5			16.18	5.3		
24.83	2.9			16.13	30.4	(E)-β-金合欢烯	*EβFen*
24.71	11.8			16.02	7.1	大根香叶烯 D	*GenD*
24.66	44.1	顺式-螺醚	*cSpi*	14.42	4.4		
24.37	5.0			13.01	8.5	母菊薁	*AzuCh*
24.07	9.4	母菊薁	*AzuCh*	11.75	4.5		
23.83	3.3			4.36	24.3	顺式-螺醚	*cSpi*
23.74	78.0	α-红没药醇	*Bol*				

1.8　斯里兰卡肉桂皮精油

英文名称：Cinnamon bark oil*。

法文和德文名称：*Essence de cannelle de Ceylan*；*Zimtöl*。

研究类型：商品。

采用水蒸气蒸馏锡南肉桂树［樟科植物，*Cinnamomum verum* J.S. Presl（又称 *C. zeylanicum* Blume）］的干燥树皮就可得到斯里兰卡肉桂皮精油，以斯里兰卡产区的品质为佳。锡南肉桂树原产于印度和印度尼西亚，而斯里兰卡、中南半岛、缅甸和几个印度尼西亚岛屿等地区则以栽培为主，用于精油提取。

斯里兰卡肉桂皮精油具有强烈且持久的辛香和甜香，不仅用于香水的调配，还在食品、烘烤品、饮料、药物、牙科制剂等食用香料行业中有着广泛的应用。

斯里兰卡肉桂皮精油的主要成分是肉桂醛、芳樟醇、丁香酚、少量萜烯和各种芳香醛类和酯类物质。

斯里兰卡肉桂皮精油很容易出现添加低廉肉桂醛和丁香酚合成品（源自廉价精油的单离）的掺假行为。在药典斯里兰卡肉桂油（Cinnamon oil）词条下，偶尔会有中国肉桂叶精油（Cassia leaf oil）及其人造替代物的补充论述。

1.8.1　气相色谱分析（图 1.8.1、图 1.8.2，表 1.8.1）

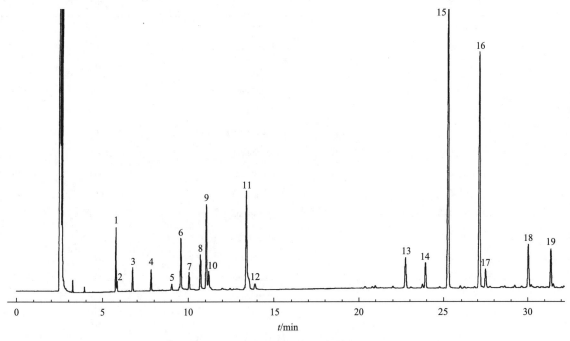

图 1.8.1　斯里兰卡肉桂皮精油气相色谱图 A（0～32 min）

---

* 原书中为 Cinnamon oil，按精油命名原则，应加部位进行描述——译者注。

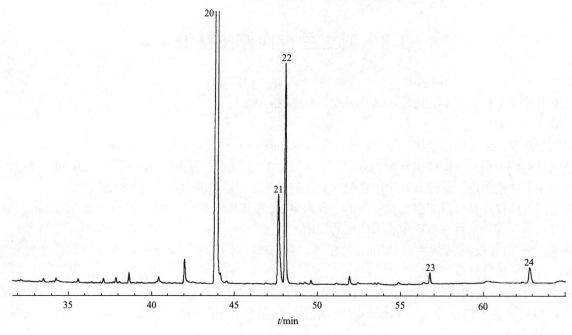

图 1.8.2　斯里兰卡肉桂皮精油气相色谱图 B（32～65 min）

表 1.8.1　斯里兰卡肉桂皮精油气相色谱图分析结果

序号	中文名称	英文名称	代码	百分比/%
1	α-蒎烯	α-Pinene	aPin	0.74
2	α-侧柏烯	α-Thujene	Ten	0.12
3	莰烯	Camphene	Cen	0.32
4	β-蒎烯	β-Pinene	βPin	0.30
5	3-蒈烯	Δ^3-Carene	d3Car	0.09
6	α-水芹烯	α-Phellandrene	aPhe	0.87
7	α-松油烯	α-Terpinene	aTer	0.29
8	柠檬烯	Limonene	Lim	0.59
9	β-水芹烯	β-Phellandrene	βPhe	1.48
10	1,8-桉叶素	1,8-Cineole	Cin1,8	0.40
11	对异丙基甲苯	p-Cymene	pCym	2.50
12	异松油烯	Terpinolene	Tno	0.13
13	α-玷珇烯	α-Copaene	Cop	0.71
14	苯甲醛	Benzaldehyde	Bal	0.53
15	芳樟醇	Linalool	Loo	7.04
16	β-石竹烯	β-Caryophyllene	Car	5.77
17	4-松油醇	Terpinene-4-ol	Trn4	0.41
18	α-蛇麻烯	α-Humulene	Hum	0.99
19	α-松油醇	α-Terpineol	aTol	0.76
20	肉桂醛	Cinnamic aldehyde	Zal	63.07
21	乙酸肉桂酯	Cinnamyl acetate	ZolAc	3.83
22	丁香酚	Eugenol	Eug	6.10
23	(E)-邻甲氧基肉桂醛	(E)-o-Methoxy cinnamic aldehyde		0.30
24	苯甲酸苄酯	Benzyl benzoate	BzBenz	0.77

1.8.2　核磁共振碳谱分析(图 1.8.3～图 1.8.6，表 1.8.2～表 1.8.5)

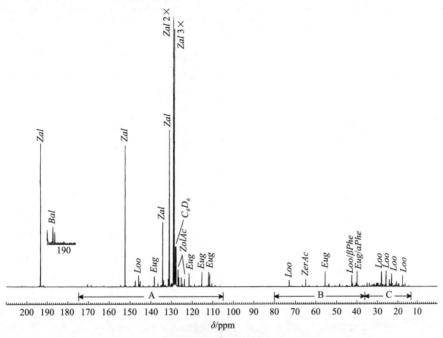

图 1.8.3　斯里兰卡肉桂皮精油核磁共振碳谱总图(0～210 ppm)

表 1.8.2　斯里兰卡肉桂皮精油核磁共振碳谱图(175～210 ppm)分析结果

化学位移/ppm	相对强度/%	中文名称	代码
193.96	0.3		
193.60	0.3		
193.33	50.0	肉桂醛	*Zal*
193.06	0.3		
191.99	0.4	苯甲醛	*Bal*
191.67	0.3		

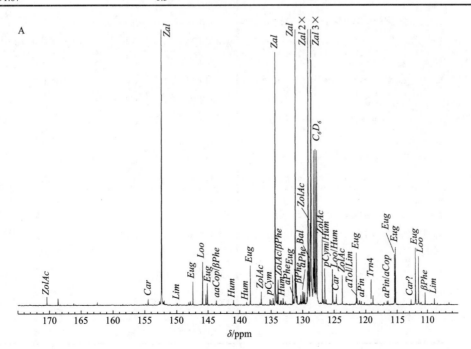

图 1.8.4　斯里兰卡肉桂皮精油核磁共振碳谱图 A(105～175 ppm)

表 1.8.3　斯里兰卡肉桂皮精油核磁共振碳谱图 A(105～175 ppm)分析结果

化学位移/ppm	相对强度/%	中文名称	代码	化学位移/ppm	相对强度/%	中文名称	代码
170.36	0.7	乙酸肉桂酯	ZolAc	130.01	0.9		
168.60	0.6			129.99	1.2	α-水芹烯	aPhe
162.43	0.2			129.84	1.1	苯甲醛	Bal
154.45	0.5	β-石竹烯	Car	129.68	1.1	苯甲酸苄酯	BzBenz
152.65	0.3			129.34	0.7		
152.60	0.3			129.24	3.0	对异丙基甲苯	pCym
152.33	49.3	肉桂醛	Zal	129.12	100.0	肉桂醛	Zal 2×
152.05	0.3			129.02	2.0		
151.97	0.3			128.96	3.8	苯甲醛	Bal
151.91	0.4			128.80	7.2	乙酸肉桂酯	ZolAc
149.87	0.2	柠檬烯	Lim	128.68	89.6	肉桂醛	Zal 2×
148.07	0.2			128.66	61.5	肉桂醛	Zal
147.80	0.3			128.56	2.4	苯甲酸苄酯	BzBenz
147.37	2.0	丁香酚	Eug	128.51	1.3	α-水芹烯	aPhe
145.82	3.8	芳樟醇	Loo	128.36	1.4		
145.29	0.9			128.33	3.3	苯甲酸苄酯	BzBenz
145.07	1.9	丁香酚	Eug	128.16	4.1	α-蛇麻烯/苯甲酸苄酯	Hum/BzBenz
143.70	0.2	α-玷㶹烯	aCop	127.92	1.2		
143.63	0.4	β-水芹烯	βPhe	126.86	5.8	乙酸肉桂酯	ZolAc
140.91	0.4	α-蛇麻烯	Hum	126.70	0.4		
138.90	0.2	α-蛇麻烯	Hum	125.24	3.1	芳樟醇/α-蛇麻烯	Loo/Hum
138.29	3.5	丁香酚	Eug	125.16	0.5		
136.79	0.2	苯甲醛	Bal	124.94	0.3		
136.55	1.2	乙酸肉桂酯	ZolAc	124.64	0.9	β-石竹烯	Car
135.18	0.5	对异丙基甲苯	pCym	123.71	2.6	乙酸肉桂酯	ZolAc
134.99	0.4			121.48	4.6	丁香酚	Eug
134.67	0.6			121.38	0.6	α-松油醇/柠檬烯	aTol/Lim
134.61	0.4			120.99	0.4		
134.33	22.2	肉桂醛/苯甲醛	Zal/Bal	120.94	0.3		
134.08	0.9			120.70	0.3	α-水芹烯	aPhe
134.05	0.5			120.18	0.2		
133.87	2.2	乙酸肉桂酯/β-水芹烯	ZolAc/βPhe	119.09	0.2	4-松油醇	Trn4
133.47	0.4	α-松油醇	aTol	118.79	0.8		
133.36	0.4	柠檬烯	Lim	117.02	0.2		
133.09	0.6			116.53	0.3	α-蒎烯	aPin
133.01	0.3	α-蛇麻烯	Hum	116.39	0.3	α-玷㶹烯	aCop
132.72	0.3	苯甲酸苄酯	BzBenz	115.36	4.5	丁香酚	Eug
131.57	2.6	丁香酚	Eug	115.24	5.1	丁香酚	Eug
131.43	0.5	α-水芹烯	aPhe	112.75	0.4	β-石竹烯?	Car?
131.13	54.6	肉桂醛	Zal	112.00	5.0	丁香酚	Eug
131.01	1.9			111.47	4.3	芳樟醇	Loo
130.88	0.8			111.07	0.2		
130.41	0.3	苯甲酸苄酯	BzBenz	110.39	1.1	β-水芹烯	βPhe
130.28	0.8	β-水芹烯	βPhe	108.82	0.5	柠檬烯	Lim
130.17	0.3			106.52	0.2		

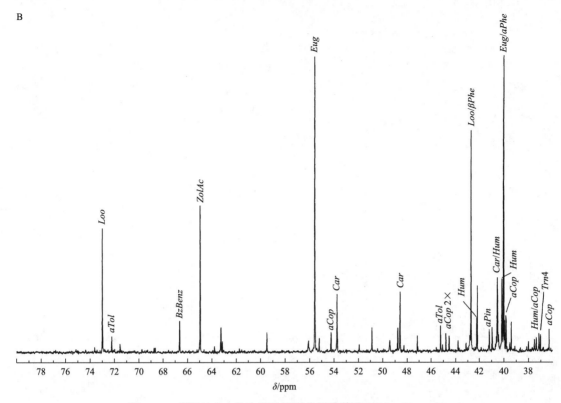

图 1.8.5　斯里兰卡肉桂皮精油核磁共振碳谱图 B (37～80 ppm)

表 1.8.4　斯里兰卡肉桂皮精油核磁共振碳谱图 B (37～80 ppm) 分析结果

化学位移/ppm	相对强度/%	中文名称	代码	化学位移/ppm	相对强度/%	中文名称	代码
72.98	2.2	芳樟醇	Loo	44.52	0.3	α-玷杞烯	aCop
72.20	0.3	α-松油醇	aTol	43.80	0.2		
66.63	0.5	苯甲酸苄酯	BzBenz	42.70	3.9	芳樟醇/β-水芹烯	Loo/βPhe
64.94	2.6	乙酸肉桂酯	ZolAc	42.21	0.6	α-蛇麻烯	Hum
63.25	0.4			42.15	1.1		
63.13	0.2			41.16	0.4	α-蒎烯	aPin
59.46	0.3			40.93	0.4		
56.08	0.2			40.51	1.3	β-石竹烯/α-蛇麻烯	Car/Hum
55.57	5.2	丁香酚	Eug	40.14	1.3	α-蛇麻烯	Hum
55.21	0.2			40.01	5.2	丁香酚/α-水芹烯	Eug/aPhe
54.23	0.3	α-玷杞烯	aCop	39.93	0.5		
53.75	1.0	β-石竹烯	Car	39.83	0.6		
50.87	0.4			39.80	0.5	α-玷杞烯	aCop
49.42	0.2			39.38	0.5		
48.76	0.4			37.99	0.2		
48.58	1.0	β-石竹烯	Car	37.49	0.2		
47.16	0.3			37.34	0.2	α-蛇麻烯/α-玷杞烯	Hum/aCop
45.22	0.5	α-松油醇	aTol	37.13	0.3		
44.78	0.3	α-玷杞烯	aCop	37.01	0.3	4-松油醇	Trn4

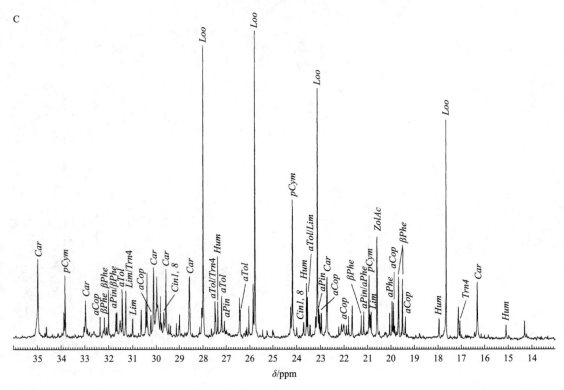

图 1.8.6　斯里兰卡肉桂皮精油核磁共振碳谱图 C（13～37 ppm）

表 1.8.5　斯里兰卡肉桂皮精油核磁共振碳谱图 C（13～37 ppm）分析结果

化学位移/ppm	相对强度/%	中文名称	代码	化学位移/ppm	相对强度/%	中文名称	代码
36.31	0.4	α-珂理烯	aCop	30.10	1.2	β-石竹烯	Car
34.96	1.4	β-石竹烯	Car	29.96	1.1		
34.61	0.2			29.80	0.7		
33.87	0.4			29.66	0.4	1,8-桉叶素	Cin1,8
33.82	1.1	对异丙基甲苯	pCym	29.55	1.2	β-石竹烯	Car
32.95	0.7	β-石竹烯	Car	29.43	0.3		
32.34	0.4	α-珂理烯	aCop	29.11	0.3		
32.17	0.4	β-水芹烯	βPhe	28.98	0.4		
32.00	0.8	β-水芹烯	βPhe	28.55	1.1	β-石竹烯	Car
31.69	0.4	α-蒎烯	aPin	28.04	0.5		
31.65	0.4	α-水芹烯	aPhe	27.98	5.1	芳樟醇	Loo
31.52	0.3	α-蒎烯	aPin	27.46	0.6	α-松油醇/4-松油醇	aTol/Trn4
31.42	0.8	α-松油醇	aTol	27.34	0.6	α-蛇麻烯	Hum
31.27	0.8	柠檬烯/4-松油醇	Lim/Trn4	27.18	0.7	α-松油醇	aTol
30.99	0.3	柠檬烯	Lim	27.06	0.3	α-蒎烯	aPin
30.64	0.5			26.42	0.7		
30.43	0.6			26.39	0.5	α-松油醇	aTol
30.38	1.1			26.12	0.2	α-水芹烯	aPhe
30.22	0.4	α-珂理烯	aCop	26.03	0.6		

化学位移/ppm	相对强度/%	中文名称	代码	化学位移/ppm	相对强度/%	中文名称	代码
25.84	0.9			21.15	0.5	α-蒎烯/α-水芹烯	*aPin/aPhe*
25.76	5.3	芳樟醇	*Loo*	20.93	1.1	对异丙基甲苯	*pCym*
24.26	0.5	α-松油醇	*aTol*	20.88	0.4	柠檬烯	*Lim*
24.18	2.4	对异丙基甲苯	*pCym*	20.84	0.5		
23.70	0.3	1,8-桉叶素	*Cin1,8*	20.59	1.8	乙酸肉桂酯	*ZolAc*
23.58	0.9	α-蛇麻烯	*Hum*	20.05	0.4	α-水芹烯	*aPhe*
23.54	0.7	α-松油醇/柠檬烯	*aTol/Lim*	19.95	0.6	α-水芹烯	*aPhe*
23.44	0.2	4-松油醇	*Trn4*	19.89	0.6	α-玷𧀎烯	*aCop*
23.19	0.4			19.68	1.1	β-水芹烯	*βPhe*
23.11	4.3	芳樟醇	*Loo*	19.50	1.0	β-水芹烯	*βPhe*
23.06	0.5	α-蒎烯	*aPin*	19.38	0.4	α-玷𧀎烯	*aCop*
23.02	0.4	α-玷𧀎烯	*aCop*	17.95	0.3	α-蛇麻烯	*Hum*
22.95	0.4			17.63	3.8	芳樟醇	*Loo*
22.71	1.1	β-石竹烯	*Car*	17.12	0.5		
22.09	0.2			17.05	0.3	4-松油醇	*Trn4*
21.89	0.2	α-玷𧀎烯	*aCop*	16.31	1.0	β-石竹烯	*Car*
21.80	0.4			15.10	0.2	α-蛇麻烯	*Hum*
21.65	0.6			14.31	0.3		
21.26	0.4	β-水芹烯	*βPhe*				

1.9　香茅精油

英文名称：Citronella oil。

法文和德文名称：*Essence de citronnelles*；*Citronellöl*。

研究类型：斯里兰卡型、爪哇型(中国)。

采用水蒸气蒸馏两种不同香茅新鲜采伐或未完全干燥的叶片即可得香茅精油：(1)源自斯里兰卡香茅(禾本科植物，也称亚香茅，*Cymbopogon nardus* Rendle)的斯里兰卡型香茅精油，此草即产自斯里兰卡南部所谓的 Lenabatu 香茅草；(2)源自爪哇香茅(禾本科植物，也称枫茅，*Cymbopogon winterianus* Jowitt)的爪哇型香茅精油，此草即 Maha-Pengiri 香茅草，主要产自中国、爪哇、马来西亚、危地马拉、洪都拉斯等，几乎世界上所有的热带和亚热带地区都有一定的种植。

斯里兰卡型香茅精油的主要成分是 25 %～40 %的香叶醇和 5 %～15 %的香茅醛，以及 10 %～15 %的萜烯类化合物和少量的氧化物。该油被广泛用于肥皂、地板蜡和类似家用品的低成本香精中。

爪哇型香茅精油是销量最大的商品化精油之一。该精油含 25 %～45 %的香叶醇、25 %～55 %的香茅醛、少量的丁香酚和甲基丁香酚及萜烯的醇、醛和酯类衍生物。爪哇型香茅精油的用途与斯里兰卡型香茅精油相似，但也被用作生产重要香精产品的原料。

1.9.1　香茅精油(斯里兰卡型)

1.9.1.1　气相色谱分析(图 1.9.1、图 1.9.2，表 1.9.1)

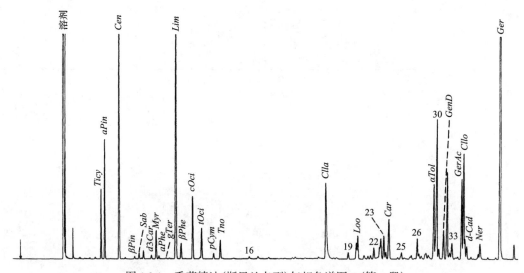

图 1.9.1　香茅精油(斯里兰卡型)气相色谱图 A(第一段)

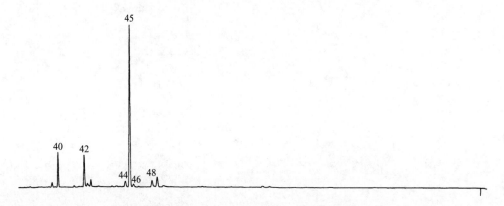

图 1.9.2　香茅精油(斯里兰卡型)气相色谱图 B(第二段)

表 1.9.1 香茅精油(斯里兰卡型)气相色谱图分析结果

序号	中文名称	英文名称	代码	百分比/%	
				斯里兰卡型	爪哇型
1	三环烯	Tricyclene	Tcy	1.52	—
2	α-蒎烯	α-Pinene	αPin	2.74	0.03
3	莰烯	Camphene	Cen	9.78	—
4	β-蒎烯	β-Pinene	βPin	0.08	—
5	桧烯	Sabinene	Sab	0.18	0.08
6	3-蒈烯	Δ^3-Carene	d3Car	0.12	—
7	月桂烯	Myrcene	Myr	0.87	0.13
8	α-水芹烯	α-Phellandrene	αPhe	0.11	—
9	γ-松油烯	γ-Terpinene	gTer	0.03	—
10	柠檬烯	Limonene	Lim	9.54	4.46
11	β-水芹烯	β-Phellandrene	βPhe	0.52	0.04
12	顺式-β-罗勒烯	cis-β-Ocimene	cOci	2.12	0.03
13	反式-β-罗勒烯	trans-β-Ocimene	tOci	1.03	0.04
14	对异丙基甲苯	para-Cymene	pCym	0.19	0.01
15	异松油烯	Terpinolene	Tno	0.64	0.08
16	6-甲基-5-庚烯-2-酮	6-Methyl-5-hepten-2-one	7en5,6Me2on	0.07	0.11
17	顺式-玫瑰醚	cis-Rose oxide		0.04	0.08
18	香茅醛	Citronellal	Clla	4.07	37.79
19	β-波旁烯	β-Bourbonene	βBou	0.27	0.12
20	香樟醇	Linalool	Loo	0.64	1.10
21	异异胡薄荷醇	Isoisopulegol	iiPol	—	0.47
22	异胡薄荷醇	Isopulegol	iPol	0.04	1.38
23	β-榄香烯	β-Elemene	Emn	0.91	1.64
24	β-石竹烯	β-Caryophyllene	Car	1.69	0.08
25	新异胡薄荷醇	Neoisopulegol		0.25	0.11
26	乙酸香茅酯	Citronellyl acetate	CllAc	0.61	3.42
27	橙花醛	Neral	bCal	0.15	0.32
28	γ-木罗烯	γ-Muurolene		—	0.16
29	α-松油醇	α-Terpineol	aTol	2.65	0.07
30	龙脑	Borneol	Bor	5.63	—
31	大根香叶烯 D	Germacrene D	GenD	1.17	1.73
32	α-木罗烯	α-Muurolene			0.45
33	香叶醛	Geranial	αCal	0.45	0.52
34	δ-杜松烯	δ-Cadinene	dCad	0.48	1.84

续表

序号	中文名称	英文名称	代码	百分比/%	
				斯里兰卡型	爪哇型
35	乙酸香叶酯	Geranyl acetate	GerAc	2.86	4.44
36	香茅醇	Citronellol	Cllo	3.70	11.11
37	α-杜松烯	α-Cadinene	—	—	0.10
38	橙花醇	Nerol	Ner	0.46	0.20
39	香叶醇	Geraniol	Ger	18.28	21.63
40	甲基丁香酚	Methyleugenol	EugMe	1.00	—
41	1(10),5-大根香叶二烯-4-醇	Germacra-1(10),5-dien-4-ol		—	0.26
42	α-榄香醇	α-Elemol	Emol	0.98	1.83
43	丁香酚	Eugenol	Eug		0.89
44	T-杜松醇	T-Cadinol		0.30	0.37
45	(E)-异丁香酚甲醚	(E)-Methylisoeugenol	iEugMe	6.85	—
46	T-木罗醇	T-Muurolol		0.15	0.21
47	δ-杜松醇	δ-Cadinol		0.04	0.05
48	α-杜松醇	α-Cadinol		0.44	0.60

1.9.1.2　核磁共振碳谱分析(图 1.9.3～图 1.9.9，表 1.9.2～表 1.9.7)

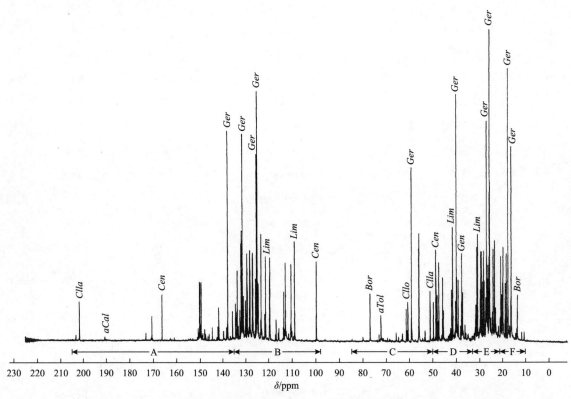

图 1.9.3　香茅精油(斯里兰卡型)核磁共振碳谱总图(0～230 ppm)

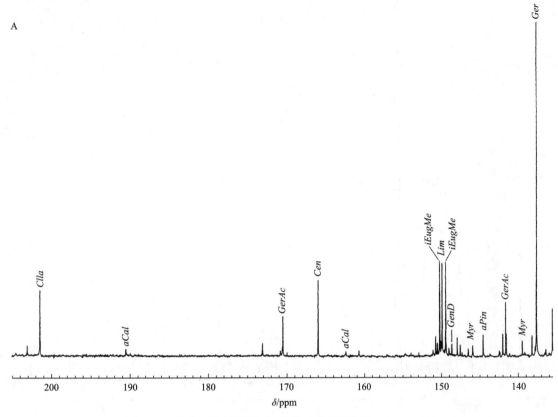

图 1.9.4　香茅精油(斯里兰卡型)核磁共振碳谱图 A(135～205 ppm)

表 1.9.2　香茅精油(斯里兰卡型)核磁共振碳谱图 A(135～205 ppm)分析结果

化学位移/ppm	相对强度/%	中文名称	代码
201.45	12.7	香茅醛	Clla
170.49	7.5	乙酸香叶酯	GerAc
165.99	14.8	莰烯	Cen
150.72	3.5		
150.50	2.2	α-榄香醇/β-榄香烯	Emol/Emn
150.19	19.0	反式-异丁香酚甲醚	iEugMe
150.03	2.6		
149.89	18.5	柠檬烯/β-榄香烯	Lim/Emn
149.44	18.8	反式-异丁香酚甲醚/β-榄香烯	iEugMe/Emn
147.98	3.3	α-榄香醇	Emol
144.56	3.9	α-蒎烯	aPin
141.99	4.1		
141.61	10.5	乙酸香叶酯	GerAc
141.55	4.1		
139.49	2.7	月桂烯	Myr
138.21	3.8	甲基丁香酚	EugMe
137.63	67.6	香叶醇	Ger
135.52	9.3		

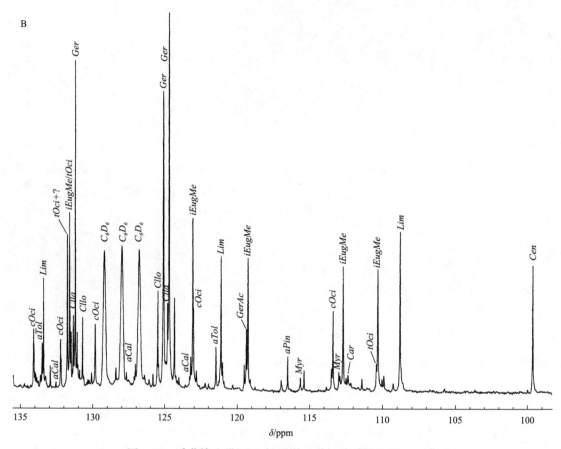

图 1.9.5　香茅精油(斯里兰卡型)核磁共振碳谱图 B(99～135 ppm)

表 1.9.3　香茅精油(斯里兰卡型)核磁共振碳谱图 B(99～135 ppm)分析结果

化学位移/ppm	相对强度/%	中文名称	代码
134.12	11.9	顺式-β-罗勒烯	cOci
134.02	3.0	反式-β-罗勒烯	tOci
133.96	2.6		
133.64	2.4	大根香叶烯 D	GenD
133.52	9.1	α-松油醇	aTol
133.43	22.5	柠檬烯	Lim
132.96	4.3	甲基丁香酚	EugMe
132.25	9.7	顺式-β-罗勒烯	cOci
132.21	5.7		
131.78	31.3	顺式-β-罗勒烯+?	tOci+?
131.62	35.7	反式-异丁香酚甲醚/顺式-β-罗勒烯	iEugMe/Oci
131.52	11.3	顺式-β-罗勒烯/乙酸香叶酯	cOci/GerAc
131.44	3.6	月桂烯	Myr
131.37	14.7	香茅醛	Clla
131.24	66.7	香叶醇	Ger
131.09	11.2		
130.92	3.5	大根香叶烯 D	GenD

续表

化学位移/ppm	相对强度/%	中文名称	代码
130.72	14.3	香茅醇	Cllo
130.09	2.8	香樟醇	Loo
129.85	12.9	顺式-β-罗勒烯	cOci
129.22	27.9	氘代苯(溶剂)	C₆D₆
128.40	4.0		
128.00	28.9	氘代苯(溶剂)	C₆D₆
127.69	3.0	香叶醛	aCal
127.06	4.7		
126.80	28.2	氘代苯(溶剂)	C₆D₆
126.42	2.4		
125.81	2.7		
125.48	19.8	香茅醇	Cllo
125.09	60.4	香叶醇	Ger
124.81	17.2	香茅醛	Clla
124.71	80.5	香叶醇	Ger
124.33	18.3	乙酸香叶酯	GerAc
123.25	6.2		
123.10	34.5	反式-异丁香酚甲醚	iEugMe
123.06	16.2	顺式-β-罗勒烯	cOci
122.86	3.4	反式-β-罗勒烯	tOci
121.48	8.3	α-松油醇	aTol
121.13	26.9	柠檬烯	Lim
121.01	5.1	甲基丁香酚	EugMe
119.52	4.7		
119.38	12.0	乙酸香叶酯	GerAc
119.28	26.6	反式-异丁香酚甲醚	iEugMe
116.51	6.4	α-蒎烯	aPin
115.40	3.5	月桂烯/甲基丁香酚	Myr/EugMe
113.49	3.8		
113.39	15.7	顺式-β-罗勒烯/甲基丁香酚	cOci/EugMe
112.99	3.3		
112.92	2.3	月桂烯	Myr
112.70	24.9	反式-异丁香酚甲醚/甲基丁香酚/β-榄香烯	iEugMe/EugMe/Emn
112.36	2.5	α-榄香醇	Emol
110.34	24.4	反式-异丁香酚甲醚/β-榄香烯	iEugMe/Emn
109.91	2.5	大根香叶烯 D/α-榄香醇	GenD/Emol
108.82	32.0	柠檬烯/β-榄香烯	Lim/Emn
99.63	25.2	莰烯	Cen

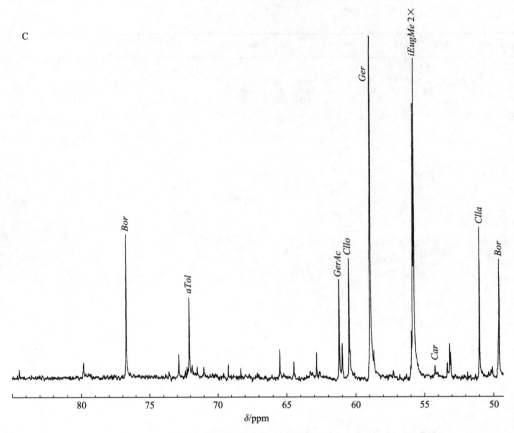

图 1.9.6　香茅精油(斯里兰卡型)核磁共振碳谱图 C(49～85 ppm)

表 1.9.4　香茅精油(斯里兰卡型)核磁共振碳谱图 C(49～85 ppm)分析结果

化学位移/ppm	相对强度/%	中文名称	代码
76.71	15.0	龙脑	Bor
72.07	7.9	α-松油醇/α-榄香醇	aTol/Emol
61.20	9.9	乙酸香叶酯	GerAc
60.97	2.8		
60.47	12.3	香茅醇	Cllo
58.93	55.9	香叶醇	Ger
55.91	4.2		
55.81	29.6	反式-异丁香酚甲醚/甲基丁香酚	iEugMe/EugMe
55.72	34.7	反式-异丁香酚甲醚/甲基丁香酚	iEugMe/EugMe
53.13	2.7	α-榄香醇/β-榄香烯	Emol/Emn
50.97	15.8	香茅醛	Clla
49.57	12.3	龙脑/α-榄香醇	Bor/Emol

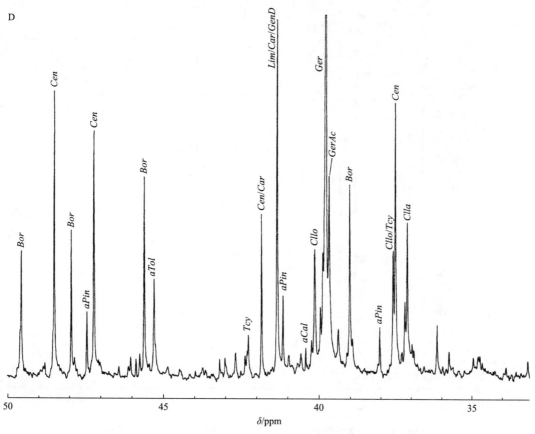

图 1.9.7　香茅精油(斯里兰卡型)核磁共振碳谱图 D(33～49 ppm)

表 1.9.5　香茅精油(斯里兰卡型)核磁共振碳谱图 D(33～49 ppm)分析结果

化学位移/ppm	相对强度/%	中文名称	代码	化学位移/ppm	相对强度/%	中文名称	代码
48.51	29.1	莰烯/β-石竹烯	Cen/Car	39.97	6.5	α-榄香醇	Emol
47.95	14.5	龙脑	Bor	39.81	79.3	香叶醇/β-榄香烯	Ger/Emn
47.45	5.9	α-蒎烯	aPin	39.70	20.3	乙酸香叶酯	GerAc
47.23	25.0	莰烯	Cen	39.40	4.2		
45.61	20.1	龙脑	Bor	39.02	19.4	龙脑	Bor
45.30	9.4	α-松油醇	aTol	38.94	3.1		
45.25	2.4			38.05	4.4	α-蒎烯	aPin
42.26	3.5	三环烯	Tcy	37.61	12.4	香茅醇/三环烯	Cllo/Tcy
41.84	16.2	莰烯/β-石竹烯/大根香叶烯 D	Cen/Car/GenD	37.53	28.0	莰烯	Cen
41.34	36.7	柠檬烯/β-石竹烯	Lim/Car	37.22	7.1		
41.16	7.7	α-蒎烯	aPin	37.13	15.4	香茅醛	Clla
40.24	2.9	α-榄香醇	Emol	36.97	2.6		
40.14	12.5	香茅醇/甲基丁香酚/β-榄香烯	Cllo/EugMe/Emn	36.16	4.6		

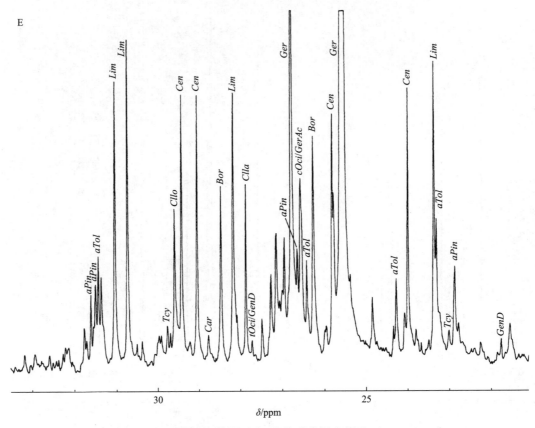

图 1.9.8　香茅精油(斯里兰卡型)核磁共振碳谱图 E(21～33 ppm)

表 1.9.6　香茅精油(斯里兰卡型)核磁共振碳谱图 E(21～33 ppm)分析结果

化学位移/ppm	相对强度/%	中文名称	代码
31.78	3.7		
31.72	2.4		
31.62	7.2	α-蒎烯	aPin
31.50	8.3	α-蒎烯	aPin
31.45	11.4	α-松油醇	aTol
31.37	9.2		
31.04	30.0	柠檬烯	Lim
30.74	34.5	柠檬烯	Lim
30.39	2.3	β-石竹烯/大根香叶烯 D	Car/GenD
29.97	2.9		
29.91	2.9		
29.77	3.9	三环烯	Tcy
29.70	3.2	β-石竹烯	Car
29.60	16.4	香茅醇	Cllo
29.43	28.6	莰烯	Cen
29.05	28.5	莰烯	Cen
28.77	2.9	β-石竹烯/α-榄香醇	Car/Emol
28.47	18.8	龙脑	Bor
28.17	28.8	柠檬烯	Lim
27.87	19.0	香茅醛	Clla
27.71	2.3	反式-β-罗勒烯/大根香叶烯 D	tOci/GenD
27.48	4.7	α-榄香醇	Emol
27.26	9.5	α-松油醇/α-榄香醇	aTol/Emol

化学位移/ppm	相对强度/%	中文名称	代码
27.13	13.8	α-松油醇/β-榄香烯	*aTol/Emn*
26.95	13.4		
26.78	70.6	香叶醇	*Ger*
26.65	12.2	α-蒎烯	*aPin*
26.56	19.6	顺式-β-罗勒烯/乙酸香叶酯	*cOci/GerAc*
26.42	10.9	α-松油醇	*aTol*
26.26	24.2	龙脑	*Bor*
25.96	3.9	香叶醛	*aCal*
25.80	26.6	莰烯	*Cen*
25.77	18.2	香茅醛/反式-β-罗勒烯	*Clla/tOci*
25.54	100.0	香叶醇/乙酸香叶酯	*Ger/GerAc*
25.07	2.3	α-榄香醇	*Emol*
25.01	2.3	β-榄香烯	*Emn*
24.84	7.0		
24.34	3.9		
24.27	9.0	α-松油醇	*aTol*
23.98	29.3	莰烯	*Cen*
23.80	3.5		
23.75	2.4		
23.48	2.4		
23.35	32.2	柠檬烯	*Lim*
23.30	15.4	α-松油醇	*aTol*
23.00	3.4	三环烯	*Tcy*
22.85	10.4	α-蒎烯/α-榄香醇	*aPin/Emol*
21.75	2.5	大根香叶烯 D	*GenD*
21.55	4.2		

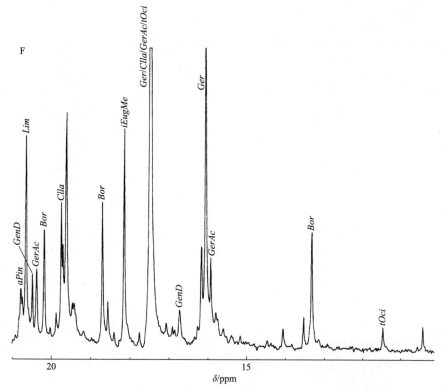

图 1.9.9　香茅精油(斯里兰卡型)核磁共振碳谱图 F(10～21 ppm)

表 1.9.7　香茅精油(斯里兰卡型)核磁共振碳谱图 F(10～21 ppm)分析结果

化学位移/ppm	相对强度/%	中文名称	代码
20.80	7.1	α-蒎烯/β-榄香烯	aPin/Emn
20.67	27.0	柠檬烯	Lim
20.50	9.0	大根香叶烯 D	GenD
20.39	9.7	乙酸香叶酯	GerAc
20.20	14.7	龙脑	Bor
19.89	4.0		
19.76	18.3	香茅醛	Clla
19.72	12.9	顺式-β-罗勒烯	cOci
19.63	30.0	香茅醇/三环烯	Cllo/Tcy
18.71	18.4	龙脑	Bor
18.57	5.4		
18.15	28.0	反式-异丁香酚甲醚	iEugMe
17.49	87.6	香叶醇/乙酸香叶酯/香茅醛/反式-β-罗勒烯	Ger/GerAc/Clla/tOci
17.24	2.2		
17.08	2.7		
16.74	4.3	大根香叶烯 D/α-榄香醇/β-榄香烯	GenD/Emol/Emn
16.18	12.7		
16.06	62.6	香叶醇	Ger
15.93	11.3	乙酸香叶酯	GerAc
13.54	3.5		
13.33	14.6	龙脑	Bor
10.40	2.3		

1.9.2　香茅精油(爪哇型)

1.9.2.1　气相色谱分析(图 1.9.10、图 1.9.11，表 1.9.8)

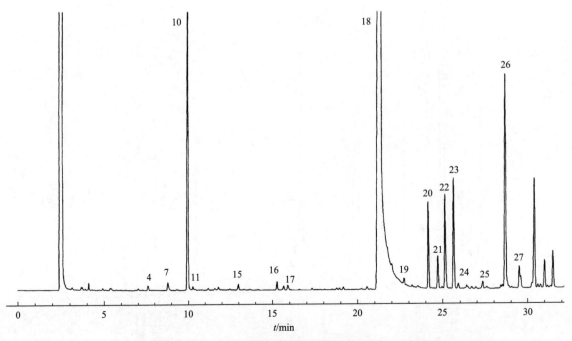

图 1.9.10　香茅精油(爪哇型)气相色谱图 A(0～30 min)

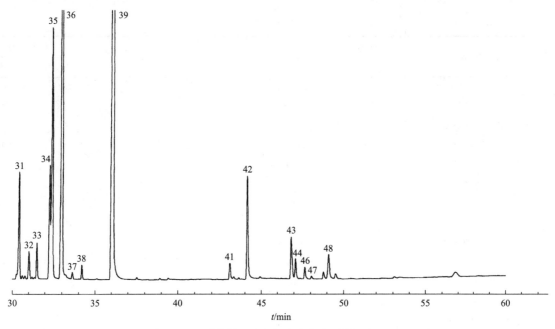

图 1.9.11　香茅精油(爪哇型)气相色谱图 B(30～60 min)

表 1.9.8　香茅精油(爪哇型)气相色谱图分析结果

序号	中文名称	英文名称	代码	百分比/%	
				斯里兰卡型	爪哇型
1	三环烯	Tricyclene	Tcy	1.52	—
2	α-蒎烯	α-Pinene	αPin	2.74	0.03
3	莰烯	Camphene	Cen	9.78	—
4	β-蒎烯	β-Pinene	βPin	0.08	—
5	桧烯	Sabinene	Sab	0.18	0.08
6	3-蒈烯	Δ³-Carene	d3Car	0.12	—
7	月桂烯	Myrcene	Myr	0.87	0.13
8	α-水芹烯	α-Phellandrene	αPhe	0.11	—
9	γ-松油烯	γ-Terpinene	gTer	0.03	—
10	柠檬烯	Limonene	Lim	9.54	4.46
11	β-水芹烯	β-Phellandrene	βPhe	0.52	0.04
12	顺式-β-罗勒烯	cis-β-Ocimene	cOci	2.12	0.03
13	反式-β-罗勒烯	trans-β-Ocimene	tOci	1.03	0.04
14	对异丙基甲苯	para-Cymene	pCym	0.19	0.01
15	异松油烯	Terpinolene	Tno	0.64	0.08
16	6-甲基-5-庚烯-2-酮	6-Methyl-5-hepten-2-one	7en5,6Me2on	0.07	0.11
17	顺式-玫瑰醚	cis-Rose oxide		0.04	0.08
18	香茅醛	Citronellal	Clla	4.07	37.79
19	β-波旁烯	β-Bourbonene	βBou	0.27	0.12
20	香樟醇	Linalool	Loo	0.64	1.10
21	异异胡薄荷醇	Isoisopulegol	iiPol	—	0.47
22	异胡薄荷醇	Isopulegol	iPol	0.04	1.38
23	β-榄香烯	β-Elemene	Emn	0.91	1.64
24	β-石竹烯	β-Caryophyllene	Car	1.69	0.08
25	新异胡薄荷醇	Neoisopulegol		0.25	0.11

序号	中文名称	英文名称	代码	百分比/%	
				斯里兰卡型	爪哇型
26	乙酸香茅酯	Citronellyl acetate	*CllAc*	0.61	3.42
27	橙花醛	Neral	*bCal*	0.15	0.32
28	γ-木罗烯	γ-Muurolene	*gMuu*	—	0.16
29	α-松油醇	α-Terpineol	*αTol*	2.65	0.07
30	龙脑	Borneol	*Bor*	5.63	—
31	大根香叶烯 D	Germacrene D	*GenD*	1.17	1.73
32	α-木罗烯	α-Muurolene			0.45
33	香叶醛	Geranial	*αCal*	0.45	0.52
34	δ-杜松烯	δ-Cadinene	*dCad*	0.48	1.84
35	乙酸香叶酯	Geranyl acetate	*GerAc*	2.86	4.44
36	香茅醇	Citronellol	*Cllo*	3.70	11.11
37	α-杜松烯	α-Cadinene		—	0.10
38	橙花醇	Nerol	*Ner*	0.46	0.20
39	香叶醇	Geraniol	*Ger*	18.28	21.63
40	甲基丁香酚	Methyleugenol	*EugMe*	1.00	—
41	1(10),5-大根香叶二烯-4-醇	Germacra-1(10),5-dien-4-ol		—	0.26
42	α-榄香醇	α-Elemol	*Emol*	0.98	1.83
43	丁香酚	Eugenol	*Eug*	—	0.89
44	T-杜松醇	T-Cadinol		0.30	0.37
45	反式-异丁香酚甲醚	(*E*)-Methylisoeugenol	*iEugMe*	6.85	—
46	T-木罗醇	T-Muurolol		0.15	0.21
47	δ-杜松醇	δ-Cadinol		0.04	0.05
48	α-杜松醇	α-Cadinol		0.44	0.60

1.9.2.2　核磁共振碳谱分析(图 1.9.12～图 1.9.15，表 1.9.9～表 1.9.12)

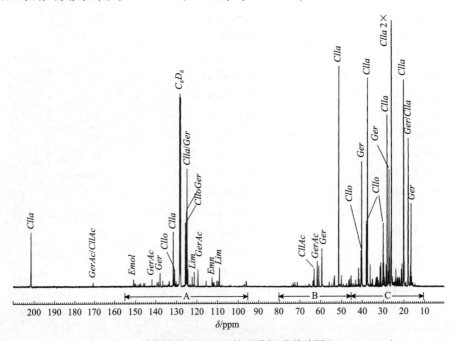

图 1.9.12　香茅精油(爪哇型)核磁共振碳谱总图(0～230 ppm)

表 1.9.9　香茅精油（爪哇型）核磁共振碳谱图（155～230 ppm）分析结果

化学位移/ppm	相对强度/%	中文名称	代码
201.45	19.3	香茅醛	Clla
170.45	1.4	乙酸香叶酯/乙酸香茅酯	GerAc/CllAc

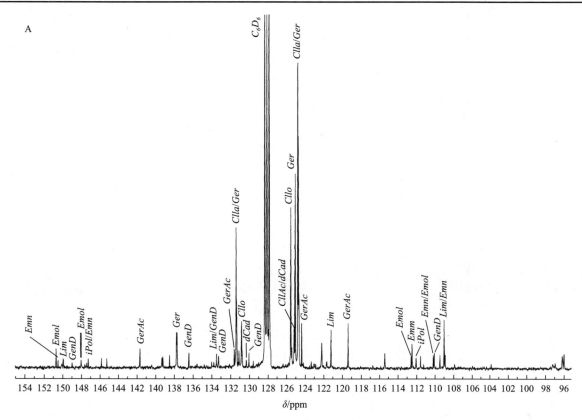

图 1.9.13　香茅精油（爪哇型）核磁共振碳谱图 A（95～155 ppm）

表 1.9.10　香茅精油（爪哇型）核磁共振碳谱图 A（95～155 ppm）分析结果

化学位移/ppm	相对强度/%	中文名称	代码
150.67	2.6	α-榄香醇	Emol
150.46	1.0	β-榄香烯	Emn
149.91	1.2	柠檬烯	Lim
148.96	0.7	大根香叶烯 D	GenD
148.00	1.1	α-榄香醇	Emol
147.23	1.3	异胡薄荷醇/β-榄香烯	iPol/Emn
145.78	1.3		
145.19	1.3		
141.62	2.6	乙酸香叶酯	GerAc
139.27	1.4		
139.16	1.5		
138.43	1.8		
137.64	4.9	香叶醇	Ger
136.36	2.1	大根香叶烯 D	GenD

化学位移/ppm	相对强度/%	中文名称	代码
133.93	0.8	δ-杜松烯	dCad
133.41	1.9	柠檬烯/大根香叶烯 D	Lim/GenD
133.21	1.6	大根香叶烯 D	GenD
131.52	2.6	乙酸香叶酯	GerAc
131.33	19.4	香茅醛/香叶醇	Clla/Ger
131.03	2.4	乙酸香茅酯	CllAc
130.75	6.4	香茅醇	Cllo
130.25	1.1	δ-杜松烯	dCad
129.96	2.1	大根香叶烯 D	GenD
129.51	1.0		
128.91	0.8		
128.12	5.5		
127.88	5.3		
125.42	22.1	香茅醇	Cllo
125.33	2.8		
125.08	5.3	δ-杜松烯/乙酸香茅酯	dCad/CllAc
124.98	26.8	香叶醇	Ger
124.68	42.0	香茅醛	Clla
124.62	31.9	香叶醇	Ger
124.58	10.1		
124.28	6.2	乙酸香叶酯	GerAc
124.08	0.8		
123.26	0.9		
122.11	3.5		
121.56	0.9		
121.09	5.2	柠檬烯	Lim
119.26	6.1	乙酸香叶酯	GerAc
115.27	2.0		
112.48	1.6	α-榄香醇	Emol
112.36	3.3	β-榄香烯	Emn
111.92	1.4	异胡薄荷醇	iPol
111.46	1.7		
110.06	1.8	β-榄香烯/α-榄香醇	Emn/Emol
109.95	2.1	大根香叶烯 D	GenD
109.32	1.8		
108.86	6.7	柠檬烯/β-榄香烯	Lim/Emn
108.76	1.8		
96.76	0.7		
96.00	1.7		
95.82	2.0		

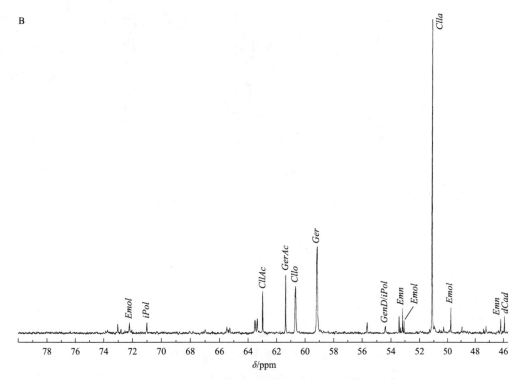

图 1.9.14　香茅精油（爪哇型）核磁共振碳谱图 B（45～80 ppm）

表 1.9.11　香茅精油（爪哇型）核磁共振碳谱图 B（45～80 ppm）分析结果

化学位移/ppm	相对强度/%	中文名称	代码
72.98	1.4		
72.15	1.6	α-榄香醇	Emol
70.95	1.6	异胡薄荷醇	iPol
65.41	0.9		
65.19	0.8		
63.43	2.0		
63.27	2.2		
62.90	6.4	乙酸香茅酯	CllAc
61.28	9.0	乙酸香叶酯	GerAc
60.57	7.3	香茅醇	Cllo
59.07	13.3	香叶醇	Ger
55.55	1.6		
54.26	1.0	大根香叶烯 D/异胡薄荷醇	GenD/iPol
53.29	2.5		
53.19	0.8		
53.04	3.8	β-榄香烯	Emn
52.94	1.9	α-榄香醇	Emol
51.00	78.2	香茅醛	Clla
50.15	1.0		
49.61	3.9	α-榄香醇	Emol
48.78	0.9		
47.09	1.1		
46.04	2.2		
45.77	2.6	δ-杜松烯	dCad
45.03	3.8		

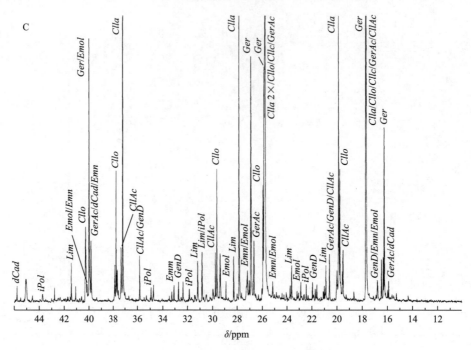

图 1.9.15　香茅精油(爪哇型)核磁共振碳谱图 C(10~45 ppm)

表 1.9.12　香茅精油(爪哇型)核磁共振碳谱图 C(10~45 ppm)分析结果

化学位移/ppm	相对强度/%	中文名称	代码
44.53	1.0		
43.73	1.2	异胡薄荷醇	iPol
42.77	2.3		
42.31	0.7		
41.71	0.8	大根香叶烯 D	GenD
41.41	6.6	柠檬烯	Lim
41.07	2.6		
40.58	0.9		
40.25	12.7	香茅醇	Cllo
40.14	3.0	β-榄香烯/α-榄香醇	Emn/Emol
39.96	44.7	香叶醇/α-榄香醇	Ger/Emol
39.82	10.3	乙酸香叶酯/δ-杜松烯/β-榄香烯	GerAc/dCad/Emn
37.86	6.2		
37.73	22.1	香茅醇	Cllo
37.64	5.4	β-榄香烯/α-榄香醇	Emn/Emol
37.55	1.8		
37.32	9.2	乙酸香茅酯	CllAc
37.18	74.1	香茅醛	Clla
36.68	0.9		
35.80	7.8	乙酸香茅酯/大根香叶烯 D	CllAc/GenD
35.28	1.0		
34.90	2.4	异胡薄荷醇	iPol
34.73	2.8		

化学位移/ppm	相对强度/%	中文名称	代码
33.44	0.9		
33.23	1.6		
33.06	2.8	β-榄香烯	Emn
32.70	3.3	大根香叶烯 D	GenD
32.33	3.4		
31.83	2.1	异胡薄荷醇	iPol
31.40	1.1		
31.16	6.9	柠檬烯	Lim
30.82	8.4	柠檬烯/异胡薄荷醇	Lim/iPol
30.47	1.2	大根香叶烯 D	GenD
29.95	2.1		
29.75	8.4	乙酸香茅酯	CllAc
29.63	22.5	香茅醇	Cllo
29.36	8.2		
28.87	3.4	α-榄香醇	Emol
28.25	7.7	柠檬烯	Lim
27.99	1.3		
27.83	61.2	香茅醛	Clla
27.63	1.5	大根香叶烯 D/α-榄香醇	GenD/Emol
27.18	5.3	β-榄香烯/α-榄香醇	Emn/Emol
27.03	3.6		
26.90	41.7	香叶醇	Ger
26.65	10.4	乙酸香叶酯	GerAc
26.30	1.1		
26.02	2.2		
25.92	19.8	香茅醇	Cllo
25.83	39.9	香叶醇	Ger
25.78	100.0	香茅醛/香茅醇/乙酸香茅酯	Clla/Cllo/CllAc
25.74	88.7	香茅醛	Clla
25.16	3.4	β-榄香烯/α-榄香醇	Emn/Emol
24.85	1.6		
24.39	1.5		
24.24	1.2		
24.04	1.6		
23.73	2.7		
23.61	6.2	柠檬烯	Lim
23.17	1.8		
23.05	1.5		
22.87	3.3	α-榄香醇	Emol
22.59	1.2		

化学位移/ppm	相对强度/%	中文名称	代码
22.44	3.0	异胡薄荷醇	*iPol*
22.30	1.1		
21.94	3.3	大根香叶烯 D	*GenD*
21.72	2.2		
21.60	2.9		
21.07	1.7	*β*-榄香烯	*Emn*
20.99	2.7		
20.87	6.2	柠檬烯	*Lim*
20.59	8.1	乙酸香叶酯/大根香叶烯 D/乙酸香茅酯	*GerAc/GenD/CllAc*
19.98	5.3		
19.84	73.4	香茅醛	*Clla*
19.75	22.5	香茅醇/异胡薄荷醇	*Cllo/iPol*
19.55	5.1		
19.49	8.8	乙酸香茅酯	*CllAc*
19.24	1.2		
18.64	1.7		
17.68	49.8	香叶醇	*Ger*
17.64	52.9	香茅醛/香茅醇/乙酸香叶酯/乙酸香茅酯	*Clla/Cllo/GerAc/CllAc*
16.78	3.6	大根香叶烯 D	*GenD*
16.74	2.8	*β*-榄香烯/*α*-榄香醇	*Emn/Emol*
16.45	7.2		
16.31	7.5		
16.23	29.5	香叶醇	*Ger*
15.97	2.0	乙酸香叶酯	*GerAc*
15.89	3.5	*δ*-杜松烯	*dCad*
15.61	1.2		
15.27	1.4		
14.33	1.0		

1.10　丁香花蕾精油

英文名称：Clove bud oil[*]。

法文和德文名称：*Essence de girofle*；*Nelkenöl*。

研究类型：商品。

采用水蒸馏（少数时为水蒸气蒸馏）丁香[桃金娘科植物，*Syzygium aromaticum*（L.）Merill et L.M.Perry 或 *Eugenia caryophyllata* Thunberg]的干花蕾即可得丁香花蕾精油。丁香树为一种起源于摩鹿加群岛的热带树种。丁香树在许多热带国家都有种植，但丁香种植区并不生产丁香花蕾精油。坦桑尼亚、印度尼西亚、斯里兰卡和马达加斯加是最重要的丁香出口国，丁香花蕾被运至欧洲和美国的蒸馏厂以生产丁香花蕾精油。

丁香的茎和叶也可制备精油，但其香气和香味与真正的花蕾精油有一定的区别。然而，它们的化学成分却十分相似。

丁香花蕾精油常用于香水和医药，但迄今为止其最大的用途是用于食用香精，也可用作单离丁香酚的原料。

丁香花蕾精油中的丁香酚总含量为 78 %～98 %（通常高于 92 %），其中 10 %～15 %以乙酸丁香酯的形式存在，乙酸丁香酯是其特征香气的部分成因。丁香花蕾精油的次要成分是石竹烯、蛇麻烯、脂肪族酮、糠醇和一些糠醇衍生物。

丁香花蕾精油经常被其便宜的茎油和叶油掺假。

1.10.1　气相色谱分析（图 1.10.1、图 1.10.2，表 1.10.1）

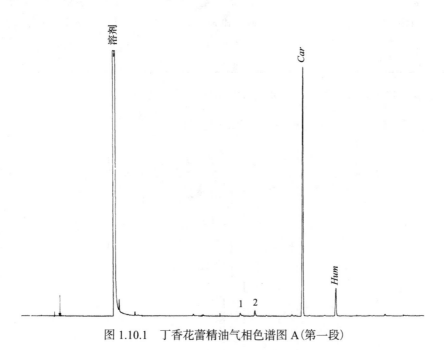

图 1.10.1　丁香花蕾精油气相色谱图 A（第一段）

---

[*] 原书中为 Clove oil，按精油命名原则，应加部位进行描述——译者注。

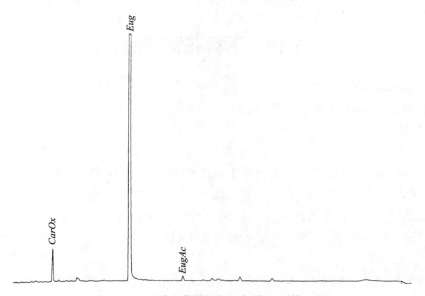

图 1.10.2　丁香花蕾精油气相色谱图 B（第二段）

表 1.10.1　丁香花蕾精油气相色谱图分析结果

序号	中文名称	英文名称	代码	百分比/%
1	α-荜澄茄烯	α-Cubebene		0.1
2	α-珀珀烯	α-Copaene	Cop	0.2
3	β-石竹烯	β-Caryophyllene	Car	11.8
4	α-蛇麻烯	α-Humulene	Hum	1.4
5	氧化石竹烯	Caryophyllene oxide	CarOx	1.8
6	丁香酚	Eugenol	Eug	84.4
7	乙酸丁香酯	Eugenyl acetate	EugAc	0.3

1.10.2　核磁共振碳谱分析（图 1.10.3～图 1.10.5，表 1.10.2～表 1.10.4）

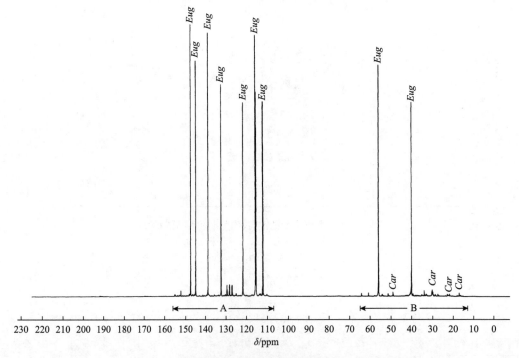

图 1.10.3　丁香花蕾精油核磁共振碳谱总图（0～230 ppm）

表 1.10.2　丁香花蕾精油核磁共振碳谱图（156～230 ppm）分析结果

化学位移/ppm	相对强度/%	中文名称	代码
191.57	0.5		
169.50	0.4	乙酸丁香酯	*EugAc*

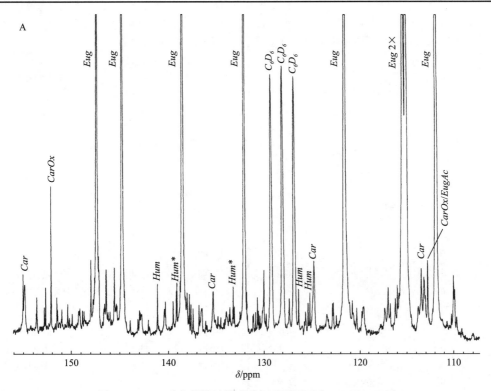

图 1.10.4　丁香花蕾精油核磁共振碳谱图 A（108～156 ppm）

表 1.10.3　丁香花蕾精油核磁共振碳谱图 A（108～156 ppm）分析结果

化学位移/ppm	相对强度/%	中文名称	代码	化学位移/ppm	相对强度/%	中文名称	代码
154.97	1.0	β-石竹烯	*Car*	145.95	0.4		
154.80	0.9			145.49	1.2		
153.57	0.6			144.63	86.7	丁香酚	*Eug*
152.79	0.5			142.93	0.4		
152.65	0.8			141.08	0.9	α-蛇麻烯	*Hum*
152.06	2.6	氧化石竹烯	*CarOx*	140.25	0.6		
151.45	0.6	乙酸丁香酯	*EugAc*	139.44	0.6	乙酸丁香酯	*EugAc*
151.38	0.4			139.12	0.8		
150.92	0.4			139.06	0.9	乙酸丁香酯	*EugAc*
150.30	0.5			138.71	0.9	α-蛇麻烯	*Hum*
149.84	0.4			138.41	96.9	丁香酚	*Eug*
149.04	0.4			138.00	0.7		
148.78	0.4			137.83	0.3		
148.63	0.4			137.75	0.7	乙酸丁香酯	*EugAc*
147.91	1.3			137.61	0.5		
147.22	100.0	丁香酚	*Eug*	137.38	0.5		
147.11	1.4			136.78	0.5		
146.51	0.5			136.44	0.5		
146.33	1.1			135.28	0.7	β-石竹烯	*Car*

续表

化学位移/ppm	相对强度/%	中文名称	代码	化学位移/ppm	相对强度/%	中文名称	代码
134.79	0.3			124.78	1.3	β-石竹烯	*Car*
133.89	0.4			123.46	0.3		
133.62	0.3			122.84	0.5	乙酸丁香酯	*EugAc*
133.54	0.5			122.76	0.6		
133.19	0.8	α-蛇麻烯	*Hum*	122.44	0.3		
133.07	0.5			121.50	71.5	丁香酚	*Eug*
131.97	78.3	丁香酚	*Eug*	120.78	0.6	乙酸丁香酯	*EugAc*
131.78	0.7			120.34	0.5		
131.14	0.3			119.61	0.5		
131.08	0.4			117.34	0.5		
130.87	0.4			116.96	0.8		
130.66	0.6			116.74	0.5		
130.56	0.4			116.21	0.6		
130.42	0.3			116.01	0.9	乙酸丁香酯	*EugAc*
129.98	1.1			115.38	95.9	丁香酚	*Eug*
129.75	0.4			115.08	75.6	丁香酚	*Eug*
129.22	4.5	氘代苯(溶剂)	*C₆D₆*	113.49	1.1		
128.00	4.7	氘代苯(溶剂)	*C₆D₆*	113.22	1.0	β-石竹烯	*Car*
127.33	0.6			112.82	1.3	氧化石竹烯/乙酸丁香酯	*CarOx/EugAc*
126.80	4.5	氘代苯(溶剂)	*C₆D₆*	111.86	71.8	丁香酚	*Eug*
126.37	0.8	α-蛇麻烯	*Hum*	110.24	0.4		
125.67	0.4			110.01	1.0		
125.41	0.5			109.88	0.8		
125.22	0.7	α-蛇麻烯	*Hum*				

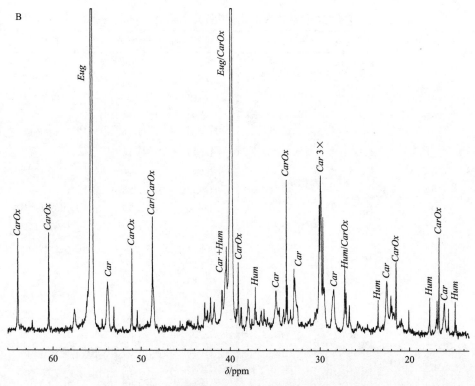

图 1.10.5　丁香花蕾精油核磁共振碳谱图 B(14~65 ppm)

表 1.10.4　丁香花蕾精油核磁共振碳谱图 B(14～65 ppm)分析结果

化学位移/ppm	相对强度/%	中文名称	代码
63.90	1.6		
60.47	1.7		
55.64	85.3	丁香酚	*Eug*
53.85	0.8	β-石竹烯	*Car*
53.09	0.4		
51.01	1.4	氧化石竹烯	*CarOx*
48.72	1.9	β-石竹烯/氧化石竹烯	*Car/CarOx*
42.85	0.4		
42.22	0.5	α-蛇麻烯	*Hum*
41.82	0.4		
40.96	0.6	β-石竹烯/α-蛇麻烯	*Car/Hum*
40.89	0.6	β-石竹烯	*Car*
40.44	1.4	乙酸丁香酯	*EugAc*
39.88	71.6	丁香酚/氧化石竹烯	*Eug/CarOx*
39.34	0.3		
39.12	1.1	氧化石竹烯	*CarOx*
38.82	0.3		
38.75	0.3		
38.05	0.5		
37.25	0.7		
36.27	0.3		
34.96	0.6	β-石竹烯	*Car*
34.55	0.3		
34.05	0.3		
33.77	2.6	氧化石竹烯	*CarOx*
33.65	0.7		
33.29	0.3		
32.91	1.0	β-石竹烯	*Car*
32.82	0.9		
30.36	0.3	氧化石竹烯	*CarOx*
30.09	2.1	β-石竹烯	*Car*
29.96	2.7	β-石竹烯/氧化石竹烯	*Car/CarOx*
29.68	1.9	β-石竹烯/氧化石竹烯	*Car/CarOx*
28.45	0.6		
27.23	1.1	α-蛇麻烯/氧化石竹烯	*Hum/CarOx*
27.09	0.6		
26.72	0.4		
23.50	0.5	α-蛇麻烯	*Hum*
22.54	0.8	β-石竹烯	*Car*
22.08	0.6		
21.51	1.1	氧化石竹烯	*CarOx*
17.78	0.5	α-蛇麻烯	*Hum*
16.95	0.5	氧化石竹烯	*CarOx*
16.74	1.6	β-石竹烯	*Car*
16.13	0.4		
15.68	0.3		
14.92	0.4	α-蛇麻烯	*Hum*

1.11　芫荽籽精油

英文名称：Coriander seed oil*。

法文和德文名称：*Essence de coriandre*；*Korianderöl*。

研究类型：商品。

采用水蒸气蒸馏芫荽(伞形科植物，*Coriandrum sativum* L.)的成熟果实（"籽"为不正确术语）即可得芫荽籽精油。芫荽是一种原产于中东的小型一年生草本植物。在提取精油时，干燥果实的粉碎应在蒸馏前即刻粉碎。芫荽的种植遍布世界，芫荽果的主要产区为欧洲、俄罗斯、土耳其、印度、摩洛哥、阿根廷、墨西哥和美国。

芫荽籽精油广泛用于糖果、烟草、腌制品、肉制品、调味品、酒类饮料和香水等产品的调香。

芫荽籽精油的主要成分是 60 %～70 %的芳樟醇、约 20 %的单萜烯和少量萜类酮、醇、酯等。

芫荽籽精油经常出现合成或单离芳樟醇的稀释掺假行为。

1.11.1　气相色谱分析(图 1.11.1、图 1.11.2，表 1.11.1)

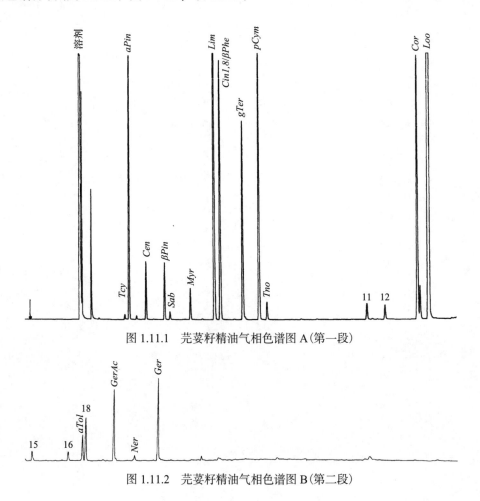

图 1.11.1　芫荽籽精油气相色谱图 A(第一段)

图 1.11.2　芫荽籽精油气相色谱图 B(第二段)

---

*　原书中为 Coriander oil，按精油命名原则，应加部位进行描述——译者注。

表 1.11.1　芫荽籽精油气相色谱图分析结果

序号	中文名称	英文名称	代码	百分比/%
1	α-蒎烯	α-Pinene	aPin	3.46
2	莰烯	Camphene	Cen	0.68
3	β-蒎烯	β-Pinene	βPin	0.72
4	桧烯	Sabinene	Sab	0.10
5	月桂烯	Myrcene	Myr	0.41
6	柠檬烯	Limonene	Lim	6.20
7	1,8-桉叶素/β-水芹烯	1,8-Cineole/β-Phellandrene	Cin1,8/βPhe	3.77
8	γ-松油烯	γ-Terpinene	gTer	2.72
9	对异丙基甲苯	para-Cymene	pCym	3.89
10	异松油烯	Terpinolene	Tno	0.25
11	反式-氧化芳樟醇	trans-Linalool oxide	tLooOx	0.23
12	顺式-氧化芳樟醇	cis-Linalool oxide	cLooOx	0.19
13	樟脑	Camphor	Cor	4.12
14	芳樟醇	Linalool	Loo	69.33
15	4-松油醇	Terpinen-4-ol	Trn4	0.10
16	反式-β-金合欢烯	(E) - β-Farnesene	EβFen	0.12
17	α-松油醇	α-Terpineol	aTol	0.33
18	乙酸松油酯/龙脑	α-Terpinyl acetate/Borneol	TolAc/Bor	0.62
19	乙酸香叶酯	Geranyl acetate	GerAc	1.01
20	橙花醇	Nerol	Ner	0.04
21	香叶醇	Geraniol	Ger	1.06

1.11.2　核磁共振碳谱分析 (图 1.11.3~图 1.11.6, 表 1.11.2~表 1.11.5)

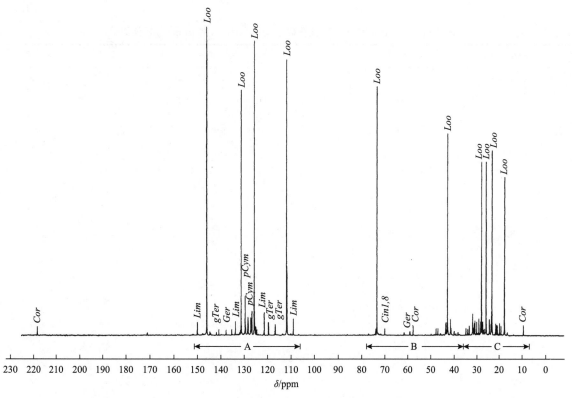

图 1.11.3　芫荽籽精油核磁共振碳谱总图 (0~230 ppm)

表 1.11.2　芫荽籽精油核磁共振碳谱图（160～230 ppm）分析结果

化学位移/ppm	相对强度/%	中文名称	代码
218.20	3.4	樟脑	*Cor*
170.83	1.3	乙酸香叶酯	*GerAc*

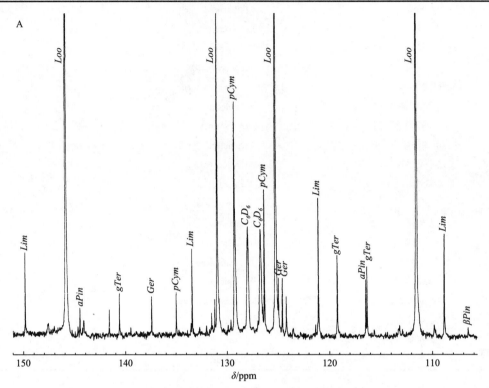

图 1.11.4　芫荽籽精油核磁共振碳谱图 A（106～151 ppm）

表 1.11.3　芫荽籽精油核磁共振碳谱图 A（106～151 ppm）分析结果

化学位移/ppm	相对强度/%	中文名称	代码
149.82	4.7	柠檬烯	*Lim*
147.60	0.7		
147.02	0.5		
145.88	100.0	芳樟醇	*Loo*
144.54	1.6	α-蒎烯	*aPin*
144.19	0.9		
141.67	1.5	乙酸香叶酯	*GerAc*
140.62	2.4	γ-松油烯	*gTer*
137.45	2.2	香叶醇	*Ger*
134.08	2.4	对异丙基甲苯	*pCym*
133.53	0.7		
133.41	4.9	柠檬烯	*Lim*
132.01	0.5		
131.52	1.3	乙酸香叶酯	*GerAc*
131.42	0.6		
131.21	2.1	香叶醇	*Ger*
130.95	79.7	芳樟醇	*Loo*
130.78	2.1		

化学位移/ppm	相对强度/%	中文名称	代码
129.88	0.6		
129.62	0.9		
129.25	13.2	氘代苯(溶剂)/对异丙基甲苯	$C_6D_6/pCym$
128.34	0.5		
128.00	6.2	氘代苯(溶剂)	C_6D_6
127.04	0.8		
126.78	6.0	氘代苯(溶剂)	C_6D_6
126.58	1.6		
126.42	8.3	对异丙基甲苯	$pCym$
125.54	0.8		
125.31	95.4	芳樟醇	Loo
125.05	3.3	香叶醇	Ger
124.66	3.3	香叶醇	Ger
124.28	2.2	乙酸香叶酯	$GerAc$
121.38	0.6		
121.11	7.8	柠檬烯	Lim
119.26	4.6	γ-松油烯/乙酸香叶酯	$gTer/GerAc$
116.48	3.2	α-蒎烯	$aPin$
116.36	3.9	γ-松油烯	$gTer$
113.19	0.6		
111.57	89.3	芳樟醇	Loo
109.85	0.6		
108.86	5.8	柠檬烯	Lim

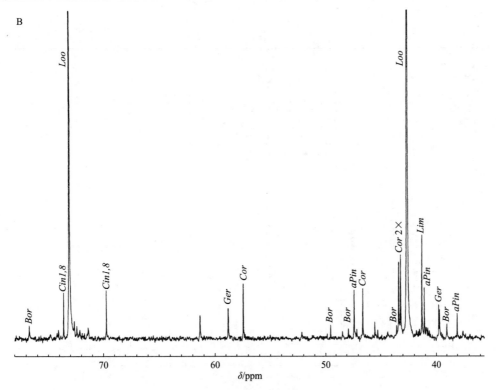

图 1.11.5 芫荽籽精油核磁共振碳谱图 B(36～78 ppm)

表 1.11.4　芫荽籽精油核磁共振碳谱图 B（36～78 ppm）分析结果

化学位移/ppm	相对强度/%	中文名称	代码
76.69	0.7	龙脑	Bor
73.60	2.5	1,8-桉叶素	Cin1,8
73.08	80.8	芳樟醇	Loo
72.61	0.9		
72.38	0.6		
71.37	0.5		
69.72	2.6	1,8-桉叶素	Cin1,8
61.32	1.2	乙酸香叶酯	GerAc
58.82	1.6	香叶醇	Ger
57.46	3.0		
49.55	0.7	龙脑	Bor
47.42	2.6	α-蒎烯	aPin
46.64	2.7	樟脑	Cor
45.55	0.9		
43.55	0.7	龙脑	Bor
43.38	4.2	樟脑	Cor
43.21	4.6	樟脑	Cor
42.65	65.7	芳樟醇	Loo
41.33	5.7	柠檬烯	Lim
41.11	2.8	α-蒎烯	aPin
40.94	0.6	β-蒎烯	βPin
40.81	0.5	β-蒎烯	βPin
39.78	1.8	香叶醇	Ger
39.70	1.6	乙酸香叶酯	GerAc
39.01	0.8	龙脑	Bor
38.05	1.3	α-蒎烯	aPin

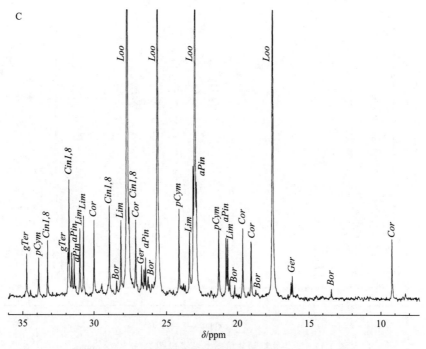

图 1.11.6　芫荽籽精油核磁共振碳谱图 C（8～36 ppm）

表 1.11.5　芫荽籽精油核磁共振碳谱图 C（8～36 ppm）分析结果

化学位移/ppm	相对强度/%	中文名称	代码
34.71	2.7	γ-松油烯	gTer
33.87	2.4	对异丙基甲苯	pCym
33.25	3.5		
31.83	2.8	α-蒎烯	aPin
31.78	7.4	1,8-桉叶素	Cin1,8
31.59	2.8	α-蒎烯	aPin
31.42	2.6	γ-松油烯	gTer
31.02	4.3	柠檬烯	Lim
30.74	5.1	柠檬烯	Lim
29.99	4.8		
29.44	0.8	樟脑	Cor
28.91	5.7	1,8-桉叶素	Cin1,8
28.42	1.0		
28.14	4.8	柠檬烯	Lim
27.72	56.9	芳樟醇	Loo
27.59	5.7	1,8-桉叶素	Cin1,8
27.15	4.8	樟脑	Cor
26.73	2.0	香叶醇	Ger
26.66	0.8		
26.55	1.7	乙酸香叶酯	GerAc
26.45	2.4	α-蒎烯	aPin
26.26	1.2	β-蒎烯	βPin
26.17	0.7		
25.99	0.8		
25.83	0.9		
25.60	56.8	芳樟醇/香叶醇/乙酸香叶酯	Loo/Ger/GerAc
24.10	5.6	对异丙基甲苯	pCym
23.95	0.7	β-蒎烯	βPin
23.85	0.6	β-蒎烯	βPin
23.78	0.8		
23.67	0.7		
23.37	4.1	柠檬烯	Lim
23.11	8.3	α-蒎烯/γ-松油烯	aPin/gTer
23.00	60.4	芳樟醇	Loo
22.88	7.3		
21.33	4.2	α-蒎烯	aPin
20.82	3.7	对异丙基甲苯	pCym
20.69	3.6	柠檬烯	Lim
20.55	1.1	龙脑	Bor
20.20	0.7	乙酸香叶酯	GerAc
19.63	4.3	樟脑	Cor
19.04	3.5	樟脑	Cor
17.52	51.9	芳樟醇/乙酸香叶酯	Loo/GerAc
16.23	0.9	乙酸香叶酯	GerAc
16.15	1.3	香叶醇	Ger
13.43	0.5	龙脑	Bor
9.19	3.7	樟脑	Cor

1.12　莳萝籽精油

英文名称：Dill seed oil。

法文和德文名称：*Essence de fruit d'aneth*；*Dillsamenöl*。

研究类型：商品。

市售的莳萝籽精油有两种不同的类型：一种以欧洲莳萝（*Anethum graveolens* L.）制备，另一种以印度莳萝（*Anethum Sowa* Roxb.）制备，这两种莳萝都属伞形科植物。采用水蒸气蒸馏（有时采用水蒸馏）莳萝粉碎干燥的成熟果实（"籽"为不正确术语）即可得莳萝籽精油。

欧洲莳萝生长于欧洲、北非、中东和俄罗斯的大部分地区。莳萝籽精油的蒸馏提取主要在欧洲（尤其是英国）进行，偶尔也在美国生产。

莳萝籽精油富含(+)-柠檬烯和(+)-香芹酮，两者占比超过精油总量的90%。莳萝籽精油的成分与葛缕籽精油非常相似，欧洲莳萝籽精油具有与葛缕籽精油相似的气味，有时在香精中用以替代葛缕籽精油。莳萝油脑是印度莳萝籽精油的特征物，欧洲莳萝籽精油则不含此物质。

本节的气相色谱图和 ^{13}C 核磁共振波谱图均表明所研究样品属于欧洲莳萝籽精油，即含有大量的柠檬烯和香芹酮，而不存在莳萝油脑。

1.12.1　气相色谱分析（图 1.12.1、图 1.12.2，表 1.12.1）

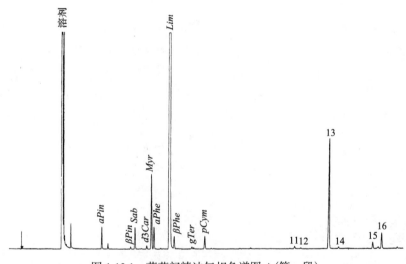

图 1.12.1　莳萝籽精油气相色谱图 A（第一段）

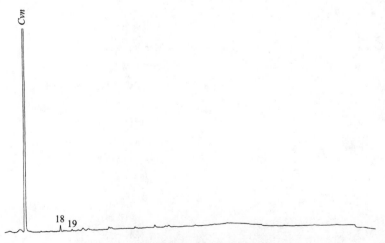

图 1.12.2　莳萝籽精油气相色谱图 B（第二段）

1 精　油

·99·

表 1.12.1　莳萝籽精油气相色谱图分析结果

序号	中文名称	英文名称	代码	百分比/%
1	α-蒎烯	α-Pinene	aPin	0.22
2	β-蒎烯	β-Pinene	βPin	0.02
3	桧烯	Sabinene	Sab	0.27
4	3-蒈烯	Δ³-Carene	d3Car	0.04
5	月桂烯	Myrcene	Myr	0.96
6	α-水芹烯	α-Phellandrene	aPhe	0.29
7	柠檬烯	Limonene	Lim	68.42
8	β-水芹烯	β-Phellandrene	βPhe	0.16
9	γ-松油烯	γ-Terpinene	gTer	0.01
10	对异丙基甲苯	para-Cymene	pCym	0.17
11	顺式-柠檬烯-1,2-氧化物	cis-Limonene-1,2-oxide		0.02
12	反式-柠檬烯-1,2-氧化物	trans-Limonene-1,2-oxide		0.01
13	莳萝醚	Dill ether	Deth	1.72
14	芳樟醇	Linalool	Loo	0.02
15	顺式-二氢香芹酮	cis-Dihydrocarvone	cDhCvn	0.09
16	反式-二氢香芹酮	trans-Dihydrocarvone	tDhCvn	0.19
17	香芹酮	Carvone	Cvn	27.29
18	反式-香芹醇	trans-Carveol		0.09
19	顺式-香芹醇	cis-Carveol		0.01

1.12.2　核磁共振碳谱分析(图 1.12.3～图 1.12.5，表 1.12.2～表 1.12.4)

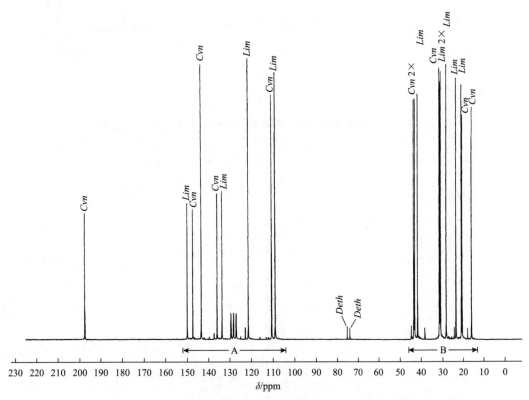

图 1.12.3　莳萝籽精油核磁共振碳谱总图(0～230 ppm)

表 1.12.2　莳萝籽精油核磁共振碳谱图(50~100 ppm 及 160~230 ppm)分析结果

化学位移/ppm	相对强度/%	中文名称	代码
197.43	45.7	香芹酮	*Cvn*
75.16	5.0	莳萝醚	*Deth*
73.84	4.4	莳萝醚	*Deth*

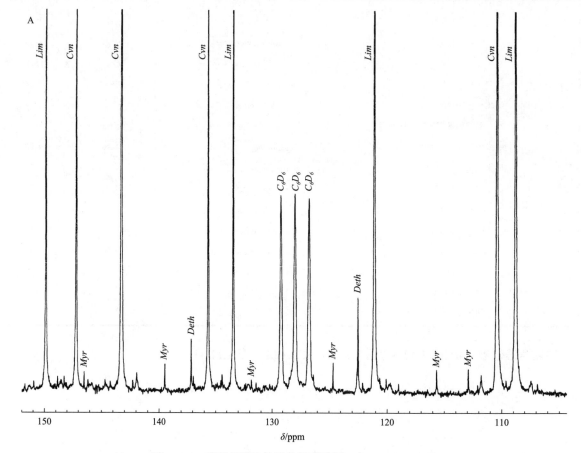

图 1.12.4　莳萝籽精油核磁共振碳谱图 A(105~152 ppm)

表 1.12.3　莳萝籽精油核磁共振碳谱图 A(105~152 ppm)分析结果

化学位移/ppm	相对强度/%	中文名称	代码	化学位移/ppm	相对强度/%	中文名称	代码
149.89	49.2	柠檬烯	*Lim*	128.00	9.8	氘代苯(溶剂)	*C₆D₆*
147.21	47.1	香芹酮	*Cvn*	126.81	9.6	氘代苯(溶剂)	*C₆D₆*
146.52	1.0	月桂烯	*Myr*	124.72	1.5	月桂烯	*Myr*
143.27	97.8	香芹酮	*Cvn*	122.57	4.7	莳萝醚	*Deth*
141.94	0.9			121.14	100.0	柠檬烯	*Lim*
139.49	1.4	月桂烯	*Myr*	115.70	1.1	月桂烯	*Myr*
137.15	2.6	莳萝醚	*Deth*	112.92	1.2	月桂烯	*Myr*
135.68	52.6	香芹酮	*Cvn*	111.79	0.9		
134.43	0.8			110.43	87.1	香芹酮	*Cvn*
133.44	53.5	柠檬烯	*Lim*	108.81	94.9	柠檬烯	*Lim*
129.22	9.7	氘代苯(溶剂)	*C₆D₆*				

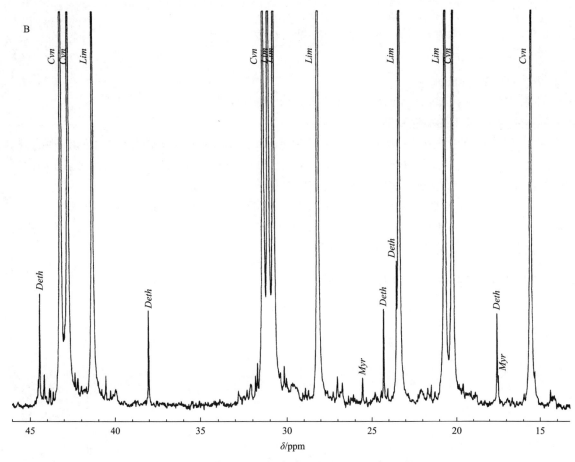

图 1.12.5　莳萝籽精油核磁共振碳谱图 B(14～46 ppm)

表 1.12.4　莳萝籽精油核磁共振碳谱图 B(14～46 ppm)分析结果

化学位移/ppm	相对强度/%	中文名称	代码	化学位移/ppm	相对强度/%	中文名称	代码
44.54	1.1			30.04	1.2		
44.45	5.3	莳萝醚	Deth	29.68	1.0		
44.18	1.3			28.18	97.6	柠檬烯	Lim
43.21	85.3	香芹酮	Cvn	27.05	1.3		
42.79	85.5	香芹酮	Cvn	26.76	1.0		
42.37	1.5			25.59	1.2	月桂烯	Myr
42.20	1.2			24.31	4.5	莳萝醚	Deth
41.36	87.2	柠檬烯	Lim	23.55	6.9	莳萝醚	Deth
40.57	1.3			23.40	92.6	柠檬烯	Lim
38.05	4.5	莳萝醚	Deth	21.51	0.9		
32.13	0.9			20.69	90.3	柠檬烯	Lim
31.85	1.3			20.25	79.9	香芹酮	Cvn
31.73	1.9			19.66	0.9		
31.37	96.4	香芹酮	Cvn	17.60	4.3	莳萝醚	Deth
31.07	91.3	柠檬烯	Lim	17.52	1.3		
30.77	94.9	柠檬烯	Lim	15.58	82.5	香芹酮	Cvn
30.17	1.8			15.35	1.5		

1.13　欧洲山松精油

英文名称：Dwarf-pine oil。

法文和德文名称：*Essence de pin de montagne*；*Latschenkieferöl*。

研究类型：商品（纯正的奥地利型）。

采用水蒸气蒸馏欧洲山松（松科植物，*Pinus mugo* Turra / *Pinus montana* Miller）的叶和枝即可得欧洲山松精油，又名偃松精油或蒙大拿山松精油。山松树生长于欧洲的山区，特别是在奥地利阿尔卑斯山区、意大利北部、巴尔干半岛和俄罗斯。山松最重要的产区是奥地利的蒂罗尔。

欧洲山松精油具有令人愉悦的松木香气，常用于香水和医药，如浴用配制品和室内喷雾。

欧洲山松精油主要含萜烯化合物（60 %～80 %）和约 10%的乙酸龙脑酯，这是其愉悦香气的成因。

欧洲山松精油常被廉价的松针精油和松节精油掺假。

1.13.1　气相色谱分析（图 1.13.1、图 1.13.2，表 1.13.1）

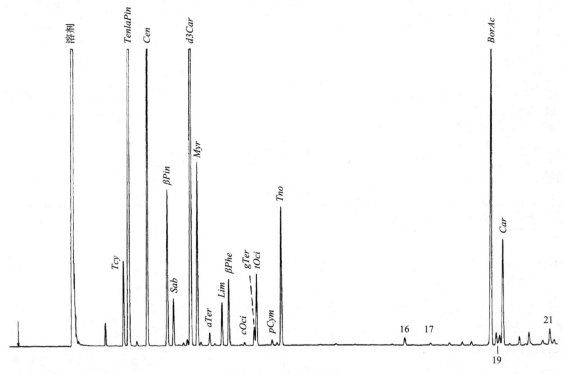

图 1.13.1　欧洲山松精油气相色谱图 A（第一段）

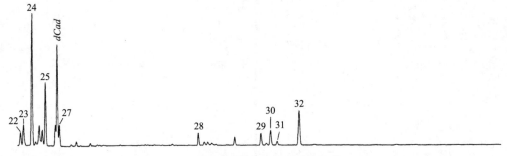

图 1.13.2　欧洲山松精油气相色谱图 B（第二段）

表 1.13.1　欧洲山松精油气相色谱图分析结果

序号	中文名称	英文名称	代码	百分比/%
1	三环烯	Tricyclene	Tcy	1.72
2	α-侧柏烯/α-蒎烯	α-Thujene/α-Pinene	Ten/aPin	27.57
3	莰烯	Camphene	Cen	8.14
4	β-蒎烯	β-Pinene	βPin	3.40
5	桧烯	Sabinene	Sab	0.99
6	3-蒈烯	Δ^3-Carene	d3Car	16.20
7	月桂烯	Myrcene	Myr	3.94
8	α-松油烯	α-Terpinene	aTer	0.30
9	柠檬烯	Limonene	Lim	0.92
10	β-水芹烯	β-Phellandrene	βPhe	1.46
11	顺式-β-罗勒烯	cis-β-Ocimene	cOci	0.07
12	γ-松油烯	γ-Terpinene	gTer	0.41
13	反式-β-罗勒烯	trans-β-Ocimene	tOci	1.58
14	对异丙基甲苯	para-Cymene	pCym	0.18
15	异松油烯	Terpinolene	Tno	3.22
16	α-荜澄茄烯	α-Cubebene		0.18
17	α-玷𤧚烯	α-Copaene	Cop	0.06
18	乙酸龙脑酯	Bornyl acetate	BorAc	8.19
19	β-榄香烯	β-Elemene	Emn	0.33
20	β-石竹烯	β-Caryophyllene	Car	2.76
21	α-蛇麻烯	α-Humulene	Hum	0.41
22	α-松油醇	α-Terpineol	aTol	0.40
23	龙脑	Borneol	Bor	0.63
24	大根香叶烯 D	Germacrene D	GenD	3.88
25	二环大根香叶烯	Bicyclogermacrene	BiGen	1.88
26	δ-杜松烯	δ-Cadinene	dCad	2.89
27	γ-杜松烯	γ-Cadinene		0.65
28	1(10)E,5E-大根香叶二烯-4-醇	Germacra-1(10)E,5E-dien-4-ol		0.37
29	T-杜松醇	T-Cadinol		0.41
30	T-木罗醇	T-Muurol		0.49
31	δ-杜松醇	δ-Cadinol		0.12
32	α-杜松醇	α-Cadinol		1.13

1.13.2 核磁共振碳谱分析(图 1.13.3～图 1.13.7，表 1.13.2～表 1.13.6)

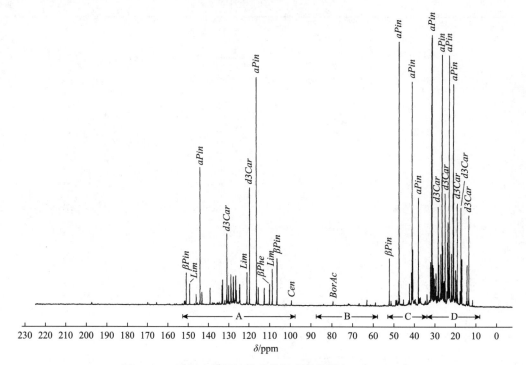

图 1.13.3 欧洲山松精油核磁共振碳谱总图(0～230 ppm)

表 1.13.2 欧洲山松精油核磁共振碳谱图(160～230 ppm)分析结果

化学位移/ppm	相对强度/%	中文名称	代码
197.64	1.3		
170.07	1.3	乙酸龙脑酯	*BorAc*
165.76	1.3	莰烯	*Cen*

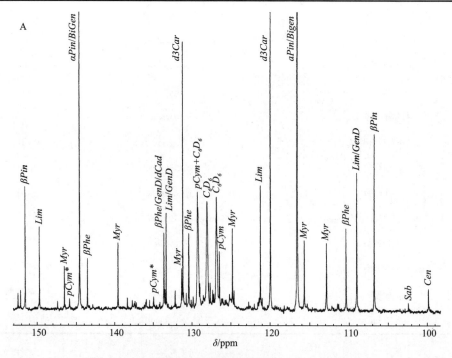

图 1.13.4 欧洲山松核磁共振碳谱图 A(99～154 ppm)

表 1.13.3　欧洲山松精油核磁共振碳谱图 A(99～154 ppm)分析结果

化学位移/ppm	相对强度/%	中文名称	代码
153.47	1.0		
152.42	1.8		
152.09	2.1		
151.48	12.4	β-蒎烯	βPin
149.67	8.4	柠檬烯	Lim
146.48	4.5	月桂烯	Myr
145.83	1.2	对异丙基甲苯	pCym
144.53	51.4	β-蒎烯/二环大根香叶烯	aPin/BiGen
143.54	5.2	β-水芹烯	βPhe
139.53	6.8	月桂烯	Myr
138.37	1.3		
137.74	1.1		
135.91	1.1		
135.51	1.1		
134.93	1.4	对异丙基甲苯/β-石竹烯	pCym/Car
133.62	7.8	β-水芹烯/大根香叶烯 D/δ-杜松烯	βPhe/GenD/dCad
133.49	2.2		
133.33	9.8	柠檬烯/大根香叶烯 D	Lim/GenD
132.17	2.1		
131.34	4.2	月桂烯	Myr
131.18	26.8	3-蒈烯	d3Car
131.08	1.9	二环大根香叶烯	BiGen
130.72	1.8		
130.38	7.7	β-水芹烯/δ-杜松烯	βPhe/dCad
130.09	1.1	大根香叶烯 D	GenD
129.83	1.4		
129.28	11.9	对异丙基甲苯	pCym
129.19	10.3	氘代苯(溶剂)	C_6D_6
128.93	2.8		
128.50	1.6		
128.00	10.9	氘代苯(溶剂)	C_6D_6
127.81	2.8		
127.60	2.8		
127.30	2.2		
127.21	1.1		
127.16	1.7		
126.80	11.4	氘代苯(溶剂)	C_6D_6
126.44	5.9	对异丙基甲苯	pCym

化学位移/ppm	相对强度/%	中文名称	代码
126.15	1.2		
126.07	1.2		
126.01	1.2		
125.72	1.1		
125.59	1.1	二环大根香叶烯	*BiGen*
125.16	1.7	δ-杜松烯	*dCad*
124.78	8.2	月桂烯/β-石竹烯	*Myr/Car*
124.58	2.1	δ-杜松烯	*dCad*
121.38	1.3		
121.20	12.5	柠檬烯/异松油烯	*Lim/Tno*
121.00	1.3		
119.94	43.7	3-蒈烯	*d3Car*
116.56	84.4	a-蒎烯/二环大根香叶烯	*aPin/BiGen*
115.68	7.0	月桂烯	*Myr*
112.86	6.8	月桂烯	*Myr*
110.35	8.3	β-水芹烯	*βPhe*
108.98	13.8	柠檬烯/大根香叶烯 D	*Lim/GenD*
106.74	17.6	β-蒎烯	*βPin*
99.80	2.3	莰烯	*Cen*

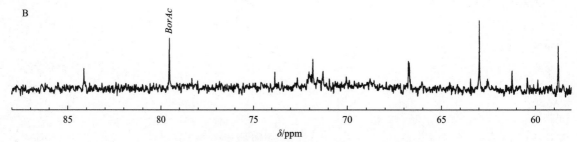

图 1.13.5　欧洲山松精油核磁共振碳谱 B 图（58～83 ppm）

表 1.13.4　欧洲山松精油核磁共振碳谱图 B（58～83 ppm）分析结果

化学位移/ppm	相对强度/%	中文名称	代码
79.59	1.8	乙酸龙脑酯	*BorAc*
71.90	1.0		
63.01	2.5		
58.82	1.5		

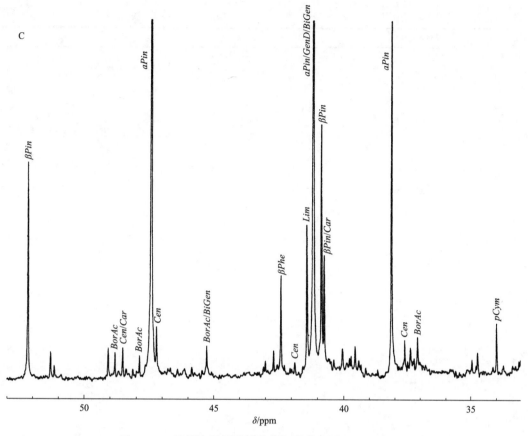

图 1.13.6　欧洲山松精油核磁共振碳谱 C 图（33～53 ppm）

表 1.13.5　欧洲山松精油核磁共振碳谱图 C（33～53 ppm）分析结果

化学位移/ppm	相对强度/%	中文名称	代码
52.22	17.8	β-蒎烯	βPin
51.33	2.2		
49.11	2.5		
48.85	2.1	乙酸龙脑酯	BorAc
48.55	2.5	莰烯/β-石竹烯	Cen/Car
47.92	1.8	乙酸龙脑酯	BorAc
47.46	97.4	α-蒎烯	aPin
47.26	4.2	莰烯	Cen
45.31	2.7	乙酸龙脑酯/二环大根香叶烯	BorAc/BiGen
43.03	1.4	三环烯	Tcy
42.72	2.3		
42.58	1.1		
42.43	8.5	β-水芹烯	βPhe
42.30	1.1	三环烯	Tcy
41.89	1.3	莰烯	Cen
41.43	12.7	柠檬烯	Lim
41.17	82.8	α-蒎烯/大根香叶烯 D/二环大根香叶烯	aPin/GenD/BiGen
40.87	21.0	β-蒎烯	βPin
40.77	10.2	β-蒎烯/β-石竹烯	βPin/Car
40.61	1.6		
40.41	1.6	β-石竹烯	Car
40.08	2.5		

续表

化学位移/ppm	相对强度/%	中文名称	代码
39.91	1.3	δ-杜松烯	dCad
39.80	1.7		
39.74	1.9		
39.58	2.7		
39.44	1.5		
39.34	1.2	二环大根香叶烯	BiGen
38.15	40.1	α-蒎烯	aPin
37.85	1.0	三环烯	Tcy
37.62	3.2	莰烯	Cen
37.50	1.5		
37.39	2.6		
37.29	1.5		
37.25	1.7		
37.10	3.5	乙酸龙脑酯	BorAc
36.90	1.1		
36.80	1.1		
34.97	1.6	大根香叶烯 D/β-石竹烯	GenD/Car
34.81	1.1		
34.74	2.2		
34.00	4.7	对异丙基甲苯	pCym
33.74	1.2		
33.39	1.1		
33.28	1.1		
33.15	1.5		
33.08	1.7	大根香叶烯 D	GenD

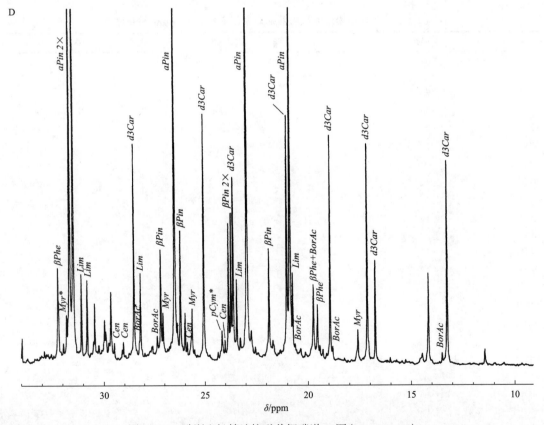

图 1.13.7　欧洲山松精油核磁共振碳谱 D 图（10～33 ppm）

表 1.13.6 欧洲山松精油核磁共振碳谱图 D(10～33 ppm)分析结果

化学位移/ppm	相对强度/%	中文名称	代码
32.94	2.5	三环烯/β-石竹烯	Tcy/Car
32.85	1.9		
32.76	1.9		
32.66	1.6	δ-杜松烯	dCad
32.59	1.9		
32.48	1.6		
32.26	16.4	δ-杜松烯+?	dCad+?
32.23	10.9	β-水芹烯	βPhe
32.00	3.7		
31.83	8.4	月桂烯	Myr
31.68	98.9	α-蒎烯/异松油烯/二环大根香叶烯	aPin/Tno/BiGen
31.50	100.0	α-蒎烯	aPin
31.30	2.4	二环大根香叶烯	BiGen
31.22	2.5	β-石竹烯	Car
31.12	15.4	柠檬烯	Lim
30.84	14.4	柠檬烯	Lim
30.66	2.1		
30.54	4.1		
30.49	10.4		
30.29	3.4		
30.14	2.6		
30.01	7.7		
29.96	5.7		
29.80	3.9	异松油烯/三环烯	Tno/Tcy
29.70	12.3	大根香叶烯 D+?	GenD+?
29.54	3.8	莰烯/β-石竹烯	Cen/Car
29.38	1.1		
29.15	2.7		
29.10	4.0	莰烯	Cen
29.00	1.7		
28.82	2.1	β-石竹烯	Car
28.57	36.8	3-蒈烯	d3Car
28.29	4.1	乙酸龙脑酯	BorAc
28.22	15.5	柠檬烯	Lim
28.01	2.0		
27.88	1.8		
27.74	2.4	反式-β-罗勒烯	tOci
27.66	3.2		
27.62	3.3		
27.39	5.0	乙酸龙脑酯	BorAc
27.22	19.4	β-蒎烯/δ-杜松烯	βPin/dCad
27.11	8.8	月桂烯/异松油烯/δ-杜松烯	Myr/Tno/dCad
26.89	2.7	大根香叶烯 D	GenD
26.79	3.1		
26.72	3.9		
26.53	92.6	α-蒎烯	aPin
26.42	7.1		
26.26	22.4	β-蒎烯	βPin
26.05	8.8		

续表

化学位移/ppm	相对强度/%	中文名称	代码
25.95	3.9	荭烯/二环大根香叶烯	Cen/BiGen
25.69	9.5	月桂烯/反式-β-罗勒烯	Myr/tOci
25.57	2.6		
25.44	1.7		
25.10	41.7	3-蒈烯	d3Car
24.83	1.7		
24.41	2.2		
24.21	5.8	对异丙基甲苯	pCym
24.07	4.2	荭烯	Cen
23.88	23.6	β-蒎烯/二环大根香叶烯	βPin/BiGen
23.77	25.4	β-蒎烯	βPin
23.67	31.2	3-蒈烯/δ-杜松烯	d3Car/dCad
23.50	14.5	柠檬烯	Lim
23.32	4.6		
22.98	92.3	a-蒎烯/三环烯/二环大根香叶烯	aPin/Tcy/BiGen
22.77	5.7	β-石竹烯	Car
22.58	3.1	异松油烯	Tno
22.45	1.9		
22.15	1.6		
21.92	19.5	β-蒎烯/δ-杜松烯	βPin/dCad
21.73	4.2		
21.49	2.0	δ-杜松烯	dcad
21.39	2.5		
21.06	41.4	3-蒈烯/大根香叶烯 D	d3Car/GenD
20.92	82.0	a-蒎烯	aPin
20.79	15.5	柠檬烯	Lim
20.69	3.6	乙酸龙脑酯	BorAc
20.42	2.7	三环烯	Tcy
20.17	2.1	异松油烯	Tno
19.79	13.5	乙酸龙脑酯/	BorAc/βPh
19.59	10.0	β-水芹烯/异松油烯	βPhe/Tno
19.49	3.3	大根香叶烯 D/三环烯	GenD/Tcy
19.33	2.6		
19.16	1.9		
18.97	38.1	3-蒈烯	d3Car
18.86	3.1	乙酸龙脑酯/δ-杜松烯	BorAc/dCad
18.30	1.1		
17.62	5.9	月桂烯/二环大根香叶烯/反式-β-罗勒烯	Myr/BiGen/tOci
17.17	36.6	3-蒈烯	d3Car
17.02	1.1		
16.78	17.5	3-蒈烯/三环烯	d3Car/Tcy
16.08	1.2	大根香叶烯 D/δ-杜松烯	GenD/dCad
14.49	1.8		
14.19	15.4		
13.53	2.0	乙酸龙脑酯	BorAc
13.27	33.8	3-蒈烯	d3Car
11.46	2.5	反式-β-罗勒烯	tOci

1.14　蓝桉叶精油

英文名称：Eucalyptus oil。

法文和德文名称：*Essence d'eucalyptus*；*Eukalyptusöl*。

研究类型：西班牙型、中国型。

采用水蒸气蒸馏不同桉树的鲜叶或未完全干燥树叶即可得挥发性的桉叶精油。由于从不同桉树（已知有近700种）所制备的精油成分差异很大，故蓝桉叶精油商品的分类主要依据其主要成分进行。"蓝桉叶精油"通常被理解为一种桉叶素型精油，它是从蓝桉树（桃金娘科植物，*Eucalyptus globulus* Labillardière）和一些其他树种提取而得的。

蓝桉树原产于澳大利亚、塔斯马尼亚和新几内亚，而现今蓝桉树在世界各地的温带和亚热带地区都有种植。蓝桉叶精油的主要生产国是澳大利亚、中国、西班牙、葡萄牙和一些非洲国家。

蓝桉叶精油可用于理疗、牙膏和漱口水等产品，其成分呈现富含1,8-桉叶素（60%~80%）、少量α-蒎烯和对异丙基甲苯的特征。

蓝桉叶精油及其单离馏分常被用于更加昂贵精油的稀释，如迷迭香精油和百里香精油等。

1.14.1　蓝桉叶精油（西班牙型）

1.14.1.1　气相色谱分析（图 1.14.1、图 1.14.2，表 1.14.1）

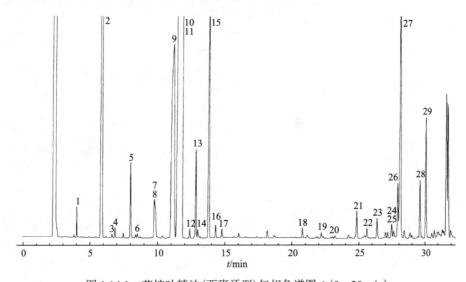

图 1.14.1　蓝桉叶精油（西班牙型）气相色谱图 A（0~30 min）

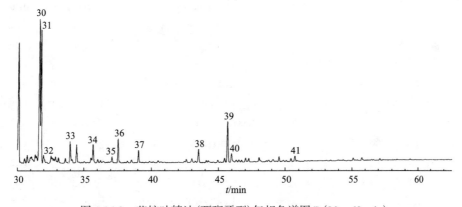

图 1.14.2　蓝桉叶精油（西班牙型）气相色谱图 B（30~62 min）

表 1.14.1　蓝桉叶精油(西班牙型)气相色谱图分析结果

序号	中文名称	英文名称	代码	百分比/%	
				西班牙型	中国型
1	异戊醛	3-Methylbutanal		0.11	—
2	α-蒎烯	α-Pinene	aPin	17.35	6.01
3	α-小茴香烯	α-Fenchene		0.02	—
4	莰烯	Camphene	Cen	0.06	0.03
5	β-蒎烯	β-Pinene	βPin	0.53	0.80
6	马鞭草烯	Verbenene		0.03	—
7	月桂烯	Myrcene	Myr	0.33	0.54
8	α-水芹烯	α-Phellandrene	aPhe	0.23	0.24
9	α-松油烯	α-Terpinene	aTer	—	0.04
10	柠檬烯	Limonene	Lim	4.65	7.59
11	β-水芹烯	β-Phellandrene	βPhe	0.13	0.16
12	1,8-桉叶素	1,8-Cineole	Cin1,8	61.76	80.46
13	顺式-β-罗勒烯	(Z)-β-Ocimene	cOci	0.06	0.09
14	γ-松油烯	γ-Terpinene	gTer	0.59	0.70
15	反式-β-罗勒烯	(E)-β-Ocimene	tOci	0.07	0.10
16	对异丙基甲苯	p-Cymene	pCym	2.47	2.17
17	异松油烯	Terpinolene	Tno	0.09	0.10
18	异丁酸异戊酯	Isoamyl isobutyrate		0.07	0.02
19	对异丙烯基甲苯	p-Cymenene		0.07	—
20	δ-榄香烯	δ- Elemene		0.05	—
21	α-珀玭烯	α-Copaene	Cop	0.03	—
22	樟脑(?)	Camphor(?)	Cor	—	0.27
23	α-古芸香烯	α-Gurjunene		0.26	—
24	芳樟醇	Linalool	Loo	0.07	0.09
25	松香芹酮	Pinocarvone		0.18	
26	β-愈疮木烯	β-Guaiene		0.14	—
27	β-石竹烯	β-Caryophyllene	Car	0.07	0.04
28	4-松油醇	Terpinen-4-ol	Trn4	0.48	0.10
29	香橙烯	Aromadendrene	Aro	2.63	—
30	别香橙烯	Alloaromadendrene		0.51	—
31	反式-松香芹醇	trans-Pinocarveol		1.00	0.13
32	乙酸松油酯	α-Terpinyl acetate	TolAc	1.36	—
33	α-松油醇	α-Terpineol	aTol	1.04	0.13
34	龙脑	Borneol	Bor	0.09	0.04
35	乙酸香叶酯	Geranyl acetate	GerAc	0.19	
36	反式-对蓋-1(7),8-二烯-2-醇	trans-p-Menth-1(7),8-dien-2-ol		0.17	—
37	反式-香芹醇	trans-Carveol		0.05	
38	香叶醇/对异丙基甲苯-8-醇	Geraniol/p-cymen-8-ol	Ger	0.18	
39	顺式-对蓋-1(7),8-二烯-2-醇	cis-p-Menth-1(7),8-dien-2-ol		0.10	—
40	$C_{15}H_{26}O$	$C_{15}H_{26}O$		0.12	
41	蓝桉醇	Globulol		0.36	
42	表蓝桉醇	epi-Globulol		0.09	
43	β-桉叶醇	β-Eudesmol		0.05	

1.14.1.2　核磁共振碳谱分析(图 1.14.3～图 1.14.5，表 1.14.2、表 1.14.3)

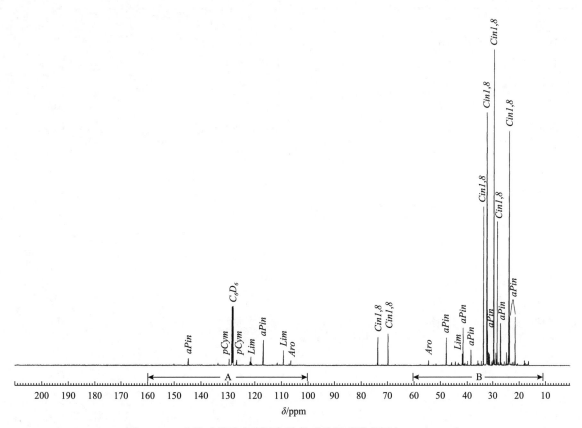

图 1.14.3　蓝桉叶精油(西班牙型)核磁共振碳谱总图(0～230 ppm)

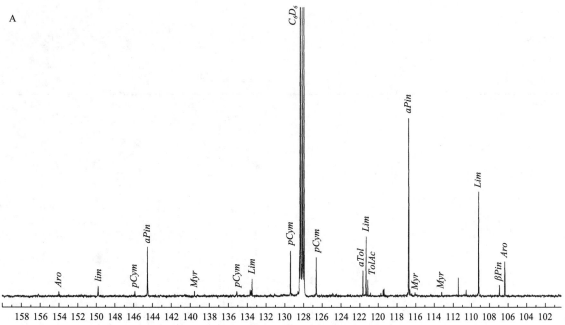

图 1.14.4　蓝桉叶精油(西班牙型)核磁共振碳谱图 A(102～160 ppm)

表 1.14.2　蓝桉叶精油(西班牙型)核磁共振碳谱图 A(102～160 ppm)分析结果

化学位移/ppm	相对强度/%	中文名称	代码
153.99	0.2	香 橙烯	*Aro*
149.75	0.4	柠檬烯	*Lim*
145.82	0.2	对异丙基甲苯	*pCym*
144.48	2.1	a-蒎烯	*aPin*
139.44	0.2	月桂烯	*Myr*
134.99	0.2	对异丙基甲苯	*pCym*
133.56	0.3	乙酸松油酯	*TolAc*
133.46	0.3	α-松油醇	*aTol*
133.36	0.7	柠檬烯	*Lim*
129.26	1.9	对异丙基甲苯	*pCym*
129.13	0.1		
126.48	1.7	对异丙基甲苯	*pCym*
121.48	1.1	α-松油醇	*aTol*
121.12	2.5	柠檬烯	*Lim*
120.93	0.7	乙酸松油酯	*TolAc*
119.28	0.3		
119.17	0.3		
116.53	7.4	a-蒎烯	*aPin*
116.43	0.3		
115.87	0.2	月桂烯	*Myr*
112.99	0.2	月桂烯	*Myr*
111.22	0.8		
110.37	0.3		
108.94	4.4	柠檬烯	*Lim*
106.68	0.5	β-蒎烯	*βPin*
106.09	1.5	香橙烯	*Aro*

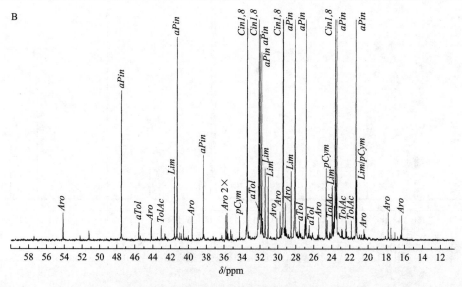

图 1.14.5　蓝桉叶精油(西班牙型)核磁共振碳谱图 B(10～75 ppm)

表 1.14.3　蓝桉叶精油(西班牙型)核磁共振碳谱图 B(10～75 ppm)分析结果

化学位移/ppm	相对强度/%	中文名称	代码
73.33	8.4	1,8-桉叶素	Cin1,8
71.71	0.3	α-松油醇	aTol
69.45	9.4	1,8-桉叶素	Cin1,8
66.66	0.2		
57.39	0.2		
54.11	1.5	香橙烯	Aro
52.18	0.3		
51.18	0.6		
51.15	0.4		
47.41	8.2	α-蒎烯	aPin
45.45	1.0	α-松油醇	aTol
45.31	0.3		
44.10	1.1	香橙烯	Aro
43.38	0.2		
42.96	0.8	乙酸松油酯	TolAc
42.52	0.4		
42.41	0.2		
41.47	3.5	柠檬烯	Lim
41.27	0.2		
41.17	11.1	α-蒎烯	aPin
40.84	0.4		
40.70	0.4		
40.44	0.8		
39.89	0.3		
39.45	1.4	香橙烯	Aro
38.21	4.7	α-蒎烯	aPin
38.12	0.3		
37.07	0.2		
36.08	0.3		
35.65	1.4	香橙烯	Aro
35.51	1.5	香橙烯	Aro
35.41	0.4		
35.09	0.6		
34.94	0.4		
34.10	1.3	对异丙基甲苯	pCym
33.25	47.5	1,8-桉叶素	Cin1,8
31.93	75.4	1,8-桉叶素	Cin1,8
31.81	11.3	α-蒎烯	aPin
31.62	10.3	α-蒎烯	aPin

续表

化学位移/ppm	相对强度/%	中文名称	代码
31.49	1.1	α-松油醇	aTol
31.22	3.9	柠檬烯	Lim
30.87	3.5	柠檬烯	Lim
29.87	1.2	香橙烯	Aro
29.52	1.6	香橙烯	Aro
29.19	100.0	1,8-桉叶素	Cin1,8
28.93	2.1	香橙烯	Aro
28.28	3.8	柠檬烯	Lim
27.84	43.1	α-蒎烯	aPin
27.54	0.5	α-松油醇	aTol
27.35	1.1	α-松油醇	aTol
27.31	0.5		
26.75	0.9		
26.69	1.3	乙酸松油酯	TolAc
26.60	12.5	α-蒎烯	aPin
26.25	0.9	α-松油醇	aTol
25.87	0.5		
25.16	1.3	香橙烯	Aro
24.36	3.9	对异丙基甲苯/α-松油醇	pCym/aTol
24.23	1.1	乙酸松油酯	TolAc
23.69	3.0	柠檬烯	Lim
23.63	1.0	α-松油醇	aTol
23.34	70.0	1,8-桉叶素	Cin1,8
23.18	14.5	α-蒎烯	aPin
22.61	0.6	乙酸松油酯	TolAc
22.54	0.6		
22.14	1.1		
22.05	0.5		
21.55	1.1	乙酸松油酯	TolAc
21.04	14.3	α-蒎烯	aPin
20.96	3.3	柠檬烯/对异丙基甲苯	Lim/pCym
20.16	0.6	香橙烯	Aro
17.46	1.5	香橙烯	Aro
17.15	0.7		
16.70	0.5		
15.95	1.0	香橙烯	Aro

1.14.2　蓝桉叶精油(中国型)

1.14.2.1　气相色谱分析(图 1.14.6、图 1.14.7,表 1.14.4)

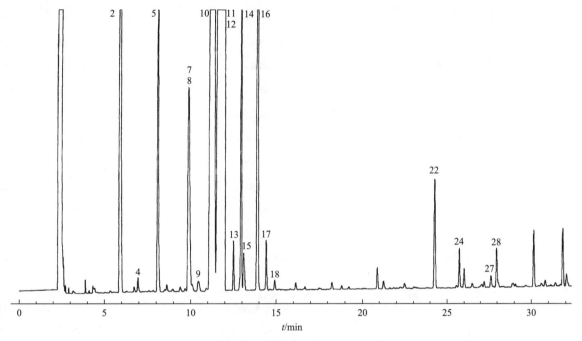

图 1.14.6　蓝桉叶精油(中国型)气相色谱图 A(0~30 min)

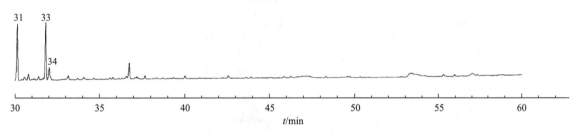

图 1.14.7　蓝桉叶精油(中国型)气相色谱图 B(30~60 min)

表 1.14.4　蓝桉叶精油(中国型)气相色谱图分析结果

序号	中文名称	英文名称	代码	百分比/%	
				西班牙型	中国型
1	异戊醛	3-Methylbutanal		0.11	—
2	α-蒎烯	α-Pinene	*aPin*	17.35	6.01
3	α-小茴香烯	α-Fenchene		0.02	—
4	莰烯	Camphene	*Cen*	0.06	0.03
5	β-蒎烯	β-Pinene	*βPin*	0.53	0.80
6	马鞭草烯	Verbenene		0.03	—
7	月桂烯	Myrcene	*Myr*	0.33	0.54
8	α-水芹烯	α-Phellandrene	*aPhe*	0.23	0.24
9	α-松油烯	α-Terpinene	*aTer*	—	0.04
10	柠檬烯	Limonene	*Lim*	4.65	7.59

续表

序号	中文名称	英文名称	代码	百分比/%	
				西班牙型	中国型
11	β-水芹烯	β-Phellandrene	βPhe	0.13	0.16
12	1,8-桉叶素	1,8-Cineole	$Cin1,8$	61.76	80.46
13	顺式-β-罗勒烯	(Z)-β-Ocimene	$cOci$	0.06	0.09
14	γ-松油烯	γ-Terpinene	$gTer$	0.59	0.70
15	反式-β-罗勒烯	(E)-β-Ocimene	$tOci$	0.07	0.10
16	对异丙基甲苯	p-Cymene	$pCym$	2.47	2.17
17	异松油烯	Terpinolene	Tno	0.09	0.10
18	异丁酸异戊酯	Isoamyl isobutyrate		0.07	0.02
19	对异丙烯基甲苯	p-Cymenene		0.07	—
20	δ-榄香烯	δ- Elemene		0.05	—
21	α-珂珀烯	α-Copaene	Cop	0.03	—
22	樟脑（?）	Camphor（?）	Cor	—	0.27
23	α-古芸香烯	α-Gurjunene		0.26	
24	芳樟醇	Linalool	Loo	0.07	0.09
25	松香芹酮	Pinocarvone		0.18	—
26	β-愈疮木烯	β-Guaiene		0.14	—
27	β-石竹烯	β-Caryophyllene	Car	0.07	0.04
28	4-松油醇	Terpinen-4-ol	$Trn4$	0.48	0.10
29	香橙烯	Aromadendrene	Aro	2.63	—
30	别香橙烯	Alloaromadendrene		0.51	—
31	反式-松香芹醇	$trans$-Pinocarveol		1.00	0.13
32	乙酸松油酯	α-Terpinyl acetate	$TolAc$	1.36	—
33	α-松油醇	α-Terpineol	$aTol$	1.04	0.13
34	龙脑	Borneol	Bor	0.09	0.04
35	乙酸香叶酯	Geranyl acetate	$GerAc$	0.19	—
36	反式-对蓋-1(7),8-二烯-2-醇	$trans$-p-Menth-1(7),8-dien-2-ol		0.17	—
37	反式-香芹醇	$trans$-Carveol		0.05	—
38	香叶醇/对异丙基甲苯-8-醇	Geraniol/p-cymen-8-ol	Ger	0.18	—
39	顺式-对蓋-1(7),8-二烯-2-醇	cis-p-Menth-1(7),8-dien-2-ol		0.10	—
40	$C_{15}H_{26}O$	$C_{15}H_{26}O$		0.12	—
41	蓝桉醇	Globulol		0.36	—
42	表蓝桉醇	epi-Globulol		0.09	—
43	β-桉叶醇	β-Eudesmol		0.05	—

1.14.2.2　核磁共振碳谱分析(图 1.14.8～图 1.14.10，表 1.14.5～表 1.14.7)

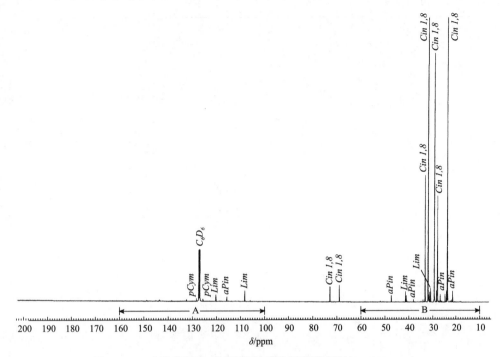

图 1.14.8　蓝桉叶精油(中国型)核磁共振碳谱总图(0～230 ppm)

表 1.14.5　蓝桉叶精油(中国型)核磁共振碳谱图(60～100 ppm)分析结果

化学位移/ppm	相对强度/%	中文名称	代码
73.26	4.9	1,8-桉叶素	Cinl,8
69.38	5.4	1,8-桉叶素	Cinl,8

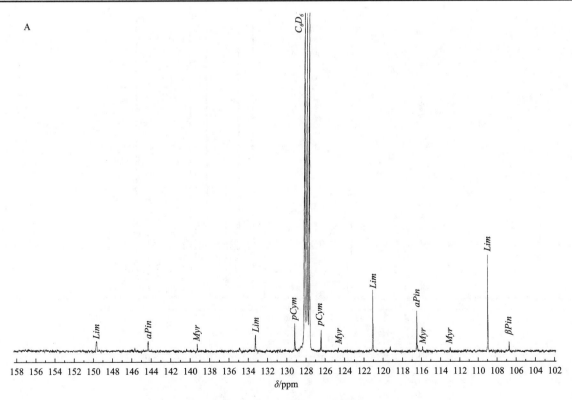

图 1.14.9　蓝桉叶精油(中国型)核磁共振碳谱图 A(103～158 ppm)

表 1.14.6　蓝桉叶精油（中国型）核磁共振碳谱图 A（103～158 ppm）分析结果

化学位移/ppm	相对强度/%	中文名称	代码
149.79	0.4	柠檬烯	*Lim*
145.83	0.1		
144.48	0.4	α-蒎烯	*aPin*
139.42	0.3	月桂烯	*Myr*
135.02	0.1		
133.37	0.6	柠檬烯	*Lim*
129.25	1.0	对异丙基甲苯	*pCym*
126.49	0.8	对异丙基甲苯	*pCym*
124.67	0.1	月桂烯	*Myr*
121.10	2.2	柠檬烯	*Lim*
119.28	0.2		
116.52	1.4	α-蒎烯	*aPin*
115.88	0.2	月桂烯	*Myr*
113.01	0.1	月桂烯	*Myr*
108.93	3.4	柠檬烯	*Lim*
106.66	0.4	β-蒎烯	*βPin*

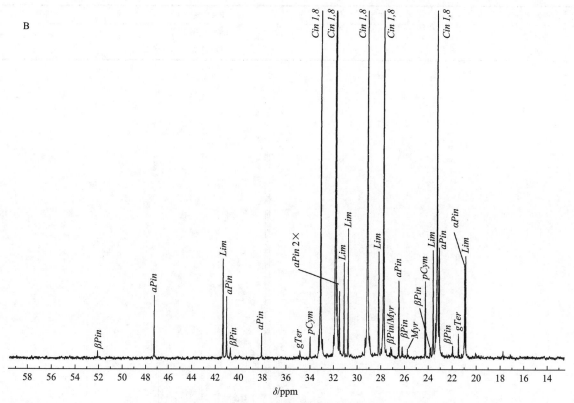

图 1.14.10　蓝桉叶精油（中国型）核磁共振碳谱图 B（13～59 ppm）

表 1.14.7 蓝桉叶精油(中国型)核磁共振碳谱图 B(13~59 ppm)分析结果

化学位移/ppm	相对强度/%	中文名称	代码	化学位移/ppm	相对强度/%	中文名称	代码
52.14	0.2	β-蒎烯	βPin	28.07	0.3		
47.38	2.2	α-蒎烯	aPin	27.86	34.9	1,8-桉叶素	Cin1,8
41.44	3.5	柠檬烯	Lim	27.63	0.3		
41.14	2.1	α-蒎烯	aPin	27.34	0.2		
40.81	0.4	β-蒎烯	βPin	27.23	0.4	β-蒎烯	βPin
38.19	0.9	α-蒎烯	aPin	27.16	0.3	月桂烯	Myr
34.93	0.3	γ-松油烯	gTer	26.57	2.7	α-蒎烯	aPin
34.09	0.7	对异丙基甲苯	pCym	26.29	0.4	β-蒎烯	βPin
33.37	0.8			25.84	0.3	月桂烯	Myr
33.20	41.8	1,8-桉叶素	Cin1,8	24.34	2.7	对异丙基甲苯	pCym
33.03	0.7			23.91	0.4	β-蒎烯	βPin
32.65	0.2			23.86	0.4		
32.09	0.8			23.68	3.7	柠檬烯	Lim
32.07	0.8			23.49	1.2		
31.92	100.0	1,8-桉叶素	Cin1,8	23.34	97.5	1,8-桉叶素	Cin1,8
31.80	2.5			23.16	3.8	α-蒎烯	aPin
31.76	1.1			22.91	0.2		
31.73	1.0			22.37	0.1		
31.60	2.3	α-蒎烯	aPin	22.03	0.4	β-蒎烯	βPin
31.20	3.3	柠檬烯	Lim	21.54	0.8	γ-松油烯	gTer
30.84	4.5	柠檬烯	Lim	21.26	0.1		
29.62	0.2			21.06	0.9		
29.39	0.7			21.02	3.3	α-蒎烯	aPin
29.20	82.2	1,8-桉叶素	Cin1,8	20.94	3.5	柠檬烯	Lim
28.99	0.8			20.10	0.2		
28.78	0.2			17.77	0.2	月桂烯	Myr
28.26	3.7	柠檬烯	Lim	17.13	0.1		

1.15　小茴香精油

英文名称：Fennel oil。

法文和德文名称：*Essence de fenouil*；*Fenchelöl*。

研究类型：匈牙利型、西班牙型、精馏法、甜小茴香。

采用水蒸气蒸馏原产于地中海地区的小茴香(伞形花序科植物，*Foeniculum vulgare* Miller)的成熟碾碎的果实即可得到小茴香精油。市面上有两种类型的精油商品：一种是从野生或栽培的苦小茴香(*Foeniculum vulgare* var.*vulgare*)提取获得的苦小茴香精油，另一种是从栽培的甜小茴香(*Foeniculum vulgare* var.*dulce*)提取获得的甜小茴香精油。

苦小茴香在许多欧洲国家、阿根廷、中国、俄罗斯、日本和美国都有种植，而甜小茴香主要来自法国和意大利。

这两种精油都可用于食品、利口酒、牙膏(与亚洲薄荷油一起)、香水和药物制剂的调香。与甜小茴香精油相比，苦小茴香精油在香味方面有明显的苦味和轻微的灼烧感。

小茴香精油的主要成分为50%～60%的反式-茴香脑、10%～20%的葑酮和少量龙蒿脑(=甲基胡椒酚)。苦小茴香精油和甜小茴香精油的单萜烃类馏分在定量组成方面存在一定差异。

小茴香精油有时会掺入单萜类烯烃(如柠檬烯)和合成茴香脑。由于后者通常含有有毒的顺式异构体，因此，应当注意不要使用此类原料。当小茴香精油被不当保存时，茴香脑的氧化产物即茴香醛的含量会增加。

小茴香精油(西班牙型)似乎掺入了单萜类烯烃混合物。

在甜小茴香精油和精馏小茴香精油的 ^{13}C 核磁共振谱中，我们发现了茴香脑环氧化物(=AneO)，它是一种相当不稳定的茴香脑氧化产物，其在色谱分析过程中会发生分解。

1.15.1　苦小茴香精油(匈牙利型)

1.15.1.1　气相色谱分析(图1.15.1、图1.15.2，表1.15.1)

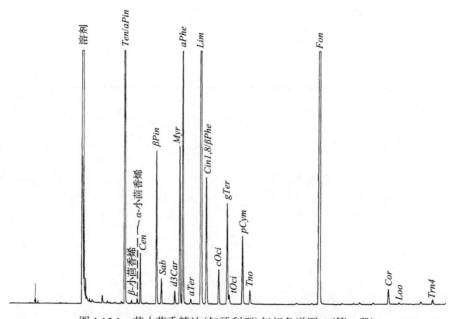

图 1.15.1　苦小茴香精油(匈牙利型)气相色谱图 A(第一段)

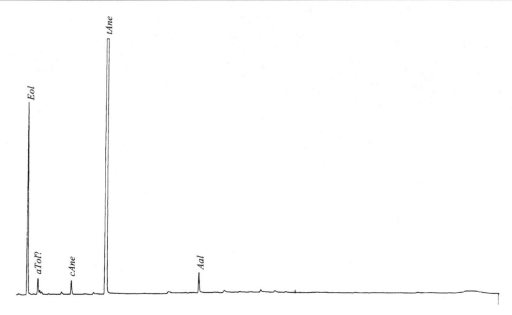

图 1.15.2　苦小茴香精油（匈牙利型）气相色谱图 B（第二段）

表 1.15.1　苦小茴香精油（匈牙利型）气相色谱图分析结果

序号	中文名称	英文名称	代码	百分比/%			
				匈牙利型	西班牙型	精馏法	甜小茴香
1	α-侧柏烯/α-蒎烯	α-Thujene/α-pinene	Ten/aPin	11.73	15.86	0.73	1.95
2	β-小茴香烯	β-Fenchene		0.03	0.09	0.02	0.06
3	α-小茴香烯	α-Fenchene		0.04	0.07	—	—
4	莰烯	Camphene	Cen	0.49	0.70	0.06	0.20
5	β-蒎烯	β-Pinene	βPin	1.63	4.15	0.06	0.59
6	桧烯	Sabinene	Sab	0.27	0.21	0.22	0.10
7	3-蒈烯	Δ^3-Carene	d3Car	0.15	0.32	—	0.16
8	月桂烯	Myrcene	Myr	1.8	3.13	0.11	0.87
9	α-水芹烯	α-Phellandrene	aPhe	3.48	10.88	—	1.96
10	α-松油烯	α-Terpinene	aTer	0.05	0.08	—	0.03
11	柠檬烯	Limonene	Lim	10.33	28.58	5.72	21.03
12	1,8-桉叶素/β-水芹烯	1,8-Cineole/β-phellandrene	Cin1,8/βPhe	1.61	3.44	0.27	0.51
13	顺式-β-罗勒烯	cis-β-Ocimene	cOci	0.42	1.28	0.04	0.29
14	γ-松油烯	γ-Terpinene	gTer	1.28	0.36	0.10	0.31
15	反式-β-罗勒烯	Trans-β-Ocimene	tOci	0.11	0.41	0.02	0.10
16	对异丙基甲苯	para-Cymene	pCym	0.87	1.34	1.65	0.68
17	异松油烯	Terpinolene	Tno	0.17	0.21	0.01	0.13
18	葑酮	Fenchone	Fon	14.65	11.80	9.04	7.99
19	樟脑	Camphor	Cor	0.21	0.13	0.20	0.16
20	芳樟醇	Linalool	Loo	0.01	0.01	—	0.35
21	4-松油醇	Terpinen-4-ol	Trn4	0.04	0.08	—	0.23
22	龙蒿脑	Estragole	Eol	2.34	1.44	5.07	2.28
23	α-松油醇(?)	α-Terpineol (?)	aTol	0.18	0.51	—	0.10
24	顺式-茴香脑	cis-Anethole	cAne	0.16	0.08	0.24	0.73
25	反式-茴香脑	trans-Anethole	tAne	47.59	14.48	67.30	58.12
26	大茴香醛	Anisaldehyde	Aal	0.24	0.08	6.98	0.97
27	反式-茴香脑环氧化物	Anethole epoxide	tAneO	0.03	—	0.88	0.12

1.15.1.2　核磁共振碳谱分析（图 1.15.3～图 1.15.6，表 1.15.2～表 1.15.5）

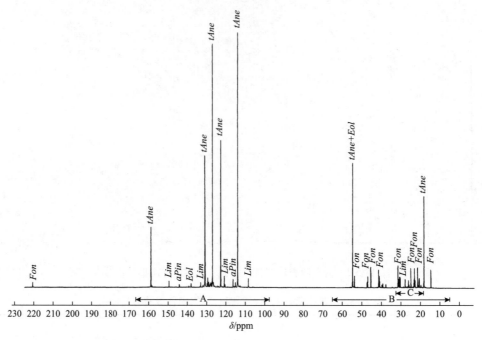

图 1.15.3　苦小茴香精油（匈牙利型）核磁共振碳谱总图（0～230 ppm）

表 1.15.2　苦小茴香精油（匈牙利型）核磁共振碳谱图（170～230 ppm）分析结果

化学位移/ppm	相对强度/%	中文名称	代码
220.69	2.6	葑酮	*Fon*

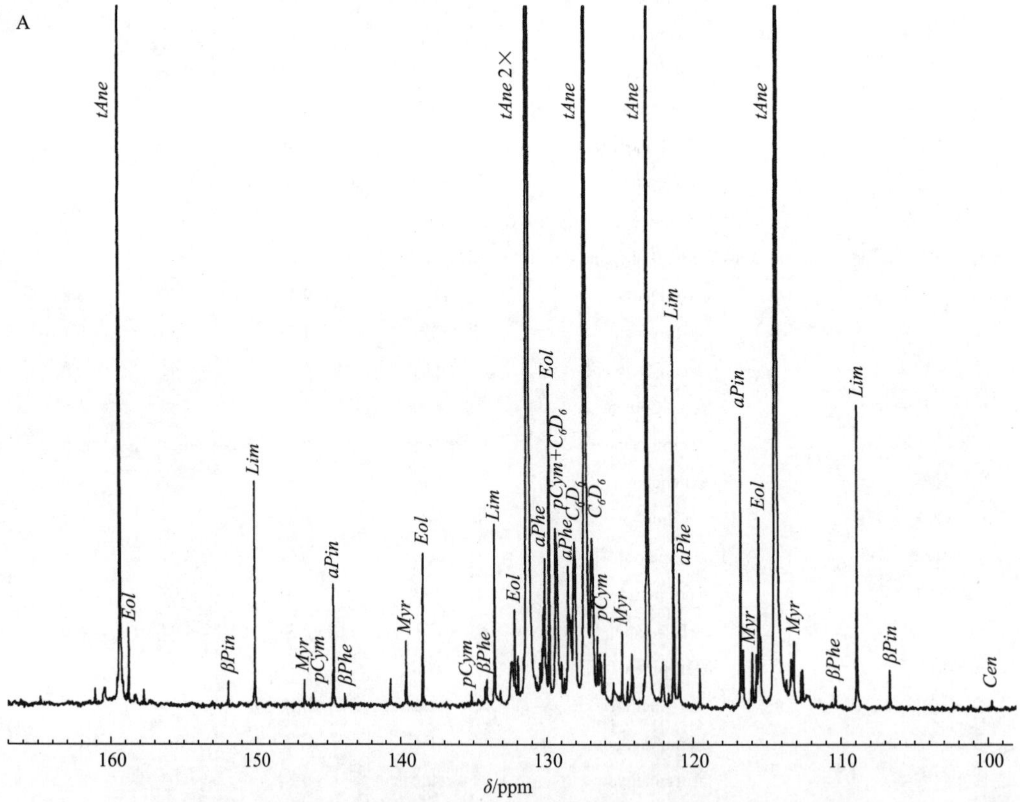

图 1.15.4　苦小茴香精油（匈牙利型）核磁共振碳谱图 A（100～165 ppm）

表 1.15.3　苦小茴香精油（匈牙利型）核磁共振碳谱图 A（100～165 ppm）分析结果

化学位移/ppm	相对强度/%	中文名称	代码	化学位移/ppm	相对强度/%	中文名称	代码
159.24	24.4	反式-茴香脑	tAne	127.26	95.4	反式-茴香脑	tAne
158.65	1.1	龙蒿脑	Eol	126.80	2.3	氘代苯（溶剂）	C_6D_6
149.96	3.0	柠檬烯	Lim	126.44	1.0	对异丙基甲苯	pCym
144.53	1.6	α-蒎烯	aPin	126.24	0.7		
139.47	0.9	月桂烯	Myr	125.94	0.7		
138.31	2.1	龙蒿脑	Eol	124.69	1.0	月桂烯	Myr
133.37	2.4	柠檬烯	Lim	124.00	0.7		
132.21	0.6			122.90	58.5	反式-茴香脑	tAne
132.03	1.3	龙蒿脑	Eol	121.81	0.6		
131.81	0.7	大茴香醛	Aal	121.10	5.1	柠檬烯	Lim
131.42	0.7	月桂烯	Myr	120.71	1.8	α-水芹烯	aPhe
131.18	52.3	反式-茴香脑	tAne	119.31	0.5		
131.08	27.4	反式-茴香脑	tAne	116.50	3.9	α-蒎烯	aPin
130.32	0.6	大茴香醛	Aal	116.33	0.8		
130.15	0.8	β-水芹烯	βPhe	115.75	0.8	月桂烯	Myr
130.09	1.3			115.45	0.7		
130.01	2.0	α-水芹烯	aPhe	115.30	2.6	龙蒿脑	Eol
129.72	4.3	龙蒿脑	Eol	114.15	100.0	反式-茴香脑	tAne
129.28	2.4	对异丙基甲苯	pCym	113.86	1.3		
129.22	2.2	氘代苯（溶剂）	C_6D_6	113.13	0.7		
128.89	0.6			112.96	0.9	月桂烯	Myr
128.44	1.9	α-水芹烯	aPhe	112.40	0.5		
128.37	1.2			108.76	4.0	柠檬烯	Lim
128.20	1.2			106.50	0.5	β-蒎烯	βPin
128.00	2.2	氘代苯（溶剂）	C_6D_6				

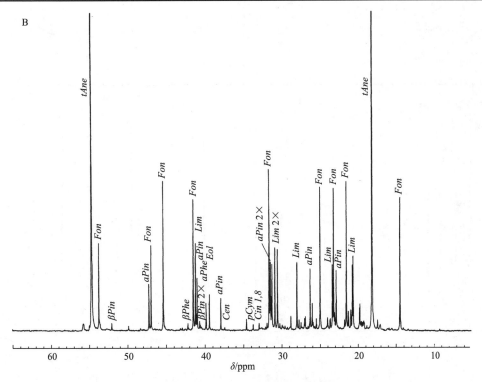

图 1.15.5　苦小茴香精油（匈牙利型）核磁共振碳谱图 B（10～60 ppm）

表 1.15.4　苦小茴香精油（匈牙利型）核磁共振碳谱图 B（10～60 ppm）分析结果

化学位移/ppm	相对强度/%	中文名称	代码	化学位移/ppm	相对强度/%	中文名称	代码
54.69	49.5	反式-茴香脑	tAne	26.33	3.6	α-蒎烯	aPin
53.76	5.1	葑酮	Fon	26.03	1.6	α-水芹烯	aPhe
47.32	2.7	α-蒎烯	aPin	25.53	0.7	β-蒎烯/月桂烯	βPin/Myr
47.02	5.0	葑酮	Fon	25.03	8.3	葑酮	Fon
45.45	8.7	葑酮	Fon	24.04	0.7	对异丙基甲苯	pCym
41.54	7.6	葑酮	Fon	23.71	0.6	β-蒎烯	βPin
41.24	5.1	柠檬烯	Lim	23.65	0.7	β-蒎烯	βPin
41.06	3.0	α-蒎烯	aPin	23.37	3.8	柠檬烯	Lim
40.73	0.5	β-蒎烯	βPin	23.20	8.3	葑酮	Fon
39.90	1.6	α-水芹烯	aPhe	23.07	1.0	1,8-桉叶素	Cin1,8
39.47	2.1	龙蒿脑	Eol	22.85	3.5	α-蒎烯	aPin
37.99	1.9	α-蒎烯	aPin	21.75	0.6	β-蒎烯	βPin
34.67	0.6			21.51	8.7	葑酮	Fon
31.75	9.3	葑酮	Fon	21.26	1.1	β-水芹烯	βPhe
31.65	1.4	1,8-桉叶素	Cin1,8	20.95	1.2	α-水芹烯	aPhe
31.59	4.0	α-蒎烯	aPin	20.75	3.8	α-蒎烯	aPin
31.46	2.0	α-水芹烯	aPhe	20.65	4.3	柠檬烯	Lim
31.39	3.8	α-蒎烯	aPin	19.83	1.3	α-水芹烯	aPhe
31.00	4.8	柠檬烯	Lim	19.76	1.6	α-水芹烯	aPhe
30.67	4.7	柠檬烯	Lim	19.57	0.5	β-水芹烯	βPhe
28.90	0.8	1,8-桉叶素	Cin1,8	19.27	0.5	β-水芹烯	βPhe
28.07	3.9	柠檬烯	Lim	18.18	36.8	反式-茴香脑	tAne
27.79	0.6			17.48	0.6	月桂烯	Myr
27.08	0.7			14.52	7.7	葑酮	Fon
26.96	0.8						

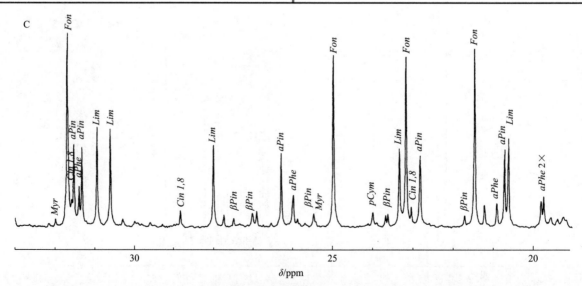

图 1.15.6　苦小茴香精油（匈牙利型）核磁共振碳谱图 C（19～33 ppm）

表 1.15.5 苦小茴香精油（匈牙利型）核磁共振碳谱图 C（19～33 ppm）分析结果

化学位移/ppm	相对强度/%	中文名称	代码	化学位移/ppm	相对强度/%	中文名称	代码
31.75	9.3	葑酮	Fon	23.71	0.6	β-蒎烯	βPin
31.65	1.4	1,8-桉叶素	Cin1,8	23.65	0.7	β-蒎烯	βPin
31.59	4.0	α-蒎烯	aPin	23.37	3.8	柠檬烯	Lim
31.46	2.0	α-水芹烯	aPhe	23.20	8.3	葑酮	Fon
31.39	3.8	α-蒎烯	aPin	23.07	1.0	1,8-桉叶素	Cin1,8
31.00	4.8	柠檬烯	Lim	22.85	3.5	α-蒎烯	aPin
30.67	4.7	柠檬烯	Lim	21.75	0.6	β-蒎烯	βPin
28.90	0.8	1,8-桉叶素	Cin1,8	21.51	8.7	葑酮	Fon
28.07	3.9	柠檬烯	Lim	21.26	1.1	β-水芹烯	βPhe
27.79	0.6			20.95	1.2	α-水芹烯	aPhe
27.08	0.7			20.75	3.8	α-蒎烯	aPin
26.96	0.8			20.65	4.3	柠檬烯	Lim
26.33	3.6	α-蒎烯	aPin	19.83	1.3	α-水芹烯	aPhe
26.03	1.6	α-水芹烯	aPhe	19.76	1.6	α-水芹烯	aPhe
25.53	0.7	β-蒎烯/月桂烯	βPin/Myr	19.57	0.5	β-水芹烯	βPhe
25.03	8.3	葑酮	Fon	19.27	0.5	β-水芹烯	βPhe
24.04	0.7	对异丙基甲苯	pCym				

1.15.2 苦小茴香精油（西班牙型）

1.15.2.1 气相色谱分析（图 1.15.7、图 1.15.8，表 1.15.6）

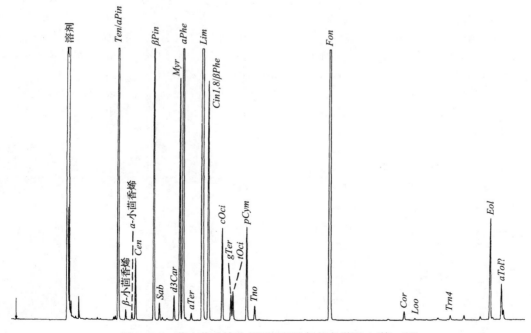

图 1.15.7 苦小茴香精油（西班牙型）气相色谱图 A（第一段）

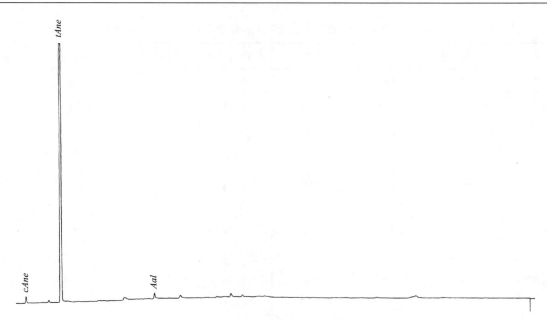

图 1.15.8　苦小茴香精油(西班牙型)气相色谱图 B(第二段)

表 1.15.6　苦小茴香精油(西班牙型)气相色谱图分析结果

序号	中文名称	英文名称	代码	百分比/%			
				匈牙利型	西班牙型	精馏法	甜小茴香
1	α-侧柏烯/α-蒎烯	α-Thujene/α-pinene	Ten/aPin	11.73	15.86	0.73	1.95
2	β-小茴香烯	β-Fenchene		0.03	0.09	0.02	0.06
3	α-小茴香烯	α-Fenchene		0.04	0.07	—	—
4	莰烯	Camphene	Cen	0.49	0.70	0.06	0.20
5	β-蒎烯	β-Pinene	βPin	1.63	4.15	0.06	0.59
6	桧烯	Sabinene	Sab	0.27	0.21	0.22	0.10
7	3-蒈烯	Δ³-Carene	d3Car	0.15	0.32	—	0.16
8	月桂烯	Myrcene	Myr	1.8	3.13	0.11	0.87
9	α-水芹烯	α-Phellandrene	aPhe	3.48	10.88	—	1.96
10	α-松油烯	α-Terpinene	aTer	0.05	0.08	—	0.03
11	柠檬烯	Limonene	Lim	10.33	28.58	5.72	21.03
12	1,8-桉叶素/β-水芹烯	1,8-Cineole/β-phellandrene	Cin1,8/βPhe	1.61	3.44	0.27	0.51
13	顺式-β-罗勒烯	cis-β-Ocimene	cOci	0.42	1.28	0.04	0.29
14	γ-松油烯	γ-Terpinene	gTer	1.28	0.36	0.10	0.31
15	反式-β-罗勒烯	trans-β-Ocimene	tOci	0.11	0.41	0.02	0.10
16	对异丙基甲苯	para-Cymene	pCym	0.87	1.34	1.65	0.68
17	异松油烯	Terpinolene	Tno	0.17	0.21	0.01	0.13
18	葑酮	Fenchone	Fon	14.65	11.80	9.04	7.99
19	樟脑	Camphor	Cor	0.21	0.13	0.20	0.16
20	芳樟醇	Linalool	Loo	0.01	0.01	—	0.35
21	4-松油醇	Terpinen-4-ol	Trn4	0.04	0.08	—	0.23
22	龙蒿脑	Estragole	Eol	2.34	1.44	5.07	2.28
23	α-松油醇(?)	α-Terpineol(?)	aTol	0.18	0.51	—	0.10
24	顺式-茴香脑	cis-Anethole	cAne	0.16	0.08	0.24	0.73
25	反式-茴香脑	trans-Anethole	tAne	47.59	14.48	67.30	58.12
26	大茴香醛	Anisaldehyde	Aal	0.24	0.08	6.98	0.97
27	反式-茴香脑环氧化物	Anethole epoxide	tAneO	0.03	—	0.88	0.12

1.15.2.2　核磁共振碳谱分析（图 1.15.9～图 1.15.12，表 1.15.7～表 1.15.10）

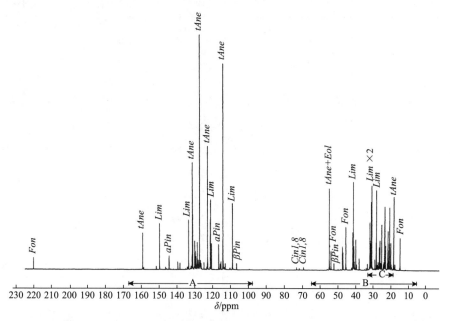

图 1.15.9　苦小茴香精油（西班牙型）核磁共振碳谱总图（0～230 ppm）

表 1.15.7　苦小茴香精油（西班牙型）核磁共振碳谱图（65～100 ppm 及 170～230 ppm）分析结果

化学位移/ppm	相对强度/%	中文名称	代码
220.21	5.6	葑酮	Fon
73.26	1.5	1,8-桉叶素	Cin1,8
71.67	1.0		
69.37	1.5	1,8-桉叶素	Cin1,8

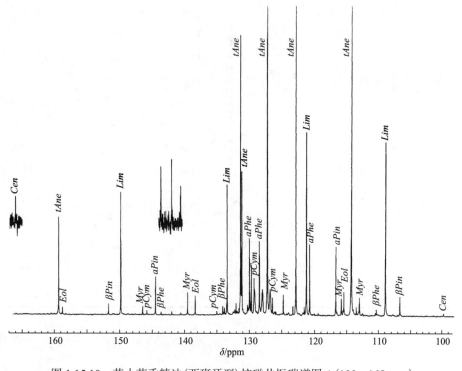

图 1.15.10　苦小茴香精油（西班牙型）核磁共振碳谱图 A（100～165 ppm）

表 1.15.8　苦小茴香精油(西班牙型)核磁共振碳谱图 A(100~165 ppm)分析结果

化学位移/ppm	相对强度/%	中文名称	代码	化学位移/ppm	相对强度/%	中文名称	代码
159.30	16.3	反式-茴香脑	*tAne*	129.20	4.4	氘代苯(溶剂)	C_6D_6
158.71	1.4	龙蒿脑	*Eol*	128.85	0.7		
151.69	2.0	β-蒎烯	*βPin*	128.49	12.4	α-水芹烯	*aPhe*
149.84	20.4	柠檬烯	*Lim*	128.00	4.4	氘代苯(溶剂)	C_6D_6
146.49	1.5	月桂烯	*Myr*	127.23	100.0	反式-茴香脑	*tAne*
145.86	0.9	对异丙基甲苯	*pCym*	126.80	4.4	氘代苯(溶剂)	C_6D_6
144.53	6.4	α-蒎烯	*aPin*	126.42	3.1	对异丙基甲苯	*pCym*
143.68	0.6	β-水芹烯	*βPhe*	126.08	0.6		
142.01	0.7			125.89	0.7		
139.50	3.9	月桂烯	*Myr*	124.73	3.6	月桂烯	*Myr*
138.31	3.3	龙蒿脑	*Eol*	123.25	1.6	顺式-β-罗勒烯	*cOci*
134.98	0.8	对异丙基甲苯	*pCym*	122.77	53.2	反式-茴香脑	*tAne*
134.07	1.6	顺式-β-罗勒烯	*cOci*	121.68	0.5		
133.79	1.3	β-水芹烯	*βPhe*	121.48	1.5		
133.37	21.7	柠檬烯	*Lim*	121.15	30.3	柠檬烯	*Lim*
132.40	0.6	顺式-β-罗勒烯	*cOci*	120.65	11.9	α-水芹烯	*aPhe*
132.18	1.0	龙蒿脑	*Eol*	119.31	0.5		
132.00	2.1			116.53	11.4	α-蒎烯	*aPin*
131.87	0.8			116.37	0.6		
131.81	0.7			115.74	0.9		
131.71	0.6	顺式-β-罗勒烯	*cOci*	115.68	2.9	月桂烯	*Myr*
131.55	1.3	月桂烯	*Myr*	115.44	0.8		
131.40	4.0			115.30	4.0	龙蒿脑	*Eol*
131.29	46.2	反式-茴香脑	*tAne*	114.39	0.7		
131.11	23.9	α-水芹烯	*aPhe*	114.14	87.8	反式-茴香脑	*tAne*
130.95	1.1			113.85	1.2		
130.25	1.8	β-水芹烯	*βPhe*	113.38	1.5	顺式-β-罗勒烯	*cOci*
130.12	1.3	顺式-β-罗勒烯	*cOci*	113.02	0.7		
129.98	12.9	α-水芹烯	*aPhe*	112.89	3.1	月桂烯	*Myr*
129.88	2.3	龙蒿脑	*Eol*	110.41	0.5		
129.82	0.9			110.24	1.1	β-水芹烯	*βPhe*
129.69	8.3			108.84	28.7	柠檬烯	*Lim*
129.28	6.2	对异丙基甲苯	*pCym*	106.57	3.3	β-蒎烯	*βPin*

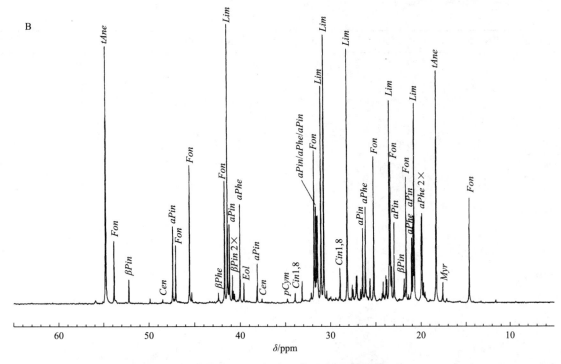

图 1.15.11 苦小茴香精油（西班牙型）核磁共振碳谱图 B（10~60 ppm）

表 1.15.9 苦小茴香精油（西班牙型）核磁共振碳谱图 B（10~60 ppm）分析结果

化学位移/ppm	相对强度/%	中文名称	代码	化学位移/ppm	相对强度/%	中文名称	代码
54.72	34.9	反式-茴香脑	tAne	33.91	1.3	1,8-桉叶素	Cin1,8
53.79	8.5	葑酮	Fon	33.16	3.0		
52.16	3.3	β-蒎烯	βPin	32.13	1.4	月桂烯	Myr
49.85	0.7			31.82	20.7	葑酮	Fon
48.48	0.5	莰烯	Cen	31.73	4.8	1,8-桉叶素	Cin1,8
47.39	10.4	α-蒎烯	aPin	31.63	13.2	α-蒎烯	aPin
47.22	0.5	莰烯	Cen	31.52	11.9	α-水芹烯	aPhe
47.06	7.9	葑酮	Fon	31.45	12.0	α-蒎烯	aPin
45.57	18.8	葑酮	Fon	31.36	1.9		
45.33	1.5			31.06	29.3	柠檬烯	Lim
42.36	1.4	β-水芹烯	βPhe	30.76	36.3	柠檬烯	Lim
41.66	16.7	葑酮	Fon	30.41	1.6		
41.34	37.9	柠檬烯	Lim	30.16	0.7		
41.13	10.8	α-蒎烯	aPin	29.97	0.8		
40.81	3.9	β-蒎烯	βPin	29.43	0.7	莰烯	Cen
40.68	1.7	β-蒎烯	βPin	29.04	0.8	莰烯	Cen
40.57	1.3			28.95	4.8	1,8-桉叶素	Cin1,8
39.97	13.6	α-水芹烯	aPhe	28.15	34.4	柠檬烯	Lim
39.57	2.8	龙蒿脑	Eol	27.84	0.7		
38.06	5.4	α-蒎烯	aPin	27.58	2.4	β-蒎烯	βPin
37.53	0.6	莰烯	Cen	27.49	1.8	1,8-桉叶素	Cin1,8
34.75	0.6	对异丙基甲苯	pCym	27.26	0.9		

续表

化学位移/ppm	相对强度/%	中文名称	代码	化学位移/ppm	相对强度/%	中文名称	代码
27.13	3.7	β-蒎烯	βPin	23.41	27.3	柠檬烯	Lim
27.03	3.7			23.30	19.1	葑酮	Fon
26.86	0.5	顺式-β-罗勒烯	cOci	23.17	4.9	1,8-桉叶素	Cin1,8
26.65	1.8			22.89	10.9	α-蒎烯	aPin
26.42	10.2	α-蒎烯	aPin	21.81	3.3	β-蒎烯	βPin
26.10	13.1	α-水芹烯	aPhe	21.58	17.1	葑酮	Fon
26.00	1.7			21.32	1.1	β-水芹烯	βPhe
25.92	0.8	莰烯	Cen	20.99	8.8	α-水芹烯	aPhe
25.82	0.7	顺式-β-罗勒烯	cOci	20.80	11.8	α-蒎烯	aPin
25.59	3.3	β-蒎烯	βPin	20.69	27.0	柠檬烯	Lim
25.54	2.3	月桂烯	Myr	19.90	11.7	α-水芹烯	aPhe
25.14	19.8	葑酮	Fon	19.83	12.2	α-水芹烯/顺式-β-罗勒烯	aPhe/cOci
25.01	0.9			19.66	2.7	β-水芹烯	βPhe
24.21	1.2			19.49	1.4	β-水芹烯	βPhe
24.10	2.9	莰烯	Cen	18.23	31.4	反式-茴香脑	tAne
24.00	1.0	对异丙基甲苯	pCym	17.52	2.8	月桂烯/顺式-β-罗勒烯	Myr/cOci
23.80	3.8			17.11	0.5		
23.71	3.2	β-蒎烯	βPin	14.59	14.3	葑酮	Fon

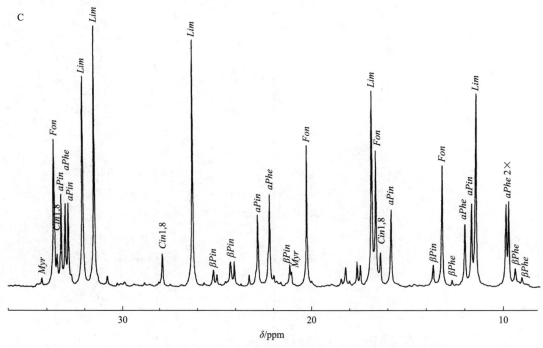

图 1.15.12　苦小茴香精油(西班牙型)核磁共振碳谱图 C(10～35 ppm)

表 1.15.10　苦小茴香精油(西班牙型)核磁共振碳谱图 C(10～35 ppm)分析结果

化学位移/ppm	相对强度/%	中文名称	代码	化学位移/ppm	相对强度/%	中文名称	代码
32.13	1.4	月桂烯	Myr	26.00	1.7		
31.82	20.7	莳酮	Fon	25.92	0.8	莰烯	Cen
31.73	4.8	1,8-桉叶素	Cin1,8	25.82	0.7	顺式-β-罗勒烯	cOci
31.63	13.2	α-蒎烯	aPin	25.59	3.3	β-蒎烯	βPin
31.52	11.9	α-水芹烯	aPhe	25.54	2.3	月桂烯	Myr
31.45	12.0	α-蒎烯	aPin	25.14	19.8	莳酮	Fon
31.36	1.9			25.01	0.9		
31.06	29.3	柠檬烯	Lim	24.21	1.2		
30.76	36.3	柠檬烯	Lim	24.10	2.9	莰烯	Cen
30.41	1.6			24.00	1.0	对异丙基甲苯	pCym
30.16	0.7			23.80	3.8		
29.97	0.8			23.71	3.2	β-蒎烯	βPin
29.43	0.7	莰烯	Cen	23.41	27.3	柠檬烯	Lim
29.04	0.8	莰烯	Cen	23.30	19.1	莳酮	Fon
28.95	4.8	1,8-桉叶素	Cin1,8	23.17	4.9	1,8-桉叶素	Cin1,8
28.15	34.4	柠檬烯	Lim	22.89	10.9	α-蒎烯	aPin
27.84	0.7			21.81	3.3	β-蒎烯	βPin
27.58	2.4	β-蒎烯	βPin	21.58	17.1	莳酮	Fon
27.49	1.8	1,8-桉叶素	Cin1,8	21.32	1.1	β-水芹烯	βPhe
27.26	0.9			20.99	8.8	α-水芹烯	aPhe
27.13	3.7	β-蒎烯	βPin	20.80	11.8	α-蒎烯	aPin
27.03	3.7			20.69	27.0	柠檬烯	Lim
26.86	0.5	顺式-β-罗勒烯	cOci	19.90	11.7	α-水芹烯	aPhe
26.65	1.8			19.83	12.2	α-水芹烯/顺式-β-罗勒烯	aPhe/cOci
26.42	10.2	α-蒎烯	aPin	19.66	2.7	β-水芹烯	βPhe
26.10	13.1	α-水芹烯	aPhe	19.49	1.4	β-水芹烯	βPhe

1.15.3　苦小茴香精油(精馏法)

1.15.3.1　气相色谱分析(图 1.15.13、图 1.15.14，表 1.15.11)

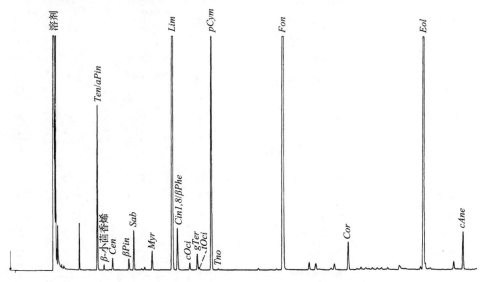

图 1.15.13　苦小茴香精油(精馏法)气相色谱图 A(第一段)

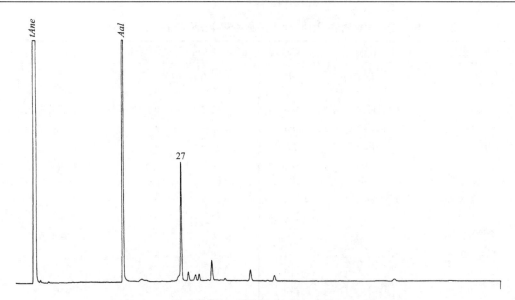

图 1.15.14　苦小茴香精油(精馏法)气相色谱图 B(第二段)

表 1.15.11　苦小茴香精油(精馏法)气相色谱图分析结果

序号	中文名称	英文名称	代码	百分比/%			
				匈牙利型	西班牙型	精馏法	甜小茴香
1	α-侧柏烯/α-蒎烯	α-Thujene/α-pinene	Ten/aPin	11.73	15.86	0.73	1.95
2	β-小茴香烯	β-Fenchene		0.03	0.09	0.02	0.06
3	α-小茴香烯	α-Fenchene		0.04	0.07	—	—
4	莰烯	Camphene	Cen	0.49	0.70	0.06	0.20
5	β-蒎烯	β-Pinene	βPin	1.63	4.15	0.06	0.59
6	桧烯	Sabinene	Sab	0.27	0.21	0.22	0.1
7	3-蒈烯	Δ³-Carene	d3Car	0.15	0.32	—	0.16
8	月桂烯	Myrcene	Myr	1.8	3.13	0.11	0.87
9	α-水芹烯	α-Phellandrene	aPhe	3.48	10.88	—	1.96
10	α-松油烯	α-Terpinene	aTer	0.05	0.08	—	0.03
11	柠檬烯	Limonene	Lim	10.33	28.58	5.72	21.03
12	1,8-桉叶素/β-水芹烯	1,8-Cineole/β-phellandrene	Cin1,8/βPhe	1.61	3.44	0.27	0.51
13	顺式-β-罗勒烯	cis-β-Ocimene	cOci	0.42	1.28	0.04	0.29
14	γ-松油烯	γ-Terpinene	gTer	1.28	0.36	0.10	0.31
15	反式-β-罗勒烯	trans-β-Ocimene	tOci	0.11	0.41	0.02	0.10
16	对异丙基甲苯	para-Cymene	pCym	0.87	1.34	1.65	0.68
17	异松油烯	Terpinolene	Tno	0.17	0.21	0.01	0.13
18	葑酮	Fenchone	Fon	14.65	11.80	9.04	7.99
19	樟脑	Camphor	Cor	0.21	0.13	0.20	0.16
20	芳樟醇	Linalool	Loo	0.01	0.01	—	0.35
21	4-松油醇	Terpinen-4-ol	Trn4	0.04	0.08	—	0.23
22	龙蒿脑	Estragole	Eol	2.34	1.44	5.07	2.28
23	α-松油醇(?)	α-Terpineol(?)	aTol	0.18	0.51	—	0.10
24	顺式-茴香脑	cis-Anethole	cAne	0.16	0.08	0.24	0.73
25	反式-茴香脑	trans-Anethole	tAne	47.59	14.48	67.30	58.12
26	大茴香醛	Anisaldehyde	Aal	0.24	0.08	6.98	0.97
27	反式-茴香脑环氧化物	Anethole epoxide	tAneO	0.03	—	0.88	0.12

1.15.3.2　核磁共振碳谱分析（图 1.15.15～图 1.15.17，表 1.15.12～表 1.15.14）

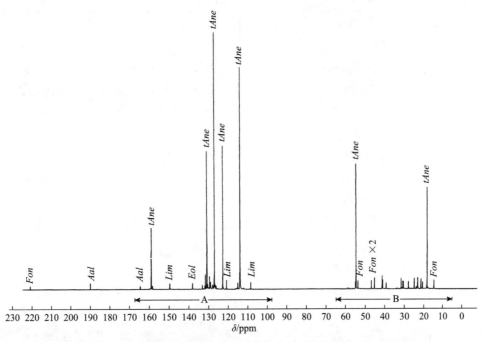

图 1.15.15　苦小茴香精油（精馏法）核磁共振碳谱总图（0～230 ppm）

表 1.15.12　苦小茴香精油（精馏法）核磁共振碳谱图（170～230 ppm）分析结果

化学位移/ppm	相对强度/%	中文名称	代码
220.95	1.8	葑酮	Fon
189.94	3.0	大茴香醛	Aal

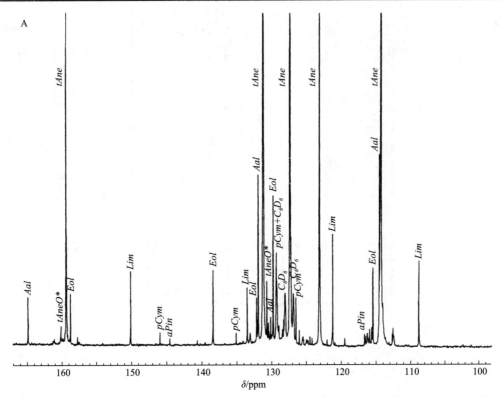

图 1.15.16　苦小茴香精油（精馏法）核磁共振碳谱图 A（100～165 ppm）

表 1.15.13　苦小茴香精油（精馏法）核磁共振碳谱图 A（100～165 ppm）分析结果

化学位移/ppm	相对强度/%	中文名称	代码	化学位移/ppm	相对强度/%	中文名称	代码
164.68	1.8	大茴香醛	Aal	128.20	1.0		
160.03	0.7	茴香脑环氧化物	AneO	128.00	1.9	氘代苯（溶剂）	C₆D₆
159.21	24.5	反式-茴香脑	tAne	127.27	100.0	反式-茴香脑	tAne
158.61	1.9	龙蒿脑	Eol	127.14	4.0	茴香脑环氧化物	AneO
150.00	2.7	柠檬烯	Lim	126.80	1.9	氘代苯（溶剂）	C₆D₆
138.30	2.8	龙蒿脑	Eol	126.42	1.8	对异丙基甲苯	pCym
133.39	2.1	柠檬烯	Lim	125.94	0.6		
132.05	1.8	龙蒿脑	Eol	122.97	56.7	反式-茴香脑	tAne
131.82	6.2	大茴香醛	Aal	122.84	1.3		
131.12	54.5	反式-茴香脑	tAne	121.07	4.1	柠檬烯	Lim
131.05	36.3	反式-茴香脑	tAne	115.75	0.6	月桂烯	Myr
130.61	2.4	茴香脑环氧化物	AneO	115.45	0.7		
130.39	0.9	大茴香醛	Aal	115.28	2.9	龙蒿脑	Eol
130.32	0.6			114.36	7.0	大茴香醛	Aal
130.08	1.1			114.16	86.6	反式-茴香脑	tAne
129.72	5.5	龙蒿脑	Eol	113.86	1.6		
129.26	3.4	氘代苯（溶剂）/对异丙基甲苯	C₆D₆/pCym	112.40	0.7		
128.89	0.8			108.71	3.2	柠檬烯	Lim
128.39	0.6						

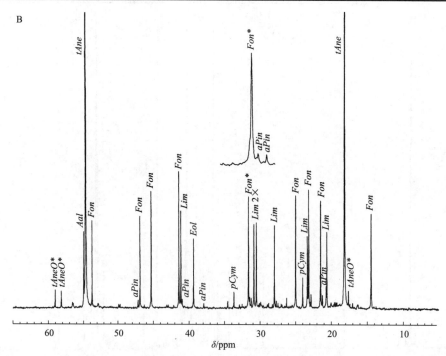

图 1.15.17　苦小茴香精油（精馏法）核磁共振碳谱图 B（10～60 ppm）

表 1.15.14 苦小茴香精油(精馏法)核磁共振碳谱图 B(10～60 ppm)分析结果

化学位移/ppm	相对强度/%	中文名称	代码	化学位移/ppm	相对强度/%	中文名称	代码
59.08	0.7	茴香脑环氧化物	*AneO*	28.02	3.4	柠檬烯	*Lim*
58.20	0.7	茴香脑环氧化物	*AneO*	24.97	4.6	葑酮	*Fon*
54.98	3.2	大茴香醛	*Aal*	23.98	1.3	对异丙基甲苯	*pCym*
54.69	49.3	反式-茴香脑	*tAne*	23.32	3.0	柠檬烯	*Lim*
53.75	3.6	葑酮	*Fon*	23.14	4.9	葑酮	*Fon*
47.00	3.8	葑酮	*Fon*	22.81	0.6	α-蒎烯	*aPin*
45.41	4.8	葑酮	*Fon*	21.45	4.4	葑酮	*Fon*
41.17	5.6	葑酮	*Fon*	21.20	0.5		
41.19	4.0	柠檬烯	*Lim*	20.70	0.9	α-蒎烯	*aPin*
39.41	2.9	龙蒿脑	*Eol*	20.60	3.1	柠檬烯	*Lim*
33.77	0.7	对异丙基甲苯	*pCym*	18.15	40.1	反式-茴香脑	*tAne*
31.72	4.6	葑酮	*Fon*	17.61	0.7	茴香脑环氧化物	*AneO*
30.96	3.5	柠檬烯	*Lim*	14.46	3.9	葑酮	*Fon*
30.62	3.5	柠檬烯	*Lim*				

1.15.4 甜小茴香精油

1.15.4.1 气相色谱分析(图 1.15.18、图 1.15.19,表 1.15.15)

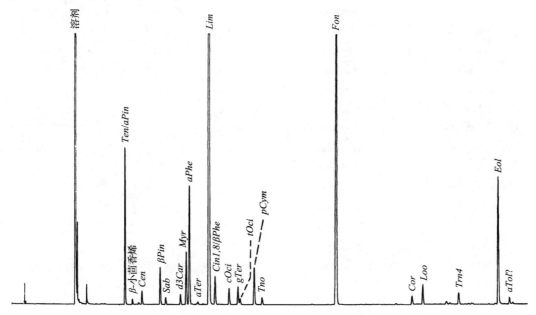

图 1.15.18 甜小茴香精油气相色谱图 A(第一段)

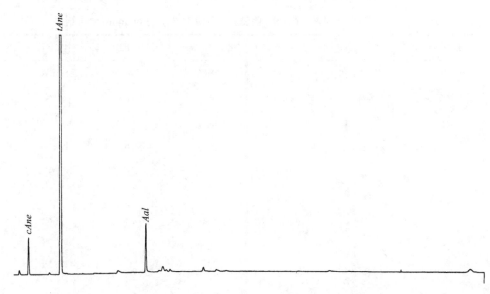

图 1.15.19　甜小茴香精油气相色谱图 B(第二段)

表 1.15.15　甜小茴香精油气相色谱图分析结果

序号	中文名称	英文名称	代码	百分比/%			
				匈牙利型	西班牙型	精馏法	甜小茴香
1	α-侧柏烯/α-蒎烯	α-Thujene/α-pinene	*Ten/aPin*	11.73	15.86	0.73	1.95
2	β-小茴香烯	β-Fenchene		0.03	0.09	0.02	0.06
3	α-小茴香烯	α-Fenchene		0.04	0.07	—	—
4	莰烯	Camphene	*Cen*	0.49	0.70	0.06	0.20
5	β-蒎烯	β-Pinene	*βPin*	1.63	4.15	0.06	0.59
6	桧烯	Sabinene	*Sab*	0.27	0.21	0.22	0.1
7	3-蒈烯	Δ³-Carene	*d3Car*	0.15	0.32	—	0.16
8	月桂烯	Myrcene	*Myr*	1.8	3.13	0.11	0.87
9	α-水芹烯	α-Phellandrene	*aPhe*	3.48	10.88	—	1.96
10	α-松油烯	α-Terpinene	*aTer*	0.05	0.08	—	0.03
11	柠檬烯	Limonene	*Lim*	10.33	28.58	5.72	21.03
12	1,8-桉叶素/β-水芹烯	1,8-Cineole/β-phellandrene	*Cin1,8/βPhe*	1.61	3.44	0.27	0.51
13	顺式-β-罗勒烯	cis-β-Ocimene	*cOci*	0.42	1.28	0.04	0.29
14	γ-松油烯	γ-Terpinene	*gTer*	1.28	0.36	0.10	0.31
15	反式-β-罗勒烯	trans-β-Ocimene	*tOci*	0.11	0.41	0.02	0.10
16	对异丙基甲苯	para-Cymene	*pCym*	0.87	1.34	1.65	0.68
17	异松油烯	Terpinolene	*Tno*	0.17	0.21	0.01	0.13
18	葑酮	Fenchone	*Fon*	14.65	11.80	9.04	7.99
19	樟脑	Camphor	*Cor*	0.21	0.13	0.20	0.16
20	芳樟醇	Linalool	*Loo*	0.01	0.01	—	0.35
21	4-松油醇	Terpinen-4-ol	*Trn4*	0.04	0.08	—	0.23
22	龙蒿脑	Estragole	*Eol*	2.34	1.44	5.07	2.28
23	α-松油醇(?)	α-Terpineol(?)	*aTol*	0.18	0.51	—	0.10
24	顺式-茴香脑	cis-Anethole	*cAne*	0.16	0.08	0.24	0.73
25	反式-茴香脑	trans-Anethole	*tAne*	47.59	14.48	67.30	58.12
26	大茴香醛	Anisaldehyde	*Aal*	0.24	0.08	6.98	0.97
27	反式-茴香脑环氧化物	Anethole epoxide	*tAneO*	0.03	—	0.88	0.12

1.15.4.2 核磁共振碳谱分析（图 1.15.20～图 1.15.22，表 1.15.16～表 1.15.18）

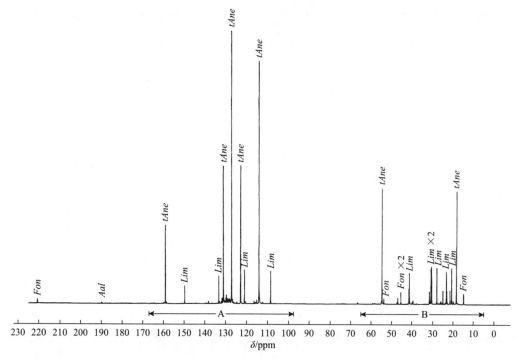

图 1.15.20 甜小茴香精油核磁共振碳谱总图（0～230 ppm）

表 1.15.16 甜小茴香精油核磁共振碳谱图（170～230 ppm）分析结果

化学位移/ppm	相对强度/%	中文名称	代码
220.72	2.2	葑酮	Fon
189.76	1.0	大茴香醛	Aal

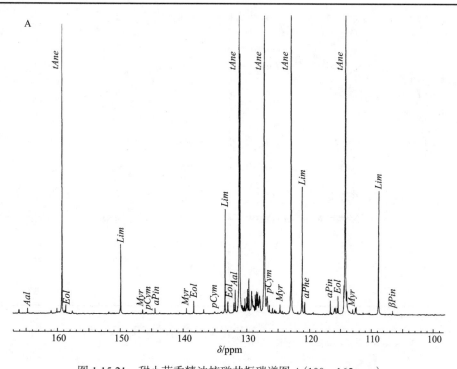

图 1.15.21 甜小茴香精油核磁共振碳谱图 A（100～165 ppm）

表 1.15.17　甜小茴香精油核磁共振碳谱图 A（100～165 ppm）分析结果

化学位移/ppm	相对强度/%	中文名称	代码	化学位移/ppm	相对强度/%	中文名称	代码
164.70	0.7	大茴香醛	Aal	128.72	2.0		
160.06	0.6			128.52	2.4	α-水芹烯	aPhe
159.25	29.2	反式-茴香脑	tAne	128.44	2.1		
158.65	1.0	龙蒿脑	Eol	128.37	0.9		
149.97	7.1	柠檬烯	Lim	128.33	2.3		
144.53	0.6	α-蒎烯	aPin	128.26	1.6		
139.49	0.7	月桂烯	Myr	128.21	1.2		
138.31	1.4	龙蒿脑	Eol	128.00	1.9	氘代苯（溶剂）	C_6D_6
136.75	0.5			127.27	100.0	反式-茴香脑	tAne
133.39	10.7	柠檬烯	Lim	127.11	3.2		
132.96	1.3			126.80	1.8	氘代苯（溶剂）	C_6D_6
132.09	1.3	龙蒿脑	Eol	126.44	1.0	对异丙基甲苯	pCym
131.82	2.5	大茴香醛	Aal	125.94	0.7		
131.44	0.9	月桂烯	Myr	124.71	1.0	月桂烯/顺式-茴香脑	Myr/cAne
131.19	51.1	反式-茴香脑	tAne	122.90	51.2	反式-茴香脑	tAne
131.14	6.9	α-水芹烯	aPhe	121.11	12.9	柠檬烯	Lim
131.09	26.2	反式-茴香脑	tAne	120.72	1.3	α-水芹烯	aPhe
130.79	0.9			116.51	1.5	α-蒎烯	aPin
130.69	0.9	顺式-茴香脑	cAne	115.88	0.6		
130.56	0.7			115.75	0.7		
130.43	0.9	顺式-茴香脑	cAne	115.71	0.6	月桂烯	Myr
130.32	1.7	大茴香醛	Aal	115.45	0.7		
130.11	1.2			115.30	1.9	龙蒿脑	Eol
130.02	1.8	顺式-茴香脑	cAne	114.38	3.0	大茴香醛	Aal
129.92	2.6	α-水芹烯	aPhe	114.16	88.8	反式-茴香脑	tAne
129.70	3.6	龙蒿脑	Eol	113.86	2.4	顺式-茴香脑	cAne
129.28	2.4	对异丙基甲苯	pCym	112.96	0.5	月桂烯	Myr
129.20	1.9	氘代苯（溶剂）	C_6D_6	112.50	0.7		
129.00	1.0			112.40	0.8		
128.89	0.9			108.76	12.5	柠檬烯	Lim

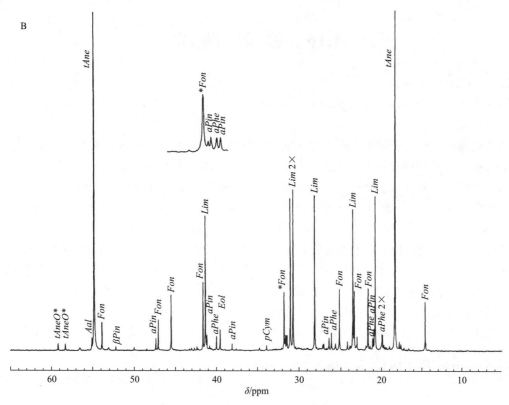

图 1.15.22　甜小茴香精油核磁共振碳谱图 B(10～70 ppm)

表 1.15.18　甜小茴香精油核磁共振碳谱图 B(10～70 ppm)分析结果

化学位移/ppm	相对强度/%	中文名称	代码	化学位移/ppm	相对强度/%	中文名称	代码
66.54	0.9			28.09	13.7	柠檬烯	Lim
59.10	0.6	茴香脑环氧化物	AneO	27.09	0.5	月桂烯	Myr
58.22	0.6	茴香脑环氧化物	AneO	26.98	0.6		
54.99	1.2	大茴香醛	Aal	26.33	1.1	α-蒎烯	aPin
54.71	42.7	反式-茴香脑/顺式-茴香脑	tAne/cAne	26.06	1.6	α-水芹烯	aPhe
53.78	2.6	葑酮	Fon	25.53	0.6	月桂烯	Myr
47.33	1.1	α-蒎烯	aPin	25.06	5.4	葑酮	Fon
47.03	2.8	葑酮	Fon	24.04	0.8	对异丙基甲苯	pCym
45.48	4.9	葑酮	Fon	23.37	12.4	柠檬烯	Lim
41.56	6.0	葑酮	Fon	23.20	5.2	葑酮	Fon
41.27	11.9	柠檬烯	Lim	22.85	1.2	α-蒎烯	aPin
41.07	1.4	α-蒎烯	aPin	21.51	5.5	葑酮	Fon
39.91	1.3	α-水芹烯	aPhe	20.93	1.1	α-蒎烯/对异丙基甲苯	aPin/pCym
39.48	1.9	龙蒿脑	Eol	20.75	2.0	α-水芹烯	aPhe
38.01	0.6	α-蒎烯	aPin	20.65	13.6	柠檬烯	Lim
31.78	5.1	葑酮	Fon	19.83	1.5	α-水芹烯	aPhe
31.66	1.0			19.76	1.4	α-水芹烯	aPhe
31.60	1.4	α-蒎烯	aPin	18.20	41.5	反式-茴香脑	tAne
31.47	1.3	α-水芹烯	aPhe	17.65	0.8		
31.40	1.4	α-蒎烯	aPin	17.48	0.5	月桂烯	Myr
31.02	13.5	柠檬烯	Lim	14.50	4.3	葑酮	Fon
30.69	14.2	柠檬烯	Lim	14.43	0.7	顺式-茴香脑	cAne

1.16　香 叶 精 油

英文名称：Geranium oil。

法文和德文名称：*Essence de géranium*；*Geraniumöl*。

研究类型：波旁型。

香叶精油是通过水蒸气蒸馏从一些天竺葵属植物的叶子中提取的，主要是香叶天竺葵(牻牛儿苗科植物，Geraniaceae)。这种植物是一种多年生草本植物，生长于亚热带气候。在非洲、欧洲和日本均有种植。世界上大约一半的产量来自马达加斯加附近的印度洋小岛留尼汪岛(以前称为波旁岛)。其他生产香叶精油的国家还有俄罗斯、摩洛哥、阿尔及利亚、哥伦比亚、萨尔瓦多、坦桑尼亚、肯尼亚、南欧国家和日本。

香叶精油是香水中最重要的精油之一，广泛用于香水、化妆品和香皂中。

留尼汪香叶精油(=香叶精油'波旁型')含有高达 80 % 的香叶醇和香茅醇(部分用甲酸酯化)；其他成分是单萜和倍半萜烯烃、酮和醇、苯乙醇、丁香酚、各种酸，以及新鲜蒸馏油中的二甲基硫化物。

香叶精油经常被掺入廉价的产品。由于在仪器分析的帮助下，已经能够彻底地研究香叶精油的成分，因此可以很灵敏地识别出该精油的掺假、切割和稀释等情况。

在香叶精油的 ^{13}C NMR 谱中，香叶醇和香茅醇的甲酸酯被标记为乙酸酯，信号位置几乎完全相同。

1.16.1　气相色谱分析(图 1.16.1、图 1.16.2，表 1.16.1)

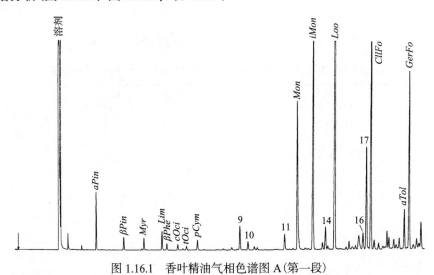

图 1.16.1　香叶精油气相色谱图 A(第一段)

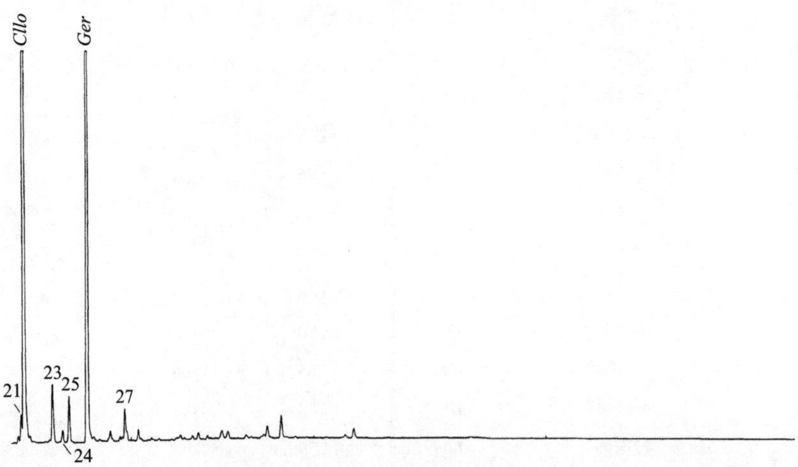

图 1.16.2　香叶精油气相色谱图 B(第二段)

表1.16.1　香叶精油气相色谱图分析结果

序号	中文名称	英文名称	代码	百分比/%
1	α-蒎烯	α-Pinene	aPin	1.12
2	β-蒎烯	β-Pinene	βPin	0.33
3	月桂烯	Myrcene	Myr	0.30
4	柠檬烯	Limonene	Lim	0.50
5	β-水芹烯	β-Phellandrene	βPhe	0.17
6	顺式-β-罗勒烯	(Z)-β-Ocimene	cOci	0.13
7	反式-β-罗勒烯	(E)-β-Ocimene	tOci	0.09
8	对异丙基甲苯	para-Cymene	pCym	0.26
9	顺式-玫瑰醚	cis-Rose oxide		0.76
10	反式-玫瑰醚	trans-Rose oxide		0.26
11	反式-氧化芳樟醇	trans-Linalool oxide	tLooOx	0.49
12	薄荷酮	Menthone	Mon	4.90
13	异薄荷酮	Isomenthone	iMon	7.41
14	β-波旁烯	β-Bourbonene	βBou	0.70
15	芳樟醇	Linalool	Loo	15.35
16	β-石竹烯	β-Caryophyllene	Car	0.53
17	6,9-愈疮木二烯	Guaia-6,9-diene	6,9Gua	3.28
18	甲酸香茅酯	Citronellyl formate	CllFo	7.88
19	α-松油醇	α-Terpineol	aTol	1.14
20	甲酸香叶酯	Geranyl formate	GerFo	5.13
21	乙酸香叶酯	Geranyl acctate	GerAc	0.48
22	香茅醇	Citronellol	Cllo	23.78
23	丁酸香茅酯	Citronellyl butyrate		0.96
24	橙花醇	Nerol	Ner	0.20
25	丙酸香叶酯	Geranyl propionate		0.75
26	香叶醇	Geraniol	Ger	17.04
27	丁酸香叶酯	Geranyl butyrate		0.53

1.16.2　核磁共振碳谱分析（图 1.16.3～图 1.16.6，表 1.16.2～表 1.16.5）

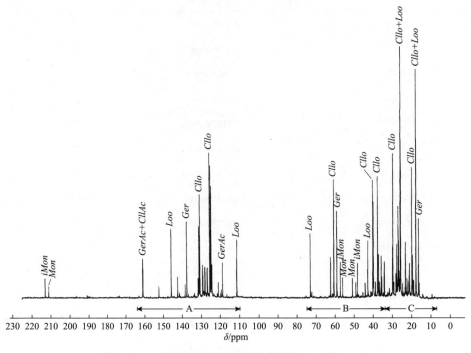

图 1.16.3　香叶精油核磁共振碳谱总图（0～230 ppm）

表 1.16.2　香叶精油核磁共振碳谱图（170～230 ppm）分析结果

化学位移/ppm	相对强度/%	中文名称	代码	化学位移/ppm	相对强度/%	中文名称	代码
212.97	8.3	异薄荷酮	*iMon*	190.22	1.1		
211.06	5.2	薄荷酮	*Mon*	189.38	1.1		
196.47	1.3			174.02	1.0		
190.78	1.5			173.22	1.3		

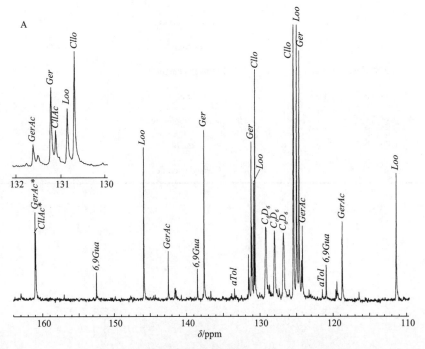

图 1.16.4　香叶精油核磁共振碳谱图 A（110～165 ppm）

表 1.16.3　香叶精油核磁共振碳谱图 A(110～165 ppm)分析结果

化学位移/ppm	相对强度/%	中文名称	代码	化学位移/ppm	相对强度/%	中文名称	代码
162.96	1.3			128.80	1.8		
160.99	15.9	甲酸香叶酯	GerFo	128.67	3.0		
160.90	12.1	甲酸香茅酯	CllFo	128.57	1.3		
157.03	1.1	β-波旁烯	βBou	128.50	1.7		
152.48	5.1	6,9-愈疮木二烯	6,9Gua	128.29	1.3		
145.90	27.6	芳樟醇	Loo	128.00	12.7	氘代苯(溶剂)	C₆D₆
144.36	1.1	α-蒎烯/反式-氧化芳樟醇	aPin/tLooOx	127.69	2.2		
142.51	9.0	甲酸香叶酯	GerFo	127.37	2.4		
141.61	2.3			127.03	1.3		
141.46	2.0			126.80	12.3	氘代苯(溶剂)	C₆D₆
140.75	1.1			126.24	1.1		
138.51	5.8	6,9-愈疮木二烯	6,9Gua	126.01	2.1		
137.75	1.3			125.45	58.7	香茅醇	Cllo
137.58	30.7	香叶醇	Ger	125.41	41.5	芳樟醇/甲酸香茅酯	Loo/CllFo
136.69	1.8			124.99	53.3	香叶醇	Ger
133.90	1.4			124.68	44.8	香叶醇	Ger
133.52	2.3	α-松油醇	aTol	124.31	7.4		
133.33	1.0	柠檬烯	Lim	124.20	13.6	甲酸香叶酯	GerFo
132.60	1.1			124.03	1.8		
131.77	1.3			123.86	1.1		
131.62	8.4	甲酸香叶酯	GerFo	123.30	2.2		
131.52	4.3			123.12	1.2		
131.22	28.7	香叶醇	Ger	123.04	1.3		
131.12	13.4	甲酸香茅酯	CllFo	121.47	2.3	α-松油醇	aTol
130.87	21.3	芳樟醇	Loo	120.92	6.6	6,9-愈疮木二烯	6,9Gua
130.71	41.5	香茅醇	Cllo	119.64	2.2		
130.32	1.1			119.46	3.7		
130.05	1.6			119.32	1.5		
129.81	1.2			118.75	14.4	甲酸香叶酯/6,9-愈疮木二烯	GerFo/6,9Gua
129.22	13.3	氘代苯(溶剂)	C₆D₆	116.48	1.8	α-蒎烯	aPin
128.92	2.9			111.41	23.2	芳樟醇/顺式-β-愈疮木烯	Loo/tLooOx

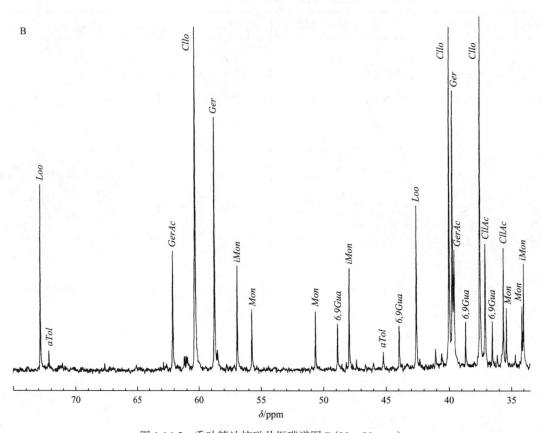

图 1.16.5　香叶精油核磁共振碳谱图 B(33～80 ppm)

表 1.16.4　香叶精油核磁共振碳谱图 B(33～80 ppm)分析结果

化学位移/ppm	相对强度/%	中文名称	代码	化学位移/ppm	相对强度/%	中文名称	代码
75.12	1.1			55.82	8.5	薄荷酮	Mon
72.87	25.7	芳樟醇	Loo	50.73	8.2	薄荷酮	Mon
72.17	2.8	α-松油醇	aTol	48.96	6.5	6,9-愈疮木二烯	6,9Gua
71.08	1.2	反式-氧化芳樟醇	tLooOx	48.61	1.0		
67.68	1.0			48.26	1.3		
62.89	1.2			48.02	14.2	异薄荷酮/β-波旁烯	iMon/βBou
62.16	16.6	甲酸香叶酯	GerFo	47.75	1.0	α-蒎烯	aPin
61.24	2.0			47.43	1.6		
61.11	2.0			46.10	1.2	β-波旁烯	βBou
61.01	1.9			45.28	2.6	α-松油醇	aTol
60.38	47.3	香茅醇	Cllo	44.04	6.2	6,9-愈疮木二烯	6,9Gua
58.82	34.8	香叶醇	Ger	42.68	22.7	芳樟醇	Loo
58.57	2.9			42.48	1.1		
57.01	14.5	异薄荷酮	iMon	42.39	1.8	β-波旁烯	βBou

续表

化学位移/ppm	相对强度/%	中文名称	代码	化学位移/ppm	相对强度/%	中文名称	代码
41.14	3.0	α-蒎烯	aPin	36.80	1.4		
41.06	1.2	β-波旁烯	βBou	36.72	1.2		
40.93	1.0			36.59	6.8	6,9-愈疮木二烯	6,9Gua
40.76	1.0			36.36	1.3		
40.66	2.4			36.17	2.2		
40.44	1.1			35.69	16.9	甲酸香茅酯	CllFo
40.38	1.0			35.44	8.7	薄荷酮	Mon
40.08	47.1	香茅醇	Cllo	35.28	1.0		
39.81	38.4	香叶醇	Ger	35.18	1.2		
39.67	16.7	甲酸香叶酯	GerFo	34.97	1.0		
39.08	1.0			34.83	1.1		
38.74	6.8	6,9-愈疮木二烯	6,9Gua	34.71	2.3		
38.15	1.0	α-蒎烯	aPin	34.60	1.0		
38.05	1.3			34.31	1.3		
37.98	1.0			34.17	8.8	薄荷酮	Mon
37.61	48.5	香茅醇	Cllo	34.02	14.7	异薄荷酮/β-波旁烯	iMon/βBou
37.18	17.5	甲酸香茅酯	CllFo	33.31	1.1		
36.89	1.2			33.18	1.1		

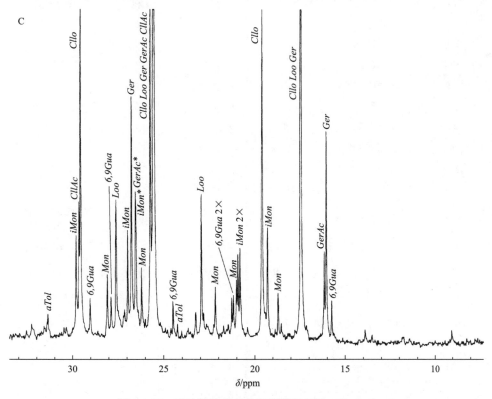

图 1.16.6　香叶精油核磁共振碳谱图 C（5～33 ppm）

表 1.16.5　香叶精油核磁共振碳谱图 C(5～33 ppm)分析结果

化学位移/ppm	相对强度/%	中文名称	代码	化学位移/ppm	相对强度/%	中文名称	代码
32.95	1.1			24.28	2.6	α-松油醇	aTol
32.56	1.6			24.06	1.6		
32.29	2.6			23.70	2.0		
31.96	1.0			23.47	1.1	柠檬烯	Lim
31.92	1.0			23.28	4.4	α-松油醇/α-蒎烯	aTol/aPin
31.83	1.2			22.97	22.2	芳樟醇	Loo
31.75	1.6	α-蒎烯	aPin	22.85	4.4		
31.59	2.3	α-蒎烯	aPin	22.69	2.6		
31.42	3.0	α-松油醇	aTol	22.29	2.6		
31.37	4.1			22.21	8.2	薄荷酮	Mon
30.99	1.0	柠檬烯	Lim	21.94	1.2	β-波旁烯	βBou
30.72	1.2			21.75	2.4	β-波旁烯	βBou
30.62	1.4			21.49	2.6	β-波旁烯	βBou
30.49	2.1			21.30	6.6	6,9-愈疮木二烯	6,9Gua
30.34	2.1			21.20	7.0	6,9-愈疮木二烯	6,9Gua
30.21	1.1			21.03	9.3	薄荷酮//α-蒎烯	Mon/aPin
29.81	16.0	异薄荷酮	iMon	20.95	13.2	异薄荷酮	iMon
29.66	21.1	甲酸香茅酯	CllFo	20.83	14.0	异薄荷酮/柠檬烯	iMon/Lim
29.57	58.2	香茅醇/6,9-愈疮木二烯	Cllo/6,9Gua	20.43	2.1		
29.04	6.6	6,9-愈疮木二烯/β-波旁烯	6,9Gua/βBou	19.61	52.2	香茅醇/甲酸香茅酯	Cllo/CllFo
28.61	1.5			19.31	17.2	异薄荷酮	iMon
28.57	1.2			18.98	1.0		
28.42	1.1	柠檬烯	Lim	18.90	1.9		
28.09	10.1	薄荷酮	Mon	18.73	7.3	薄荷酮	Mon
27.89	6.8	6,9-愈疮木二烯	6,9Gua	18.55	2.7		
27.61	21.4	芳樟醇	Loo	18.37	1.0		
27.15	4.8	β-波旁烯	βBou	18.20	1.2		
26.98	16.8	异薄荷酮	iMon	18.14	1.2		
26.78	36.7	香叶醇/α-蒎烯	Ger/aPin	18.08	1.2		
26.55	22.6	异薄荷酮/甲酸香叶酯	iMon/GerFo	17.80	1.7		
26.42	4.7	反式-氧化芳樟醇	tLooOx	17.47	90.9	香茅醇/芳樟醇/甲酸香叶酯/甲酸香茅酯	Cllo/Loo/GerFo/CllFo
26.22	11.1	薄荷酮	Mon	17.15	2.5	香叶醇	Ger
26.02	3.4	反式-氧化芳樟醇	tLooOx	16.39	1.3		
25.75	50.8	香茅醇/芳樟醇/甲酸香茅酯	Cllo/Loo/CllFo	16.18	13.6	甲酸香叶酯	GerFo
25.57	100.0	甲酸香叶酯/甲酸香茅酯	GerFo/CllFo	16.06	31.6	香叶醇	Ger
25.20	2.8	反式-氧化芳樟醇	tLooOx	15.75	6.2	6,9-愈疮木二烯	6,9Gua
24.93	2.1			15.65	1.3		
24.83	1.7			13.91	1.8		
24.63	2.0			13.53	1.0		
24.53	6.1	6,9-愈疮木二烯	6,9Gua	9.04	1.7		

1.17　欧洲刺柏籽精油

英文名称：Juniper berry oil。

法文和德文名称：*Essence de genièvre*；　*Wacholderbeeröl*。

研究类型：商品、实验室蒸馏法。

通过水蒸气或水蒸馏欧洲刺柏(柏科植物，*Juniperus Communis* L.)碾碎的成熟果实(浆果)就可获得挥发性的欧洲刺柏籽精油(也称杜松籽精油)。然而，大多数欧洲刺柏籽商品精油是杜松白兰地(杜松子酒)生产的副产品，是从发酵的果实中提取的，这种油的芳香性要低得多。

这种灌木野生生长在欧洲、亚洲、北非和北美的干旱地区。

欧洲刺柏籽精油具有新鲜的香脂、松针样香气，可用于香水、剃须后香精、香料组合物和药物制剂中。在香料中，通常使用不含倍半萜的精油，因为其溶解度较好。从发酵水果中提取的油具有更多类似松节油的气味，不适合用于香料调配。

欧洲刺柏籽精油主要含有单萜和倍半萜物质，也有少量但非常重要的萜烯醇成分，如4-松油醇、α-松油醇、龙脑和香叶醇。

欧洲刺柏籽精油经常被掺假或掺入更便宜的产品。欧洲刺柏籽精油的商品很少是真正的浆果馏出物。常见的掺假物或添加剂是来自发酵水果、杜松木和树枝油、松节油和萜烯烃馏分的劣等油。

1.17.1　欧洲刺柏籽精油(商品)

1.17.1.1　气相色谱分析(图 1.17.1、图 1.17.2，表 1.17.1)

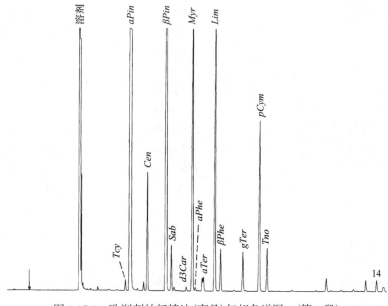

图 1.17.1　欧洲刺柏籽精油(商品)气相色谱图 A(第一段)

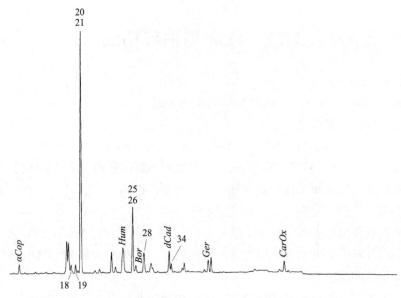

图 1.17.2　欧洲刺柏籽精油(商品)气相色谱图 B(第二段)

表 1.17.1　欧洲刺柏籽精油(商品)气相色谱图分析结果

序号	中文名称	英文名称	代码	百分比/%	
				商品	实验室蒸馏法
1	三环烯	Tricyclene	Tcy	0.08	0.08
2	α-蒎烯	α-Pinene	aPin	70.82	41.13
3	莰烯	Camphene	Cen	0.81	0.27
4	β-蒎烯	β-Pinene	βPin	13.67	2.76
5	桧烯	Sabinene	Sab	0.33	9.78
6	3-蒈烯	Δ^3-Carene	d3Car	0.03	0.10
7	月桂烯	Myrcene	Myr	2.67	15.20
8	α-松油烯	α-Terpinene	aTer	0.01	0.50
9	柠檬烯	Limonene	Lim	2.58	3.11
10	β-水芹烯	β-Phellandrene	βPhe	0.34	0.43
11	γ-松油烯	γ-Terpinene	gTer	0.31	0.85
12	对异丙基甲苯	para-Cymene	pCym	1.39	0.26
13	异松油烯	Terpinolene	Tno	0.35	0.87
14	α-荜澄茄烯	α-Cubebene		0.11	0.57
15	反式-水合桧烯	(E)-Sabiene hydrate	SabH	—	0.10
16	α-玷𤧪烯	α-Copaene	aCop	0.10	0.56
17	芳樟醇+分子量为 204 的某成分	Linalool + m.w.204	Loo	—	0.45
18	乙酸龙脑酯	Bornyl acetate	BorAc	0.08	0.20
19	β-榄香烯	β-Elemene	Emn	0.09	1.02
20	β-石竹烯	β-Caryophyllene	Car	2.19	1.73
21	4-松油醇	Terpinen-4-ol	Trn4		1.86
22	γ-榄香烯	γ-Elemene		—	0.18
23	反式-β-金合欢烯	(E)-β-Farnesene	EβFen	—	0.54
24	α-蛇麻烯	α-Humulene	Hum	0.21	1.43
25	γ-木罗烯	γ-Muurolene	gMuuu	0.57	0.44
26	α-松油醇	α-Terpineol	aTol		0.40

续表

序号	中文名称	英文名称	代码	百分比/%	
				商品	实验室蒸馏法
27	龙脑	Borneol	Bor	0.08	0.10
28	大根香叶烯 D	Germacrene-D	GenD	0.19	6.27
29	双环倍半水芹烯	Bicyclo-sesquiphellandrene	—		0.16
30	β-蛇床烯	β-Selinene	βSel	0.09	0.37
31	a-蛇床烯+α-木罗烯	a-Selinene+α-Muurolene		0.04	0.58
32	二环大根香叶烯	Bicyclogermacrene	BiGen	—	0.54
33	δ-杜松烯	δ-Cadinene	dCad	0.20	2.67
34	γ-杜松烯	γ-Cadinene		0.08	0.18
35	大根香叶烯 B	Germacrene B	GenB	—	1.75
36	香叶醇	Geraniol	Ger	0.12	0.08
37	荜澄茄醇	Cubebol		—	0.10
37a	氧化石竹烯	Caryophyllene oxide	CarOx	0.10	0.09
38	1(10)E,5E-大根香叶二烯-4-醇	Germacra-1(10)E,5E-dien-4-ol		—	0.32
39	表荜澄茄油烯醇	epi-Cubenol		—	0.18
40	斯巴醇(大花桉油醇)	Spathulenol		—	0.25
41	T-杜松醇	T-Cadinol		—	0.22
42	T-木罗醇	T-Muurolol		—	0.29
43	δ-杜松醇	δ-Cadinol		—	0.14
44	α-杜松醇	α-Cadinol		—	0.65
45	香茅酸	Citronellic acid		—	0.11

1.17.1.2 核磁共振碳谱分析（图 1.17.3～图 1.17.5，表 1.17.2～表 1.17.4）

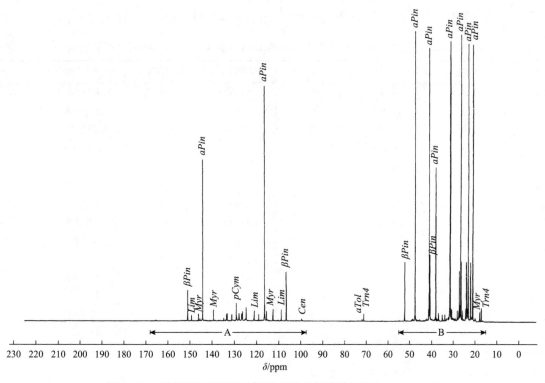

图 1.17.3 欧洲刺柏籽精油（商品）核磁共振碳谱总图（0～230 ppm）

表 1.17.2　欧洲刺柏籽精油（商品）核磁共振碳谱图（170～230 ppm）分析结果

化学位移/ppm	相对强度/%	中文名称	代码
171.97	1.1		
171.16	3.0	4-松油醇	Trn4

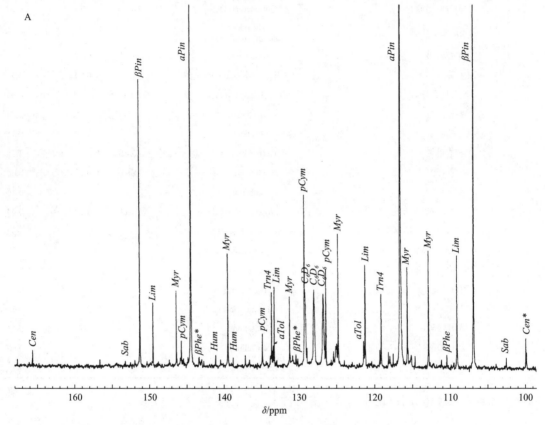

图 1.17.4　欧洲刺柏籽精油（商品）核磁共振碳谱图 A（95～160 ppm）

表 1.17.3　欧洲刺柏籽精油（商品）核磁共振碳谱图 A（95～160 ppm）分析结果

化学位移/ppm	相对强度/%	中文名称	代码	化学位移/ppm	相对强度/%	中文名称	代码
151.35	11.2	β-蒎烯	βPin	126.41	3.8	对异丙基甲苯	pCym
149.56	2.5	柠檬烯	Lim	124.99	0.9	α-蛇麻烯	Hum
146.43	3.0	月桂烯	Myr	124.79	5.2	月桂烯	Myr
145.79	1.1	对异丙基甲苯	pCym	121.44	1.1	α-松油醇	aTol
144.50	56.6	α-蒎烯	aPin	121.38	0.8		
139.55	4.4	月桂烯	Myr	121.23	4.0	柠檬烯	Lim
134.88	1.3	对异丙基甲苯	pCym	119.31	0.7		
133.62	2.9	柠檬烯	Lim	119.13	2.9	4-松油醇	Trn4
133.41	0.9	α-松油醇	aTol	116.57	81.4	α-蒎烯	aPin
133.29	3.2	4-松油醇	Trn4*	116.41	1.5		
131.28	2.8	月桂烯	Myr	115.67	3.9	月桂烯	Myr
129.26	6.7	对异丙基甲苯	pCym	115.58	0.8		
129.19	2.9	氘代苯(溶剂)	C_6D_6	112.82	4.6	月桂烯	Myr
128.95	0.8			109.04	4.4	柠檬烯	Lim
128.00	3.0	氘代苯(溶剂)	C_6D_6	106.80	17.3	β-蒎烯	βPin
126.77	2.9	氘代苯(溶剂)	C_6D_6	99.87	1.2	莰烯	Cen
126.58	0.9	α-蛇麻烯	Hum				

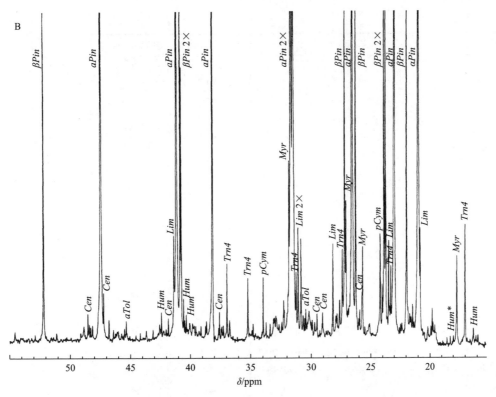

图 1.17.5　欧洲刺柏籽精油（商品）核磁共振碳谱图 B（10～55 ppm）

表 1.17.4　欧洲刺柏籽精油（商品）核磁共振碳谱图 B（10～55 ppm）分析结果

化学位移/ppm	相对强度/%	中文名称	代码	化学位移/ppm	相对强度/%	中文名称	代码
52.22	20.6	β-蒎烯	βPin	37.63	1.3	莰烯	Cen
48.56	1.2	莰烯	Cen	37.00	3.3	4-松油醇	Trn4
48.45	0.7	β-石竹烯	Car	36.80	0.9		
47.47	100.0	α-蒎烯	aPin	35.27	2.7	4-松油醇/β-石竹烯	Trn4/Car
47.26	2.1	莰烯	Cen	34.85	0.7		
46.83	0.9			34.02	2.7	对异丙基甲苯	pCym
45.38	0.9	α-松油醇	aTol	33.78	0.8		
42.62	0.7			33.45	0.7		
42.46	1.2	α-蛇麻烯	Hum	33.18	1.0		
41.90	1.0	莰烯	Cen	33.09	1.0		
41.44	4.5	柠檬烯	Lim	32.98	1.1	β-石竹烯	Car
41.19	94	α-蒎烯	aPin	32.71	0.7		
40.89	23.2	β-蒎烯	βPin	32.48	0.8		
40.81	11.6	β-蒎烯/β-石竹烯	βPin/Car	32.32	1.7		
40.63	1.8	α-蛇麻烯	Hum	32.26	1.3		
40.53	0.9			31.86	7.7	月桂烯	Myr
40.40	1.1	β-石竹烯	Car	31.68	96.5	α-蒎烯	aPin
40.11	0.8	α-蛇麻烯	Hum	31.50	90.9	α-蒎烯/α-松油醇	aPin/aTol
39.88	0.8			31.29	2.9	4-松油醇	Trn4
38.72	0.9			31.12	4.8	柠檬烯	Lim
38.19	53.6	α-蒎烯	aPin	30.87	4.4	柠檬烯	Lim

续表

化学位移/ppm	相对强度/%	中文名称	代码	化学位移/ppm	相对强度/%	中文名称	代码
30.72	1.1			25.73	4.0	月桂烯	*Myr*
30.59	1.0			25.14	0.7		
30.50	1.4			24.26	4.6	对异丙基甲苯/α-松油醇	*pCym/aTol*
30.23	1.3	β-石竹烯	*Car*	24.08	2.4	莰烯	*Cen*
30.09	0.8			23.91	19.7	β-蒎烯	*βPin*
29.97	0.9			23.78	20.6	β-蒎烯	*βPin*
29.77	0.8			23.51	4.3	柠檬烯/α-蛇麻烯	*Lim/Hum*
29.57	1.1	莰烯/β-石竹烯	*Cen/Car*	23.44	1.5	α-松油醇	*aTol*
29.15	0.7			23.34	3.2	4-松油醇	*Trn4*
29.11	1.2	莰烯	*Cen*	23.01	95.5	α-蒎烯	*aPin*
28.32	0.7	β-石竹烯	*Car*	22.48	0.7	β-石竹烯	*Car*
28.24	4.2	柠檬烯	*Lim*	22.38	0.8		
27.97	1.1			21.95	20.5	β-蒎烯	*βPin*
27.88	1.2			21.85	1.4		
27.66	1.7	α-松油醇	*aTol*	21.71	1.2		
27.45	3.9	4-松油醇/α-松油醇	*Trn4/aTol*	21.59	1.1		
27.23	17.5	β-蒎烯	*βPin*	21.46	1.6		
27.16	3.2	月桂烯	*Myr*	21.36	0.8		
27.12	6.0			20.95	95.2	α-蒎烯	*aPin*
27.03	1.3			20.82	4.8	柠檬烯	*Lim*
26.95	1.4			19.83	1.4		
26.58	98.7	α-蒎烯	*aPin*	19.76	0.8		
26.30	20.7	β-蒎烯/α-松油醇	*βPin/aTol*	17.66	3.6	月桂烯	*Myr*
26.06	1.0			16.96	4.9	4-松油醇	*Trn4*
25.97	1.3	莰烯	*Cen*				

1.17.2　欧洲刺柏籽精油(实验室蒸馏法)

1.17.2.1　气相色谱分析(图 1.17.6、图 1.17.7，表 1.17.5)

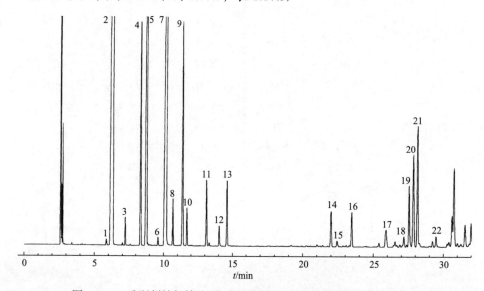

图 1.17.6　欧洲刺柏籽精油(实验室蒸馏法)气相色谱图 A(0～30 min)

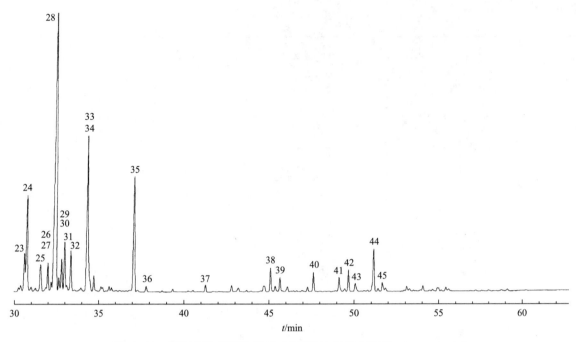

图 1.17.7 欧洲刺柏籽精油(实验室蒸馏法)气相色谱图 B(30～62 min)

表 1.17.5 欧洲刺柏籽精油(实验室蒸馏法)气相色谱图分析结果

序号	中文名称	英文名称	代码	百分比/%	
				商品	实验室蒸馏法
1	三环烯	Tricyclene	Tcy	0.08	0.08
2	α-蒎烯	α-Pinene	aPin	70.82	41.13
3	莰烯	Camphene	Cen	0.81	0.27
4	β-蒎烯	β-Pinene	βPin	13.67	2.76
5	桧烯	Sabinene	Sab	0.33	9.78
6	3-蒈烯	Δ^3-Carene	d3Car	0.03	0.10
7	月桂烯	Myrcene	Myr	2.67	15.20
8	α-松油烯	α-Terpinene	aTer	0.01	0.50
9	柠檬烯	Limonene	Lim	2.58	3.11
10	β-水芹烯	β-Phellandrene	βPhe	0.34	0.43
11	γ-松油烯	γ-Terpinene	gTer	0.31	0.85
12	对异丙基甲苯	para-Cymene	pCym	1.39	0.26
13	异松油烯	Terpinolene	Tno	0.35	0.87
14	α-荜澄茄烯	α-Cubebene		0.11	0.57
15	反式-水合桧烯	(E)-Sabiene hydrate	SabH	—	0.10
16	α-玷𭭌烯	α-Copaene	aCop	0.10	0.56
17	芳樟醇+分子量为 204 的某成分	Linalool + m.w.204	Loo	—	0.45
18	乙酸龙脑酯	Bornyl acetate	BorAc	0.08	0.20
19	β-榄香烯	β-Elemene	Emn	0.09	1.02
20	β-石竹烯	β-Caryophyllene	Car		1.73
21	4-松油醇	Terpinen-4-ol	Trn4	2.19	1.86
22	γ-榄香烯	γ-Elemene		—	0.18
23	反式-β-金合欢烯	(E)-β-Farnesene	EβFen	—	0.54
24	α-蛇麻烯	α-Humulene	Hum	0.21	1.43

续表

序号	中文名称	英文名称	代码	百分比/%	
				商品	实验室蒸馏法
25	γ-木罗烯	γ-Muurolene	*gMuuu*		0.44
26	α-松油醇	α-Terpineol	*aTol*	0.57	0.40
27	龙脑	Borneol	*Bor*	0.08	0.10
28	大根香叶烯 D	Germacrene-D	*GenD*	0.19	6.27
29	双环倍半水芹烯	Bicyclo-sesquiphellandrene		—	0.16
30	β-蛇床烯	β-Selinene	*βSel*	0.09	0.37
31	a-蛇床烯+α-木罗烯	a-Selinene+α-Muurolene		0.04	0.58
32	二环大根香叶烯	Bicyclogermacrene	*BiGen*	—	0.54
33	δ-杜松烯	δ-Cadinene	*dCad*	0.20	2.67
34	γ-杜松烯	γ-Cadinene		0.08	0.18
35	大根香叶烯 B	Germacrene B	*GenB*	—	1.75
36	香叶醇	Geraniol	*Ger*	0.12	0.08
37	荜澄茄醇	Cubebol		—	0.10
37a	氧化石竹烯	Caryophyllene oxide	*CarOx*	0.10	0.09
38	1（10）E,5E-大根香叶二烯-4-醇	Germacra-1（10）E,5E-dien-4-ol		—	0.32
39	表荜澄茄油烯醇	epi-Cubenol		—	0.18
40	斯巴醇(大花桉油醇)	Spathulenol		—	0.25
41	T-杜松醇	T-Cadinol		—	0.22
42	T-木罗醇	T-Muurolol		—	0.29
43	δ-杜松醇	δ-Cadinol		—	0.14
44	α-杜松醇	α-Cadinol		—	0.65
45	香茅酸	Citronellic acid		—	0.11

1.17.2.2　核磁共振碳谱分析(图 1.17.8～图 1.17.11，表 1.17.6～表 1.17.8)

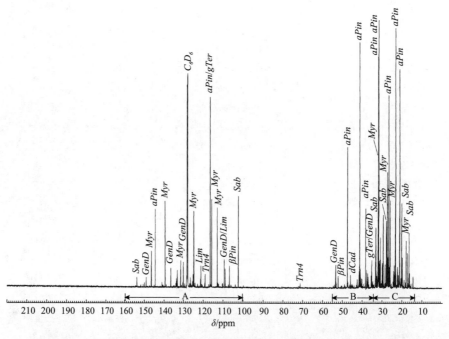

图 1.17.8　欧洲刺柏籽精油(实验室蒸馏法)核磁共振碳谱总图(10～210 ppm)

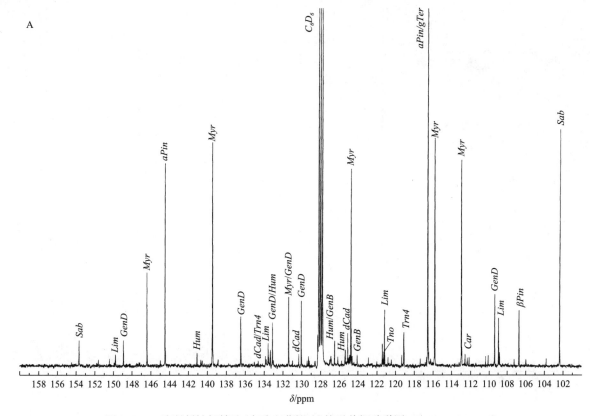

图 1.17.9 欧洲刺柏籽精油（实验室蒸馏法）核磁共振碳谱图 A（100～160 ppm）

表 1.17.6 欧洲刺柏籽精油（实验室蒸馏法）核磁共振碳谱图 A（100～160 ppm）分析结果

化学位移/ppm	相对强度/%	中文名称	代码	化学位移/ppm	相对强度/%	中文名称	代码
153.68	3.2	桧烯	Sab	125.35	1.9	α-蛇麻烯	Hum
149.80	1.3	柠檬烯	Lim	125.10	4.2	δ-杜松烯	dCad
148.94	3.2	大根香叶烯 D	GenD	124.89	1.3	β-石竹烯	Car
146.44	12.5	月桂烯	Myr	124.75	26.7	月桂烯/δ-杜松烯	Myr/dCad
144.51	27.5	α-蒎烯	aPin	124.08	1.3	大根香叶烯 B	GenB
141.11	1.5	α-蛇麻烯	Hum	121.42	2.7		
139.48	30.4	月桂烯	Myr	121.27	1.5	异松油烯	Tno
136.51	6.5	大根香叶烯 D	GenD	121.19	7.4	柠檬烯	Lim
133.62	2.9	δ-杜松烯/4-松油醇	dCad/Trn4	119.10	4.4	4-松油醇	Trn4
133.57	1.5	柠檬烯	Lim	116.57	67.4	α-蒎烯/γ-松油烯	aPin/gTer
133.37	1.9	大根香叶烯 D	GenD	115.84	31.0	月桂烯	Myr
133.15	5.7	大根香叶烯 D/α-蛇麻烯	GenD/Hum	112.97	28.0	月桂烯	Myr
131.41	9.2	月桂烯/大根香叶烯 B	Myr/GenB	112.58	1.3	β-石竹烯	Car
130.33	1.4	δ-杜松烯	dCad	109.40	9.6	大根香叶烯 D	GenD
130.06	8.6	大根香叶烯 D	GenD	108.97	6.3	柠檬烯	Lim
128.30	4.0			108.86	1.6		
128.11	4.5	α-蛇麻烯	Hum	106.72	7.4	β-蒎烯	βPin
126.51	3.2	α-蛇麻烯/大根香叶烯 B	Hum/GenB	102.36	32.2	桧烯	Sab

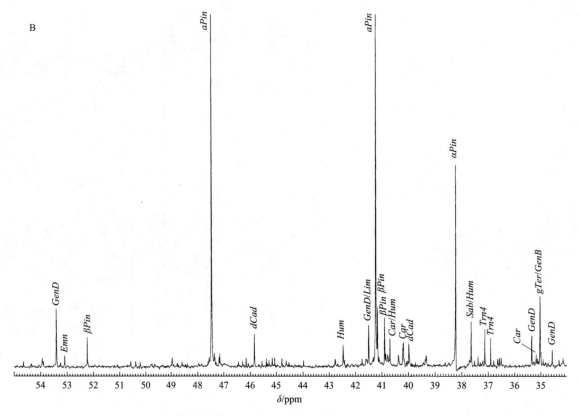

图 1.17.10　欧洲刺柏籽精油(实验室蒸馏法)核磁共振碳谱图 B(35～75 ppm)

表 1.17.7　欧洲刺柏籽精油(实验室蒸馏法)核磁共振碳谱图 B(35～75 ppm)分析结果

化学位移/ppm	相对强度/%	中文名称	代码	化学位移/ppm	相对强度/%	中文名称	代码
71.28	1.3	4-松油醇	Trn4	40.39	1.4		
53.41	7.8	大根香叶烯 D	GenD	40.21	3.1	β-石竹烯	Car
53.09	1.4	β-榄香烯	Emn	40.00	3.0	δ-杜松烯/α-蛇麻烯	dCad/Hum
52.23	3.9	β-蒎烯	βPin	39.35	1.3		
47.48	49.9	α-蒎烯	aPin	38.24	27.8	α-蒎烯	aPin
47.16	1.6			37.65	6.0	桧烯/α-蛇麻烯	Sab/Hum
45.85	4.3	δ-杜松烯	dCad	37.13	4.9	4-松油醇	Trn4
42.48	2.8	α-蛇麻烯	Hum	36.91	3.7	4-松油醇	Trn4
41.52	5.6	大根香叶烯 D/柠檬烯	GenD/Lim	35.34	4.1	大根香叶烯 D	GenD
41.24	86.7	α-蒎烯	aPin	35.18	1.5	β-石竹烯	Car
41.17	7.9	β-蒎烯	βPin	35.02	9.6	γ-松油烯+大根香叶烯 B	gTer+GenB
40.91	6.6	β-蒎烯	βPin	34.55	2.1	大根香叶烯 B	GenB
40.71	3.7	β-石竹烯/α-蛇麻烯	Car/Hum				

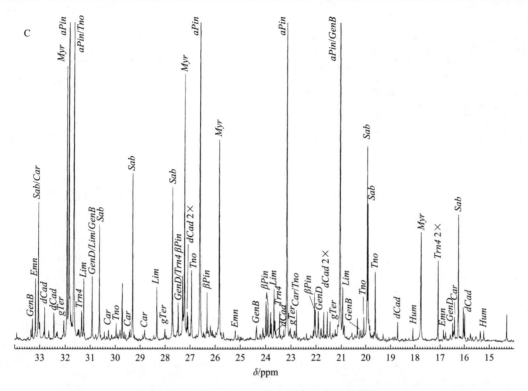

图 1.17.11　欧洲刺柏籽精油（实验室蒸馏法）核磁共振碳谱图 C（10～35 ppm）

表 1.17.8　欧洲刺柏籽精油（实验室蒸馏法）核磁共振碳谱图 C（10～35 ppm）分析结果

化学位移/ppm	相对强度/%	中文名称	代码	化学位移/ppm	相对强度/%	中文名称	代码
33.34	1.5			29.31	25.6	桧烯	*Sab*
33.28	3.1	大根香叶烯 B	*GenB*	28.82	1.4	β-石竹烯	*Car*
33.16	9.3	β-榄香烯	*Emn+*	28.34	8.0	柠檬烯	*Lim*
33.04	21.1	桧烯/β-石竹烯	*Sab/Car*	28.01	1.6	γ-松油烯	*gTer*
32.80	4.9	δ-杜松烯	*dCad*	27.71	23.4	桧烯	*Sab*
32.64	1.3			27.48	5.6	大根香叶烯 D/4-松油醇	*GenD/Trn4*
32.43	4.1	δ-杜松烯	*dCad*	27.31	9.8	β-蒎烯	*βPin*
32.05	2.8	γ-松油烯	*gTer*	27.23	40.9	月桂烯	*Myr*
31.92	42.0	月桂烯	*Myr*	27.12	4.2	δ-杜松烯	*dCad*
31.85	81.6	α-蒎烯	*aPin*	27.10	3.5	δ-杜松烯	*dCad*
31.65	100.0	α-蒎烯/异松油烯	*aPin/Tno*	26.95	10.6	异松油烯	*Tno+*
31.34	4.4	4-松油醇	*Trn4*	26.61	68.1	α-蒎烯	*aPin*
31.26	9.3	柠檬烯	*Lim*	26.32	7.2	β-蒎烯	*βPin*
30.92	9.7	大根香叶烯 D/柠檬烯/大根香叶烯 B	*GenD/Lim/GenB*	26.20	2.1		
30.63	17.6	桧烯	*Sab*	25.84	30.8	月桂烯	*Myr*
30.27	1.4	β-石竹烯	*Car*	25.21	1.3	β-榄香烯	*Emn*
29.97	2.4	异松油烯	*Tno*	24.35	2.1	大根香叶烯 B	*GenB*
29.81	1.4			24.10	1.7		
29.73	8.6			23.98	5.8	β-蒎烯	*βPin*
29.41	1.5	β-石竹烯	*Car*	23.91	4.9	β-蒎烯	*βPin*

续表

化学位移/ppm	相对强度/%	中文名称	代码	化学位移/ppm	相对强度/%	中文名称	代码
23.81	4.2			20.23	1.4	大根香叶烯 B	GenB
23.78	2.4	α-蛇麻烯	Hum	20.15	1.5		
23.67	7.8	柠檬烯	Lim	20.08	3.4	异松油烯	Tno
23.64	2.8	δ-杜松烯	dCad	19.95	29.7	桧烯(?)	Sab?
23.45	4.3	4-松油醇	Trn4	19.92	20.9	桧烯(?)	Sab?
23.16	91.8	α-蒎烯	aPin	19.62	10.4	异松油烯	Tno+
23.03	1.7	γ-松油烯	gTer	18.71	2.6	δ-杜松烯	dCad
22.78	4.5	β-石竹烯/异松油烯	Car/Tno	18.08	1.7	α-蛇麻烯	Hum
22.06	7.2			17.76	16.5	月桂烯	Myr
22.03	4.5	β-蒎烯	βPin	17.08	12.2	4-松油醇	Trn4 2×
21.91	4.3	大根香叶烯 D	GenD	16.86	1.5	β-榄香烯	Emn
21.80	1.7			16.49	2.5	大根香叶烯 D	GenD
21.70	4.2	δ-杜松烯	dCad	16.41	3.5	β-石竹烯	Car
21.56	4.3	δ-杜松烯	dCad	16.26	19.2	桧烯	Sab
21.45	2.8	γ-松油烯	gTer	16.04	5.0		
21.04	77.3	α-蒎烯/大根香叶烯 B	aPin/GenB	15.99	4.0	δ-杜松烯	dCad
20.95	8.0	柠檬烯	Lim	15.35	1.3		
20.88	2.1			15.22	1.3	α-蛇麻烯	Hum
20.34	3.2	大根香叶烯 D	GenD	14.30	3.8		

1.18　杂薰衣草精油

英文名称：Lavandin oil。

法文和德文名称：*Essence de lavandin*；*Lavandinöl*。

研究类型：商品。

挥发油来自草本植物杂薰衣草（*Lavandula hydrida*）的新鲜开花顶部，是真正薰衣草狭叶薰衣草（*Lavandula officinalis*）和穗花薰衣草宽叶薰衣草（*Lavandula latifolia*）的杂交品种，均属于唇形科（=Labiatae）。

杂薰衣草种类繁多，在法国南部大规模种植；在意大利、西班牙、匈牙利、南斯拉夫和阿根廷有少量种植。

杂薰衣草精油是香氛中的重要品种，因其清新的气味而常较高浓度地用于香水、室内喷雾剂、液体清洁剂、香皂等家居用品中。

该精油主要由芳樟醇和乙酸芳樟酯（各约 20 %～30 %）、高达 12 %的樟脑、1,8-桉叶素和各种单萜和倍半萜组成。

杂薰衣草精油的供应量几乎是无限制的。它的产量约为薰衣草油的十倍，价格仅为薰衣草油的一小部分。因此，杂薰衣草油经常被用于掺假或掺入更昂贵的薰衣草油。

1.18.1　气相色谱分析（图 1.18.1、图 1.18.2，表 1.18.1）

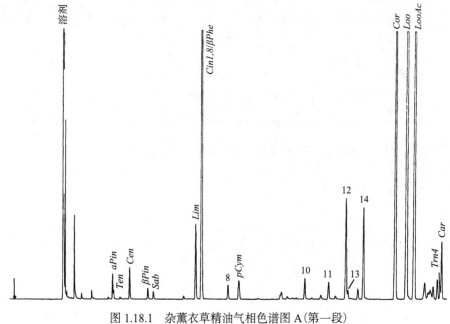

图 1.18.1　杂薰衣草精油气相色谱图 A（第一段）

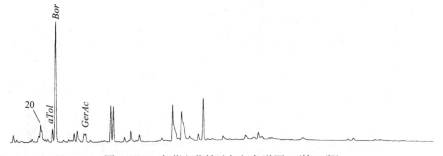

图 1.18.2　杂薰衣草精油气相色谱图 B（第二段）

表 1.18.1　杂薰衣草精油气相色谱图分析结果

序号	中文名称	英文名称	代码	百分比/%
1	α-蒎烯	α-Pinene	aPin	0.39
2	α-侧柏烯	α-Thujene	Ten	0.13
3	莰烯	Camphene	Cen	0.57
4	β-蒎烯	β-Pinene	βPin	0.21
5	桧烯	Sabinene	Sab	0.14
6	柠檬烯	Limonene	Lim	1.68
7	1,8-桉叶素/β-水芹烯	1,8-Cineole/β-phellandrene	Cin1,8/βPhe	12.25
8	反式-β-罗勒烯/3-辛酮	(E)-β-Ocimene/Octanone-3	tOci/8on3	0.31
9	对异丙基甲苯	para-Cymene	pCym	0.57
10	1-辛烯-3-醇乙酸酯(乙酸蘑菇酯)	1-Octenyl-3-acetate		0.51
11	丁酸己酯	Hexyl butyrate		0.40
12	反式-氧化芳樟醇	trans-Linalool oxide	tLooOx	2.59
13	蘑菇醇(1-辛烯-3-醇)	1-Octen-3-ol		0.21
14	顺式-氧化芳樟醇	cis-Linalool oxide	cLooOx	2.28
15	樟脑	Camphor	Cor	13.25
16	芳樟醇	Linalool	Loo	28.00
17	乙酸芳樟酯	Linalyl acetate	LooAc	23.51
18	4-松油醇	Terpinen-4-ol	Trn4	0.15
19	β-石竹烯/乙酸薰衣草酯	β-Caryophyllene/lavandulyl acetate	Car	1.40
20	薰衣草醇	Lavandulol	Lol	0.41
21	α-松油醇	α-Terpineol	aTol	0.29
22	龙脑/乙酸松油酯	Borneol/a-Terpinyl acetate	Bor/TolAc	3.58
23	乙酸香叶酯	Geranyl acetate	GerAc	0.05

1.18.2　核磁共振碳谱分析(图 1.18.3～图 1.18.6，表 1.18.2～表 1.18.5)

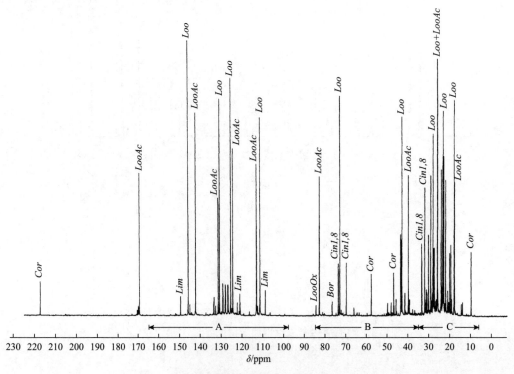

图 1.18.3　杂薰衣草精油核磁共振碳谱总图(0～230 ppm)

表 1.18.2　杂薰衣草精油核磁共振碳谱图(165~230 ppm)分析结果

化学位移/ppm	相对强度/%	中文名称	代码
217.45	12.9	樟脑	Cor
170.35	2.5		
169.95	1.7	乙酸薰衣草酯	LolAc
169.91	3.8	乙酸松油酯	TolAc
169.85	1.4		
169.68	1.1		
169.31	52.6	乙酸芳樟酯	LooAc

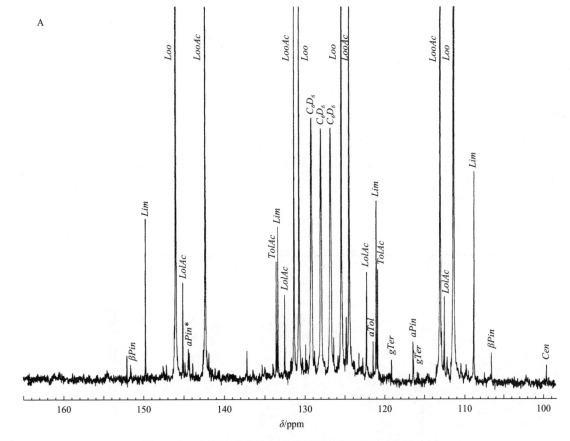

图 1.18.4　杂薰衣草精油核磁共振碳谱图 A(100~165 ppm)

表 1.18.3　杂薰衣草精油核磁共振碳谱图 A(100~165 ppm)分析结果

化学位移/ppm	相对强度/%	中文名称	代码	化学位移/ppm	相对强度/%	中文名称	代码
152.11	1.2			142.62	1.4		
149.79	7.4	柠檬烯	Lim	142.35	74.0	乙酸芳樟酯	LooAc
146.21	2.5			142.21	1.4		
146.02	100.0	芳樟醇	Loo	142.12	1.0		
145.82	1.2	薰衣草醇	Lol	141.94	1.3		
145.16	4.5	乙酸薰衣草酯	LolAc	137.24	1.4		
145.07	0.9	顺式-氧化芳樟醇	cLooOx	133.60	5.5	乙酸松油酯	TolAc
144.50	1.5	α-蒎烯	aPin	133.44	2.3	α-松油醇	aTol
144.36	1.3	反式-氧化芳樟醇	tLooOx	133.39	7.1	柠檬烯	Lim

续表

化学位移/ppm	相对强度/%	中文名称	代码	化学位移/ppm	相对强度/%	中文名称	代码
132.54	3.9	乙酸薰衣草酯	*LolAc*	123.96	1.0		
131.81	0.9	薰衣草醇	*Lol*	123.27	1.3		
131.68	1.1			122.77	1.1	薰衣草醇	*Lol*
131.35	43.3	乙酸芳樟酯	*LooAc*	122.30	5.0	乙酸薰衣草酯	*LolAc*
130.75	79.1	芳樟醇	*Loo*	121.47	1.8	α-松油醇	*aTol*
130.34	1.1			121.13	1.8		
129.93	1.7			121.05	8.3	柠檬烯	*Lim*
129.78	1.0			120.87	5.1	乙酸松油酯	*TolAc*
129.22	12.0	氘代苯(溶剂)	*C₆D₆*	119.12	1.0		
128.80	1.4			116.44	1.8	α-蒎烯	*aPin*
128.00	11.6	氘代苯(溶剂)	*C₆D₆*	116.38	1.0	γ-松油烯	*gTer*
126.78	11.6	氘代苯(溶剂)	*C₆D₆*	113.03	55.8	乙酸芳樟酯	*LooAc*
126.40	2.0	对异丙基甲苯	*pCym*	112.85	2.3	薰衣草醇	*Lol*
125.87	1.2			112.49	3.9	乙酸薰衣草酯	*LolAc*
125.69	1.2			112.14	1.1		
125.42	86.5	芳樟醇	*Loo*	111.63	1.0		
124.99	1.0			111.37	72.3	芳樟醇/顺式-氧化芳樟醇/反式-氧化芳樟醇	*Loo/cLooOx/t LooOx*
124.84	2.9			108.84	9.6	柠檬烯	*Lim*
124.46	61.2	乙酸芳樟酯	*LooAc*	106.56	1.3	β-蒎烯	*βPin*
124.26	1.6						

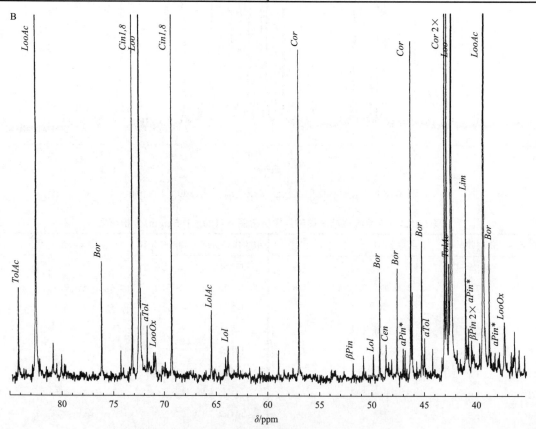

图 1.18.5　杂薰衣草精油核磁共振碳谱图 B(35～85 ppm)

表 1.18.4 杂薰衣草精油核磁共振碳谱图 B(35～85 ppm)分析结果

化学位移/ppm	相对强度/%	中文名称	代码	化学位移/ppm	相对强度/%	中文名称	代码
84.40	4.1	乙酸松油酯	TolAc	45.31	1.0		
82.77	51.2	乙酸芳樟酯/顺式-氧化芳樟醇	LooAc/cLooOx	45.25	1.7	α-松油醇	aTol
81.12	1.5			44.48	1.2		
80.30	1.0			43.32	29.9	樟脑	Cor
76.44	5.4	龙脑	Bor	43.21	2.5		
74.56	1.2			43.12	28.0	樟脑	Cor
73.46	19.1	1,8-桉叶素	Cin1,8	42.90	5.3	乙酸松油酯	TolAc
72.74	80.1	芳樟醇	Loo	42.68	72.3	芳樟醇	Loo
72.63	4.1			42.12	1.2	莰烯/3-辛酮	Cen/8on3
71.95	2.4	α-松油醇	aTol	41.29	8.6	柠檬烯	Lim
71.31	1.1	顺式-氧化芳樟醇	cLooOx	41.16	1.4		
71.18	1.1	反式-氧化芳樟醇	tLooOx	41.03	2.2	α-蒎烯	aPin
69.58	19.4	1,8-桉叶素	Cin1,8	40.73	1.6		
65.78	3.1	乙酸薰衣草酯	LolAc	40.66	1.2	β-蒎烯	βPin
64.16	1.4	薰衣草醇	Lol	40.51	1.0		
63.22	1.4			39.95	1.5		
59.29	1.2			39.58	51.5	乙酸芳樟酯	LooAc
57.33	15.4	樟脑	Cor	39.41	2.2		
51.11	0.9			39.01	6.3	龙脑	Bor
50.14	1.0	薰衣草醇	Lol	38.87	1.1		
49.54	4.8	龙脑	Bor	38.46	1.0		
48.93	1.5	莰烯	Cen	38.02	1.1	α-蒎烯/顺式-氧化芳樟醇	aPin/cLooOx
47.89	5.0	龙脑	Bor	37.53	2.5	反式-氧化芳樟醇/莰烯	tLooOx/Cen
47.32	1.2	α-蒎烯	aPin	36.86	1.1		
47.13	1.2	莰烯	Cen	36.56	2.1		
46.60	15.8	樟脑	Cor	36.10	1.2		
46.44	3.9	乙酸薰衣草酯	LolAc	35.56	0.9	3-辛酮	8on3
45.53	6.3	龙脑	Bor				

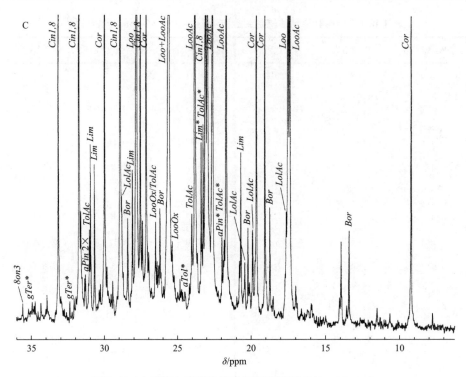

图 1.18.6　杂薰衣草精油核磁共振碳谱图 C(5～35 ppm)

表 1.18.5　杂薰衣草精油核磁共振碳谱图 C(5～35 ppm)分析结果

化学位移/ppm	相对强度/%	中文名称	代码	化学位移/ppm	相对强度/%	中文名称	代码
34.93	1.0	γ-松油烯	gTer	29.83	3.0		
34.73	1.0			29.74	1.6		
34.34	0.9			29.54	1.5	莰烯	Cen
33.92	1.4	对异丙基甲苯	pCym	29.43	2.2		
33.15	26.4	1,8-桉叶素	Cin1,8	28.91	51.4	1,8-桉叶素	Cin1,8
33.01	1.3			28.82	7.0	乙酸薰衣草酯	LolAc
32.39	1.0			28.72	2.7	薰衣草醇	Lol
32.09	1.2	γ-松油烯	gTer	28.42	5.7	龙脑	Bor
31.98	1.3	3-辛酮	8on3	28.11	8.4	柠檬烯/γ-松油烯	Lim/gTer
31.75	46.8	1,8-桉叶素	Cin1,8	27.82	66.2	芳樟醇	Loo
31.63	6.1	α-蒎烯	aPin	27.56	24.9	1,8-桉叶素	Cin1,8
31.37	2.3	α-蒎烯	aPin	27.44	5.6		
31.33	2.5			27.29	2.6		
31.06	5.1	乙酸松油酯	TolAc	27.16	24.9	樟脑	Cor
30.97	9.8	柠檬烯	Lim	26.99	3.8		
30.70	8.7	柠檬烯	Lim	26.82	1.8	顺式-氧化芳樟醇	cLooOx
30.50	0.9			26.52	5.5	乙酸松油酯/氧化芳樟醇	TolAc/LooOx
30.37	1.7			26.42	3.3	α-蒎烯	aPin
30.29	2.0			26.30	3.1	顺式-氧化芳樟醇/反式-氧化芳樟醇	cLooOx/tLooOx
29.97	29.7	樟脑	Cor	26.22	6.3	龙脑	Bor

化学位移/ppm	相对强度/%	中文名称	代码	化学位移/ppm	相对强度/%	中文名称	代码
26.15	2.7	反式-氧化芳樟醇	tLooOx	21.81	4.5	乙酸松油酯	TolAc
25.96	1.9	顺式-氧化芳樟醇/莰烯	cLooOx/Cen	21.66	49.7	乙酸芳樟酯	LooAc
25.76	6.6	乙酸薰衣草酯/薰衣草醇	LolAc/Lol	20.98	1.4	对异丙基甲苯	pCym
25.62	93.0	芳樟醇/乙酸芳樟酯	Loo/LooAc	20.80	3.4		
25.37	4.4			20.70	9.4	柠檬烯	Lim
25.26	2.5	顺式-氧化芳樟醇/反式-氧化芳樟醇	cLooOx/tLooOx	20.45	3.3	乙酸薰衣草酯	LolAc
25.00	1.6			20.22	5.2	龙脑	Bor
24.84	2.3			20.12	2.1	薰衣草醇	Lol
24.73	1.7			19.90	5.1	乙酸薰衣草酯	LolAc
24.67	1.6			19.63	22.9	樟脑	Cor
24.51	1.6			19.06	26.0	樟脑	Cor
24.21	2.1	α-松油醇/对异丙基甲苯	aTol/pCym	18.74	6.4	龙脑	Bor
24.04	6.0	乙酸松油酯/莰烯	TolAc/Cen	18.51	1.4		
23.81	53.6	乙酸芳樟酯/3-辛酮	LooAc/8on3	17.70	2.7	薰衣草醇	Lol
23.64	3.8	α-松油醇	aTol*	17.64	6.1	乙酸薰衣草酯	LolAc
23.38	10.0	柠檬烯	Lim	17.49	78.5	芳樟醇	Loo
23.34	4.3			17.38	48.8	乙酸芳樟酯	LooAc
23.24	10.9	乙酸松油酯	TolAc*	16.99	2.0		
23.08	54.9	1,8-桉叶素/γ-松油烯	Cin1,8/gTer	16.91	1.0		
22.94	74.5	芳樟醇/3-辛酮	Loo/8on3	15.96	1.0		
22.59	58.4	乙酸芳樟酯	LooAc	15.91	0.9		
22.35	1.9			14.04	1.3	3-辛酮	8on3
22.22	1.7			13.94	4.5		
21.96	4.7			13.41	5.1	龙脑	Bor
21.86	3.4			9.22	23.3	樟脑	Cor

1.19　薰衣草精油

英文名称：Lavender oil。

法文和德文名称：*Essence de lavande*；*Lavendelöl*。

研究类型：38/40 %型。

薰衣草是一种原产于地中海山区的野生或种植植物。薰衣草精油是通过快速水蒸气蒸馏薰衣草（唇形科植物, *Lavandula officinalis* Chaix = *Lavandula vera* De Candolle = *Lavandula angustifolia* Miller）开花期的植物顶部而获得的。

薰衣草精油主要产于法国南部，在意大利北部、南斯拉夫、希腊、匈牙利、保加利亚、俄罗斯、塔斯马尼亚、日本和北美也有少量生产。在英国，另一个不同的品种——窄叶薰衣草，也同样被用于薰衣草精油的生产。

薰衣草精油有一种清新、甜润的花草气味，广泛用于香水、古龙水、洗漱用品等，其最重要的成分是(−)-乙酸芳樟酯和(−)-芳樟醇(含量达到 70 %)；其次还含有萜烯类、醇类、酯类、脂肪酮和脂肪醇等成分。产自英国的薰衣草精油则以大量芳樟醇为主，乙酸芳樟酯含量相比更少。

薰衣草精油经常存在被杂薰衣草精油或人工合成芳樟醇、乙酸芳樟酯进行稀释掺假的情况；同样地，在桉叶素和樟脑的调查样本中也发现了大量使用便宜杂薰衣草精油进行掺假的问题。

1.19.1　气相色谱分析(图 1.19.1、图 1.19.2，表 1.19.1)

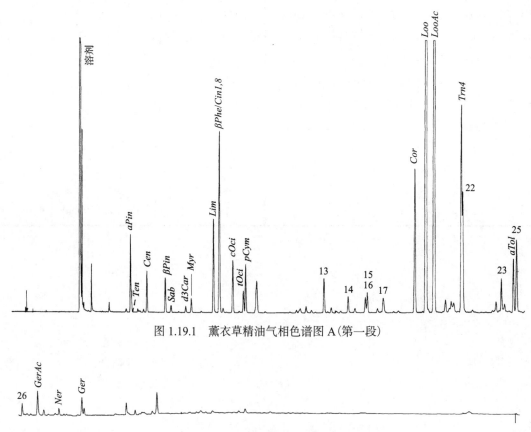

图 1.19.1　薰衣草精油气相色谱图 A(第一段)

图 1.19.2　薰衣草精油气相色谱图 B(第二段)

表 1.19.1 薰衣草精油气相色谱图分析结果

序号	中文名称	英文名称	代码	百分比/%
1	α-蒎烯/α-侧柏烯	α-Pinene/α-Thujene	αPin/Ten	1.53
2	莰烯	Camphene	Cen	0.76
3	β-蒎烯	β-Pinene	βPin	0.68
4	桧烯	Sabinene	Sab	0.13
5	3-蒈烯	Δ^3-Carene	d3Car	0.11
6	月桂烯	Myrcene	Myr	0.29
7	柠檬烯	Limonene	Lim	2.06
8	β-水芹烯	β-Phellandrene	βPhe	4.31
9	1,8-桉叶素	1,8-Cineole	Cin1,8	
10	顺式-β-罗勒烯	(Z)-β-Ocimene	cOci	1.16
11	反式-β-罗勒烯	(E)-β-Ocimene	tOci	0.48
12	对异丙基甲苯	para-Cymene	pCym	1.06
13	1-辛烯-3-醇乙酸酯(乙酸蘑菇酯)	1-Octenyl-3-acetate		0.75
14	丁酸己酯	Hexyl butyrate		0.34
15	反式-氧化芳樟醇	trans-Linalool oxide	tLooOx	0.34
16	蘑菇醇(1-辛烯-3-醇)	1-Octen-3-ol	8enlol3	0.44
17	顺式-氧化芳樟醇	cis-Linalool oxide	cLooOx	0.31
18	樟脑	Camphor	Cor	3.67
19	芳樟醇	Linalool	Loo	42.44
20	乙酸芳樟酯	Linalyl acetate	LooAc	22.04
21	4-松油醇	Terpinen-4-ol	Trn4	5.39
22	β-石竹烯/乙酸薰衣草酯	β-Caryophyllene/Lavandulyl acetate	Car	2.67
23	薰衣草醇	Lavandulol	Lol	0.76
24	α-松油醇	α-Terpineol	αTol	1.22
25	龙脑	Borneol	Bor	1.85
26	乙酸橙花酯	Neryl acetate	NerAc	0.32
27	乙酸香叶酯	Geranyl acetate	GerAc	0.60
28	橙花醇	Nerol	Ner	0.15
29	香叶醇	Geraniol	Ger	0.44

1.19.2　核磁共振碳谱分析(图 1.19.3～图 1.19.6，表 1.19.2～表 1.19.5)

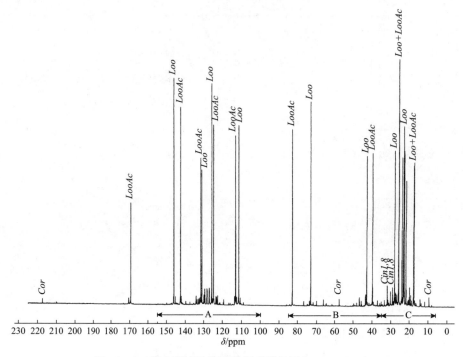

图 1.19.3　薰衣草精油核磁共振碳谱总图(0～230 ppm)

表 1.19.2　薰衣草精油核磁共振碳谱图(155～230 ppm)分析结果

化学位移/ppm	相对强度/%	中文名称	代码
217.48	2.5	樟脑	Cor
210.02	1.1		
170.38	3.0		
169.72	0.9	乙酸薰衣草酯	LolAc
169.34	41.6	乙酸芳樟酯	LooAc

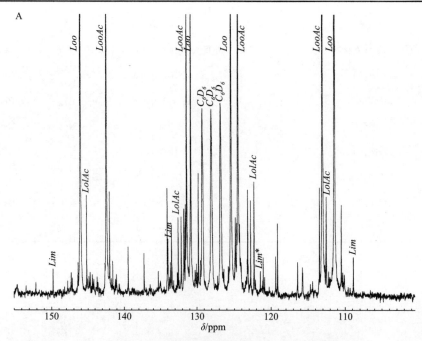

图 1.19.4　薰衣草精油核磁共振碳谱图 A(100～155 ppm)

表 1.19.3　薰衣草精油核磁共振碳谱图 A(100～155 ppm)分析结果

化学位移/ppm	相对强度/%	中文名称	代码	化学位移/ppm	相对强度/%	中文名称	代码	化学位移/ppm	相对强度/%	中文名称	代码
149.80	1.0	柠檬烯	Lim	132.14	2.9	薰衣草醇/顺式-β-罗勒烯	Lol/cOci	124.18	1.4		
147.34	0.8			131.75	3.2			124.09	1.2		
146.43	0.7			131.71	2.5			123.26	1.3	顺式-β-罗勒烯	cOci
146.39	1.2			131.55	3.4	顺式-β-罗勒烯/乙酸香叶酯	cOci/GerAc	123.17	3.9	薰衣草醇	Lol
146.01	92.1	芳樟醇/对异丙基甲苯/薰衣草醇	Loo/pCym/Lol	131.37	60.2	乙酸芳樟酯	LooAc	122.79	3.5		
145.16	3.7	乙酸薰衣草酯	LolAc	130.94	2.1			122.30	4.2	乙酸薰衣草酯	LolAc
144.67	0.8			130.79	55.4	芳樟醇	Loo	121.45	0.9	α-松油醇	aTol
144.36	0.8	α-蒎烯	aPin	130.23	0.9	β-水芹烯	βPhe	121.07	1.4	柠檬烯	Lim
142.60	1.2			130.03	1.1			119.36	1.4	乙酸香叶酯	GerAc
142.35	80.7	乙酸芳樟酯	LooAc	129.95	0.8	顺式-β-罗勒烯	cOci	119.11	2.7	4-松油醇	Trn4
141.95	3.9			129.78	4.5			116.40	1.2	α-蒎烯	aPin
141.54	1.3	乙酸香叶酯	GerAc	129.46	1.3	对异丙基甲苯	pCym	115.75	1.0		
141.03	0.8			129.22	6.9	氘代苯(溶剂)	C₆D₆	115.71	0.8		
139.44	1.8			128.00	6.9	氘代苯(溶剂)	C₆D₆	113.43	4.0	顺式-β-罗勒烯	cOci
137.24	1.5			127.21	0.7			113.03	69.2	乙酸芳樟酯	LooAc
135.29	0.9	对异丙基甲苯	pCym	126.78	7.1	氘代苯(溶剂)	C₆D₆	112.50	3.7	乙酸薰衣草酯/薰衣草醇	LolAc/Lol
134.02	4.0	顺式-β-罗勒烯	cOci	126.40	1.0	对异丙基甲苯	pCym	112.19	0.9		
133.94	2.1	β-水芹烯	βPhe	125.81	1.1			111.70	1.0		
133.62	1.2	4-松油醇	Trn4	125.41	90.1	芳樟醇	Loo	111.39	73.3	芳樟醇	Loo
133.44	2.6	α-松油醇	aTol	124.84	2.9			110.45	3.3	β-水芹烯	βPhe
133.40	1.0	柠檬烯	Lim	124.65	2.7			110.27	0.8		
132.70	0.8			124.46	73.5	乙酸芳樟酯	LooAc	110.05	0.8		
132.56	2.9	乙酸薰衣草酯	LolAc	124.28	2.6	乙酸香叶酯	GerAc	108.84	1.4	柠檬烯	Lim

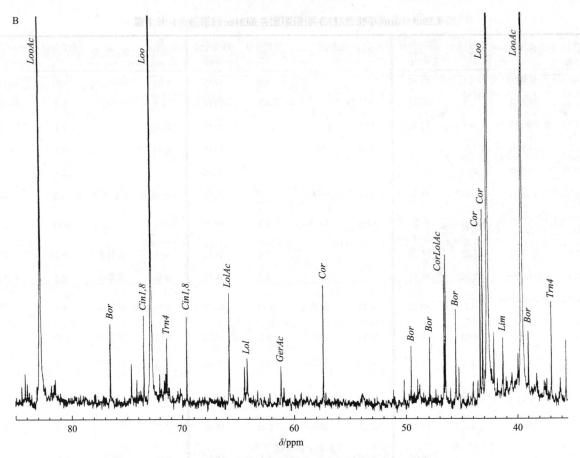

图 1.19.5　薰衣草精油核磁共振碳谱图 B（35～85 ppm）

表 1.19.4　薰衣草精油核磁共振碳谱图 B（35～85 ppm）分析结果

化学位移/ppm	相对强度/%	中文名称	代码	化学位移/ppm	相对强度/%	中文名称	代码
82.78	71.7	乙酸芳樟酯	LooAc	46.47	3.9	樟脑	Cor
76.49	2.1	龙脑	Bor	45.54	2.4	龙脑	Bor
74.60	1.0			45.27	0.9	α-松油醇	aTol
73.46	2.3	1,8-桉叶素	Cin1,8	43.33	4.4	樟脑	Cor
72.78	83.2	芳樟醇	Loo	43.12	5.1	樟脑	Cor
72.68	2.1	α-松油醇	aTol	42.92	0.8		
71.34	1.7	4-松油醇	Trn4	42.65	61.3	芳樟醇	Loo
69.58	2.2	1,8-桉叶素	Cin1,8	42.30	0.8	β-水芹烯	βPhe
65.81	2.9	乙酸薰衣草酯	LolAc	42.12	1.8		
64.43	0.9			41.30	1.7	柠檬烯/α-蒎烯	Lim/aPin
64.19	1.1	薰衣草醇	Lol	40.50	0.7		
61.14	0.9	乙酸香叶酯	GerAc	39.93	1.2		
57.34	3.1	樟脑	Cor	39.58	62.5	乙酸芳樟酯/乙酸香叶酯	LooAc/GerAc
49.54	1.4	龙脑	Bor	39.01	1.8	龙脑	Bor
47.90	1.7	龙脑/α-蒎烯	Bor/aPin	36.89	2.6	4-松油醇	Trn4
46.60	3.4	乙酸薰衣草酯	LolAc	35.57	1.6		

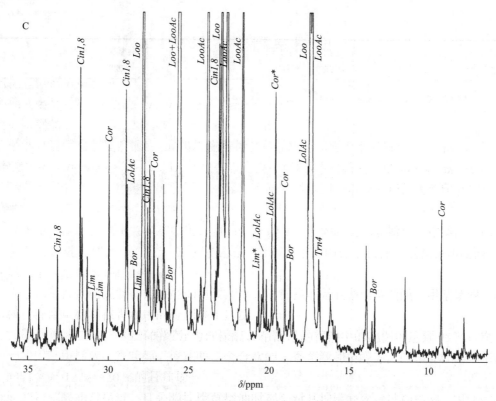

图 1.19.6　薰衣草精油核磁共振碳谱图 C(5~35 ppm)

表 1.19.5　薰衣草精油核磁共振碳谱图 C(5~35 ppm)分析结果

化学位移/ppm	相对强度/%	中文名称	代码	化学位移/ppm	相对强度/%	中文名称	代码	化学位移/ppm	相对强度/%	中文名称	代码
34.91	2.2	4-松油醇	Trn4	28.90	8.0	1,8-桉叶素/乙酸薰衣草酯	Cin1,8/LolAc	26.62	1.7	α-蒎烯	aPin
34.34	1.1	对异丙基甲苯	pCym	28.82	5.0	薰衣草醇	Lol	26.56	5.1		
33.16	2.8	1,8-桉叶素	Cin1,8	28.41	2.4	龙脑	Bor	26.52	3.1	乙酸香叶酯	GerAc
32.10	0.8	β-水芹烯	βPhe	28.11	1.6	柠檬烯	Lim	26.36	1.1		
31.75	8.7	1,8-桉叶素	Cin1,8	27.81	63.5	芳樟醇	Loo	26.30	1.0	α-松油醇	aTol
31.70	2.6	α-蒎烯	aPin	27.55	4.3	1,8-桉叶素/α-松油醇	Cin1,8/aTol	26.20	2.0	龙脑/β-水芹烯	Bor/βPhe
31.65	4.0	α-蒎烯	aPin	27.42	5.8	4-松油醇/α-松油醇	Trn4/aTol	25.59	100.0	乙酸芳樟酯/乙酸薰衣草酯/薰衣草醇/顺式-β-罗勒烯	LooAc/LolAc/Lol/cOci
31.32	2.8	4-松油醇/α-松油醇	Trn4/aTol	27.16	5.5	樟脑	Cor	25.56	91.8	芳樟醇/乙酸香叶酯	Loo/GerAc
30.97	1.7	柠檬烯	Lim	26.99	1.7			25.16	1.5		
30.70	1.5	柠檬烯	Lim	26.92	2.7	顺式-β-罗勒烯	cOci	24.86	1.7		
29.97	6.3	樟脑	Cor	26.85	2.1			24.77	0.8		
29.13	0.7			26.79	1.7			24.48	1.1	α-松油醇	aTol

续表

化学位移/ppm	相对强度/%	中文名称	代码	化学位移/ppm	相对强度/%	中文名称	代码	化学位移/ppm	相对强度/%	中文名称	代码
24.27	2.1	对异丙基甲苯	pCym	20.50	1.6			17.61	5.6	乙酸薰衣草酯/薰衣草醇	LolAc/Lol
24.06	1.8			20.40	2.9	乙酸薰衣草酯	LolAc	17.48	57.6	芳樟醇	Loo
23.80	60.8	乙酸芳樟酯/α-松油醇	LooAc/aTol	20.32	0.9	乙酸香叶酯	GerAc	17.37	59.0	乙酸芳樟酯/乙酸香叶酯	LooAc/GerAc
23.37	2.1	柠檬烯	Lim	20.20	2.1	龙脑	Bor	16.95	2.7	4-松油醇	Trn4
23.31	2.4	4-松油醇	Trn4	20.07	0.8			16.88	2.4		
23.21	4.1			19.87	4.0	乙酸薰衣草酯/薰衣草醇/顺式-β-罗勒烯	LolAc/Lol/cOci	16.19	1.6	乙酸香叶酯	GerAc
23.10	9.5	1,8-桉叶素/α-蒎烯	Cin1,8/aPin	19.63	8.0	樟脑/β-水芹烯	Cor/βPhe	13.93	3.2		
22.94	73.1	芳樟醇	Loo	19.51	0.8	β-水芹烯	βPhe	13.56	0.8		
22.61	63.4	乙酸芳樟酯	LooAc	19.04	4.9	樟脑	Cor	13.38	1.6	龙脑	Bor
21.63	51.1	乙酸芳樟酯	LooAc	18.81	0.8			11.46	2.2		
21.28	1.2	α-蒎烯	aPin	18.71	2.7	龙脑	Bor	9.20	4.0	樟脑	Cor
20.79	0.9	对异丙基甲苯	pCym	18.51	1.3			7.74	0.9		
20.69	2.4	柠檬烯	Lim								

1.20　柠檬精油

英文名称：Lemon oil。

法文和德文名称：*Essence de citron*；*Zitronenöl*。

研究类型：意大利型。

柠檬精油是通过压榨成熟柠檬(芸香科植物，*Citrus limon* L.)成熟果实的新鲜果皮而得到的。柠檬树很可能原产于东印度和缅甸，如今广泛种植于地中海地区、意大利、西班牙、以色列以及美国的佛罗里达州、加利福尼亚州都是主要产地。

柠檬精油有一种清新的气味，经常用于香水、香氛、喷雾剂以及饮料和糖果的调味，香料行业则更青睐所谓"浓缩"无萜柠檬精油。

在柠檬精油中(+)-柠檬烯约占90%的比例，另外3%～5%为柠檬醛、香茅醛、α-松油醇、芳樟醇、乙酸芳樟酯、乙酸香叶酯以及其他萜烯和香豆素。

柠檬精油经常会被掺入合成或单离的天然柠檬烯、柠檬醛以及其他众多的廉价产品。

1.20.1　气相色谱分析(图1.20.1、图1.20.2，表1.20.1)

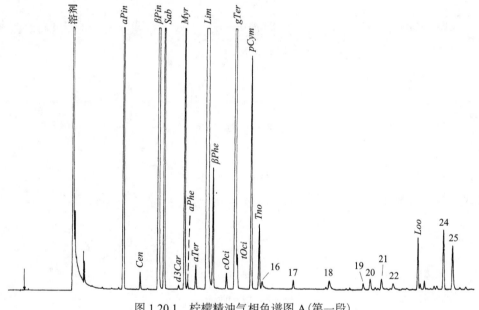

图1.20.1　柠檬精油气相色谱图A(第一段)

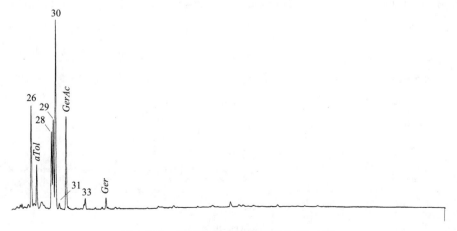

图1.20.2　柠檬精油气相色谱图B(第二段)

表 1.20.1　柠檬精油气相色谱图分析结果

序号	中文名称	英文名称	代码	百分比/%
1	α-蒎烯	α-Pinene	aPin	2.06
2	莰烯	Camphene	Cen	0.06
3	β-蒎烯	β-Pinene	βPin	12.27
4	桧烯	Sabinene	Sab	1.92
5	3-蒈烯	Δ^3-Carene	d3Car	0.02
6	月桂烯	Myrcene	Myr	1.39
7	α-水芹烯	α-Phellandrene	aPhe	0.03
8	α-松油烯	α-Terpinene	aTer	0.10
9	柠檬烯	Limonene	Lim	68.36
10	β-水芹烯	β-Phellandrene	βPhe	0.48
11	顺式-β-罗勒烯	(Z)-β-Ocimene	cOci	0.07
12	γ-松油烯	γ-Terpinene	gTer	7.39
13	反式-β-罗勒烯	(E)-β-Ocimene	tOci	0.13
14	对异丙基甲苯	para-Cymene	pCym	0.98
15	异松油烯	Terpinolene	Tno	0.27
16	辛醛	Octanal	8all	0.04
17	6-甲基-5-庚烯-2-酮	6-Methyl-5-hepten-2-one	7on2,6Me	0.04
18	壬醛	Nonanal	9all	0.05
19	顺式-柠檬烯-1,2-环氧化物	cis-Limonen-1,2-epoxide		0.03
20	反式-柠檬烯-1,2-环氧化物	trans-Limonen-1,2-epoxide		0.04
21	香茅醛	Citronellal	Clla	0.04
22	正癸醛	Decanal	10all	0.03
23	芳樟醇	Linalool	Loo	0.21
24	反式-α-香柠檬烯	trans-α-Bergamotene	aBer	0.24
25	β-石竹烯/4-松油醇	β-Caryophyllene/terpinen-4-ol	Car/Trn4	0.24
26	橙花醛	Neral	bCal	0.46
27	α-松油醇	α-Terpineol	aTol	0.21
28	乙酸橙花酯	Neryl acetate	NerAc	0.35
29	β-红没药烯	β-Bisabolene	βBen	0.40
30	香叶醛	Geranial	aCal	0.85
31	香芹酮	Carvone	Cvn	0.03
32	乙酸香叶酯	Geranyl acetate	GerAc	0.44
33	橙花醇	Nerol	Ner	0.05
34	香叶醇	Geraniol	Ger	0.05

1.20.2　核磁共振碳谱分析（图 1.20.3～图 1.20.6，表 1.20.2～表 1.20.4）

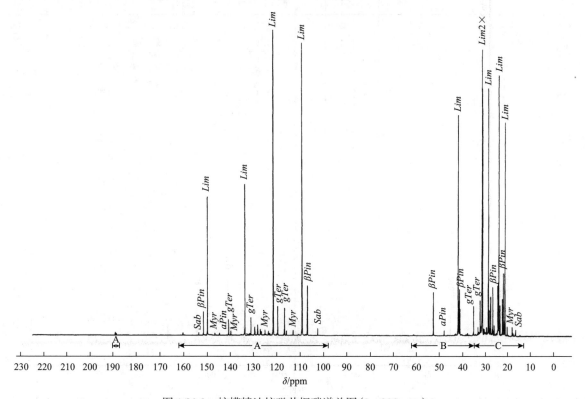

图 1.20.3　柠檬精油核磁共振碳谱总图（0～230 ppm）

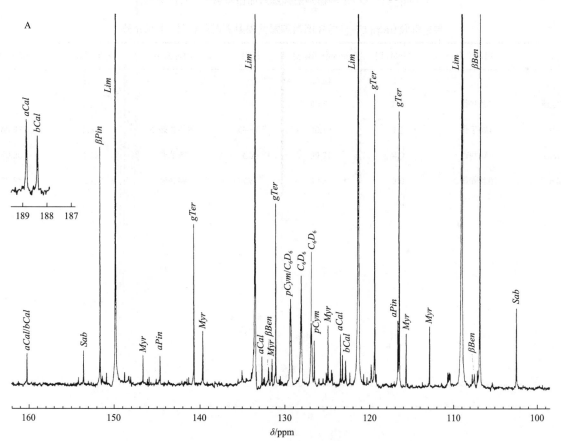

图 1.20.4　柠檬精油核磁共振碳谱图 A（98～189 ppm）

表 1.20.2　柠檬精油核磁共振碳谱图 A(98～189 ppm)分析结果

化学位移/ppm	相对强度/%	中文名称	代码	化学位移/ppm	相对强度/%	中文名称	代码
188.83	1.3	香叶醛	*aCal*	127.96	3.8	氘代苯(溶剂)	*C₆D₆*
188.37	1.0	橙花醛	*bCal*	126.80	2.2	氘代苯(溶剂)	*C₆D₆*
160.14	1.1			126.42	1.6	对异丙基甲苯	*pCym*
153.48	1.2	桧烯	*Sab*	124.82	2.1	月桂烯	*Myr*
151.52	8.1	β-蒎烯	*βPin*	123.37	1.8	香叶醛	*aCal*
149.73	45.9	柠檬烯	*Lim*	123.14	1.1	橙花醛	*bCal*
146.56	1.1	月桂烯	*Myr*	122.77	0.9	香叶醛	*aCal*
144.57	1.1	α-蒎烯	*aPin*	121.25	100.0	柠檬烯	*Lim*
140.61	5.5	γ-松油烯	*gTer*	119.33	10.0	γ-松油烯	*gTer*
139.56	1.9	月桂烯	*Myr*	116.60	2.3	α-蒎烯	*aPin*
133.60	1.3			116.44	9.4	γ-松油烯	*gTer*
133.37	49.9	柠檬烯	*Lim*	115.61	1.8	月桂烯	*Myr*
132.60	1.1	香叶醛	*aCal*	112.79	2.1	月桂烯	*Myr*
131.38	1.0	月桂烯	*Myr*	108.92	95.6	柠檬烯	*Lim*
130.95	6.3	γ-松油烯	*gTer*	106.70	16.7	β-蒎烯	*βPin*
129.29	2.7	对异丙基甲苯	*pCym*	102.35	2.7	桧烯	*Sab*
129.23	3.0	氘代苯(溶剂)	*C₆D₆*				

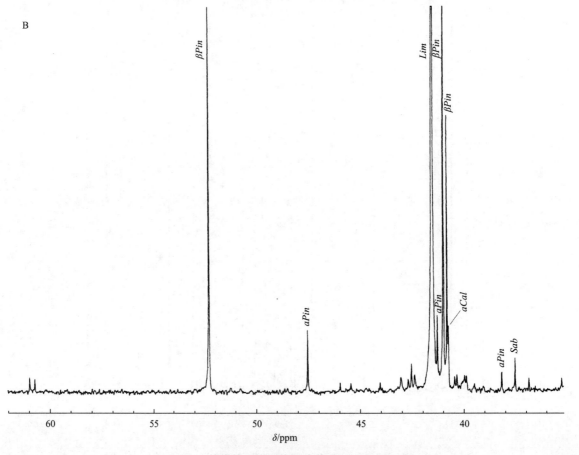

图 1.20.5　柠檬精油核磁共振碳谱图 B(35～62 ppm)

表 1.20.3　柠檬精油核磁共振碳谱图 B（35～62 ppm）分析结果

化学位移/ppm	相对强度/%	中文名称	代码
52.29	14.5	β-蒎烯	βPin
47.53	2.0	α-蒎烯	aPin
42.52	0.9	β-水芹烯	βPhe
41.49	72.1	柠檬烯	Lim
41.26	2.5	β-蒎烯	aPin
40.97	15.4	β-蒎烯	βPin
40.78	9.1	β-蒎烯	βPin
40.73	2.1	香叶醛	aCal
37.53	1.1		

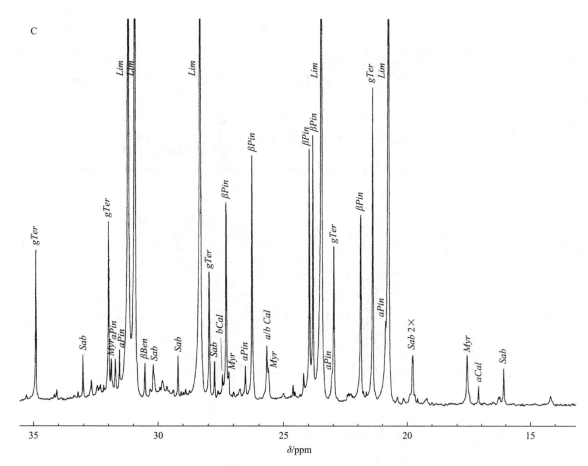

图 1.20.6　柠檬精油核磁共振碳谱图 C（13～35 ppm）

表 1.20.4　柠檬精油核磁共振碳谱图 C(13～35 ppm)分析结果

化学位移 /ppm	相对强度 /%	中文名称	代码	化学位移 /ppm	相对强度 /%	中文名称	代码	化学位移 /ppm	相对强度 /%	中文名称	代码
34.88	10.0	γ-松油烯	gTer	29.91	0.9			25.59	2.2	月桂烯	Myr
33.01	3.1	桧烯	Sab	29.81	1.4			24.60	1.1	橙花醛	bCal
32.66	1.4			29.63	1.0			24.17	1.9	对异丙基甲苯	pCym
32.43	1.1	橙花醛	bCal	29.18	3.0	桧烯	Sab	23.94	16.7	β-蒎烯	βPin
32.31	1.2			28.88	0.8			23.80	17.6	β-蒎烯	βPin
32.18	1.1	β-水芹烯	βPhe	28.29	80.8	柠檬烯	Lim	23.45	85.0	柠檬烯	Lim
31.98	11.9	γ-松油烯	gTer	27.94	8.6	γ-松油烯	gTer	22.95	10.3	α-蒎烯/γ-松油烯	aPin/gTer
31.86	2.9	月桂烯	Myr	27.72	2.7			21.86	12.3	β-蒎烯	βPin
31.70	2.9	α-蒎烯	aPin	27.41	1.8			21.39	20.7	γ-松油烯	gTer
31.53	3.4	α-蒎烯	aPin	27.26	13.2	β-蒎烯	βPin	20.86	5.3	α-蒎烯/对异丙基甲苯	aPin/pCym
31.17	93.3	柠檬烯	Lim	27.16	2.0	橙花醛	bCal	20.73	69.8	柠檬烯	Lim
30.92	80.8	柠檬烯	Lim	26.70	0.8	α-蒎烯	aPin	19.76	3.1	桧烯/β-水芹烯	Sab/βPhe
30.50	2.5	β-水芹烯	βPhe	26.50	2.4	香叶醛	aCal	17.57	3.1	月桂烯/香叶醛/橙花醛	Myr/aCal/bCal
30.30	0.8			26.23	16.2	β-蒎烯	βPin	17.11	1.1	香叶醛	aCal
30.17	2.5	桧烯	Sab	25.65	3.7	香叶醛/橙花醛	aCal/bCal	16.06	2.2	桧烯	Sab

1.21　柠檬草精油

英文名称：Lemongrass oil。

法文和德文名称：*Essence de lemon-grass*；*Lemongrasöl*。

研究类型：商品。

柠檬草精油是运用水蒸气蒸馏法、或偶尔使用共水蒸馏法对同属禾本科植物(Gramineae)的西印度柠檬草(禾本科植物，*Cymbopogon citratus* DC.)和东印度柠檬草[禾本科植物，*Cymbopogon flexuosus*（Nees.）Stapf.]的新鲜或不完全干燥叶片进行提取得到，两种不同原料得到的精油分别称为西印度柠檬草精油和东印度柠檬草精油。

西印度柠檬草可能产自斯里兰卡和印度，目前仅在印度、非洲、马达加斯加、中美洲、南美洲、西印度群岛和东南亚地区进行种植；而东印度柠檬草是产自印度东部的野生品种，现在在印度西部、柬埔寨、新加坡和斯里兰卡等地都有种植。

两种柠檬草精油都是精提制备柠檬醛的重要产品，而柠檬醛是制备紫罗兰酮、甲基紫罗兰酮和维生素A的起始原料。柠檬草精油在香水中的应用并不广泛。

东印度柠檬草精油 70 %～85 %的组分为柠檬醛，精馏过的精油中的比例可达到 95 %；次要组分还包括甲基庚烯酮、甲基庚烯醇、香叶醇、橙花醇、金合欢醇、香茅醇和癸醇等。西印度柠檬草精油中柠檬醛含量较低，同时含有 12 %～20 %的月桂烯。

由于合成的柠檬醛非常昂贵，且采购柠檬草精油时都会对其柠檬醛含量进行检测，因此柠檬草精油不容易掺假。几年前，产量高且拥有较高柠檬醛含量的中国产山苍子精油，在柠檬醛生产方面对柠檬草精油造成了强烈的冲击。

1.21.1　气相色谱分析(图 1.21.1、图 1.21.2，表 1.21.1)

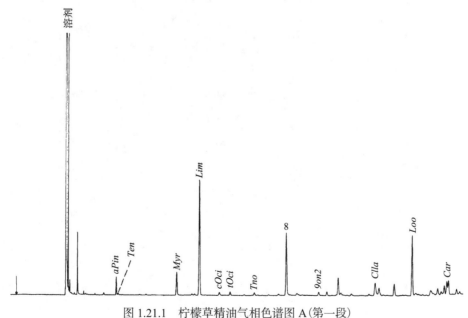

图 1.21.1　柠檬草精油气相色谱图 A(第一段)

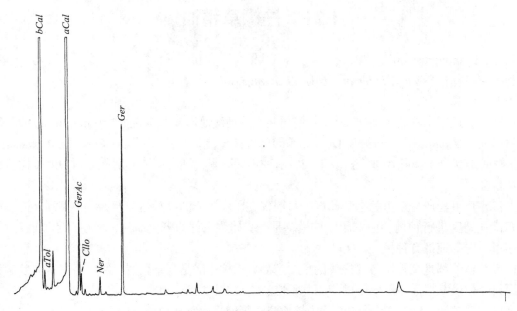

图 1.21.2　柠檬草精油气相色谱图 B（第二段）

表 1.21.1　柠檬草精油气相色谱图分析结果

序号	中文名称	英文名称	代码	百分比/%
1	α-蒎烯	α-Pinene	aPin	0.24
2	α-侧柏烯	α-Thujene	Ten	0.03
3	月桂烯	Myrcene	Myr	0.46
4	柠檬烯	Limonene	Lim	2.42
5	顺式-β-罗勒烯	(Z)-β-Ocimene	cOci	0.06
6	反式-β-罗勒烯	(E)-β-Ocimene	tOci	0.07
7	异松油烯	Terpinolene	Tno	0.05
8	6-甲基-5-庚烯-2-酮	6-Methyl-5-hepten-2-one	7on2,6Me	1.43
9	2-壬酮	2-Nonanone	9on2	0.07
10	香茅醛	Citronellal	Clla	0.37
11	芳樟醇	Linalool	Loo	1.34
12	β-石竹烯	β-Caryophyllene	Car	0.32
13	橙花醛	Neral	bCal	30.06
14	α-松油醇	α-Terpineol	aTol	0.38
15	香叶醛	Geranial	aCal	51.19
16	乙酸香叶酯	Geranyl acetate	GerAc	1.95
17	香茅醇	Citronellol	Cllo	0.44
18	橙花醇	Nerol	Ner	0.39
19	香叶醇	Geraniol	Ger	3.80

1.21.2 核磁共振碳谱分析(图 1.21.3～图 1.21.6,表 1.21.2～表 1.21.5)

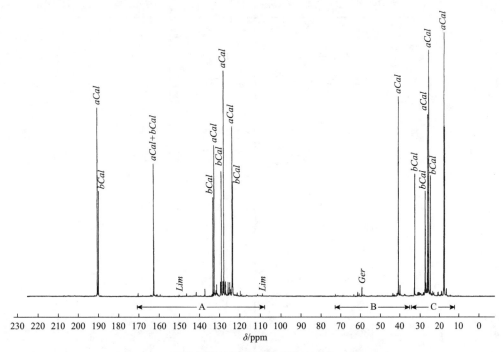

图 1.21.3 柠檬草精油核磁共振碳谱总图(0～230 ppm)

表 1.21.2 柠檬草精油核磁共振碳谱图(180～230 ppm)分析结果

化学位移/ppm	相对强度/%	中文名称	代码
190.22	72.2	香叶醛	aCal
189.66	40.7	橙花醛	bCal

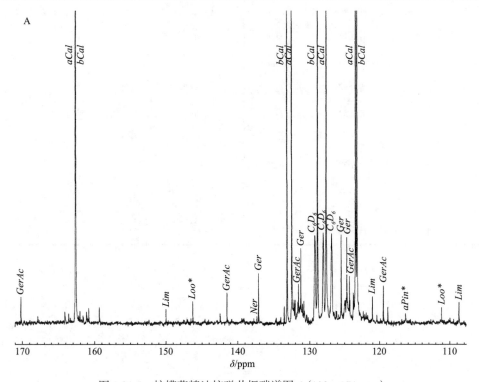

图 1.21.4 柠檬草精油核磁共振碳谱图 A(108～171 ppm)

表 1.21.3　柠檬草精油核磁共振碳谱图 A(108~171 ppm)分析结果

化学位移/ppm	相对强度/%	中文名称	代码	化学位移/ppm	相对强度/%	中文名称	代码
170.15	2.0	乙酸香叶酯	*GerAc*	128.00	6.2	氘代苯(溶剂)	C_6D_6
164.07	1.0			127.59	85.8	香叶醛	*aCal*
162.55	51.2	香叶醛	*aCal*	127.00	1.2		
162.52	38.1	橙花醛	*bCal*	126.80	6.2	氘代苯(溶剂)	C_6D_6
161.99	1.1			126.44	1.0		
161.04	1.0			126.17	1.1		
160.76	1.2			126.07	1.0	橙花醇	*Ner*
159.28	1.3			125.45	6.1	香叶醇/香茅醇	*Ger/Cllo*
149.96	1.2	柠檬烯	*Lim*	125.18	1.0	芳樟醇	*Loo*
146.23	1.7	芳樟醇	*Loo*	124.92	1.7		
141.45	2.3	乙酸香叶酯	*GerAc*	124.86	1.7		
137.08	3.5	香叶醇	*Ger*	124.75	1.9	月桂烯/香茅醛	*Myr/Clla*
133.47	1.3	柠檬烯	*Lim*	124.63	5.9	香叶醇/橙花醇	*Ger/Ner*
133.09	38.3	橙花醛	*bCal*	124.28	3.4	乙酸香叶酯	*GerAc*
132.44	58.2	香叶醛	*aCal*	124.20	1.8		
132.13	1.8	6-甲基-5-庚烯-2-酮	*7on2,6Me*	123.73	2.3		
131.97	1.8			123.69	2.1	6-甲基-5-庚烯-2-酮	*7on2,6Me*
131.58	1.7	橙花醇	*Ner*	123.40	65.1	香叶醛	*aCal*
131.51	2.8	乙酸香叶酯	*GerAc*	123.20	44.4	橙花醛	*bCal*
131.40	1.3	月桂烯	*Myr*	122.80	1.0		
131.28	1.4	香茅醛	*Clla*	122.31	1.1		
131.19	5.2	香叶醇	*Ger*	121.90	0.9		
130.94	1.5	芳樟醇	*Loo*	121.00	2.0	柠檬烯	*Lim*
130.75	1.7			119.41	2.7	乙酸香叶酯	*GerAc*
130.68	1.1	香茅醇	*Cllo*	118.76	1.3		
129.20	6.0	氘代苯(溶剂)	C_6D_6	111.08	1.3	芳樟醇	*Loo*
128.83	49.3	橙花醛	*bCal*	108.68	1.6	柠檬烯	*Lim*

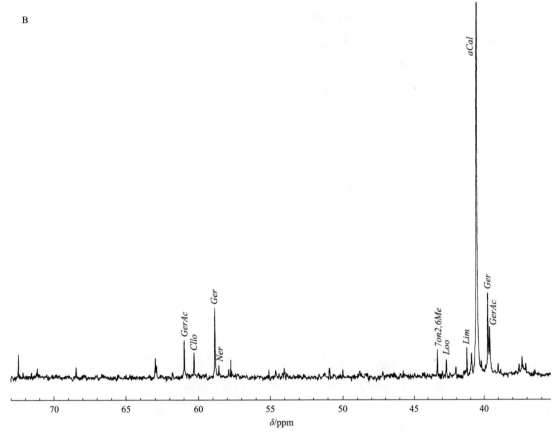

图 1.21.5　柠檬草精油核磁共振碳谱图 B(35～73 ppm)

表 1.21.4　柠檬草精油核磁共振碳谱图 B(35～73 ppm)分析结果

化学位移/ppm	相对强度/%	中文名称	代码	化学位移/ppm	相对强度/%	中文名称	代码
72.47	1.5			40.91	1.5		
62.97	1.3			40.51	76.2	香叶醛	aCal
60.97	2.3	乙酸香叶酯	GerAc	40.18	1.1	香茅醇	Cllo
60.28	1.6	香茅醇	Cllo	39.71	4.9	香叶醇	Ger
58.85	4.1	香叶醇	Ger	39.61	3.0	乙酸香叶酯	GerAc
58.57	0.9	橙花醇	Ner	38.99	1.0		
57.74	1.2			37.53	1.0		
43.32	1.8	6-甲基-5-庚烯-2-酮	7on2,6Me	37.33	1.4		
42.69	1.2	芳樟醇	Loo	37.08	1.0		
41.24	1.9	柠檬烯	Lim				

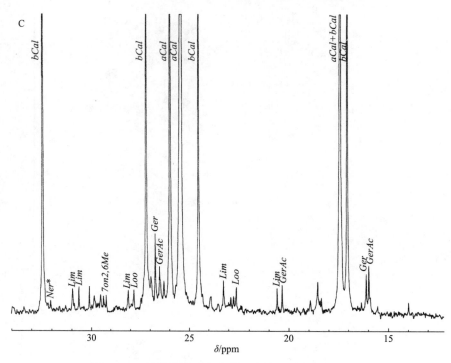

图 1.21.6 柠檬草精油核磁共振碳谱图 C(12～34 ppm)

表 1.21.5 柠檬草精油核磁共振碳谱图 C(12～34 ppm)分析结果

化学位移/ppm	相对强度/%	中文名称	代码	化学位移/ppm	相对强度/%	中文名称	代码
32.43	47.0	橙花醛/橙花醇	bCal/Ner	24.81	1.2		
32.05	1.2	月桂烯	Myr	24.51	46.5	橙花醛	bCal
30.96	2.0	柠檬烯	Lim	23.88	1.5		
30.63	2.1	柠檬烯	Lim	23.53	1.0	橙花醇	Ner
30.10	2.2			23.25	2.6	柠檬烯	Lim
29.84	1.5			23.00	1.1	芳樟醇	Loo
29.68	1.0			22.88	1.4		
29.61	1.0	香茅醇	Cllo	22.77	1.5	6-甲基-5-庚烯-2-酮	7on2,6Me
29.50	1.6			22.62	2.1	芳樟醇	Loo
29.35	1.5	6-甲基-5-庚烯-2-酮	7on2,6Me	20.59	2.1	柠檬烯	Lim
29.21	1.6			20.33	2.3	乙酸香叶酯	GerAc
28.09	1.9	柠檬烯	Lim	18.91	1.2		
27.81	1.9	芳樟醇	Loo	18.54	2.5		
27.45	1.3			18.43	1.2		
27.18	40.5	橙花醛/月桂烯	bCal/Myr	18.35	1.4		
26.93	2.9	橙花醇	Ner	17.39	100.0	香叶醛/橙花醛/香叶醇/乙酸香叶酯/6-甲基-5-庚烯-2-酮	aCal/bCal/Ger/GerAc/7on2,6Me
26.70	5.8	香叶醇	Ger	17.04	64.8	橙花醛	bCal
26.49	3.6	乙酸香叶酯	GerAc	16.33	1.1		
26.28	2.6			16.08	3.1	香叶醇	Ger
25.95	69.4	香叶醛/6-甲基-5-庚烯-2-酮	aCal/7on2,6Me	15.95	3.7	乙酸香叶酯	GerAc
25.40	93.3	香叶醛/香叶醇/乙酸香叶酯/芳樟醇	aCal/Ger/GerAc/Loo	13.97	1.1		

1.22　白柠檬精油

英文名称：Lime oil。

法文和德文名称：*Essence de lime*；*Limettenöl*。

研究类型：蒸馏法(墨西哥型)、冷榨法(墨西哥型)。

白柠檬精油是从白柠檬[芸香科植物，*Citrus aurantifolia* (Christmann) Swingle]中提取的。白柠檬树形态较小，被认为起源于远东且为野生品种，生长范围从东印度群岛延伸到南美洲的太平洋海岸。此树种也流入东非、埃及、南欧、西南亚、佛罗里达、墨西哥和西印度群岛等地，在这些地方经历了野生生长，发展到了种植阶段。商用的白柠檬精油包括两种类型：(1)蒸馏白柠檬精油，是从成熟的黄色果实中提取的，为果汁生产的副产品。(2)冷榨白柠檬精油，主要是从未成熟的青色果实中提取的，其产量有限。

蒸馏白柠檬精油有一种新鲜的水果香味，柑橘样气息，被用作软饮料和各类食品的调味剂；而冷榨白柠檬精油则通常是某一类古龙香水、西普香水的首选。

这两种白柠檬精油中的主要成分都含有超过 80 %的烷烃，其中柠檬烯约占 50 %，此外还包含 β-蒎烯、γ-松油烯、异松油烯和其他单萜烯等成分。但是，对感官更重要的成分则是氧化单萜烯类，如橙花醛、香叶醛、乙酸橙花酯、乙酸香叶酯。蒸馏白柠檬精油还含有一些相对痕量的化合物，如在加工过程中酸性环境下产生的 1,4-桉叶素、β-松油醇和松油烯-1-醇。

1.22.1　白柠檬精油(墨西哥型，蒸馏法)

1.22.1.1　气相色谱分析(图 1.22.1、图 1.22.2，表 1.22.1)

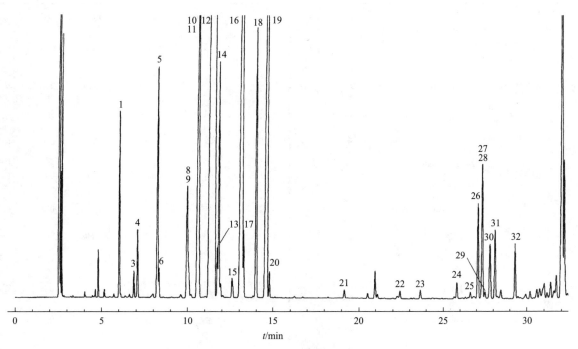

图 1.22.1　白柠檬精油(墨西哥型，蒸馏法)气相色谱图 A(0～30 min)

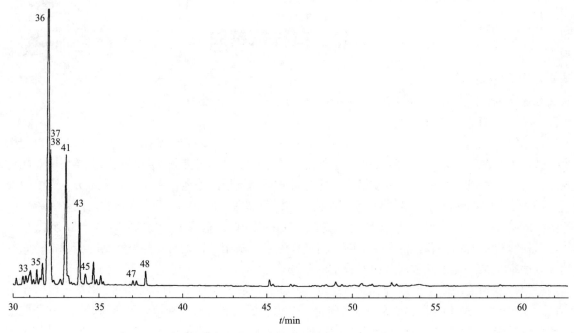

图 1.22.2　白柠檬精油(墨西哥型，蒸馏法)气相色谱图 B(30～62 min)

表 1.22.1　白柠檬精油(墨西哥型，蒸馏法)气相色谱图分析结果

序号	中文名称	英文名称	代码	百分比/% 蒸馏法	百分比/% 冷榨法	序号	中文名称	英文名称	代码	百分比/% 蒸馏法	百分比/% 冷榨法
1	α-蒎烯	α-Pinene	aPin	1.22	2.46	16	γ-松油烯	γ-Terpinene	gTer	10.71	8.12
2	α-侧柏烯	α-Thujene	Ten	—	0.42	17	反式-β-罗勒烯	(E)-β-Ocimene	tOci	0.46	0.33
3	α-小茴香烯	α-Fenchene		0.19	—	18	对异丙基甲苯	p-Cymene	pCym	2.51	0.33
4	莰烯	Camphene	Cen	0.49	0.11	19	异松油烯	Terpinolene	Tno	8.05	0.41
5	β-蒎烯	β-Pinene	βPin	1.95	21.10	20	辛醛	Octanal	8all	0.19	0.03
6	白柠檬环醚	2,6,6-Trimethyl-2-vinyltetrahydropyran		0.21	—	21	壬醛	Nonanal	9all	0.08	0.04
7	桧烯	Sabinene	Sab	—	3.06	22	δ-榄香烯	δ-Elemene		0.08	0.31
8	月桂烯	Myrcene	Myr	1.25	1.26	23	正癸醛	Decanal	10all	0.09	0.20
9	α-水芹烯	α-Phellandrene	aPhe	0.34	0.04	24	芳樟醇	Linalool	Loo	0.15	0.16
10	α-松油烯	α-Terpinene	aTer	2.07	0.20	25	顺式-α-香柠檬烯	cis-α-Bergamotene		0.06	0.12
11	1,4-桉叶素	1,4-Cineole	Cin1,4	3.00	—	26	1-松油醇	Terpinen-1-ol		0.97	—
12	柠檬烯	Limonene	Lim	47.56	48.24	27	α-小茴香醇	α-Fenchyl alcohol		0.60	—
13	β-水芹烯	β-Phellandrene	βPhe	0.34	0.46	28	反式-α-香柠檬烯	trans-α-Bergamotene		0.81	1.12
14	1,8-桉叶素	1,8-Cineole	Cin1,8	1.79	0.05	29	β-榄香烯	β-Elemene	Emn	0.07	0.17
15	顺式-β-罗勒烯	(Z)-β-Ocimene	cOci	0.21	0.12	30	β-石竹烯	β-Caryophyllene	Car	0.63	1.02

序号	中文名称	英文名称	代码	百分比/%		序号	中文名称	英文名称	代码	百分比/%	
				蒸馏法	冷榨法					蒸馏法	冷榨法
31	4-松油醇	Terpinen-4-ol	*Trn4*	0.65	0.23	41	β-红没药烯	β-Bisabolene	*βBen*	1.78	1.78
32	顺式-β-松油醇	*cis*-β-Terpineol		0.54	—	42	香叶醛	Geranial	*aCal*	—	2.43
33	α-蛇麻烯	α-Humulene	*Hum*	0.13	0.11	43	(E,E)-α-金合欢烯	(2E,6E)-α-Farnesene	*EEaFen*	0.89	1.03
34	橙花醛	Neral	*bCal*	—	1.36	44	乙酸香叶酯	Geranyl acetate	*GerAc*	—	0.35
35	反式-β-松油醇	*trans*-β-Terpineol		0.17	—	45	δ-杜松烯	δ-Cadinene	*dCad*	0.16	—
36	α-松油醇	α-Terpineol	*aTol*	5.38	0.26	46	橙花醇	Nerol	*Ner*	—	0.04
37	γ-松油醇	γ-Terpineol		0.77	—	47	去氢白菖蒲烯	Calamenene		0.05	0.40
38	龙脑	Borneol	*Bor*	0.47	—	48	对伞花-8-醇	*p*-Cymen-8-ol		0.16	—
39	大根香叶烯 D	Germacrene D	*GenD*	—	0.30	49	香叶醇	Geraniol	*Ger*	—	0.05
40	乙酸橙花酯	Neryl acetate	*NerAc*	—	0.29						

1.22.1.2　核磁共振碳谱分析（图 1.22.3～图 1.22.6，表 1.22.2～表 1.22.4）

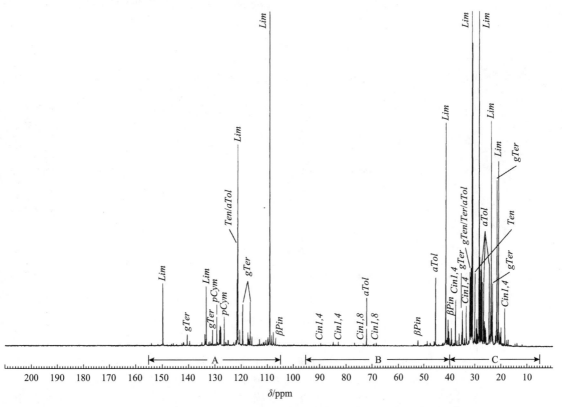

图 1.22.3　白柠檬精油（墨西哥型，蒸馏法）核磁共振碳谱总图（0～210 ppm）

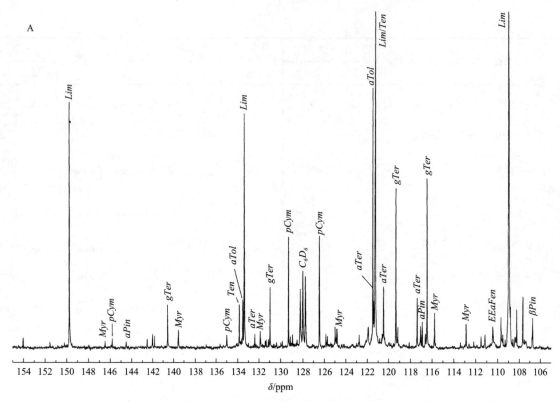

图 1.22.4　白柠檬精油(墨西哥型，蒸馏法)核磁共振碳谱图 A(105～155 ppm)

表 1.22.2　白柠檬精油(墨西哥型，蒸馏法)核磁共振碳谱图 A(105～155 ppm)分析结果

化学位移/ppm	相对强度/%	中文名称	代码	化学位移/ppm	相对强度/%	中文名称	代码	化学位移/ppm	相对强度/%	中文名称	代码
154.00	1.0			128.23	4.5	氘代苯(溶剂)	C_6D_6	117.36	3.9	α-松油烯	aTer
149.73	17.8	柠檬烯	Lim	127.99	5.7	氘代苯(溶剂)	C_6D_6	117.04	1.8		
145.80	0.9	对异丙基甲苯	pCym	127.75	5.4	氘代苯(溶剂)	C_6D_6	116.89	2.1	α-蒎烯	aPin
142.53	0.9			126.45	8.3	对异丙基甲苯	pCym	116.61	1.3		
141.98	1.3			125.84	1.3			116.45	12.4	γ-松油烯	gTer
141.79	1.1			125.71	1.1			115.76	2.8	月桂烯	Myr
140.52	3.3	γ-松油烯	gTer	124.98	1.8			112.87	2.0	月桂烯	Myr
139.51	1.5	月桂烯	Myr	124.84	1.6			111.50	1.1		
134.98	1.2	对异丙基甲苯	pCym	124.80	1.7	月桂烯	Myr	111.14	1.3		
133.83	3.4	α-侧柏烯	Ten	122.75	1.2			110.44	1.8	(E,E)-α-金合欢烯	EEaFen
133.50	3.7	α-松油醇	aTol	121.89	1.8			109.69	2.5	109.69	2.5
133.37	17.0	柠檬烯	Lim	121.48	18.8	α-松油醇	aTol	108.96	98.2	柠檬烯	Lim
132.38	1.3	α-松油烯	aTer	121.41	3.6	α-松油烯	aTer	108.81	3.2		
131.87	1.5	月桂烯	Myr	121.28	17.6	α-侧柏烯	Ten	108.24	3.0		
130.95	4.6	γ-松油烯	gTer	121.25	57.0	柠檬烯	Lim	107.67	4.0		
129.29	8.2	对异丙基甲苯	pCym	120.49	4.6	α-松油烯	aTer	106.73	2.4	β-蒎烯	βPin
129.13	1.1			119.33	11.7	γ-松油烯	gTer				
128.94	1.2			119.15	1.8						

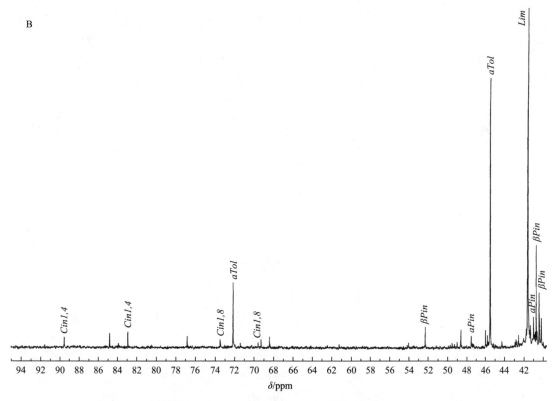

图 1.22.5 白柠檬精油（墨西哥型，蒸馏法）核磁共振碳谱图 B（40～95 ppm）

表 1.22.3 白柠檬精油（墨西哥型，蒸馏法）核磁共振碳谱图 B（40～95 ppm）分析结果

化学位移/ppm	相对强度/%	中文名称	代码
89.52	1.0	1,4-桉叶素	Cin1,4
84.78	1.2		
82.89	1.3	1,4-桉叶素	Cin1,4
76.79	1.0		
72.14	4.8	α-松油醇	aTol
69.26	0.8		
68.40	1.0		
52.30	1.6	β-蒎烯	βPin
48.66	1.4		
47.54	1.0	α-蒎烯	aPin
46.00	1.4		
45.80	1.0		
45.52	19.3	α-松油醇	aTol
42.57	1.1		
41.60	63.0	柠檬烯	Lim
41.32	1.8		
41.01	2.4	α-蒎烯	aPin
40.71	7.4	β-蒎烯	βPin
40.40	4.1	β-蒎烯	βPin
40.19	2.3		

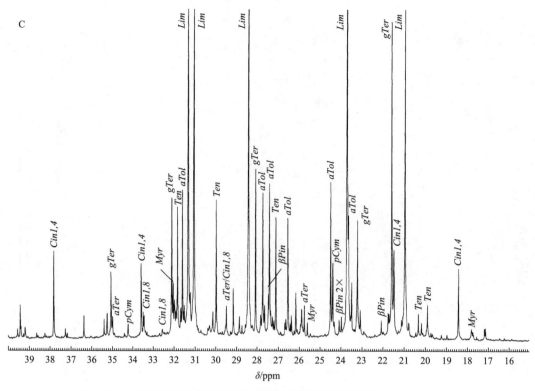

图 1.22.6　白柠檬精油(墨西哥型，蒸馏法)核磁共振碳谱图 C(13～40 ppm)

表 1.22.4　白柠檬精油(墨西哥型，蒸馏法)核磁共振碳谱图 C(13～40 ppm)分析结果

化学位移/ppm	相对强度/%	中文名称	代码	化学位移/ppm	相对强度/%	中文名称	代码
39.55	1.6			31.96	5.9		
39.41	5.1			31.90	4.2		
39.18	1.9			31.83	19.5	α-侧柏烯	Ten
38.64	1.0			31.67	4.7	α-蒎烯	aPin
38.24	0.9	α-蒎烯	aPin	31.59	22.0	α-松油醇	aTol
37.80	13.0	1,4-桉叶素	Cin1,4	31.51	5.1	α-蒎烯	aPin
37.24	1.6			31.31	98.5	柠檬烯	Lim
37.16	1.0			31.21	7.0		
36.35	3.6			31.03	85.4	柠檬烯	Lim
35.39	3.1			30.29	2.1		
35.24	4.0			30.13	4.2		
35.05	10.0	γ-松油烯	gTer	29.97	20.6	α-侧柏烯	Ten
34.98	3.4	α-松油烯	aTer	29.48	5.0	α-松油烯/1,8-桉叶素	aTer/Cin1.8
34.22	2.3	对异丙基甲苯	pCym	29.15	7.6		
33.56	11.2	1,4-桉叶素	Cin1,4	28.85	3.5		
33.46	4.1	1,8-桉叶素	Cin1,8	28.71	2.2		
33.41	3.6			28.41	100.0	柠檬烯	Lim
32.53	1.6	1,8-桉叶素	Cin1,8	28.05	25.1	γ-松油烯	gTer
32.09	20.9	γ-松油烯	gTer	27.80	3.7		
32.02	8.4	月桂烯	Myr	27.71	21.6	α-松油醇	aTol

续表

化学位移/ppm	相对强度/%	中文名称	代码	化学位移/ppm	相对强度/%	中文名称	代码
27.63	5.2			23.62	18.3	α-松油醇	aTol
27.46	6.8			23.47	8.5		
27.42	23.0	α-松油醇	aTol	23.20	17.6	γ-松油烯	gTer
27.36	4.4	β-蒎烯	βPin	23.07	4.5	α-蒎烯	aPin
27.27	3.5			22.07	3.0	β-蒎烯	βPin
27.20	2.9	月桂烯	Myr	21.75	4.1		
27.11	18.0	α-侧柏烯	Ten	21.71	3.9		
26.69	2.6			21.58	46.9	γ-松油烯	gTer
26.64	3.1	α-蒎烯	aPin	21.47	13.4	1,4-桉叶素	Cin1,4
26.54	17.9	α-松油醇	aTol	21.11	3.1	α-蒎烯	aPin
26.42	2.5			20.95	52.2	柠檬烯	Lim
26.37	3.7	β-蒎烯	βPin	20.77	2.6		
26.15	7.0			20.31	3.9	α-侧柏烯	Ten
25.88	4.6			20.16	2.6		
25.74	5.2	α-松油烯	aTer	19.88	5.2	α-侧柏烯	Ten
25.59	2.6	月桂烯	Myr	19.23	0.9		
24.47	23.3	α-松油醇	aTol	18.95	0.9		
24.37	11.4	对异丙基甲苯	pCym	18.41	10.6	1,4-桉叶素	Cin1,4
24.30	2.8			17.78	1.7	月桂烯	Myr
24.07	3.1	β-蒎烯	βPin	17.16	1.8		
23.96	3.5	β-蒎烯	βPin	17.12	1.8		
23.69	63.5	柠檬烯	Lim	14.42	0.7		
23.65	22.8			13.66	0.9		

1.22.2　白柠檬精油(墨西哥型，冷榨法)

1.22.2.1　气相色谱分析(图 1.22.7、图 1.22.8，表 1.22.5)

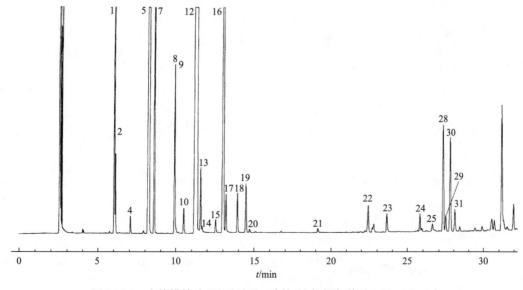

图 1.22.7　白柠檬精油(墨西哥型，冷榨法)气相色谱图 A(0～30 min)

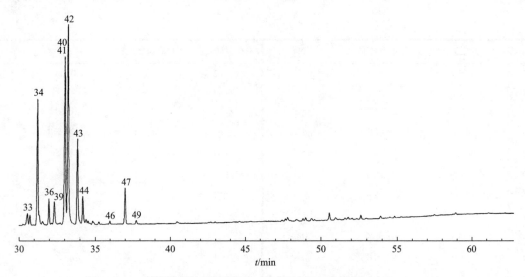

图 1.22.8　白柠檬精油(墨西哥型，冷榨法)气相色谱图 B(30～62 min)

表 1.22.5　白柠檬精油(墨西哥型，冷榨法)气相色谱图分析结果

序号	中文名称	英文名称	代码	百分比/%	
				蒸馏法	冷榨法
1	α-蒎烯	α-Pinene	aPin	1.22	2.46
2	α-侧柏烯	α-Thujene	Ten	—	0.42
3	α-小茴香烯	α-Fenchene		0.19	—
4	莰烯	Camphene	Cen	0.49	0.11
5	β-蒎烯	β-Pinene	βPin	1.95	21.10
6	白柠檬环醚	2,6,6-Trimethyl-2-vinyltetrahydropyran		0.21	—
7	桧烯	Sabinene	Sab	—	3.06
8	月桂烯	Myrcene	Myr	1.25	1.26
9	α-水芹烯	α-Phellandrene	aPhe	0.34	0.04
10	α-松油烯	α-Terpinene	aTer	2.07	0.20
11	1,4-桉叶素	1,4-Cineole	Cin1,4	3.00	—
12	柠檬烯	Limonene	Lim	47.56	48.24
13	β-水芹烯	β-Phellandrene	βPhe	0.34	0.46
14	1,8-桉叶素	1,8-Cineole	Cin1,8	1.79	0.05
15	顺式-β-罗勒烯	(Z)-β-Ocimene	cOci	0.21	0.12
16	γ-松油烯	γ-Terpinene	gTer	10.71	8.12
17	反式-β-罗勒烯	(E)-β-Ocimene	tOci	0.46	0.33
18	对异丙基甲苯	p-Cymene	pCym	2.51	0.33
19	异松油烯	Terpinolene	Tno	8.05	0.41
20	辛醛	Octanal	8all	0.19	0.03
21	壬醛	Nonanal	9all	0.08	0.04
22	δ-榄香烯	δ-Elemene		0.08	0.31
23	正癸醛	Decanal	10all	0.09	0.20
24	芳樟醇	Linalool	Loo	0.15	0.16
25	顺式-α-香柠檬烯	cis-α-Bergamotene		0.06	0.12
26	1-松油醇	Terpinen-1-ol		0.97	—
27	α-小茴香醇	α-Fenchyl alcohol		0.60	—
28	反式-α-香柠檬烯	trans-α-Bergamotene		0.81	1.12
29	β-榄香烯	β-Elemene	Emn	0.07	0.17

序号	中文名称	英文名称	代码	百分比/%	
				蒸馏法	冷榨法
30	β-石竹烯	β-Caryophyllene	Car	0.63	1.02
31	4-松油醇	Terpinen-4-ol	Trn4	0.65	0.23
32	顺式-β-松油醇	cis-β-Terpineol		0.54	—
33	α-蛇麻烯	α-Humulene	Hum	0.13	0.11
34	橙花醛	Neral	bCal	—	1.36
35	反式-β-松油醇	trans-β-Terpineol		0.17	—
36	α-松油醇	α-Terpineol	aTol	5.38	0.26
37	γ-松油醇	γ-Terpineol		0.77	—
38	龙脑	Borneol	Bor	0.47	—
39	大根香叶烯 D	Germacrene D	GenD	—	0.30
40	乙酸橙花酯	Neryl acetate	NerAc	—	0.39
41	β-红没药烯	β-Bisabolene	βBen	1.78	1.78
42	香叶醛	Geranial	aCal	—	2.43
43	(E,E)-α-金合欢烯	(2E, 6E)-α-Farnesene	EEaFen	0.89	1.03
44	乙酸香叶酯	Geranyl acetate	GerAc		0.35
45	δ-杜松烯	δ-Cadinene	dCad	0.16	—
46	橙花醇	Nerol	Ner	—	0.04
47	去氢白菖蒲烯	Calamenene		0.05	0.40
48	对伞花-8-醇	p-Cymen-8-ol		0.16	—
49	香叶醇	Geraniol	Ger	—	0.05

1.22.2.2 核磁共振碳谱分析(图 1.22.9～图 1.22.12,表 1.22.6～表 1.22.9)

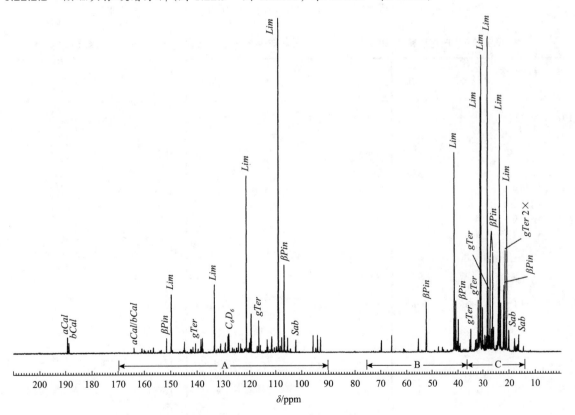

图 1.22.9　白柠檬精油(墨西哥型,冷榨法)核磁共振碳谱总图(0～210 ppm)

表 1.22.6　白柠檬精油（墨西哥型，冷榨法）核磁共振碳谱图（170～210 ppm）分析结果

化学位移/ppm	相对强度/%	中文名称	代码
189.19	4.5	香叶醛	aCal
188.70	2.9	橙花醛	bCal

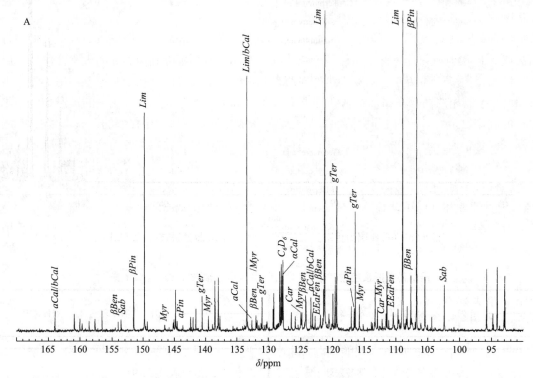

图 1.22.10　白柠檬精油（墨西哥型，冷榨法）核磁共振碳谱图 A（90～170 ppm）

表 1.22.7　白柠檬精油（墨西哥型，冷榨法）核磁共振碳谱图 A（90～170 ppm）分析结果

化学位移/ppm	相对强度/%	中文名称	代码	化学位移/ppm	相对强度/%	中文名称	代码	化学位移/ppm	相对强度/%	中文名称	代码
163.87	1.5	香叶醛/橙花醛	aCal/bCal	141.52	1.7			129.16	2.9		
160.86	1.3			140.52	2.7	γ-松油烯	gTer	128.24	4.6	氘代苯（溶剂）	C_6D_6
159.96	0.9			139.51	1.2	月桂烯	Myr	128.00	5.1	氘代苯（溶剂）	C_6D_6
157.61	0.9			138.47	3.8			127.86	4.2	香叶醛	aCal
156.51	1.6			137.93	4.1			127.76	5.4	氘代苯（溶剂）	C_6D_6
153.53	0.9	桧烯	Sab	137.67	1.2			126.45	1.5		
151.54	4.1	β-蒎烯	βPin	133.37	19.3	柠檬烯/橙花醛	Lim/bCal	125.83	1.2		
149.73	16.5	柠檬烯	Lim	132.53	0.9	香叶醛	aCal	124.98	1.5	β-石竹烯	Car
144.77	3.2			131.90	1.2	β-红没药烯/月桂烯	βBen/Myr	124.78	1.5	月桂烯	Myr
142.36	1.1			130.93	2.6	γ-松油烯	gTer	124.21	2.8	β-红没药烯	βBen
141.98	1.1			129.29	1.7			124.16	2.3		

续表

化学位移/ppm	相对强度/%	中文名称	代码	化学位移/ppm	相对强度/%	中文名称	代码	化学位移/ppm	相对强度/%	中文名称	代码
123.38	2.6	香叶醛/橙花醛	aCal/bCal	116.60	1.8	α-蒎烯	aPin	108.24	2.0		
123.12	1.5			116.44	9.1	γ-松油烯	gTer	107.67	4.3	β-红没药烯	βBen
122.73	1.2	(E,E)-α-金合欢烯	EEaFen	115.79	2.1	月桂烯	Myr	106.73	24.9	β-蒎烯	βPin
121.87	1.3			113.27	3.7			105.45	4.2		
121.39	3.2	β-红没药烯	βBen	112.90	1.7	月桂烯	Myr	104.35	1.1		
121.23	50.1	柠檬烯	Lim	112.15	1.0	β-石竹烯	Car	102.39	3.6	桧烯	Sab
120.55	1.4			111.58	1.4			95.78	4.8		
119.94	2.9			111.45	4.6			94.78	1.4		
119.56	4.2			110.45	1.5	(E,E)-α-金合欢烯	EEaFen	94.12	4.9		
119.33	11.0	γ-松油烯	gTer	109.69	1.8			93.04	1.6		
117.03	1.9			108.96	100.0	柠檬烯	Lim	92.94	4.3		

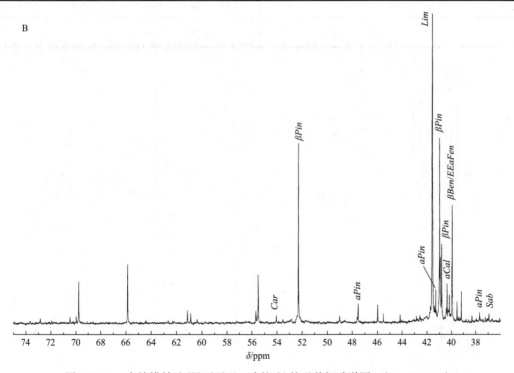

图 1.22.11 白柠檬精油(墨西哥型，冷榨法)核磁共振碳谱图 B(36～75 ppm)

表 1.22.8　白柠檬精油(墨西哥型，冷榨法)核磁共振碳谱图 B(36～75 ppm)分析结果

化学位移/ppm	相对强度/%	中文名称	代码
69.73	3.4		
65.84	4.7		
61.13	1.1		
55.50	3.9		
52.28	14.1	β-蒎烯	βPin
47.52	1.6	α-蒎烯	aPin
45.98	1.5		
41.58	56.3	柠檬烯	Lim
41.29	2.7	α-蒎烯	aPin
40.98	14.5	β-蒎烯	βPin
40.94	5.2		
40.82	6.3	β-蒎烯	βPin
40.37	3.2	香叶醛	aCal
40.19	2.3		
39.95	9.3	β-红没药烯/(E,E)-α-金合欢烯	βBen/EEaFen
39.54	1.8		
39.17	2.6		

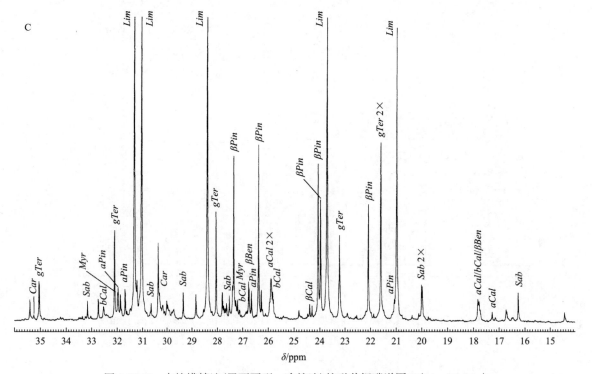

图 1.22.12　白柠檬精油(墨西哥型，冷榨法)核磁共振碳谱图 C(14～36 ppm)

表 1.22.9　白柠檬精油(墨西哥型，冷榨法)核磁共振碳谱图 C(14～36 ppm)分析结果

化学位移/ppm	相对强度/%	中文名称	代码	化学位移/ppm	相对强度/%	中文名称	代码
35.39	3.6			27.27	3.5	月桂烯	Myr
35.04	6.5	γ-松油烯	gTer	27.20	3.6	橙花醛	bCal
33.15	3.4	桧烯	Sab	26.77	6.5	β-红没药烯	βBen
32.73	3.7			26.65	5.1	α-蒎烯	aPin
32.52	2.5	橙花醛	bCal	26.38	28.3	β-蒎烯	βPin
32.09	14.7	γ-松油烯	gTer	26.26	5.2		
31.95	5.6	月桂烯/α-蒎烯	Myr/aPin	25.89	7.0	香叶醛 2×	aCal 2×
31.86	4.4			25.82	4.9	橙花醛	bCal
31.68	5.3	α-蒎烯	aPin	24.80	1.9		
31.30	71.9	柠檬烯	Lim	24.39	3.0	橙花醛	bCal
31.21	6.7			24.30	2.7		
31.03	83.6	柠檬烯	Lim	24.06	25.3	β-蒎烯	βPin
30.65	3.1	桧烯	Sab	23.96	19.6	β-蒎烯	βPin
30.36	12.6			23.71	66.9	柠檬烯	Lim
30.17	2.8	β-石竹烯	Car	23.22	13.9	γ-松油烯	gTer
30.00	3.4			22.08	18.9	β-蒎烯	βPin
29.72	2.1			21.59	28.8	γ-松油烯 2×	gTer 2×
29.34	4.8	桧烯	Sab	20.97	46.9	柠檬烯	Lim
28.84	4.5			20.00	6.1	桧烯	Sab
28.40	88.7	柠檬烯	Lim	19.97	5.8	桧烯	Sab
28.05	17.6	γ-松油烯	gTer	17.83	3.8	香叶醛/橙花醛/β-红没药烯	aCal/bCal/βBen
27.80	4.8			17.27	1.7	香叶醛	aCal
27.63	3.1			16.73	2.1		
27.52	4.3	桧烯	Sab	16.26	4.8	桧烯	Sab
27.35	26.5	β-蒎烯	βPin	14.44	1.6		

1.23　山苍子精油

英文名称：Litsea cubeba oil。

法文和德文名称：*Essence de Litsea cubeba*；*Litsea cubebaöl*。

研究类型：中国型。

山苍子精油是通过水蒸气蒸馏类似胡椒的山苍子[又称山鸡椒，樟科植物，*Litsea cubeba*（Lour.）Pers.，也称为 *Tetranthera polyantha* Wallich ex Nees var. *citrata*（Blume）Meissner]的果实得到的。山苍子是一种樟科小型树，生长在东亚，主要种植于中国大陆，在中国台湾和日本也有少量种植。

淡黄色的山苍子精油有一种强烈的类似柠檬的新鲜气味，是柠檬草精油的强有力的竞争品种，在调香中常作为柠檬和酸橙香料的修饰成分，而在香水和化妆品中常作为柠檬草精油的替代物。此外，山苍子精油还是柠檬醛的来源之一。

山苍子精油的主要成分包括香叶醛(Citral a)和橙花醛(Citral b)，含量高达 75 %，以及少量柠檬烯和其他几种单萜。

1.23.1　气相色谱分析（图 1.23.1、图 1.23.2，表 1.23.1）

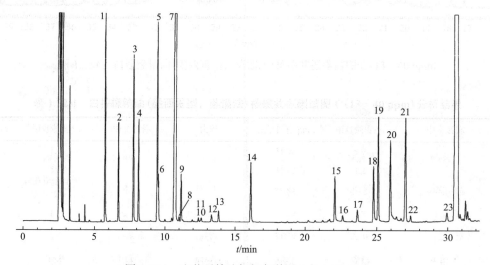

图 1.23.1　山苍子精油气相色谱图 A（0～30 min）

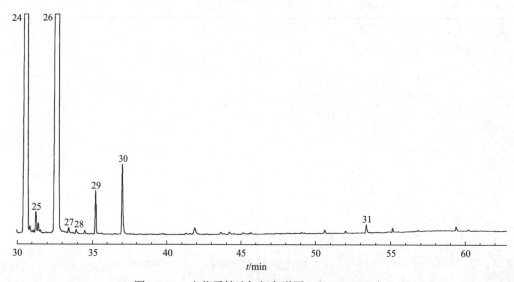

图 1.23.2　山苍子精油气相色谱图 B（30～62 min）

表1.23.1 山苍子精油气相色谱图分析结果

序号	中文名称	英文名称	代码	百分比/%
1	α-蒎烯	α-Pinene	aPin	1.86
2	莰烯	Camphene	Cen	0.72
3	β-蒎烯	β-Pinene	βPin	1.32
4	桧烯	Sabinene	Sab	0.80
5	月桂烯	Myrcene	Myr	1.75
6	α-水芹烯	α-Phellandrene	aPhe	0.41
7	柠檬烯	Limonene	Lim	12.76
8	β-水芹烯	β-Phellandrene	βPhe	0.04
9	1,8-桉叶素	1,8-Cineole	Cin1,8	0.42
10	γ-松油烯	γ-Terpinene	gTer	0.04
11	反式-β-罗勒烯	(E)-β-Ocimene	tOci	0.05
12	对异丙基甲苯	p-Cymene	pCym	0.08
13	异松油烯	Terpinolene	Tno	0.11
14	6-甲基-5-庚烯-2-酮	6-Methyl-5-hepten-2-one	7on2,6Me	0.66
15	香茅醛	Citronellal	Clla	0.54
16	α-玷𱲃烯	α-Copaene	Cop	0.07
17	樟脑	Camphor	Cor	0.15
18	异橙花醛	Isoneral		0.71
19	芳樟醇	Linalool	Loo	1.21
20	异香叶醛	Isogeranial		1.11
21	β-石竹烯	β-Caryophyllene	βCar	1.40
22	4-松油醇	Terpinen-4-ol	Trn4	0.07
23	α-蛇麻烯	α-Humulene	Hum	0.14
24	橙花醛	Neral	bCal	30.78
25	α-松油醇	α-Terpineol	aTol	0.22
26	香叶醛	Geranial	aCal	40.25
27	乙酸香叶酯	Geranyl acetate	GerAc	0.06
28	香茅醇	Citronellol	Cllo	0.06
29	橙花醇	Nerol	Ner	0.46
30	香叶醇	Geraniol	Ger	0.97
31	香叶酸	Geranic acid		0.10

1.23.2　核磁共振碳谱分析(图 1.23.3～图 1.23.5，表 1.23.2～表 1.23.4)

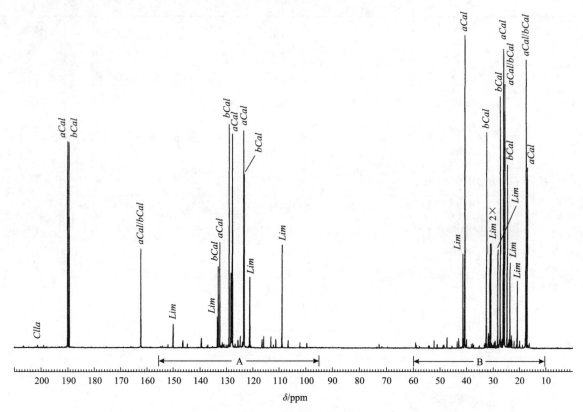

图 1.23.3　山苍子精油核磁共振碳谱总图(0～210 ppm)

表 1.23.2　山苍子精油核磁共振碳谱图(155～210 ppm)分析结果

化学位移/ppm	相对强度/%	中文名称	代码
201.22	0.7	香茅醛	Clla
198.85	0.7		
189.95	61.7	香叶醛	aCal
189.67	0.7		
189.41	61.5	橙花醛	bCal
162.22	27.0	香叶醛	aCal
162.17	29.4	橙花醛	bCal

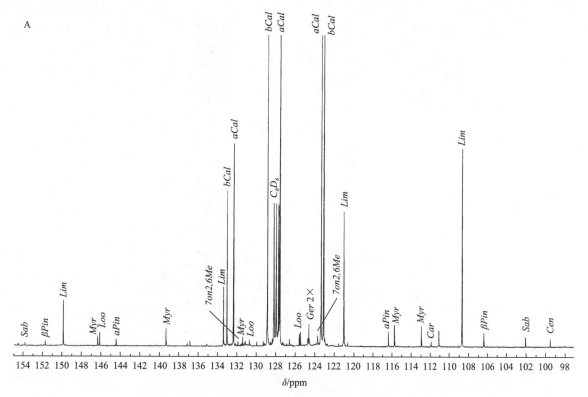

图 1.23.4 山苍子精油核磁共振碳谱图 A（70～155 ppm）

表 1.23.3 山苍子精油核磁共振碳谱图 A（70～155 ppm）分析结果

化学位移/ppm	相对强度/%	中文名称	代码	化学位移/ppm	相对强度/%	中文名称	代码
153.86	0.5	桧烯	Sab	125.61	2.0		
151.78	0.8	β-蒎烯	βPin	125.50	2.2	芳樟醇	Loo
149.91	7.0	柠檬烯	Lim	124.75	1.3	月桂烯/β-石竹烯	Myr/Car
146.41	1.5	月桂烯	Myr	124.66	2.2	香叶醇	Ger
146.20	2.1	芳樟醇	Loo	124.64	3.4	香叶醇	Ger
144.51	1.1	α-蒎烯	aPin	123.75	1.6	6-甲基-5-庚烯-2-酮	7on2,6Me
139.39	2.8	月桂烯	Myr	123.39	64.9	香叶醛	aCal
136.94	0.8			123.16	52.0	橙花醛	bCal
133.45	9.1	柠檬烯	Lim	123.01	1.2		
133.09	24.1	橙花醛	bCal	121.04	20.9	柠檬烯	Lim
132.41	31.4	香叶醛	aCal	120.66	0.6		
131.94	0.7	6-甲基-5-庚烯-2-酮	7on2,6Me	116.45	2.4	α-蒎烯	aPin
131.46	1.5	月桂烯	Myr	115.82	3.3	月桂烯	Myr
131.19	0.8	香叶醇	Ger	113.01	3.2	月桂烯	Myr
130.77	1.0	芳樟醇	Loo	112.00	0.8	β-石竹烯	Car
130.01	0.7			111.16	2.4		
129.32	0.8			108.77	30.7	柠檬烯	Lim
128.91	66.8	橙花醛	bCal	106.48	2.1	β-蒎烯	βPin
128.40	1.2			102.12	1.5	桧烯	Sab
127.88	2.3			99.59	1.2	莰烯	Cen
127.62	63.9	香叶醛	aCal	72.56	1.0		
126.60	1.1						

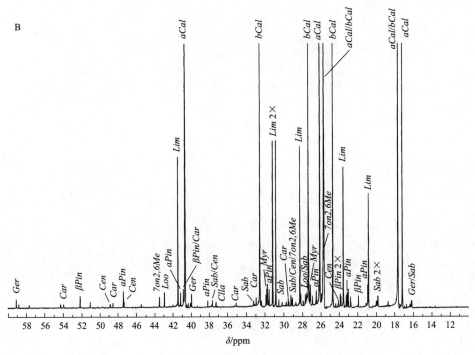

图 1.23.5　山苍子精油核磁共振碳谱图 B(10～60 ppm)

表 1.23.4　山苍子精油核磁共振碳谱图 B(10～60 ppm)分析结果

化学位移/ppm	相对强度/%	中文名称	代码	化学位移/ppm	相对强度/%	中文名称	代码	化学位移/ppm	相对强度/%	中文名称	代码
59.07	1.5	香叶醇	Ger	40.65	100.0	香叶醛	aCal	30.83	31.2	柠檬烯	Lim
58.78	0.8			40.30	1.0	β-石竹烯	Car	30.50	1.5	桧烯	Sab
57.63	0.5			40.05	1.0			30.15	0.9	β-石竹烯	Car
54.23	0.7			39.95	2.5	香叶醇	Ger	29.72	0.9	莰烯/1,8-桉叶素	Cen/Cin1,8
53.91	0.7	β-石竹烯	Car	38.16	1.2	α-蒎烯	aPin	29.51	1.6	β-石竹烯	Car
52.15	2.1	β-蒎烯	βPin	37.62	1.3	桧烯/莰烯	Sab/Cen	29.42	1.0	6-甲基-5-庚烯-2-酮	7on2,6Me
51.06	1.1	香茅醛	Clla	37.24	1.0	香茅醛	Clla	29.21	2.1	桧烯	Sab
48.80	0.7	莰烯	Cen	35.07	0.8	β-石竹烯	Car	29.15	1.1	莰烯	Cen
48.49	0.9	β-石竹烯	Car	33.22	1.0	桧烯	Sab	29.06	1.6		
47.37	3.1	α-蒎烯	aPin	32.94	1.5	β-石竹烯	Car	28.70	0.8	β-石竹烯	Car
47.29	1.1	莰烯	Cen	32.54	64.4	橙花醛	bCal	28.26	29.2	柠檬烯/1,8-桉叶素	Lim/Cin1,8
45.45	0.6			32.39	1.5	1,8-桉叶素	cin1,8	28.16	2.5		
43.46	2.0	6-甲基-5-庚烯-2-酮	7on2,6Me	31.88	2.1	月桂烯	Myr	27.91	1.0	香茅醛	Clla
42.89	2.8	芳樟醇	Loo	31.79	3.1			27.66	2.0	芳樟醇	Loo
41.41	28.0	柠檬烯	Lim	31.74	4.3	α-蒎烯	aPin	27.54	2.2	桧烯	Sab
41.14	2.8	α-蒎烯	aPin	31.62	0.9			27.48	1.5		
40.84	2.9	β-蒎烯/β-石竹烯	βPin/Car	31.55	3.4	α-蒎烯	aPin	27.34	75.1	橙花醛/β-蒎烯	bCal/βPin
40.80	1.3	β-蒎烯	βPin	31.16	31.1	柠檬烯	Lim	27.19	3.3	月桂烯	Myr

化学位移/ppm	相对强度/%	中文名称	代码	化学位移/ppm	相对强度/%	中文名称	代码	化学位移/ppm	相对强度/%	中文名称	代码
27.14	4.4			24.10	1.6	莰烯	Cen	19.96	1.2		
26.92	1.9	香叶醇	Ger	23.89	2.5	β-蒎烯	βPin	19.90	1.1		
26.49	2.6	α-蒎烯	aPin	23.82	2.4	β-蒎烯	βPin	19.86	2.1	桧烯	Sab
26.22	3.1	β-蒎烯	βPin	23.56	25.3	柠檬烯	Lim	19.82	2.1	桧烯/香茅醛	Sab/Clla
26.10	89.0	香叶醛	aCal	23.26	2.4			18.73	1.0		
25.93	2.4	莰烯	Cen	23.14	2.9	α-蒎烯	aPin	17.63	85.8	橙花醛/香叶醛/香茅醛	bCal/aCal/Clla
25.87	1.8			23.04	3.7			17.42	0.8	芳樟醇	Loo
25.76	6.1	6-甲基-5-庚烯-2-酮	7on2,6Me	22.79	2.2	β-石竹烯	Car	17.16	54.0	香叶醛	aCal
25.73	10.9			21.95	2.1	β-蒎烯	βPin	16.72	0.9		
25.66	78.7	香叶醛/月桂烯	aCal/Myr	21.12	0.8			16.33	0.9	β-石竹烯	Car
25.64	71.0	橙花醛/芳樟醇	bCal/Loo	20.93	3.9	α-蒎烯	aPin	16.20	1.5	香叶醇	Ger
24.69	54.8	橙花醛	bCal	20.85	19.9	柠檬烯	Lim	16.14	1.5	桧烯	Sab
24.38	1.0			20.02	1.2						

1.24　橘　子　精　油

英文名称：Mandarin oil。

法文和德文名称：*Essence de mandarines*；*Mandarinenöl*。

研究类型：商品。

橘子精油是通过压榨纯正的橘(芸香科植物，*Citrus reticulata* Blanco, var. *mandarin*)的成熟果皮获得。橘起源于中国南部和远东地区，在 19 世纪初来到欧洲并演变为椭球形的橘，而生长于美国的橘仍保持与中国原先形态相似，称为"柑橘"。

目前，橘树在地中海地区、南美洲(巴西)和日本都有种植，其精油主要产自意大利南部和西西里岛、西班牙、阿尔及利亚和塞浦路斯，中东、希腊和巴西也有少量生产。

橘子精油主要用于软饮料、利口酒、糖果和苦味巧克力等的调味，而无萜橘子精油也会少量用于香水调配。

橘子精油的主要成分为柠檬烯，其次还包括单萜烯烃、芳樟醇、松油醇、橙花醇、香叶醇及其相应的乙酸酯、脂肪醛、柠檬醛、香茅醛和 *N*-甲基邻氨基苯甲酸甲酯。

1.24.1　气相色谱分析(图 1.24.1、图 1.24.2，表 1.24.1)

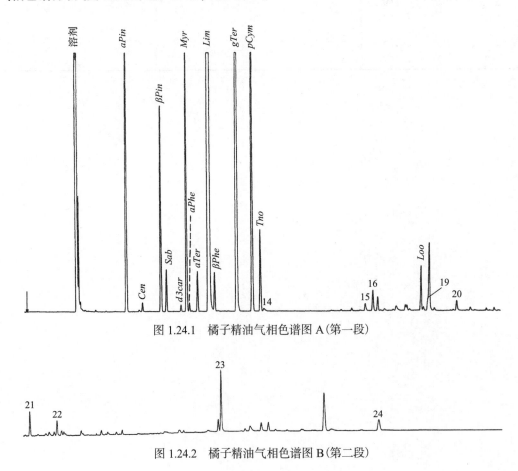

图 1.24.1　橘子精油气相色谱图 A(第一段)

图 1.24.2　橘子精油气相色谱图 B(第二段)

表 1.24.1　橘子精油气相色谱图分析结果

序号	中文名称	英文名称	代码	百分比/%
1	α-蒎烯	α-Pinene	aPin	2.22
2	莰烯	Camphene	Cen	0.04
3	β-蒎烯	β-Pinene	βPin	1.13
4	桧烯	Sabinene	Sab	0.23
5	3-蒈烯	△³-Carene	d3Car	0.04
6	月桂烯	Myrcene	Myr	1.62
7	α-水芹烯	α-Phellandrene	aPhe	0.04
8	α-松油烯	α-Terpinene	aTer	0.13
9	柠檬烯	Limonene	Lim	77.02
10	β-水芹烯	β-Phellandrene	βPhe	0.21
11	γ-松油烯	γ-Terpinene	gTer	11.94
12	对异丙基甲苯	para-Cymene	pCym	2.32
13	异松油烯	Terpinolene	Tno	0.49
14	辛醛	Octanal	8all	0.02
15	顺式-柠檬烯-1,2-环氧化物	cis-Limonen-1,2-epoxide		0.04
16	反式-柠檬烯-1,2-环氧化物	trans-Limonen-1,2-epoxide		0.12
17	正癸醛	Decanal	10all	0.03
18	芳樟醇	Linalool	Loo	0.25
19	乙酸芳樟酯	Linalyl acetate	LooAc	0.07
20	β-石竹烯	β-Caryophyllene	Car	0.05
21	α-松油醇	α-Terpineol	aTer	0.14
22	α-金合欢烯	α-Farnesene		0.09
23	N-甲基邻氨基苯甲酸甲酯	Methyl N-methylanthranilate	MeAnt	0.35
24	α-甜橙醛（?）	α-Sinensal（?）		0.11

1.24.2　核磁共振碳谱分析（图 1.24.3～图 1.24.5，表 1.24.2、表 1.24.3）

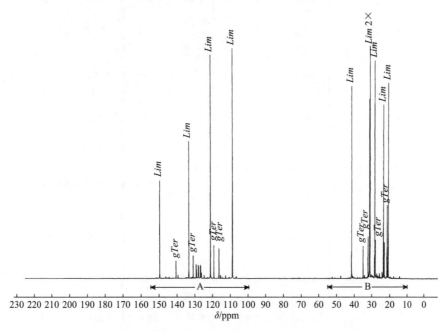

图 1.24.3　橘子精油核磁共振碳谱总图（0～230 ppm）

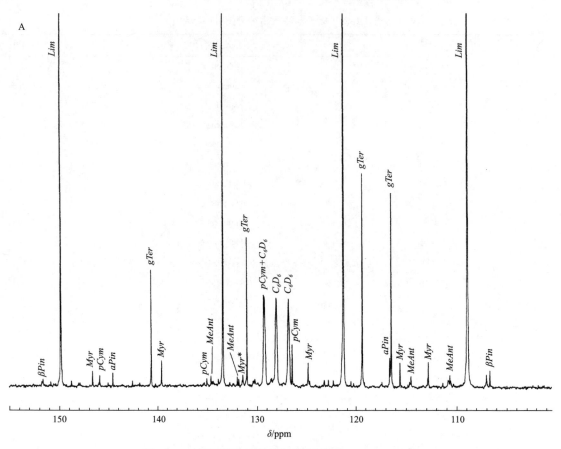

图 1.24.4　橘子精油核磁共振碳谱图 A(100~155 ppm)

表 1.24.2　橘子精油核磁共振碳谱图 A(100~155 ppm)分析结果

化学位移/ppm	相对强度/%	中文名称	代码	化学位移/ppm	相对强度/%	中文名称	代码	化学位移/ppm	相对强度/%	中文名称	代码
151.73	0.5			139.57	2.0	月桂烯	Myr	130.31	0.6		
151.61	0.7	β-蒎烯	βPin	135.02	0.8	对异丙基甲苯	pCym	130.19	0.7		
150.86	0.6			134.60	1.0	N-甲基邻氨基苯甲酸甲酯	MeAnt	129.29	6.5	对异丙基甲苯	pCym
149.80	42.8	柠檬烯	Lim	134.47	0.6			129.20	6.4	氘代苯(溶剂)	C_6D_6
148.77	0.6			134.37	0.6			128.54	0.7		
146.62	1.3	月桂烯	Myr	133.87	0.8	异松油烯	Tno	128.46	0.8		
145.90	1.0	对异丙基甲苯	pCym	133.39	59.7	柠檬烯	Lim	128.00	6.3	氘代苯(溶剂)	C_6D_6
145.06	0.5			131.95	0.9			126.80	6.2	氘代苯(溶剂)	C_6D_6
144.59	1.2	α-蒎烯	aPin	131.81	0.8	N-甲基邻氨基苯甲酸甲酯	MeAnt	126.45	3.1	对异丙基甲苯	pCym
142.60	0.6			131.41	1.0	月桂烯	Myr	124.84	1.9	月桂烯	Myr
140.66	8.2	γ-松油烯	gTer	130.99	10.5	γ-松油烯	gTer	124.66	0.6		

续表

化学位移/ppm	相对强度/%	中文名称	代码	化学位移/ppm	相对强度/%	中文名称	代码	化学位移/ppm	相对强度/%	中文名称	代码
123.19	0.6			117.40	0.5			112.80	1.9	月桂烯	Myr
122.77	0.7			116.61	2.2	α-蒎烯	aPin	110.83	0.6	N-甲基邻氨基苯甲酸甲酯	MeAnt
122.29	0.7			116.47	13.5	γ-松油烯	gTer	110.65	1.0		
121.25	96.1	柠檬烯/异松油烯	Lim/Tno	115.58	1.9	月桂烯	Myr	108.89	99.0	柠檬烯	Lim
120.51	0.6			114.64	0.5			106.99	1.1		
119.35	14.8	γ-松油烯	gTer	114.49	0.9	N-甲基邻氨基苯甲酸甲酯	MeAnt	106.66	1.3	β-蒎烯	βPin
119.15	0.5			112.86	0.8						

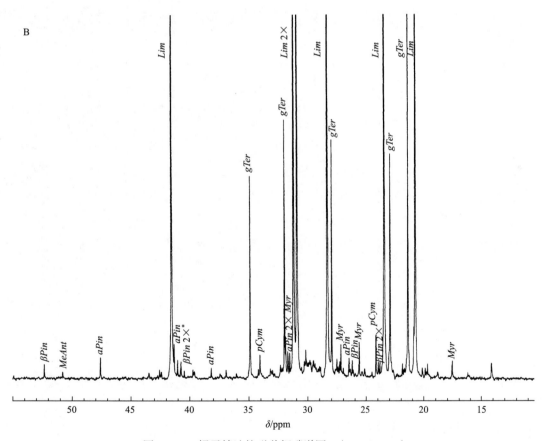

图 1.24.5　橘子精油核磁共振碳谱图 B（10～75 ppm）

表 1.24.3　橘子精油核磁共振碳谱图 B(10～75 ppm)分析结果

化学位移/ppm	相对强度/%	中文名称	代码	化学位移/ppm	相对强度/%	中文名称	代码	化学位移/ppm	相对强度/%	中文名称	代码
71.48	0.6			31.53	2.0	α-蒎烯	aPin	25.59	2.7	月桂烯	Myr
52.32	1.2	β-蒎烯	βPin	31.17	77.2	柠檬烯	Lim	25.34	0.6		
50.77	0.6	N-甲基邻氨基苯甲酸甲酯	MeAnt	30.87	100.0	柠檬烯	Lim	25.10	0.8		
47.56	1.6	α-蒎烯	aPin	30.50	0.9	桧烯	Sab	24.47	0.6		
43.42	0.5			30.27	1.4			24.11	3.2	对异丙基甲苯	pCym
42.50	0.8			30.13	2.2			23.91	1.3	β-蒎烯	βPin
42.37	0.6			29.96	1.3			23.77	1.3	β-蒎烯	βPin
41.49	82.8	柠檬烯	Lim	29.87	1.3	异松油烯	Tno	23.40	74.8	柠檬烯	Lim
41.29	2.6	α-蒎烯	aPin	29.78	1.4			22.89	15.9	γ-松油烯/辛醛	gTer/8all
40.99	1.5	β-蒎烯	βPin	29.73	1.3	辛醛	8all	22.62	0.7	异松油烯/辛醛	Tno/8all
40.70	1.4	β-蒎烯	βPin	29.48	1.4	辛醛	8all	21.82	1.2	β-蒎烯	βPin
40.41	0.7			29.35	1.2	桧烯	Sab	21.72	0.8		
39.70	0.7			29.08	0.8	N-甲基邻氨基苯甲酸甲酯	MeAnt	21.63	0.9		
39.58	0.6			28.95	1.0			21.35	32.2	γ-松油烯	gTer
38.14	0.9	α-蒎烯	aPin	28.87	0.9			20.83	3.8	α-蒎烯	aPin*
36.87	0.8			28.28	93.4	柠檬烯	Lim	20.69	84.1	柠檬烯	Lim
34.85	14.4	γ-松油烯	gTer	27.94	17.0	γ-松油烯	gTer	20.09	0.9	异松油烯	Tno
34.15	0.8			27.51	1.6	桧烯	Sab	19.83	0.9		
34.02	1.8	对异丙基甲苯	pCym	27.41	1.0			19.70	0.6	桧烯	Sab
33.16	0.9	桧烯	Sab	27.28	1.3	β-蒎烯	βPin	19.63	1.2	异松油烯	Tno
32.95	0.7			27.16	2.6	月桂烯	Myr	18.78	0.6		
32.31	1.1			26.95	0.9	异松油烯	Tno	17.52	1.4	月桂烯	Myr
32.16	0.9	辛醛	8all	26.48	1.6	α-蒎烯	aPin	16.15	0.5	桧烯	Sab
31.96	18.3	γ-松油烯	gTer	26.38	0.8			14.11	1.2	辛醛	8all
31.88	3.1	月桂烯	Myr	26.20	1.4	β-蒎烯	βPin				
31.69	2.1	α-蒎烯/异松油烯	aPin/Tno	26.10	0.7						

1.25　亚洲薄荷精油

英文名称：Mint oil。

法文和德文名称：*Essence de menthe du Japon*；*Minzöl*。

研究类型：巴西型、中国型(白熊牌)、日本型。

薄荷精油是从亚洲薄荷(唇形科植物，*Mentha arvensis* L.)的叶和茎中提取的。另外的名称也叫亚洲薄荷油(cornmint oil)和(有误)椒样薄荷油(peppermint oil)，后者是从椒样薄荷(*Mentha piperita* L.)中蒸馏出来。在众多薄荷种类中，椒样薄荷分布最广。

天然精油是通过冷冻"脱脑"的，由于其含有高达 90%的薄荷醇而在室温下容易凝固。这种"脱脑"薄荷精油是巴西、中国和日本常见的出口产品，其含有 50%左右的薄荷醇、5%～25%的酯类和 30%～40%的薄荷酮。薄荷呋喃、反式-水合桧烯和绿花白千层醇是椒样薄荷精油的特征化合物，在亚洲薄荷精油中不存在。而反过来，异胡薄荷和新异胡薄荷醇只存在于亚洲薄荷精油中，在椒样薄荷精油中不存在。

亚洲薄荷精油广泛用于调味药品、糖果如口香糖、巧克力馅料等，以及各种牙膏、漱口水和含漱剂等。

1.25.1　亚洲薄荷精油(巴西型)

1.25.1.1　气相色谱分析(图 1.25.1、图 1.25.2，表 1.25.1)

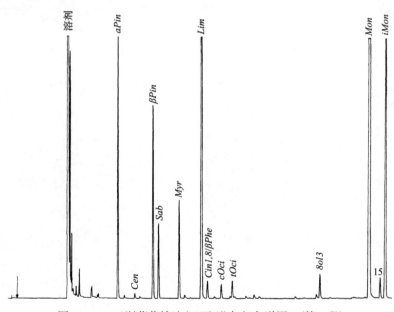

图 1.25.1　亚洲薄荷精油(巴西型)气相色谱图 A(第一段)

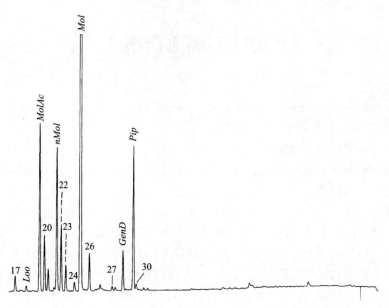

图 1.25.2　亚洲薄荷精油(巴西型)气相色谱图 B(第二段)

表 1.25.1　亚洲薄荷精油(巴西型)气相色谱图分析结果

序号	中文名称	英文名称	代码	百分比/%		
				巴西型	中国型	日本型
1	α-蒎烯	α-Pinene	aPin	3.19	4.30	2.04
2	莰烯	Camphene	Cen	0.06	0.80	0.03
3	β-蒎烯	β-Pinene	βPin	2.73	4.46	1.96
4	桧烯	Sabinene	Sab	1.06	1.61	0.75
5	月桂烯	Myrcene	Myr	1.43	2.10	0.85
6	柠檬烯	Limonene	Lim	9.58	5.75	7.14
7	1,8-桉叶素/β-水芹烯	1,8-Cineole/β-phellandrene	Cin1,8/βPhe	0.28	1.11	0.24
8	顺式-β-罗勒烯	(Z)-β-Ocimene	cOci	0.22	0.04	0.14
9	γ-松油烯	γ-Terpinene	gTer	—	0.04	—
10	反式-β-罗勒烯	(E)-β-Ocimene	tOci	0.26	0.07	0.10
11	对异丙基甲苯	para-Cymene	pCym	—	0.07	0.07
12	异松油烯	Terpinolene	Tno	—	0.07	—
13	3-辛醇	Octanol-3	8ol3	0.38	2.42	0.73
14	薄荷酮	Menthone	Mon	31.12	16.31	26.34
15	薄荷呋喃	Menthofuran	Mfn	0.38	0.64	0.35
16	异薄荷酮	Isomenthone	iMon	6.81	12.10	7.26
17	β-波旁烯	β-Bourbonene	βBou	0.29	0.20	0.30
18	芳樟醇	Linalool	Loo	0.08	0.16	0.41
19	乙酸薄荷酯	Menthyl acetate	MolAc	3.04	1.80	3.38
20	异胡薄荷醇	Isopulegol	iPol	0.98	1.42	0.85
21	新薄荷脑	Neomenthol	nMol	2.51	4.08	3.26
22	β-石竹烯/4-松油醇	β-Caryophyllene/Terpinen-4-ol	Car/Trn	1.25	0.59	1.25
23	异异胡薄荷醇	Iso-isopulegol	iiPol	0.47	1.17	0.38
24	新异薄荷脑	Neo-isomenthol	niMol	0.16	0.80	0.25
25	薄荷脑	Menthol	Mol	28.77	33.66	34.68
26	胡薄荷酮/异薄荷脑	Pulegone/Isomenthol	Pon/iMol	0.63	0.41	1.31
27	α-松油醇	α-Terpineol	aTol	—	0.32	0.27
28	大根香叶烯 D	Germacrene D	GenD	0.75	0.46	0.41
29	胡椒酮	Piperitone	Pip	2.43	0.58	3.82
30	香芹酮	Carvone	Cvn	0.12	0.67	0.16

1.25.1.2　核磁共振碳谱分析（图 1.25.3～图 1.25.6，表 1.25.2～表 1.25.5）

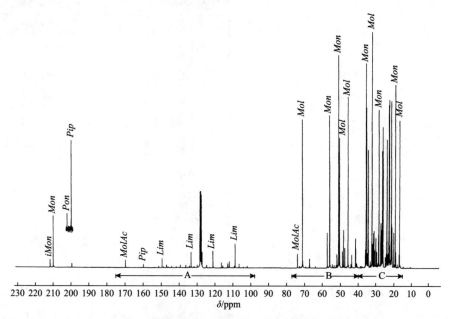

图 1.25.3　亚洲薄荷精油(巴西型)核磁共振碳谱总图(0～220 ppm)

表 1.25.2　亚洲薄荷精油(巴西型)核磁共振碳谱图(10～15 ppm 及 170～220 ppm)分析结果

化学位移/ppm	相对强度/%	中文名称	代码
211.99	3.8	异薄荷酮	iMon
210.20	22.4	薄荷酮	Mon
209.98	0.8		
199.69	2.1	胡椒酮	Pip
14.32	1.0	3-辛醇	8ol3
10.29	0.8	3-辛醇	8ol3

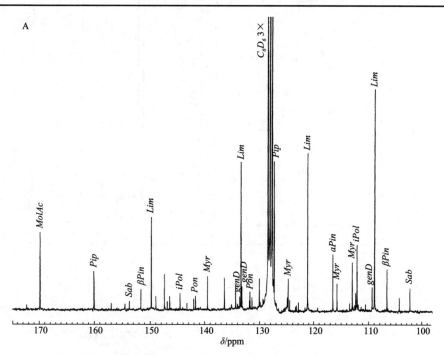

图 1.25.4　亚洲薄荷精油(巴西型)核磁共振碳谱图 A(100～170 ppm)

表 1.25.3　亚洲薄荷精油(巴西型)核磁共振碳谱图 A(100~170 ppm)分析结果

化学位移/ppm	相对强度/%	中文名称	代码	化学位移/ppm	相对强度/%	中文名称	代码
169.85	3.6	乙酸薄荷酯	*MolAc*	127.62	31.1	氘代苯(溶剂)	*C₆D₆*
160.03	1.7	胡椒酮	*Pip*	127.35	1.7		
151.65	0.9	β-蒎烯	*βPin*	127.24	7.3	胡椒酮	*Pip*
149.78	4.5	柠檬烯	*Lim*	124.66	1.5	月桂烯	*Myr*
147.38	1.6	异胡薄荷醇	*iPol*	121.07	7.8	柠檬烯	*Lim*
136.37	1.5	大根香叶烯 D	*GenD*	116.49	2.5	α-蒎烯	*aPin*
134.35	1.1			115.74	1.2	月桂烯	*Myr*
133.38	6.9	柠檬烯	*Lim*	112.96	2.2	月桂烯	*Myr*
133.24	1.1	大根香叶烯 D	*GenD*	112.35	0.8		
131.75	0.8	胡薄荷酮	*Pon*	112.10	3.0	异胡薄荷醇	*iPol*
130.00	1.4	大根香叶烯 D	*GenD*	112.06	1.8	β-石竹烯	*Car*
128.38	32.3	氘代苯(溶剂)	*C₆D₆*	109.28	1.1	大根香叶烯 D	*GenD*
128.21	2.4			108.86	10.1	柠檬烯	*Lim*
128.12	2.8			106.58	1.8	β-蒎烯	*βPin*
128.00	32.7	氘代苯(溶剂)	*C₆D₆*	102.19	1.1	桧烯	*Sab*
127.82	2.6						

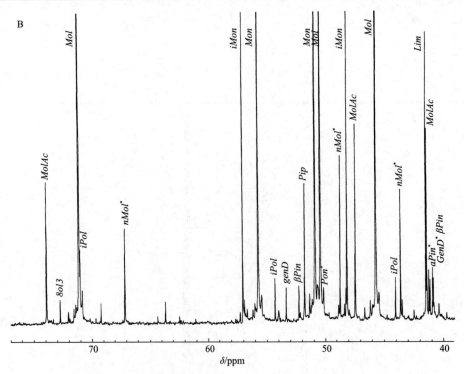

图 1.25.5　亚洲薄荷精油(巴西型)核磁共振碳谱图 B(40~75 ppm)

表 1.25.4　亚洲薄荷精油(巴西型)核磁共振碳谱 B(40～75 ppm)分析结果

化学位移/ppm	相对强度/%	中文名称	代码	化学位移/ppm	相对强度/%	中文名称	代码
73.92	6.3	乙酸薄荷酯	MolAc	50.39	56.7	薄荷脑	Mol
72.76	1.0	3-辛醇	8ol3	50.11	1.7	胡薄荷酮	Pon
71.12	1.7	薄荷脑	Mol	48.71	7.5	新薄荷醇	nMol*
71.02	3.6	异胡薄荷醇	iPol	48.35	0.7	β-石竹烯	Car
70.83	1.6			48.23	1.4		
69.23	0.9			48.14	16.5	异薄荷酮	iMon
67.11	4.1	新薄荷醇	nMol*	47.43	8.8	乙酸薄荷酯	MolAc
63.65	0.9			46.17	0.8		
57.07	5.5	异薄荷酮	iMon	45.71	71.5	薄荷脑	Mol
56.92	0.9			45.43	1.4		
55.77	64.3	薄荷酮	Mon	44.02	2	异胡薄荷醇	iPol
55.46	1.3			43.61	5.7	新薄荷醇	nMol*
54.32	1.8	异胡薄荷醇	iPol	43.46	0.9		
53.35	1.5	大根香叶烯 D	GenD	41.45	13.0	柠檬烯	Lim
52.23	0.5	β-蒎烯	βPin	41.38	8.7	乙酸薄荷酯	MolAc
51.73	6.2	胡椒酮	Pip	41.20	2.3	α-蒎烯	aPin
51.32	1.1			41.10	1.9	大根香叶烯 D	GenD
51.01	0.8			40.89	2.3	β-蒎烯	βPin
50.86	89.3	薄荷酮	Mon	40.82	1.9	β-蒎烯/β-石竹烯	βPin/Car
50.65	1.6			40.35	0.8	β-石竹烯	Car

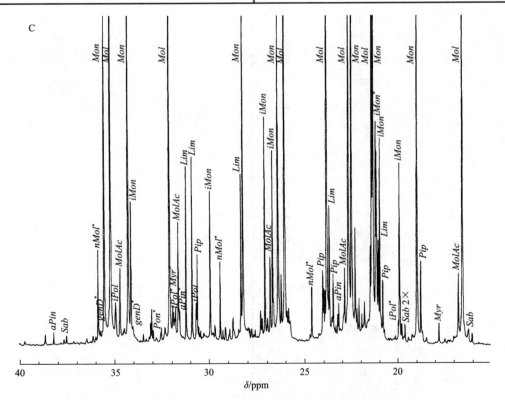

图 1.25.6　亚洲薄荷精油(巴西型)核磁共振碳谱图 C(15～40 ppm)

表 1.25.5　亚洲薄荷精油(巴西型)核磁共振碳谱 C(15～40 ppm)分析结果

化学位移/ppm	相对强度/%	中文名称	代码	化学位移/ppm	相对强度/%	中文名称	代码
38.63	0.9			30.42	1.3		
38.18	1.1	α-蒎烯	aPin	30.24	1.0	β-石竹烯	Car
37.51	0.8	桧烯	Sab	29.91	12.7	异薄荷酮	iMon
35.83	7.8	新薄荷醇	nMol*	29.76	1.1		
35.73	1.0	大根香叶烯 D	GenD	29.66	1.7	β-石竹烯	Car
35.63	0.7			29.38	7.1	新薄荷醇	nMol*
35.51	86.2	薄荷酮	Mon	29.24	1.2		
35.29	2.0			29.11	1.5	桧烯	Sab
35.18	65.7	薄荷脑/β-石竹烯	Mol/Car	28.88	1.3		
34.92	3.7			28.70	2.3		
34.89	3.5	异胡薄荷醇	iPol	28.42	1.1	β-石竹烯	Car
34.67	6.8	乙酸薄荷酯	MolAc	28.29	14.1	柠檬烯	Lim
34.52	1.1			28.19	65.1	薄荷酮	Mon
34.45	1.4			28.01	1.6		
34.24	49.8	薄荷酮	Mon	27.92	1.5		
34.10	12.7	异薄荷酮	iMon	27.85	1.4		
33.99	1.9	大根香叶烯 D	GenD	27.73	1.4	大根香叶烯 D	GenD
33.45	1.0			27.63	0.9	桧烯	Sab
33.07	1.9	β-石竹烯	Car	27.55	1.3	β-蒎烯	βPin
33.01	3.1			27.26	2.9		
32.93	1.3	胡薄荷酮	Pon	27.19	2.2	月桂烯	Myr
32.51	1.5	桧烯	Sab	27.04	19.1	异薄荷酮	iMon
32.32	1.4			26.91	2.2		
32.08	100.0	薄荷脑	Mol	26.77	7.3	乙酸薄荷酯	MolAc
31.92	3.5	月桂烯	Myr	26.64	15.9	异薄荷酮	iMon
31.88	3.0	异胡薄荷醇	iPol	26.58	3.7	β-蒎烯	βPin
31.80	2.4			26.35	51.2	薄荷酮	Mon
31.76	3.5			26.19	6.1		
31.70	2.0			26.01	59.6	薄荷脑	Mol
31.63	10.3	乙酸薄荷酯	MolAc	25.89	3.3		
31.57	3.3	α-蒎烯	aPin	25.80	3.4		
31.54	3.1	α-蒎烯	aPin	25.76	2.1		
31.20	15.2	柠檬烯	Lim	25.73	2.3	月桂烯	Myr
30.88	15.8	柠檬烯	Lim	24.69	0.8		
30.66	3.6	异胡薄荷醇	iPol	24.57	5.1		
30.60	7.9	胡椒酮	Pip	24.20	0.8		
30.52	1.7	桧烯	Sab	23.98	6.1	胡椒酮	Pip
30.48	1.0	大根香叶烯 D	GenD	23.92	4.5	β-蒎烯	βPin

续表

化学位移/ppm	相对强度/%	中文名称	代码	化学位移/ppm	相对强度/%	中文名称	代码
23.86	4.2	乙酸薄荷酯	MolAc	20.85	3.1	α-蒎烯	aPin
23.76	53.9	薄荷脑	Mol	20.74	5.7	胡椒酮	Pip
23.61	12.2	柠檬烯	Lim	20.66	1.7	大根香叶烯 D	GenD
23.48	2.4			20.44	0.8		
23.41	6.1	胡椒酮	Pip	20.36	0.8		
23.33	1.5			20.08	0.9		
23.26	1.6			19.92	2.2	异胡薄荷醇	iPol
23.16	2.6	α-蒎烯	aPin	19.86	15.2	异薄荷酮	iMon
23.10	3.6			19.74	2.0		
23.02	1.3	胡薄荷酮	Pon	19.66	0.8		
22.77	6.5	乙酸薄荷酯/β-石竹烯	MolAc/Car	19.58	2.0		
22.55	69.6	薄荷脑	Mol	19.41	0.8		
22.41	70.3	薄荷酮	Mon	19.22	0.9		
22.22	10.2			19.17	0.8		
22.11	3.4			18.95	78.3	薄荷酮	Mon
22.01	4.2	大根香叶烯 D	GenD	18.74	7.5	胡椒酮	Pip
21.86	2.7	β-蒎烯	βPin	18.66	1.4		
21.72	3.7			18.44	0.8		
21.51	1.9			17.75	2.0	月桂烯	Myr
21.41	7.9			16.94	0.7	大根香叶烯 D	GenD
21.32	70.8	薄荷脑	Mol	16.69	6.1	乙酸薄荷酯	MolAc
21.26	69.7	薄荷酮	Mon	16.50	61.5	薄荷脑	Mol
21.11	19.6	新薄荷醇	nMoL*	16.20	1.5	β-石竹烯	Car
21.08	16.6	异薄荷酮	iMon	16.17	1.6	桧烯	Sab
20.99	9.3	柠檬烯	Lim	16.00	1.2		
20.91	18.0	异薄荷酮	iMon				

1.25.2 亚洲薄荷精油(中国型)

1.25.2.1 气相色谱分析(图 1.25.7、图 1.25.8，表 1.25.6)

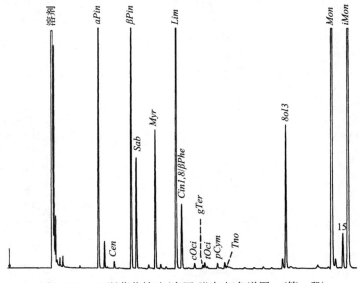

图 1.25.7 亚洲薄荷精油(中国型)气相色谱图 A(第一段)

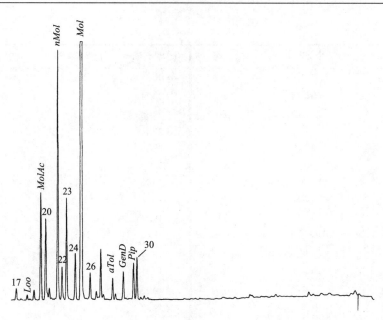

图 1.25.8　亚洲薄荷精油(中国型)气相色谱图 B(第二段)

表 1.25.6　亚洲薄荷精油(中国型)气相色谱图分析结果

序号	中文名称	英文名称	代码	百分比/%		
				巴西型	中国型	日本型
1	α-蒎烯	α-Pinene	aPin	3.19	4.30	2.04
2	莰烯	Camphene	Cen	0.06	0.80	0.03
3	β-蒎烯	β-Pinene	βPin	2.73	4.46	1.96
4	桧烯	Sabinene	Sab	1.06	1.61	0.75
5	月桂烯	Myrcene	Myr	1.43	2.10	0.85
6	柠檬烯	Limonene	Lim	9.58	5.75	7.14
7	1,8-桉叶素/β-水芹烯	1,8-Cineole/β-phellandrene	Cin1,8/βPhe	0.28	1.11	0.24
8	顺式-β-罗勒烯	(Z)-β-Ocimene	cOci	0.22	0.04	0.14
9	γ-松油烯	γ-Terpinene	gTer	—	0.04	—
10	反式-β-罗勒烯	(E)-β-Ocimene	tOci	0.26	0.07	0.10
11	对异丙基甲苯	para-Cymene	pCym	—	0.07	0.07
12	异松油烯	Terpinolene	Tno	—	0.07	—
13	3-辛醇	Octanol-3	8ol3	0.38	2.42	0.73
14	薄荷酮	Menthone	Mon	31.12	16.31	26.34
15	薄荷呋喃	Menthofuran	Mfn	0.38	0.64	0.35
16	异薄荷酮	Isomenthone	iMon	6.81	12.10	7.26
17	β-波旁烯	β-Bourbonene	βBou	0.29	0.20	0.30
18	芳樟醇	Linalool	Loo	0.08	0.16	0.41
19	乙酸薄荷酯	Menthyl acetate	MolAc	3.04	1.80	3.38
20	异胡薄荷醇	Isopulegol	iPol	0.98	1.42	0.85
21	新薄荷脑	Neomenthol	nMol	2.51	4.08	3.26
22	β-石竹烯/4-松油醇	β-Caryophyllene/terpinen-4-ol	Car/Trn	1.25	0.59	1.25
23	异异胡薄荷醇	Iso-isopulegol	iiPol	0.47	1.17	0.38
24	新异薄荷脑	Neo-isomenthol	niMol	0.16	0.80	0.25
25	薄荷脑	Menthol	Mol	28.77	33.66	34.68
26	胡薄荷酮/异薄荷脑	Pulegone/isomenthol	Pon/iMol	0.63	0.41	1.31
27	α-松油醇	α-Terpineol	aTol	—	0.32	0.27
28	大根香叶烯 D	Germacrene D	GenD	0.75	0.46	0.41
29	胡椒酮	Piperitone	Pip	2.43	0.58	3.82
30	香芹酮	Carvone	Cvn	0.12	0.67	0.16

1.25.2.2　核磁共振碳谱分析（图 1.25.9～图 1.25.12，表 1.25.7～表 1.25.10）

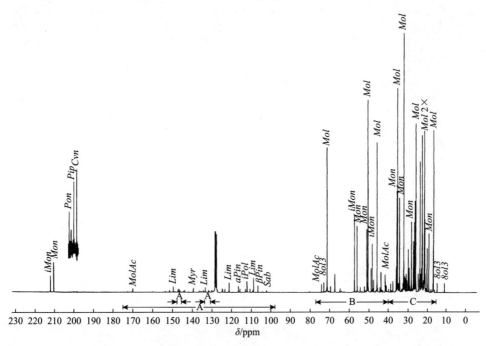

图 1.25.9　亚洲薄荷精油（中国型）核磁共振碳谱总图（0～220 ppm）

表 1.25.7　亚洲薄荷精油（中国型）核磁共振碳谱图（10～15 ppm 及 170～220 ppm）分析结果

化学位移/ppm	相对强度/%	中文名称	代码	化学位移/ppm	相对强度/%	中文名称	代码
212.26	6.8	异薄荷酮	iMon	14.42	1.3		
212.10	0.5			14.35	3.9	3-辛醇	8ol3
210.41	11.6	薄荷酮	Mon	10.54	0.6		
210.23	0.7			10.32	4.0	3-辛醇	8ol3
198.36	0.5	香芹酮	Cvn				

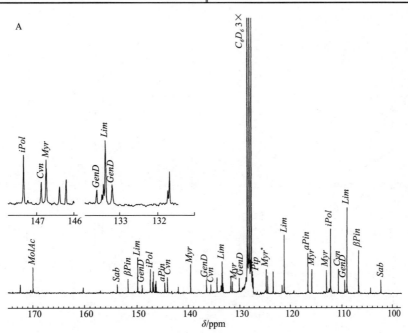

图 1.25.10　亚洲薄荷精油（中国型）核磁共振碳谱图 A（100～170 ppm）

表 1.25.8　亚洲薄荷精油(中国型)核磁共振碳谱 A(100～170 ppm)分析结果

化学位移/ppm	相对强度/%	中文名称	代码	化学位移/ppm	相对强度/%	中文名称	代码
169.95	1.8	乙酸薄荷酯	*MolAc*	128.19	2.3		
151.62	0.8	β-蒎烯	*βPin*	128.00	23.6	氘代苯(溶剂)	*C₆D₆*
149.76	2.3	柠檬烯	*Lim*	127.81	2.3		
147.35	1.5	异胡薄荷醇	*iPol*	127.62	22.6	氘代苯(溶剂)	*C₆D₆*
146.88	0.7	香芹酮	*Cvn*	127.43	1.7		
146.75	1.4	月桂烯	*Myr*	127.24	1.2	胡椒酮	*Pip*
146.38	0.5			124.66	1.7	月桂烯	*Myr*
146.20	0.8			124.40	1.2		
144.48	0.6	α-蒎烯	*aPin*	123.32	1.5		
143.97	1.0	香芹酮	*Cvn*	121.09	4.2	柠檬烯	*Lim*
136.40	0.8	大根香叶烯 D	*GenD*	116.49	2.8	α-蒎烯	*aPin*
134.37	1.0			115.75	1.6	月桂烯	*Myr*
133.43	0.6			112.96	1.5	月桂烯	*Myr*
133.38	2.0	柠檬烯	*Lim*	112.13	4.5	异胡薄荷醇	*iPol*
133.21	0.6	大根香叶烯 D	*GenD*	110.56	1.6	香芹酮	*Cvn*
131.68	1.0			109.31	0.8	大根香叶烯 D	*GenD*
131.37	0.7	月桂烯	*Myr*	108.87	6.1	柠檬烯	*Lim*
130.02	0.9	大根香叶烯 D	*GenD*	106.61	2.8	β-蒎烯	*βPin*
128.69	0.8			102.24	0.8	桧烯	*Sab*
128.38	23.5	氘代苯(溶剂)	*C₆D₆*				

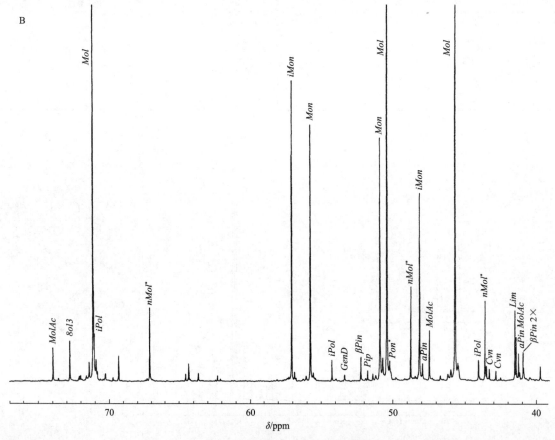

图 1.25.11　亚洲薄荷精油(中国型)核磁共振碳谱图 B(39～75 ppm)

表 1.25.9　亚洲薄荷精油（中国型）核磁共振碳谱 B（39～75 ppm）分析结果

化学位移/ppm	相对强度/%	中文名称	代码	化学位移/ppm	相对强度/%	中文名称	代码
73.98	3.3	乙酸薄荷酯	*MolAc*	50.37	73.1	薄荷脑	*Mol*
72.78	4.1	3-辛醇	*8ol3*	50.15	2.3		
71.42	1.7			48.73	9.7	新薄荷醇	*nMol**
71.12	57.8	薄荷脑	*Mol*	48.12	19.0	异薄荷酮	*iMon*
71.05	5.3	异胡薄荷醇	*iPol*	47.90	1.8	α-蒎烯	*aPin*
70.92	2.4			47.43	5.2	乙酸薄荷酯	*MolAc*
70.83	1.0			46.17	0.6		
70.27	0.7			45.98	1.0		
69.33	2.5			45.70	56.2	薄荷脑	*Mol*
67.12	7.3	新薄荷醇	*nMol**	45.48	2.0		
64.55	0.7			45.43	1.7		
64.34	1.8			44.05	2.1	异胡薄荷醇	*iPol*
63.68	0.8			43.58	8.2	新薄荷醇	*nMol*
57.09	30.6	异薄荷酮	*iMon*	43.48	1.6	香芹酮	*Cvn*
56.90	0.9			43.27	1.3	香芹酮	*Cvn*
55.80	26.5	薄荷酮	*Mon*	42.80	1.0		
55.59	0.9			41.46	7.1	乙酸薄荷酯	*MolAc*
54.27	2.2	异胡薄荷醇	*iPol*	41.38	4.5	柠檬烯	*Lim*
53.36	0.6	大根香叶烯 D	*GenD*	41.20	2.8	α-蒎烯	*aPin*
52.21	2.4	β-蒎烯	*βPin*	41.11	0.9		
51.74	0.9	胡椒酮	*Pip*	40.89	2.9	β-蒎烯	*βPin*
51.36	0.6			40.83	1.4	β-蒎烯	*βPin*
50.87	23.4	薄荷酮	*Mon*	39.67	1.5		
50.65	2.3						

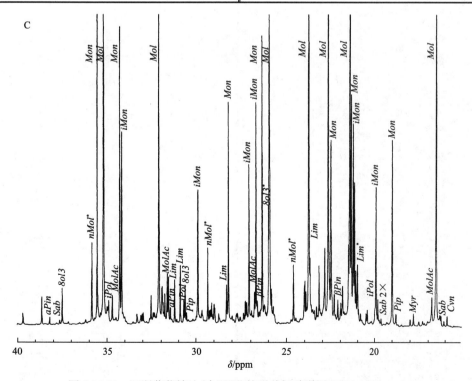

图 1.25.12　亚洲薄荷精油（中国型）核磁共振碳谱图 C（15～39 ppm）

表 1.25.10 亚洲薄荷精油(中国型)核磁共振碳谱 C(15~39 ppm)分析结果

化学位移/ppm	相对强度/%	中文名称	代码	化学位移/ppm	相对强度/%	中文名称	代码
38.64	3.5			26.51	1.6		
38.20	1.0	α-蒎烯	aPin	26.42	1.8		
37.49	4.5	3-辛醇	8ol3	26.35	35.2	薄荷酮	Mon
36.18	0.5			26.23	2.6	26.23	2.6
35.83	10.1	新薄荷醇	nMol*	26.19	2.3		
35.68	0.6	大根香叶烯 D	GenD	26.14	1.5		
35.54	39.0	薄荷酮	Mon	25.99	14.0	3-辛醇	8ol3
35.35	1.3			25.95	65.1	薄荷脑	Mol
35.18	78.1	薄荷脑	Mol	25.83	5.0		
34.98	2.5			25.73	2.7	月桂烯	Myr
34.93	2.4			25.67	1.6		
34.89	3.3	异胡薄荷醇	iPol	25.45	0.5		
34.68	3.8	乙酸薄荷酯	MolAc	24.70	0.7		
34.57	0.7			24.58	7.3		
34.48	0.9			24.45	0.9		
34.27	36.7	薄荷酮	Mon	24.19	0.7		
34.17	23.8	异薄荷酮	iMon	23.97	4.7	β-蒎烯	βPin
34.10	1.8			23.94	5.4	β-蒎烯	βPin
33.99	1.1	大根香叶烯 D	GenD	23.88	3.9	乙酸薄荷酯	MolAc
33.91	0.5			23.83	2.0		
33.32	1.4			23.72	49.6	薄荷脑	Mol
33.29	1.0			23.64	9.0	柠檬烯	Lim
33.10	1.1			23.58	2.9		
33.02	1.4			23.48	2.1		
32.96	1.5			23.44	1.7	胡椒酮	Pip
32.61	0.7			23.39	2.0		
32.54	3.5			23.27	2.4	α-蒎烯	aPin*
32.41	1.4	桧烯	Sab	23.22	1.2		
32.35	1.4	桧烯	Sab	23.13	7.4		
32.32	1.0	薄荷呋喃	Mfn	23.07	2.1		
32.29	0.7	薄荷呋喃	Mfn	23.01	1.6	大根香叶烯 D	GenD*
32.11	100.0	薄荷脑	Mol	22.79	9.7	乙酸薄荷酯	MolAc*
31.95	4.7			22.58	59.1	薄荷脑	Mol
31.92	4.9	月桂烯	Myr*	22.51	6.3		
31.88	3.1	异胡薄荷醇	iPol	22.42	24.0	薄荷酮	Mon
31.83	1.7	香芹酮	Cvn	22.23	4.3		
31.77	4.0			22.17	1.6		
31.64	6.5	乙酸薄荷酯	MolAc	22.02	3.5	薄荷呋喃	Mfn
31.57	6.1	大根香叶烯 D/α-蒎烯	GenD/aPin	31.10	0.8		
31.45	2.3	α-蒎烯	aPin	30.89	7.5	柠檬烯	Lim
31.36	0.7			30.70	3.1	异胡薄荷醇	iPol*
31.21	5.5	柠檬烯	Lim	30.63	4.7	3-辛醇	8ol3
26.61	3.1	β-蒎烯	βPin	30.54	1.6	胡椒酮	Pip*

化学位移/ppm	相对强度/%	中文名称	代码	化学位移/ppm	相对强度/%	中文名称	代码
30.48	0.6			21.76	4.9		
30.44	0.7	桧烯/薄荷呋喃	Sab/Mfn	21.67	1.7		
30.17	0.7			21.61	1.4		
30.05	0.6			21.54	1.3		
29.99	1.0			21.42	9.7	新薄荷醇	nMol*
29.89	17.3	异薄荷酮	iMon	21.36	60.8	薄荷脑	Mol
29.76	1.0			21.27	29.6	薄荷酮	Mon
29.66	1.9			21.17	24.7		
29.61	1.2			21.08	19.0	异薄荷酮	iMon
29.54	0.6			21.01	7.6	乙酸薄荷酯	MolAc*
29.45	0.5			20.92	8.2	柠檬烯/α-蒎烯	Lim/aPin*
29.35	9.6	新薄荷醇	nMol*	20.86	2.6	大根香叶烯D/香芹酮	GenD/Cvn
29.24	1.9	桧烯	Sab	20.76	1.9	胡椒酮	Pip
29.19	1.9			20.69	1.0	薄荷呋喃	Mfn
29.13	2.9			20.45	1.8		
29.08	1.4			20.38	2.2		
28.98	2.6			20.19	0.6		
28.95	2.3			20.14	0.7		
28.73	1.5			19.94	2.2	异胡薄荷醇	iPol*
28.48	0.5			19.88	18.1	异薄荷酮	iMon
28.42	0.5			19.77	3.7		
28.29	5.0	柠檬烯	Lim	19.69	0.9	桧烯	Sab
28.19	28.1	薄荷酮	Mon	19.60	1.1	桧烯	Sab
27.98	1.2			19.24	0.5		
27.91	0.7			18.97	22.3	薄荷酮	Mon
27.73	1.4	大根香叶烯D	GenD*	18.74	1.7	胡椒酮	Pip
27.69	1.5			17.94	1.0		
27.64	0.7	桧烯	Sab	17.76	1.7	月桂烯	Myr
27.54	0.9			17.44	0.6		
27.35	1.4			17.23	0.7		
27.26	3.0	α-蒎烯	aPin	16.94	0.6	大根香叶烯D	GenD
27.19	2.7	月桂烯	Myr*	16.69	3.7	乙酸薄荷酯	MolAc
27.07	19.1	异薄荷酮	iMon	16.45	61.8	薄荷脑	Mol
26.92	1.8			16.23	1.7		
26.86	1.1			16.17	1.6	香芹酮	Cvn
26.76	4.1	乙酸薄荷酯	MolAc	16.01	0.9	桧烯	Sab
26.69	27.4	异薄荷酮	iMon	15.83	1.4		
21.86	2.9	β-蒎烯	βPin				

1.25.3 亚洲薄荷精油(日本型)

1.25.3.1 气相色谱分析(图 1.25.13、图 1.25.14,表 1.25.11)

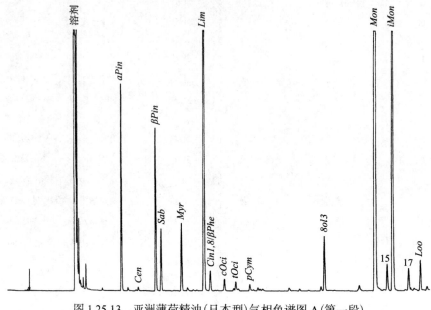

图 1.25.13 亚洲薄荷精油(日本型)气相色谱图 A(第一段)

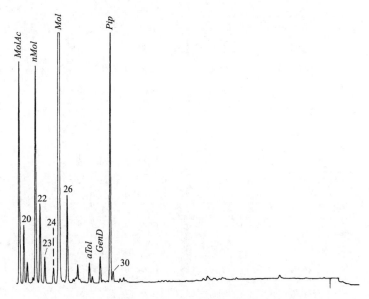

图 1.25.14 亚洲薄荷精油(日本型)气相色谱图 B(第二段)

表 1.25.11 亚洲薄荷精油(日本型)气相色谱图分析结果

序号	中文名称	英文名称	代码	百分比/%		
				巴西型	中国型	日本型
1	α-蒎烯	α-Pinene	aPin	3.19	4.30	2.04
2	莰烯	Camphene	Cen	0.06	0.80	0.03
3	β-蒎烯	β-Pinene	βPin	2.73	4.46	1.96
4	桧烯	Sabinene	Sab	1.06	1.61	0.75
5	月桂烯	Myrcene	Myr	1.43	2.10	0.85
6	柠檬烯	Limonene	Lim	9.58	5.75	7.14
7	1,8-桉叶素/β-水芹烯	1,8-Cineole/β-phellandrene	Cin1,8/βPhe	0.28	1.11	0.24
8	顺式-β-罗勒烯	(Z)-β-Ocimene	cOci	0.22	0.04	0.14
9	γ-松油烯	γ-Terpinene	gTer	—	0.04	—
10	反式-β-罗勒烯	(E)-β-Ocimene	tOci	0.26	0.07	0.10
11	对异丙基甲苯	para-Cymene	pCym	—	0.07	0.07
12	异松油烯	Terpinolene	Tno	—	0.07	—
13	3-辛醇	Octanol-3	8ol3	0.38	2.42	0.73
14	薄荷酮	Menthone	Mon	31.12	16.31	26.34
15	薄荷呋喃	Menthofuran	Mfn	0.38	0.64	0.35
16	异薄荷酮	Isomenthone	iMon	6.81	12.10	7.26
17	β-波旁烯	β-Bourbonene	βBou	0.29	0.20	0.30
18	芳樟醇	Linalool	Loo	0.08	0.16	0.41
19	乙酸薄荷酯	Menthyl acetate	MolAc	3.04	1.80	3.38
20	异胡薄荷醇	Isopulegol	iPol	0.98	1.42	0.85
21	新薄荷脑	Neomenthol	nMol	2.51	4.08	3.26
22	β-石竹烯/4-松油醇	β-Caryophyllene/terpinen-4-ol	Car/Trn	1.25	0.59	1.25
23	异异胡薄荷醇	Iso-isopulegol	iiPol	0.47	1.17	0.38
24	新异薄荷脑	Neo-isomenthol	niMol	0.16	0.80	0.25
25	薄荷脑	Menthol	Mol	28.77	33.66	34.68
26	胡薄荷酮/异薄荷脑	Pulegone/isomenthol	Pon/iMol	0.63	0.41	1.31
27	α-松油醇	α-Terpineol	aTol	—	0.32	0.27
28	大根香叶烯 D	Germacrene D	GenD	0.75	0.46	0.41
29	胡椒酮	Piperitone	Pip	2.43	0.58	3.82
30	香芹酮	Carvone	Cvn	0.12	0.67	0.16

1.25.3.2　核磁共振碳谱分析（图 1.25.15～图 1.25.18，表 1.25.12～表 1.25.15）

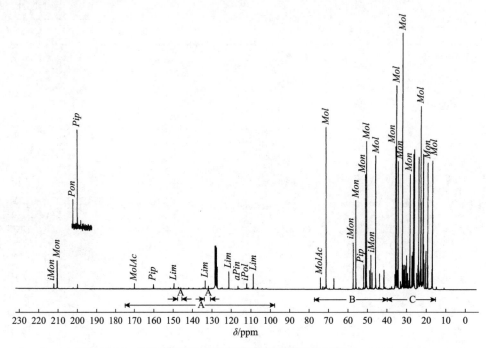

图 1.25.15　亚洲薄荷精油（日本型）核磁共振碳谱总图（0～220 ppm）

表 1.25.12　亚洲薄荷精油（日本型）核磁共振碳谱图（10～15 ppm 及 170～220 ppm）分析结果

化学位移/ppm	相对强度/%	中文名称	代码	化学位移/ppm	相对强度/%	中文名称	代码
212.18	2.3	异薄荷酮	*iMon*	199.83	2.1	胡椒酮	*Pip*
210.63	0.5			14.44	0.6		
210.35	11.6	薄荷酮	*Mon*	14.33	1.5	3-辛醇	*8ol3*
210.18	0.8			10.32	1.0	3-辛醇	*8ol3*
202.17	0.6						

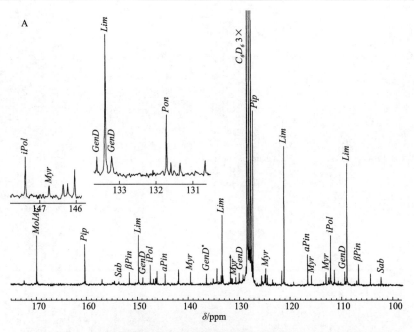

图 1.25.16　亚洲薄荷精油（日本型）核磁共振碳谱图 A（100～170 ppm）

表 1.25.13　亚洲薄荷精油（日本型）核磁共振碳谱 A（100～170 ppm）分析结果

化学位移/ppm	相对强度/%	中文名称	代码	化学位移/ppm	相对强度/%	中文名称	代码
169.91	2.4	乙酸薄荷酯	MolAc	127.43	1.3		
160.25	2.0	胡椒酮	Pip	127.21	8.9	胡椒酮	Pip
151.59	0.5	β-蒎烯	βPin	125.49	0.4		
149.73	2.6	柠檬烯	Lim	124.78	0.5	β-石竹烯	Car
147.40	0.9	异胡薄荷醇	iPol	124.65	0.8	月桂烯	Myr
146.04	0.6			124.41	0.4		
144.47	0.4	α-蒎烯	aPin	121.55	0.6		
141.82	0.7			121.07	7.4	柠檬烯	Lim
136.38	0.4	大根香叶烯 D	GenD	116.47	1.5	α-蒎烯	aPin
134.37	0.7			115.74	0.4	月桂烯	Myr
133.37	3.6	柠檬烯	Lim	112.96	0.5	月桂烯	Myr
131.72	1.4	胡薄荷酮	Pon	112.10	0.6	β-石竹烯	Car
130.00	0.5	大根香叶烯 D	GenD	112.06	2.4	异胡薄荷醇	iPol
128.62	0.7			111.31	0.7		
128.38	17.0	氘代苯（溶剂）	C₆D₆	109.30	0.6	大根香叶烯 D	GenD
128.21	1.8			108.86	6.4	柠檬烯	Lim
128.00	17.1	氘代苯（溶剂）	C₆D₆	106.59	0.9	β-蒎烯	βPin
127.82	1.8			104.25	0.5		
127.62	16.4	氘代苯（溶剂）	C₆D₆				

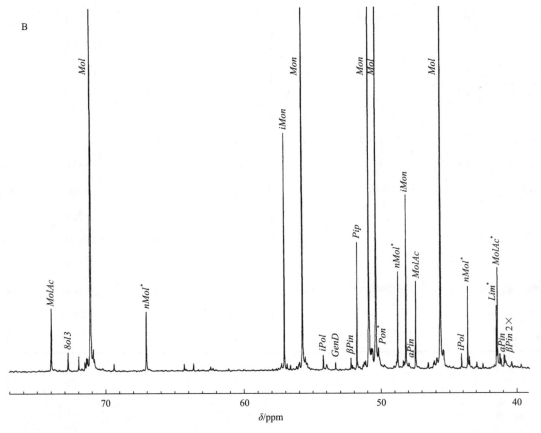

图 1.25.17　亚洲薄荷精油（日本型）核磁共振碳谱图 B（40～75 ppm）

表 1.25.14　亚洲薄荷精油（日本型）核磁共振碳谱 B(40～75 ppm)分析结果

化学位移/ppm	相对强度/%	中文名称	代码	化学位移/ppm	相对强度/%	中文名称	代码
73.95	4.7	乙酸薄荷酯	MolAc	50.57	1.5		
72.73	1.3	3-辛醇	8ol3	50.36	56.5	薄荷脑	Mol
71.95	1.0			50.14	1.9		
71.51	0.5			49.92	0.4		
71.36	0.8			48.83	0.5		
71.28	0.7			48.76	7.5	新薄荷醇	nMol
71.08	63.0	薄荷脑	Mol	48.35	0.6	β-石竹烯	Car
70.86	1.8	异胡薄荷醇	iPol	48.24	0.5		
70.78	1.0			48.15	13.4	异薄荷酮	iMon
69.37	0.5			47.90	0.5	α-蒎烯	aPin
67.05	4.5	新薄荷醇	nMol*	47.43	6.7	乙酸薄荷酯	MolAc
64.34	0.5			46.54	0.4		
63.67	0.5			46.15	0.4		
57.30	0.4			46.11	0.5		
57.09	18.5	异薄荷酮	iMon	45.93	0.6		
56.92	0.4			45.67	54.0	薄荷脑	Mol
56.01	0.4			45.46	1.7		
55.79	36.3	薄荷酮	Mon	45.43	1.6		
55.57	1.0			44.10	1.2	异胡薄荷醇	iPol
55.48	0.5			43.61	6.5	新薄荷醇	nMol*
55.43	0.5			43.46	1.0		
54.24	1.1	异胡薄荷醇	iPol	42.90	0.5		
53.36	0.5	大根香叶烯 D	GenD	42.46	0.4		
52.21	0.8	β-蒎烯	βPin	41.45	5.1	柠檬烯	Lim
51.74	10.0	胡椒酮	Pip	41.38	8.0	乙酸薄荷酯	MolAc
51.21	0.4			41.18	1.2	α-蒎烯	aPin
51.11	0.5			41.11	0.8	大根香叶烯 D	GenD*
50.87	46.5	薄荷酮	Mon	40.89	1.1	β-蒎烯	βPin
50.82	4.8	胡薄荷酮	Pon	40.83	1.0	β-蒎烯	βPin
50.68	1.6			40.76	0.5	β-石竹烯	Car
50.64	1.6			40.35	0.5	β-石竹烯	Car

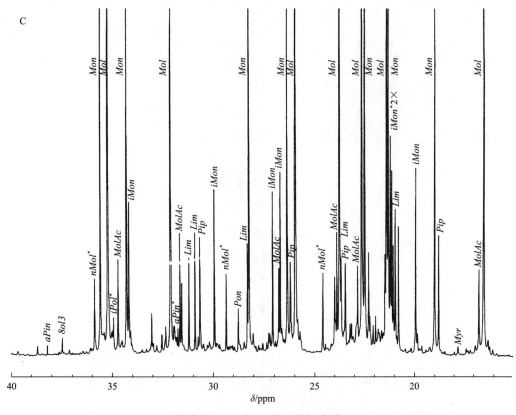

图 1.25.18 亚洲薄荷精油（日本型）核磁共振碳谱图 C（15～40ppm）

表 1.25.15 亚洲薄荷精油（日本型）核磁共振碳谱 C（15～40ppm）分析结果

化学位移/ppm	相对强度/%	中文名称	代码	化学位移/ppm	相对强度/%	中文名称	代码
38.68	0.7			33.04	3.4	胡薄荷酮	Pon
38.20	0.8	α-蒎烯	aPin	32.95	1.0	β-石竹烯	Car
37.48	1.4	3-辛醇	8ol3	32.79	0.8		
37.13	0.4			32.54	1.6		
36.07	0.4			32.35	2.3		
35.86	5.9	新薄荷醇	nMol	32.11	100.0	薄荷脑	Mol
35.57	55.7	薄荷酮	Mon	31.95	2.6		
35.38	1.7			31.92	2.6	α-蒎烯	aPin*
35.20	79.6	薄荷脑	Mol	31.88	1.6	异胡薄荷醇	iPol*
34.99	2.1	异胡薄荷醇/β-石竹烯	iPol/Car	31.83	1.6		
34.92	3.2			31.76	2.3	α-蒎烯	aPin*
34.70	8.0	乙酸薄荷酯	MolAc	31.66	9.9	乙酸薄荷酯	MolAc
34.55	0.9			31.57	6.0	胡薄荷酮	Pon
34.51	1.1			31.20	8.2	柠檬烯	Lim
34.29	49.5	薄荷酮	Mon	30.89	10.1	柠檬烯	Lim
34.17	12.8	异薄荷酮	iMon	30.74	1.5	异胡薄荷醇	iPol
34.08	2.3			30.64	9.8	胡椒酮	Pip
34.02	1.1	大根香叶烯 D	GenD	30.48	1.0	大根香叶烯 D	GenD*
33.51	0.5			30.45	0.9		
33.30	0.5			30.26	0.9	桧烯	Sab*

化学位移/ppm	相对强度/%	中文名称	代码	化学位移/ppm	相对强度/%	中文名称	代码
30.17	1.1	β-石竹烯	Car	24.32	0.5		
29.92	13.5	异薄荷酮	iMon	24.14	0.8		
29.80	1.1			23.98	6.1		
29.66	0.9			23.92	2.7	β-蒎烯	βPin
29.46	0.4	β-石竹烯	Car	23.86	9.8	乙酸薄荷酯/β-蒎烯	MolAc/βPin
29.33	6.8	新薄荷醇	nMol*	23.73	51.6	薄荷脑	Mol
29.24	0.7	桧烯	Sab*	23.64	8.3	柠檬烯	Lim
29.19	0.7			23.49	2.1		
29.11	0.7			23.42	7.8	胡椒酮	Pip
29.02	0.8			23.26	1.3		
28.92	0.6			23.20	2.6		
28.73	3.7	胡薄荷酮	Pon	23.16	1.5	α-蒎烯	aPin
28.64	0.8	β-石竹烯	Car	23.11	2.6		
28.45	0.9			23.07	1.5		
28.29	8.9	柠檬烯	Lim	23.02	1.5		
28.21	44.3	薄荷酮	Mon	22.85	2.4	胡薄荷酮	Pon
28.01	1.9			22.80	7.2	乙酸薄荷酯/β-石竹烯	MolAc/Car
27.88	0.8			22.58	71.6	薄荷脑	Mol
27.74	0.8	大根香叶烯 D	GenD	22.44	35.7	薄荷酮	Mon
27.69	0.6	桧烯	Sab	22.24	8.6	新薄荷醇	nMol*
27.54	1.0			22.19	3.5		
27.35	1.0	β-蒎烯	βPin	22.02	2.7	β-蒎烯	βPin
27.26	1.8			21.91	3.3	胡薄荷酮	Pon
27.20	1.7	月桂烯	Myr*	21.86	1.3		
27.05	13.7	异薄荷酮	iMon	21.77	2.2	胡薄荷酮	Pon
26.92	1.1			21.73	1.9		
26.76	7.0	乙酸薄荷酯	MolAc	21.61	2.0		
26.69	15.0	异薄荷酮	iMon	21.54	1.6		
26.61	2.1	α-蒎烯	aPin	21.44	7.7	新薄荷醇	nMol
26.51	1.1	β-蒎烯	βPin	21.35	54.8	薄荷脑	Mol
26.35	53.9	薄荷酮	Mon	21.27	53.4	薄荷酮	Mon
26.19	7.7	胡椒酮	Pip	21.17	18.0		
26.14	2.7			21.10	15.3	异薄荷酮	iMon
26.07	1.6			21.02	9.4	新薄荷醇	nMol*
25.95	54.5	薄荷脑	Mol	20.92	12.5	异薄荷酮	iMon
25.83	3.4			20.85	2.1	α-蒎烯	aPin
25.71	2.2	月桂烯	Myr*	20.76	10.8	柠檬烯	Lim
24.57	6.8			20.41	0.8		
24.44	0.9			20.22	0.5		

化学位移/ppm	相对强度/%	中文名称	代码	化学位移/ppm	相对强度/%	中文名称	代码
20.11	0.8			17.75	0.8	月桂烯	Myr
19.89	15.6	异薄荷酮	iMon	17.32	0.7		
19.80	2.0	异胡薄荷醇	iPol*	17.26	0.4		
19.70	0.8	桧烯	Sab	17.13	0.5		
19.60	1.0	桧烯	Sab	16.88	0.9	大根香叶烯 D	GenD
19.39	0.6			16.70	7.0	乙酸薄荷酯	MolAc
19.20	0.7			16.45	52.4	薄荷脑	Mol
18.97	49.4	薄荷酮	Mon	16.25	1.6	β-石竹烯	Car
18.76	10.1	胡椒酮	Pip	16.16	1.0		
18.44	0.5			16.01	0.7	桧烯	Sab
17.94	0.4						

1.26　甜　橙　精　油

英文名称：Orange oil, sweet。

法文和德文名称：*Essence d'orange du Portugal*；*SüBes Orangenöl (Portugalöl)*。

研究类型：美国佛罗里达巴伦西亚型。

甜橙精油是通过压榨甜橙[芸香科植物，*Citrus aurantium* L.var.*dulci*（*Citrus sinensis* Osbeck）]成熟果实的新鲜果皮得到。这一树种可能起源于喜马拉雅山脉和中国西南部之间的远东地区，现在在美国（加利福尼亚州、得克萨斯州、佛罗里达州）、整个地中海地区（意大利南部、西西里岛、西班牙、阿尔及利亚、突尼斯、摩洛哥、以色列、塞浦路斯）、南非、巴西和西印度群岛均有种植。甜橙的机器榨油主要在美国和塞浦路斯生产，而手工榨油则主要是在几内亚。

压榨甜橙精油主要用于调味饮料、软饮料、冰淇淋、糖果、医药制剂，很少用于香水。

甜橙油主要含有(+)-柠檬烯，少量其他单萜烃、芳樟醇、α-松油醇、脂肪醇和醛如辛醛、壬醛、癸醛、痕量的倍半萜醛 α-甜橙醛和 β-甜橙醛、邻氨基苯甲酸甲酯、香豆素和蜡。对于调味食品和饮料，首选"浓缩"和"无萜"精油，可在市场上购买获得。

压榨甜橙精油有时掺杂柠檬烯（合成或分离）或不同来源的萜类化合物的混合物。

1.26.1　气相色谱分析（图 1.26.1、图 1.26.2，表 1.26.1）

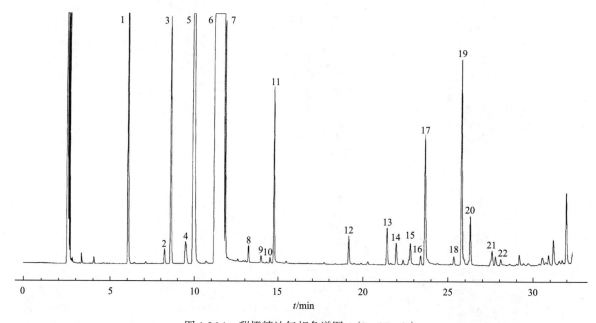

图 1.26.1　甜橙精油气相色谱图 A（0～30 min）

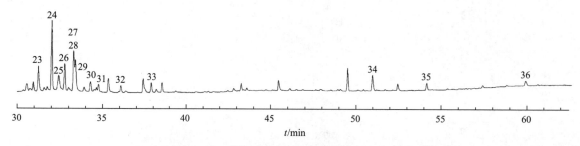

图 1.26.2　甜橙精油气相色谱图 B（30～60 min）

表 1.26.1 甜橙精油气相色谱图分析结果

序号	中文名称	英文名称	代码	百分比/%	序号	中文名称	英文名称	代码	百分比/%
1	α-蒎烯	α-Pinene	aPin	0.53	19	芳樟醇	Linalool	Loo	0.40
2	β-蒎烯	β-Pinene	βPin	0.03	20	辛醇	Octanol	8oll	0.10
3	桧烯	Sabinene	Sab	0.47	21	β-石竹烯	β-Caryophyllene	Car	0.02
4	3-蒈烯	3-Carene	d3Car	0.07	22	4-松油醇	Terpinen-4-ol	Trn4	0.01
5	月桂烯	Myrcene	Myr	1.84	23	橙花醛	Neral	bCal	0.06
6	柠檬烯	Limonene	Lim	94.39	24	α-松油醇	α-Terpineol	aTol	0.15
7	β-水芹烯	β-Phellandrene	βPhe	0.24	25	十二醛	Dodecanal		0.05
8	反式-β-罗勒烯	(E)-β-Ocimene	tOci	0.03	26	巴伦西亚桔烯	Valencene		0.06
9	对异丙基甲苯	p-Cymene	pCym	0.01	27	香叶醛	Geranial	aCal	0.09
10	异松油烯	Terpinolene	Tno	0.01	28	香芹酮	Carvone	Cvn	0.08
11	辛醛	Octanal	8all	0.30	29	乙酸香叶酯	Geranyl acetate	GerAc	0.01
12	壬醛	Nonanal	9all	0.05	30	δ-杜松烯	δ-Cadinene	dCad	0.01
13	顺式-柠檬烯-1,2-环氧化物	cis-Limonen-1,2-epoxide		0.07	31	香茅醇	Citronellol	Cllo	0.02
14	反式-柠檬烯-1,2-环氧化物	trans-Limonen-1,2-epoxide		0.04	32	橙花醇	Nerol	Ner	0.02
15	香茅醛	Citronellal	Clla	0.04	33	香叶醇	Geraniol	Ger	0.02
16	α-玷把烯	α-Copaene	Cop	0.02	34	β-甜橙醛	β-Sinensal		0.04
17	癸醛	Decanal	10all	0.29	35	α-甜橙醛	α-Sinensal		0.02
18	β-荜澄茄烯	β-Cubebene		0.02	36	圆柚酮	Nootkatone		0.02

1.26.2 核磁共振碳谱分析（图 1.26.3～图 1.26.5，表 1.26.2、表 1.26.3）

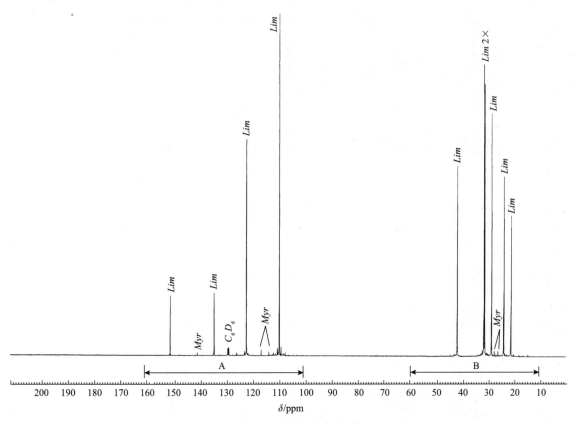

图 1.26.3 甜橙精油核磁共振碳谱总图（0～220 ppm）

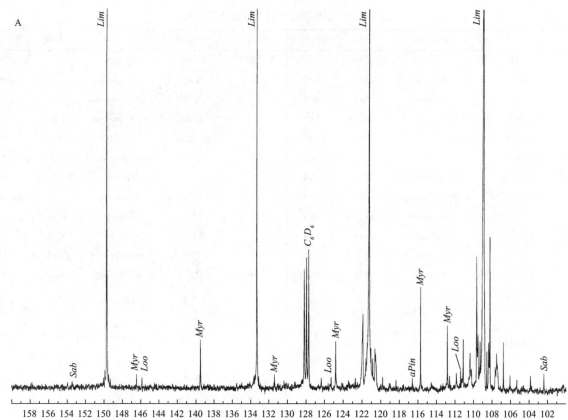

图 1.26.4　甜橙精油核磁共振碳谱图 A(100～150 ppm)

表 1.26.2　甜橙精油核磁共振碳谱 A(100～150 ppm)分析结果

化学位移/ppm	相对强度/%	中文名称	代码	化学位移/ppm	相对强度/%	中文名称	代码
149.73	16.6	柠檬烯	Lim	112.86	1.1	月桂烯	Myr
146.50	0.3	月桂烯	Myr	112.61	0.3		
145.90	0.2	芳樟醇	Loo	111.89	0.3	芳樟醇	Loo
139.54	0.8	月桂烯	Myr	111.43	0.3		
133.37	17.3	柠檬烯	Lim	111.16	0.8		
131.40	0.3	月桂烯	Myr	110.41	0.6		
126.40	0.2			109.70	2.1		
125.34	0.2	芳樟醇	Loo	109.54	0.9		
124.83	0.8	月桂烯	Myr	109.31	0.8		
122.73	0.2			108.98	100.0	柠檬烯	Lim
121.93	1.2			108.59	0.6		
121.60	0.5			108.40	0.8		
121.28	59.6	柠檬烯	Lim	108.25	2.5		
121.08	0.7			107.53	0.6		
120.88	0.5			106.80	0.8		
120.63	0.7			106.07	0.3		
119.84	0.2			105.35	0.2		
118.39	0.2			103.89	0.3		
116.63	0.2	α-蒎烯	aPin	102.42	0.3	桧烯	Sab
115.74	1.7	月桂烯	Myr				

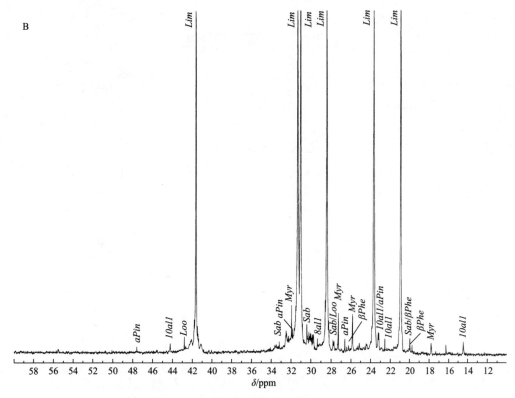

图 1.26.5 甜橙精油核磁共振碳谱图 B(10～100 ppm)

表 1.26.3 甜橙精油核磁共振碳谱 B(10～100 ppm)分析结果

化学位移/ppm	相对强度/%	中文名称	代码	化学位移/ppm	相对强度/%	中文名称	代码
91.56	0.2			29.75	0.6	正癸醛	10all
47.58	0.2	α-蒎烯	aPin	29.36	0.5	辛醛	8all
44.21	0.3	正癸醛	10all	28.60	1.8		
42.79	0.5	芳樟醇	Loo	28.44	66.7	柠檬烯	Lim
42.10	0.4			28.27	1.1		
41.81	1.1			27.84	0.4	桧烯/芳樟醇	Sab/Loo
41.65	52.4	柠檬烯	Lim	27.30	1.4	月桂烯	Myr
41.47	0.9			26.66	0.5	α-蒎烯	aPin
41.42	0.6			26.29	0.2	β-水芹烯	βPhe
41.12	0.3			25.88	1.3	月桂烯	Myr
33.22	0.4	桧烯	Sab	25.18	0.3		
32.51	0.7			24.48	0.3		
32.28	0.6	正癸醛	10all	23.70	49.4	柠檬烯	Lim
31.98	1.6	月桂烯	Myr	23.23	0.7		
31.88	0.8	α-蒎烯	aPin	23.18	0.7	正癸醛/α-蒎烯	10all/aPin
31.36	80.1	柠檬烯	Lim	22.58	0.5	正癸醛	10all
31.08	74.7	柠檬烯	Lim	20.96	38.7	柠檬烯/α-蒎烯	Lim/aPin
30.87	1.0			19.97	0.5	桧烯/β-水芹烯	Sab/βPhe
30.44	1.0	桧烯	Sab	19.74	0.2	β-水芹烯	βPhe
30.23	0.7			17.80	0.3	月桂烯	Myr
30.07	0.7			16.27	0.2	桧烯	Sab
30.01	0.6	正癸醛	10all	14.42	0.4	正癸醛	10all
29.87	0.6	正癸醛	10all				

1.27　欧芹籽精油

英文名称：Parsley seed oil。

法文和德文名称：*Essence de persil*；*Petersiliensamenöl*。

研究类型：商品。

采用水蒸气蒸馏欧芹(伞形科植物，*Petroselinum sativum* Hoffm.)的成熟果实（"籽"为不正确术语)得到欧芹籽精油。欧芹原产于地中海地区，目前在世界各地广泛种植，其中法国、荷兰、匈牙利、波兰和德国是主要种植地区，而蒸馏提取精油主要是在法国进行。

欧芹籽精油主要用于调配肉类、酱汁、罐头食品、调味品等，而在香水中较少应用。

欧芹籽精油的成分与欧芹叶精油有很大的不同，它的特征成分洋芹脑和肉豆蔻醚被许多权威人士认为有毒。欧芹籽精油的其他重要组分是单萜烯烃 α-蒎烯和 β-蒎烯。

1.27.1　气相色谱分析（图 1.27.1、图 1.27.2，表 1.27.1）

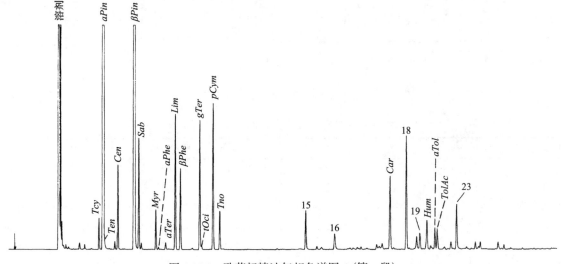

图 1.27.1　欧芹籽精油气相色谱图 A(第一段)

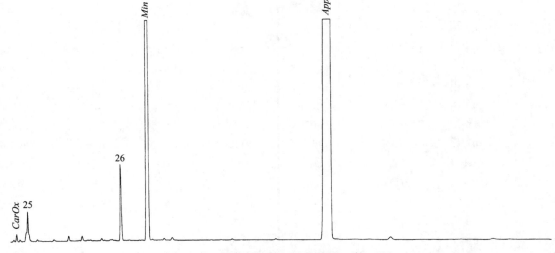

图 1.27.2　欧芹籽精油气相色谱图 B(第二段)

表 1.27.1 欧芹籽精油气相色谱图分析结果

序号	中文名称	英文名称	代码	百分比/%
1	三环烯	Tricyclene	Tcy	0.08
2	α-蒎烯/α-侧柏烯	α-Pinene/α-Thujene	aPin/Ten	30.18
3	莰烯	Camphene	Cen	0.22
4	β-蒎烯	β-Pinene	βPin	17.21
5	桧烯	Sabinene	Sab	0.29
6	月桂烯	Myrcene	Myr	0.11
7	α-水芹烯	α-Phellandrene	aPhe	0.01
8	α-松油烯	α-Terpinene	aTer	0.02
9	柠檬烯	Limonene	Lim	0.41
10	β-水芹烯	β-Phellandrene	βPhe	0.25
11	γ-松油烯	γ-Terpinene	gTer	0.40
12	反式-β-罗勒烯	(E)-β-Ocimene	tOci	0.01
13	对异丙基甲苯	para-Cymene	pCym	0.46
14	异松油烯	Terpinolene	Tno	0.12
15	异丙烯基甲苯	Cymenene		0.14
16	α-玷珌烯	α-Copaene	aCop	0.06
17	β-石竹烯/4-松油醇	β-Caryophyllene/Terpinen-4-ol	Car/Trn4	0.27
18	桃金娘烯醛	Myrtenal	Myal	0.42
19	反式-β-金合欢烯	(E)-β-Farnesene	EβFen	0.06
20	α-蛇麻烯	α-Humulene	Hum	0.11
21	α-松油醇	α-Terpineol	aTol	0.06
22	α-松油醇乙酸酯	α-Terpinyl acetate	TolAc	0.07
23	二环大根香叶烯	Bicyclogermacrene	BiGen	0.17
24	氧化石竹烯	Caryophyllene oxide	CarOx	0.03
25	胡萝卜醇	Carotol		0.11
26	榄香素	Elemicin	Ecn	0.35
27	肉豆蔻醚	Myristicin	Min	8.31
28	欧芹脑	Apiole,parsley	App	39.69

1.27.2　核磁共振碳谱分析(图 1.27.3～图 1.27.5，表 1.27.2～表 1.27.4)

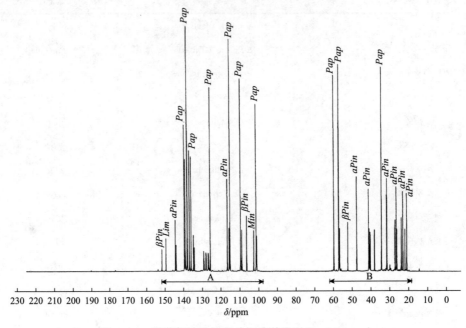

图 1.27.3　欧芹籽精油核磁共振碳谱总图(0～220 ppm)

表 1.27.2　欧芹籽精油核磁共振碳谱图(152～220 ppm)分析结果

化学位移/ppm	相对强度/%	中文名称	代码
190.04	0.8	桃金娘烯醛	*Myal*
176.63	0.8		
154.01	1.2	榄香素	*Ecn*

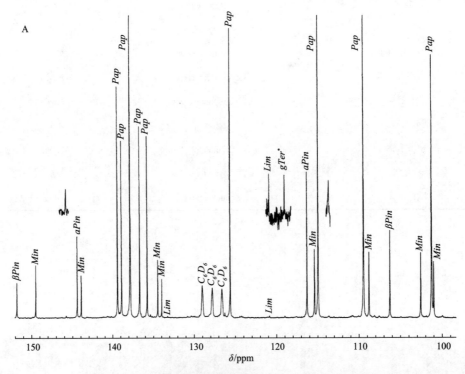

图 1.27.4　欧芹籽精油核磁共振碳谱图 A(100～152 ppm)

表 1.27.3　亚欧芹籽精油核磁共振碳谱 A(100～152 ppm)分析结果

化学位移/ppm	相对强度/%	中文名称	代码	化学位移/ppm	相对强度/%	中文名称	代码
151.86	9.5	β-蒎烯	βPin	128.00	8.1	氘代苯(溶剂)	C₆D₆
149.99	0.5	柠檬烯	Lim	127.26	0.8		
149.61	14.1	肉豆蔻醚	Min	127.08	1.1		
145.90	0.9	对异丙基甲苯	pCym	126.78	7.8	氘代苯(溶剂)	C₆D₆
144.57	21.7	α-蒎烯	aPin	126.41	1.7	对异丙基甲苯	pCym
144.09	11.5	肉豆蔻醚	Min	125.78	75.4		Pap
140.85	0.6	γ-松油烯	gTer	125.59	0.6		
140.36	0.6			124.68	0.6		
139.83	0.8			124.48	0.5		
139.53	60.3		Pap	121.08	0.7	柠檬烯	Lim
139.42	1.9	榄香素	Ecn	119.22	0.7	γ-松油烯	gTer
139.29	1.8			116.73	1.0		
139.04	46.3		Pap	116.50	38.3	α-蒎烯	aPin
138.59	0.8			116.36	0.9	γ-松油烯	gTer
137.98	100.0		Pap	115.60	18.2	肉豆蔻醚/榄香素	Min/Ecn
137.94	26.3	肉豆蔻醚	Min	115.14	94.6		Pap
137.65	0.7	榄香素	Ecn	113.83	0.6		
136.84	49.9		Pap	111.06	0.7		
136.69	1.4			110.93	0.6		
136.35	0.5			110.21	0.5		
135.94	47.4		Pap	109.62	78.8		Pap
135.74	0.6			108.96	17.5	肉豆蔻醚	Min
135.56	1.1			108.75	0.7	柠檬烯	Lim
135.32	0.6			108.32	0.7		
134.65	15.5	肉豆蔻醚	Min	107.76	0.5		
134.16	10.5	肉豆蔻醚	Min	106.47	23.2	β-蒎烯/榄香素	βPin/Ecn
133.44	0.6	柠檬烯	Lim	102.78	17.3	肉豆蔻醚	Min
131.02	0.6	γ-松油烯	gTer	102.12	0.5		
130.55	0.7			101.44	68.4		Pap
130.13	0.6			101.20	15.0	肉豆蔻醚	Min
129.55	0.9			100.16	0.6		
129.22	8.7	氘代苯(溶剂)/对异丙基甲苯	C₆D₆/pCym				

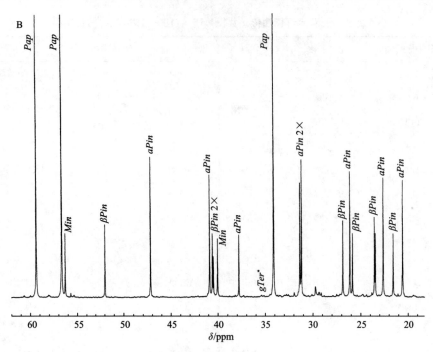

图 1.27.5　欧芹籽精油核磁共振碳谱图 B（20～65 ppm）

表 1.27.4　亚欧芹籽精油核磁共振碳谱 B（20～65 ppm）分析结果

化学位移/ppm	相对强度/%	中文名称	代码	化学位移/ppm	相对强度/%	中文名称	代码
60.81	0.6			32.16	1.4		
60.15	0.7	榄香素	Ecn	31.73	1.5	γ-松油烯	gTer
59.52	80.1		Pap	31.55	32.0	α-蒎烯	aPin
58.22	0.8			31.39	38.4	α-蒎烯/桃金娘烯醛	aPin/Myal
58.12	0.6			31.09	0.7	柠檬烯	Lim
56.81	84.5		Pap	30.33	0.8	柠檬烯	Lim
56.44	18.1	肉豆蔻醚	Min	29.96	3.0		
55.85	1.4	榄香素	Ecn	29.61	1.4		
55.51	0.7			29.56	1.3		
52.11	20.5	β-蒎烯	βPin	29.34	1.3		
47.35	39.2	α-蒎烯	aPin	27.72	0.9	γ-松油烯	gTer
41.27	1.2	柠檬烯	Lim	27.39	0.9		
41.06	34.2	α-蒎烯	aPin	27.05	21.4	β-蒎烯	βPin
40.77	17.9	β-蒎烯/桃金娘烯醛	βPin/Myal	26.32	35.1	α-蒎烯	aPin
40.66	11.6	β-蒎烯	βPin	26.05	17.9	β-蒎烯	βPin
40.57	1.2	榄香素	Ecn	25.57	0.6	桃金娘烯醛	Myal
40.24	16.6	肉豆蔻醚	Min	25.04	0.7		
38.41	0.7	桃金娘烯醛	Myal	24.59	0.8		
38.01	17.5	α-蒎烯	aPin	24.03	1.3	对异丙基甲苯	pCym
37.50	0.5	桃金娘烯醛	Myal	23.74	22.3	β-蒎烯	βPin
35.61	0.6			23.64	17.9	β-蒎烯	βPin
34.71	0.9			23.30	0.6	柠檬烯	Lim
34.30	83.3		Pap	22.79	33.3	α-蒎烯	aPin
33.85	0.7	对异丙基甲苯	pCym	21.73	17.8	β-蒎烯	βPin
33.18	0.7			21.25	1.0	γ-松油烯	gTer
32.99	0.8	桃金娘烯醛	Myal	20.73	32.6	α-蒎烯/桃金娘烯醛	aPin/Myal
32.81	0.8						

1.28　广藿香精油

英文名称：Patchouli oil。

法文和德文名称：*Essence de patchouli*；*Patchouliöl*。

研究类型：苏门答腊型(印度尼西亚)。

采用水蒸气蒸馏广藿香[唇形科植物，*Pogostemon cablin*(Blanco)Bentham]的干叶可得到广藿香精油。这种小型草本植物起源于菲律宾群岛，在印度尼西亚(苏门答腊岛)、塞舌尔、马达加斯加、海南等地被种植用于生产精油，在巴西和其他热带国家也有小规模的种植。大部分的精油产自苏门答腊岛。

广藿香精油是一种橙色或棕色的黏稠液体，呈现出具有强烈广藿香特征的甜香、药草香、辛香、木香和膏香，是调配东方型、木香型、馥奇型和西普型等香水重要的香原料。此外，它还是肥皂、化妆品和洗涤剂常用香精中的重要香气成分。

广藿香精油的主要成分是广藿香醇(30%~60%)和对感官贡献不大的倍半萜烃类化合物(40%~60%)，如 α-布藜烯、α-愈疮木烯、α-广藿香烯和 β-广藿香烯以及塞瑟尔烯。

广藿香精油偶尔会掺杂圆柏精油、古芸香膏油和玷玸香膏油，以及岩兰草精油和樟脑精油的残渣等。

1.28.1　气相色谱分析(图 1.28.1、图 1.28.2，表 1.28.1)

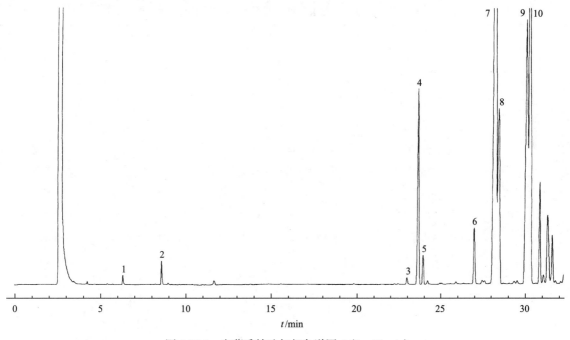

图 1.28.1　广藿香精油气相色谱图 A(0~30 min)

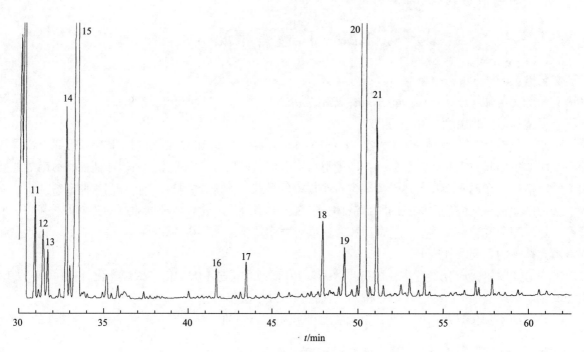

图 1.28.2　广藿香精油气相色谱图 B(30～60 min)

表 1.28.1　广藿香精油气相色谱图分析结果

序号	中文名称	英文名称	代码	百分比/%
1	α-蒎烯	α-Pinene	aPin	0.07
2	β-蒎烯	β-Pinene	βPin	0.19
3	δ-榄香烯	δ-Elemene		0.07
4	β-广藿香烯	β-Patchoulene	βPat	2.37
5	α-珂珀烯	α-Copaene	Cop	0.33
6	环塞瑟尔烯	Cycloseychellene		0.70
7	α-愈疮木烯	α-Guaiene	aGua	15.44
8	β-石竹烯	β-Caryophyllene	Car	3.16
9	α-广藿香烯	α-Patchoulene	aPat	5.66
10	塞瑟尔烯	Seychellene	Sey	8.94
11	γ-广藿香烯	γ-Patchoulene		1.08
12	α-蛇麻烯	α-Humulene	Hum	1.04
13	反式-β-香柠檬烯	(E)-β-Bergamotene(?)		0.57
14	顺式-β-愈疮木烯	Aciphyllene	Aci	2.62
15	α-布藜烯	α-Bulnesene	Bul	17.49
16	α-布藜烯环氧化物	α-Bulnesene epoxide		0.32
17	氧化石竹烯	Caryophyllene epoxide	CarOx	0.41
18	降广藿香烯醇	Norpatchoulenol		0.94
19	未知物(MW 222)	Unknown(MW 222)		0.75
20	广藿香醇	Patchouli alcohol	PatOl	32.43
21	广藿香萜醇	Pogostol	Pgol	2.36

1.28.2　核磁共振碳谱分析（图1.28.3～图1.28.6，表1.28.2～表1.28.5）

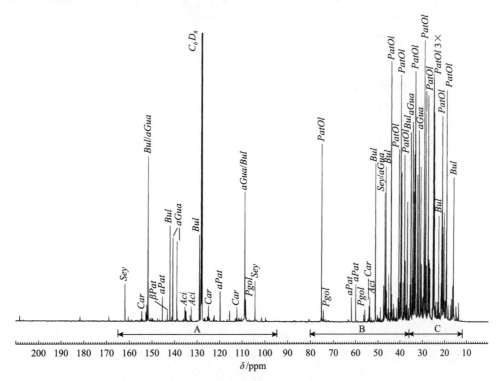

图 1.28.3　广藿香精油核磁共振碳谱总图（0～220 ppm）

表 1.28.2　广藿香精油核磁共振碳谱图（165～220 ppm）分析结果

化学位移/ppm	相对强度/%
181.55	1.5
168.86	1.6

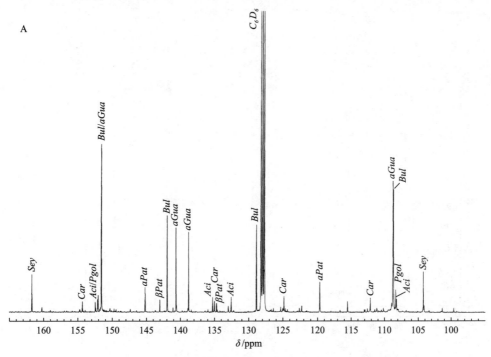

图 1.28.4　广藿香精油核磁共振碳谱图 A（95～165 ppm）

表 1.28.3 广藿香精油核磁共振碳谱 A(95～165 ppm)分析结果

化学位移/ppm	相对强度/%	中文名称	代码	化学位移/ppm	相对强度/%	中文名称	代码
161.70	13.1	塞瑟尔烯	*Sey*	126.45	1.4		
160.24	1.6			125.36	1.8		
154.34	3.6	β-石竹烯	*Car*	124.89	5.6	β-石竹烯	*Car*
152.48	3.4	顺式-β-愈疮木烯	*Aci*	124.70	1.3		
152.40	1.4	广藿香蒽醇	*Pgol*	122.64	1.4		
152.14	4.4			122.32	2.2		
152.09	5.8			119.71	10.7	α-广藿香烯	*aPat*
151.61	58.8	α-布藜烯/α-愈疮木烯	*Bul/aGua*	115.57	3.8		
150.35	1.2			112.63	1.3		
149.76	1.1			112.21	5.1	β-石竹烯	*Car*
145.22	8.6	α-广藿香烯	*aPat*	111.23	1.4		
143.04	4.3	β-广藿香烯	*βPat*	110.23	1.5		
141.96	33.9	α-布藜烯	*Bul*	108.96	3.3		
141.09	1.5			108.78	46.1	α-愈疮木烯	*aGua*
140.65	29.7	α-愈疮木烯	*aGua*	108.72	43.2	α-布藜烯	*Bul*
138.84	28.2	α-愈疮木烯	*aGua*	108.36	7.9	广藿香蒽醇	*Pgol*
135.31	5.2	顺式-β-愈疮木烯	*Aci*	108.26	4.6	顺式-β-愈疮木烯	*Aci*
135.05	3.8	β-石竹烯	*Car*	104.32	14.3	塞瑟尔烯	*Sey*
134.74	3.5	β-广藿香烯	*βPat*	104.19	2.4		
132.99	2.1			101.39	1.4		
132.56	5.2	顺式-β-愈疮木烯	*Aci*	99.67	1.5		
128.91	30.7	α-布藜烯	*Bul*				

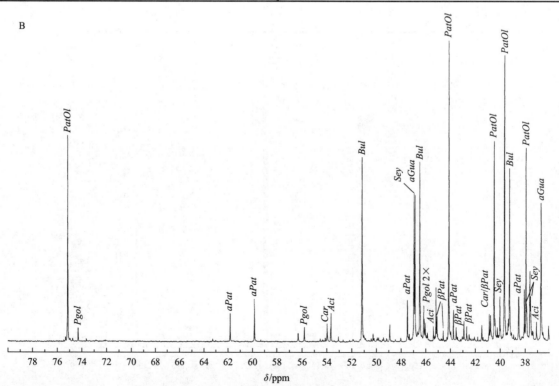

图 1.28.5 广藿香精油核磁共振碳谱图 B(36～80 ppm)

表 1.28.4　广藿香精油核磁共振碳谱 B(36～80 ppm)分析结果

化学位移/ppm	相对强度/%	中文名称	代码	化学位移/ppm	相对强度/%	中文名称	代码
75.16	63.3	广藿香醇	*PatOl*	42.93	6.4		
74.31	4.2	广藿香奠醇	*Pgol*	42.70	4.7	β-广藿香烯	*βPat*
61.85	8.7	α-广藿香烯	*aPat*	42.50	2.3		
59.88	13.1	α-广藿香烯	*aPat*	41.48	5.1		
56.34	2.5			40.88	8.5	β-石竹烯	*Car*
55.85	4.4	广藿香奠醇	*Pgol*	40.78	8.2	β-广藿香烯	*βPat*
54.00	5.5	β-石竹烯	*Car*	40.50	61.3	广藿香醇	*PatOl*
53.69	8.7	顺式-β-愈疮木烯	*Aci*	40.42	7.1	β-石竹烯	*Car*
51.18	56.5	α-布藜烯	*Bul*	40.23	4.4		
50.28	2.5			40.03	13.9	塞瑟尔烯	*Sey*
48.95	5.3			39.66	87.7	广藿香醇	*PatOl*
47.52	12.8	α-广藿香烯	*aPat*	39.39	5.6		
47.36	2.3			39.35	7.0	广藿香奠醇	*Pgol*
47.00	45.7	塞瑟尔烯	*Sey*	39.25	53.2	α-布藜烯	*Bul*
46.91	45.0	α-愈疮木烯	*aGua*	38.92	2.2		
46.52	55.2	α-布藜烯	*Bul*	38.51	13.8	α-广藿香烯	*aPat*
46.20	11.0	广藿香奠醇	*Pgol 2×*	38.07	16.0		
46.16	7.0			37.94	59.3	广藿香醇	*PatOl*
46.07	5.8			37.89	11.6	塞瑟尔烯	*Sey*
45.89	2.7			37.63	21.6		
45.41	4.7	顺式-β-愈疮木烯	*Aci*	37.59	13.4		
45.19	16.6			37.57	13.9	塞瑟尔烯	*Sey*
45.13	7.8	β-广藿香烯	*βPat*	37.42	3.4	顺式-β-愈疮木烯	*Aci*
44.61	3.4	β-广藿香烯	*βPat*	37.36	3.0		
44.16	92.3	广藿香醇	*PatOl*	37.09	6.1	顺式-β-愈疮木烯	*Aci*
43.77	9.7	α-广藿香烯	*aPat*	36.72	42.6	α-愈疮木烯	*aGua*
43.55	4.4	β-广藿香烯	*βPat*	36.11	4.9		

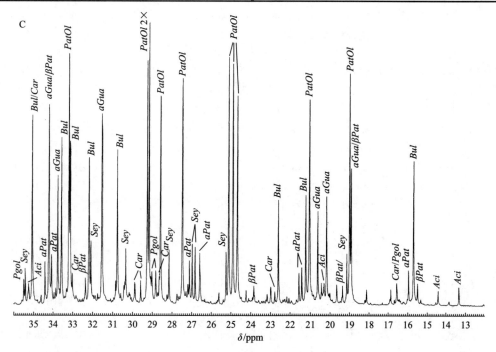

图 1.28.6　广藿香精油核磁共振碳谱图 C(12～36 ppm)

表 1.28.5　广藿香精油核磁共振碳谱 C（12～36 ppm）分析结果

化学位移/ppm	相对强度/%	中文名称	代码	化学位移/ppm	相对强度/%	中文名称	代码
35.49	9.3	广藿香奠醇	Pgol	27.19	7.8		
35.42	13.2	塞瑟尔烯	Sey	27.12	16.1	α-广藿香烯	aPat
35.25	7.9	顺式-β-愈疮木烯	Aci	26.97	21.9	塞瑟尔烯	Sey
35.07	67.4	α-布藜烯/β-石竹烯	Bul/Car	26.82	20.8	塞瑟尔烯	Sey
34.62	3.8			26.60	18.8	α-广藿香烯	aPat
34.42	15.7	α-广藿香烯	aPat	25.62	4.8		
34.21	71.1	α-愈疮木烯/β-广藿香烯	aGua/βPat	25.25	19.1	塞瑟尔烯	Sey
34.08	18.2	α-广藿香烯	aPat	25.11	87.9	广藿香醇	PatOl
33.95	4.8			24.90	85.5	广藿香醇	PatOl
33.86	6.4	α-广藿香烯	aPat	24.67	74.3	广藿香醇	PatOl
33.76	46.1	α-愈疮木烯	aGua	24.24	5.7		
33.56	59.5	α-布藜烯	Bul	24.10	2.8		
33.31	6.2			23.85	7.2	β-广藿香烯	βPat
33.19	89.0	广藿香醇	PatOl	23.18	4.3		
33.13	58.2	α-布藜烯	Bul	22.99	7.0		
33.02	11.6	β-石竹烯	Car	22.79	5.1	β-石竹烯	Car
32.83	3.7			22.61	37.6	α-布藜烯	Bul
32.37	9.9	β-广藿香烯	βPat	22.27	2.5		
32.17	52.4	α-布藜烯	Bul	22.17	3.4		
32.08	23.0	塞瑟尔烯	Sey	22.06	2.8		
31.88	3.7	顺式-β-愈疮木烯	Aci	21.56	11.8	α-广藿香烯	aPat
31.75	4.5			21.42	13.7	α-广藿香烯	aPat
31.55	67.9	α-愈疮木烯	aGua	21.23	39.3	α-布藜烯	Bul
30.85	8.9			21.05	73.1	广藿香醇	PatOl
30.77	55.2	α-布藜烯	Bul	20.63	33.6	α-愈疮木烯	aGua
30.60	4.5	β-广藿香烯	βPat	20.45	8.3		
30.44	7.3	广藿香奠醇	Pgol	20.30	8.2	顺式-β-愈疮木烯	Aci
30.39	8.6			20.18	38.8	α-愈疮木烯	aGua
30.35	20.3	塞瑟尔烯	Sey	20.02	4.7	广藿香奠醇	Pgol
30.18	4.9			19.65	7.6		
29.89	8.4	β-石竹烯	Car	19.36	7.3	β-广藿香烯	βPat
29.60	9.0	β-石竹烯	Car	19.14	18.6	塞瑟尔烯	Sey
29.26	86.5	广藿香醇	PatOl	19.00	82.2	广藿香醇	PatOl
29.17	100.0	广藿香醇/β-广藿香烯	PatOl/βPat	18.92	48.7	α-愈疮木烯/β-广藿香烯	aGua/βPat
29.03	12.2	广藿香奠醇	Pgol	18.14	6.0		
28.83	12.6	广藿香奠醇	Pgol	16.87	6.0		
28.72	4.9			16.68	2.3		
28.65	10.5	β-石竹烯	Car	16.56	8.2	β-石竹烯/广藿香奠醇	Car/Pgol
28.59	74.2	广藿香醇	PatOl	15.97	12.7	α-广藿香烯	aPat
28.25	4.0			15.71	51.5	α-布藜烯	Bul
28.15	19.9	塞瑟尔烯	Sey	15.50	8.1	β-广藿香烯	βPat
27.75	4.2			15.33	2.5		
27.47	80.4	广藿香醇	PatOl	14.42	5.5	顺式-β-愈疮木烯	Aci
27.29	5.2			13.34	6.7	顺式-β-愈疮木烯	Aci

1.29 椒样薄荷精油

英文名称：Peppermint oil。

法文和德文名称：*Essence de menthe poivrée*；*Pfefferminzöl*。

研究类型：美国肯纳威克型、美国密歇根型、保加利亚米切姆型。

椒样薄荷精油是采用水蒸气蒸馏椒样薄荷(唇形科植物，*Mentha piperita* L.)的地上部分的新鲜或部分干燥的植株中提取得到。这种植物是三种薄荷属植物的杂交品种，主要在美国、俄罗斯、保加利亚、意大利、摩洛哥种植，在其他国家也有少量种植。椒样薄荷精油是所有精油中最重要的一种，经常被掺假。最常见的掺假品是亚洲薄荷精油。

椒样薄荷精油含有约 40%(–)-薄荷醇、5%～10%酯类[主要是(–)-乙酸薄荷酯]和 15%～30%(–)-薄荷酮。薄荷呋喃是一种椒样薄荷精油中不受欢迎的特征化合物，还有一种倍半萜醇化合物绿花白千层醇，均不存在于亚洲薄荷油中。

椒样薄荷精油通常用蒸馏和部分"脱脑"来精馏。它被用于化妆品加香，特别是牙膏和漱口水、口香糖、药物制剂和利口酒。

保加利亚椒样薄荷精油(米切姆型)的 ^{13}CNMR 光谱在这里省略，它与其他两种类型的薄荷精油仅在于其成分的含量不同。

1.29.1 椒样薄荷精油(肯纳威克型)

1.29.1.1 气相色谱分析(图 1.29.1、图 1.29.2，表 1.29.1)

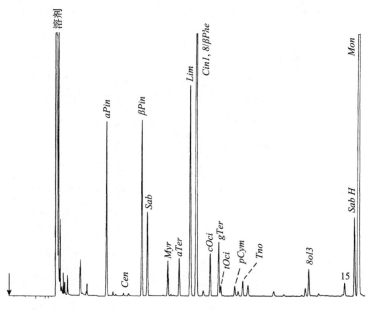

图 1.29.1 椒样薄荷精油(肯纳威克型)气相色谱图 A(第一段)

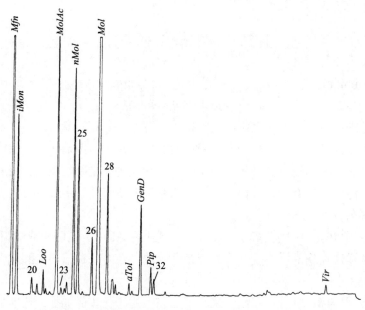

图 1.29.2　椒样薄荷精油(肯纳威克型)气相色谱图 B(第二段)

表 1.29.1　椒样薄荷精油(肯纳威克型)气相色谱图分析结果

序号	中文名称	英文名称	代码	百分比/%		
				肯纳威克型	密歇根型	米切姆型
1	α-蒎烯	α-Pinene	aPin	1.64	1.34	1.13
2	莰烯	Camphene	Cen	0.02	0.01	—
3	β-蒎烯	β-Pinene	βPin	1.97	1.65	1.40
4	桧烯	Sabinene	Sab	0.93	0.77	0.61
5	月桂烯	Myrcene	Myr	0.41	0.33	0.41
6	α-松油烯	α-Terpinene	aTer	0.46	0.43	0.06
7	柠檬烯	Limonene	Lim	2.61	2.44	2.19
8	1,8-桉叶素/β-水芹烯	1,8-Cineole/β-Phellandrene	Cin1,8/βPhe	7.75	7.02	4.97
9	顺式-β-罗勒烯	cis-β-Ocimene	cOci	0.51	0.41	0.37
10	γ-松油烯	γ-Terpinene	gTer	0.68	0.68	0.11
11	反式-β-罗勒烯	trans-β-Ocimene	tOci	0.13	0.11	0.07
12	对异丙基甲苯	para-Cymene	pCym	0.11	0.24	0.08
13	异松油烯	Terpinolene	Tno	0.18	0.18	0.04
14	3-辛醇	Octanol-3	8ol3	0.33	0.30	0.50
15	蘑菇醇(1-辛烯-3-醇)	1-Octen-3-ol	8enlol3	0.18	0.21	0.06
16	反式-水合桧烯	trans-Sabinene hydrate	SabH	1.01	1.14	0.15
17	薄荷酮	Menthone	Mon	17.27	23.14	31.64
18	薄荷呋喃	Menthofuran	Mfn	7.37	2.48	2.68
19	异薄荷酮	Isomenthone	iMon	2.53	3.08	6.86
20	β-波旁烯	β-Bourbonene	βBou	0.26	0.27	0.19
21	芳樟醇	Linalool	Loo	0.30	0.31	0.36
22	乙酸薄荷酯	Menthyl acetate	MolAc	3.80	3.69	6.66

续表

序号	中文名称	英文名称	代码	百分比/%		
				肯纳威克型	密歇根型	米切姆型
23	异胡薄荷醇	Isopulegol	iPol	0.09	0.08	0.15
24	新薄荷醇	Neomenthol	nMol	3.10	3.25	2.57
25	β-石竹烯/4-松油醇	β-Caryophyllene/Terpinen-4-ol	Car/Trn4	0.14	2.24	1.26
26	新异薄荷脑	Neo-isomenthol	niMol	0.79	0.78	0.61
27	薄荷脑	Menthol	Mol	38.24	38.01	26.78
28	胡薄荷酮/异薄荷脑	Pulegone/Isomenthol	Pon/iMol	1.63	1.38	3.78
29	α-松油醇	α-Terpineol	aTol	0.14	0.15	—
30	大根香叶烯 D	Germacrene D	GenD	1.33	1.27	0.84
31	胡椒酮	Piperitone	Pip	0.35	0.46	1.04
32	香芹酮	Carvone	Cvn	0.25	0.24	0.12
33	绿花白千层醇	Viridiflorol	Vir	0.13	0.15	0.07

1.29.1.2 核磁共振碳谱分析(图 1.29.3～图 1.29.6,表 1.29.2～表 1.29.5)

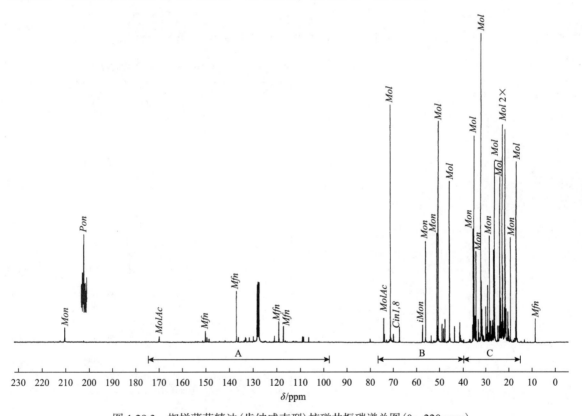

图 1.29.3 椒样薄荷精油(肯纳威克型)核磁共振碳谱总图(0～220 ppm)

表 1.29.2 椒样薄荷精油(肯纳威克型)核磁共振碳谱图(0～15 ppm 及 175～220 ppm)分析结果

化学位移/ppm	相对强度/%	中文名称	代码	化学位移/ppm	相对强度/%	中文名称	代码
210.55	0.5	薄荷酮	Mon	12.82	1.2	反式-水合桧烯	SabH
202.39	0.6	胡薄荷酮	Pon	8.16	8.0	薄荷呋喃	Mfn
14.36	0.6						

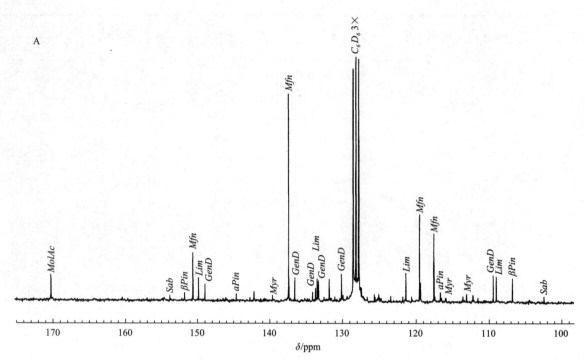

图 1.29.4　椒样薄荷精油(肯纳威克型)核磁共振碳谱图 A(100～175 ppm)

表 1.29.3　椒样薄荷精油(肯纳威克型)核磁共振碳谱 A(100～175 ppm)分析结果

化学位移/ppm	相对强度/%	中文名称	代码	化学位移/ppm	相对强度/%	中文名称	代码
170.06	2.1	乙酸薄荷酯	MolAc	128.00	19.8	氘代苯(溶剂)	C₆D₆
151.62	0.6	β-蒎烯	βPin	127.82	1.8		
150.50	4.0	薄荷呋喃	Mfn	127.62	19.7	氘代苯(溶剂)	C₆D₆
149.76	1.8	柠檬烯	Lim	127.38	1.1		
148.91	1.3	大根香叶烯 D	GenD	127.25	1.1		
144.48	0.5	α-蒎烯	aPin	125.47	0.5		
142.01	0.7			124.82	0.5		
137.19	16.7	薄荷呋喃	Mfn	121.12	2.2	柠檬烯	Lim
136.41	1.9	大根香叶烯 D	GenD	119.28	7.1	薄荷呋喃	Mfn
134.03	0.7	β-水芹烯	βPhe	119.16	1.5		
133.62	1.0	大根香叶烯 D	GenD	117.34	5.4	薄荷呋喃	Mfn
133.38	1.8	柠檬烯	Lim	116.50	0.7	α-蒎烯	aPin
133.21	1.6	大根香叶烯 D	GenD	112.96	0.6	月桂烯	Myr
131.71	1.7	胡薄荷酮	Pon	109.33	2.1	大根香叶烯 D	GenD
130.03	2.2	大根香叶烯 D	GenD	108.88	2.0	柠檬烯	Lim
128.63	0.6			106.62	1.8	β-蒎烯	βPin
128.38	18.8	氘代苯(溶剂)	C₆D₆				

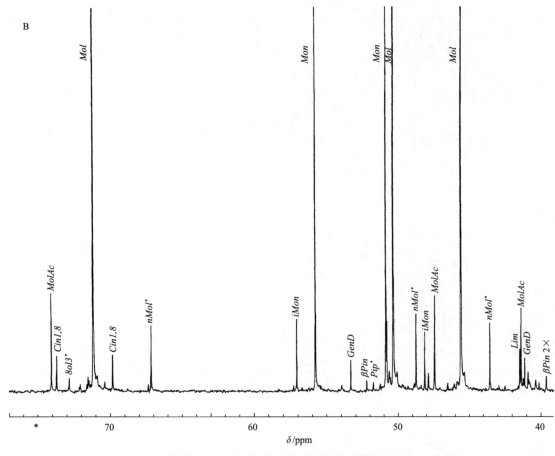

图 1.29.5　椒样薄荷精油(肯纳威克型)核磁共振碳谱图 B(39～85 ppm)

表 1.29.4　椒样薄荷精油(肯纳威克型)核磁共振碳谱 B(39～85 ppm)分析结果

化学位移/ppm	相对强度/%	中文名称	代码	化学位移/ppm	相对强度/%	中文名称	代码
80.05	1.3	反式-水合桧烯	SabH	50.36	71.3	薄荷脑	Mol
74.03	7.1	乙酸薄荷酯	MolAc	50.08	1.5		
73.68	2.8	1,8-桉叶素	Cin1,8	48.76	6.1	新薄荷醇	nMol*
72.81	0.9	3-辛醇	8ol3	48.14	4.6	异薄荷酮	iMon
71.51	1.0			47.87	1.3	α-蒎烯	aPin
71.43	0.6			47.45	7.8	乙酸薄荷酯	MolAc
71.15	76.0	薄荷脑	Mol	45.64	52.3	薄荷脑	Mol
70.86	1.1			45.43	1.3		
70.34	0.6			45.39	1.4		
69.81	2.9	1,8-桉叶素	Cin1,8	43.57	5.4	新薄荷醇	nMol*
67.15	5.2	新薄荷醇	nMol*	41.48	3.3	柠檬烯	Lim
57.11	5.8	异薄荷酮	iMon	41.39	6.6	乙酸薄荷酯	MolAc
55.84	33.2	薄荷酮	Mon	41.21	0.8	α-蒎烯	aPin
53.39	2.4	大根香叶烯 D	GenD	41.13	2.6	大根香叶烯 D	GenD
52.23	0.6	β-蒎烯	βPin	40.90	1.4	β-蒎烯	βPin
50.87	35.2	薄荷酮	Mon	40.85	0.8	β-蒎烯	βPin
50.80	5.6			40.38	0.7		
50.64	1.4	胡薄荷酮	Pon	39.64	1.0		
50.57	0.8						

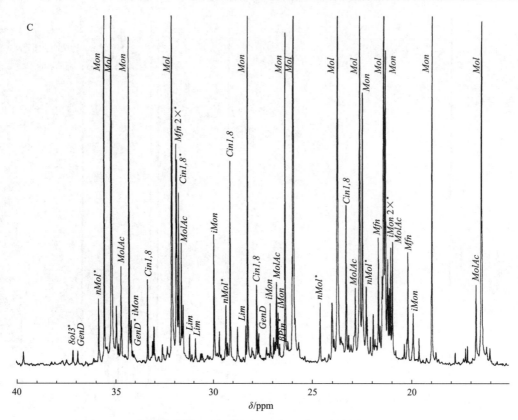

图 1.29.6　椒样薄荷精油(肯纳威克型)核磁共振碳谱图 C（15～39 ppm）

表 1.29.5　椒样薄荷精油(肯纳威克型)核磁共振碳谱 C（15～39 ppm）分析结果

化学位移/ppm	相对强度/%	中文名称	代码	化学位移/ppm	相对强度/%	中文名称	代码
37.13	1.1	3-辛醇	8ol3	33.02	3.4		
36.89	1.1	大根香叶烯 D	GenD	32.98	0.8	胡薄荷酮	Pon
36.60	0.6			32.61	1.6	反式-水合桧烯	SabH
36.38	0.6			32.36	1.4		
35.85	5.7	新薄荷醇	nMol*	32.13	100.0	薄荷脑	Mol
35.55	37.3	薄荷酮	Mon	31.92	19.9	1,8-桉叶素	Cin1,8
35.46	1.4			31.88	19.0	薄荷呋喃	Mfn
35.42	1.4			31.79	16.0	乙酸薄荷酯/α-蒎烯	Mfn/aPin
35.33	0.8			31.66	11.1	乙酸薄荷酯	MolAc
35.20	65.8	薄荷脑	Mol	31.57	5.4	α-蒎烯/胡薄荷酮	aPin/Pon
34.95	5.3			31.21	2.8	柠檬烯	Lim
34.83	1.8	反式-水合桧烯	SabH	31.10	0.8		
34.71	8.9	乙酸薄荷酯/反式-水合桧烯	MolAc/SabH	30.91	2.3	柠檬烯	Lim
34.51	0.7			30.64	0.8		
34.30	29.4	薄荷酮	Mon	30.58	0.9	大根香叶烯 D	GenD
34.20	4.0	异薄荷酮	iMon	30.55	0.8	桧烯	Sab
34.11	1.1			30.27	0.7		
34.04	0.8			30.16	0.6		
33.35	7.5	1,8-桉叶素	Cin1,8	29.95	11.6	异薄荷酮	iMon
33.10	2.0	桧烯	Sab	29.79	0.9		

化学位移/ppm	相对强度/%	中文名称	代码	化学位移/ppm	相对强度/%	中文名称	代码
29.67	2.9			23.26	14.7	1,8-桉叶素	*Cin1,8*
29.58	0.8			23.19	1.6		
29.33	5.4	新薄荷醇	*nMol**	23.14	2.6	α-蒎烯	*aPin*
29.26	1.8	桧烯	*Sab*	23.02	1.7	γ-松油烯	*gTer*
29.11	18.8	1,8-桉叶素	*Cin1,8*	22.80	6.9	乙酸薄荷酯/胡薄荷酮	*MolAc/Pon*
28.73	3.4	胡薄荷酮	*Pon*	22.58	70.8	薄荷脑	*Mol*
28.30	3.4	柠檬烯	*Lim*	22.44	25.5	薄荷酮	*Mon*
28.20	34.8	薄荷酮	*Mon*	22.24	7.2	新薄荷醇	*nMol*
27.99	1.4	γ-松油烯	*gTer*	22.20	4.4		
27.91	0.8			22.04	2.6	β-蒎烯	*βPin*
27.76	7.1	1,8-桉叶素	*Cin1,8*	21.89	4.6	胡薄荷酮	*Pon*
27.66	2.8	大根香叶烯 D	*GenD*	21.80	2.3	胡薄荷酮	*Pon*
27.58	0.7	桧烯	*Sab*	21.74	1.6		
27.27	1.4	β-蒎烯	*βPin*	21.64	11.5	薄荷呋喃	*Mfn*
27.19	0.8			21.55	3.4		
27.10	5.4	异薄荷酮	*iMon*	21.45	7.7	新薄荷醇/γ-松油烯	*nMol/gTer*
27.02	0.6			21.38	68.5	薄荷脑/乙酸薄荷酯	*Mol/MolAc*
26.94	2.3			21.29	29.4	薄荷酮	*Mon*
26.86	1.9	反式-水合桧烯	*SabH*	21.17	9.9	异薄荷酮	*iMon*
26.79	7.4	乙酸薄荷酯	*MolAc*	21.10	7.2	异薄荷酮	*iMon*
26.71	4.6	异薄荷酮	*iMon*	21.02	10.9	新薄荷醇/α-蒎烯	*nMol/aPin*
26.63	1.8	α-蒎烯	*aPin*	20.94	11.4	乙酸薄荷酯	*MolAc*
26.49	0.6	β-蒎烯	*βPin*	20.77	1.4		
26.35	30.6	薄荷酮	*Mon*	20.44	0.7		
26.21	2.0			20.35	1.9	反式-水合桧烯	*SabH*
26.08	1.1	β-水芹烯	*βPhe*	20.22	2.4	反式-水合桧烯	*SabH*
25.99	9.6			20.17	10.2	薄荷呋喃	*Mfn*
25.95	58.9	薄荷脑	*Mol*	19.91	4.7	异薄荷酮	*iMon*
25.85	4.4	反式-水合桧烯	*SabH*	19.61	2.4	桧烯/β-水芹烯	*Sab/βPhe*
25.67	2.1			19.23	0.5		
25.63	1.4			18.97	34.8	薄荷酮	*Mon*
25.48	0.6			18.76	1.2		
25.36	0.7			17.77	1.1	月桂烯	*Myr*
24.58	5.7	乙酸薄荷酯	*MolAc*	17.35	0.5		
24.14	0.7			17.25	1.5		
23.98	5.5			17.14	1.7		
23.95	4.0	β-蒎烯	*βPin*	16.72	7.2	乙酸薄荷酯	*MolAc*
23.88	2.2	β-蒎烯	*βPin*	16.45	58.3	薄荷脑	*Mol*
23.72	53.7	薄荷脑	*Mol*	16.19	1.7		
23.54	2.5	柠檬烯	*Lim*	16.02	1.6	桧烯	*Sab*
23.48	2.0						

1.29.2　椒样薄荷精油（密歇根型）

1.29.2.1　气相色谱分析（图 1.29.7、图 1.29.8，表 1.29.6）

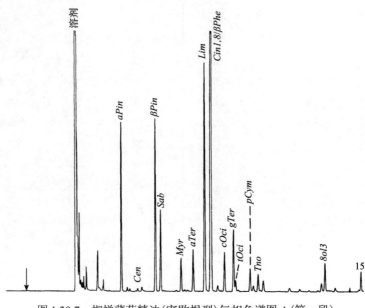

图 1.29.7　椒样薄荷精油（密歇根型）气相色谱图 A（第一段）

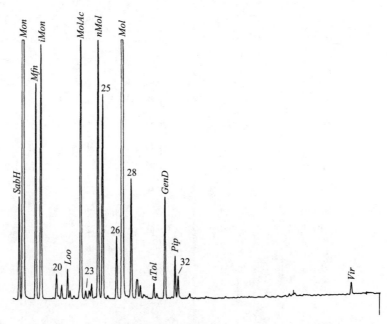

图 1.29.8　椒样薄荷精油（密歇根型）气相色谱图 B（第二段）

表 1.29.6　椒样薄荷精油（密歇根型）气相色谱图分析结果

序号	中文名称	英文名称	代码	百分比/%		
				肯纳威克型	密歇根型	米切姆型
1	α-蒎烯	α-Pinene	aPin	1.64	1.34	1.13
2	莰烯	Camphene	Cen	0.02	0.01	—
3	β-蒎烯	β-Pinene	βPin	1.97	1.65	1.40
4	桧烯	Sabinene	Sab	0.93	0.77	0.61
5	月桂烯	Myrcene	Myr	0.41	0.33	0.41
6	α-松油烯	α-Terpinene	aTer	0.46	0.43	0.06
7	柠檬烯	Limonene	Lim	2.61	2.44	2.19
8	1,8-桉叶素/β-水芹烯	1,8-Cineole/β-phellandrene	Cin1,8/βPhe	7.75	7.02	4.97
9	顺式-β-罗勒烯	cis-β-Ocimene	cOci	0.51	0.41	0.37
10	γ-松油烯	γ-Terpinene	gTer	0.68	0.68	0.11
11	反式-β-罗勒烯	trans-β-Ocimene	tOci	0.13	0.11	0.07
12	对异丙基甲苯	para-Cymene	pCym	0.11	0.24	0.08
13	异松油烯	Terpinolene	Tno	0.18	0.18	0.04
14	3-辛醇	Octanol-3	8ol3	0.33	0.30	0.50
15	蘑菇醇（1-辛烯-3-醇）	1-Octen-3-ol	8enlol3	0.18	0.21	0.06
16	反式-水合桧烯	trans-Sabinene hydrate	SabH	1.01	1.14	0.15
17	薄荷酮	Menthone	Mon	17.27	23.14	31.64
18	薄荷呋喃	Menthofuran	Mfn	7.37	2.48	2.68
19	异薄荷酮	Isomenthone	iMon	2.53	3.08	6.86
20	β-波旁烯	β-Bourbonene	βBou	0.26	0.27	0.19
21	芳樟醇	Linalool	Loo	0.30	0.31	0.36
22	乙酸薄荷酯	Menthyl acetate	MolAc	3.80	3.69	6.66
23	异胡薄荷醇	Isopulegol	iPol	0.09	0.08	0.15
24	新薄荷醇	Neomenthol	nMol	3.10	3.25	2.57
25	β-石竹烯/4-松油醇	β-Caryophyllene/terpinen-4-ol	Car/Trn4	0.14	2.24	1.26
26	新异薄荷脑	Neo-isomenthol	niMol	0.79	0.78	0.61
27	薄荷脑	Menthol	Mol	38.24	38.01	26.78
28	胡薄荷酮/异薄荷脑	Pulegone/isomenthol	Pon/iMol	1.63	1.38	3.78
29	α-松油醇	α-Terpineol	aTol	0.14	0.15	—
30	大根香叶烯 D	Germacrene D	GenD	1.33	1.27	0.84
31	胡椒酮	Piperitone	Pip	0.35	0.46	1.04
32	香芹酮	Carvone	Cvn	0.25	0.24	0.12
33	绿花白千层醇	Viridiflorol	Vir	0.13	0.15	0.07

1.29.2.2 核磁共振碳谱分析(图1.29.9～图1.29.12，表1.29.7～表1.29.10)

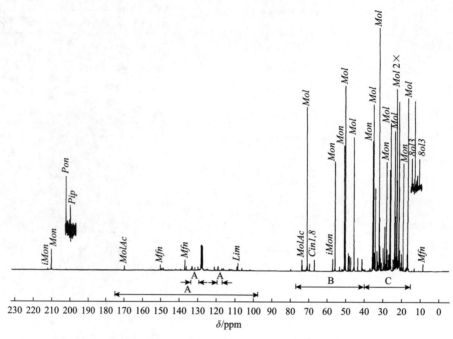

图1.29.9 椒样薄荷精油(密歇根型)核磁共振碳谱总图(0～220 ppm)

表1.29.7 椒样薄荷精油(密歇根型)核磁共振碳谱图(0～15 ppm及175～220 ppm)分析结果

化学位移/ppm	相对强度/%	中文名称	代码	化学位移/ppm	相对强度/%	中文名称	代码
212.33	0.9	异薄荷酮	iMon	12.79	1.7		
210.45	9.1	薄荷酮	Mon	10.32	0.5	3-辛醇	8ol3
210.30	0.7			8.16	3.5	薄荷呋喃	Mfn
14.35	0.6	3-辛醇	8ol3				

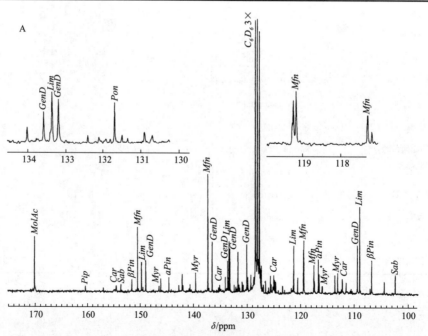

图1.29.10 椒样薄荷精油(密歇根型)核磁共振碳谱图A(100～175 ppm)

表 1.29.8　椒样薄荷精油(密歇根型)核磁共振碳谱 A(100~175 ppm)分析结果

化学位移/ppm	相对强度/%	中文名称	代码	化学位移/ppm	相对强度/%	中文名称	代码
169.97	2.2	乙酸薄荷酯	MolAc	127.82	1.3		
150.45	2.6	薄荷呋喃	Mfn	127.62	10.5	氘代苯(溶剂)	C_6D_6
149.70	1.2	柠檬烯	Lim	127.44	1.0		
148.88	1.2	大根香叶烯 D	GenD	127.24	1.1		
144.47	0.5	α-蒎烯	aPin	125.49	0.6		
142.00	0.7			124.85	0.7	β-石竹烯	Car
139.46	0.7	月桂烯	Myr	124.82	0.5		
137.18	4.6	薄荷呋喃	Mfn	121.09	1.9	柠檬烯	Lim
136.41	2.0	大根香叶烯 D	GenD	120.34	0.6		
134.01	0.6			119.28	0.7		
133.59	1.2	大根香叶烯 D	GenD	119.25	1.7	薄荷呋喃	Mfn
133.37	2.0	柠檬烯	Lim	119.18	2.0		
133.19	1.7	大根香叶烯 D	GenD	117.31	1.1	薄荷呋喃	Mfn
131.69	1.6	胡薄荷酮	Pon	116.49	1.3	α-蒎烯	aPin
130.03	1.9	大根香叶烯 D	GenD	116.33	0.7		
129.81	0.6			113.44	0.7		
129.25	0.7			112.94	0.7	月桂烯	Myr
128.66	0.5			109.33	1.9	大根香叶烯 D	GenD
128.38	10.9	氘代苯(溶剂)	C_6D_6	108.88	3.5	柠檬烯	Lim
128.21	1.3			106.62	1.2	β-蒎烯	βPin
128.00	10.9	氘代苯(溶剂)	C_6D_6	102.25	0.7	桧烯	Sab

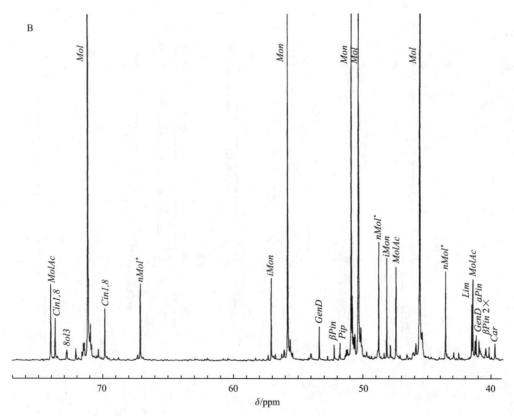

图 1.29.11　椒样薄荷精油(密歇根型)核磁共振碳谱图 B(39~80 ppm)

表 1.29.9　椒样薄荷精油（密歇根型）核磁共振碳谱 B（39～80 ppm）分析结果

化学位移/ppm	相对强度/%	中文名称	代码	化学位移/ppm	相对强度/%	中文名称	代码
79.99	0.9			50.71	1.5	胡薄荷酮	Pon
74.01	4.9	乙酸薄荷酯	MolAc	50.62	1.6		
73.65	2.7	1,8-桉叶素	Cin1,8	50.35	78.2	薄荷脑	Mol
72.76	0.6	3-辛醇*	8ol3*	50.14	2.3		
72.03	0.6			50.08	1.0		
71.43	0.9			48.79	7.8	新薄荷醇*	nMol*
71.36	0.9			48.17	6.8	异薄荷酮	iMon
71.09	69.6	薄荷脑	Mol	47.87	0.9	α-蒎烯	aPin
70.89	2.5			47.46	6.1	乙酸薄荷酯	MolAc
70.80	1.1			45.93	0.9		
70.27	0.7			45.67	55.8	薄荷脑	Mol
69.78	3.4	1,8-桉叶素	Cin1,8	45.46	2.0		
67.08	5.1	新薄荷醇*	nMol*	43.61	5.9	新薄荷醇*	nMol*
57.11	5.5	异薄荷酮	iMon	41.48	3.6	柠檬烯	Lim
55.86	46.3	薄荷酮	Mon	41.39	5.5	乙酸薄荷酯	MolAc
55.65	1.4			41.21	1.2	大根香叶烯 D*	GenD*
55.61	0.5			41.13	1.6	α-蒎烯*	aPin*
53.40	2.1	大根香叶烯 D	GenD	40.92	1.2	β-蒎烯	βPin
52.24	0.9	β-蒎烯	βPin	40.86	0.7	β-蒎烯	βPin
51.77	1.0			40.39	0.7	β-石竹烯	Car
50.90	52.3	薄荷酮	Mon	40.13	0.8		
50.82	4.2			39.67	1.0		

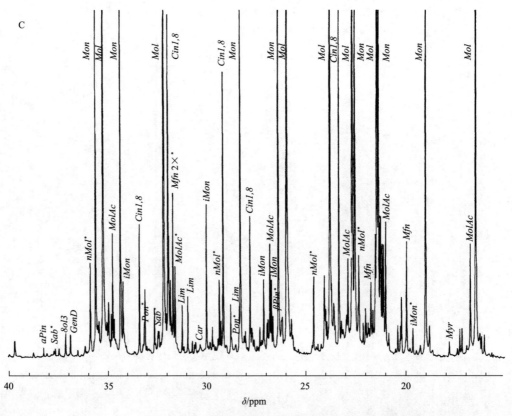

图 1.29.12　椒样薄荷精油（密歇根型）核磁共振碳谱图 C（15～39 ppm）

表 1.29.10 椒样薄荷精油(密歇根型)核磁共振碳谱 C(15~39 ppm)分析结果

化学位移/ppm	相对强度/%	中文名称	代码	化学位移/ppm	相对强度/%	中文名称	代码
38.23	0.5	α-蒎烯	aPin	31.69	11.1		
37.13	1.5	3-辛醇	8ol3	31.58	6.2		
36.88	1.4	大根香叶烯 D	GenD	31.21	3.5	柠檬烯	Lim
36.14	0.5			31.13	0.7		
35.88	6.0	新薄荷醇*	nMol*	30.92	4.0	柠檬烯	Lim
35.82	0.8	大根香叶烯 D*	GenD*	30.69	1.0	3-辛醇	8ol3
35.60	55.2	薄荷脑	Mol	30.58	0.8		
35.49	2.0			30.52	1.0	大根香叶烯 D*	GenD*
35.43	2.2			30.29	0.8	桧烯	Sab
35.38	0.9			29.96	10.1	异薄荷酮/β-石竹烯	iMon/Car
35.21	70.9	薄荷酮	Mon	29.88	0.7		
35.02	2.4	β-石竹烯	Car	29.79	0.9		
34.95	3.6			29.67	1.9		
34.88	1.2			29.58	0.7		
34.82	2.8			29.51	0.6	β-石竹烯	Car
34.74	8.2	乙酸薄荷酯	MolAc	29.39	1.1		
34.67	2.5			29.33	4.9	新薄荷醇*	nMol*
34.61	1.1			29.24	2.3	桧烯*	Sab*
34.54	0.8			29.13	19.0	1,8-桉叶素	Cin1,8
34.33	35.9	薄荷酮	Mon	28.99	0.8		
34.20	5.2	异薄荷酮	iMon	28.74	3.4		
34.10	1.0			28.70	1.2	胡薄荷酮/β-石竹烯	Pon/Car
34.04	0.8			28.48	0.7		
33.35	9.0	1,8-桉叶素	Cin1,8	28.30	3.1	柠檬烯	Lim
33.16	0.7	桧烯*	Sab*	28.24	45.6	薄荷酮	Mon
33.10	2.4	胡薄荷酮/桧烯	Pon/Sab	28.05	1.4		
33.07	4.4			27.99	1.7		
32.96	0.6	β-石竹烯	Car	27.88	0.6		
32.60	3.0			27.76	9.5	1,8-桉叶素	Cin1,8
32.54	0.8	3-辛醇	8ol3	27.69	1.9	大根香叶烯 D	GenD
32.42	1.5			27.64	1.6	β-蒎烯*	βPin*
32.38	1.5			27.57	1.1		
32.29	0.7			27.44	0.7		
32.14	100.4	薄荷脑/乙酸薄荷酯	Mol/MolAc	27.36	0.6		
32.04	3.1			27.29	1.9		
31.94	22.6	1,8-桉叶素	Cin1,8	27.20	1.0	月桂烯	Myr
31.89	8.4	薄荷呋喃*	Mfn*	27.10	5.2	异薄荷酮	iMon
31.82	5.1	薄荷呋喃*	Mfn*	26.94	2.2		
31.76	2.3	胡薄荷酮	Pon	26.89	2.4		

续表

化学位移/ppm	相对强度/%	中文名称	代码	化学位移/ppm	相对强度/%	中文名称	代码
26.79	7.5	乙酸薄荷酯	MolAc	21.89	2.3	胡薄荷酮	Pon
26.71	5.2			21.80	2.3	胡薄荷酮	Pon
26.64	2.6	桧烯*	Sab*	21.76	1.9	β-蒎烯*	βPin*
26.36	43.6	薄荷酮/异薄荷酮	Mon/iMon	21.67	4.9	薄荷呋喃	Mfn
26.21	2.4			21.57	3.0		
26.17	2.6			21.45	7.7	新薄荷醇	nMol
26.10	1.0	3-辛醇	8ol3	21.38	70.1	薄荷脑	Mol
25.98	10.9			21.30	35.3	薄荷酮	Mon
25.94	61.6	薄荷脑	Mol	21.22	9.3		
25.71	2.7			21.19	9.8		
25.66	1.6			21.11	7.8	异薄荷酮	iMon
25.54	0.7			21.05	7.7	异薄荷酮	iMon
25.36	0.5			20.94	9.5	乙酸薄荷酯*	MolAc*
24.66	0.7			20.79	1.8	大根香叶烯 D	GenD
24.57	5.4	乙酸薄荷酯	MolAc	20.45	0.7		
24.45	0.6			20.35	2.3		
24.35	0.8			20.22	2.2		
24.19	0.7			20.17	4.0	薄荷呋喃	Mfn
24.02	5.2			19.97	1.2		
23.95	3.0	β-蒎烯*	βPin*	19.92	7.9	异薄荷酮	iMon
23.89	2.1	β-蒎烯*	βPin*	19.83	0.6		
23.73	58.9	薄荷脑	Mol	19.76	0.7	桧烯*	Sab*
23.66	5.2			19.61	2.1		
23.54	3.6	柠檬烯	Lim	19.24	0.8		
23.47	2.2			18.98	46.3	薄荷酮	Mon
23.41	0.9			18.79	2.3		
23.27	23.2	1,8-桉叶素	Cin1,8	18.64	0.5		
23.14	2.4	α-蒎烯*	aPin*	17.79	1.1	月桂烯	Myr
23.05	1.8			17.38	0.6		
23.02	1.5			17.26	1.9		
22.88	2.7	胡薄荷酮*	Pon*	17.14	2.0	大根香叶烯 D	GenD
22.80	6.5	乙酸薄荷酯	MolAc	16.91	0.8		
22.72	1.7	β-石竹烯	Car	16.73	7.5	乙酸薄荷酯	MolAc
22.60	76.2	薄荷脑	Mol	16.45	72.9	薄荷脑	Mol
22.48	38.1	薄荷酮	Mon	16.25	1.8	β-石竹烯	Car
22.27	6.9	新薄荷醇*	nMol*	16.17	1.6		
22.05	2.3	大根香叶烯 D	GenD	16.02	1.7		
21.94	3.2	薄荷呋喃	Mfn				

1.29.3　椒样薄荷精油(米切姆型)

气相色谱分析(图 1.29.13、图 1.29.14，表 1.29.11)

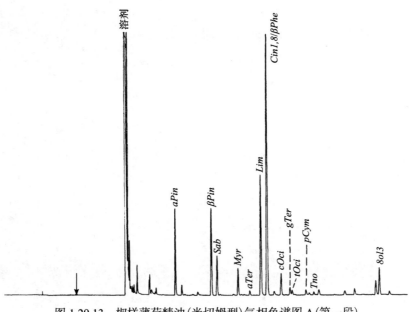

图 1.29.13　椒样薄荷精油(米切姆型)气相色谱图 A(第一段)

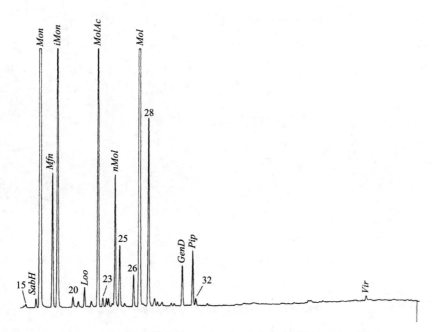

图 1.29.14　椒样薄荷精油(米切姆型)气相色谱图 B(第二段)

表 1.29.11　椒样薄荷精油(米切姆型)气相色谱图分析结果

序号	中文名称	英文名称	代码	百分比/%		
				肯纳威克型	密歇根型	米切姆型
1	α-蒎烯	α-Pinene	aPin	1.64	1.34	1.13
2	莰烯	Camphene	Cen	0.02	0.01	—
3	β-蒎烯	β-Pinene	βPin	1.97	1.65	1.40
4	桧烯	Sabinene	Sab	0.93	0.77	0.61
5	月桂烯	Myrcene	Myr	0.41	0.33	0.41
6	α-松油烯	α-Terpinene	aTer	0.46	0.43	0.06
7	柠檬烯	Limonene	Lim	2.61	2.44	2.19
8	1,8-桉叶素/β-水芹烯	1,8-Cineole/β-phellandrene	Cin1,8/βPhe	7.75	7.02	4.97
9	顺式-β-罗勒烯	cis-β-Ocimene	cOci	0.51	0.41	0.37
10	γ-松油烯	γ-Terpinene	gTer	0.68	0.68	0.11
11	反式-β-罗勒烯	trans-β-Ocimene	tOci	0.13	0.11	0.07
12	对异丙基甲苯	para-Cymene	pCym	0.11	0.24	0.08
13	异松油烯	Terpinolene	Tno	0.18	0.18	0.04
14	3-辛醇	Octanol-3	8ol3	0.33	0.03	0.50
15	蘑菇醇(1-辛烯-3-醇)	1-Octen-3-ol	8enlol3	0.18	0.21	0.06
16	反式-水合桧烯	trans-Sabinene hydrate	SabH	1.01	1.14	0.15
17	薄荷酮	Menthone	Mon	17.27	23.14	31.64
18	薄荷呋喃	Menthofuran	Mfn	7.37	2.48	2.68
19	异薄荷酮	Isomenthone	iMon	2.53	3.08	6.86
20	β-波旁烯	β-Bourbonene	βBou	0.26	0.27	0.19
21	芳樟醇	Linalool	Loo	0.30	0.31	0.36
22	乙酸薄荷酯	Menthyl acetate	MolAc	3.80	3.69	6.66
23	异胡薄荷醇	Isopulegol	iPol	0.09	0.08	0.15
24	新薄荷醇	Neomenthol	nMol	3.10	3.25	2.57
25	β-石竹烯/4-松油醇	β-Caryophyllene/terpinen-4-ol	Car/Trn4	0.14	2.24	1.26
26	新异薄荷脑	Neo-isomenthol	niMol	0.70	0.78	0.61
27	薄荷脑	Menthol	Mol	38.24	38.01	26.78
28	胡薄荷酮/异薄荷脑	Pulegone/isomenthol	Pon/iMol	1.63	1.38	3.78
29	α-松油醇	α-Terpineol	aTol	0.14	0.15	—
30	大根香叶烯 D	Germacrene D	GenD	1.33	1.27	0.84
31	胡椒酮	Piperitone	Pip	0.35	0.46	1.04
32	香芹酮	Carvone	Cvn	0.25	0.24	0.12
33	绿花白千层醇	Viridiflorol	Vir	0.13	0.15	0.07

1.30　苦橙叶精油

英文名称：Petitgrain oil。

法文和德文名称：*Essence de petit-grain*；*Petitgrainöl*。

研究类型：商品。

苦橙叶精油（别名橙叶油），是一种挥发性精油，通常是采用快速水蒸气蒸馏苦橙［芸香科柑橘属植物，*Citrus aurantium* L. subsp.*amara* L.（*Citrus bigaradia* Risso）］的叶和嫩枝而获得。

苦橙树在几乎所有的亚热带和热带地区均有种植。苦橙叶精油的主产国为法国、意大利、西班牙、海地、北非和西非（摩洛哥、突尼斯、阿尔及利亚和几内亚）等。在巴拉圭，这种精油是从种植的酸苦型变种中提取的，其品质较差，但就产量而言，巴拉圭苦橙叶精油目前仍是最重要的苦橙叶精油。在其他地区，苦橙叶精油是从各种柑橘类植物中提取的，这些精油的成分因植物来源不同而有所差异。

苦橙叶精油广泛应用于古龙香型和馥奇香型等香水中，主要提供清香和甜香韵调，在水果和蜂蜜等食用香精中的用量较低。除萜苦橙叶精油通常被用来替代苦橙花精油。

苦橙叶精油含有高达 80 %的乙酸芳樟酯和芳樟醇，比例约为 2∶1，次要成分为罗勒烯、莰烯、柠檬烯，萜烯醇（如松油醇、橙花醇、香叶醇）及其对应的乙酸酯、橙花叔醇、金合欢醇和邻氨基苯甲酸甲酯等。

苦橙叶精油经常被掺入次品，廉价的"巴拉圭苦橙叶精油"常被包装成"苦橙叶精油"。

1.30.1　气相色谱分析（图 1.30.1、图 1.30.2，表 1.30.1）

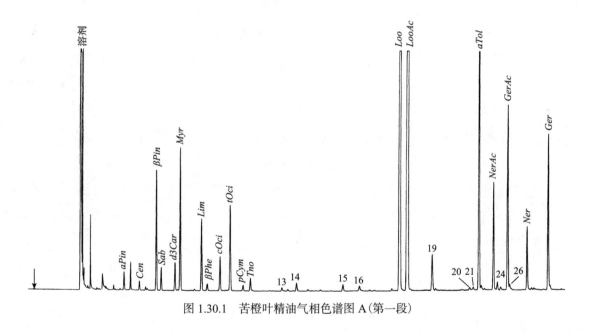

图 1.30.1　苦橙叶精油气相色谱图 A（第一段）

图 1.30.2　苦橙叶精油气相色谱图 B（第二段）

表 1.30.1　苦橙叶精油气相色谱图分析结果

序号	中文名称	英文名称	代码	百分比/%
1	α-蒎烯	α-Pinene	aPin	0.22
2	莰烯	Camphene	Cen	0.11
3	β-蒎烯	β-Pinene	βPin	1.57
4	桧烯	Sabinene	Sab	0.30
5	3-蒈烯	Δ³-Carene	d3Car	0.39
6	月桂烯	Myrcene	Myr	1.96
7	柠檬烯	Limonene	Lim	1.05
8	β-水芹烯	β-Phellandrene	βPhe	0.10
9	顺式-β-罗勒烯	(Z)-β-Ocimene	cOci	0.52
10	反式-β-罗勒烯	(E)-β-Ocimene	tOci	1.29
11	对异丙基甲苯	para-Cymene	pCym	0.07
12	异松油烯	Terpinolene	Tno	0.19
13	6-甲基-5-庚烯-2-酮	6-Methyl-5-hepten-2-one	7on2,6Me	0.05
14	叶醇	(Z)-3-Hexenol		0.13
15	反式-氧化芳樟醇	trans-Linalool oxide	tLooOx	0.11
16	顺式-氧化芳樟醇	cis-Linalool oxide	cLooOx	0.08
17	芳樟醇	Linalool	Loo	26.62
18	乙酸芳樟酯	Linalyl acetate	LooAc	50.81
19	β-石竹烯/4-松油醇	β-Caryophyllene/Terpinen-4-ol	Car/Trn4	0.67
20	α-蛇麻烯	α-Humulene	Hum	0.04
21	橙花醛	Neral	bCal	0.04
22	α-松油醇	α-Terpineol	aTol	5.10
23	乙酸橙花酯	Neryl acetate	NerAc	1.69
24	香叶醛	Geranial	aCal	0.13
25	乙酸香叶酯	Geranyl acetate	GerAc	2.89
26	香茅醇	Citronellol	Cllo	0.09
27	橙花醇	Nerol	Ner	0.95
28	香叶醇	Geraniol	Ger	2.24

1.30.2　核磁共振碳谱分析（图 1.30.3～图 1.30.6，表 1.30.2～表 1.30.5）

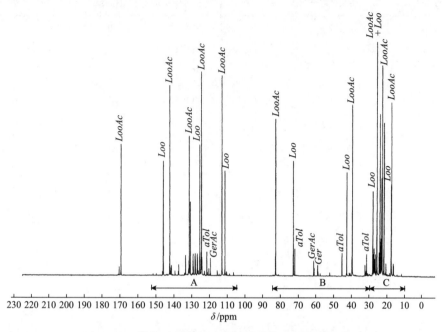

图 1.30.3　苦橙叶精油核磁共振碳谱总图（0～230 ppm）

表 1.30.2　苦橙叶精油核磁共振碳谱图（153～230 ppm）分析结果

化学位移/ppm	相对强度/%	中文名称	代码
170.31	4.4	乙酸香叶酯	GerAc
170.28	3.2	乙酸橙花酯	NerAc
169.47	1.0		
169.24	57.1	乙酸芳樟酯	LooAc

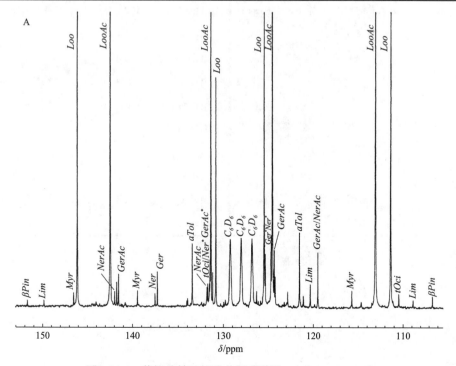

图 1.30.4　苦橙叶精油核磁共振碳谱图 A（105～153 ppm）

表 1.30.3　苦橙叶精油核磁共振碳谱图 A(105～153 ppm)分析结果

化学位移/ppm	相对强度/%	中文名称	代码	化学位移/ppm	相对强度/%	中文名称	代码
151.71	1.3	β-蒎烯	βPin	126.47	1.0		
149.84	1.3	柠檬烯	Lim	126.30	2.6		
146.51	2.4	月桂烯	Myr	126.11	1.2		
146.08	49.8	芳樟醇	Loo	125.85	1.3		
144.03	1.0			125.44	56.6	芳樟醇	Loo
142.41	81.7	乙酸芳樟酯	LooAc	125.32	7.7	橙花醇/香叶醇	Ner/Ger
141.97	2.6	乙酸橙花酯	NerAc	125.01	1.0		
141.74	3.8			124.91	1.2		
141.54	4.9	乙酸香叶酯	GerAc	124.79	1.5	月桂烯	Myr
140.81	0.9			124.68	10.5	香叶醇	Ger
139.44	2.6	月桂烯	Myr	124.51	87.5	乙酸芳樟酯/香叶醇	LooAc/Ger
137.54	2.3	橙花醇*	Ner*	124.31	8.4	乙酸香叶酯	GerAc
137.28	5.3	香叶醇	Ger	124.20	4.7	橙花醇	Ner
134.06	1.2	反式-β-罗勒烯	tOci	123.19	1.1		
133.97	1.6			122.89	1.0	反式-β-罗勒烯	tOci
133.46	9.3	α-松油醇	aTol	122.80	2.6		
132.41	1.0			121.48	10.8	α-松油醇	aTol
131.82	3.2	乙酸橙花酯/反式-β-罗勒烯	NerAc/tOci	121.08	2.0	柠檬烯	Lim
131.74	3.7	反式-β-罗勒烯	tOci	120.31	3.6		
131.57	3.7	橙花醇*	Ner*	119.44	8.0	乙酸香叶酯/乙酸橙花酯	GerAc/NerAc
131.50	6.9	乙酸香叶酯/月桂烯	GerAc/Myr	115.64	2.7	月桂烯	Myr
131.37	60.5	乙酸芳樟酯	LooAc	114.61	1.1		
131.18	5.2	香叶醇	Ger	113.40	1.0		
130.81	32.3	芳樟醇	Loo	112.98	85.9	乙酸芳樟酯/月桂烯	LooAc/Myr
129.95	1.0			111.31	45.7	芳樟醇	Loo
129.76	1.4			111.14	1.1		
129.20	9.7	氘代苯(溶剂)	C₆D₆	111.08	1.2		
128.30	1.0			110.43	2.3	反式-β-罗勒烯	tOci
128.00	10.0	氘代苯(溶剂)	C₆D₆	108.81	1.4	柠檬烯	Lim
126.80	9.9	氘代苯(溶剂)	C₆D₆	106.53	1.9	β-蒎烯	βPin

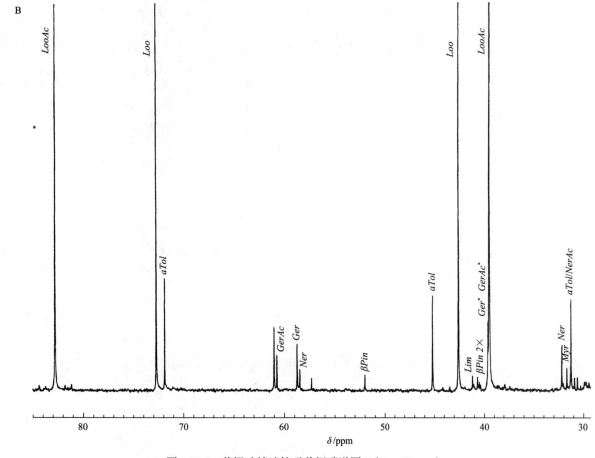

图 1.30.5　苦橙叶精油核磁共振碳谱图 B(30～85 ppm)

表 1.30.4　苦橙叶精油核磁共振碳谱图 B(30～85 ppm)分析结果

化学位移/ppm	相对强度/%	中文名称	代码	化学位移/ppm	相对强度/%	中文名称	代码
82.77	67.6	乙酸芳樟酯	LooAc	40.80	1.6	β-蒎烯	βPin
72.73	49.8	芳樟醇	Loo	40.64	1.1	β-蒎烯	βPin
71.90	12.1	α-松油醇	aTol	39.77	7.5	香叶醇	Ger
61.10	6.9			39.67	16.1	乙酸香叶酯	GerAc
60.84	3.9	乙酸香叶酯	GerAc	39.60	73.5	乙酸芳樟酯	LooAc
58.83	5.2	香叶醇	Ger	39.32	1.2		
58.57	2.5	橙花醇	Ner	32.25	5.0	橙花醇	Ner
57.41	1.6			32.10	0.9		
52.16	1.9	β-蒎烯	βPin	31.75	2.6	月桂烯	Myr
45.30	10.3	α-松油醇	aTol	31.35	9.9	α-松油醇/乙酸橙花酯	aTol/NerAc
42.68	45.2	芳樟醇	Loo	30.99	1.6	柠檬烯	Lim
41.31	1.8	柠檬烯	Lim	30.70	1.6	柠檬烯	Lim

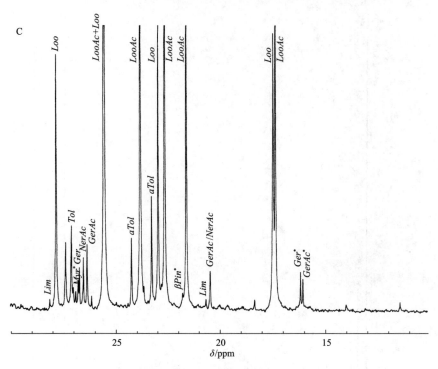

图 1.30.6　苦橙叶精油核磁共振碳谱图 C（10～30 ppm）

表 1.30.5　苦橙叶精油核磁共振碳谱图 C（10～30 ppm）分析结果

化学位移/ppm	相对强度/%	中文名称	代码	化学位移/ppm	相对强度/%	中文名称	代码
29.97	1.1			23.64	3.7	柠檬烯	Lim
29.83	1.0			23.47	1.4		
29.53	1.0			23.44	1.6		
28.14	1.8	柠檬烯	Lim	23.25	16.6	α-松油醇	aTol
27.82	36.9	芳樟醇	Loo	22.94	42.4	芳樟醇	Loo
27.59	1.0	反式-β-罗勒烯	tOci	22.79	4.0		
27.38	10.0			22.62	90.1	乙酸芳樟酯	LooAc
27.11	12.4	α-松油醇*	aTol*	22.28	1.0		
27.03	3.5	月桂烯	Myr	22.19	1.2		
26.91	2.9	橙花醇	Ner	21.78	2.7	β-蒎烯	βPin
26.79	4.5	香叶醇	Ger	21.58	66.0	乙酸芳樟酯	LooAc
26.73	6.4	乙酸橙花酯	NerAc	21.02	1.0		
26.53	7.8	乙酸香叶酯	GerAc	20.65	1.8	柠檬烯	Lim
26.35	9.8	α-松油醇	aTol	20.43	5.9	乙酸香叶酯/乙酸橙花酯	GerAc/NerAc
26.13	2.3	β-蒎烯	βPin	20.00	1.0		
25.52	100.0	芳樟醇/乙酸芳樟酯/乙酸橙花酯/香叶醇/乙酸香叶酯	Loo/LooAc/NerAc/Ger/GerAc	19.63	1.0		
25.19	1.3			18.33	1.8		
25.10	1.0			17.44	40.0	芳樟醇/乙酸橙花酯/香叶醇	Loo/NerAc/Ger
25.03	1.0			17.32	74.5	乙酸芳樟酯/乙酸香叶酯	LooAc/GerAc
24.96	1.3			17.07	1.4		
24.77	0.9			16.16	5.8	香叶醇*	Ger*
24.56	0.9			16.05	4.8	乙酸香叶酯*	GerAc*
24.41	1.2			14.00	1.0		
24.24	10.6	α-松油醇	aTol	11.44	1.5	反式-β-罗勒烯	tOci
23.80	69.7	乙酸芳樟酯/乙酸橙花酯/β-蒎烯	LooAc/NerAc/βPin				

1.31　松　针　精　油

英文名称：Pine needle oil。

法文和德文名称：*Essence d'aiguilles de pin*；*Fichtennadelöl*。

研究类型：中国型、俄罗斯型。

市面上以松针精油(或冷杉精油)为名的精油产品种类很多。这些精油是通过水蒸气蒸馏或水蒸馏不同种类的冷杉、落叶松、云杉和松属植物的叶(针)和细枝而获得。根据植物来源的不同，其化学成分和香气差别很大。

最重要的松针精油是源自西伯利亚冷杉(松科植物，*Abies sibirica*，一种真正的冷杉)的西伯利亚冷杉精油。这种树主要生长于俄罗斯、蒙古和许多欧洲国家等。这种精油主要产自俄罗斯，奥地利、德国、波兰和斯堪的纳维亚半岛也有少量生产。

松针精油具有清新的膏香气息，主要在沐浴用品、香皂、房屋清新剂、消毒剂、雾化液中使用。

松针精油的一种特征成分是乙酸龙脑酯，其在西伯利亚冷杉精油中的含量为30%～40%。除乙酸龙脑酯外，松针精油还含有大量的单萜和倍半萜，如 α-蒎烯和 β-蒎烯、莰烯、柠檬烯、三环烯、3-蒈烯等，以及微量的脂肪醛。

松针精油经常被掺入松节油，莰烯、蒎烯和乙酸龙脑酯的混合物，以及其他一些化合物和单离物等。

1.31.1　松针精油(中国型)

1.31.1.1　气相色谱分析(图 1.31.1、图 1.31.2，表 1.31.1)

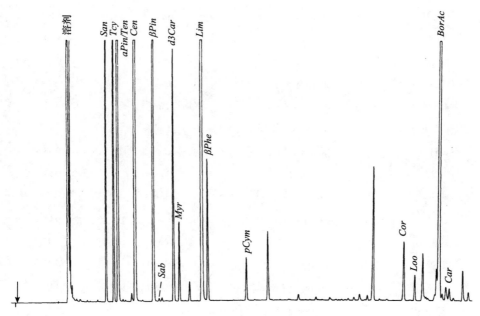

图 1.31.1　松针精油(中国型)气相色谱图 A(第一段)

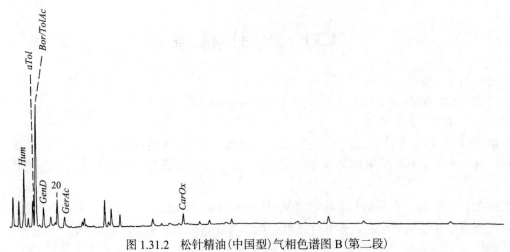

图 1.31.2　松针精油(中国型)气相色谱图 B(第二段)

表 1.31.1　松针精油(中国型)气相色谱图分析结果

序号	中文名称	英文名称	代码	百分比/%	
				中国型	俄罗斯型
1	檀烯	Santene	San	1.86	—
2	三环烯	Tricyclene	Tcy	2.33	2.60
3	α-蒎烯/α-侧柏烯	α-Pinene/α-Thujene	aPin/Ten	20.05	9.64
4	莰烯	Camphene	Cen	22.85	29.97
5	β-蒎烯	β-Pinene	βPin	5.79	1.58
6	桧烯	Sabinene	Sab	0.01	—
7	3-蒈烯	Δ^3-Carene	d3Car	1.60	1.01
8	月桂烯	Myrcene	Myr	0.49	0.11
9	柠檬烯	Limonene	Lim	25.88	4.40
10	β-水芹烯	β-Phellandrene	βPhe	0.93	0.01
11	对异丙基甲苯	para-Cymene	pCym	0.30	0.51
12	樟脑	Camphor	Cor	0.43	0.70
13	芳樟醇	Linalool	Loo	0.17	—
14	乙酸龙脑酯	Bornyl acetate	BorAc	11.23	35.42
15	β-石竹烯	β-Caryophyllene	Car	0.08	—
16	α-蛇麻烯	α-Humulene	Hum	0.45	0.72
17	α-松油醇	α-Terpineol	aTol	0.17	—
18	龙脑/乙酸松油酯	Borneol/α-Terpinyl acetate	Bor/TolAc	1.05	2.52
19	大根香叶烯 D	Germacrene D	GenD	0.15	0.50
20	二环大根香叶烯	Bicyclogermacrene	BiGen	0.20	0.19
21	香叶醇	Geraniol	Ger	—	0.41
22	氧化石竹烯	Caryophyllene oxide	CarOx	0.08	0.57

1.31.1.2 核磁共振碳谱分析（图 1.31.3～图 1.31.7，表 1.31.2～表 1.31.5)

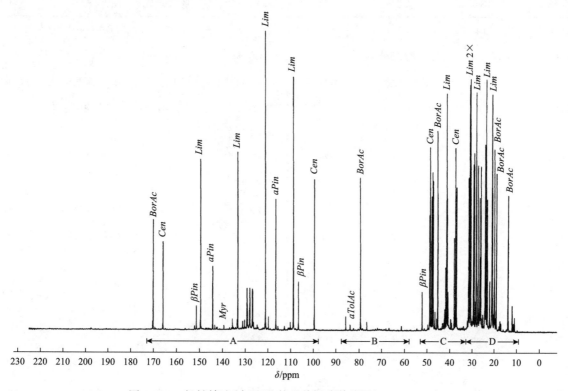

图 1.31.3 松针精油（中国型）核磁共振碳谱总图（0～230 ppm）

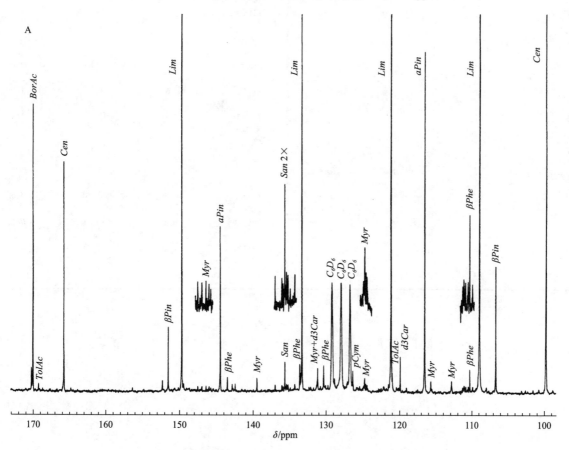

图 1.31.4 松针精油（中国型）核磁共振碳谱图 A(99～173 ppm)

表 1.31.2 松针精油(中国型)核磁共振碳谱图 A(99～173 ppm)分析结果

化学位移/ppm	相对强度/%	中文名称	代码	化学位移/ppm	相对强度/%	中文名称	代码
170.27	3.4			130.35	3.7	β-水芹烯	βPhe
170.03	37.6	乙酸龙脑酯	BorAc	130.08	1.0		
169.28	1.3	乙酸松油酯	TolAc	129.78	1.1	对异丙基甲苯	pCym
165.79	30.1	莰烯	Cen	129.22	14.4	氘代苯(溶剂)	C₆D₆
152.32	1.6			128.87	2.0		
151.53	8.6	β-蒎烯	βPin	128.01	14.4	氘代苯(溶剂)	C₆D₆
149.71	57.8	柠檬烯	Lim	127.17	1.5		
149.47	1.2			126.80	14.2	氘代苯(溶剂)	C₆D₆
144.53	21.7	α-蒎烯	aPin	126.44	3.0	对异丙基甲苯	pCym
143.57	2.1	β-水芹烯	βPhe	124.81	1.8		
142.91	1.2			124.76	2.1	月桂烯	Myr
142.51	1.2			124.61	1.2		
139.52	2.0	月桂烯	Myr	124.45	1.1		
137.02	1.1			121.54	1.2	α-松油醇	aTol
136.11	1.1			121.18	100.0	柠檬烯	Lim
135.69	4.1	檀烯	San	121.00	2.7		
135.48	1.3			119.92	4.8	3-蒈烯	d3Car
135.41	1.0			116.54	44.4	α-蒎烯	aPin
135.26	1.2			115.70	1.6	月桂烯	Myr
134.35	1.2			112.87	1.6	月桂烯	Myr
133.67	3.8	β-水芹烯	βPhe	111.16	1.0		
133.57	2.7	乙酸松油酯	TolAc	110.34	3.1	β-水芹烯	βPhe
133.36	60.2	柠檬烯	Lim	108.94	84.9	柠檬烯	Lim
131.35	1.1	月桂烯	Myr	106.69	16.6	β-蒎烯	βPin
131.28	1.6			99.77	51.0	莰烯	Cen
131.19	3.3	3-蒈烯	d3Car				

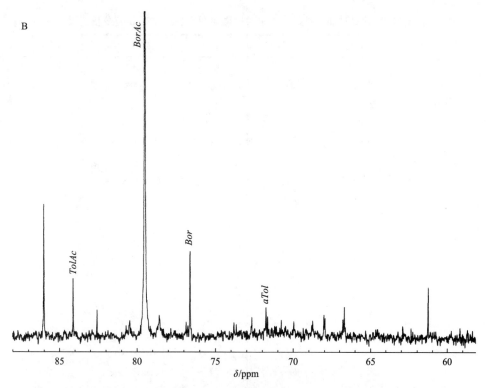

图 1.31.5　松针精油(中国型)核磁共振碳谱图 B(58～88 ppm)

表 1.31.3　松针精油(中国型)核磁共振碳谱图 B(58～88 ppm)分析结果

化学位移/ppm	相对强度//%	中文名称	代码	化学位移/ppm	相对强度//%	中文名称	代码
86.02	5.0			76.64	3.1	龙脑	*Bor*
84.11	2.1	乙酸松油酯	*TolAc*	66.72	1.0		
79.50	51.5	乙酸龙脑酯	*BorAc*	61.31	1.8		

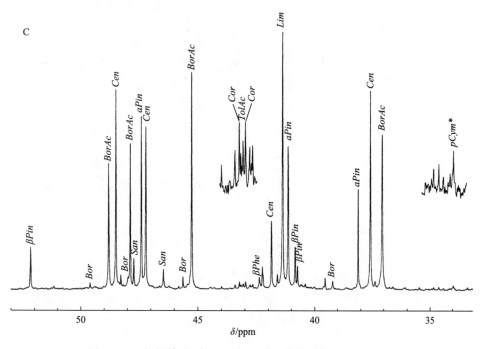

图 1.31.6　松针精油(中国型)核磁共振碳谱图 C(33～53 ppm)

表 1.31.4　松针精油（中国型）核磁共振碳谱图 C（33～53 ppm）分析结果

化学位移/ppm	相对强度/%	中文名称	代码	化学位移/ppm	相对强度/%	中文名称	代码
52.19	13.2	β-蒎烯	βPin	42.40	4.3	β-水芹烯	βPhe
49.62	2.3	龙脑	Bor	42.27	7.5		
48.83	39.0	乙酸龙脑酯	BorAc	41.89	21.4	莰烯	Cen
48.52	61.6	莰烯	Cen	41.62	5.1		
48.30	4.8			41.39	79.4	柠檬烯	Lim
48.20	1.4			41.16	44.6	α-蒎烯	aPin
47.99	4.0	龙脑	Bor	40.86	13.3	β-蒎烯	βPin
47.90	45.3	乙酸龙脑酯	BorAc	40.74	7.7	β-蒎烯	βPin
47.75	9.9	檀烯	San	40.61	1.9	α-蛇麻烯	Hum
47.43	53.4	α-蒎烯	aPin	40.56	1.6		
47.23	50.4	莰烯	Cen	40.43	2.1		
46.94	1.0			40.33	1.0		
46.66	1.3			39.57	4.1		
46.49	6.5	檀烯	San	39.22	2.9	龙脑	Bor
45.84	1.0			38.12	31.4	α-蒎烯	aPin
45.65	4.2	龙脑	Bor	37.59	61.4	莰烯/三环烯	Cen/Tcy
45.28	67.0	乙酸龙脑酯	BorAc	37.39	3.0		
44.02	1.1			37.06	48.3	乙酸龙脑酯	BorAc
43.43	1.6	三环烯	Tcy	36.76	1.1		
43.25	2.7	樟脑	Cor	36.62	1.2		
43.19	1.5			35.50	1.1		
43.09	2.0	乙酸松油酯	TolAc	34.61	1.1		
42.99	2.8	樟脑	Cor	33.97	1.7	对异丙基甲苯	pCym
42.80	1.8			33.35	1.1		
42.69	1.8	三环烯	Tcy				

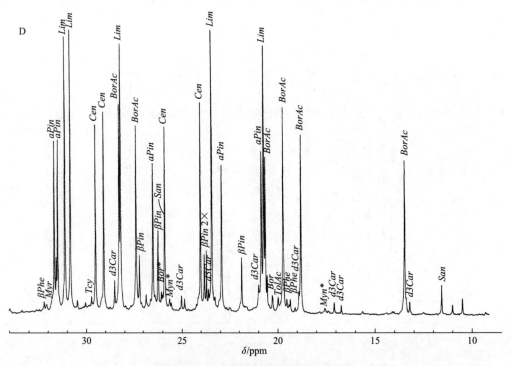

图 1.31.7　松针精油（中国型）核磁共振碳谱图 D（10～33 ppm）

表 1.31.5 松针精油(中国型)核磁共振碳谱图 D(10～33 ppm)分析结果

化学位移/ppm	相对强度/%	中文名称	代码	化学位移/ppm	相对强度/%	中文名称	代码
32.62	1.3	三环烯	Tcy	24.44	1.3		
32.45	1.2			24.27	2.8	乙酸松油酯	TolAc
32.21	3.6	β-水芹烯	βPhe	24.18	4.9		
32.06	2.8	月桂烯*	Myr*	24.04	62.4	莰烯	Cen
31.66	51.3	α-蒎烯	aPin	23.85	17.7	β-蒎烯	βPin
31.56	16.9			23.74	18.8	β-蒎烯	βPin
31.47	51.6	α-蒎烯	aPin	23.64	7.4	3-蒈烯/α-蛇麻烯	d3Car/Hum
31.09	82.1	柠檬烯	Lim	23.47	83.9	柠檬烯	Lim
30.82	84.1	柠檬烯	Lim	23.31	5.1	乙酸松油酯	TolAc
30.46	4.2			22.97	44.2	α-蒎烯/三环烯	aPin/Tcy
30.13	2.2			22.71	1.8		
30.04	3.4	樟脑	Cor	22.57	1.8		
29.73	5.3	三环烯	Tcy	21.89	16.8	β-蒎烯	βpin
29.51	56.1	莰烯	Cen	21.73	2.1		
29.08	59.8	莰烯	Cen	21.03	8.8	3-蒈烯	d3Car
28.80	1.9			20.89	48.2	α-蒎烯	aPin
28.52	10.1	3-蒈烯	d3Car	20.76	79.1	柠檬烯	Lim
28.28	61.9	乙酸龙脑酯	BorAc	20.69	46.6	乙酸龙脑酯	BorAc
28.19	79.8	柠檬烯	Lim	20.59	11.3		
27.95	2.2			20.33	5.6	龙脑	Bor
27.66	2.3			20.03	5.2	乙酸松油酯/三环烯	TolAc/Tcy
27.36	55.7	乙酸龙脑酯/α-蛇麻烯	BorAc/Hum	19.76	60.9	乙酸龙脑酯	BorAc
27.19	17.5	β-蒎烯	βPin	19.56	4.4	β-水芹烯/樟脑	βPhe/Cor
27.09	3.3	月桂烯/樟脑	Myr/Cor	19.46	2.7	三环烯	Tcy
26.85	6.0			19.39	4.4	β-水芹烯	βPhe
26.63	4.6	乙酸松油酯	TolAc	19.14	1.9	樟脑	Cor
26.50	44.9	α-蒎烯	aPin	18.93	6.8	3-蒈烯	d3Car
26.40	5.6			18.83	53.0	乙酸龙脑酯	BorAc
26.23	24.8	β-蒎烯	βPin	17.61	1.7	月桂烯*	Myr*
26.07	6.7	龙脑	Bor	17.12	3.5	3-蒈烯	d3Car
26.02	5.6			16.76	2.8	3-蒈烯	d3Car
25.90	55.4	莰烯	Cen	13.50	45.6	乙酸龙脑酯	BorAc
25.66	4.3			13.43	4.8	龙脑	Bor
25.57	3.2	月桂烯*	Myr*	13.26	3.7	3-蒈烯	d3Car
25.06	5.5	3-蒈烯	d3Car	11.59	8.6		
24.89	4.7			11.02	2.6		
24.70	1.3			10.51	4.6		
24.54	1.0						

1.31.2　松针精油(俄罗斯型)

1.31.2.1　气相色谱分析(图 1.31.8、图 1.31.9，表 1.31.6)

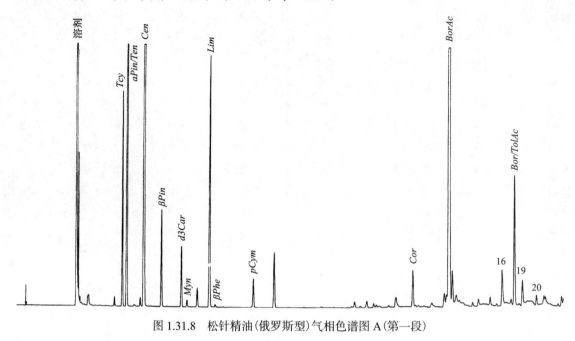

图 1.31.8　松针精油(俄罗斯型)气相色谱图 A(第一段)

图 1.31.9　松针精油(俄罗斯型)气相色谱图 B(第二段)

表 1.31.6　松针精油(俄罗斯型)气相色谱图分析结果

序号	中文名称	英文名称	代码	百分比/%	
				中国型	俄罗斯型
1	檀烯	Santene	San	1.86	—
2	三环烯	Tricyclene	Tcy	2.33	2.60
3	α-蒎烯/α-侧柏烯	α-Pinene/α-Thujene	aPin/Ten	20.05	9.64
4	莰烯	Camphene	Cen	22.85	29.97
5	β-蒎烯	β-Pinene	βPin	5.79	1.58
6	桧烯	Sabinene	Sab	0.01	—
7	3-蒈烯	Δ³-Carene	d3Car	1.60	1.01
8	月桂烯	Myrcene	Myr	0.49	0.11
9	柠檬烯	Limonene	Lim	25.88	4.40
10	β-水芹烯	β-Phellandrene	βPhe	0.93	0.01
11	对异丙基甲苯	para-Cymene	pCym	0.30	0.51
12	樟脑	Camphor	Cor	0.43	0.70

续表

序号	中文名称	英文名称	代码	百分比/%	
				中国型	俄罗斯型
13	芳樟醇	Linalool	*Loo*	0.17	—
14	乙酸龙脑酯	Bornyl acetate	*BorAc*	11.23	35.42
15	β-石竹烯	β-Caryophyllene	*Car*	0.08	—
16	α-蛇麻烯	α-Humulene	*Hum*	0.45	0.72
17	α-松油醇	α-Terpineol	*aTol*	0.17	—
18	龙脑/乙酸松油酯	Borneol/α-Terpinyl acetate	*Bor/TolAc*	1.05	2.52
19	大根香叶烯 D	Germacrene D	*GenD*	0.15	0.50
20	二环大根香叶烯	Bicyclogermacrene	*BiGen*	0.20	0.19
21	香叶醇	Geraniol	*Ger*	—	0.41
22	氧化石竹烯	Caryophyllene oxide	*CarOx*	0.08	0.57

1.31.2.2　核磁共振碳谱分析(图 1.31.10～图 1.31.13，表 1.31.7～表 1.31.10)

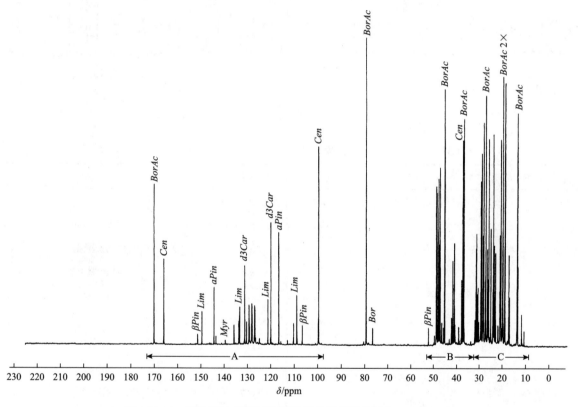

图 1.31.10　松针精油(俄罗斯型)核磁共振碳谱总图(0～230 ppm)

表 1.31.7　松针精油(俄罗斯型)核磁共振碳谱图(53～99 ppm)分析结果

化学位移/ppm	相对强度/%	中文名	代码
80.55	1.3		
79.43	100.0	乙酸龙脑酯	*BorAc*
76.56	5.9	龙脑	*Bor*

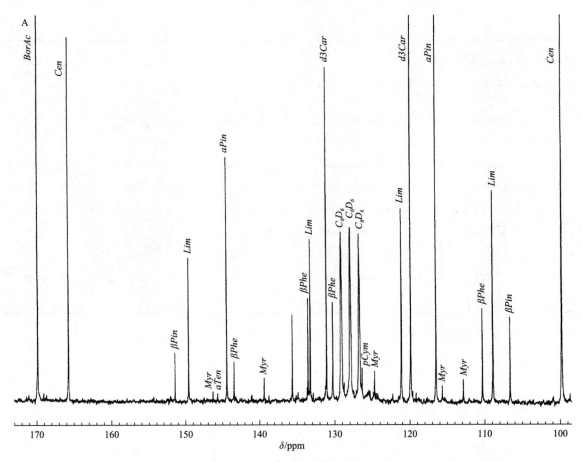

图 1.31.11　松针精油(俄罗斯型)核磁共振碳谱图 A(99~173 ppm)

表 1.31.8　松针精油(俄罗斯型)核磁共振碳谱图 A(99~173 ppm)分析结果

化学位移/ppm	相对强度/%	中文名	代码	化学位移/ppm	相对强度/%	中文名	代码
169.90	53.0	乙酸龙脑酯	BorAc	128.85	1.5		
165.77	28.4	莰烯	Cen	128.00	13.7	氘代苯(溶剂)	C_6D_6
151.52	3.9	β-蒎烯	βPin	126.81	13.2	氘代苯(溶剂)	C_6D_6
149.70	11.3	柠檬烯	Lim	126.44	2.7	对异丙基甲苯	pCym
144.52	19.1	α-蒎烯	aPin	124.76	2.5	月桂烯	Myr
143.57	3.1	β-水芹烯	βPhe	121.18	15.2	柠檬烯	Lim
139.52	1.9	月桂烯	Myr	119.91	40.3	3-蒈烯	d3Car
135.69	6.8			116.54	37.0	α-蒎烯	aPin
133.79	1.1			115.71	1.3	月桂烯	Myr
133.66	8.1	β-水芹烯/大根香叶烯 D	βPhe/GenD	112.89	1.8	月桂烯	Myr
133.34	12.7	柠檬烯/大根香叶烯 D	Lim/GenD	110.34	7.3	β-水芹烯/大根香叶烯 D	βPhe/GenD
131.18	26.1	3-蒈烯	d3Car	108.95	16.5	柠檬烯	Lim
130.35	7.8	β-水芹烯/大根香叶烯 D	βPhe/GenD	106.70	6.6	β-蒎烯	βPin
129.22	13.3	氘代苯(溶剂)	C_6D_6	99.78	65.0	莰烯	Cen

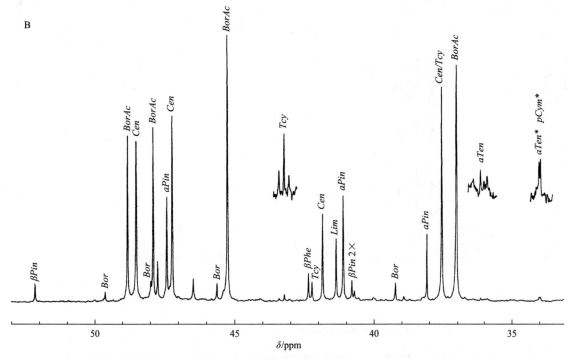

图 1.31.12　松针精油(俄罗斯型)核磁共振碳谱图 B(33～53 ppm)

表 1.31.9　松针精油(俄罗斯型)核磁共振碳谱图 B(33～53 ppm)分析结果

化学位移/ppm	相对强度/%	中文名	代码	化学位移/ppm	相对强度/%	中文名	代码
52.17	6.0	β-蒎烯	βPin	41.87	27.8	莰烯/大根香叶烯 D	Cen/GenD
49.62	3.4	龙脑	Bor	41.39	20.2	柠檬烯	Lim
48.82	52.1	乙酸龙脑酯	BorAc	41.14	33.7	α-蒎烯	aPin
48.52	50.0	莰烯	Cen	40.84	7.0	β-蒎烯	βPin
47.99	6.7	龙脑	Bor	40.74	3.5	β-蒎烯	βPin
47.90	54.7	乙酸龙脑酯	BorAc	40.58	1.1	α-蛇麻烯	Hum
47.75	13.1			40.05	1.1	α-蛇麻烯	Hum
47.42	33.2	α-蒎烯	aPin	39.27	6.3	龙脑	Bor
47.32	4.9			38.97	1.8		
47.23	58.3	莰烯	Cen	38.12	21.6	α-蒎烯	aPin
47.02	1.5			37.59	67.0	莰烯	Cen
46.49	7.6			37.38	1.5	三环烯	Tcy
45.65	6.0	龙脑	Bor	37.06	73.8	乙酸龙脑酯	BorAc
45.28	83.3	乙酸龙脑酯	BorAc	36.76	1.2	α-侧柏烯	Ten
43.25	2.4	三环烯	Tcy	36.16	1.0	大根香叶烯 D	GenD
42.39	9.2	β-水芹烯/三环烯/α-蛇麻烯	βPhe/Tcy/Hum	34.02	1.3	对异丙基甲苯	pCym
42.26	6.5			33.97	1.4	大根香叶烯 D	GenD

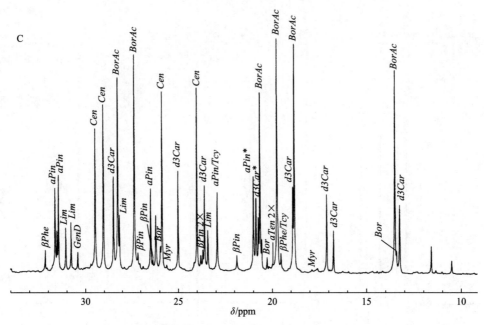

图 1.31.13　松针精油(俄罗斯型)核磁共振碳谱图 C(10～33 ppm)

表 1.31.10　松针精油(俄罗斯型)核磁共振碳谱图 C(10～33 ppm)分析结果

化学位移/ppm	相对强度/%	中文名	代码	化学位移/ppm	相对强度/%	中文名	代码
32.19	8.6	β-水芹烯	βPhe	23.74	8.7	β-蒎烯	βPin
32.09	1.7	月桂烯*	Myr*	23.64	32.8	3-蒈烯/α-蛇麻烯	d3Car/Hum
31.66	31.8	α-蒎烯	aPin	23.47	16.2	柠檬烯	Lim
31.56	15.7			22.97	30.3	α-蒎烯/三环烯	aPin/Tcy
31.47	36.6	α-蒎烯	aPin	21.91	6.7	β-蒎烯	βPin
31.09	16.9	柠檬烯	Lim	21.45	1.1	大根香叶烯 D	GenD
30.80	18.9	柠檬烯	Lim	21.03	36.2	α-蒎烯*	aPin*
30.44	7.9	大根香叶烯 D	GenD	20.90	27.9	3-蒈烯/对异丙基甲苯	d3Car/pCym
29.76	3.3	三环烯	Tcy	20.78	20.8	柠檬烯	Lim
29.51	53.8	莰烯	Cen	20.69	67.2	乙酸龙脑酯	BorAc
29.08	62.7	莰烯	Cen	20.60	12.5		
28.52	36.1	3-蒈烯	d3Car	20.32	5.9	龙脑/大根香叶烯 D	Bor/GenD
28.28	72.6	乙酸龙脑酯	BorAc	20.22	2.4	α-侧柏烯*	Ten*
28.19	21.7	柠檬烯	Lim	20.02	3.4	α-侧柏烯/三环烯	Ten/Tcy
27.94	1.9	大根香叶烯 D	GenD	19.77	87.1	乙酸龙脑酯	BorAc
27.36	81.2	乙酸龙脑酯/α-蛇麻烯	BorAc/Hum	19.57	7.4	β-水芹烯/三环烯	βPhe/Tcy
27.18	7.5	β-蒎烯	βPin	18.93	32.3	3-蒈烯	d3Car
26.91	2.5	月桂烯*	Myr*	18.84	85.2	乙酸龙脑酯	BorAc
26.50	31.6	α-蒎烯	aPin	17.91	1.2	月桂烯/α-蛇麻烯	Myr/Hum
26.40	5.5	β-蒎烯	βPin	17.61	1.6		
26.25	21.6			17.12	29.6	3-蒈烯	d3Car
26.02	9.8	龙脑	Bor	16.96	1.2	α-侧柏烯*	Ten*
25.92	67.3	莰烯	Cen	16.75	15.8	3-蒈烯/三环烯/大根香叶烯 D	d3Car/Tcy/GenD
25.67	2.9	月桂烯*	Myr*	13.51	75.6	乙酸龙脑酯	BorAc
25.50	1.2			13.43	8.4	龙脑	Bor
25.06	38.2	3-蒈烯	d3Car	13.27	25.7	3-蒈烯	d3Car
24.20	3.9	对异丙基甲苯	pCym	11.61	10.2		
24.04	68.8	莰烯	Cen	10.52	4.9		
23.85	6.4	β-蒎烯	βPin				

1.32 大马士革玫瑰精油

英文名称：Rose oil。

法文和德文名称：*Essence de rose*；*Rosenöl*。

研究类型：土耳其型、保加利亚型。

大马士革玫瑰精油是采用水蒸气蒸馏或水蒸馏新鲜采割的大马士革玫瑰(蔷薇科植物，*Rosa damascena* Miller)的花朵而得到的。该玫瑰可能是一种杂交植物，原产于小亚细亚，在许多国家均有种植。

该精油的蒸馏提取主要集中在保加利亚和土耳其，在俄罗斯、叙利亚、印度和中国有少量生产，但仅有保加利亚和土耳其的大马士革玫瑰精油具有商业价值，而成分有所差异的摩洛哥玫瑰精油是从百叶蔷薇(*Rosa centifolia* L.)中提取获得的。

大马士革玫瑰精油是一种浅黄至橄榄黄的液体，低温下可能会凝固成半透明物质，其呈现出温暖厚实的花香韵调，会让人联想到真正的新鲜玫瑰花香。大马士革玫瑰精油在香水行业应用广泛，而在食用香精行业，添加极少量的该精油常常会带来显著的效果。

大马士革玫瑰精油含有约 30%～40%的(-)-香茅醇、10%～20%的香叶醇、5%～10%的橙花醇，以及甲基丁香酚、苯乙醇、芳樟醇，此外还有些烷烃和烯烃等物质；从感官角度看，各种微量成分，如玫瑰醚、β-大马酮和 β-突厥酮，对真正大马士革玫瑰精油的特征香气有显著的贡献。该精油经常被掺入乙醇、苯乙醇和香叶精油的馏分等，偶尔也会掺入更廉价的摩洛哥玫瑰精油。

1.32.1 大马士革玫瑰精油(土耳其型)

1.32.1.1 气相色谱分析(图 1.32.1、图 1.32.2，表 1.32.1)

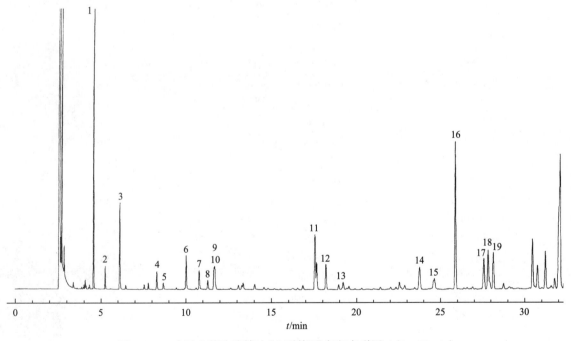

图 1.32.1 大马士革玫瑰精油(土耳其型)气相色谱图 A(0～30 min)

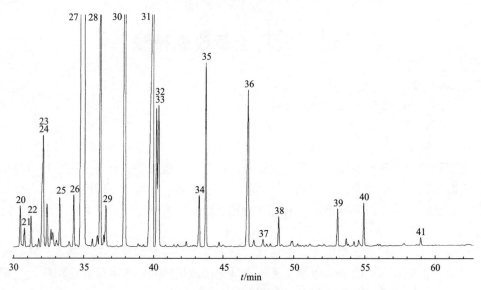

图 1.32.2　大马士革玫瑰精油(土耳其型)气相色谱图 B(30～62 min)

表 1.32.1　大马士革玫瑰精油(土耳其型)气相色谱图分析结果

序号	中文名称	英文名称	代码	百分比/%	
				土耳其型	保加利亚型
1	乙醇	Ethanol		1.92	1.54
2	正戊醛	Pentanal		0.11	0.05
3	α-蒎烯	α-Pinene	aPin	0.53	0.78
4	β-蒎烯	β-Pinene	βPin	0.13	0.15
5	桧烯	Sabinene	Sab	0.05	0.04
6	月桂烯	Myrcene	Myr	0.28	0.39
7	庚醛	Heptanal		0.15	0.10
8	柠檬烯	Limonene	Lim	0.08	0.07
9	2-甲基丁醇	2-Methylbutanol		0.15	微量
10	异戊醇	3-Methylbutanol		0.20	微量
11	顺式-玫瑰醚	cis-Rose oxide		0.55	0.21
12	反式-玫瑰醚	trans-Rose oxide		0.25	0.13
13	壬醛	Nonanal	9all	0.09	0.06
14	正癸醛	Decanal	10all	0.33	0.32
15	苯甲醛/β-波旁烯	Benzaldehyde/β-bourbonene		0.19	微量
16	芳樟醇	Linalool	Loo	1.45	2.47
17	α-愈疮木烯	α-Guaiene	aGua	0.39	0.42
18	β-石竹烯	β-Caryophyllene	Car	0.54	0.6l
19	4-松油醇	Terpinen-4-ol	Trn4	0.41	0.28
20	乙酸香茅酯	Citronellyl acetate	CllAc	0.57	0.54
21	α-蛇麻烯	α-Humulene	Hum	0.29	0.27
22	橙花醛	Neral	bCal	0.40	0.56
23	α-松油醇	α-Terpineol	aTol	0.11	0.06
24	正十七烷	Heptadecane		2.35	2.34
25	香叶醛	Geranial	aCal	0.64	0.93
26	乙酸香叶酯	Geranyl acetate	GerAc	0.74	0.91
27	香茅醇	Citronellol	Cllo	42.19	29.35

续表

序号	中文名称	英文名称	代码	百分比/%	
				土耳其型	保加利亚型
28	橙花醇	Nerol	*Ner*	5.91	8.28
29	乙酸苯乙酯	2-Phenylethyl acetate		0.71	0.46
30	香叶醇	Geraniol	*Ger*	12.00	17.10
31	正十九烷	Nonadecane	*19an*	10.80	10.10
32	苯乙醇	2-Phenylethyl alcohol	*Ph2ol*	1.95	2.71
33	十九碳烯	Nonadecene		2.61	2.47
34	正二十烷	Eicosane		0.80	0.92
35	甲基丁香酚	Methyleugenol	*EugMe*	2.50	1.70
36	正二十一烷	Heneicosane		3.19	4.19
37	二十一碳烯	Heneicosene		0.12	0.16
38	丁香酚	Eugenol	*Eug*	0.38	1.35
39	正二十三烷	Tricosane		0.56	1.00
40	(2*E*,6*E*)-金合欢醇	(2*E*,6*E*)-Farnesol		0.59	1.45
41	正二十五烷	Pentacosane		0.12	0.27

1.32.1.2 核磁共振碳谱分析（图 1.32.3～图 1.32.6，表 1.32.2～表 1.32.5）

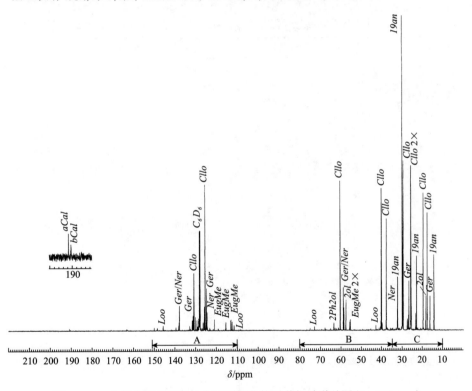

图 1.32.3 大马士革玫瑰精油（土耳其型）核磁共振碳谱总图（0～220 ppm）

表 1.32.2 大马士革玫瑰精油（土耳其型）核磁共振碳谱图（150～220 ppm）分析结果

化学位移/ppm	相对强度/%	中文名	代码
190.89	0.5	香叶醛	*aCal*
190.33	0.3	橙花醛	*bCal*
163.11	0.3		

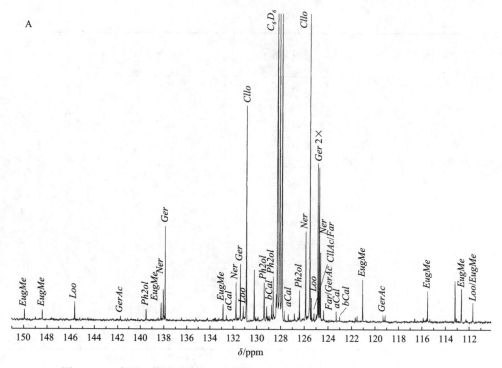

图 1.32.4　大马士革玫瑰精油(土耳其型)核磁共振碳谱图 A(110～150 ppm)

表 1.32.3　大马士革玫瑰精油(土耳其型)核磁共振碳谱图 A(110～150 ppm)分析结果

化学位移/ppm	相对强度/%	中文名称	代码	化学位移/ppm	相对强度/%	中文名称	代码
149.90	0.7	甲基丁香酚	EugMe	127.81	29.8	氘代苯(溶剂)	C₆H₆
148.40	0.7	甲基丁香酚	EugMe	127.61	0.7	香叶醛	aCal
145.65	1.4	芳樟醇	Loo	127.26	0.5		
141.74	0.2	乙酸香叶酯	GerAc	126.74	0.5		
139.47	0.8	苯乙醇	Ph2ol	126.31	2.3	苯乙醇	Ph2ol
138.19	1.3	甲基丁香酚	EugMe	125.79	7.0	橙花醇	Ner
138.00	2.3	橙花醇	Ner	125.69	0.3		
137.91	0.2			125.44	44.0	香茅醇	Cllo
137.86	7.4	香叶醇	Ger	125.31	1.7	芳樟醇	Loo
132.84	1.2	甲基丁香酚	EugMe	125.08	0.5	乙酸香茅酯/金合欢醇	CllAc/Far
132.54	0.3	香叶醛	aCal	124.90	0.5	β-石竹烯	Car
131.67	2.9	橙花醇	Ner	124.76	12.4	香叶醇	Ger
131.30	4.4	香叶醇	Ger	124.70	0.4		
131.03	1.1	芳樟醇/乙酸香茅酯	Loo/CllAc	124.65	12.1	香叶醇	Ger
130.78	17.0	香茅醇	Cllo	124.54	5.4	橙花醇	Ner
130.14	4.0			124.51	0.8		
130.00	0.3			124.28	0.8	金合欢醇/乙酸香叶酯	Far/GerAc
129.80	0.3			123.22	0.7	香叶醛	aCal
129.32	2.9	苯乙醇	Ph2ol	122.91	0.3	橙花醛	bCal
129.10	1.0			121.43	0.3		
129.02	0.3			120.96	3.2	甲基丁香酚	EugMe
128.90	0.3			119.21	0.4	乙酸香叶酯	GerAc
128.73	0.3	橙花醛	bCal	119.03	0.4		
128.69	1.2			115.80	0.2		
128.55	3.4	苯乙醇	Ph2ol	115.44	2.3	甲基丁香酚	EugMe
128.29	2.0			113.10	3.1		
128.19	29.7	氘代苯(溶剂)	C₆H₆	112.57	2.5	甲基丁香酚	EugMe
128.00	29.9	氘代苯(溶剂)	C₆H₆	111.57	1.4	甲基丁香酚/芳樟醇	EugMe/Loo
127.90	1.2						

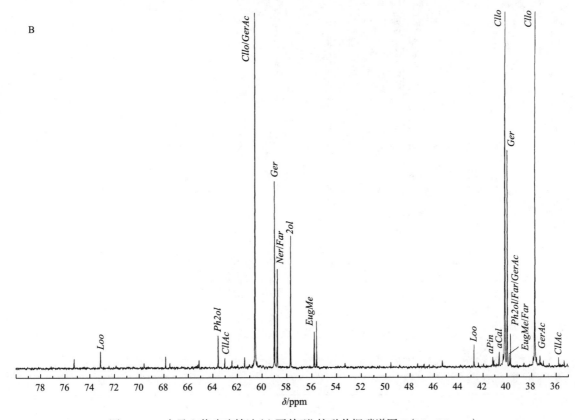

图 1.32.5 大马士革玫瑰精油(土耳其型)核磁共振碳谱图 B(35~80 ppm)

表 1.32.4 大马士革玫瑰精油(土耳其型)核磁共振碳谱 B(35~80 ppm)分析结果

化学位移/ppm	相对强度/%	中文名称	代码	化学位移/ppm	相对强度/%	中文名称	代码
75.22	0.5			41.22	0.6	α-蒎烯	aPin
73.10	1.0	芳樟醇	Loo	41.20	0.5		
67.83	0.6			41.11	0.3		
65.12	0.4			40.66	0.9	香叶醛	aCal
63.58	2.1	苯乙醇	Ph2ol	40.33	0.8		
63.04	0.5	乙酸香茅酯	CllAc	40.20	42.6	香茅醇	Cllo
62.45	0.4			40.16	4.6		
61.40	0.6			40.01	14.7	香叶醇	Ger
60.58	44.9	香茅醇/乙酸香叶酯	Cllo/GerAc	39.84	0.7	甲基丁香酚/金合欢醇	EugMe/Far
60.42	0.3			39.74	2.1	苯乙醇/金合欢醇/乙酸香叶酯	Ph2ol/Far/GerAc
59.01	12.7	香叶醇	Ger	37.90	0.6		
58.77	6.7	橙花醇/金合欢醇	Ner/Far	37.76	33.4	香茅醇	Cllo
57.70	9.0	乙醇	2ol	37.63	0.5		
55.84	2.3	甲基丁香酚	EugMe	37.35	0.6	乙酸香茅酯	CllAc
55.65	3.1			37.08	0.3		
49.63	0.2			35.82	0.5	乙酸香茅酯	CllAc
45.38	0.3			35.38	0.3		
42.79	1.4	芳樟醇	Loo				

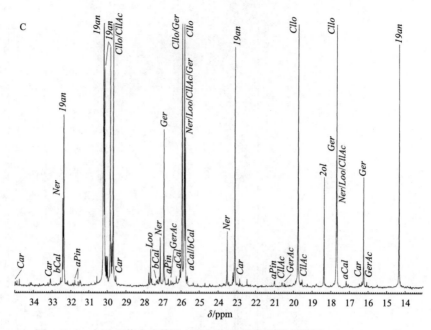

图 1.32.6　大马士革玫瑰精油(土耳其型)核磁共振碳谱图 C(13～35 ppm)

表 1.32.5　大马士革玫瑰精油(土耳其型)核磁共振碳谱图 C(13～35 ppm)分析结果

化学位移/ppm	相对强度/%	中文名称	代码	化学位移/ppm	相对强度/%	中文名称	代码
34.96	0.3	β-石竹烯	Car	26.55	0.4	乙酸香叶酯	GerAc
34.87	0.4			26.45	0.3		
34.75	0.5			26.26	0.8		
33.09	0.5	β-石竹烯	Car	26.05	1.4	香叶醛	aCal
32.56	0.6	橙花醛	bCal	25.95	49.5	香茅醇	Cllo
32.43	8.0	橙花醇	Ner	25.83	42.8	香茅醇	Cllo
32.38	15.8	正十九烷	19an	25.78	13.7	橙花醇/香叶醇/芳樟醇/乙酸香茅酯	Ner/Ger/Loo/CllAc
32.17	0.4			25.68	0.8	金合欢醇	Far
31.79	0.4	α-蒎烯	aPin	25.66	0.9	橙花醛/香叶醛	bCal/aCal
31.60	0.3	α-蒎烯	aPin	23.52	5.0	橙花醇	Ner
31.50	0.4			23.43	0.3		
30.56	0.8			23.20	1.2		
30.20	100.0	正十九烷	19an	23.12	22.1	正十九烷/α-蒎烯	19an/aPin
30.14	20.2	正十九烷/β-石竹烯	19an/Car	22.85	0.6	β-石竹烯	Car
30.09	2.6			22.45	0.6		
30.04	2.6			20.98	0.4	α-蒎烯	aPin
30.00	2.6			20.58	0.3	乙酸香茅酯	CllAc
29.84	22.1	正十九烷	19an	20.48	0.2	乙酸香叶酯	GerAc
29.79	3.8			19.88	0.5		
29.74	3.9			19.74	41.1	香茅醇	Cllo
29.69	50.9	香茅醇/乙酸香茅酯	Cllo/CllAc	19.60	0.3		
29.54	0.8	β-石竹烯	Car	19.52	0.6	乙酸香茅酯	CllAc
27.73	1.1			18.36	10.1	乙醇	2ol
27.64	3.3	芳樟醇	Loo	17.70	11.7	香叶醇	Ger
27.59	0.6			17.68	35.2	香茅醇	Cllo
27.34	0.4	橙花醛	bCal	17.65	6.4	橙花醇/芳樟醇/乙酸香茅酯	Ner/Loo/CllAc
27.28	0.5			17.16	0.5	香叶醛	aCal
27.19	0.7			16.46	0.2		
27.13	4.4	橙花醇	Ner	16.32	0.4	β-石竹烯	Car
26.93	14.5	香叶醇	Ger	16.24	10.1	香叶醇	Ger
26.87	0.7	金合欢醇	Far	16.06	0.4	乙酸香叶酯	GerAc
26.69	0.6	α-蒎烯	aPin	14.33	22.5	正十九烷	19an

1.32.2　大马士革玫瑰精油(保加利亚型)

1.32.2.1　气相色谱分析(图 1.32.7、图 1.32.8,表 1.32.6)

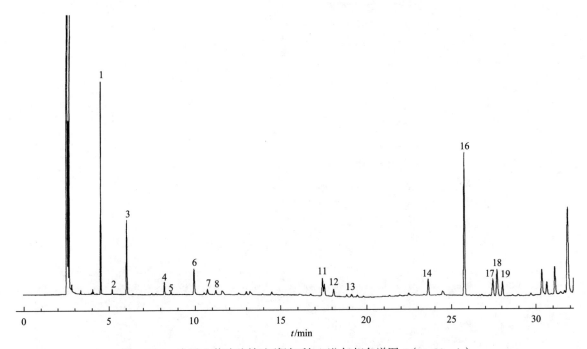

图 1.32.7　大马士革玫瑰精油(保加利亚型)气相色谱图 A(0~30 min)

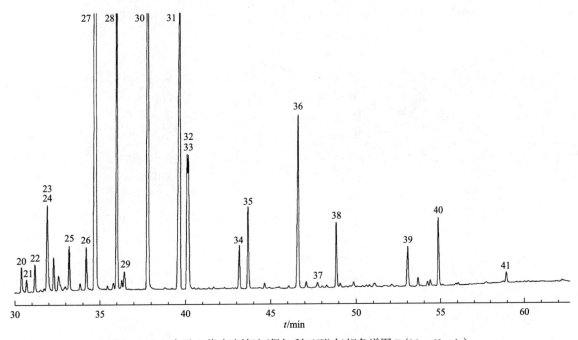

图 1.32.8　大马士革玫瑰精油(保加利亚型)气相色谱图 B(30~62 min)

表 1.32.6　大马士革玫瑰精油(保加利亚型)气相色谱图分析结果

序号	中文名称	英文名称	代码	百分比/%	
				土耳其型	保加利亚型
1	乙醇	Ethanol		1.92	1.54
2	正戊醛	Pentanal		0.11	0.05
3	α-蒎烯	α-Pinene	aPin	0.53	0.78
4	β-蒎烯	β-Pinene	βPin	0.13	0.15
5	桧烯	Sabinene	Sab	0.05	0.04
6	月桂烯	Myrcene	Myr	0.28	0.39
7	庚醛	Heptanal		0.15	0.10
8	柠檬烯	Limonene	Lim	0.08	0.07
9	2-甲基丁醇	2-Methylbutanol		0.15	微量
10	异戊醇	3-Methylbutanol		0.20	微量
11	顺式-玫瑰醚	cis-Rose oxide		0.55	0.21
12	反式-玫瑰醚	trans-Rose oxide		0.25	0.13
13	壬醛	Nonanal	9all	0.09	0.06
14	正癸醛	Decanal	10all	0.33	0.32
15	苯甲醛/β-波旁烯	Benzaldehyde/β-bourbonene		0.19	微量
16	芳樟醇	Linalool	Loo	1.45	2.47
17	α-愈疮木烯	α-Guaiene	aGua	0.39	0.42
18	β-石竹烯	β-Caryophyllene	Car	0.54	0.61
19	4-松油醇	Terpinen-4-ol	Trn4	0.41	0.28
20	乙酸香茅酯	Citronellyl acetate	CllAc	0.57	0.54
21	α-蛇麻烯	α-Humulene	Hum	0.29	0.27
22	橙花醛	Neral	bCal	0.40	0.56
23	α-松油醇	α-Terpineol	aTol	0.11	0.06
24	正十七烷	Heptadecane		2.35	2.34
25	香叶醛	Geranial	aCal	0.64	0.93
26	乙酸香叶酯	Geranyl acetate	GerAc	0.74	0.91
27	香茅醇	Citronellol	Cllo	42.19	29.35
28	橙花醇	Nerol	Ner	5.91	8.28
29	乙酸苯乙酯	2-Phenylethyl acetate		0.71	0.46
30	香叶醇	Geraniol	Ger	12.00	17.10
31	正十九烷	Nonadecane	19an	10.80	10.10
32	苯乙醇	2-Phenylethyl alcohol	Ph2ol	1.95	2.71
33	十九碳烯	Nonadecene		2.61	2.47
34	正二十烷	Eicosane		0.80	0.92
35	甲基丁香酚	Methyleugenol	EugMe	2.50	1.70
36	正二十一烷	Heneicosane		3.19	4.19
37	二十一碳烯	Heneicosene		0.12	0.16
38	丁香酚	Eugenol	Eug	0.38	1.35
39	正二十三烷	Tricosane		0.56	1.00
40	(2E,6E)-金合欢醇	(2E,6E)-Farnesol		0.59	1.45
41	正二十五烷	Pentacosane		0.12	0.27

1.32.2.2　核磁共振碳谱分析（图 1.32.9～图 1.32.12，表 1.32.7～表 1.32.10）

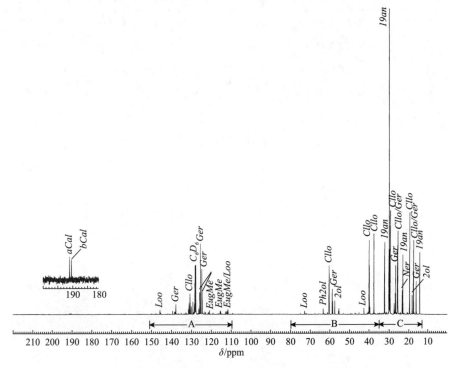

图 1.32.9　大马士革玫瑰精油（保加利亚型）核磁共振碳谱总图（0～220 ppm）

表 1.32.7　大马士革玫瑰精油（保加利亚型）核磁共振碳谱图（150～220 ppm）分析结果

化学位移/ppm	相对强度/%	中文名称	代码
190.96	0.5	香叶醛	aCal
190.37	0.4	橙花醛	bCal

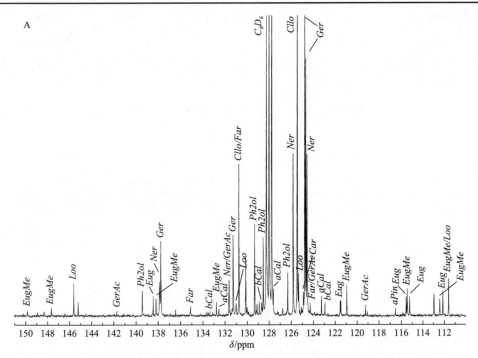

图 1.32.10　大马士革玫瑰精油（保加利亚型）核磁共振碳谱图 A（110～150 ppm）

表 1.32.8　大马士革玫瑰精油(保加利亚型)核磁共振碳谱图 A(110～150 ppm)分析结果

化学位移/ppm	相对强度/%	中文名称	代码	化学位移/ppm	相对强度/%	中文名称	代码
149.82	0.2	甲基丁香酚	EugMe	127.76	16.0	氘代苯(溶剂)	C_6H_6
147.65	0.4	甲基丁香酚	EugMe	127.62	1.2	香叶醛	aCal
145.62	1.4	芳樟醇	Loo	126.75	0.3		
145.23	0.6			126.29	1.9	苯乙醇	Ph2ol
141.73	0.2	乙酸香叶酯	GerAc	125.82	7.2	橙花醇	Ner
139.47	1.1	苯乙醇	Ph2ol	125.45	23.0	香茅醇	Cllo
138.46	0.9	丁香酚	Eug	125.33	1.9	芳樟醇	Loo
138.20	0.8	甲基丁香酚	EugMe	125.07	0.4	金合欢醇	Far
137.89	1.5	橙花醇	Ner	124.90	1.1	β-石竹烯	Car
137.78	3.3	香叶醇	Ger	124.76	14.7	香叶醇	Ger
136.46	0.3			124.67	11.5	香叶醇	Ger
135.14	0.4	金合欢醇	Far	124.56	7.2	橙花醇	Ner
133.36	0.2	橙花醛	bCal	124.28	0.6	金合欢醇/乙酸香叶酯	Far/GerAc
132.78	0.6	甲基丁香酚	EugMe	123.23	0.9	香叶醛	aCal
132.56	0.3	香叶醛	aCal	122.91	0.6	橙花醛	bCal
131.64	1.6	橙花醇/乙酸香叶酯	Ner/GerAc	121.53	0.7	丁香酚	Eug
131.27	3.6	香叶醇	Ger	121.46	0.7		
131.00	0.6	芳樟醇	Loo	120.92	1.4	甲基丁香酚	EugMe
130.75	6.8	香茅醇/金合欢醇	Cllo/Far	119.20	0.5	乙酸香叶酯	GerAc
130.13	2.6			116.52	0.3	α-蒎烯	aPin
130.01	0.4			115.55	0.8	丁香酚	Eug
129.32	4.1	苯乙醇	Ph2ol	115.45	1.2	甲基丁香酚	EugMe
129.11	0.5			115.23	0.9	丁香酚	Eug
128.91	0.6			112.95	1.0		
128.71	0.6	橙花醛	bCal	112.41	0.8	甲基丁香酚	EugMe
128.55	3.5	苯乙醇	Ph2ol	112.14	1.1	丁香酚	Eug
128.24	15.8	氘代苯(溶剂)	C_6H_6	111.60	1.7	甲基丁香酚/芳樟醇	EugMe/Loo
128.00	16.1	氘代苯(溶剂)	C_6H_6	109.34	0.3		

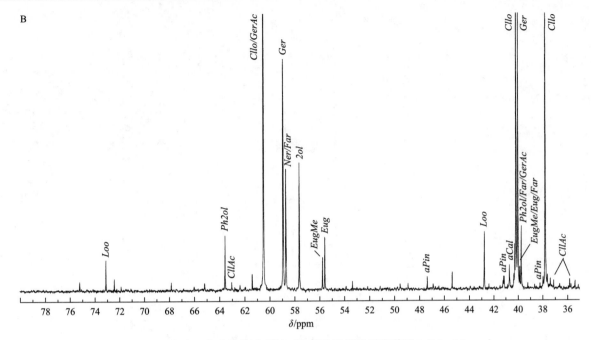

图 1.32.11　大马士革玫瑰精油(保加利亚型)核磁共振碳谱图 B(35~80 ppm)

表 1.32.9　大马士革玫瑰精油(保加利亚型)核磁共振碳谱图 B(35~80 ppm)分析结果

化学位移/ppm	相对强度/%	中文名称	代码	化学位移/ppm	相对强度/%	中文名称	代码
75.22	0.3			42.80	2.1	芳樟醇	Loo
73.11	1.1	芳樟醇	Loo	41.18	0.5	α-蒎烯	aPin
72.43	0.4			41.14	0.5		
67.83	0.3			40.72	0.9	香叶醛	aCal
65.18	0.2			40.35	0.5		
63.58	1.9	苯乙醇	Ph2ol	40.28	1.6		
63.06	0.3	乙酸香茅酯	CllAc	40.18	24.2	香茅醇	Cllo
61.42	0.6			40.03	16.0	香叶醇	Ger
60.52	16.0	香茅醇/乙酸香叶酯	Cllo/GerAc	39.88	0.8	甲基丁香酚/丁香酚/金合欢醇	EugMe/Eug/Far
58.95	8.2	香叶醇	Ger	39.74	2.2	苯乙醇/金合欢醇/乙酸香叶酯	Ph2ol/Far/GerAc
58.72	4.3	橙花醇/金合欢醇	Ner/Far	39.21	0.2		
57.65	4.5	乙醇	2ol	38.21	0.2	α-蒎烯	aPin
55.79	1.2	甲基丁香酚	EugMe	37.96	0.4		
55.61	1.9	丁香酚	Eug	37.78	26.4	香茅醇	Cllo
53.39	0.3			37.61	0.5		
49.57	0.2			37.38	0.4		
48.94	0.2			37.11	0.3	乙酸香茅酯	CllAc
47.41	0.5	α-蒎烯	aPin	35.83	0.3	乙酸香茅酯	CllAc
45.38	0.6			35.40	0.3		

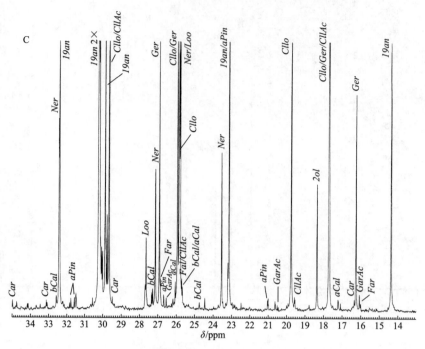

图 1.32.12　大马士革玫瑰精油(保加利亚型)核磁共振碳谱图 C(13～35 ppm)

表 1.32.10　大马士革玫瑰精油(保加利亚型)核磁共振碳谱图 C(13～35 ppm)分析结果

化学位移/ppm	相对强度/%	中文名称	代码	化学位移/ppm	相对强度/%	中文名称	代码
34.97	0.5	β-石竹烯	Car	26.69	0.7	α-蒎烯	aPin
34.75	0.4			26.56	0.6	乙酸香叶酯	GerAc
34.17	0.3			26.20	0.6		
34.13	0.3			26.08	1.4	香叶醛	aCal
33.48	0.3			25.96	25.4	香茅醇/香叶醇	Cllo/Ger
33.13	0.5			25.86	27.2	香茅醇	Cllo
33.09	0.3	β-石竹烯	Car	25.81	20.5	橙花醇/芳樟醇	Ner/Loo
32.60	0.7	橙花醛	bCal	25.72	1.5	金合欢醇/乙酸香茅酯	Far/CllAc
32.46	9.5	橙花醇	Ner	25.69	1.1	橙花醛/香叶醛	bCal/aCal
32.43	23.5	正十九烷	19an	24.74	0.4	橙花醛	bCal
31.86	0.3			24.46	0.6		
31.80	0.6	α-蒎烯	aPin	23.56	7.8	橙花醇	Ner
31.61	0.6	α-蒎烯	aPin	23.22	2.4		
31.52	0.8			23.16	19.3	正十九烷/α-蒎烯	19an/aPin
30.59	0.6			22.88	0.3	β-石竹烯	Car
30.24	100.0	正十九烷	19an	22.49	0.4		
30.19	26.2	正十九烷	19an	21.04	0.5	α-蒎烯	aPin
30.14	3.6			21.00	0.6		
30.09	3.1			20.63	0.5		
30.04	2.9			20.51	0.3	乙酸香叶酯	GerAc
29.90	21.1	正十九烷	19an	19.76	33.3	香茅醇	Cllo
29.85	3.6			19.58	0.7	乙酸香茅酯	CllAc
29.79	4.7			18.77	0.3		
29.69	34.0	香茅醇/乙酸香茅酯	Cllo/CllAc	18.35	6.3	乙醇	2ol
29.50	0.6	β-石竹烯	Car	17.71	24.1	香茅醇/香叶醇/乙酸香茅酯	Cllo/Ger/CllAc
27.70	1.2			17.21	0.5	香叶醛	aCal
27.65	3.6	芳樟醇	Loo	17.08	0.4		
27.36	0.9			16.35	0.6	β-石竹烯	Car
27.30	1.0	橙花醛	bCal	16.26	10.8	香叶醇	Ger
27.15	7.0	橙花醇	Ner	16.08	0.8	乙酸香叶酯	GerAc
26.94	16.0	香叶醇	Ger	16.01	0.8	金合欢醇	Far
26.89	1.5	金合欢醇	Far	14.37	20.1	正十九烷	19an

1.33　迷迭香精油

英文名称：Rosemary oil。

法文和德文名称：*Essence de romarin*；*Rosmarinöl*。

研究类型：西班牙 A 型、西班牙 B 型。

采用水蒸气蒸馏野生或种植迷迭香(唇形科植物，*Rosmarinus officinalis* L.)开花期的植物顶部就可获得迷迭香精油。迷迭香有各种形态和变种，原产于地中海地区，在西班牙、法国、意大利、南斯拉夫、突尼斯和摩洛哥等均有种植。迷迭香精油的蒸馏提取主要是在西班牙，突尼斯、南斯拉夫、法国和摩洛哥也有少量生产。

迷迭香精油有一种强烈清新的樟脑特征香气，在香水、松针香精、房间除臭剂、家庭喷雾剂、消毒剂、沐浴用品中的应用广泛。不同类型迷迭香精油的香气差异较大，而品质较差的迷迭香精油有明显的樟脑和桉叶脑气息。

迷迭香精油含有约 25%的 1,8-桉叶素、龙脑、樟脑、乙酸龙脑酯和大量的单萜。它经常被掺入西班牙桉叶精油、樟脑油、松节油及其馏分。迷迭香精油(西班牙 B 型)似乎掺入了合成的乙酸异龙脑酯和异龙脑。

1.33.1　迷迭香精油(西班牙 A 型)

1.33.1.1　气相色谱分析(图 1.33.1、图 1.33.2，表 1.33.1)

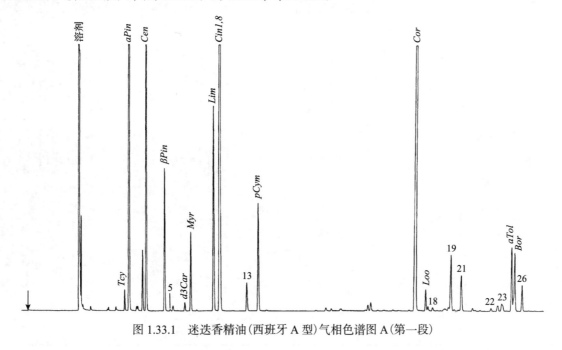

图 1.33.1　迷迭香精油(西班牙 A 型)气相色谱图 A(第一段)

图 1.33.2　迷迭香精油(西班牙 A 型)气相色谱图 B(第二段)

表 1.33.1　迷迭香精油(西班牙 A 型)气相色谱图分析结果

序号	中文名称	英文名称	代码	百分比/%	
				西班牙 A 型	西班牙 B 型
1	三环烯	Tricyclene	Tcy	0.34	0.49
2	α-侧柏烯/α-蒎烯	α-Thujene/α-pinene	Ten/aPin	24.50	17.74
3	莰烯	Camphene	Cen	7.80	7.67
4	β-蒎烯	β-Pinene	βPin	2.96	4.39
5	桧烯	Sabinene	Sab	微量	0.11
6	3-蒈烯	Δ^3-Carene	d3Car	0.19	0.07
7	月桂烯	Myrcene	Myr	1.71	2.48
8	α-水芹烯	α-Phellandrene	aPhe	—	0.39
9	α-松油烯	α-Terpinene	aTer	—	0.43
10	柠檬烯	Limonene	Lim	4.70	5.81
11	1,8-桉叶素/β-水芹烯	1,8-Cineole/β-Phellandrene	Cin1,8/βPhe	22.59	22.97
12	γ-松油烯	γ-Terpinene	gTer	—	0.73
13	3-辛酮	3-Octanone	8on3	0.67	0.72
14	对异丙基甲苯	para-Cymene	pCym	2.61	2.40
15	异松油烯	Terpinolene	Tno	微量	0.97
16	樟脑	Camphor	Cor	22.79	18.54
17	芳樟醇	Linalool	Loo	0.47	1.32
18	乙酸芳樟酯	Linalyl acetate	LooAc	0.02	0.16
19	乙酸龙脑酯	Bornyl acetate	BorAc	1.34	1.02
20	乙酸异龙脑酯	Isobornyl acetate	iBorAc	0.04	1.50
21	4-松油醇/β-石竹烯	Terpinen-4-ol/β-Caryophyllene	Trn4/Car	1.01	1.74
22	异龙脑	Isoborneol		0.06	0.68
23	α-蛇麻烯	α-Humulene	Hum	0.02	0.18
24	α-松油醇	α-Terpineol	aTol	1.93	1.74
25	龙脑	Borneol	Bor	1.77	2.10
26	马鞭草烯酮	Verbenone	Ver	0.80	1.72

1.33.1.2　核磁共振碳谱分析（图 1.33.3～图 1.33.8，表 1.33.2～表 1.33.7）

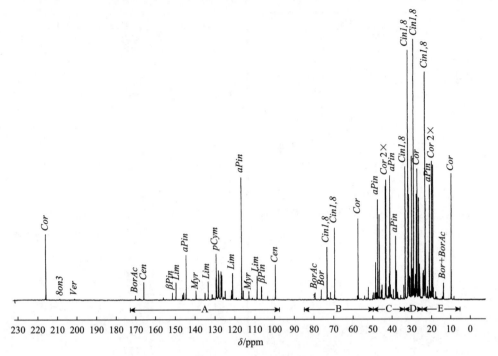

图 1.33.3　迷迭香精油（西班牙 A 型）核磁共振碳谱总图（0～230 ppm）

表 1.33.2　迷迭香精油（西班牙 A 型）核磁共振碳谱图（173～230 ppm）分析结果

化学位移/ppm	相对强度/%	中文名称	代码
215.90	25.9	樟脑	*Cor*

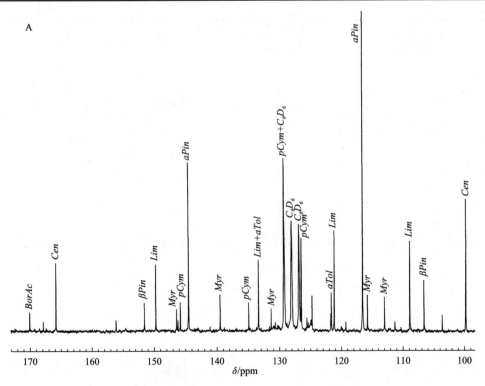

图 1.33.4　迷迭香精油（西班牙 A 型）核磁共振碳谱图 A（99～173 ppm）

表 1.33.3 迷迭香精油(西班牙 A 型)核磁共振碳谱图 A(99~173 ppm)分析结果

化学位移/ppm	相对强度/%	中文名称	代码	化学位移/ppm	相对强度/%	中文名称	代码
170.03	2.1	乙酸龙脑酯	*BorAc*	128.00	11.5	氘代苯(溶剂)	C_6D_6
167.86	1.1			126.80	11.2	氘代苯(溶剂)	C_6D_6
165.80	7.2	莰烯	*Cen*	126.42	9.8	对异丙基甲苯	*pCym*
156.12	1.3			125.55	1.5		
151.58	3.1	β-蒎烯	*βPin*	125.34	1.0		
149.73	7.1	柠檬烯	*Lim*	124.86	1.2	β-石竹烯	*Car*
146.43	2.4	月桂烯	*Myr*	124.71	3.8	月桂烯	*Myr*
146.22	1.2			121.67	1.9		
145.82	3.1	对异丙基甲苯	*pCym*	121.58	4.1	α-松油醇	*aTol*
144.50	17.6	α-蒎烯	*aPin*	121.11	10.5	柠檬烯/马鞭草烯酮	*Lim/Ver*
139.49	3.9	月桂烯	*Myr*	119.23	1.1		
134.93	3.1	对异丙基甲苯	*pCym*	116.49	47.7	α-蒎烯	*aPin*
133.39	4.4	α-松油醇	*aTol*	115.71	3.8	月桂烯	*Myr*
133.36	7.5	柠檬烯	*Lim*	112.92	3.6	月桂烯	*Myr*
131.34	2.5	月桂烯	*Myr*	111.24	1.0		
130.66	1.0			108.89	9.4	柠檬烯	*Lim*
129.26	18.0	氘代苯(溶剂)/ 对异丙基甲苯	C_6D_6/*pCym*	106.62	5.3	β-蒎烯	*βPin*
128.79	0.9			103.58	1.7		
128.34	1.0			99.71	13.7	莰烯	*Cen*

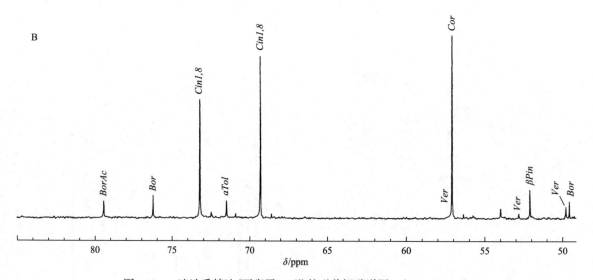

图 1.33.5 迷迭香精油(西班牙 A 型)核磁共振碳谱图 B(49~85 ppm)

表 1.33.4　迷迭香精油(西班牙 A 型)核磁共振碳谱图 B(49～85 ppm)分析结果

化学位移/ppm	相对强度/%	中文名称	代码
79.42	2.9	乙酸龙脑酯	*BorAc*
76.24	4.1	龙脑	*Bor*
73.24	20.4	1,8-桉叶素	*Cin1,8*
72.50	1.0		
71.52	3.1	α-松油醇	*aTol*
69.36	27.9	1,8-桉叶素	*Cin1,8*
57.60	1.9	马鞭草烯酮	*Ver*
57.14	31.5	樟脑	*Cor*
54.02	1.7	β-石竹烯	*Car*
52.13	5.0	β-蒎烯	*βPin*
49.82	2.1	马鞭草烯酮	*Ver*
49.59	3.1	龙脑	*Bor*

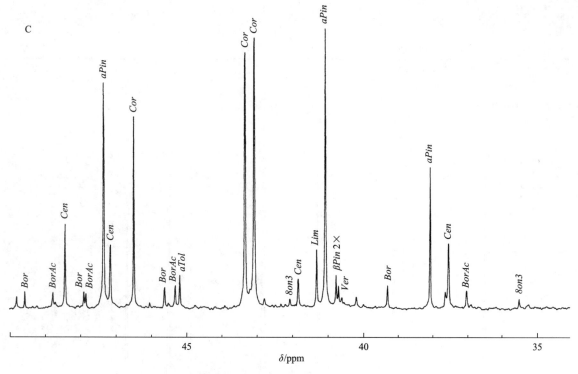

图 1.33.6　迷迭香精油(西班牙 A 型)核磁共振碳谱图 C(34～49 ppm)

表 1.33.5　迷迭香精油(西班牙 A 型)核磁共振碳谱图 C(34～49 ppm)分析结果

化学位移/ppm	相对强度/%	中文名称	代码	化学位移/ppm	相对强度/%	中文名称	代码
48.79	2.8	乙酸龙脑酯	*BorAc*	42.80	1.8		
48.72	1.1			42.09	1.7	3-辛酮	*8on3*
48.45	14.6	莰烯/β-石竹烯	*Cen/Car*	41.86	5.1	莰烯	*Cen*
47.92	3.0	龙脑	*Bor*	41.33	10.3	柠檬烯	*Lim*
47.86	27.0	乙酸龙脑酯	*BorAc*	41.09	48.2	α-蒎烯	*aPin*
47.37	38.9	α-蒎烯	*aPin*	40.78	5.9	β-蒎烯/β-石竹烯	*βPin/Car*
47.17	11.0	莰烯	*Cen*	40.71	4.1	β-蒎烯	*βPin*
46.51	33.2	樟脑	*Cor*	40.63	1.9	β-石竹烯	*Car*
46.07	1.1			40.56	1.1	马鞭草烯酮	*Ver*
45.64	3.7	龙脑	*Bor*	40.21	2.2		
45.54	0.9			39.31	4.2	龙脑	*Bor*
45.34	4.1	乙酸龙脑酯	*BorAc*	38.08	24.6	α-蒎烯	*aPin*
45.21	5.9	α-松油醇	*aTol*	37.63	3.1		
43.35	44.1	樟脑	*Cor*	37.55	11.4	莰烯	*Cen*
43.22	3.4			37.02	3.1	乙酸龙脑酯	*BorAc*
43.09	46.6	樟脑/对异丙基甲苯	*Cor/pCym*	35.51	1.8	3-辛酮	*8on3*

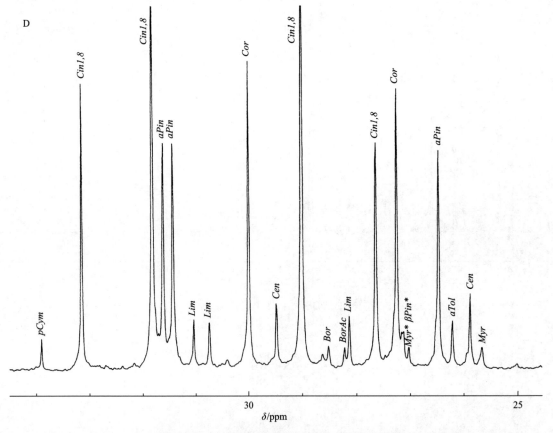

图 1.33.7　迷迭香精油(西班牙 A 型)核磁共振碳谱图 D(25～34 ppm)

表 1.33.6　迷迭香精油(西班牙 A 型)核磁共振碳谱图 D(25～34 ppm)分析结果

化学位移/ppm	相对强度/%	中文名称	代码	化学位移/ppm	相对强度/%	中文名称	代码
33.91	5.8	对异丙基甲苯	*pCym*	28.80	1.5	β-石竹烯	*Car*
33.15	51.6	1,8-桉叶素/β-石竹烯	*Cin1,8/Car*	28.64	2.9		
32.71	0.9			28.54	4.5	龙脑	*Bor*
32.18	1.3	β-水芹烯	*βPhe*	28.24	4.3	乙酸龙脑酯	*BorAc*
31.82	95.9	1,8-桉叶素	*Cin1,8*	28.15	9.9	柠檬烯	*Lim*
31.70	6.6	α-松油醇/3-辛酮	*aTol/8on3*	28.02	1.0		
31.62	40.9	α-蒎烯	*aPin*	27.98	1.2		
31.45	40.9	α-蒎烯	*aPin*	27.65	41.0	1,8-桉叶素	*Cin1,8*
31.04	9.3	柠檬烯	*Lim*	27.48	2.7		
30.87	1.3			27.26	50.7	樟脑	*Cor*
30.76	8.7	柠檬烯	*Lim*	27.18	6.9	月桂烯	*Myr*
30.66	1.1			27.13	6.9		
30.57	1.0	β-水芹烯	*βPhe*	27.05	4.2	β-蒎烯	*βPin*
30.51	1.2			26.88	1.1		
30.43	1.9	β-石竹烯	*Car*	26.73	1.1	马鞭草烯酮	*Ver*
30.01	55.7	樟脑	*Cor*	26.48	39.6	α-蒎烯	*aPin*
29.81	1.4			26.22	9.0	α-松油醇	*aTol*
29.73	1.3	β-石竹烯	*Car*	25.89	13.9	莰烯/β-水芹烯	*Cen/βPhe*
29.50	12.1	莰烯	*Cen*	25.67	4.2	月桂烯	*Myr*
29.34	1.5			25.01	1.1		
29.03	100.0	1,8-桉叶素/莰烯	*Cin1,8/Cen*				

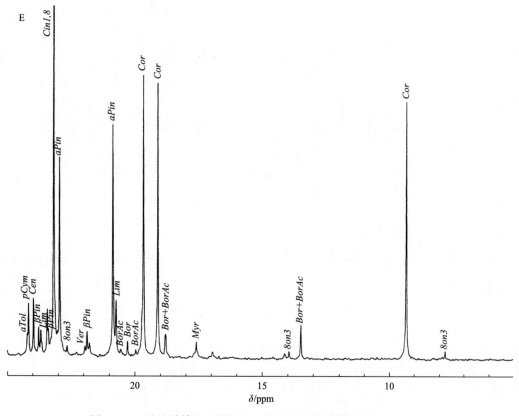

图 1.33.8　迷迭香精油(西班牙 A 型)核磁共振碳谱图 E(5～25 ppm)

表 1.33.7　迷迭香精油（西班牙 A 型）核磁共振碳谱图 E（5～25 ppm）分析结果

化学位移/ppm	相对强度/%	中文名称	代码	化学位移/ppm	相对强度/%	中文名称	代码
24.23	4.8	α-松油醇	aTol	20.59	1.7	乙酸龙脑酯	BorAc
24.18	10.5	对异丙基甲苯	pCym	20.30	3.3	龙脑	Bor
23.98	11.4	莰烯	Cen	19.99	1.7	β-水芹烯	βPhe
23.80	6.0	3-辛酮	8on3	19.69	53.7	樟脑	Cor
23.71	5.3	β-蒎烯	βPin	19.46	0.9	β-水芹烯	βPhe
23.67	3.0			19.34	0.9		
23.45	9.4	柠檬烯	Lim	19.13	52.2	樟脑	Cor
23.41	5.6	α-松油醇	aTol	18.97	0.9		
23.18	87.6	1,8-桉叶素/马鞭草烯酮	Cin1,8/Ver	18.84	4.5	龙脑/乙酸龙脑酯	Bor/BorAc
23.05	5.3			18.81	4.6		
22.97	38.2	α-蒎烯/β-石竹烯	aPin/Car	17.61	3.2	月桂烯	Myr
22.67	2.4	3-辛酮	8on3	17.55	1.2		
22.29	0.9			16.98	1.1	β-石竹烯	Car
21.96	2.3	马鞭草烯酮	Ver	14.14	1.0	3-辛酮	8on3
21.88	5.2	β-蒎烯	βPin	13.97	1.4		
21.79	3.0			13.50	6.5	龙脑+乙酸龙脑酯	Bor+BorAc
20.88	44.5	α-蒎烯/对异丙基甲苯	aPin/pCym	9.32	48.8	樟脑	Cor
20.76	11.1	柠檬烯	Lim	7.78	1.5	3-辛酮	8on3

1.33.2　迷迭香精油（西班牙 B 型）

1.33.2.1　气相色谱分析（图 1.33.9、图 1.33.10，表 1.33.8）

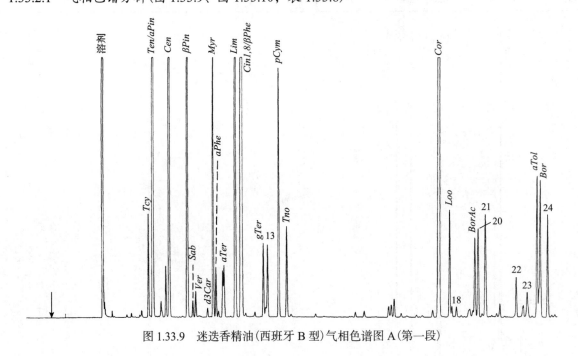

图 1.33.9　迷迭香精油（西班牙 B 型）气相色谱图 A（第一段）

图 1.33.10　迷迭香精油（西班牙 B 型）气相色谱图 B（第二段）

表 1.33.8　迷迭香精油(西班牙 B 型)气相色谱图分析结果

序号	中文名称	英文名称	代码	百分比/%	
				西班牙 A 型	西班牙 B 型
1	三环烯	Tricyclene	Tcy	0.34	0.49
2	α-侧柏烯/α-蒎烯	α-Thujene/α-pinene	Ten/aPin	24.50	17.74
3	莰烯	Camphene	Cen	7.80	7.67
4	β-蒎烯	β-Pinene	βPin	2.96	4.39
5	桧烯	Sabinene	Sab	微量	0.11
6	3-蒈烯	Δ^3-Carene	d3Car	0.19	0.07
7	月桂烯	Myrcene	Myr	1.71	2.48
8	α-水芹烯	α-Phellandrene	aPhe	—	0.39
9	α-松油烯	α-Terpinene	aTer	—	0.43
10	柠檬烯	Limonene	Lim	4.70	5.81
11	1,8-桉叶素/β-水芹烯	1,8-Cineole/β-Phellandrene	Cin1,8/βPhe	22.59	22.97
12	γ-松油烯	γ-Terpinene	gTer	—	0.73
13	3-辛酮	3-Octanone	8on3	0.67	0.72
14	对异丙基甲苯	para-Cymene	pCym	2.61	2.40
15	异松油烯	Terpinolene	Tno	微量	0.97
16	樟脑	Camphor	Cor	22.79	18.54
17	芳樟醇	Linalool	Loo	0.47	1.32
18	乙酸芳樟酯	Linalyl acetate	LooAc	0.02	0.16
19	乙酸龙脑酯	Bornyl acetate	BorAc	1.34	1.02
20	乙酸异龙脑酯	Isobornyl acetate	iBorAc	0.04	1.50
21	4-松油醇/β-石竹烯	Terpinen-4-ol/β-Caryophyllene	Trn4/Car	1.01	1.74
22	异龙脑	Isoborneol		0.06	0.68
23	α-蛇麻烯	α-Humulene	Hum	0.02	0.18
24	α-松油醇	α-Terpineol	aTol	1.93	1.74
25	龙脑	Borneol	Bor	1.77	2.10
26	马鞭草烯酮	Verbenone	Ver	0.80	1.72

1.33.2.2 核磁共振碳谱分析（图 1.33.11～图 1.33.16，表 1.33.9～表 1.33.14）

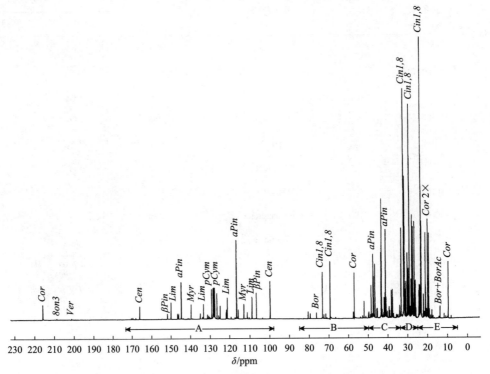

图 1.33.11　迷迭香精油（西班牙 B 型）核磁共振碳谱总图（0～230 ppm）

表 1.33.9　迷迭香精油（西班牙 B 型）核磁共振碳谱图（173～230 ppm）分析结果

化学位移/ppm	相对强度/%	中文名称	代码
215.58	5.9	樟脑	Cor

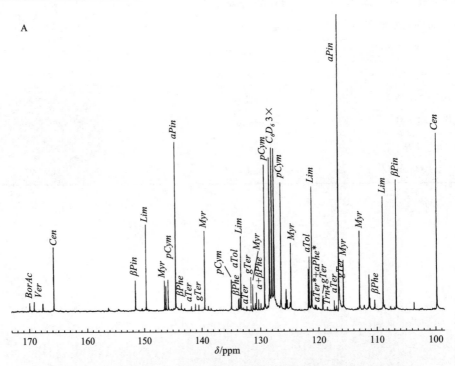

图 1.33.12　迷迭香精油（西班牙 B 型）核磁共振碳谱图 A（99～173 ppm）

表 1.33.10 迷迭香精油（西班牙 B 型）核磁共振碳谱图 A（99～173 ppm）分析结果

化学位移/ppm	相对强度/%	中文名称	代码	化学位移/ppm	相对强度/%	中文名称	代码
165.73	4.8	莰烯	Cen	127.62	11.7	氘代苯（溶剂）	C_6D_6
151.50	2.1	β-蒎烯	βPin	126.44	9.4	对异丙基甲苯	pCym
149.68	6.3	柠檬烯	Lim	125.56	1.5	芳樟醇	Loo
146.43	2.3	月桂烯	Myr	124.74	5.0	月桂烯	Myr
146.19	1.8	芳樟醇	Loo	121.75	3.0		
145.79	2.3	对异丙基甲苯	pCym	121.59	3.8	α-松油醇	aTol
144.48	12.8	α-蒎烯	aPin	121.24	1.5	异松油烯	Tno
139.48	5.8	月桂烯	Myr	121.15	8.6	柠檬烯/马鞭草烯酮	Lim/Ver
134.93	2.3	对异丙基甲苯	pCym	119.25	1.1	γ-松油烯	gTer
133.38	2.8	α-松油醇	aTol	116.55	26.8	α-蒎烯	aPin
133.35	5.5	柠檬烯	Lim	116.41	1.7	γ-松油烯	gTer
131.32	1.9	月桂烯	Myr	115.72	3.7	月桂烯	Myr
130.68	1.4	芳樟醇	Loo	112.93	5.8	月桂烯	Myr
129.27	10.8	对异丙基甲苯	pCym	111.30	2.6	芳樟醇	Loo
128.52	1.4			108.94	8.0	柠檬烯	Lim
128.40	11.2	氘代苯（溶剂）	C_6D_6	106.69	9.6	β-蒎烯	βPin
128.00	11.8	氘代苯（溶剂）	C_6D_6	99.80	13.2	莰烯	Cen

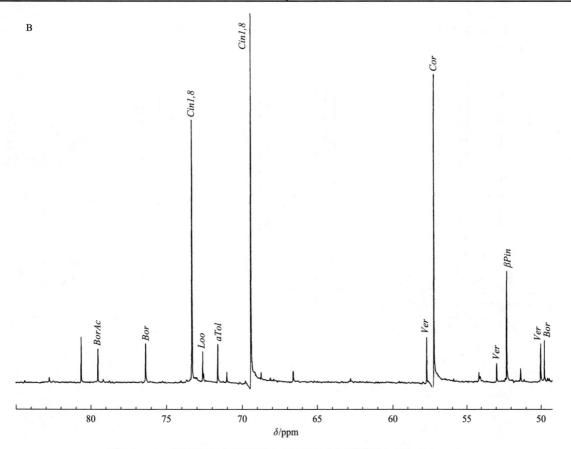

图 1.33.13 迷迭香精油（西班牙 B 型）核磁共振碳谱图 B（49～85 ppm）

表 1.33.11　迷迭香精油(西班牙 B 型)核磁共振碳谱图 B(49～85 ppm)分析结果

化学位移/ppm	相对强度/%	中文名称	代码
80.64	2.7		
79.52	2.1	乙酸龙脑酯*	BorAc*
76.36	2.3	龙脑	Bor
73.34	16.0	1,8-桉叶素	Cin1,8
72.64	1.8	芳樟醇	Loo
71.65	2.2	α-松油醇	aTol
69.46	21.7	1,8-桉叶素	Cin1,8
57.74	2.7	马鞭草烯酮	Ver
57.27	17.5	樟脑	Cor
52.98	1.2	马鞭草烯酮	Ver
52.30	6.6	β-蒎烯	βPin
50.01	2.3		
49.76	2.6	龙脑	Bor

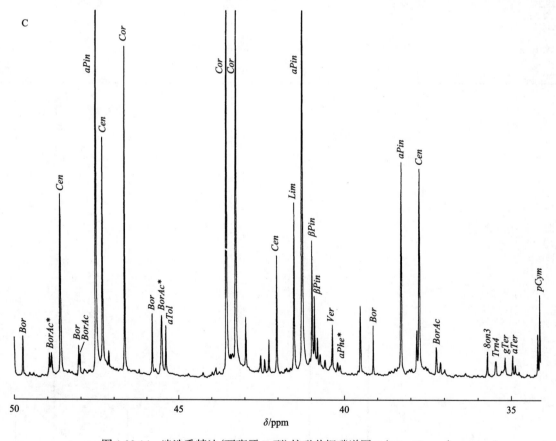

图 1.33.14　迷迭香精油(西班牙 B 型)核磁共振碳谱图 C(34～49 ppm)

表 1.33.12 迷迭香精油（西班牙 B 型）核磁共振碳谱图 C（34～49 ppm）分析结果

化学位移/ppm	相对强度/%	中文名称	代码	化学位移/ppm	相对强度/%	中文名称	代码
48.96	1.5			41.52	10.2	柠檬烯	Lim
48.90	1.6	乙酸龙脑酯	BorAc	41.29	31.3	α-蒎烯	aPin
48.64	11.5	莰烯/马鞭草烯酮	Cen/Ver	41.05	1.2		
48.08	2.0			40.98	8.1	β-蒎烯	βPin
48.04	1.5	龙脑	Bor	40.90	4.9	β-蒎烯	βPin
47.55	24.4	α-蒎烯/乙酸龙脑酯	aPin/BorAc	40.82	2.3		
47.36	14.7	莰烯	Cen	40.74	1.4	β-石竹烯	Car
47.17	1.6			40.60	1.0	β-石竹烯	Car
46.68	19.8	樟脑	Cor	40.36	3.1	马鞭草烯酮	Ver
45.83	3.8			39.52	4.4		
45.54	3.8	龙脑	Bor	39.13	3.2	龙脑	Bor
45.40	3.1	α-松油醇	aTol	38.27	12.0	α-蒎烯	aPin
43.55	25.6	樟脑	Cor	37.80	2.9	三环烯	Tcy
43.43	1.4	三环烯	Tcy	37.73	11.9	莰烯	Cen
43.36	1.5	三环烯	Tcy	37.23	1.9	乙酸龙脑酯	BorAc
43.27	44.0	樟脑*	Cor*	35.71	1.6	3-辛酮	8on3
42.98	3.6			35.46	1.1	4-松油醇	Trn4
42.54	1.3	芳樟醇	Loo	35.18	1.3	γ-松油烯	gTer
42.40	1.2			34.95	1.5	α-松油烯	aTer
42.27	2.3	3-辛酮	8on3	34.18	2.8		
42.04	7.6	莰烯	Cen	34.11	5.0	对异丙基甲苯	pCym

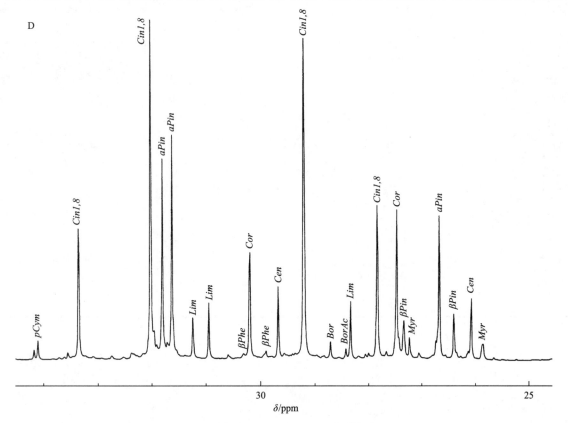

图 1.33.15 迷迭香精油（西班牙 B 型）核磁共振碳谱图 D（25～34 ppm）

表 1.33.13　迷迭香精油（西班牙 B 型）核磁共振碳谱图 D（25～34 ppm）分析结果

化学位移/ppm	相对强度/%	中文名称	代码	化学位移/ppm	相对强度/%	中文名称	代码
33.57	2.0			29.44	1.9		
33.38	30.5	1,8-桉叶素	Cin1,8	29.39	2.0		
33.11	1.1	三环烯	Tcy	29.23	75.0	1,8-桉叶素/莰烯	Cin1,8/Cen
32.76	1.3	β-石竹烯	Car	28.99	1.5		
32.39	1.9			28.89	1.3	β-石竹烯	Car
32.35	1.7			28.85	1.5		
32.29	1.2			28.73	5.0		
32.17	1.7	γ-松油烯	gTer	28.45	3.3	龙脑	Bor
32.04	79.0	1,8-桉叶素	Cin1,8	28.36	14.5	柠檬烯	Lim
31.96	7.5	月桂烯	Myr	28.23	1.3		
31.92	4.1			28.08	1.9	乙酸龙脑酯	BorAc
31.82	47.8	α-蒎烯	aPin	28.02	2.1	γ-松油烯	gTer
31.73	4.7	3-辛酮	8on3	27.86	36.5	1,8-桉叶素	Cin1,8
31.64	53.2	α-蒎烯/异松油烯	aPin/Tno	27.69	2.6	芳樟醇	Loo
31.55	2.8			27.49	36.0	樟脑/α-松油醇	Cor/aTol
31.46	1.3			27.45	5.8	4-松油醇	Trn4
31.41	1.5	α-松油醇	aTol	27.36	9.9	β-蒎烯/α-松油醇	βPin/aTol
31.36	1.3			27.26	6.0	月桂烯/乙酸龙脑酯	Myr/BorAc
31.32	1.3	4-松油醇	Trn4	27.08	2.3	异松油烯	Tno
31.26	10.4	柠檬烯	Lim	26.76	5.1		
30.96	14.1	柠檬烯	Lim	26.70	34.2	α-蒎烯	aPin
30.61	1.7			26.58	1.7	马鞭草烯酮	Ver
30.33	1.8			26.44	11.4	β-蒎烯	βPin
30.21	26.1	樟脑	Cor	26.38	2.2		
30.13	1.3	β-石竹烯	Car	26.30	1.4	α-松油醇	aTol
30.05	1.1			26.23	1.1		
29.92	2.6	异松油烯	Tno	26.19	2.0		
29.82	1.2	三环烯	Tcy	26.16	2.7	龙脑	Bor
29.70	17.7	莰烯	Cen	26.10	15.2	莰烯	Cen
29.58	1.9			25.88	4.2	月桂烯/芳樟醇	Myr/Loo
29.54	1.5	β-石竹烯	Car	25.67	1.1	α-松油烯*	aTer*
29.48	1.5	α-松油烯*	aTer*				

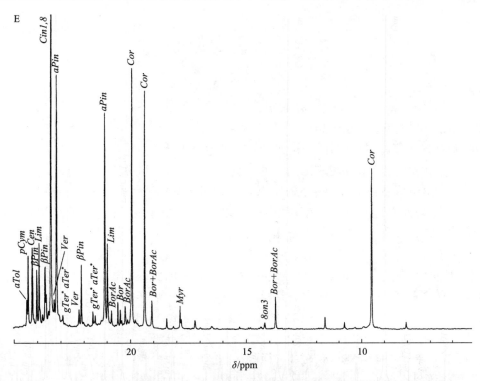

图 1.33.16 迷迭香精油(西班牙 B 型)核磁共振碳谱图 E(5~25 ppm)

表 1.33.14 迷迭香精油(西班牙 B 型)核磁共振碳谱图 E(5~25 ppm)分析结果

化学位移/ppm	相对强度/%	中文名称	代码	化学位移/ppm	相对强度/%	中文名称	代码
24.45	4.3			21.24	1.5	α-松油烯	aTer
24.39	10.4	对异丙基甲苯/α-松油醇	pCym/aTol	21.10	30.0	α-蒎烯	aPin
24.22	11.5	莰烯	Cen	20.98	12.1	柠檬烯	Lim
24.14	1.6			20.80	2.9	对异丙基甲苯	pCym
24.02	8.4	β-蒎烯	βPin	20.52	4.0	乙酸龙脑酯	BorAc
23.92	12.1	柠檬烯	Lim	20.42	3.0		
23.88	2.8	3-辛酮	8on3	20.36	1.5		
23.77	2.3			20.22	3.5	龙脑	Bor
23.66	8.8	β-蒎烯	βPin	20.11	1.6	三环烯	Tcy
23.61	5.0			19.92	36.1	樟脑/异松油烯	Cor/Tno
23.52	2.7	4-松油醇/α-松油醇	Trn4/aTol	19.77	1.5	三环烯	Tcy
23.42	100.0	1,8-桉叶素	Cin1,8	19.36	33.0	樟脑/异松油烯	Cor/Tno
23.27	4.3	马鞭草烯酮	Ver	19.05	4.2		
23.17	35.1	α-蒎烯	aPin	18.41	1.7	龙脑/乙酸龙脑酯	Bor/BorAc
23.08	2.2	γ-松油烯/三环烯	gTer/Tcy	17.83	3.5	月桂烯	Myr
22.94	1.4	α-松油烯	aTer	17.77	1.6	芳樟醇	Loo
22.89	2.3	3-辛酮/芳樟醇	8on3/Loo	17.19	1.4	4-松油醇	Trn4
22.82	1.0	异松油烯	Tno	14.19	1.1	3-辛酮	8on3
22.20	3.0	芳樟醇	Loo	13.73	4.8	龙脑/乙酸龙脑酯	Bor/BorAc
22.10	9.2	β-蒎烯	βPin	11.60	2.0		
22.01	1.2	马鞭草烯酮	Ver	10.73	1.3		
21.61	2.8			9.54	22.1	樟脑	Cor
21.55	1.2			8.03	1.3	3-辛酮	8on3
21.51	2.2	γ-松油烯	gTer				

1.34　鼠尾草精油

英文名称：Sage oil。

法文和德文名称：*Essence de sauge*；*Salbeiöl*。

研究类型：达尔马提亚型、西班牙型。

采用水蒸气蒸馏鼠尾草属植物部分干燥的叶片(一种生长于地中海地区的多年生草本植物)就可获得鼠尾草精油。鼠尾草精油商品存在两种不同的类型：源于达尔马提亚鼠尾草(*Salvia officinalis* L.)的达尔马提亚型和源于西班牙鼠尾草(*Salvia lavandulifolia* Vahl)的西班牙型，两种植物均属唇形科。

鼠尾草精油(达尔马提亚型)主要产自南斯拉夫，保加利亚、法国、土耳其和德国等也有少量生产。该精油有一种温暖的辛香，以及樟脑特征的香与味，用于酒精饮料、利口酒、调味食品、肉罐头、香辛料酱汁、药物制剂和香水中。

鼠尾草精油(西班牙型)产自西班牙，经常被生长在同一地区的西班牙穗花油所污染。该精油具有清新的似桉叶脑和樟脑样的香气，一般用于工业香精、肥皂香精和房屋喷雾剂等。

鼠尾草精油(达尔马提亚型)含有 7%～15%的 1,8-桉叶素、15%～35%的 α-侧柏酮及 β-侧柏酮、20%～35%的樟脑、各种单萜、龙脑及相应的乙酸酯、石竹烯、蛇麻烯及数种痕量成分。

鼠尾草精油(西班牙型)中樟脑的含量较高，而侧柏酮的含量较少或没有，剩余的精油成分与鼠尾草精油(达尔马提亚型)相似。

鼠尾草精油(达尔马提亚型)偶尔会掺入其他精油或成分类似的馏分。

1.34.1　鼠尾草精油(达尔马提亚型)

1.34.1.1　气相色谱分析(图 1.34.1、图 1.34.2，表 1.34.1)

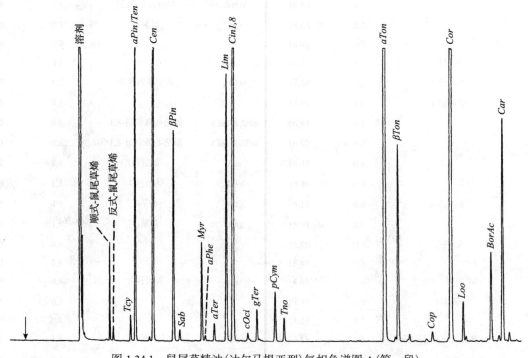

图 1.34.1　鼠尾草精油(达尔马提亚型)气相色谱图 A(第一段)

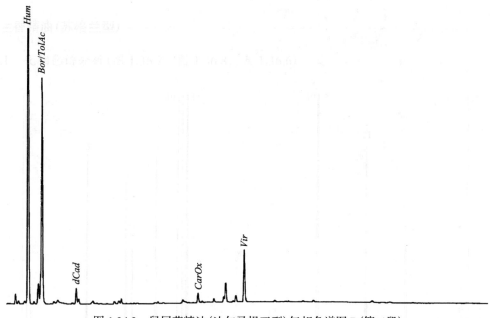

图 1.34.2　鼠尾草精油(达尔马提亚型)气相色谱图 B(第二段)

表 1.34.1　鼠尾草精油(达尔马提亚型)气相色谱图分析结果

序号	中文名称	英文名称	代码	百分比/% 达尔马提亚型	西班牙型
1	顺式-鼠尾草烯	cis-Salvene		0.64	—
2	反式-鼠尾草烯	trans-Salvene		0.10	—
3	三环烯	Tricyclene	Tcy	0.23	0.46
4	α-蒎烯/α-侧柏烯	α-Pinene/α-Thujene	aPin/Ten	3.88	24.54
5	莰烯	Camphene	Cen	7.37	7.69
6	β-蒎烯	β-Pinene	βPin	2.33	2.23
7	桧烯	Sabinene	Sab	0.12	0.34
8	月桂烯	Myrcene	Myr	1.14	1.34
9	α-水芹烯	α-Phellandrene	aPhe	0.06	0.10
10	α-松油烯	α-Terpinene	aTer	0.20	0.13
11	柠檬烯	Limonene	Lim	3.24	2.65
12	1,8-桉叶素	1,8-Cineole	Cin1,8	11.34	11.83
13	顺式-β-罗勒烯	(Z)-β-Ocimene	cOci	0.07	0.22
14	γ-松油烯	γ-Terpinene	gTer	0.39	0.16
15	反式-β-罗勒烯	(E)-β-Ocimene	tOci	—	0.11
16	对异丙基甲苯	para-Cymene	pCym	0.64	0.84
17	异松油烯	Terpinolene	Tno	0.30	0.18
18	α-侧柏酮	α-Thujone	aTon	25.88	—
19	β-侧柏酮	β-Thujone	βTon	2.69	—
20	α-玷理烯	α-Copaene	Cop	0.14	—
21	樟脑	Camphor	Cor	22.80	30.11
22	芳樟醇	Linalool	Loo	0.48	3.10
23	乙酸芳樟酯	Linalyl acetate	LooAc	—	0.34

续表

序号	中文名称	英文名称	代码	百分比/%	
				达尔马提亚型	西班牙型
24	乙酸龙脑酯	Bornyl acetate	*BorAc*	1.23	0.21
25	β-石竹烯/4-松油醇	β-Caryophyllene/Terpinen-4-ol	*Car/Trn4*	3.29	0.61
26	α-蛇麻烯	α-Humulene	*Hum*	5.31	—
27	α-松油醇	α-Terpineol	*aTol*	—	1.89
28	龙脑/乙酸松油酯	Borneol/α-Terpinyl acetate	*Bor/TolAc*	3.55	3.73
29	δ-杜松烯	δ-Cadinene	*dCad*		0.23
30	氧化石竹烯	Caryophyllene oxide	*CarOx*	0.13	—
31	绿花白千层醇	Viridiflorol	*Vir*	0.83	—
32	泪杉醇(?)	Manool(?)		—	1.72

1.34.1.2　核磁共振碳谱分析(图 1.34.3~图 1.34.7，表 1.34.2~表 1.34.6)

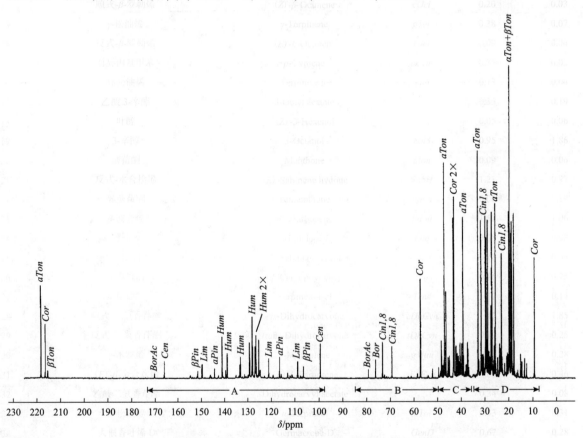

图 1.34.3　鼠尾草精油(达尔马提亚型)核磁共振碳谱总图(0~230 ppm)

表 1.34.2　鼠尾草精油(达尔马提亚型)核磁共振碳谱图(173~230 ppm)分析结果

化学位移/ppm	相对强度/%	中文名称	代码
217.85	30.3	α-侧柏酮	*aTon*
216.03	17.7	樟脑	*Cor*
215.02	3.0	β-侧柏酮	*βTon*

A

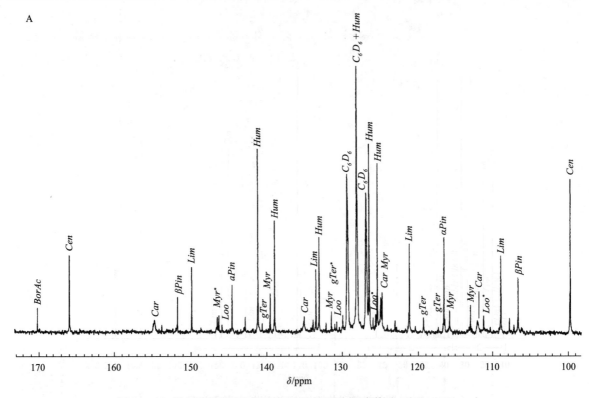

图 1.34.4　鼠尾草精油(达尔马提亚型)核磁共振碳谱图 A(99~173 ppm)

表 1.34.3　鼠尾草精油(达尔马提亚型)核磁共振碳谱图 A(99~173 ppm)分析结果

化学位移/ppm	相对强度/%	中文名称	代码	化学位移/ppm	相对强度/%	中文名称	代码
170.04	1.9	乙酸龙脑酯	*BorAc*	126.75	10.5	氘代苯(溶剂)	*C₆D₆*
165.79	5.8	莰烯	*Cen*	126.38	14.1	α-蛇麻烯/对异丙基甲苯	*Hum/pCym*
154.56	1.0	β-石竹烯	*Car*	125.84	1.2		
151.58	2.7	β-蒎烯	*βPin*	125.51	1.4	芳樟醇	*Loo*
149.73	4.9	柠檬烯	*Lim*	125.28	12.7	α-蛇麻烯	*Hum*
146.39	1.2	月桂烯	*Myr*	124.81	2.6	月桂烯	*Myr*
146.19	1.3	芳樟醇	*Loo*	124.63	3.0		
144.44	3.6	α-蒎烯	*aPin*	122.92	0.9		
142.73	1.2			121.15	1.5		
141.03	13.7	α-蛇麻烯	*Hum*	121.04	6.6	柠檬烯	*Lim*
139.43	2.9	月桂烯	*Myr*	119.22	1.1	γ-松油烯	*gTer*
138.83	8.4	α-蛇麻烯	*Hum*	116.43	7.2	α-蒎烯	*aPin*
134.89	1.2	β-石竹烯	*Car*	116.28	1.0	γ-松油烯	*gTer*
133.72	1.0	4-松油醇	*Trn4*	115.67	1.7	月桂烯	*Myr*
133.34	4.8	柠檬烯	*Lim*	112.89	2.1	月桂烯	*Myr*
132.93	7.2	α-蛇麻烯	*Hum*	111.96	0.9	β-石竹烯	*Car*
132.01	0.8			111.11	1.3	芳樟醇	*Loo*
131.29	1.6	月桂烯	*Myr*	108.81	5.8	柠檬烯	*Lim*
130.58	0.8	芳樟醇	*Loo*	107.68	1.1		
129.79	1.3			106.52	4.1	β-蒎烯	*βPin*
129.20	11.9	氘代苯(溶剂)/对异丙基甲苯	*C₆D₆/pCym*	99.63	11.5	莰烯	*Cen*
128.00	19.8	氘代苯(溶剂)/α-蛇麻烯	*C₆D₆/Hum*				

B

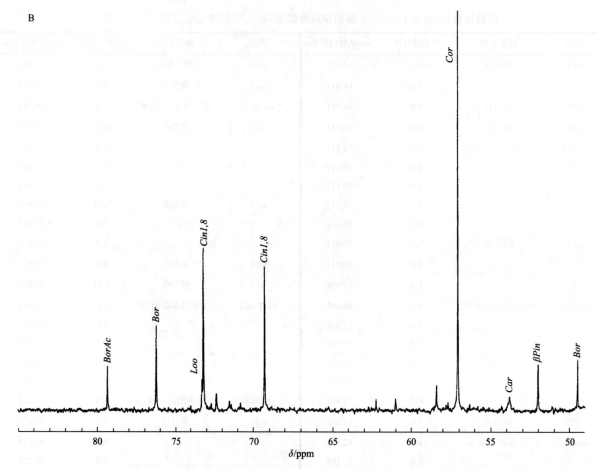

图 1.34.5　鼠尾草精油(达尔马提亚型)核磁共振碳谱图 B(49～85ppm)

表 1.34.4　鼠尾草精油(达尔马提亚型)核磁共振碳谱图 B(49～85ppm)分析结果

化学位移/ppm	相对强度/%	中文名称	代码
79.33	3.2	乙酸龙脑酯	BorAc
76.22	6.2	龙脑	Bor
73.27	2.2	芳樟醇	Loo
73.18	11.9	1,8-桉叶素	Cin1,8
72.38	1.2	4-松油醇	Trn4
69.30	10.5	1,8-桉叶素	Cin1,8
62.28	0.8		
61.04	0.8		
58.45	1.8	绿花白千层醇	Vir
57.10	32.2	樟脑	Cor
53.88	0.9	β-石竹烯	Car
52.06	3.3	β-蒎烯	βPin
49.51	3.7	龙脑	Bor

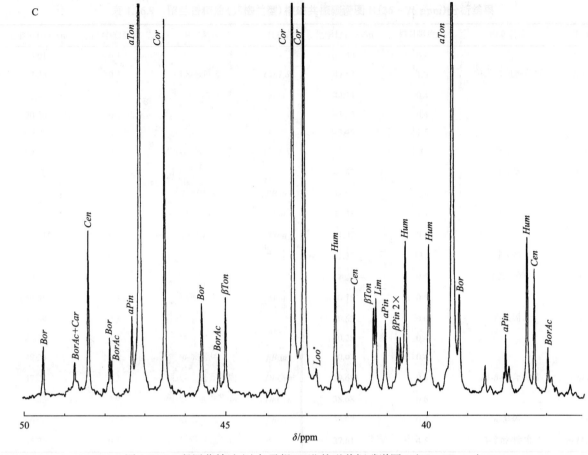

图 1.34.6　鼠尾草精油（达尔马提亚型）核磁共振碳谱图 C（36～49 ppm）

表 1.34.5　鼠尾草精油（达尔马提亚型）核磁共振碳谱图 C（36～49 ppm）分析结果

化学位移/ppm	相对强度/%	中文名称	代码	化学位移/ppm	相对强度/%	中文名称	代码
48.72	2.5	乙酸龙脑酯	BorAc	41.01	5.7	α-蒎烯	aPin
48.38	12.4	莰烯	Cen	40.71	4.5	β-蒎烯	βPin
47.86	4.4	龙脑	Bor	40.64	4.4	β-蒎烯	βPin
47.80	2.7	乙酸龙脑酯	BorAc	40.51	11.6	α-蛇麻烯	Hum
47.29	6.0	α-蒎烯/莰烯	aPin/Cen	39.93	11.3	α-蛇麻烯	Hum
47.09	69.3	α-侧柏酮	aTon	39.70	1.0		
46.47	28.0	樟脑	Cor	39.32	52.2	α-侧柏酮	aTon
46.30	0.8			39.17	7.6	龙脑	Bor
45.57	6.9	龙脑	Bor	38.54	2.3	绿花白千层醇	Vir
45.15	3.2	乙酸龙脑酯	BorAc	38.41	0.8		
44.98	7.4	β-侧柏酮	βTon	38.05	1.8	绿花白千层醇	Vir
43.31	51.9	樟脑	Cor	38.01	4.6	α-蒎烯	aPin
43.03	58.5	樟脑	Cor	37.92	2.3		
42.75	2.1	芳樟醇	Loo	37.46	11.8	α-蛇麻烯	Hum
42.26	10.6	α-蛇麻烯	Hum	37.29	9.5	莰烯	Cen
41.79	8.2	莰烯	Cen	36.95	3.7	乙酸龙脑酯	BorAc
41.31	6.6	β-侧柏酮	βTon	36.85	1.4		
41.26	7.3	柠檬烯	Lim	36.39	0.9		

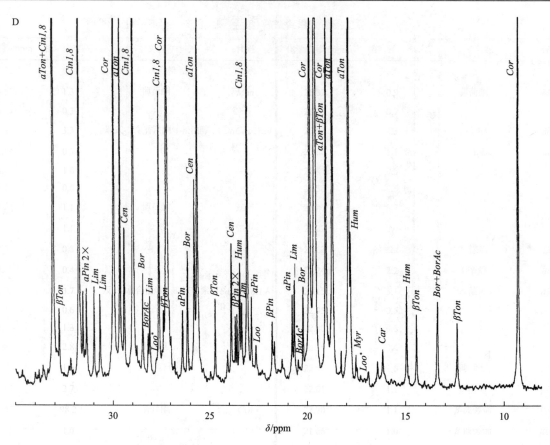

图 1.34.7　鼠尾草精油(达尔马提亚型)核磁共振碳谱图 D(8～35 ppm)

表 1.34.6　鼠尾草精油(达尔马提亚型)核磁共振碳谱图 D(8～35 ppm)分析结果

化学位移/ppm	相对强度/%	中文名称	代码	化学位移/ppm	相对强度/%	中文名称	代码
35.14	1.1	4-松油醇	Trn4	30.99	7.8	柠檬烯	Lim
35.00	1.1	β-石竹烯	Car	30.69	7.2	柠檬烯	Lim
34.67	1.1			30.44	0.9	β-石竹烯	Car
34.02	0.9	对异丙基甲苯	pCym	29.96	52.5	樟脑	Cor
33.88	0.8			29.64	45.4	α-侧柏酮/绿花白千层醇	aTon/Vir
33.82	1.2			29.43	12.5	莰烯	Cen
33.62	1.5			28.95	51.2	1,8-桉叶素/绿花白千层醇	Cin1,8/Vir
33.37	1.2			28.78	3.0	β-石竹烯/绿花白千层醇	Car/Vir
33.09	72.9	1,8-桉叶素/α-侧柏酮	Cin1,8/aTon	28.45	8.9	龙脑	Bor
32.94	2.8	β-石竹烯	Car	28.17	4.0	乙酸龙脑酯	BorAc
32.78	6.0	β-侧柏酮	βTon	28.08	7.0	柠檬烯	Lim
32.53	0.9	绿花白千层醇	Vir	27.59	23.3	1,8-桉叶素	Cin1,8
32.29	1.5			27.35	5.9	β-侧柏酮	βTon
32.19	2.1			27.19	53.8	樟脑/月桂烯	Cor/Myr
32.06	1.2	月桂烯	Myr	26.98	3.8	β-蒎烯	βPin
31.75	51.1	1,8-桉叶素	Cin1,8	26.79	1.8		
31.56	7.5	α-蒎烯	aPin	26.40	5.9	α-蒎烯/β-蒎烯	aPin/βPin
31.46	2.8	4-松油醇	Trn4	26.16	10.7	龙脑/绿花白千层醇	Bor/vir
31.37	7.7	α-蒎烯	aPin	25.82	16.3	莰烯	Cen

续表

化学位移/ppm	相对强度/%	中文名称	代码	化学位移/ppm	相对强度/%	中文名称	代码
25.66	56.5	α-侧柏酮/月桂烯	aTon/Myr	20.25	7.8	龙脑	Bor
24.99	1.0			19.90	54.0	樟脑/α-侧柏酮	Cor/aTon
24.74	6.8	β-侧柏酮	βTon	19.63	100.0	α-侧柏酮/β-侧柏酮	aTon/βTon
24.11	2.7	对异丙基甲苯	pCym	19.07	46.8	樟脑/绿花白千层醇	Cor/Vir
23.93	11.2	莰烯	Cen	18.94	3.9	龙脑	Bor
23.73	5.4	β-蒎烯	βPin	18.73	50.6	α-侧柏酮/绿花白千层醇	aTon/Vir
23.64	5.6	β-蒎烯	βPin	18.30	2.7	乙酸龙脑酯	BorAc
23.50	9.7	α-蛇麻烯	Hum	17.91	53.4	α-侧柏酮	aTon
23.40	6.5	柠檬烯/4-松油醇	Lim/Trn4	17.82	122	α-蛇麻烯	Hum
23.10	40.2	1,8-桉叶素	Cin1,8	17.54	2.3	月桂烯	Myr
22.89	7.0	α-蒎烯/绿花白千层醇	aPin/Vir	17.48	1.3	芳樟醇	Loo
22.67	3.1	芳樟醇	Loo	16.91	1.0	绿花白千层醇/4-松油醇	Vir/Trn4
22.34	1.2	β-石竹烯	Car	16.45	1.8	绿花白千层醇	Vir
21.92	0.8			16.18	2.8	β-石竹烯	Car
21.82	5.0	β-蒎烯	βPin	14.97	7.8	α-蛇麻烯	Hum
21.71	3.4			14.47	5.5	β-侧柏酮	βTon
21.33	2.0			13.40	6.6	龙脑/乙酸龙脑酯	Bor/BorAc
20.80	7.2	α-蒎烯/对异丙基甲苯	aPin/pCym	12.40	4.9	β-侧柏酮	βTon
20.69	8.3	柠檬烯	Lim	9.24	38.9	樟脑	Cor
20.50	1.9						

1.34.2　鼠尾草精油(西班牙型)

1.34.2.1　气相色谱分析(图 1.34.8、图 1.34.9，表 1.34.7)

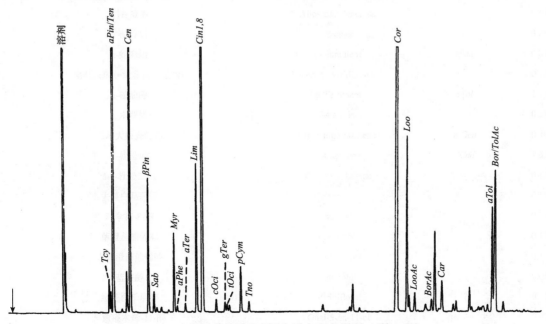

图 1.34.8　鼠尾草精油(西班牙型)气相色谱图 A(第一段)

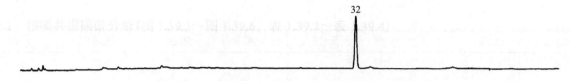

图 1.34.9　鼠尾草精油(西班牙型)气相色谱图 B(第二段)

表 1.34.7　鼠尾草精油(西班牙型)精油气相色谱图分析结果

序号	中文名称	英文名称	代码	百分比/% 达尔马提亚型	百分比/% 西班牙型
1	顺式-鼠尾草烯	*cis*-Salvene		0.64	—
2	反式-鼠尾草烯	*trans*-Salvene		0.10	—
3	三环烯	Tricyclene	*Tcy*	0.23	0.46
4	α-蒎烯/α-侧柏烯	α-Pinene/α-Thujene	*aPin/Ten*	3.88	24.54
5	莰烯	Camphene	*Cen*	7.37	7.69
6	β-蒎烯	β-Pinene	*βPin*	2.33	2.23
7	桧烯	Sabinene	*Sab*	0.12	0.34
8	月桂烯	Myrcene	*Myr*	1.14	1.34
9	α-水芹烯	α-Phellandrene	*aPhe*	0.06	0.10
10	α-松油烯	α-Terpinene	*aTer*	0.20	0.13
11	柠檬烯	Limonene	*Lim*	3.24	2.65
12	1,8-桉叶素	1,8-Cineole	*Cin1,8*	11.34	11.83
13	顺式-β-罗勒烯	(Z)-β-Ocimene	*cOci*	0.07	0.22
14	γ-松油烯	γ-Terpinene	*gTer*	0.39	0.16
15	反式-β-罗勒烯	(E)-β-Ocimene	*tOci*	—	0.11
16	对异丙基甲苯	*para*-Cymene	*pCym*	0.64	0.84
17	异松油烯	Terpinolene	*Tno*	0.30	0.18
18	α-侧柏酮	α-Thujone	*aTon*	25.88	—
19	β-侧柏酮	β-Thujone	*βTon*	2.69	—
20	α-玷𤏐烯	α-Copaene	*Cop*	0.14	—
21	樟脑	Camphor	*Cor*	22.80	30.11
22	芳樟醇	Linalool	*Loo*	0.48	3.10
23	乙酸芳樟酯	Linalyl acetate	*LooAc*	—	0.34
24	乙酸龙脑酯	Bornyl acetate	*BorAc*	1.23	0.21
25	β-石竹烯/4-松油醇	β-Caryophyllene/Terpinen-4-ol	*Car/Trn4*	3.29	0.61
26	α-蛇麻烯	α-Humulene	*Hum*	5.31	—
27	α-松油醇	α-Terpineol	*aTol*	—	1.89
28	龙脑/乙酸松油酯	Borneol/α-Terpinyl acetate	*Bor/TolAc*	3.55	3.73
29	δ-杜松烯	δ-Cadinene	*dCad*		0.23
30	氧化石竹烯	Caryophyllene oxide	*CarOx*	0.13	—
31	绿花白千层醇	Viridiflorol	*Vir*	0.83	—
32	泪杉醇(?)	Manool(?)		—	1.72

1.34.2.2 核磁共振碳谱分析（图 1.34.10～图 1.34.14，表 1.34.8～表 1.34.12）

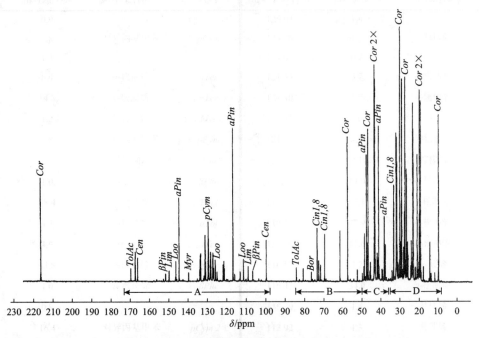

图 1.34.10 鼠尾草精油（西班牙型）核磁共振碳谱总图（0～230 ppm）

表 1.34.8 鼠尾草精油（西班牙型）核磁共振碳谱图（173～230 ppm）分析结果

化学位移/ppm	相对强度/%	中文名称	代码
216.06	41.6	樟脑	*Cor*
215.60	0.9		

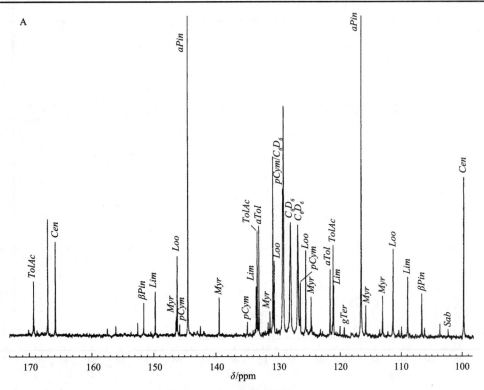

图 1.34.11 鼠尾草精油（西班牙型）核磁共振碳谱图 A（99～173 ppm）

表 1.34.9　鼠尾草精油(西班牙型)核磁共振碳谱图 A(99～173 ppm)分析结果

化学位移/ppm	相对强度/%	中文名称	代码	化学位移/ppm	相对强度/%	中文名称	代码
169.31	5.7	乙酸松油酯	*TolAc*	129.15	23.8		
169.22	1.0			128.00	11.8	氘代苯(溶剂)	*C₆D₆*
167.03	12.2			126.80	11.6	氘代苯(溶剂)	*C₆D₆*
165.81	9.8	莰烯	*Cen*	126.42	5.6	对异丙基甲苯	*pCym*
156.13	1.0			125.55	8.9	芳樟醇	*Loo*
152.58	1.4			124.69	4.1	月桂烯	*Myr*
151.59	3.4	β-蒎烯	*βPin*	124.55	1.1		
149.74	4.6	柠檬烯	*Lim*	121.58	6.9	α-松油醇	*aTol*
146.43	2.1	月桂烯	*Myr*	121.10	8.3	乙酸松油酯	*TolAc*
146.23	8.3	芳樟醇	*Loo*	120.97	5.3	柠檬烯	*Lim*
145.82	1.3	对异丙基甲苯	*pCym*	119.92	1.1		
144.49	33.6	α-蒎烯	*aPin*	119.26	1.0	γ-松油烯	*gTer*
142.50	1.1			116.48	60.9	α-蒎烯	*aPin*
139.47	4.0	月桂烯	*Myr*	115.73	3.2	月桂烯	*Myr*
134.93	1.5	对异丙基甲苯	*pCym*	112.93	4.2	月桂烯	*Myr*
133.54	5.1	柠檬烯	*Lim*	111.20	9.1	芳樟醇	*Loo*
133.37	10.9	乙酸松油酯	*TolAc*	109.85	1.0		
133.11	11.5	α-松油醇	*aTol*	108.88	6.2	柠檬烯	*Lim*
131.65	1.4			106.60	4.5	β-蒎烯	*βPin*
131.34	2.6	月桂烯	*Myr*	106.14	0.9		
130.85	18.6			103.55	1.3		
130.64	7.9	芳樟醇	*Loo*	99.70	16.5	莰烯	*Cen*
129.25	15.2	氘代苯(溶剂)/对异丙基甲苯	*C₆D₆/pCym*				

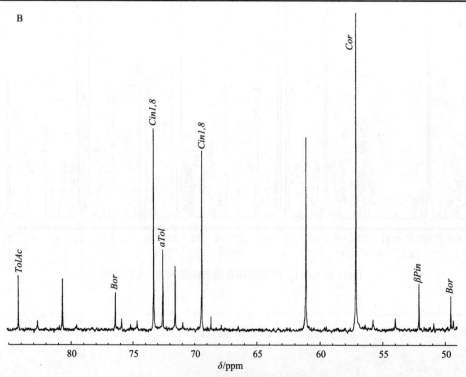

图 1.34.12　鼠尾草精油(西班牙型)核磁共振碳谱图 B(49～85 ppm)

表 1.34.10   鼠尾草精油(西班牙型)核磁共振碳谱图 B(49~85 ppm)分析结果

化学位移/ppm	相对强度/%	中文名称	代码
84.08	5.7	乙酸松油酯	TolAc
80.53	5.3		
76.26	3.9	龙脑	Bor
75.78	1.1		
74.56	0.9		
73.23	21.2	1,8-桉叶素/芳樟醇	Cin1,8/Loo
72.47	8.5	α-松油醇	aTol
71.49	6.7		
69.35	18.9	1,8-桉叶素	Cin1,8
68.60	1.4		
61.11	20.3		
57.16	57.6	樟脑	Cor
55.78	1.1		
54.01	1.2		
52.11	4.9	β-蒎烯	βPin
49.58	3.6	龙脑	Bor
49.36	1.0		

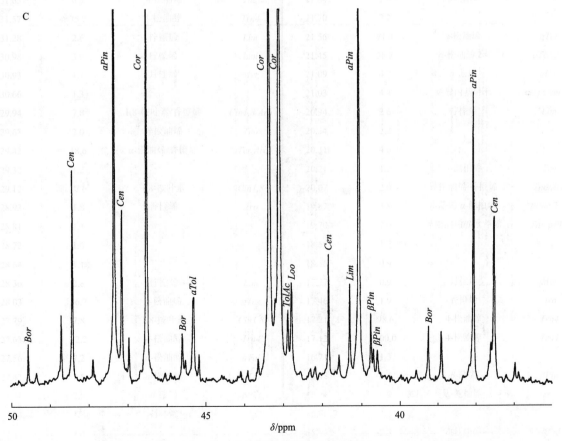

图 1.34.13   鼠尾草精油(西班牙型)核磁共振碳谱图 C(36~49 ppm)

表 1.34.11 鼠尾草精油（西班牙型）核磁共振碳谱图 C（36～49 ppm）分析结果

化学位移/ppm	相对强度/%	中文名称	代码	化学位移/ppm	相对强度/%	中文名称	代码
48.72	6.1			42.80	9.1	芳樟醇	Loo
48.43	19.0	莰烯	Cen	42.32	1.3	三环烯	Tcy
47.90	2.2	龙脑	Bor	42.19	1.5		
47.35	50.4	α-蒎烯	aPin	41.84	11.6	莰烯	Cen
47.16	15.5	莰烯	Cen	41.59	2.6		
46.99	4.2			41.31	9.0	柠檬烯	Lim
46.53	60.5	樟脑	Cor	41.07	61.7	α-蒎烯	aPin
45.93	1.0			40.77	6.3	β-蒎烯	βPin
45.63	4.6	龙脑	Bor	40.70	3.1	β-蒎烯	βPin
45.54	2.1			40.60	3.0		
45.33	7.8	α-松油醇	aTol	39.58	1.2		
45.20	2.7			39.25	5.2	龙脑	Bor
44.12	1.1			38.92	4.7		
43.94	1.2			38.06	26.0	α-蒎烯	aPin
43.66	2.3	三环烯	Tcy	37.61	3.7	三环烯	Tcy
43.35	85.1	樟脑	Cor	37.52	14.9	莰烯	Cen
43.21	7.6			36.99	2.0	4-松油醇	Trn4
43.09	79.7	樟脑	Cor	36.90	1.1		
42.89	6.6	乙酸松油酯	TolAc				

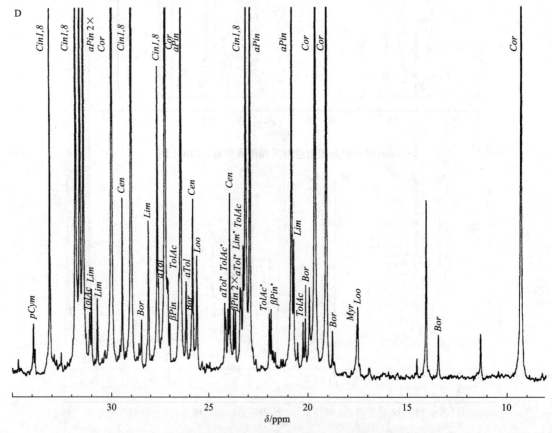

图 1.34.14　鼠尾草精油（酉班牙型）核磁共振碳谱图 D（8～35 ppm）

表 1.34.12 鼠尾草精油（西班牙型）核磁共振碳谱图 D（8～35 ppm）分析结果

化学位移/ppm	相对强度/%	中文名称	代码	化学位移/ppm	相对强度/%	中文名称	代码
35.94	1.1			25.67	10.8	芳樟醇/月桂烯	Loo/Myr
35.84	1.2			25.40	1.2		
35.21	1.0	4-松油醇	Trn4	25.17	1.0		
34.73	1.4			25.00	1.2		
33.97	4.6			24.23	6.5	α-松油醇	aTol
33.90	2.4			24.18	5.2	乙酸松油酯	TolAc
33.14	38.3	1,8-桉叶素	Cin1,8	24.07	5.9	对异丙基甲苯	pCym
32.92	1.9	三环烯	Tcy	23.97	16.4	莰烯	Cen
32.81	1.4			23.78	5.9	β-蒎烯	βPin
32.56	2.0			23.70	5.7	β-蒎烯	βPin
32.25	1.2			23.44	7.8	α-松油醇/4-松油醇	aTol/Trn4
31.82	58.9	1,8-桉叶素/月桂烯	Cin1,8/Myr	23.40	7.6	柠檬烯	Lim
31.60	57.3	α-蒎烯	aPin	23.30	11.7	乙酸松油酯	TolAc
31.42	47.6	α-蒎烯/α-松油醇	aPin/aTol	23.17	70.4	1,8-桉叶素	Cin1,8
31.32	3.7	4-松油醇	Trn4	22.95	60.5	α-蒎烯/三环烯/芳樟醇	aPin/Tcy/Loo
31.12	5.6	乙酸松油酯	TolAc	22.82	2.5		
31.03	7.7	柠檬烯	Lim	22.67	1.4		
30.86	1.4			21.96	5.5	乙酸松油酯	TolAc
30.74	6.9	柠檬烯	Lim	21.88	5.9	β-蒎烯	βPin
30.50	1.5			21.78	2.1		
30.37	2.2			21.68	2.0		
30.01	100.0	樟脑	Cor	21.38	1.4		
29.61	2.7	三环烯	Tcy	21.29	1.4		
29.48	16.0	莰烯	Cen	20.86	50.5	α-蒎烯	aPin
29.34	2.1			20.76	12.2	柠檬烯	Lim
29.03	79.6	1,8-桉叶素	Cin1,8	20.57	2.9		
28.64	2.8			20.30	4.7	乙酸松油酯	TolAc
28.51	5.0	龙脑	Bor	20.19	5.0	龙脑/三环烯	Bor/Tcy
28.14	13.9	柠檬烯	Lim	19.99	7.9		
27.97	1.8			19.92	3.4		
27.66	27.8	1,8-桉叶素/芳樟醇	Cin1,8/Loo	19.69	75.4	樟脑/三环烯	Cor/Tcy
27.61	8.8	α-松油醇/4-松油醇	aTol/Trn4	19.13	71.1	樟脑	Cor
27.26	80.4	樟脑/月桂烯	Cor/Myr	18.83	3.9	龙脑	Bor
27.15	8.8	α-松油醇	aTol	17.60	4.6	月桂烯	Myr
27.12	8.6			17.55	6.1	芳樟醇	Loo
27.03	4.7	β-蒎烯	βPin	14.57	1.5		
26.85	1.5			14.10	15.8		
26.56	9.2	乙酸松油酯	TolAc	13.47	3.6	龙脑	Bor
26.48	44.8	α-蒎烯	aPin	11.35	3.7		
26.20	8.4	α-松油醇	aTol	9.32	65.9	樟脑	Cor
25.87	15.9	莰烯	Cen				

1.35　香紫苏精油

英文名称：Sage clary oil。

法文和德文名称：*Essence de sauge sclarée*；*Muskateller Salbeiöl*。

研究类型：法国型。

采用水蒸气蒸馏香紫苏(唇形科植物，*Salvia sclarea* L.)开花期新鲜或部分干燥的植物顶部和叶片可得到香紫苏精油。这种多年生草本植物原产于地中海地区，现种植于俄罗斯、英国、摩洛哥、法国、意大利、德国、匈牙利、罗马尼亚、南斯拉夫和美国。香紫苏精油在苏联南部(克里米亚、格鲁吉亚)大规模蒸馏生产，而上述提到的其他国家只有少量生产。

香紫苏精油有甜香、药草香和似薰衣草的气味，尾香有点类似琥珀香。香紫苏精油常用于西普型、馥奇型、烟草型和现代奇幻型等香水的创制以及肥皂加香中。在食用香精领域，香紫苏精油用于酒精饮料、利口酒等，并作为辛香香精的修饰剂。

香紫苏精油主要含有(–)-芳樟醇和(–)-乙酸芳樟酯，少量的香叶醇、橙花醇、α-松油醇，以及相应的乙酸酯，还有单萜、脂肪醇、脂肪醛、苯甲醛、杜松烯和重要的二萜醇即香紫苏醇。

香紫苏精油价格相当昂贵，经常被含有芳樟醇和乙酸芳樟酯的合成或天然混合物掺假稀释。由于该精油的特征香气成分不只是芳樟醇和乙酸芳樟酯，因此可以通过嗅觉测试或仪器分析来检测掺假的情况。

1.35.1　气相色谱分析(图 1.35.1、图 1.35.2，表 1.35.1)

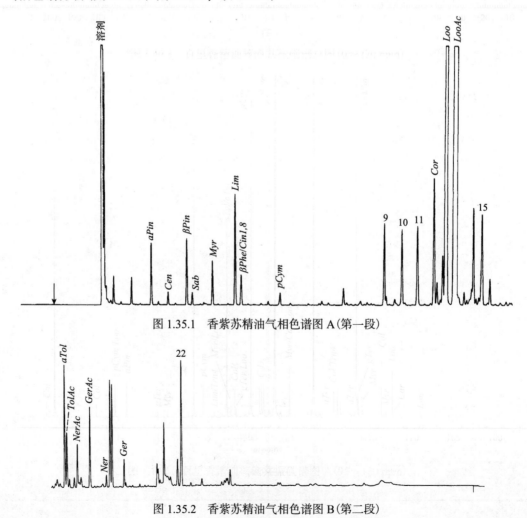

图 1.35.1　香紫苏精油气相色谱图 A(第一段)

图 1.35.2　香紫苏精油气相色谱图 B(第二段)

表 1.35.1 香紫苏精油气相色谱图分析结果

序号	中文名称	英文名称	代码	百分比/%
1	α-蒎烯	α-Pinene	aPin	0.25
2	莰烯	Camphene	Cen	0.06
3	β-蒎烯	β-Pinene	βPin	0.29
4	桧烯	Sabinene	Sab	0.06
5	月桂烯	Myrcene	Myr	0.20
6	柠檬烯	Limonene	Lim	0.51
7	β-水芹烯/1,8-桉叶素	β-Phellandrene/1,8-cineole	βPhe/Cin1,8	0.15
8	对异丙基甲苯	para-Cymene	pCym	0.06
9	反式-氧化芳樟醇	trans-Linalool oxide	tLooOx	0.40
10	顺式-氧化芳樟醇	cis-Linalool oxide	cLooOx	0.37
11	α-珂珀烯	α-Copaene	Cop	0.39
12	樟脑	Camphor	Cor	0.68
13	芳樟醇	Linalool	Loo	18.62
14	乙酸芳樟酯	Linalyl acetate	LooAc	69.93
15	β-石竹烯/4-松油醇	β-Caryophyllene/terpinen-4-ol	Car/Trn4	0.56
16	α-松油醇	α-Terpineol	aTol	0.70
17	乙酸松油酯	α-Terpinyl acetate	TolAc	0.37
18	乙酸橙花酯	Neryl acetate	NerAc	0.26
19	乙酸香叶酯	Geranyl acetate	GerAc	0.49
20	橙花醇	Nerol	Ner	0.06
21	香叶醇	Geraniol	Ger	0.16
22	氧化石竹烯	Caryophyllene oxide	CarOx	0.69

1.35.2 核磁共振碳谱分析(图 1.35.3～图 1.35.5，表 1.35.2～表 1.35.4)

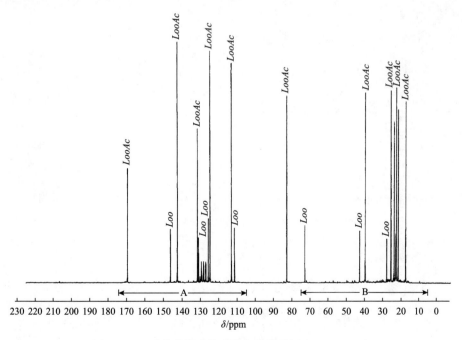

图 1.35.3 香紫苏精油核磁共振碳谱总图(0～230 ppm)

表 1.35.2　香紫苏精油核磁共振碳谱图(174～230 ppm)分析结果

化学位移/ppm	相对强度/%	中文名称	代码
206.21	1.1		
84.27	1.0	乙酸松油酯	TolAc
82.67	77.9	乙酸芳樟酯	LooAc

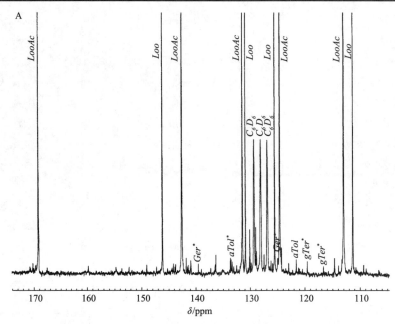

图 1.35.4　香紫苏精油核磁共振碳谱图 A(105～174 ppm)

表 1.35.3　香紫苏精油核磁共振碳谱图 A(105～174 ppm)分析结果

化学位移/ppm	相对强度/%	中文名称	代码	化学位移/ppm	相对强度/%	中文名称	代码
170.13	0.9	乙酸香叶酯	GerAc	129.92	1.2		
169.07	48.1	乙酸芳樟酯	LooAc	129.72	0.9		
146.12	22.7	芳樟醇	Loo	129.22	9.3	氘代苯(溶剂)	C_6D_6
144.07	0.8			128.87	3.3		
143.66	0.8			128.76	1.7		
142.61	2.7			128.00	9.3	氘代苯(溶剂)	C_6D_6
142.45	100	乙酸芳樟酯	LooAc	127.40	1.5		
142.30	1.2			126.80	9.2	氘代苯(溶剂)	C_6D_6
141.68	1.3	乙酸香叶酯	GerAc	126.12	1.1		
140.83	1.1			125.87	0.9		
139.44	0.9			125.45	27.2	芳樟醇	Loo
136.41	0.8			124.88	1.2	香叶醇*	Ger*
136.27	1.4			124.66	2.6	香叶醇*	Ger*
133.60	1.3	乙酸松油酯	TolAc	124.51	96.1	乙酸芳樟酯	LooAc
133.44	1.2	α-松油醇/柠檬烯	aTol/Lim	124.31	1.9	乙酸香叶酯	GerAc
133.26	1.0			124.20	2.0		
131.64	0.9			122.90	0.9		
131.47	2.3	乙酸香叶酯	GerAc	121.50	1.1	α-松油醇/柠檬烯	aTol/Lim
131.34	64.7	乙酸芳樟酯	LooAc	119.48	1.0	乙酸香叶酯	GerAc
131.17	1.1			114.57	1.2		
130.78	19.2	芳樟醇	Loo	113.26	1.2		
130.05	1.4			112.95	91.1	乙酸芳樟酯	LooAc
129.98	3.2			111.27	23.1	芳樟醇	Loo

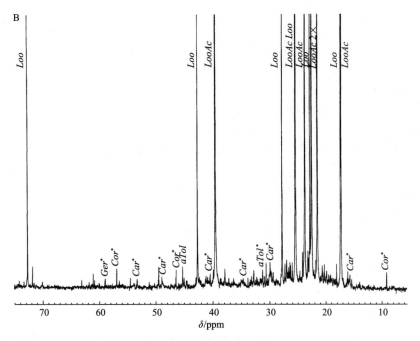

图 1.35.5　香紫苏精油核磁共振碳谱图 B(5～75 ppm)

表 1.35.4　香紫苏精油核磁共振碳谱图 B(5～75 ppm)分析结果

化学位移/ppm	相对强度/%	中文名称	代码	化学位移/ppm	相对强度/%	中文名称	代码
72.65	24.2	芳樟醇/α-松油醇	Loo/aTol	25.53	79.9	芳樟醇/乙酸芳樟酯	Loo/LooAc
71.77	1.5			25.22	0.9	乙酸香叶酯	GerAc
61.02	1.0	乙酸香叶酯	GerAc	24.79	0.9		
56.86	1.3	樟脑	Cor	24.70	1.1		
49.51	1.4			24.23	2.3	α-松油醇	aTol
46.47	1.2	樟脑	Cor	23.83	67.3	乙酸芳樟酯	LooAc
45.30	1.4	α-松油醇	aTol	23.42	1.0	柠檬烯	Lim
42.68	22.0	芳樟醇/乙酸松油酯	Loo/TolAc	23.27	2.4	α-松油醇*	aTol*
41.20	0.8	柠檬烯	Lim	23.18	2.0	乙酸松油酯	TolAc
40.50	1.0	β-石竹烯	Car	23.02	2.3	乙酸松油酯	TolAc
39.94	1.2	香叶醇*	Ger*	22.92	20.7	芳樟醇	Loo
39.58	79.2	乙酸芳樟酯/乙酸香叶酯	LooAc/GerAc	22.62	81.2	乙酸芳樟酯	LooAc
39.27	0.9			22.19	1.2		
37.98	1.3			22.06	0.9		
32.89	1.2	β-石竹烯	Car	21.86	1.9	乙酸松油酯	TolAc
31.35	1.2	α-松油醇/柠檬烯	aTol/Lim	21.58	72.2	乙酸芳樟酯	LooAc
30.70	1.6	柠檬烯	Lim	20.75	1.5	柠檬烯	Lim
30.19	0.9	β-石竹烯	Car	20.66	1.1		
30.00	1.7			20.43	1.0		
29.78	1.1	樟脑	Cor	20.36	1.5	乙酸香叶酯	GerAc
29.47	1.0	β-石竹烯	Car	19.93	1.1	乙酸松油酯	TolAc
28.12	0.9			19.60	0.9	樟脑	Cor
27.91	18.7	芳樟醇	Loo	19.29	0.8		
27.42	1.6	α-松油醇	aTol	19.23	0.9	樟脑	Cor
27.09	1.9	α-松油醇	aTol	18.17	1.6		
26.91	1.0	樟脑	Cor	17.44	22.7	芳樟醇	Loo
26.73	1.4			17.34	75.5	乙酸芳樟酯/乙酸香叶酯	LooAc/GerAc
26.58	1.1	香叶醇*	Ger*	16.16	1.1	香叶醇/乙酸香叶酯	Ger/GerAc
26.53	1.7	乙酸香叶酯	GerAc	15.73	0.9		
26.40	1.5	α-松油醇	aTol	9.20	1.0	樟脑	Cor
26.10	1.7						

1.36　留兰香精油

英文名称：Spearmint oil。

法文和德文名称：*Essence de menthe crépue*；*Krauseminzöl*。

研究类型：远西地区本土型(美国)；远西地区苏格兰型(美国)。

采用水蒸气蒸馏唇形科植物本土留兰香(*Mentha spicata* L.var.*crispa* (Bentham) Danert)或苏格兰留兰香(*Mentha cardiaca* G)开花期新鲜的地上部分，就可获得留兰香精油。人们普遍认为本土留兰香来自英格兰的米切姆地区，苏格兰留兰香则是从苏格兰引进美国的。这两个不同品种主要种植在美国中西地区和远西地区，可生产四种不同的精油商品：(1)留兰香精油(中西部本土型)；(2)留兰香精油(远西部本土型)；(3)留兰香精油(中西部苏格兰型)；(4)留兰香精油(远西部苏格兰型)。

留兰香精油在欧洲、俄罗斯和印度有少量生产，在中国的产量也越来越大。

留兰香精油是一种淡黄色流动液体，呈现出留兰香的特征香，还有淡淡的青香和药草香，主要用于牙膏、漱口水和口香糖等食用香精的调配。在香水领域，因具有药草-青香韵调，其被用于不同的香水配方中。

留兰香精油的最主要成分是(−)-香芹酮(通常占60%～80%)，其次是(−)-柠檬烯，(通常占8%～20%)。除1,8-桉叶素、3-辛醇和薄荷酮的含量在1%～2%外，其余大部分成分的含量都在1%以下。

1.36.1　留兰香精油(本土型)

1.36.1.1　气相色谱分析(图1.36.1、图1.36.2，表1.36.1)

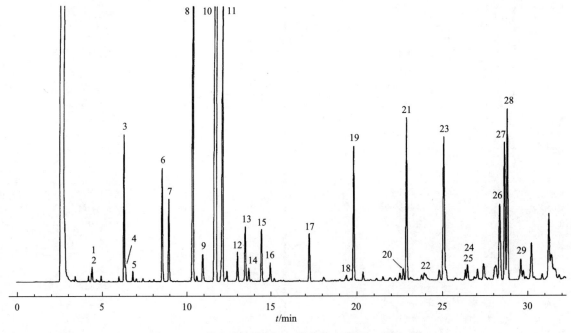

图 1.36.1　留兰香精油(本土型)气相色谱图 A(第一段)

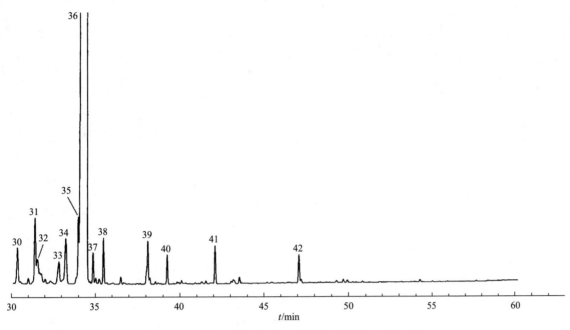

图 1.36.2　留兰香精油(本土型)气相色谱图 B(第二段)

表 1.36.1　留兰香精油(本土型)气相色谱图分析结果

序号	中文名称	英文名称	代码	百分比/%	
				本土型	苏格兰型
1	2-甲基丁醛	2-Methylbutanal		0.03	0.02
2	异戊醛	3-Methylbutanal		0.07	0.05
3	α-蒎烯	α-Pinene	aPin	0.79	0.65
4	α-侧柏烯	α-Thujene	Ten	0.08	0.04
5	反式-2,5 二乙基四氢呋喃	trans-2,5-Diethyl THF		0.06	0.10
6	β-蒎烯	β-Pinene	βPin	0.73	0.63
7	桧烯	Sabinene	Sab	0.51	0.40
8	月桂烯	Myrcene	Myr	2.74	0.81
9	α-松油烯	α-Terpinene	aTer	0.19	0.04
10	柠檬烯	Limonene	Lim	10.62	16.36
11	1,8-桉叶素	1,8-Cineole	Cin1,8	2.15	1.13
12	顺式-β-罗勒烯	(Z)-β-Ocimene	cOci	0.20	0.03
13	γ-松油烯	γ-Terpinene	gTer	0.38	0.07
14	反式-β-罗勒烯	(E)-β-Ocimene	tOci	0.09	0.04
15	对异丙基甲苯	p-Cymene	pCym	0.36	0.02
16	异松油烯	Terpinolene	Tno	0.13	0.04
17	乙酸 3-辛酯	3-Octyl acetate		0.35	0.19
18	叶醇	(Z)-3-Hexenol		0.05	0.06
19	3-辛醇	3-Octanol	8ol3	0.95	1.86
20	薄荷酮	Menthone	Mon	0.09	0.06
21	反式-水合桧烯	(E)-Sabinene hydrate	SabH	1.21	0.97
22	异薄荷酮	Isomenthone	iMon	0.06	0.19
23	β-波旁烯	β-Bourbonene	βBou	1.52	1.06

续表

序号	中文名称	英文名称	代码	百分比/% 本土型	苏格兰型
24	芳樟醇	Linalool	*Loo*	0.08	0.08
25	顺式-水合桧烯	(Z)-Sabinene hydrate		0.13	0.03
26	β-石竹烯	β-Caryophyllene	*Car*	0.86	0.75
27	4-松油醇	Terpinen-4-ol	*Trn4*	1.12	0.14
28	顺式-二氢香芹酮	cis-Dihydrocarvone	*cDhCvn*	1.42	1.85
29	反式-二氢香芹酮	trans-Dihydrocarvone	*tDhCvn*	0.19	0.25
30	γ-木罗烯	γ-Muurolene	*gMuu*	0.35	0.28
31	(E)-β-金合欢烯	(E)-β-Farnesene	*EβFen*	0.68	0.46
32	乙酸二氢香芹酯	Dihydrocarvyl acetate		0.34	0.08
33	α-松油醇	α-Terpineol	*aTol*	0.33	0.31
34	大根香叶烯 D	Germacrene-D	*GenD*	0.67	0.28
35	新二氢香芹醇	neo-Dihydrocarveol		0.59	0.09
36	香芹酮	Carvone	*Cvn*	66.26	67.02
37	二氢香芹醇	Dihydrocarveol		0.25	0.09
38	顺式-乙酸香芹酯	cis-Carvyl acetate		0.37	0.11
39	反式-香芹醇	trans-Carveol		0.43	0.51
40	顺式-香芹醇	cis-Carveol		0.23	0.29
41	顺式-茉莉酮	cis-Jasmone		0.31	0.22
42	绿花白千层醇	Viridiflorol	*Vir*	0.24	微量

1.36.1.2　核磁共振碳谱分析(图 1.36.3～图 1.36.6，表 1.36.2～表 1.36.5)

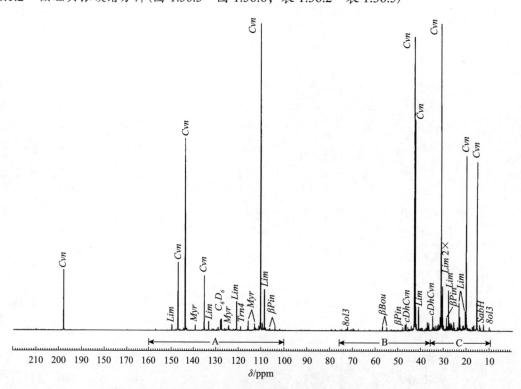

图 1.36.3　留兰香精油(本土型)核磁共振碳谱总图(0～220 ppm)

表 1.36.2　留兰香精油(本土型)核磁共振碳谱图(160~220 ppm)分析结果

化学位移/ppm	相对强度/%	中文名称	代码
197.85	18.4	香芹酮	*Cvn*

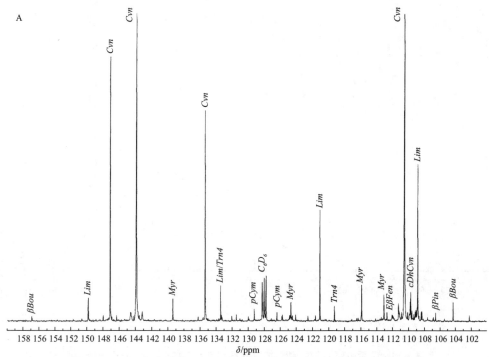

图 1.36.4　留兰香精油(本土型)核磁共振碳谱图 A(100~160 ppm)

表 1.36.3　留兰香精油(本土型)核磁共振碳谱图 A(100~160 ppm)分析结果

化学位移/ppm	相对强度/%	中文名称	代码	化学位移/ppm	相对强度/%	中文名称	代码
149.84	1.6	柠檬烯	*Lim*	119.25	1.0	4-松油醇	*Trn4*
147.15	20.8	香芹酮	*Cvn*	115.91	0.5		
144.63	0.4			115.86	2.7	月桂烯	*Myr*
144.09	0.2			113.04	1.9	月桂烯	*Myr*
143.91	59.1	香芹酮	*Cvn*	112.65	0.5	(*E*)-*β*-金合欢烯	*EβFen*
143.57	0.2			112.01	0.3		
143.18	0.5			111.92	0.3		
139.38	1.5	月桂烯	*Myr*	111.19	1.2		
135.40	16.5	香芹酮	*Cvn*	110.80	0.5		
133.44	2.6	柠檬烯/4-松油醇	*Lim/Trn4*	110.47	99.1	香芹酮	*Cvn*
133.31	0.3			110.09	0.5		
131.44	0.3			109.76	1.3		
129.24	0.7	对异丙基甲苯	*pCym*	109.69	2.1	顺式-二氢香芹酮	*cDhCvn*
128.24	2.9	氘代苯(溶剂)	*C₆D₆*	109.54	0.6		
128.00	3.2	氘代苯(溶剂)	*C₆D₆*	109.31	0.3		
127.76	3.4	氘代苯(溶剂)	*C₆D₆*	109.15	0.5		
126.40	0.5	对异丙基甲苯	*pCym*	109.03	0.7		
125.79	0.2			108.90	0.9		
125.71	0.3			108.82	12.3	柠檬烯	*Lim*
124.81	0.2			108.66	0.2		
124.72	0.2			108.38	0.6		
124.62	1.3	月桂烯	*Myr*	108.30	0.6		
124.04	0.3			106.54	0.4	*β*-蒎烯	*βPin*
121.60	0.2			104.25	1.3	*β*-波旁烯	*βBou*
121.06	8.6	柠檬烯	*Lim*	102.20	0.2		

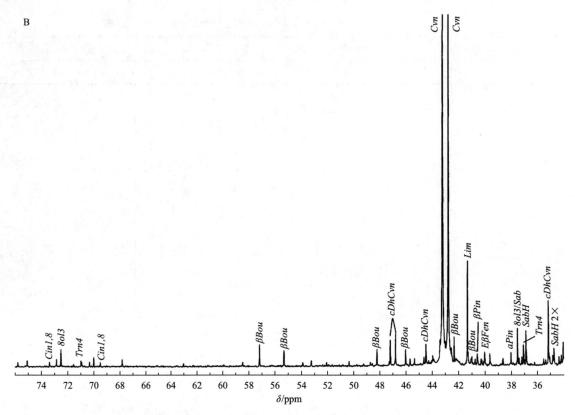

图 1.36.5　留兰香精油(本土型)核磁共振碳谱图 B(35～78 ppm)

表 1.36.4　留兰香精油(本土型)核磁共振碳谱图 B(35～78 ppm)分析结果

化学位移/ppm	相对强度/%	中文名称	代码	化学位移/ppm	相对强度/%	中文名称	代码
77.92	0.2			42.39	1.9	β-波旁烯	βBou
75.06	0.2			42.25	0.3		
72.86	0.3			41.38	7.2	柠檬烯	Lim
72.52	1.0	3-辛醇	8ol3	41.11	0.4		
70.99	0.2	4-松油醇	Trn4	41.05	0.5	β-波旁烯	βBou
70.02	0.4			40.81	0.3		
67.83	0.3			40.64	0.7	β-蒎烯	βPin
57.22	1.3	β-波旁烯	βBou	40.36	0.3		
55.35	0.9	β-波旁烯	βBou	40.30	0.3		
53.30	0.2			40.08	0.8	(E)-β-金合欢烯	EβFen
48.26	1.0	β-波旁烯	βBou	39.68	0.7		
47.24	1.6	顺式-二氢香芹酮	cDhCvn	38.68	0.3		
46.85	2.1	顺式-二氢香芹酮	cDhCvn	38.08	0.7	α-蒎烯	aPin
46.08	1.0	β-波旁烯	βBou	37.58	2.5	3-辛醇/桧烯	8ol3/Sab
45.75	0.3			37.46	0.4		
45.41	0.3			37.24	0.4		
44.70	0.4			37.12	1.3	4-松油醇	Trn4
44.53	1.3	顺式-二氢香芹酮	cDhCvn	37.06	0.3		
44.33	0.2			36.94	2.3	反式-水合桧烯	SabH
44.10	0.2			35.56	0.3		
44.02	0.5			35.40	0.2		
43.27	90.2	香芹酮	Cvn	35.18	4.4	顺式-二氢香芹酮/4-松油醇	cDhCvn/Trn4
42.83	65.1	香芹酮	Cvn	35.10	0.5		

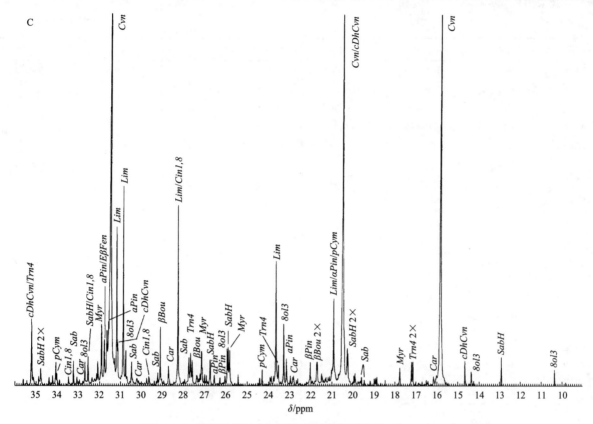

图 1.36.6 留兰香精油(本土型)核磁共振碳谱图 C(9～35 ppm)

表 1.36.5 留兰香精油(本土型)核磁共振碳谱图 C(9～35 ppm)分析结果

化学位移/ppm	相对强度/%	中文名称	代码	化学位移/ppm	相对强度/%	中文名称	代码
34.85	0.5	反式-水合桧烯	SabH	31.75	3.0	α-蒎烯/(E)-β-金合欢烯	aPin/EβFen
34.76	1.1	反式-水合桧烯	SabH	31.63	3.6		
34.37	0.5			31.55	4.2	α-蒎烯	aPin
34.20	0.6			31.46	100.0	香芹酮	Cvn
34.05	1.5			31.26	1.8	4-松油醇	Trn4
34.01	0.8	对异丙基甲苯	pCym	31.17	10.6	柠檬烯	Lim
33.88	0.3			31.12	2.8	顺式-氢香芹酮	cDhCvn
33.45	0.5	1,8-桉叶素	Cin1,8	30.85	13.4	柠檬烯	Lim
33.21	1.6	桧烯	Sab	30.72	2.3	3-辛醇	8ol3
33.05	0.5	β-石竹烯	Car	30.68	0.6		
32.92	0.3			30.45	1.5	桧烯	Sab
32.76	0.2			30.19	0.4	β-石竹烯	Car
32.67	1.5	3-辛醇	8ol3	30.12	0.3		
32.52	1.9	反式-水合桧烯/1,8-桉叶素	SabH/Cin1,8	29.82	0.1		
32.33	0.5			29.73	0.4	β-石竹烯	Car
32.19	0.4			29.63	0.6	1,8-桉叶素	Cin1,8
32.11	0.7			29.59	0.5		
32.06	1.6			29.36	0.2		
31.93	0.9			29.26	0.2		
31.88	4.0	月桂烯	Myr	29.21	0.8	桧烯	Sab

化学位移/ppm	相对强度/%	中文名称	代码	化学位移/ppm	相对强度/%	中文名称	代码
29.08	3.9	β-波旁烯	βBou	21.47	0.8	β-波旁烯	βBou
28.92	0.3			21.44	0.6		
28.69	1.2	β-石竹烯	Car	21.36	0.3		
28.25	12.1	柠檬烯/1,8-桉叶素	Lim/Cin1,8	21.29	0.4		
28.00	0.2			21.26	0.5		
27.92	0.4			21.15	0.5		
27.72	1.8	桧烯	Sab	21.09	0.6		
27.64	2.1	4-松油醇	Trn4	21.00	1.0		
27.56	1.6	β-波旁烯	βBou	20.96	1.1		
27.36	0.6	β-蒎烯	βPin	20.89	5.8	柠檬烯/α-蒎烯/对异丙基甲苯	Lim/aPin/pCym
27.32	0.6			20.46	53.8	香芹酮/顺式-二氢香芹酮	Cvn/cDhCvn
27.26	0.4			20.24	2.5	反式-水合桧烯	SabH
27.19	0.7			20.21	2.1	反式-水合桧烯	SabH
27.11	2.2	月桂烯	Myr	19.92	0.6		
26.97	0.7	(E)-β-金合欢烯	EβFen	19.87	0.8	桧烯	Sab
26.89	0.6	(E)-β-金合欢烯	EβFen	19.73	0.2		
26.82	0.2			19.62	0.3		
26.71	1.7	反式-水合桧烯	SabH	19.57	0.5	桧烯	Sab
26.53	0.6	α-蒎烯	aPin	19.43	0.3		
26.25	0.5	β-蒎烯	βPin	19.16	0.3		
26.01	0.6			18.97	0.4		
25.91	2.4	3-辛醇	8ol3	18.91	0.5		
25.86	2.5	反式-水合桧烯	SabH	18.84	0.5		
25.80	2.3	月桂烯	Myr	18.65	0.2		
25.40	0.7			18.43	0.3		
24.39	0.5			17.73	1.2	月桂烯	Myr
24.27	1.0	对异丙基甲苯	pCym	17.18	1.5	4-松油醇	Trn4
23.89	0.5			17.11	1.6	4-松油醇	Trn4
23.83	0.6	1,8-桉叶素/β-蒎烯	Cin1,8/βPin	16.83	0.2		
23.73	0.6	1,8-桉叶素/β-蒎烯	Cin1,8/βPin	16.67	0.2		
23.62	8.4	柠檬烯	Lim	16.47	0.4		
23.50	1.3	4-松油醇	Trn4	16.40	0.3		
23.25	4.1	3-辛醇	8ol3	16.13	0.6	β-石竹烯	Car
23.13	1.8	α-蒎烯	aPin	15.98	0.7		
22.93	0.6			15.80	51.9	香芹酮	Cvn
22.82	0.5			15.43	0.2		
22.79	0.6	β-石竹烯	Car	14.63	1.6	顺式-二氢香芹酮	cDhCvn
22.65	0.3			14.35	0.9	3-辛醇	8ol3
22.59	0.4			14.23	0.3		
22.01	1.5	β-蒎烯	βPin	12.88	1.9	反式-水合桧烯	SabH
21.90	0.3			10.33	1.1	3-辛醇	8ol3
21.70	1.5	β-波旁烯	βBou	9.80	0.2		
21.68	1.5	β-波旁烯	βBou				

1.36.2　留兰香精油（苏格兰型）

1.36.2.1　气相色谱分析（图 1.36.7、图 1.36.8，表 1.36.6）

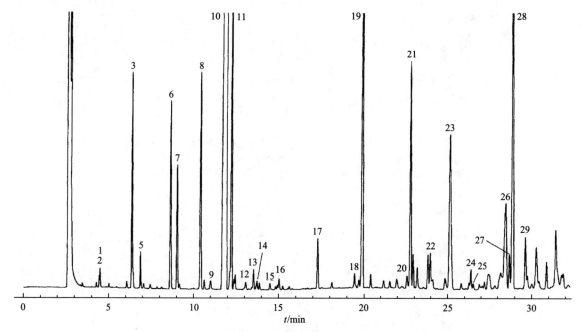

图 1.36.7　留兰香精油（苏格兰型）气相色谱图 A（0～30 min）

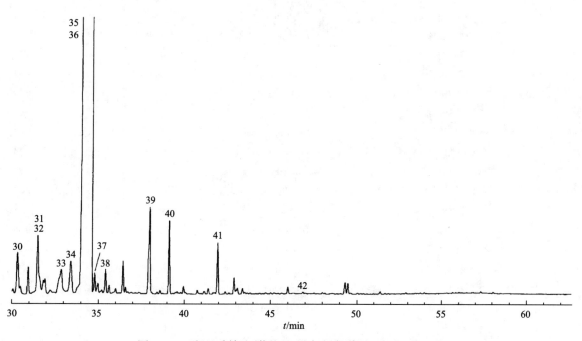

图 1.36.8　留兰香精油（苏格兰型）气相色谱图 B（30～62 min）

表 1.36.6　留兰香精油(苏格兰型)气相色谱图分析结果

序号	中文名称	英文名称	代码	百分比/%	
				本土型	苏格兰型
1	2-甲基丁醛	2-Methylbutanal		0.03	0.02
2	异戊醛	3-Methylbutanal		0.07	0.05
3	α-蒎烯	α-Pinene	aPin	0.79	0.65
4	α-侧柏烯	α-Thujene	Ten	0.08	0.04
5	反式-2,5 二乙基四氢呋喃	trans-2,5-Diethyl THF		0.06	0.10
6	β-蒎烯	β-Pinene	βPin	0.73	0.63
7	桧烯	Sabinene	Sab	0.51	0.40
8	月桂烯	Myrcene	Myr	2.74	0.81
9	α-松油烯	α-Terpinene	aTer	0.19	0.04
10	柠檬烯	Limonene	Lim	10.62	16.36
11	1,8-桉叶素	1,8-Cineole	Cin1,8	2.15	1.13
12	顺式-β-罗勒烯	(Z)-β-Ocimene	cOci	0.20	0.03
13	γ-松油烯	γ-Terpinene	gTer	0.38	0.07
14	反式-β-罗勒烯	(E)-β-Ocimene	tOci	0.09	0.04
15	对异丙基甲苯	p-Cymene	pCym	0.36	0.02
16	异松油烯	Terpinolene	Tno	0.13	0.04
17	乙酸 3-辛酯	3-Octyl acetate		0.35	0.19
18	叶醇	(Z)-3-Hexenol		0.05	0.06
19	3-辛醇	3-Octanol	8ol3	0.95	1.86
20	薄荷酮	Menthone	Mon	0.09	0.06
21	反式-水合桧烯	(E)-Sabinene hydrate	SabH	1.21	0.97
22	异薄荷酮	Isomenthone	iMon	0.06	0.19
23	β-波旁烯	β-Bourbonene	βBou	1.52	1.06
24	芳樟醇	Linalool	Loo	0.08	0.08
25	顺式-水合桧烯	(Z)-Sabinene hydrate		0.13	0.03
26	β-石竹烯	β-Caryophyllene	Car	0.86	0.75
27	4-松油醇	Terpinen-4-ol	Trn4	1.12	0.14
28	顺式-二氢香芹酮	cis-Dihydrocarvone	cDhCvn	1.42	1.85
29	反式-二氢香芹酮	trans-Dihydrocarvone	tDhCvn	0.19	0.25
30	γ-木罗烯	γ-Muurolene	gMuu	0.35	0.28
31	(E)-β-金合欢烯	(E)-β-Farnesene	EβFen	0.68	0.46
32	乙酸二氢香芹酯	Dihydrocarvyl acetate		0.34	0.08
33	α-松油醇	α-Terpineol	aTol	0.33	0.31
34	大根香叶烯 D	Germacrene-D	GenD	0.67	0.28
35	新二氢香芹醇	neo-Dihydrocarveol		0.59	0.09
36	香芹酮	Carvone	Cvn	66.26	67.02
37	二氢香芹醇	Dihydrocarveol		0.25	0.09
38	顺式-乙酸香芹酯	cis-Carvyl acetate		0.37	0.11
39	反式-香芹醇	trans-Carveol		0.43	0.51
40	顺式-香芹醇	cis-Carveol		0.23	0.29
41	顺式-茉莉酮	cis-Jasmone		0.31	0.22
42	绿花白千层醇	Viridiflorol	Vir	0.24	微量

1.36.2.2 核磁共振碳谱分析（图 1.36.9～图 1.36.12，表 1.36.7～表 1.36.10）

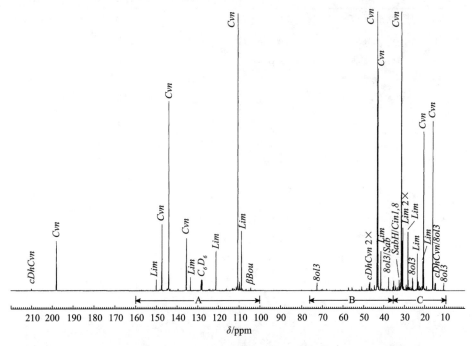

图 1.36.9 留兰香精油（苏格兰型）核磁共振碳谱总图（0～220 ppm）

表 1.36.7 留兰香精油（苏格兰型）核磁共振碳谱图（160～220 ppm）分析结果

化学位移/ppm	相对强度/%	中文名称	代码
209.99	0.6	顺式-二氢香芹酮	*cDhCvn*
209.80	0.3		
197.79	17.1	香芹酮	*Cvn*

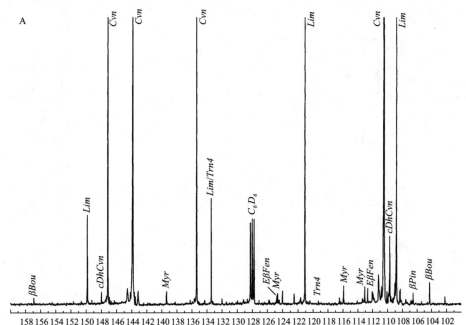

图 1.36.10 留兰香精油（苏格兰型）核磁共振碳谱图 A（100～160 ppm）

表 1.36.8　留兰香精油(苏格兰型)核磁共振碳谱图 A(100～160 ppm)分析结果

化学位移/ppm	相对强度/%	中文名称	代码	化学位移/ppm	相对强度/%	中文名称	代码
156.91	0.3	β-波旁烯	βBou	121.04	13.6	柠檬烯	Lim
149.84	3.8	柠檬烯	Lim	116.44	0.3		
147.99	0.5	顺式-二氢香芹酮	cDhCvn	115.88	0.8	月桂烯	Myr
147.15	23.0	香芹酮	Cvn	113.04	0.8	月桂烯	Myr
146.93	0.3			112.63	0.7	(E)-β-金合欢烯	EβFen
144.59	0.7			112.01	0.6		
144.19	0.5			111.91	0.5		
143.87	65.7	香芹酮	Cvn	111.17	1.3		
143.53	0.3			110.78	0.8		
143.15	0.6			110.45	95.7	香芹酮	Cvn
139.37	0.6	月桂烯	Myr	110.06	0.5		
135.38	18.1	香芹酮	Cvn	109.73	1.3		
133.43	4.6	柠檬烯/4-松油醇	Lim/Trn4	109.68	2.9	顺式-二氢香芹酮	cDhCvn
131.99	0.2			109.53	0.3		
128.24	3.5			109.01	0.9		
128.00	3.7			108.81	20.6	柠檬烯	Lim
127.76	3.7			108.35	0.6		
124.70	0.4	(E)-β-金合欢烯	EβFen	108.27	0.6		
124.61	0.5	月桂烯	Myr	106.53	0.5	β-蒎烯	βPin
123.99	0.6			104.24	0.9	β-波旁烯	βBou
122.47	0.5			102.20	0.3		
121.60	0.3						

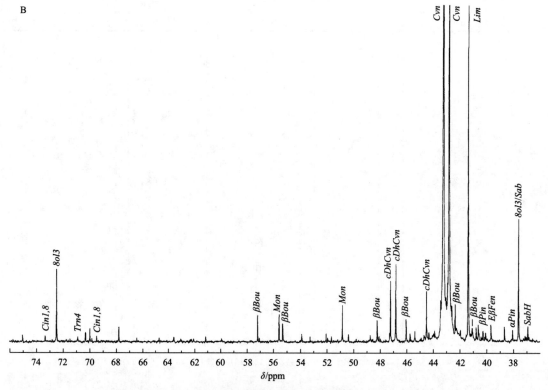

图 1.36.11　留兰香精油(苏格兰型)核磁共振碳谱图 B(36～76 ppm)

表 1.36.9　留兰香精油（苏格兰型）核磁共振碳谱图 B（36～76 ppm）分析结果

化学位移/ppm	相对强度/%	中文名称	代码	化学位移/ppm	相对强度/%	中文名称	代码
75.01	0.3			45.40	0.4		
73.33	0.2	1,8-桉叶素	Cin1,8	44.52	1.9	顺式-二氢香芹酮	cDhCvn
72.48	2.7	3-辛醇	8ol3	44.34	0.4		
70.30	0.3			43.89	0.4		
69.97	0.5			43.45	1.5		
69.46	0.2	1,8-桉叶素	Cin1,8	43.25	100.0	香芹酮	Cvn
67.78	0.5			42.82	76.9	香芹酮	Cvn
57.20	1.0	β-波旁烯	βBou	42.60	1.3		
55.58	1.0	薄荷酮	Mon	42.35	1.4	β-波旁烯	βBou
55.31	0.7	β-波旁烯	βBou	41.97	0.4		
53.90	0.3			41.37	13.5	柠檬烯	Lim
52.07	0.3			41.08	0.5	β-波旁烯	βBou
50.85	1.3	薄荷酮	Mon	40.78	0.5		
50.39	0.3			40.62	0.6	β-蒎烯	βPin
48.76	0.2			40.28	0.4		
48.24	0.8	β-波旁烯	βBou	40.07	0.4		
47.23	2.2	顺式-二氢香芹酮	cDhCvn	39.68	0.6	(E)-β-金合欢烯	EβFen
46.83	2.9	顺式-二氢香芹酮	cDhCvn	38.68	0.6		
46.06	0.8	β-波旁烯	βBou	38.07	0.4	α-蒎烯	aPin
45.76	0.3			37.61	4.5	3-辛醇/桧烯	8ol3/Sab

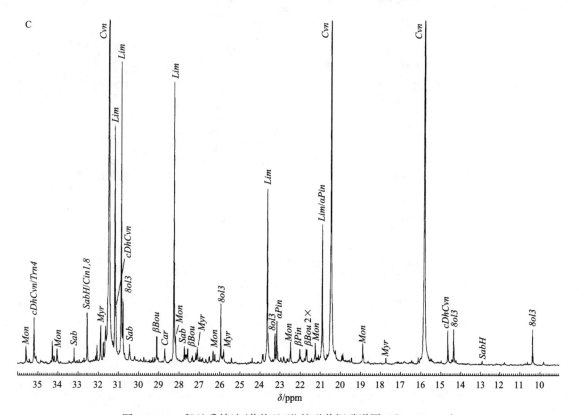

图 1.36.12　留兰香精油（苏格兰型）核磁共振碳谱图 C（9～36 ppm）

表 1.36.10 留兰香精油（苏格兰型）核磁共振碳谱图 C（9～36 ppm）分析结果

化学位移/ppm	相对强度/%	中文名称	代码	化学位移/ppm	相对强度/%	中文名称	代码
36.91	0.6	反式-水合桧烯	SabH	26.49	0.6		
35.57	1.3	薄荷酮	Mon	26.32	0.9	薄荷酮	Mon
35.41	0.3			26.23	0.7		
35.17	3.3	顺式-二氢香芹酮/4-松油醇	cDhCvn/Trn4	25.93	4.3	3-辛醇	8ol3
34.84	0.3			25.80	1.1	月桂烯	Myr
34.27	1.6			25.41	0.5		
34.18	0.6			24.38	0.5		
34.04	1.1	薄荷酮	Mon	23.87	0.7		
33.18	1.1	桧烯	Sab	23.82	0.7		
32.92	0.3			23.62	12.6	柠檬烯	Lim
32.69	0.4			23.24	2.2	3-辛醇	8ol3
32.53	3.7	反式-水合桧烯/1,8-桉叶素	SabH/Cin1,8	23.15	3.1	α-蒎烯	aPin
32.12	0.6			22.95	0.5		
32.04	1.3			22.80	0.6		
31.86	2.8	月桂烯	Myr	22.59	0.4		
31.71	1.6			22.47	1.6	薄荷酮	Mon
31.61	2.7			22.01	1.1	β-蒎烯	βPin
31.45	98.2	香芹酮	Cvn	21.70	1.1	β-波旁烯	βBou
31.25	1.6			21.66	1.0	β-波旁烯	βBou
31.16	17.1	柠檬烯	Lim	21.42	0.5		
31.11	4.1	顺式-二氢香芹酮	cDhCvn	21.23	1.5	薄荷酮	Mon
30.84	21.8	柠檬烯	Lim	21.09	0.7		
30.76	4.7	3-辛醇	8ol3	20.89	10.1	柠檬烯/α-蒎烯	Lim/aPin
30.43	1.4	桧烯	Sab	20.65	0.7		
30.17	0.6			20.45	55.1	香芹酮	Cvn
29.87	0.4			20.23	1.0		
29.72	0.5			19.91	0.6		
29.27	0.5			19.85	0.8		
29.18	0.5			19.44	0.5		
29.08	2.0	β-波旁烯	βBou	18.89	1.5	薄荷酮	Mon
28.68	1.1	β-石竹烯	Car	18.85	0.7		
28.22	20.3	柠檬烯	Lim	17.72	0.5	月桂烯	Myr
28.14	2.0	薄荷酮	Mon	16.45	0.3		
27.72	1.3	桧烯	Sab	16.11	0.5		
27.65	0.7			15.81	58.7	香芹酮	Cvn
27.56	1.1	β-波旁烯	βBou	14.63	2.5	顺式-二氢香芹酮	cDhCvn
27.31	0.6			14.35	2.6	3-辛醇	8ol3
27.15	0.8			12.89	0.3	反式-水合桧烯	SabH
27.08	1.2	月桂烯	Myr	10.61	0.2		
26.95	0.5			10.34	2.5	3-辛醇	8ol3
26.82	0.4			9.80	0.3		
26.66	0.4						

1.37 穗薰衣草精油

英文名称：Spike lavender oil。

法文和德文名称：*Essence d'aspic*；*Spiklavendelöl*。

研究类型：商品。

采用水蒸气蒸馏穗薰衣草(唇形科植物，薰衣草的亲本之一，*Lavandula latifolia* Vill.)开花期的植物顶部就可获得挥发性的穗薰衣草精油。穗薰衣草的英文别名是 aspic(蝰蛇)或仅为 spike(穗花)。这种草本植物野生在地中海地区，主要分布在西班牙、法国、南斯拉夫、意大利和北非。穗薰衣草精油的主要生产国是西班牙和法国。

穗薰衣草精油有一种清新似桉树的气味，让人联想到杂薰衣草。它被用于香水、古龙水，日用香精、室内喷雾剂、空气清新剂等。

穗薰衣草精油的主要成分为芳樟醇、1,8-桉叶素和樟脑，以及少量的其他萜烯和萜醇，而酯类物质的含量很低。

穗薰衣草精油经常掺入鼠尾草精油、杂薰衣草精油、蓝桉叶精油及这些精油馏分，还有其他廉价的精油。

1.37.1 气相色谱分析(图 1.37.1、图 1.37.2，表 1.37.1)

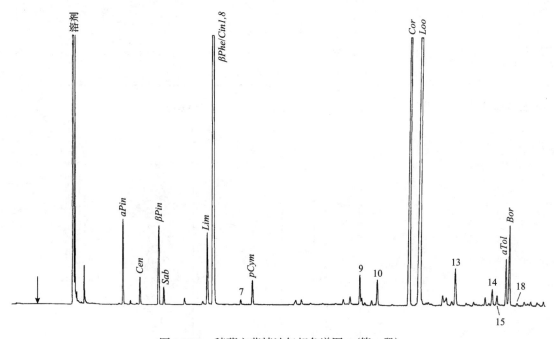

图 1.37.1 穗薰衣草精油气相色谱图 A(第一段)

图 1.37.2 穗薰衣草精油气相色谱图 B(第二段)

表 1.37.1　穗薰衣草精油气相色谱图分析结果

序号	中文名称	英文名称	代码	百分比/%
1	α-蒎烯	α-Pinene	aPin	0.89
2	莰烯	Camphene	Cen	0.32
3	β-蒎烯	β-Pinene	βPin	1.01
4	桧烯	Sabinene	Sab	0.22
5	柠檬烯	Limonene	Lim	1.01
6	1,8-桉叶素	1,8-Cineole	Cin1,8	28.26
7	3-辛酮	3-Octanone	8on3	0.07
8	对异丙基甲苯	para-Cymene	pCym	0.35
9	反式-氧化芳樟醇	trans-Linalool oxide	tLooOx	0.41
10	顺式-氧化芳樟醇	cis-Linalool oxide	cLooOx	0.36
11	樟脑	Camphor	Cor	12.93
12	芳樟醇	Linalool	Loo	47.85
13	4-松油醇/β-石竹烯	Terpinen-4-ol/β-Caryophyllene	Trn4/Car	0.67
14	薰衣草醇	Lavandulol	Lol	0.28
15	α-蛇麻烯	α-Humulene	Hum	0.17
16	α-松油醇	α-Terpineol	aTol	0.66
17	龙脑	Borneol	Bor	1.23
18	大根香叶烯 D	Germacrene D	GenD	0.05
19	香叶醇	Geraniol	Ger	0.16
20	氧化石竹烯	Caryophyllene oxide	CarOx	0.25

1.37.2　核磁共振碳谱分析（图 1.37.3～图 1.37.6，表 1.37.2～表 1.37.5）

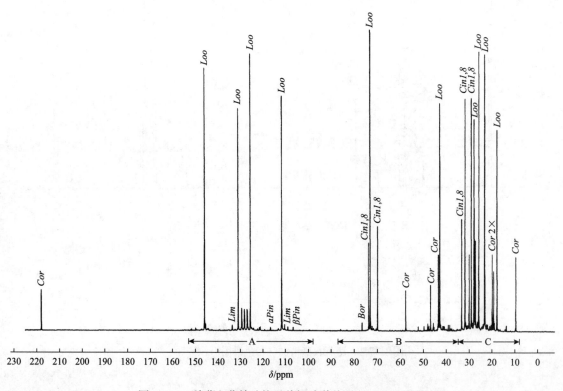

图 1.37.3　穗薰衣草精油核磁共振碳谱总图(0～230 ppm)

表 1.37.2　穗薰衣草精油核磁共振碳谱图(153～230 ppm)分析结果

化学位移/ppm	相对强度/%	中文名称	代码
217.88	14.0	樟脑	Cor

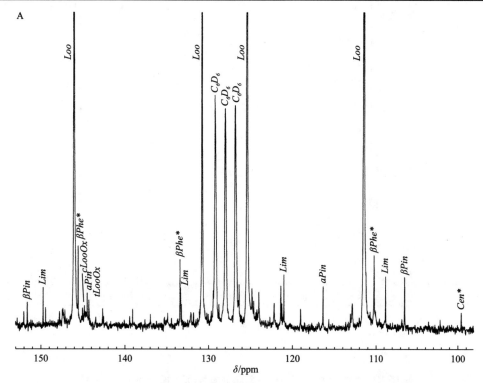

图 1.37.4　穗薰衣草精油核磁共振碳谱图 A(98～153 ppm)

表 1.37.3　穗薰衣草精油核磁共振碳谱图 A(98～153 ppm)分析结果

化学位移/ppm	相对强度/%	中文名称	代码	化学位移/ppm	相对强度/%	中文名称	代码
151.62	0.8	β-蒎烯	βPin	126.80	7.6	氘代苯(溶剂)	C₆D₆
149.76	1.3	柠檬烯	Lim	126.40	1.4	对异丙基甲苯	pCym
149.46	0.6			125.39	91.9	芳樟醇	Loo
146.06	7.3			124.88	1.3	β-石竹烯	Car
145.96	87.3	芳樟醇	Loo	124.66	0.9		
145.55	2.8			124.05	1.2		
145.03	0.6	顺式-氧化芳樟醇	cLooOx	122.23	0.8		
144.82	0.7			121.44	1.4	α-松油醇	aTol
144.49	1.1	α-蒎烯	aPin	121.31	0.8		
144.30	0.9	反式-氧化芳樟醇	tLooOx	121.07	1.8	柠檬烯	Lim
133.46	2.3	α-松油醇	aTol	119.11	0.6	4-松油醇	Trn4
133.40	1.3	柠檬烯	Lim	116.44	1.4	α-蒎烯	aPin
133.30	0.8			112.92	0.8		
130.78	74.2	芳樟醇	Loo	111.49	78.3	芳樟醇	Loo
129.48	1.2	对异丙基甲苯	pCym	110.30	2.5		
129.23	7.9	氘代苯(溶剂)	C₆D₆	108.86	1.7	柠檬烯	Lim
128.80	0.8			106.59	1.7	β-蒎烯	βPin
128.00	7.4	氘代苯(溶剂)	C₆D₆				

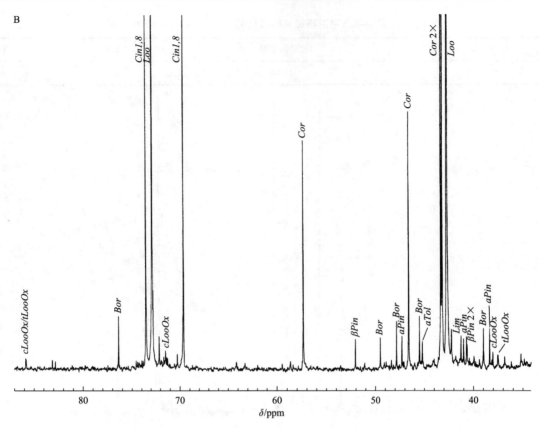

图 1.37.5　穗薰衣草精油核磁共振碳谱图 B(35～87 ppm)

表 1.37.4　穗薰衣草精油核磁共振碳谱图 B(35～87 ppm)分析结果

化学位移/ppm	相对强度/%	中文名称	代码	化学位移/ppm	相对强度/%	中文名称	代码
85.85	0.6	顺式-氧化芳樟醇/反式-氧化芳樟醇	cLooOx/tLooOx	43.59	0.7		
76.39	3.1	龙脑	Bor	43.32	25.5	樟脑	Cor
73.53	29.6	1,8-桉叶素	Cin1,8	43.18	25.4	樟脑	Cor
72.86	100.0	芳樟醇	Loo	42.69	75.8	芳樟醇	Loo
72.78	4.7			42.27	2.4		
72.14	1.9	α-松油醇	aTol	41.82	0.8	莰烯	Cen
71.67	0.7			41.29	2.0	柠檬烯	Lim
71.48	1.1			41.04	1.8	α-蒎烯	aPin
71.34	0.7	顺式-氧化芳樟醇	cLooOx	40.73	1.9	β-蒎烯	βPin/Car
70.29	0.9			40.67	1.4	β-蒎烯	βPin
69.66	35.1	1,8-桉叶素	Cin1,8	40.46	0.6	β-石竹烯	Car
57.40	13.8	樟脑	Cor	39.97	0.7		
52.09	1.8	β-蒎烯	βPin	38.99	2.4	龙脑	Bor
49.54	1.9	龙脑	Bor	38.36	2.4	α-蒎烯	aPin
47.89	2.8	龙脑	Bor	38.03	1.0	顺式-氧化芳樟醇	cLooOx
47.33	2.0	α-蒎烯	aPin	37.55	0.8	莰烯	Cen
46.63	15.6	樟脑	Cor	37.52	0.7	反式-氧化芳樟醇	tLooOx
45.53	3.2	龙脑	Bor	36.85	0.7	4-松油醇	Trn4
45.24	1.7	α-松油醇	aTol	35.18	0.9	4-松油醇/β-石竹烯	Trn4/Car

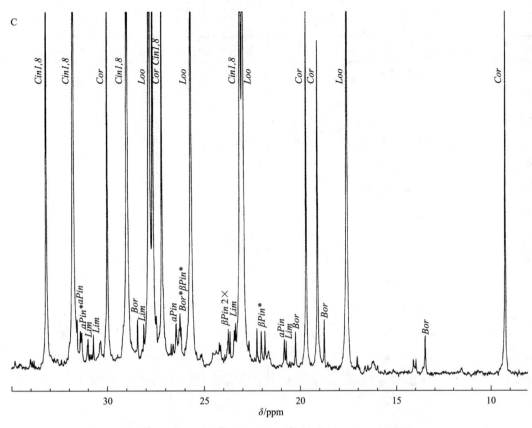

图 1.37.6　穗薰衣草精油核磁共振碳谱图 C(8~35 ppm)

表 1.37.5　穗薰衣草精油核磁共振碳谱图 C(8~35 ppm)分析结果

化学位移/ppm	相对强度/%	中文名称	代码	化学位移/ppm	相对强度/%	中文名称	代码
34.04	0.7			29.47	1.0	莰烯	Cen
33.85	0.6			28.95	77.5	1,8-桉叶素	Cin1,8
33.16	37.6	1,8-桉叶素	Cin1,8	28.75	1.8	β-石竹烯	Car
32.78	0.8	β-石竹烯	Car	28.42	3.1	龙脑	Bor
32.63	0.7			28.29	0.9		
32.41	0.6			28.19	1.3		
31.75	77.3	1,8-桉叶素/α-蒎烯	Cin1,8/aPin	28.11	2.8	柠檬烯	Lim
31.57	3.1	α-蒎烯	aPin	27.79	70.5	芳樟醇	Loo
31.39	2.4	α-松油醇	aTol	27.61	41.2	1,8-桉叶素/α-松油醇	Cin1,8/aTol
31.32	2.3	4-松油醇	Trn4	27.46	3.3	β-蒎烯/4-松油醇	βPin/Trn4
31.00	1.9	柠檬烯	Lim	27.16	30.4	樟脑	Cor
30.90	1.0			26.72	1.6	顺式-氧化芳樟醇	cLooOx
30.80	1.0			26.60	1.6	α-蒎烯	aPin
30.72	2.2	柠檬烯	Lim	26.45	2.9	顺式-氧化芳樟醇/反式-氧化芳樟醇	cLooOx/tLooOx
30.34	1.8	β-石竹烯	Car	26.25	3.5	β-蒎烯	βPin
29.99	25.7	樟脑	Cor	26.19	2.6	龙脑	Bor

化学位移/ppm	相对强度/%	中文名称	代码	化学位移/ppm	相对强度/%	中文名称	代码
25.66	92.5	芳樟醇	*Loo*	22.38	0.8		
25.42	1.1			22.26	2.6		
25.20	0.9	顺式-氧化芳樟醇	*cLooOx*	22.04	2.4	β-蒎烯	*βPin*
25.13	1.0	反式-氧化芳樟醇	*tLooOx*	21.85	2.4		
24.38	1.2	α-松油醇	*aTol*	21.66	1.2		
24.23	1.7	对异丙基甲苯	*pCym*	20.85	1.9	α-蒎烯	*aPin*
24.16	1.6			20.75	1.8	柠檬烯	*Lim*
24.04	0.8	莰烯	*Cen*	20.26	2.3	龙脑	*Bor*
23.94	1.0			19.67	25.6	樟脑	*Cor*
23.75	2.5	β-蒎烯	*βPin*	19.10	19.9	樟脑	*Cor*
23.67	2.4	β-蒎烯	*βPin*	18.77	3.1	龙脑	*Bor*
23.44	2.4	α-松油醇	*aTol*	17.55	67.0	芳樟醇	*Loo*
23.38	2.9	柠檬烯	*Lim*	17.04	0.9	4-松油醇	*Trn4*
23.08	91.6	1,8-桉叶素/α-蒎烯	*Cin1,8/aPin*	14.10	0.7		
22.97	71.6	芳樟醇	*Loo*	13.97	0.7		
22.67	1.8	β-石竹烯	*Car*	13.48	2.1	龙脑	*Bor*
22.61	1.0			9.24	24.7	樟脑	*Cor*
22.51	0.7						

1.38 八角茴香精油

英文名称：Star anise oil。

法文和德文名称：*Essence de badiane*；*Sternanisöl*。

研究类型：中国型、越南型。

采用水蒸气蒸馏新鲜或部分干燥的八角(木兰科植物，*Illicium verum* Hooker fil.)整果或碎果就可获得八角茴香精油。八角是一种原产于东南亚的树种。偶尔也使用日本八角即毒八角(*Illicium religiosum* Siebold)，但因毒性必须小心去除其有毒物质。

八角茴香精油几乎被专门用作酒精饮料、牙膏、糖果、利口酒、药物制剂中的调味香料，偶尔也在肥皂香精中使用。

八角茴香精油的成分类似茴芹籽精油,主要成分为反式-茴香脑，其经常被工业级的茴香脑掺假或稀释，该物质可能含有相当多的有毒成分即顺式-茴香脑。八角茴香精油也被用于更昂贵的茴芹籽精油的掺假。这两种精油的鉴别方法详见茴芹籽精油(见第 10 页)。

1.38.1 八角茴香精油(中国型)

1.38.1.1 气相色谱分析(图 1.38.1、图 1.38.2，表 1.38.1)

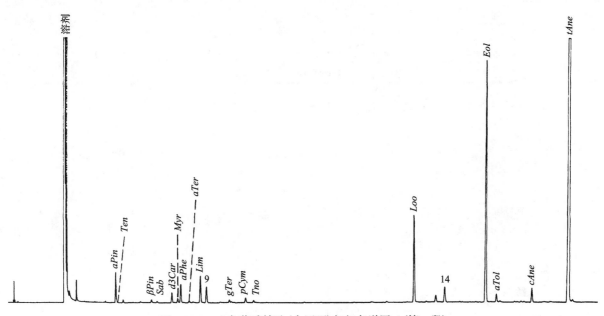

图 1.38.1 八角茴香精油(中国型)气相色谱图 A(第一段)

图 1.38.2 八角茴香精油(中国型)气相色谱图 B(第二段)

表 1.38.1　八角茴香精油(中国型)气相色谱图分析结果

序号	中文名称	英文名称	代码	中国型	越南型
				百分比/%	
1	α-蒎烯	α-Pinene	aPin	0.62	2.07
2	β-蒎烯	β-Pinene	βPin	0.05	0.22
3	桧烯	Sabinene	Sab	—	0.24
4	3-蒈烯	Δ³-Carene	d3Car	0.24	0.93
5	月桂烯	Myrcene	Myr	0.08	0.40
6	α-水芹烯	α-Phellandrene	aPhe	0.44	0.48
7	α-松油烯	α-Terpinene	aTer	—	0.15
8	柠檬烯	Limonene	Lim	0.68	10.44
9	β-水芹烯/1,8-桉叶素	β-Phellandrene/1,8-Cineole	βPhe/Cin1,8	0.42	1.67
10	γ-松油烯	γ-Terpinene	gTer	—	0.14
11	对异丙基甲苯	para-Cymene	pCym	0.11	0.22
12	异松油烯	Terpinolene	Tno	—	0.15
13	芳樟醇	Linalool	Loo	2.34	1.03
14	β-石竹烯/4-松油醇	β-Caryophyllene/Terpinen-4-ol	Car/Trn4	0.46	0.38
15	龙蒿脑	Estragole	Eol	6.65	0.56
16	α-松油醇	α-Terpineol	aTol	0.20	0.23
17	顺式-茴香脑	cis-Anethole	cAne	0.39	0.11
18	反式-茴香脑	trans-Anethole	tAne	86.06	79.93
19	大茴香醛	Anisaldehyde	Aal	0.62	0.38
20	小茴香灵	Feniculin		0.46	—

1.38.1.2　核磁共振碳谱分析(图 1.38.3~图 1.38.5，表 1.38.2~表 1.38.4)

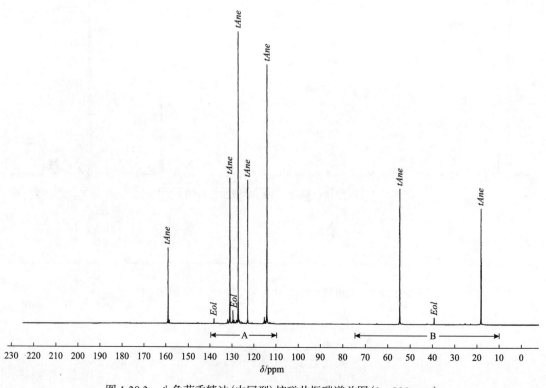

图 1.38.3　八角茴香精油(中国型)核磁共振碳谱总图(0~230 ppm)

表 1.38.2　八角茴香精油(中国型)核磁共振碳谱图(140～230 ppm)分析结果

化学位移/ppm	相对强度/%	中文名称	代码
189.95	0.4	大茴香醛	*Aal*
164.63	0.2	大茴香醛	*Aal*
160.93	0.3		
160.53	0.2		
159.41	0.6		
159.21	26.5	反式-茴香脑	*tAne*
159.00	0.2	顺式-茴香脑	*cAne*
158.61	1.7	龙蒿脑	*Eol*
157.89	0.2		
157.58	0.3		
145.92	0.7	芳樟醇	*Loo*

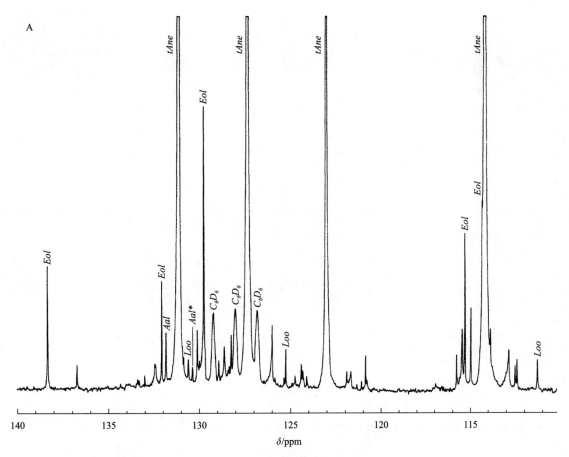

图 1.38.4　八角茴香精油(中国型)核磁共振碳谱图 A(110～140 ppm)

表 1.38.3　八角茴香精油（中国型）核磁共振碳谱图 A（110～140 ppm）分析结果

化学位移/ppm	相对强度/%	中文名称	代码	化学位移/ppm	相对强度/%	中文名称	代码
138.30	2.2	龙蒿脑	Eol	125.97	1.2		
136.71	0.5			125.82	0.2		
133.37	0.2	柠檬烯	Lim	125.34	0.2	芳樟醇*	Loo*
132.99	0.3			125.24	0.7		
132.43	0.5			124.73	0.3	顺式-茴香脑	cAne
132.38	0.5			124.39	0.5		
132.05	2.0	龙蒿脑	Eol	124.32	0.4		
131.81	1.0	大茴香醛	Aal	124.09	0.3		
131.12	50.6	反式-茴香脑	tAne	122.99	49.8	反式-茴香脑	tAne
131.07	35.0	反式-茴香脑	tAne	121.90	0.4		
130.85	0.6	芳樟醇	Loo	121.68	0.3		
130.58	0.6	顺式-茴香脑	cAne	120.84	0.6		
130.35	0.4	顺式-茴香脑	cAne	120.77	0.2	α-水芹烯	aPhe
130.09	1.1	大茴香醛	Aal	115.75	0.7		
129.96	0.5	顺式-茴香脑	cAne	115.45	1.1		
129.72	5.0	龙蒿脑	Eol	115.30	2.8	龙蒿脑	Eol
129.19	1.4	氘代苯（溶剂）	C₆D₆	114.95	1.5	大茴香醛	Aal
128.92	0.6			114.32	3.4	龙蒿脑	Eol
128.62	0.8			114.16	88.7	反式-茴香脑	tAne
128.40	0.4	α-水芹烯	aPhe	113.88	1.1	顺式-茴香脑	cAne
128.33	0.4			112.85	0.7		
128.23	1.0			112.50	0.5		
128.00	1.5	氘代苯（溶剂）	C₆D₆	112.40	0.6		
127.30	100.0	反式-茴香脑	tAne	111.27	0.6	芳樟醇	Loo
126.80	1.4	氘代苯（溶剂）	C₆D₆				

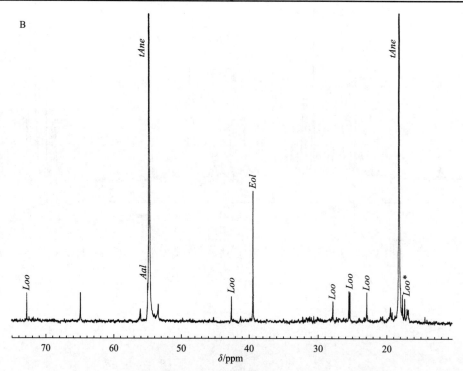

图 1.38.5　八角茴香精油（中国型）核磁共振碳谱图 B（10～80 ppm）

表 1.38.4　八角茴香精油(中国型)核磁共振碳谱图 B(10～80 ppm)分析结果

化学位移/ppm	相对强度/%	中文名称	代码	化学位移/ppm	相对强度/%	中文名称	代码
72.71	0.6	芳樟醇	Loo	25.52	0.6	芳樟醇	Loo
64.81	0.6			25.36	0.6		
55.97	0.3			22.92	0.6	芳樟醇	Loo
54.89	0.8	龙蒿脑/大茴香醛	Eol/Aal	19.49	0.3		
54.65	47.0	反式-茴香脑	tAne	18.17	40.4	反式-茴香脑	tAne
53.35	0.4			17.72	0.6	芳樟醇	Loo
42.52	0.5	芳樟醇	Loo	17.38	0.5		
39.41	2.8	龙蒿脑	Eol	17.05	0.3	4-松油醇	Trn4
27.87	0.4	芳樟醇	Loo	16.85	0.2		

1.38.2　八角茴香精油(越南型)

1.38.2.1　气相色谱分析(图 1.38.6、图 1.38.7，表 1.38.5)

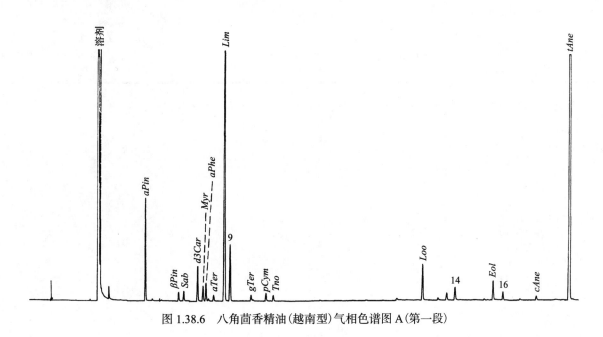

图 1.38.6　八角茴香精油(越南型)气相色谱图 A(第一段)

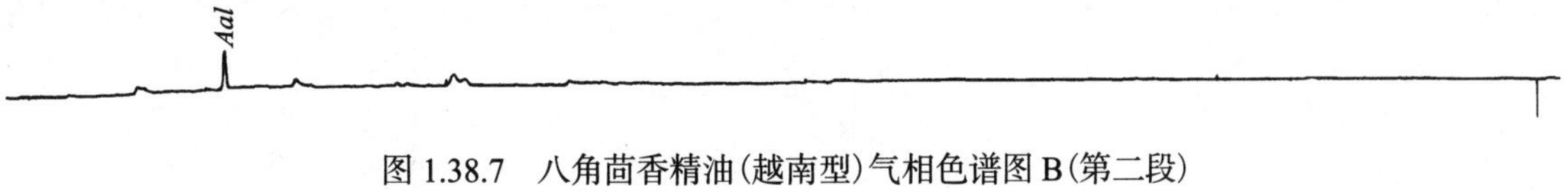

图 1.38.7　八角茴香精油(越南型)气相色谱图 B(第二段)

表1.38.5　八角茴香精油(越南型)气相色谱图分析结果

序号	中文名称	英文名称	代码	百分比/%	
				中国型	越南型
1	α-蒎烯	α-Pinene	aPin	0.62	2.07
2	β-蒎烯	β-Pinene	βPin	0.05	0.22
3	桧烯	Sabinene	Sab	—	0.24
4	3-蒈烯	Δ³-Carene	d3Car	0.24	0.93
5	月桂烯	Myrcene	Myr	0.08	0.40
6	α-水芹烯	α-Phellandrene	aPhe	0.44	0.48
7	α-松油烯	α-Terpinene	aTer	—	0.15
8	柠檬烯	Limonene	Lim	0.68	10.44
9	β-水芹烯/1,8-桉叶素	β-Phellandrene/1,8-Cineole	βPhe/Cin1,8	0.42	1.67
10	γ-松油烯	γ-Terpinene	gTer	—	0.14
11	对异丙基甲苯	para-Cymene	pCym	0.11	0.22
12	异松油烯	Terpinolene	Tno	—	0.15
13	芳樟醇	Linalool	Loo	2.34	1.03
14	β-石竹烯/4-松油醇	β-Caryophyllene/Terpinen-4-ol	Car/Trn4	0.46	0.38
15	龙蒿脑	Estragole	Eol	6.65	0.56
16	α-松油醇	α-Terpineol	aTol	0.20	0.23
17	顺式-茴香脑	cis-Anethole	cAne	0.39	0.11
18	反式-茴香脑	trans-Anethole	tAne	86.06	79.93
19	大茴香醛	Anisaldehyde	Aal	0.62	0.38
20	小茴香灵	Feniculin		0.46	—

1.38.2.2　核磁共振碳谱分析(图1.38.8～图1.38.10，表1.38.6～表1.38.8)

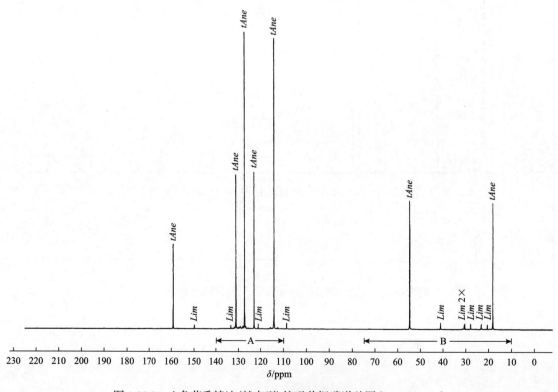

图1.38.8　八角茴香精油(越南型)核磁共振碳谱总图(0～230 ppm)

表 1.38.6 八角茴香精油(越南型)核磁共振碳谱图(140～230 ppm)分析结果

化学位移/ppm	相对强度/%	中文名称	代码
189.88	0.3	大茴香醛	*Aal*
164.64	0.3	大茴香醛	*Aal*
160.94	0.3		
159.23	29.3	反式-茴香脑	*tAne*
157.59	0.4		
150.03	1.8	柠檬烯	*Lim*
145.95	0.4	芳樟醇	*Loo*
108.72	2.5	柠檬烯	*Lim*

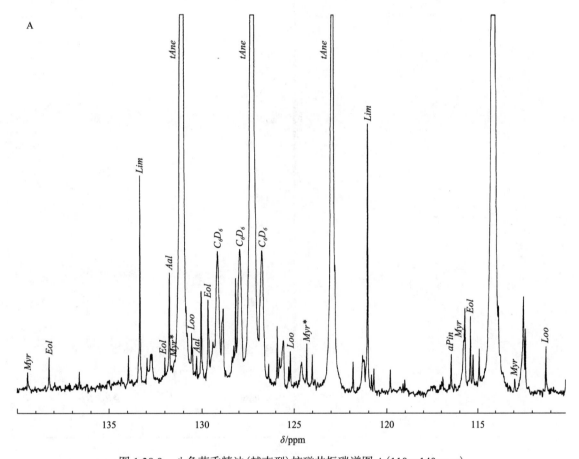

图 1.38.9 八角茴香精油(越南型)核磁共振碳谱图 A(110～140 ppm)

表 1.38.7　八角茴香精油(越南型)核磁共振碳谱图 A(110～140 ppm)分析结果

化学位移/ppm	相对强度/%	中文名称	代码	化学位移/ppm	相对强度/%	中文名称	代码
138.31	0.3	龙蒿脑	*Eol*	127.30	100.0	反式-茴香脑	*tAne*
134.00	0.3	β-水芹烯	*βPhe*	126.81	1.2	氘代苯(溶剂)	*C₆D₆*
133.39	1.8	柠檬烯	*Lim*	125.97	0.5		
133.00	0.3			125.84	0.3		
132.83	0.3			125.64	0.4		
132.77	0.3			125.25	0.3	芳樟醇	*Loo*
132.05	0.3	龙蒿脑	*Eol*	124.38	0.4		
131.81	1.0	大茴香醛	*Aal*	124.08	0.3		
131.15	52.6	反式-茴香脑	*tAne*	122.97	53.5	反式-茴香脑	*tAne*
131.07	25.1	反式-茴香脑	*tAne*	122.84	1.0		
130.92	0.7	芳樟醇	*Loo*	121.88	0.3		
130.87	0.5			121.38	0.3		
130.62	0.5	顺式-茴香脑	*cAne*	121.10	2.2	柠檬烯	*Lim*
130.58	0.4	顺式-茴香脑	*cAne*	116.50	0.3	α-蒎烯	*aPin*
130.35	0.3	大茴香醛	*Aal*	115.75	0.7	月桂烯	*Myr*
130.11	0.8	β-水芹烯	*βPhe*	115.45	0.6		
129.73	0.8	龙蒿脑	*Eol*	115.30	0.3		
129.69	0.5			114.95	0.4		
129.48	0.4			114.16	97.8	反式-茴香脑	*tAne*
129.22	1.2	氘代苯(溶剂)	*C₆D₆*	113.89	0.7	顺式-茴香脑	*cAne*
128.92	0.7			112.50	0.8		
128.42	0.3			112.40	0.5	芳樟醇	*Loo*
128.34	0.4			111.29	0.4		
128.24	0.9			110.18	0.3	β-水芹烯	*βPhe*
128.00	1.2	氘代苯(溶剂)	*C₆D₆*				

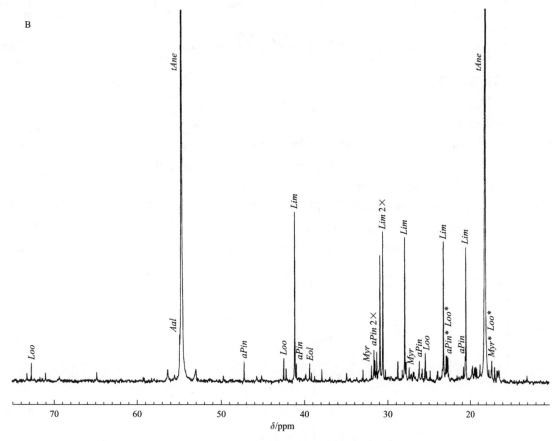

图 1.38.10　八角茴香精油(越南型)核磁共振碳谱图 B(10～75 ppm)

表 1.38.8　八角茴香精油(越南型)核磁共振碳谱图 B(10～75 ppm)分析结果

化学位移/ppm	相对强度/%	中文名称	代码	化学位移/ppm	相对强度/%	中文名称	代码
72.71	0.3			28.05	2.4	柠檬烯	Lim
54.91	0.8	龙蒿脑/大茴香醛	Eol/Aal	27.89	0.3	芳樟醇	Loo
54.66	43.9	反式-茴香脑	tAne	26.29	0.3	α-蒎烯	aPin
47.29	0.3	α-蒎烯	aPin	25.53	0.4	芳樟醇	Loo
42.53	0.4	芳樟醇	Loo	23.35	2.3	柠檬烯	Lim
41.21	2.8	柠檬烯	Lim	23.04	0.4	α-蒎烯	aPin
41.03	0.3	α-蒎烯	aPin	22.94	0.4	芳樟醇	Loo
39.44	0.3	龙蒿脑	Eol	22.82	0.4	芳樟醇	Loo
31.70	0.5	α-蒎烯	aPin	20.72	0.4	α-蒎烯	aPin
31.59	0.3	月桂烯	Myr	20.62	2.2	柠檬烯	Lim
31.37	0.5	α-蒎烯	aPin	18.84	0.3		
30.99	2.1	柠檬烯	Lim	18.18	43.2	反式-茴香脑	tAne
30.64	2.5	柠檬烯	Lim	17.41	0.3	芳樟醇/月桂烯	Loo/Myr
28.87	0.3	3-蒈烯	d3Car				

1.39　茶树精油

英文名称：Tea-tree oil。

法文和德文名称：*Essence d'abre à thé*；*Teebaumöl*。

研究类型：商品(澳大利亚)。

通过水蒸气或水蒸馏互叶白千层(桃金娘科植物，*Melaleuca alternifolia* Cheel)的树叶就可得到茶树精油。互叶白千层是产于澳大利亚东南部的一种较小的"茶树"。茶树精油仅在澳大利亚生产，尽管这种原产于澳大利亚的树很容易在其他地方种植。

茶树精油因其出色的杀菌效果越来越受欢迎，常被用作防腐剂。它对广泛的革兰氏阳性及阴性细菌、酵母、真菌具有杀菌性能，能在无皮肤刺激性的情况下显示出高的皮肤穿透力。它被用作杀菌剂、皮肤消毒剂、漱口水等。在香水领域，因有木香、辛香和清新的芳香特性，其被用于男士的古龙水和须后水中。

1.39.1　气相色谱分析(图 1.39.1、图 1.39.2，表 1.39.1)

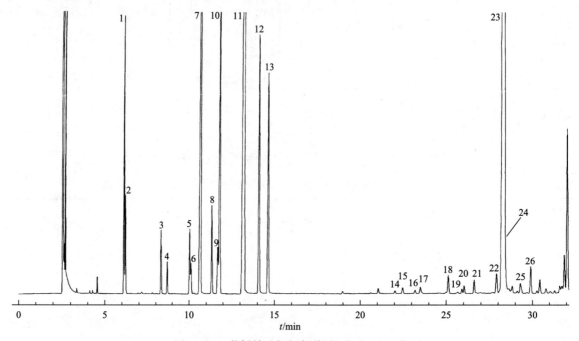

图 1.39.1　茶树精油气相色谱图 A(0～30 min)

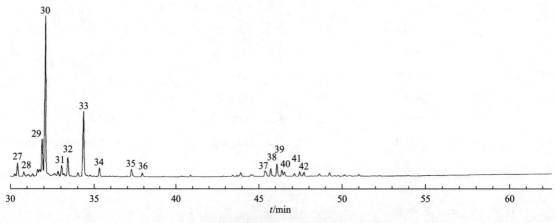

图 1.39.2　茶树精油气相色谱图 B(30～62 min)

表 1.39.1　茶树精油气相色谱图分析结果

序号	中文名称	英文名称	代码	百分比/%
1	α-蒎烯	α-Pinene	aPin	2.79
2	α-侧柏烯	α-Thujene	Ten	0.92
3	β-蒎烯	β-Pinene	βPin	0.76
4	桧烯	Sabinene	Sab	0.38
5	月桂烯	Myrcene	Myr	0.85
6	α-水芹烯	α-Phellandrene	aPhe	0.38
7	α-松油烯	α-Terpinene	aTer	8.93
8	柠檬烯	Limonene	Lim	1.21
9	β-水芹烯	β-Phellandrene	βPhe	0.71
10	1,8-桉叶素	1,8-Cineole	Cin1,8	4.48
11	γ-松油烯	γ-Terpinene	gTer	19.91
12	对异丙基甲苯	p-Cymene	pCym	3.85
13	异松油烯	Terpinolene	Tno	3.35
14	α-荜澄茄烯	α-Cubebene		0.05
15	反式-水合桧烯	trans-Sabinene hydrate	SabH	0.11
16	α-依兰烯	α-Ylangene		0.06
17	α-玷𤧥烯	α-Copaene	Cop	0.14
18	α-古芸香烯	α-Gurjunene		0.37
19	芳樟醇	Linalool	Loo	0.07
20	顺式-水合桧烯	cis-Sabinene hydrate		0.13
21	反式-对蓋-2-烯-1-醇	(E)-p-Menth-2-en-1-ol		0.25
22	β-石竹烯	β-Caryophyllene	Car	0.40
23	4-松油醇	Terpinen-4-ol	Trn4	40.02
24	香橙烯	Aromadendrene		0.96
25	顺式-对蓋-2-烯-1-醇	(Z)-p-Menth-2-en-1ol		0.23
26	别香橙烯	Alloaromadendrene		0.47
27	α-榄香烯	α-Elemene		0.26
28	α-蛇麻烯	α-Humulene	Hum	0.09
29	喇叭茶烯(=绿花白千层烯)	Ledene(= viridiflorene)		0.70
30	α-松油醇	α-Terpineol	aTol	2.91
31	α-木罗烯	α-Muurolene		0.21
32	二环大根香叶烯	Bicyclogermacrene	BiGen	0.38
33	δ-杜松烯	δ-Cadinene	dCad	1.37
34	1,4-杜松二烯	Cadina-1,4-diene		0.17
35	去氢白菖蒲烯	Calamenene		0.16
36	对伞花-8-醇	p-Cymen-8-ol		0.08
37	荜澄茄油烯醇	Cubenol		0.17
38	表荜澄茄油烯醇	epi-Cubenol		0.16
39	蓝桉醇	Globulol		0.25
40	绿花白千层醇	Viridiflorol	Vir	0.11
41	5-愈疮木烯-11-醇	Guai-5-en-11-ol		0.09
42	斯巴醇(大花桉油醇)	Spathulenol		0.08

1.39.2　核磁共振碳谱分析（图 1.39.3～图 1.39.6，表 1.39.2～表 1.39.4）

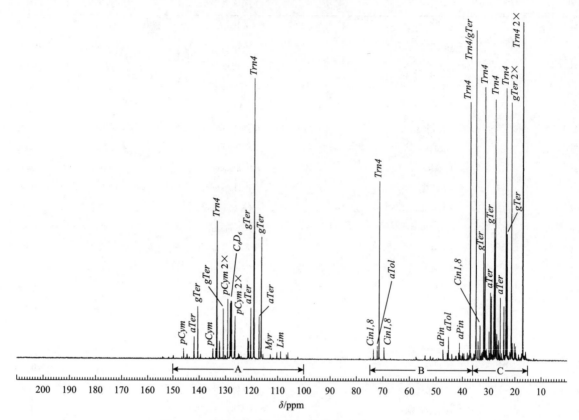

图 1.39.3　茶树精油核磁共振碳谱总图（0～210 ppm）

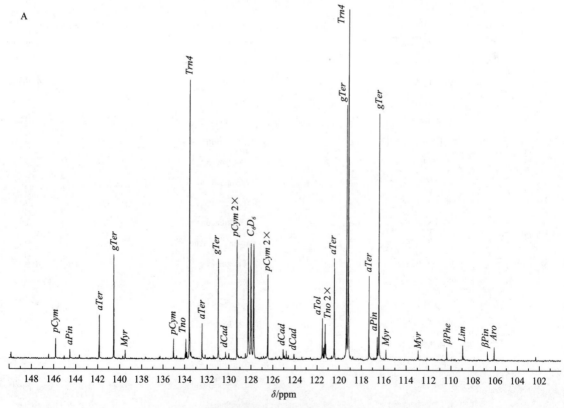

图 1.39.4　茶树精油核磁共振碳谱图 A（100～150 ppm）

表 1.39.2 茶树精油核磁共振碳谱图 A(100～150 ppm)分析结果

化学位移/ppm	相对强度/%	中文名称	代码	化学位移/ppm	相对强度/%	中文名称	代码
149.82	0.9			125.03	1.4		
145.83	2.8	对异丙基甲苯	*pCym*	124.76	1.2	月桂烯	*Myr*
144.52	1.3			124.09	0.7		
141.86	6.0	α-松油烯	*aTer*	121.53	5.7	α-松油醇	*aTol*
140.54	14.3	γ-松油烯	*gTer*	121.40	1.7	α-侧柏烯	*Ten*
139.50	1.2	月桂烯	*Myr*	121.31	2.0		
135.00	2.8	对异丙基甲苯	*pCym*	121.26	4.9	异松油烯	*Tno 2×*
133.87	2.7	异松油烯	*Tno*	121.20	2.1	柠檬烯	*Lim*
133.77	1.0	β-水芹烯	*βPhe*	120.43	14.0	α-松油烯	*aTer*
133.57	38.4	4-松油醇	*Trn4*	119.33	35.1	γ-松油烯	*gTer*
133.53	4.3	α-松油醇	*aTol*	119.17	77.9	4-松油醇	*Trn4*
132.46	4.9	α-松油烯	*aTer*	117.30	11.6	α-松油烯	*aTer*
131.00	13.8	γ-松油烯	*gTer*	116.57	3.2	α-蒎烯	*aPin*
130.30	1.0	β-水芹烯	*βPhe*	116.43	34.0	γ-松油烯	*gTer*
130.00	0.8			115.79	1.4	月桂烯	*Myr*
129.28	16.4	对异丙基甲苯	*pCym 2×*	112.92	1.3	月桂烯	*Myr*
128.25	15.3	氘代苯(溶剂)	*C₆D₆*	110.37	1.8	β-水芹烯	*βPhe*
128.00	15.9	氘代苯(溶剂)	*C₆D₆*	108.93	2.0	柠檬烯	*Lim*
127.76	15.9	氘代苯(溶剂)	*C₆D₆*	106.68	1.2	β-蒎烯	*βPin*
126.46	11.7	对异丙基甲苯	*pCym 2×*	106.09	1.8	香橙烯	*Aro*

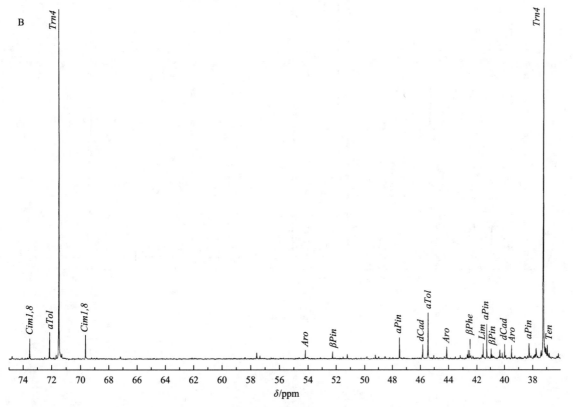

图 1.39.5 茶树精油核磁共振碳谱图 B(36～75 ppm)

表 1.39.3　茶树精油核磁共振碳谱图 B（36～75 ppm）分析结果

化学位移/ppm	相对强度/%	中文名称	代码	化学位移/ppm	相对强度/%	中文名称	代码
73.54	2.8	1,8-桉叶素	*Cin1,8*	41.27	4.7	α-蒎烯	*aPin*
72.14	3.7	α-松油醇	*aTol*	40.96	1.3	β-蒎烯	*βPin*
71.51	49.6	4-松油醇	*Trn4*	40.32	1.2		
69.65	3.3	1,8-桉叶素	*Cin1,8*	40.16	0.8		
57.59	0.9			39.99	1.9	δ-杜松烯	*dCad*
54.20	1.2	香橙烯	*Aro*	39.50	1.8	香橙烯	*Aro*
52.27	1.0	β-蒎烯	*βPin*	38.26	2.1	α-蒎烯	*aPin*
47.51	2.9	α-蒎烯	*aPin*	37.75	1.4		
45.85	1.9	δ-杜松烯	*dCad*	37.38	1.1		
45.46	6.3	α-松油醇	*aTol*	37.21	71.5	4-松油醇	*Trn4*
44.14	1.6	香橙烯	*Aro*	37.08	1.6		
42.64	1.2			37.03	1.4		
42.54	1.1	β-水芹烯	*βPhe*	36.94	1.9	α-侧柏烯	*Ten*
41.55	2.1	柠檬烯	*Lim*	36.15	0.7		

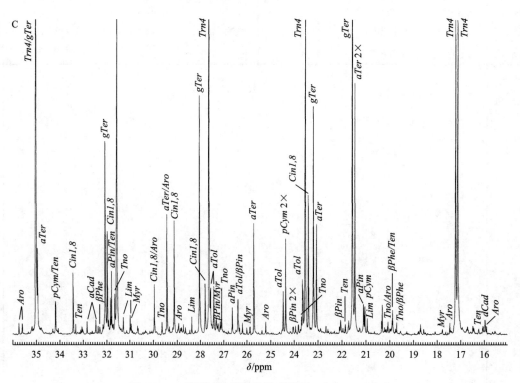

图 1.39.6　茶树精油核磁共振碳谱图 C（15～36 ppm）

表 1.39.4　茶树精油核磁共振碳谱图 C（15～36 ppm）分析结果

化学位移/ppm	相对强度/%	中文名称	代码	化学位移/ppm	相对强度/%	中文名称	代码
35.73	1.8	香橙烯	Aro	26.37	5.5	α-松油醇/β-蒎烯	aTol/βPin
35.58	1.7	香橙烯	Aro	26.18	1.8		
35.17	1.3			25.99	1.1		
34.99	91.4	4-松油醇/γ-松油烯	Trn4/gTer	25.85	1.2	月桂烯	Myr
34.93	13.3	α-松油烯	aTer	25.70	17.2	α-松油烯	aTer
34.16	5.1	对异丙基甲苯/α-侧柏烯	pCym/Ten	25.21	2.0	香橙烯	Aro
33.41	9.5	1,8-桉叶素	Cin1,8	24.47	6.7	α-松油醇	aTol
33.31	1.6	α-侧柏烯	Ten	24.35	14.8	对异丙基甲苯 2×	pCym 2×
33.04	1.2			24.03	1.3		
32.83	2.0	δ-杜松烯	dCad	23.93	1.4	β-蒎烯	βPin
32.46	2.3	δ-杜松烯	dCad	23.81	1.6	β-蒎烯	βPin
32.36	1.3			23.68	2.8	异松油烯	Tno
32.29	1.2	β-水芹烯	βPhe	23.64	8.5	α-松油醇	aTol
32.15	1.6			23.53	75.4	4-松油醇	Trn4
32.07	29.7	γ-松油烯	gTer	23.39	21.5	1,8-桉叶素	Cin1,8
31.97	15.9	1,8-桉叶素	Cin1,8	23.19	35.1	γ-松油烯	gTer
31.92	2.2	β-水芹烯	βPhe	23.05	17.1	α-松油烯	aTer
31.84	5.7			22.66	1.4		
31.79	9.7	α-蒎烯/α-侧柏烯	aPin/Ten	22.04	2.3	β-蒎烯	βPin
31.65	6.3	异松油烯	Tno	21.84	1.6	α-侧柏烯	Ten
31.57	75.7	4-松油醇	Trn4	21.70	2.2		
31.28	2.6	柠檬烯	Lim	21.56	71.4	γ-松油烯	gTer
30.98	3.0	柠檬烯	Lim	21.45	38.8	α-松油烯 2×	aTer 2×
30.93	1.7	月桂烯	Myr	21.09	4.7	α-蒎烯	aPin
30.66	1.3			21.03	4.4	对异丙基甲苯	pCym
29.94	7.8	1,8-桉叶素/香橙烯	Cin1,8/Aro	20.94	2.6	柠檬烯	Lim
29.63	2.0	异松油烯	Tno	20.34	2.2		
29.42	18.6	α-松油烯/香橙烯	aTer/Aro	20.31	4.6		
29.32	1.2			20.21	1.2	α-侧柏烯	Ten
29.12	17.6	1,8-桉叶素	Cin1,8	20.07	2.0	异松油烯/香橙烯	Tno/Aro
28.93	1.8	香橙烯	Aro	19.87	3.8	β-蒎烯/α-侧柏烯	βPhe/Ten
28.81	1.1			19.70	2.0	异松油烯/β-水芹烯	Tno/βPhe
28.72	1.6			18.69	1.7		
28.64	1.1			18.56	0.9		
28.36	2.8	柠檬烯	Lim	17.77	0.9	月桂烯	Myr
28.03	36.7	γ-松油烯	gTer	17.46	1.9	香橙烯	Aro
27.79	7.8	1,8-桉叶素	Cin1,8	17.21	98.6	4-松油醇	Trn4
27.63	72.2	4-松油醇	Trn4	17.12	100.0	4-松油醇	Trn4
27.56	7.2	α-松油醇	aTol	16.71	1.3		
27.42	7.5	α-松油醇	aTol	16.48	1.4	β-蒎烯	βPin
27.31	2.6	β-蒎烯	βPin	16.24	0.9	α-侧柏烯	Ten
27.24	1.7	月桂烯	Myr	16.06	1.3		
27.14	2.0			15.96	2.3	δ-杜松烯	dCad
27.08	7.2	异松油烯	Tno	15.91	1.3	香橙烯	Aro
26.63	4.2	α-蒎烯	aPin				

1.40　百里香精油

英文名称：Thyme oil。

法文和德文名称：*Essence de thym*；*Thymianöl*。

研究类型：红色(西班牙型)。

采用水蒸气或水-水蒸气蒸馏法，蒸馏野生或种植普通百里香、西班牙百里香(唇形科植物，*Thymus vulgaris* L.或 *Thymus zygis* L.)及相关品种开花期的植物顶部就可获得百里香精油。百里香是一种多年生草本灌木，原产于地中海地区，现野生或种植在西班牙、法国、意大利、南斯拉夫、希腊、中欧、土耳其、以色列、摩洛哥和北美等地区。西班牙、法国和以色列是提取精油的主要国家。

百里香精油广泛用于食品调味剂、药物制剂、漱口水、漱口剂、消毒剂等，在日化领域，其有时用于肥皂香精。

百里香精油的主要成分是百里香酚和香芹酚，其他重要成分为对异丙基甲苯、莰烯、柠檬烯，以及少量的1,8-桉叶素、龙脑、乙酸龙脑酯、百里香酚、香芹酚甲醚、樟脑、芳樟醇和石竹烯等。

百里香精油因其植物来源不同存在很大差异，经常被牛至精油和其他各种精油掺假或稀释。

1.40.1　气相色谱分析(图 1.40.1、图 1.40.2，表 1.40.1)

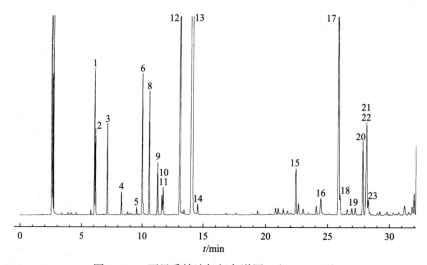

图 1.40.1　百里香精油气相色谱图 A(0～30 min)

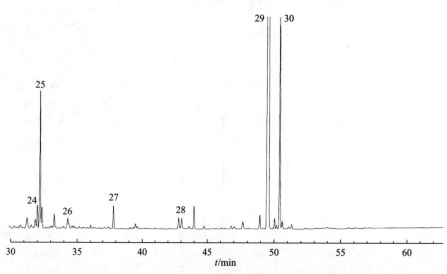

图 1.40.2　百里香精油气相色谱图 B(30～62 min)

表 1.40.1 百里香精油气相色谱图分析结果

序号	中文名称	英文名称	代码	百分比/%
1	α-蒎烯	α-Pinene	aPin	1.10
2	α-侧柏烯	α-Thujene	Ten	0.61
3	莰烯	Camphene	Cen	0.79
4	β-蒎烯	β-Pinene	βPin	0.21
5	3-蒈烯	Δ^3-Carene	d3Car	0.08
6	月桂烯	Myrcene	Myr	1.38
7	α-水芹烯	α-Phellandrene	aPhe	0.09
8	α-松油烯	α-Terpinene	aTer	1.24
9	柠檬烯	Limonene	Lim	0.55
10	β-水芹烯	β-Phellandrene	βPhe	0.21
11	1,8-桉叶素	1,8-Cineole	Cin1,8	0.31
12	γ-松油烯	γ-Terpinene	gTer	3.63
13	对异丙基甲苯	p-Cymene	pCym	22.20
14	异松油烯	Terpinolene	Tno	0.13
15	反式-水合桧烯	(E)-Sabinene hydrate	SabH	0.58
16	樟脑	Camphor	Cor	0.32
17	芳樟醇	Linalool	Loo	5.47
18	顺式-水合桧烯	(Z)-Sabinene hydrate		0.24
19	乙酸龙脑酯	Bornyl acetate	BorAc	0.10
20	β-石竹烯	β-Caryophyllene	Car	1.07
21	香芹酚甲醚	Methylcarvacrol		0.53
22	4-松油醇	Terpinen-4-ol	Trn4	1.10
23	香橙烯	Aromadendrene		0.19
24	α-松油醇	α-Terpineol	aTol	0.27
25	龙脑	Borneol	Bor	1.72
26	δ-杜松烯	δ-Cadinene	dCad	0.16
27	香叶醇	Geraniol	Ger	0.29
28	氧化石竹烯	Caryophyllene epoxide	CarOx	0.16
29	百里香酚	Thymol	Tyl	49.70
30	香芹酚	Carvacrol	Col	2.64

1.40.2 核磁共振碳谱分析（图1.40.3～图1.40.6，表1.40.2～表1.40.4）

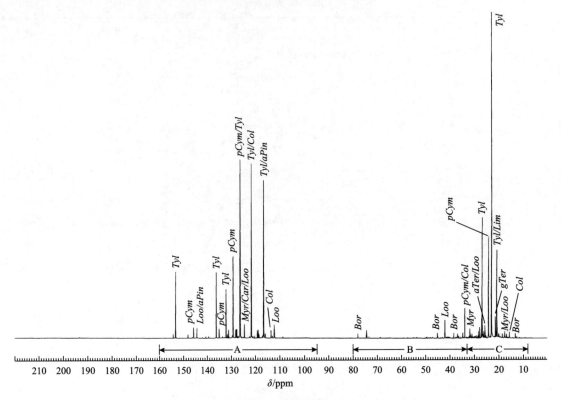

图1.40.3 百里香精油核磁共振碳谱总图（0～220 ppm）

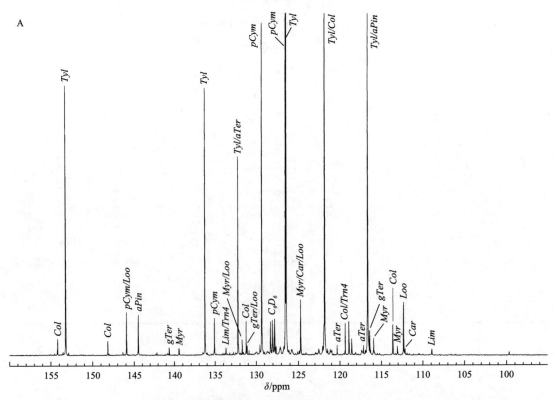

图1.40.4 百里香精油核磁共振碳谱图A（95～160 ppm）

表1.40.2　百里香精油核磁共振碳谱图A(95～160 ppm)分析结果

化学位移/ppm	相对强度/%	中文名称	代码	化学位移/ppm	相对强度/%	中文名称	代码
154.19	1.1	香芹酚	Col	125.77	0.4		
153.22	19.1	百里香酚	Tyl	124.70	3.9	月桂烯/β-石竹烯/芳樟醇	Myr/Car/Loo
148.17	1.0	香芹酚	Col	122.53	0.4		
145.91	3.0	对异丙基甲苯/芳樟醇	pCym/Loo	122.06	0.6		
144.49	2.8	α-蒎烯	aPin	121.81	50.7	百里香酚/香芹酚	Tyl/Col
140.62	0.5	γ-松油烯	gTer	121.14	0.4		
139.44	0.5	月桂烯	Myr	120.31	0.7	α-松油烯	aTer
136.26	19.0	百里香酚	Tyl	119.35	2.2	香芹酚/4-松油醇	ColTrn4
135.08	2.6	对异丙基甲苯	pCym	118.89	2.4		
133.69	0.5	柠檬烯/4-松油醇	Lim/Trn4	118.56	1.2		
132.22	14.1	百里香酚/α-松油烯	Tyl/aTer	117.14	0.7	α-松油烯	aTer
131.72	1.1	月桂烯/芳樟醇	Myr/Loo	116.63	45.8	百里香酚/α-蒎烯	Tyl/aPin
131.24	2.4	香芹酚	Col	116.39	1.7	γ-松油烯	gTer
131.12	0.6	γ-松油烯/芳樟醇	gTer/Loo	115.92	1.2	月桂烯	Myr
129.54	0.7			113.59	2.2	香芹酚	Col
129.31	23.6	对异丙基甲苯	pCym	113.05	0.6	月桂烯	Myr
127.60	0.6			112.31	3.8	芳樟醇	Loo
127.12	0.6			112.14	0.5	β-石竹烯	Car
126.51	25.7	对异丙基甲苯	pCym	108.90	0.4	柠檬烯	Lim
126.42	51.7	百里香酚	Tyl				

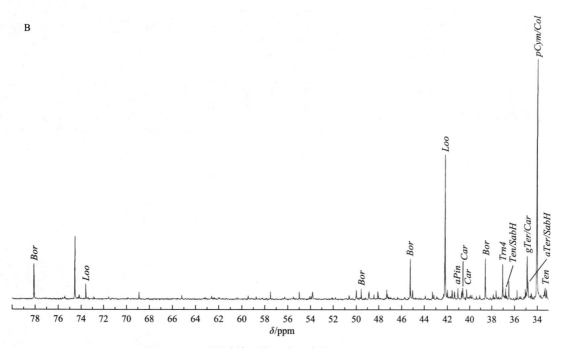

图1.40.5　百里香精油核磁共振碳谱图B(34～80 ppm)

表 1.40.3　百里香精油核磁共振碳谱图 B（34～80 ppm）分析结果

化学位移/ppm	相对强度/%	中文名称	代码	化学位移/ppm	相对强度/%	中文名称	代码
78.10	1.3	龙脑	*Bor*	38.60	1.4	龙脑	*Bor*
74.57	2.2			37.06	1.2	4-松油醇	*Trn4*
73.60	0.5	芳樟醇	*Loo*	36.81	0.4	α-侧柏烯/反式-水合桧烯	*Ten/SabH*
49.61	0.4	龙脑	*Bor*	36.53	0.6		
45.31	1.4	龙脑	*Bor*	34.91	1.5	γ-松油烯/β-石竹烯	*gTer/Car*
42.26	5.1	芳樟醇+?	*Loo+?*	34.83	0.6	α-松油烯/反式-水合桧烯	*aTer/SabH*
41.11	0.4	α-蒎烯	*aPin*	34.05	8.5	对异丙基甲苯/香芹酚	*pCym/Col*
40.68	0.4	β-石竹烯	*Car*	33.31	0.4	α-侧柏烯	*Ten*
40.31	0.3	β-石竹烯	*Car*				

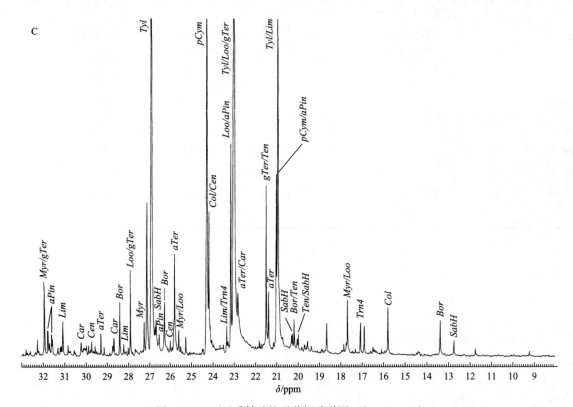

图 1.40.6　百里香精油核磁共振碳谱图 C（8～34 ppm）

表 1.40.4　百里香精油核磁共振碳谱图 C(8～34 ppm)分析结果

化学位移/ppm	相对强度/%	中文名称	代码	化学位移/ppm	相对强度/%	中文名称	代码
32.27	0.6			25.26	0.7		
31.95	2.7	月桂烯/γ-松油烯	Myr/gTer	24.29	29.5	对异丙基甲苯	pCym
31.78	0.9	α-蒎烯/α-侧柏烯	aPin/Ten	24.19	5.2	香芹酚/莰烯	Col/Cen
31.61	0.8	α-蒎烯	aPin	23.34	1.1	柠檬烯/4-松油醇	Lim/Trn4
31.09	1.3	柠檬烯	Lim	23.15	7.6	芳樟醇/α-蒎烯	Loo/aPin
30.85	0.4			23.01	100.0	百里香酚/芳樟醇/γ-松油烯	Tyl/Loo/gTer
30.23	0.5	β-石竹烯	Car	22.82	2.3	α-松油烯/β-石竹烯	aTer/Car
29.74	0.5	莰烯	Cen	21.50	6.1	γ-松油烯/α-侧柏烯	gTer/Ten
29.30	0.8	α-松油烯	aTer	21.38	2.3	α-松油烯	aTer
28.69	0.7	β-石竹烯	Car	21.00	6.5	对异丙基甲苯/α-蒎烯	pCym/aPin
28.42	1.9	龙脑	Bor	20.93	25.4	百里香酚/柠檬烯	Tyl/Lim
28.22	0.5	柠檬烯	Lim	20.27	0.8	反式-水合桧烯	SabH
27.92	3.1	芳樟醇/γ-松油烯	Loo/gTer	20.19	1.3	龙脑/α-侧柏烯	Bor/Ten
27.27	1.2	月桂烯	Myr	19.99	0.8	α-侧柏烯/反式-水合桧烯	Ten/SabH
27.13	5.5			19.56	0.6		
26.91	35.1	百里香酚	Tyl	18.66	1.2		
26.70	1.3	反式-水合桧烯	SabH	17.68	2.0	月桂烯/芳樟醇	Myr/Loo
26.54	0.8	α-蒎烯	aPin	17.07	1.2	4-松油醇	Trn4
26.27	1.9	龙脑	Bor	16.89	1.1		
25.99	0.6	莰烯	Cen	15.80	1.8	香芹酚	Col
25.78	3.7	α-松油烯	aTer	13.38	1.3	龙脑	Bor
25.59	0.9	月桂烯/芳樟醇	Myr/Loo	12.74	0.6	反式-水合桧烯	SabH

1.41　依兰依兰精油

英文名称：Ylang-ylang oil。

法文和德文名称：*Essence de ylang-ylang*；*Ylang-Ylang öl*。

研究类型：特级(科摩罗昂儒昂岛型)。

采用水蒸馏或水-水蒸气蒸馏清晨采摘的依兰依兰[番荔枝科植物，*Cananga odorata* (Lamarck) Hooker et Thomson(Annonanceae) *forma genuine*]的新鲜花朵就可得到依兰依兰精油(参见卡南伽精油)。这种被认为原产于菲律宾的树种，主要种植在科摩罗群岛和马达加斯加西北部(诺西贝岛)，以用于依兰依兰精油的生产，其产量约占全球的80%。种植的依兰依兰树等到长到2～3米后，将其拔顶、捆住枝条，使其横长，以便于采花。

依兰依兰精油是唯一在蒸馏过程中随密度减小而分馏出不同等级馏分的精油。最初的馏分被称为"特级"(约占总收率的20%～22%)，其等级通常以密度为0.960进行标准化。在获得"特级"馏分之后，将依次得到依兰依兰精油Ⅰ级(收率约为10%～12%，密度约为0.940)、依兰依兰精油Ⅱ级(收率约为8%，密度约为0.920)和依兰依兰精油Ⅲ级(收率约为60%，密度约为0.910)。

与卡南伽精油相比，依兰依兰特级精油仅含有约30%的倍半萜物质(卡南伽精油约为80%)，其最主要的成分为大根香叶烯D、α-金合欢烯和β-石竹烯。更重要的是一些芳香酯类，如乙酸苄酯、苯甲酸甲酯、苯甲酸苄酯、水杨酸苄酯和乙酸肉桂酯，此外还包括对甲酚甲醚、芳樟醇和乙酸香叶酯等。

依兰依兰特级精油呈淡黄色，具有十分强烈的花香和强烈的甜香，主要用于高级的花香型和东方型香水。依兰依兰Ⅲ级精油具有花甜香、膏香和木香等气味，被用于肥皂香精和较廉价的香水中(取其花香韵)。依兰依兰Ⅰ级及Ⅱ级精油的品质介于特级和Ⅲ级之间，有时掺入其中，用于提升或降低其他等级。

依兰依兰特级精油经常被低等级依兰依兰精油产品、合成香料(如乙酸苄酯、苯甲酸甲酯和苯甲酸苄酯、对甲酚甲醚)以及其他天然和合成香料掺假。

1.41.1　气相色谱分析(图1.41.1、图1.41.2，表1.41.1)

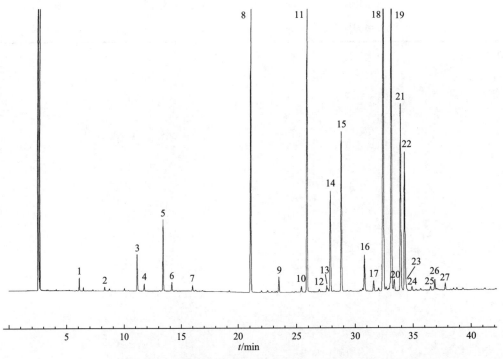

图1.41.1　依兰依兰精油气相色谱图A(0～40 min)

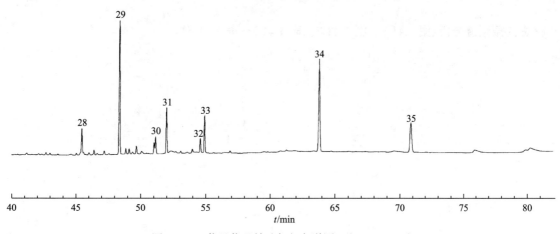

图 1.41.2　依兰依兰精油气相色谱图 B（40～82 min）

表 1.41.1　依兰依兰精油气相色谱图分析结果

序号	中文名称	英文名称	代码	百分比/%
1	α-蒎烯	α-Pinene	aPin	0.26
2	β-蒎烯	β-Pinene	βPin	0.10
3	3-甲基-3-丁烯-1-醇乙酸酯	3-Methyl-3-buten-1-yl acetate		0.96
4	1,8-桉叶素	1,8-Cineole	Cin1,8	0.21
5	乙酸异戊烯酯	3-Methyl-2-buten-1-yl acetate		2.06
6	乙酸己酯	Hexyl acetate		0.26
7	乙酸叶醇酯	(Z)-3-Hexenyl acetate		0.17
8	对甲酚甲醚	p-Cresyl methylether	CreMe	9.67
9	α-玷㶰烯	α-Copaene	Cop	0.58
10	β-荜澄茄烯	β-Cubebene		0.23
11	芳樟醇	Linalool	Loo	10.09
12	β-依兰烯	β-Ylangene		0.11
13	β-榄香烯	β-Elemene	Emn	0.24
14	β-石竹烯	β-Caryophyllene	Car	4.03
15	苯甲酸甲酯	Methyl benzoate	MeBenz	5.68
16	α-蛇麻烯	α-Humulene	Hum	1.45
17	γ-木罗烯	γ-Muurolene	gMuu	0.44
18	大根香叶烯 D	Germacrene D	GenD	17.05
19	乙酸苄酯	Benzyl acetate	BzAc	14.66
20	二环大根香叶烯	Bicyclogermacrene	BiGen	0.48
21	(2E,6E)-α-金合欢烯	(2E,6E)-α-Farnesene	EEaFen	7.41
22	乙酸香叶酯	Geranyl acetate	GerAc	5.87
23	δ-杜松烯	δ-Cadinene	dCad	0.44
24	水杨酸甲酯	Methyl salicylate		0.17
25	乙酸苯乙酯	2-Phenylethyl acetate		0.15
26	反式-茴香脑	trans-Anethole	tAne	0.40
27	香叶醇	Geraniol	Ger	0.26
28	苯甲酸异戊烯酯	3-Methyl-2-butenyl benzoate		0.90
29	乙酸肉桂酯	Cinnamyl acetate	ZolAc	4.59
30	α-杜松醇	α-Cadinol		0.59
31	(2E,6E)-金合欢醇乙酸酯	(2E,6E)-Farnesyl acetate		1.54
32	(E)-异丁香酚	(E)-Isoeugenol	tiEug	0.47
33	(2E,6E)-金合欢醇	(2E,6E)-Farnesol		1.27
34	苯甲酸苄酯	Benzyl benzoate	BzBenz	4.57
35	水杨酸苄酯	Benzyl salicylate	BzSal	2.12

1.41.2　核磁共振碳谱分析（图1.41.3～图1.41.8，表1.41.2～表1.41.6）

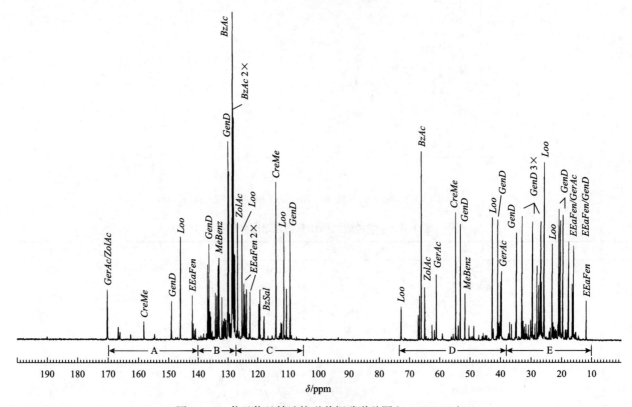

图1.41.3　依兰依兰精油核磁共振碳谱总图（0～200 ppm）

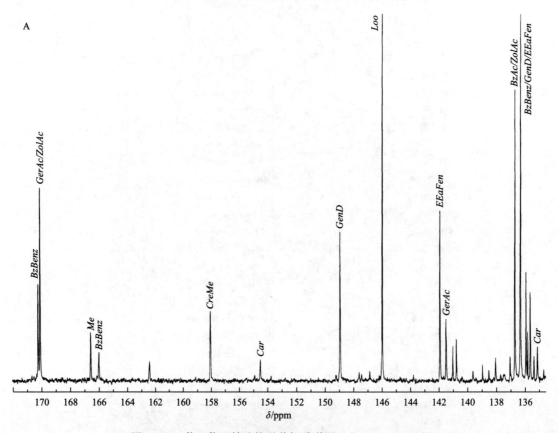

图1.41.4　依兰依兰精油核磁共振碳谱图A（135～172 ppm）

表 1.41.2 依兰依兰精油核磁共振碳谱图 A(135～172 ppm)分析结果

化学位移/ppm	相对强度/%	中文名称	代码	化学位移/ppm	相对强度/%	中文名称	代码
170.25	7.5	苯甲酸苄酯	BzBenz	141.02	2.7		
170.10	15.0	乙酸香叶酯/乙酸肉桂酯	GerAc/ZolAc	140.78	3.3		
166.57	3.8	苯甲酸甲酯	MeBenz	136.71	22.8	乙酸苄酯/乙酸肉桂酯	BzAc/ZolAc
165.99	2.2	苯甲酸苄酯	BzBenz	136.31	29.1	苯甲酸苄酯/大根香叶烯 D/(E,E)-α-金合欢烯	BzBenz/GenD/EEaFen
158.06	5.4	对甲酚甲醚	CreMe	135.92	8.5		
148.94	11.6	大根香叶烯 D	GenD	135.81	3.9		
145.97	31.4	芳樟醇	Loo	135.63	6.9		
141.92	13.3	(E,E)-α-金合欢烯	EEaFen	135.13	2.7	β-石竹烯	Car
141.50	4.8	乙酸香叶酯	GerAc				

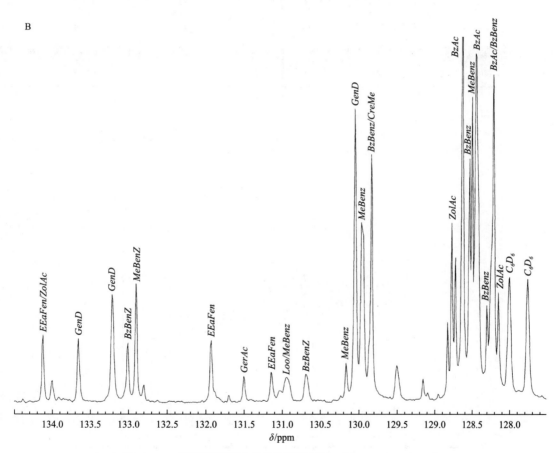

图 1.41.5 依兰依兰精油核磁共振碳谱图 B(127.5～134.5 ppm)

表 1.41.3　依兰依兰精油核磁共振碳谱图 B（127.5～134.5 ppm）分析结果

化学位移/ppm	相对强度/%	中文名称	代码	化学位移/ppm	相对强度/%	中文名称	代码
134.12	14.1	(E,E)-α-金合欢烯/乙酸肉桂酯	EEaFen/ZolAc	129.97	37.4	苯甲酸苄酯/对甲酚甲醚	BzBenz/CreMe
134.00	4.7			129.84	51.5		
133.66	13.3	大根香叶烯 D	GenD	129.51	7.7		
133.21	22.4	大根香叶烯 D	GenD	129.16	4.9		
133.00	12.4	苯甲酸苄酯	BzBenz	128.83	16.6		
132.90	24.7	苯甲酸甲酯	MeBenz	128.78	37.3	乙酸肉桂酯	ZolAc
132.80	3.7			128.73	30.1		
131.93	12.9	(E,E)-α-金合欢烯	EEaFen	128.64	100.0	乙酸苄酯	BzAc
131.51	5.6	乙酸香叶酯	GerAc	128.54	50.5	苯甲酸苄酯	BzBenz
131.15	6.4	(E,E)-α-金合欢烯	EEaFen	128.50	63.4	苯甲酸甲酯	MeBenz
130.95	5.3	芳樟醇/苯甲酸甲酯	Loo/MeBenz	128.46	72.4	乙酸苄酯	BzAc
130.69	5.9	苯甲酸苄酯	BzBenz	128.30	20.2	苯甲酸苄酯	BzBenz
130.17	8.3	苯甲酸甲酯	MeBenz	128.22	68.1	乙酸苄酯/苯甲酸苄酯	BzAc/BzBenz
130.06	60.9	大根香叶烯 D	GenD	128.15	22.8	乙酸肉桂酯	ZolAc

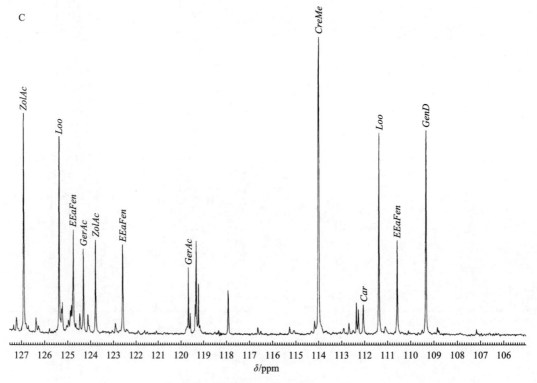

图 1.41.6　依兰依兰精油核磁共振碳谱图 C（105.0～127.5 ppm）

表 1.41.4 依兰依兰精油核磁共振碳谱图 C(105.0～127.5 ppm)分析结果

化学位移/ppm	相对强度/%	中文名称	代码	化学位移/ppm	相对强度/%	中文名称	代码
127.21	2.7			119.59	3.4		
126.89	35.8	乙酸肉桂酯	ZolAc	119.33	15.1		
126.36	2.7			119.22	8.1		
125.37	32.0	芳樟醇	Loo	117.92	7.1		
125.22	5.1			114.00	48.3	对甲酚甲醚	CreMe
124.74	16.8	(E,E)-α-金合欢烯	EEaFen	112.35	5.2		
124.46	3.3			112.27	4.1		
124.30	13.8	乙酸香叶酯	GerAc	112.05	4.8	β-石竹烯	Car
124.10	3.2			111.37	32.8	芳樟醇	Loo
123.77	15.2	乙酸肉桂酯	ZolAc	110.57	15.3	(E,E)-α-金合欢烯	EEaFen
122.59	14.5	(E,E)-α-金合欢烯	EEaFen	109.34	33.1	大根香叶烯 D	GenD
119.68	10.8	乙酸香叶酯	GerAc				

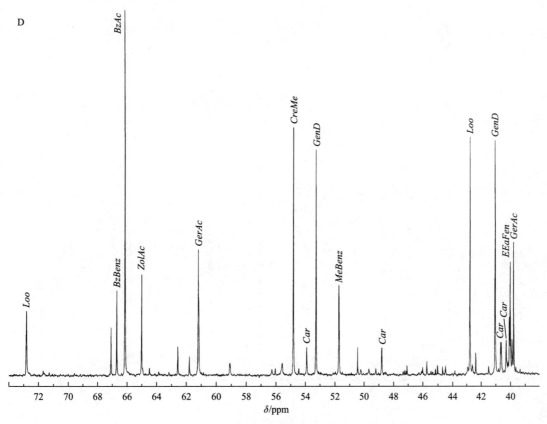

图 1.41.7 依兰依兰精油核磁共振碳谱图 D(38～74 ppm)

表 1.41.5　依兰依兰精油核磁共振碳谱图 D(38～74 ppm)分析结果

化学位移/ppm	相对强度/%	中文名称	代码	化学位移/ppm	相对强度/%	中文名称	代码
72.82	10.0	芳樟醇	Loo	50.46	4.3		
67.08	7.4			48.81	4.2	β-石竹烯	Car
66.69	13.2	苯甲酸苄酯	BzBenz	45.75	2.1		
66.14	57.8	乙酸苄酯	BzAc	42.77	37.3	芳樟醇	Loo
65.02	15.8	乙酸肉桂酯	ZolAc	42.37	3.5		
62.57	4.5			41.04	36.7	大根香叶烯 D	GenD
61.79	2.9			40.62	5.1	β-石竹烯	Car
61.21	19.7	乙酸香叶酯	GerAc	40.29	5.5	β-石竹烯	Car
54.83	38.9	对甲酚甲醚	CreMe	40.08	9.0		
53.92	4.4	β-石竹烯	Car	40.01	17.7	(E,E)-α-金合欢烯	EEaFen
53.28	35.3	大根香叶烯 D	GenD	39.90	5.6		
51.75	14.0	苯甲酸甲酯	MeBenz	39.78	20.7	乙酸香叶酯	GerAc

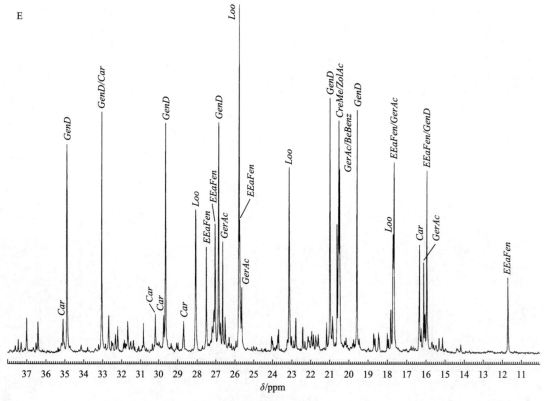

图 1.41.8　依兰依兰精油核磁共振碳谱图 E(10～38 ppm)

表 1.41.6　依兰依兰精油核磁共振碳谱图 E(10~38 ppm) 分析结果

化学位移/ppm	相对强度/%	中文名称	代码	化学位移/ppm	相对强度/%	中文名称	代码
37.01	5.4			23.15	29.1	芳樟醇	*Loo*
36.42	4.8			22.79	5.4		
35.09	5.2	β-石竹烯	*Car*	22.42	4.0		
34.87	32.6	大根香叶烯 D	*GenD*	21.93	3.4		
33.04	37.7	大根香叶烯 D/β-石竹烯	*GenD/Car*	21.59	2.9		
32.68	5.8			21.15	4.7		
32.32	2.8			20.98	40.0	大根香叶烯 D	*GenD*
32.21	4.1			20.84	5.8		
31.68	4.9			20.61	20.1		
30.84	4.6			20.51	36.5	对甲酚甲醚/乙酸肉桂酯	*CreMe/ZolAc*
30.18	6.1	β-石竹烯	*Car*	20.48	28.9	乙酸香叶酯/苯甲酸苄酯	*GerAc/BzBenz*
29.73	5.8	β-石竹烯	*Car*	19.57	38.1	大根香叶烯 D	*GenD*
29.63	36.0	大根香叶烯 D	*GenD*	18.69	3.0		
28.69	4.9	β-石竹烯	*Car*	18.45	3.2		
28.09	22.4	芳樟醇	*Loo*	17.99	3.1		
27.51	16.5	(E,E)-α-金合欢烯	*EEaFen*	17.81	6.8		
27.04	20.2	(E,E)-α-金合欢烯	*EEaFen*	17.70	18.6	芳樟醇	*Loo*
26.85	36.1	大根香叶烯 D	*GenD*	17.65	29.9	(E,E)-α-金合欢烯/乙酸香叶酯	*EEaFen/GerAc*
26.65	17.4	乙酸香叶酯	*GerAc*	16.33	16.9	β-石竹烯	*Car*
26.51	5.6			16.25	3.8		
25.79	54.6	芳樟醇	*Loo*	16.12	14.2	乙酸香叶酯	*GerAc*
25.75	20.7	(E,E)-α-金合欢烯	*EEaFen*	16.05	6.2		
25.64	10.2	乙酸香叶酯	*GerAc*	15.95	28.6	(E,E)-α-金合欢烯/大根香叶烯 D	*EEaFen/GenD*
24.04	2.6			15.13	2.5		
23.69	3.7			11.70	11.8	(E,E)-α-金合欢烯	*EEaFen*

2

参考化合物

2.1 参考化合物列表

英文名称	中文名称	代码	分子量	分子式	CAS 登记号
Acetophenone	苯乙酮		120.15	C_8H_8O	98-86-2
Aciphyllene* (=cis-β-Guaiene)	顺式-β-愈疮木烯	Aci	204.36	$C_{15}H_{24}$	87745-31-1
Ally-2,3,4,5-tetramethoxylbenzene	2,3,4,5-四甲氧基烯丙基苯	ABz4M	238.29	$C_{13}H_{18}O_4$	15361-99-6
cis-Anethole	顺式-茴香脑	cAne	148.21	$C_{10}H_{12}O$	25679-28-1
trans-Anethole	反式-茴香脑	tAne	148.21	$C_{10}H_{12}O$	4180-23-8
Anisaldehyde	大茴香醛	Aal	136.15	$C_8H_8O_2$	123-11-5
Anise alcohol	茴香醇	Aol	138.17	$C_8H_{10}O_2$	105-13-5
Anthranilic acid methylester N-methyl，见 Methyl anthranilate, N-methyl					
Apiole,dill	莳萝油脑	Apd	222.24	$C_{12}H_{14}O_4$	438-31-1
Apiole,parsley	欧芹脑	App	222.24	$C_{12}H_{14}O_4$*	523-80-8
Aristolene	马兜铃烯	Ari	204.36	$C_{15}H_{24}$	6831-16-9
Aromadendrene	香橙烯	Aro	204.36	$C_{15}H_{24}$	72747-25-2
Azulene,1,4-dimethyl，见 1,4-Dimethylazulene					
Benzaldehyde	苯甲醛	Bal	106.12	C_7H_6O	100-52-7
Benzene,1-trans-propenyl-5-methoxy-2-(2'-methyl)-butyrate，见 Pseudoisoeugenyl 2-methylbutyrate					
Benzene,ally-,2,3,4,5-tetramethoxy-，见 Allyl-2,3,4,5-tetramethoxybenzene					
Benzene,n-pentyl，见 Pentylbenzene					
Benzyl acetate	乙酸苄酯	BzAc	150.18	$C_9H_{10}O_2$	140-11-4
Benzyl alcohol	苯甲醇	BzOl	108.14	C_7H_8O	100-51-8
Benzyl benzoate	苯甲酸苄酯	BzBenz	212.25	$C_{14}H_{12}O_2$	120-51-4
Benzyl salicylate	水杨酸苄酯	BzSal	228.25	$C_{14}H_{12}O_3$	118-58-1
trans-α-Bergamotene	反式-α-香柠檬烯	aBer	204.36	$C_{15}H_{24}$	13474-59-4
Bicyclogermacrene	二环大根香叶烯	BiGen	204.36	$C_{15}H_{24}$	24703-35-3
β-Bisabolene	β-红没药烯	βBen	204.36	$C_{15}H_{24}$	495-61-4
α-Bisabolol	α-红没药醇	Bol	222.37	$C_{15}H_{26}O$	515-69-5
α-Bisabolol oxide A	α-红没药醇氧化物 A	BolOxA	238.37	$C_{15}H_{26}O_2$	22567-36-8
α-Bisabolol oxide B	α-红没药醇氧化物 B	BolOxB	238.37	$C_{15}H_{26}O_2$	26184-88-3
α-Bisabolone oxide	α-红没药酮氧化物	BonOx	236.35	$C_{15}H_{24}O_2$	22567-38-0*
Borneol	龙脑	Bor	154.25	$C_{10}H_{18}O$	507-70-0
Bornyl acetate	乙酸龙脑酯	BorAc	196.29	$C_{12}H_{20}O_2$	76-49-3
Bornyl isovalerate	异戊酸龙脑酯	BoriVal	238.37	$C_{15}H_{26}O_2$	76-50-6
β-Bourbonene	β-波旁烯	βBou	204.36	$C_{15}H_{24}$	5208-59-3

英文名称	中文名称	代码	分子量	分子式	CAS 登记号
α-Bulnesene	α-布藜烯	*Bul*	204.36	$C_{15}H_{24}$	3691-11-0
2-Butanol	2-丁醇	*4ol2*	74.12	$C_4H_{10}O$	78-92-2
2-Butanone	2-丁酮	*4on2*	72.11	C_4H_8O	78-93-3
3-butyl-4,5-dihydrophthalide，见 Senkyunolide					
3-Butyliden-4,5-dihydrophthalide，见 Ligustilide					
3-*n*-Butylphthalide	3-正丁基苯酞	*BuPht*	190.24	$C_{12}H_{14}O_2$	6066-49-5
δ-Cadinene	δ-杜松烯	*dCad*	204.36	$C_{15}H_{24}$	483-76-1
α-Cadinol	α-杜松醇	*aCdl*	222.37	$C_{15}H_{26}O$	481-34-5
Camphene	莰烯	*Cen*	136.24	$C_{10}H_{16}$	79-92-5
Camphor	樟脑	*Cor*	152.24	$C_{10}H_{16}O$	76-22-2
Δ^3-Carene	3-蒈烯	*d3Car*	136.24	$C_{10}H_{16}$	13466-78-9
Carvacrol	香芹酚	*Col*	150.22	$C_{10}H_{14}O$	99-49-0
Carvone	香芹酮	*Cvn*	150.22	$C_{10}H_{14}O$	2244-16-8
β-Caryophyllene	β-石竹烯	*Car*	204.36	$C_{15}H_{24}$	87-44-5
Caryophyllene oxide	氧化石竹烯	*CarOx*	220.36	$C_{15}H_{24}O$	1139-30-6
Cedrol	柏木脑	*Ced*	222.37	$C_{15}H_{26}O$	77-53-2
Chamazulene	母菊薁	*AzuCh*	184.28	$C_{14}H_{16}$	5529-05-5
1,4-Cineole	1,4-桉叶素	*Cin1,4*	154.25	$C_{10}H_{18}O$	470-67-7
1,8-Cineole	1,8-桉叶素	*Cin1,8*	154.25	$C_{10}H_{18}O$	470-82-6
trans-Cinnamaldehyde	肉桂醛	*Zal*	132.16	C_9H_8O	14371-10-9
Cinnamic alcohol	肉桂醇	*Zol*	134.18	$C_9H_{10}O$	104-54-1
Cinnamyl acetate	乙酸肉桂酯	*ZolAc*	176.22	$C_{11}H_{11}O_2$	103-54-8
Citral a，见 Geranial					
Citral b，见 Neral					
Citronellal	香茅醛	*Clla*	154.25	$C_{10}H_{18}O$	106-23-0
Citronellol	香茅醇	*Cllo*	156.27	$C_{10}H_{20}O$	106-22-9
Citronellyl acetate	乙酸香茅酯	*CllAc*	198.31	$C_{12}H_{22}O_2$	150-84-5
Citronellyl formate	甲酸香茅酯	*CllFo*	184.28	$C_{11}H_{20}O_2$	105-85-1
α-Copaene	α-玷㶶烯	*aCop*	204.36	$C_{15}H_{24}$	3856-25-5
Coumarin	香豆素		146.15	$C_9H_6O_2$	91-64-5
p-Cresylmethylether，见 Methyl *p*-cresol					
α-Curcumene	α-姜黄烯	*aCur*	202.34	$C_{15}H_{22}$	4176-06-1
para-Cymene	对异丙基甲苯	*pCym*	134.22	$C_{10}H_{14}$	99-87-6
Decanal	正癸醛	*10all*	156.27	$C_{10}H_{20}O$	112-31-2
2-Decanol	2-癸醇	*10ol2*	158.29	$C_{10}H_{22}O$	1120-06-5
2-Decanone	2-癸酮	*10on2*	156.27	$C_{10}H_{20}O$	693-54-9
cis-Dihydrocarvone	顺式-二氢香芹酮	*cDhCvn*	152.24	$C_{10}H_{16}O$	3792-53-8

续表

英文名称	中文名称	代码	分子量	分子式	CAS 登记号
trans-Dihydrocarvone	反式-二氢香芹酮	*tDhCvn*	152.24	$C_{10}H_{16}O$	5948-04-9
Dihydrocoumarin	二氢香豆素		148.16	$C_9H_8O_2$	119-84-6
Dihydrojasmone	二氢茉莉酮		166.27	$C_{11}H_{18}O$	1128-08-1
Dill ether	莳萝醚	*DEth*	152.24	$C_{10}H_{16}O$	70786-44-6
1,4-Dimethylazulene	1,4-二甲基薁	*Azul,4Dime*＊	156.23	$C_{12}H_{12}$	1127-69-1
2-Dodecanone	2-十二酮	*12on2*	184.32	$C_{12}H_{24}O$	6175-49-1
β-Elemene	*β*-榄香烯	*Emn*	204.36	$C_{15}H_{24}$	515-13-9
Elemicin	榄香素	*Ecn*	208.26	$C_{12}H_{16}O_3$	487-11-6
Elemol	榄香醇	*Emol*	222.37	$C_{15}H_{26}O$	636-99-6
Estragole	龙蒿脑	*Eol*	148.21	$C_{10}H_{12}O$	140-67-0
Ethanol	乙醇	*2ol*	46.07	C_2H_6O	64-17-5
Ethanol,2-phenyl-，见 Phenylethyl alcohol					
10-*epi*-*γ*-Eudesmol	10-表-*γ*-桉叶醇	*Eud10eg*	222.37	$C_{15}H_{26}O$	15051-81-7
Eugenol	丁香酚	*Eug*	164.21	$C_{10}H_{12}O_2$	97-53-0
Eugenol,iso-，见 Isoeugenol					
Eugenol methyl ether，见 Methyleugenol					
Eugenol, iso-,methylether，见 Methylisoeugenol					
Eugenyl acetate	乙酸丁香酯	*EugAc*	206.24	$C_{12}H_{14}O_3$	93-28-7
(*E*)-*β*-Farnesene	(*E*)-*β*-金合欢烯	*EβFen*	204.36	$C_{15}H_{24}$	18794-84-8
(*E,E*)-*α*-Farnesene	(*E,E*)-*α*-金合欢烯	*EEaFen*	204.36	$C_{15}H_{24}$	502-61-4
(*Z*)-*β*-Farnesene＊	(*Z*)-*β*-金合欢烯	*ZβFen*	204.36	$C_{15}H_{24}$	28973-97-9
(*Z,E*)-*α*-Farnesene	(*Z,E*)-*α*-金合欢烯	*ZEaFen*	204.36	$C_{15}H_{24}$	26560-14-5
(*Z,Z*)-*α*-Farnesene	(*Z,Z*)-*α*-金合欢烯	*ZZaFen*	204.36	$C_{15}H_{24}$	28973-99-1
Farnesol	金合欢醇	*Far*	222.37	$C_{15}H_{26}O$	106-28-5
Fenchone	莳酮	*Fon*	152.24	$C_{10}H_{16}O$	1195-79-5
Furfural	糠醛		96.09	$C_5H_4O_2$	98-01-1
Geranial（Citral a）	香叶醛	*aCal*	152.24	$C_{10}H_{16}O$	141-27-5
Geraniol	香叶醇	*Ger*	154.25	$C_{10}H_{18}O$	106-24-1
Geranyl acetate	乙酸香叶酯	*GerAc*	196.29	$C_{12}H_{20}O_2$	105-87-3
Geranyl formate	甲酸香叶酯	*GerFo*	182.26	$C_{11}H_{18}O_2$	105-86-2
Germacrene B	大根香叶烯 B	*GenB*	204.36	$C_{15}H_{24}$	15423-57-1
Germacrene D	大根香叶烯 D	*GenD*	204.36	$C_{15}H_{24}$	23986-74-5
Guaia-6,9-diene	6,9-愈疮木二烯	*6,9Gua*	204.36	$C_{15}H_{24}$	36577-33-0
Guaiazulene	愈疮木薁	*AzuG*	198.31	$C_{15}H_{18}$	489-84-9
α-Guaiene	*α*-愈疮木烯	*aGua*	204.36	$C_{15}H_{24}$	3691-12-1
2-Heptanol	2-庚醇	*7ol2*	116.20	$C_7H_{16}O$	543-49-7

英文名称	中文名称	代码	分子量	分子式	CAS 登记号
γ-Himachalene	γ-喜马雪松烯	*gHim*	204.36	$C_{15}H_{24}$	53111-25-4*
α-Humulene	α-蛇麻烯	*Hum*	204.36	$C_{15}H_{24}$	6753-98-6
Isobutyrate,phenyl ethylester，见 Phenylethyl isobutyrate					
cis-Isoeugenol	顺式-异丁香酚	*ciEug*	164.21	$C_{10}H_{12}O_2$	5912-86-7
trans-Isoeugenol	反式-异丁香酚	*tiEug*	164.21	$C_{10}H_{12}O_2$	5932-68-3
Isoeugenol methylether，见 Methylisoeugenol					
Isomenthone	异薄荷酮	*iMon*	154.25	$C_{10}H_{18}O$	491-07-6
trans-Isomyristicin	反式-异肉豆蔻醚	*iMin*	192.22	$C_{11}H_{12}O_3$	18312-21-5
Isopulegol	异胡薄荷醇	*iPol*	154.25	$C_{10}H_{18}O$	89-79-2
trans-Isosafrole	反式-异黄樟素	*iSaf*	162.19	$C_{10}H_{10}O_2$	4043-71-4
Isovalerate, bornylester-，见 Bornyl isovale rate					
Isovalerate,phenylethylester-，见 Phenylethyl isovalerate					
Lavandulol	薰衣草醇	*Lol*	154.25	$C_{10}H_{18}O$	498-16-8
Lavandulyl acetate	乙酸薰衣草酯	*LolAc*	196.29	$C_{12}H_{20}O_2$	25905-14-0
Ligustilide	藁本内酯	*Lig*	190.24	$C_{12}H_{14}O_2$	4431-01-0
Limonene	柠檬烯	*Lim*	136.24	$C_{10}H_{16}$	138-86-3
Linalool	芳樟醇	*Loo*	154.25	$C_{10}H_{18}O$	78-70-6
cis-Linalool oxide	顺式-氧化芳樟醇	*cLooOx*	170.25	$C_{10}H_{18}O_2$	5989-33-3
trans-Linalool oxide	反式-氧化芳樟醇	*tLooOx*	170.25	$C_{10}H_{18}O_2$	34995-77-2
Linalyl acetate	乙酸芳樟酯	*LooAc*	196.29	$C_{12}H_{20}O_2$	115-95-7
Menthofuran	薄荷呋喃	*Mfn*	150.22	$C_{10}H_{14}O$	494-90-6
Menthol	薄荷脑	*Mol*	156.27	$C_{10}H_{20}O$	89-78-1
Menthol, neo-，见 Neomenthol					
Menthone	薄荷酮	*Mon*	154.25	$C_{10}H_{18}O$	89-90-5
Menthone,iso-，见 Isomenthone					
1-Methoxy-4-methylbenzene，见 Methyl-p-cresol					
Menthyl acetate	乙酸薄荷酯	*MolAc*	198.31	$C_{12}H_{22}O_2$	89-48-5
Methyl anthranilate,N-methyl-	N-甲基邻氨基苯酸甲酯	*MeAnt*	165.19	$C_9H_{11}NO_2$	85-91-6
Methyl benzoate	苯甲酸甲酯	*MeBenz*	136.15	$C_8H_8O_2$	93-58-3
Methyl-p-cresol	对甲酚甲醚	*CreMe*	122.17	$C_8H_{10}O$	104-93-8
Methyleugenol	甲基丁香酚	*EugMe*	178.23	$C_{11}H_{14}O_2$	93-15-2
6-Methyl-5-hepten-2-one	6-甲基-5-庚烯-2-酮	*7on2,6Me*	126.20	$C_8H_{14}O$	53111-25-4
trans-Methylisoeugenol	反式-异丁香酚甲醚	*iEugMe*	178.23	$C_{11}H_{14}O_2$	93-16-3
γ-Muurolene	γ-木罗烯	*gMuu*	204.36	$C_{15}H_{24}$	30021-74-0
Myrcene	月桂烯	*Myr*	136.24	$C_{10}H_{16}$	123-35-3
Myristicin	肉豆蔻醚	*Min*	192.22	$C_{11}H_{12}O_3$	607-91-0

英文名称	中文名称	代码	分子量	分子式	CAS登记号
Myristicin,iso-，见 Isomyristicin					
Myrtenal	桃金娘烯醛	*Myal*	150.22	$C_{10}H_{14}O$	564-94-3
Myrtenyl acetate	乙酸桃金娘烯酯	*MyrAc*	194.28	$C_{12}H_{18}O_2$	35670-93-0
Nardosinone	甘松新酮	*Nar*	250.34	$C_{15}H_{22}O_3$	23720-80-1
Neomenthol	新薄荷醇	*nMol*	156.27	$C_{10}H_{20}O$	491-01-0
Neral（Citral b）	橙花醛	*bCal*	152.24	$C_{10}H_{16}O$	106-26-3
Nerol	橙花醇	*Ner*	154.25	$C_{10}H_{18}O$	106-25-2
Neryl acetate	乙酸橙花酯	*NerAc*	196.29	$C_{12}H_{20}O_2$	141-12-8
Nonadecane	正十九烷	*19an*	268.53	$C_{19}H_{40}$	629-92-5
Nonanal	壬醛	*9all*	142.24	$C_9H_{18}O$	124-19-6
2-Nonanol	2-壬醇	*9ol2*	144.26	$C_9H_{20}O$	628-99-9
2-Nonanone	2-壬酮	*9on2*	142.24	$C_9H_{18}O$	821-55-6
cis-*β*-Ocimene	顺式-*β*-罗勒烯	*cOci*	136.24	$C_{10}H_{16}$	3338-55-4
trans-*β*-Ocimene	反式-*β*-罗勒烯	*tOci*	136.24	$C_{10}H_{16}$	3779-61-1
Octanal	辛醛	*8all*	128.22	$C_8H_{16}O$	124-13-0
n-Octanol	正辛醇	*8oll*	130.23	$C_8H_{18}O$	111-87-5
2-Octanol	2-辛醇	*8ol2*	130.23	$C_8H_{18}O$	123-96-6
3-Octanol	3-辛醇	*8ol3*	130.23	$C_8H_{18}O$	589-98-0
2-Octanone	2-辛酮	*8on2*	128.22	$C_8H_{16}O$	111-13-7
3-Octanone	3-辛酮	*8on3*	128.22	$C_8H_{16}O$	106-68-3
1-Octen-3-ol	蘑菇醇（1-辛烯-3-醇）	*8enlol3*	128.22	$C_8H_{16}O$	3391-86-4
α-Patchoulene	*α*-广藿香烯	*aPat*	204.36	$C_{15}H_{24}$	560-32-7
β-Patchoulene	*β*-广藿香烯	*βPat*	204.36	$C_{15}H_{24}$	514-51-2
Patchouli alcohol	广藿香醇	*PatOl*	222.37	$C_{15}H_{26}O$	5986-55-0
2-Pentanol	2-戊醇	*5ol2*	88.15	$C_5H_{12}O$	6032-29-7
2-Pentanone	2-戊酮	*5on2*	86.13	$C_5H_{10}O$	107-87-9
3-Pentanone	3-戊酮	*5on3*	86.13	$C_5H_{10}O$	96-22-0
Pentylbenzene	正戊苯	*5Bz*	148.25	$C_{11}H_{16}$	538-68-1
Pentylcyclohexa-1,3-diene	1-正戊基-1,3-环己二烯		150.27	$C_{11}H_{18}$	28553-95-9
Perillaldehyde	紫苏醛	*Pal*	150.22	$C_{10}H_{14}O$	2111-75-3
α-Phellandrene	*α*-水芹烯	*aPhe*	136.24	$C_{10}H_{16}$	99-83-2
β-Phellandrene	*β*-水芹烯	*βPhe*	136.24	$C_{10}H_{16}$	555-10-2
Phenylethyl alcohol	苯乙醇	*Ph2ol*	122.17	$C_8H_{10}O$	60-12-8
Phenylethyl isobutyrate	异丁酸苯乙酯	*Ph2iBut*	192.26	$C_{12}H_{16}O_2$	103-48-0
Phenylethyl isovalerate	异戊酸苯乙酯	*Ph2iVal*	206.29	$C_{13}H_{18}O_2$	140-26-1
Phthalide,4,5-dihydro-3-*n*-butylidene-，见 Ligustilide					

续表

英文名称	中文名称	代码	分子量	分子式	CAS 登记号
α-Pinene	α-蒎烯	*aPin*	136.24	$C_{10}H_{16}$	80-56-8
β-Pinene	β-蒎烯	*βPin*	136.24	$C_{10}H_{16}$	127-91-3
Piperitone	胡椒酮	*Pip*	152.24	$C_{10}H_{16}O$	89-81-6
Pogostol	广藿香薁醇	*Pgol*	222.37	$C_{15}H_{16}O$	21698-41-9
Pseudoisoeugenyl 2-methylbutyrate	假异丁香酚 2-甲基丁酸酯	*ψiEugMebut*	248.32	$C_{15}H_{20}O_3$	58989-20-1
Pulegol,iso-，见 Isopulegol					
Pulegone	胡薄荷酮	*Pon*	152.24	$C_{10}H_{16}O$	89-82-7
Sabinene	桧烯	*Sab*	136.24	$C_{10}H_{16}$	3387-41-5
trans-Sabinene hydrate	反式-水合桧烯	*SabH*	154.25	$C_{10}H_{18}O$	17699-16-0
Safrole	黄樟素	*Saf*	162.19	$C_{10}H_{10}O_2$	94-59-7
Safrole,iso-，见 Isosafrole					
Santene	檀烯	*San*	122.21	C_9H_{14}	529-16-8
Sedanenolide，见 Senkyunolide					
β-Selinene	β-蛇床烯	*βSel*	204.35	$C_{15}H_{24}$	17066-67-0
Senkyunolide	洋川芎内酯	*Sky*	192.26	$C_{12}H_{16}O_2$	62006-39-7
Seychellene	塞瑟尔烯	*Sey*	204.36	$C_{15}H_{24}$	20085-93-2
cis-Spiroether	顺式-螺醚	*cSpi*	200.24	$C_{13}H_{12}O_2$	
trans-Spiroether	反式-螺醚	*tSpi*	200.24	$C_{13}H_{12}O_2$	4575-53-5
Terpinen-4-ol	4-松油醇	*Trn4*	154.25	$C_{10}H_{18}O$	562-74-3
α-Terpinene	α-松油烯	*aTer*	136.24	$C_{10}H_{16}$	99-86-5
γ-Terpinene	γ-松油烯	*gTer*	136.24	$C_{10}H_{16}$	99-85-4
α-Terpineol	α-松油醇	*aTol*	154.25	$C_{10}H_{18}O$	98-55-5
Terpinolene	异松油烯	*Tno*	136.24	$C_{10}H_{16}$	586-62-9
α-Terpinyl acetate	乙酸松油酯	*TolAc*	196.29	$C_{12}H_{20}O_2$	80-26-2
α-Thujene	α-侧柏烯	*Ten*	136.24	$C_{10}H_{16}$	3917-48-4
α-Thujone	α-侧柏酮	*aTon*	152.24	$C_{10}H_{16}O$	546-80-5
β-Thujone*	β-侧柏酮	*βTon*	152.24	$C_{10}H_{16}O$	471-15-8
Thymol	百里香酚	*Tyl*	150.22	$C_{10}H_{14}O$	89-83-8
Thymol methylether	百里香酚甲醚	*TylMe*	164.25	$C_{11}H_{16}O$	1076-56-8
Tricyclene	三环烯	*Tcy*	136.24	$C_{10}H_{16}$	508-32-7
2-Undecanone*	2-十一酮	*11on2*	170.30	$C_{11}H_{22}O$	112-12-9
Valencene	巴伦西亚桔烯	*Val*	204.36	$C_{15}H_{24}$	4630-07-3
Valeranone	缬草烷酮	*Von*	222.37	$C_{15}H_{26}O$	5090-54-0
Vanillin	香兰素	*Vll*	152.15	$C_8H_8O_3$	121-33-5
Verbenone	马鞭草烯酮	*Ver*	150.22	$C_{10}H_{14}O$	80-57-9
Viridiflorol	绿花白千层醇	*Vir*	222.37	$C_{15}H_{26}O$	552-02-3
Zingiberene	姜烯	*Zin*	204.36	$C_{15}H_{24}$	495-60-3

2.2 参考化合物 ¹³C NMR 波谱图及化学位移值

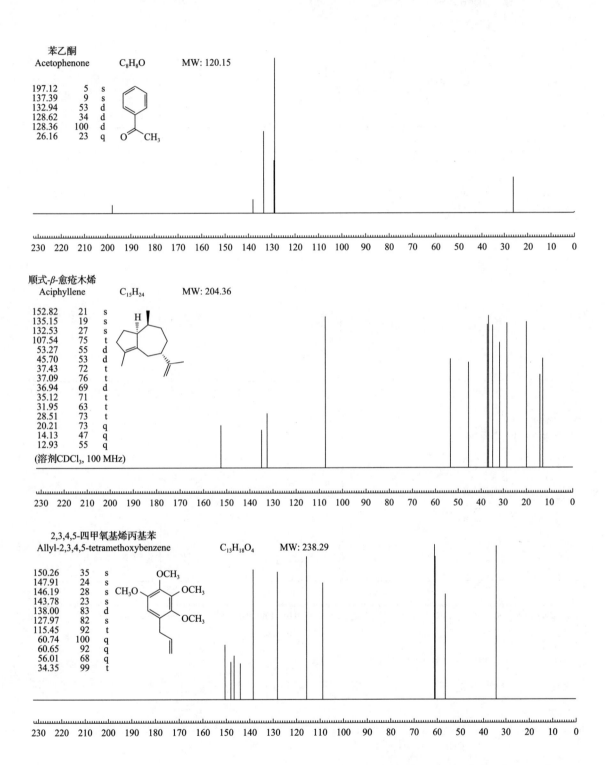

苯乙酮
Acetophenone C_8H_8O MW: 120.15

197.12	5	s
137.39	9	s
132.94	53	d
128.62	34	d
128.36	100	d
26.16	23	q

230 220 210 200 190 180 170 160 150 140 130 120 110 100 90 80 70 60 50 40 30 20 10 0

顺式-β-愈疮木烯
Aciphyllene $C_{15}H_{24}$ MW: 204.36

152.82	21	s
135.15	19	s
132.53	27	s
107.54	75	t
53.27	55	d
45.70	53	d
37.43	72	t
37.09	76	t
36.94	69	d
35.12	71	t
31.95	63	t
28.51	73	t
20.21	73	q
14.13	47	q
12.93	55	q

(溶剂CDCl₃, 100 MHz)

230 220 210 200 190 180 170 160 150 140 130 120 110 100 90 80 70 60 50 40 30 20 10 0

2,3,4,5-四甲氧基烯丙基苯
Allyl-2,3,4,5-tetramethoxybenzene $C_{13}H_{18}O_4$ MW: 238.29

150.26	35	s
147.91	24	s
146.19	28	s
143.78	23	s
138.00	83	d
127.97	82	s
115.45	92	t
60.74	100	q
60.65	92	q
56.01	68	q
34.35	99	t

230 220 210 200 190 180 170 160 150 140 130 120 110 100 90 80 70 60 50 40 30 20 10 0

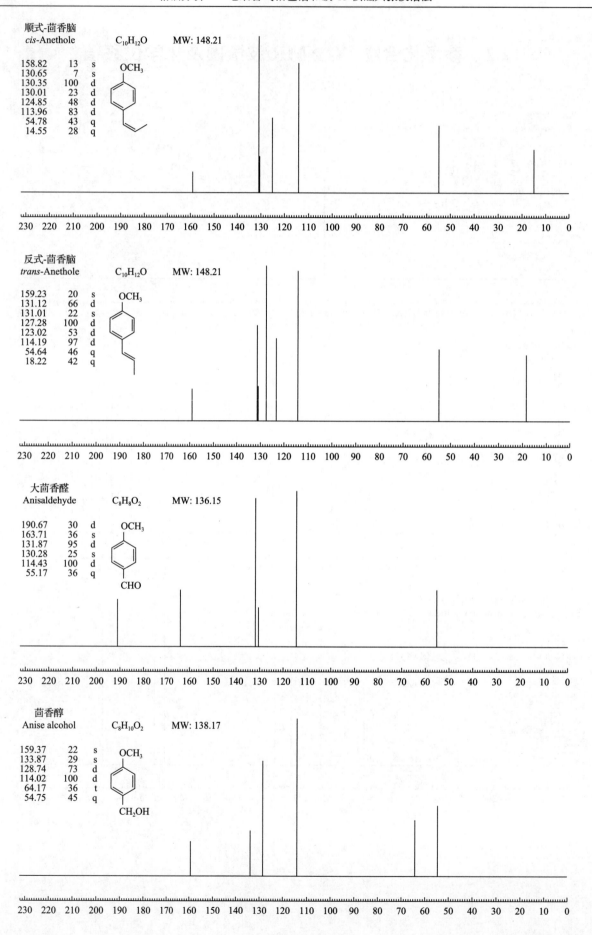

顺式-茴香脑
cis-Anethole　　　　C₁₀H₁₂O　　MW: 148.21

158.82	13	s
130.65	7	s
130.35	100	d
130.01	23	d
124.85	48	d
113.96	83	d
54.78	43	q
14.55	28	q

OCH₃

230 220 210 200 190 180 170 160 150 140 130 120 110 100 90 80 70 60 50 40 30 20 10 0

反式-茴香脑
trans-Anethole　　　C₁₀H₁₂O　　MW: 148.21

159.23	20	s
131.12	66	d
131.01	22	s
127.28	100	d
123.02	53	d
114.19	97	d
54.64	46	q
18.22	42	q

OCH₃

230 220 210 200 190 180 170 160 150 140 130 120 110 100 90 80 70 60 50 40 30 20 10 0

大茴香醛
Anisaldehyde　　　　C₈H₈O₂　　MW: 136.15

190.67	30	d
163.71	36	s
131.87	95	d
130.28	25	s
114.43	100	d
55.17	36	q

OCH₃

CHO

230 220 210 200 190 180 170 160 150 140 130 120 110 100 90 80 70 60 50 40 30 20 10 0

茴香醇
Anise alcohol　　　　C₈H₁₀O₂　　MW: 138.17

159.37	22	s
133.87	29	s
128.74	73	d
114.02	100	d
64.17	36	t
54.75	45	q

OCH₃

CH₂OH

230 220 210 200 190 180 170 160 150 140 130 120 110 100 90 80 70 60 50 40 30 20 10 0

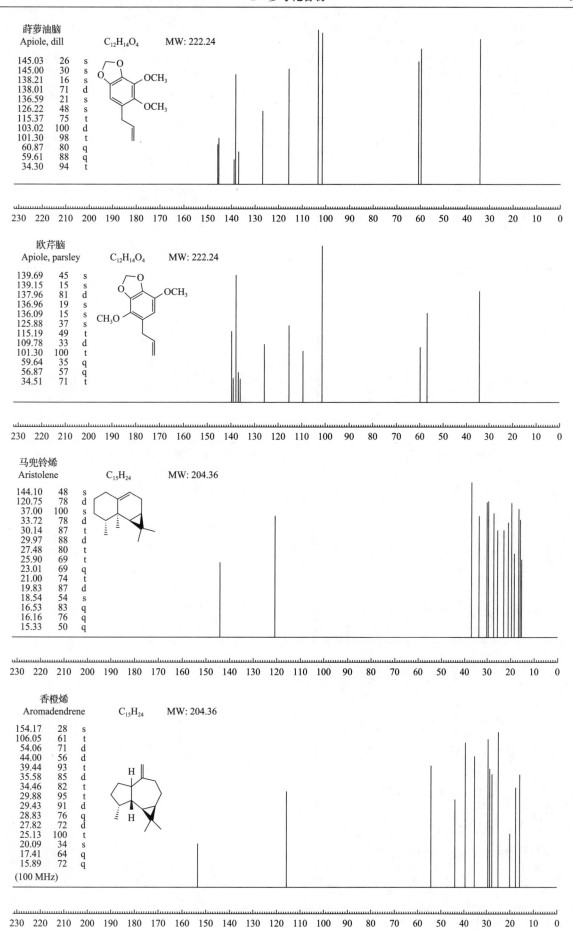

蒔萝油脑
Apiole, dill   C₁₂H₁₄O₄   MW: 222.24

145.03	26	s
145.00	30	s
138.21	16	s
138.01	71	d
136.59	21	s
126.22	48	s
115.37	75	t
103.02	100	d
101.30	98	t
60.87	80	q
59.61	88	q
34.30	94	t

230 220 210 200 190 180 170 160 150 140 130 120 110 100 90 80 70 60 50 40 30 20 10 0

欧芹脑
Apiole, parsley   C₁₂H₁₄O₄   MW: 222.24

139.69	45	s
139.15	15	s
137.96	81	d
136.96	19	s
136.09	15	s
125.88	37	s
115.19	49	t
109.78	33	d
101.30	100	t
59.64	35	q
56.87	57	q
34.51	71	t

230 220 210 200 190 180 170 160 150 140 130 120 110 100 90 80 70 60 50 40 30 20 10 0

马兜铃烯
Aristolene   C₁₅H₂₄   MW: 204.36

144.10	48	s
120.75	78	d
37.00	100	s
33.72	78	d
30.14	87	t
29.97	88	d
27.48	80	t
25.90	69	t
23.01	69	q
21.00	74	t
19.83	87	d
18.54	54	s
16.53	83	q
16.16	76	q
15.33	50	q

230 220 210 200 190 180 170 160 150 140 130 120 110 100 90 80 70 60 50 40 30 20 10 0

香橙烯
Aromadendrene   C₁₅H₂₄   MW: 204.36

154.17	28	s
106.05	61	t
54.06	71	d
44.00	56	d
39.44	93	t
35.58	85	d
34.46	82	t
29.88	95	t
29.43	91	d
28.83	76	q
27.82	72	d
25.13	100	t
20.09	34	s
17.41	64	q
15.89	72	q

(100 MHz)

230 220 210 200 190 180 170 160 150 140 130 120 110 100 90 80 70 60 50 40 30 20 10 0

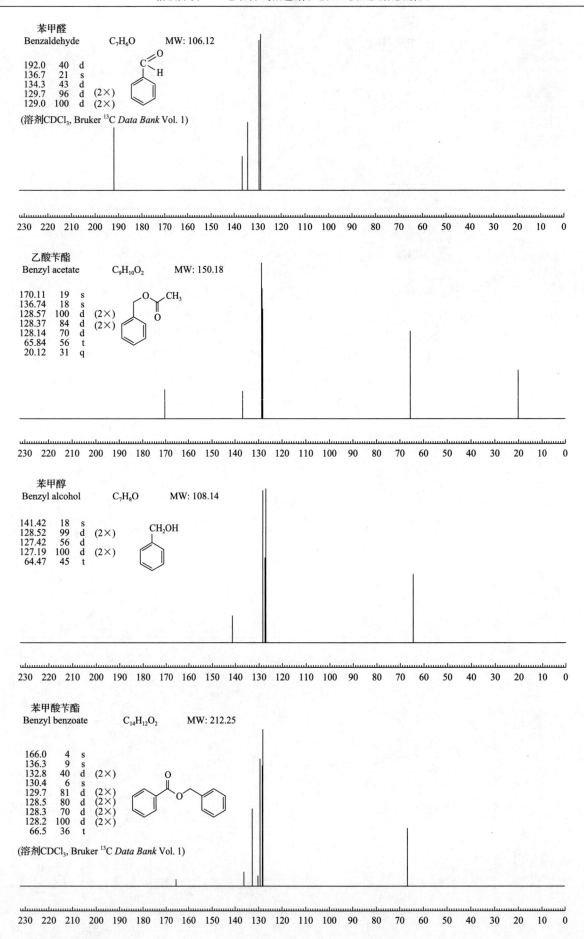

苯甲醛
Benzaldehyde   C₇H₆O   MW: 106.12

192.0	40	d	
136.7	21	s	
134.3	43	d	
129.7	96	d	(2×)
129.0	100	d	(2×)

(溶剂CDCl₃, Bruker ¹³C *Data Bank* Vol. 1)

乙酸苄酯
Benzyl acetate   C₉H₁₀O₂   MW: 150.18

170.11	19	s	
136.74	18	s	
128.57	100	d	(2×)
128.37	84	d	(2×)
128.14	70	d	
65.84	56	t	
20.12	31	q	

苯甲醇
Benzyl alcohol   C₇H₈O   MW: 108.14

141.42	18	s	
128.52	99	d	(2×)
127.42	56	d	
127.19	100	d	(2×)
64.47	45	t	

苯甲酸苄酯
Benzyl benzoate   C₁₄H₁₂O₂   MW: 212.25

166.0	4	s	
136.3	9	s	
132.8	40	d	(2×)
130.4	6	s	
129.7	81	d	(2×)
128.5	80	d	(2×)
128.3	70	d	(2×)
128.2	100	d	(2×)
66.5	36	t	

(溶剂CDCl₃, Bruker ¹³C *Data Bank* Vol. 1)

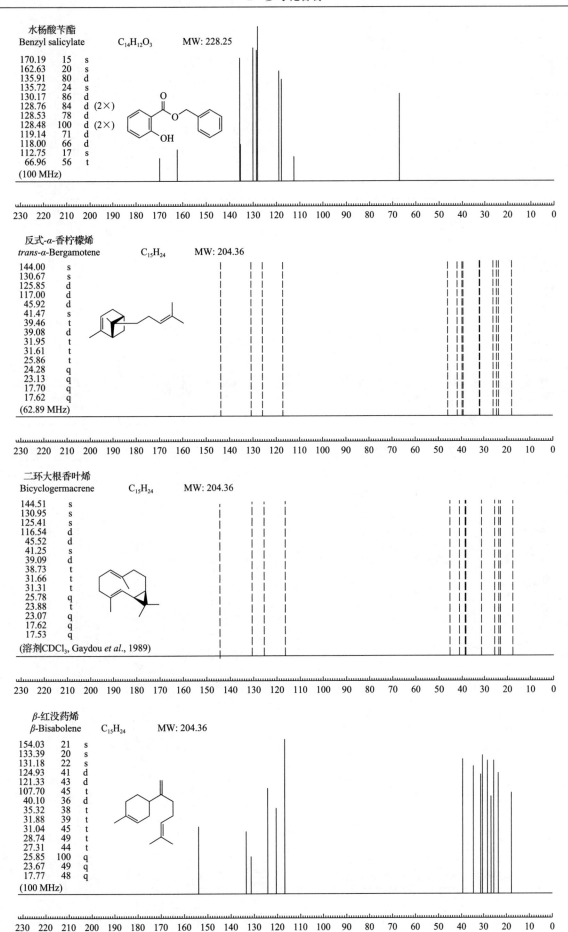

水杨酸苄酯
Benzyl salicylate　　C₁₄H₁₂O₃　　MW: 228.25

170.19	15	s
162.63	20	s
135.91	80	d
135.72	24	s
130.17	86	d
128.76	84	d (2×)
128.53	78	d
128.48	100	d (2×)
119.14	71	d
118.00	66	d
112.75	17	s
66.96	56	t

(100 MHz)

反式-α-香柠檬烯
trans-α-Bergamotene　　C₁₅H₂₄　　MW: 204.36

144.00	s
130.67	s
125.85	d
117.00	d
45.92	d
41.47	s
39.46	t
39.08	d
31.95	t
31.61	t
25.86	t
24.28	q
23.13	q
17.70	q
17.62	q

(62.89 MHz)

二环大根香叶烯
Bicyclogermacrene　　C₁₅H₂₄　　MW: 204.36

144.51	s
130.95	s
125.41	s
116.54	d
45.52	d
41.25	s
39.09	d
38.73	t
31.66	t
31.31	t
25.78	q
23.88	t
23.07	q
17.62	q
17.53	q

(溶剂CDCl₃, Gaydou et al., 1989)

β-红没药烯
β-Bisabolene　　C₁₅H₂₄　　MW: 204.36

154.03	21	s
133.39	20	s
131.18	22	s
124.93	41	d
121.33	43	d
107.70	45	t
40.10	36	d
35.32	38	t
31.88	39	t
31.04	45	t
28.74	49	t
27.31	44	t
25.85	100	q
23.67	49	q
17.77	48	q

(100 MHz)

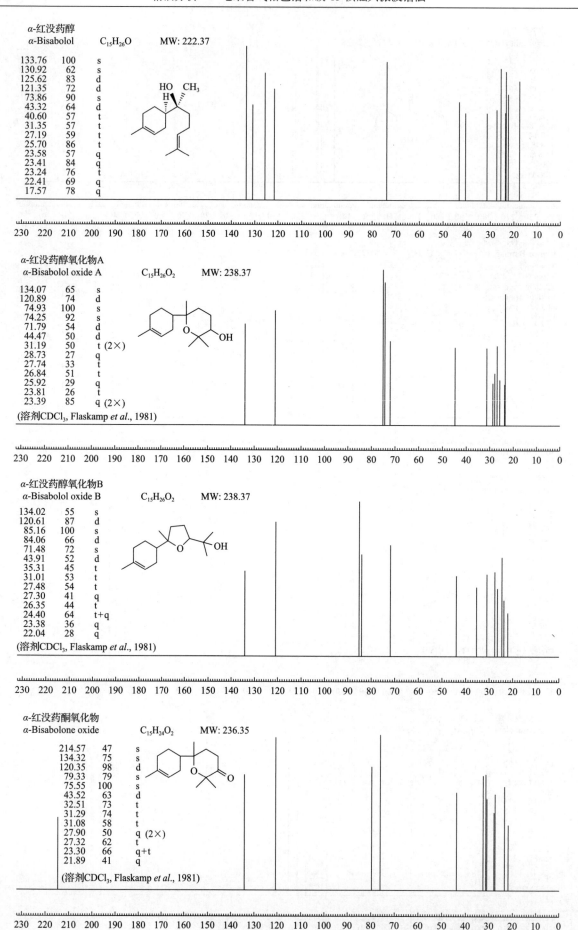

α-红没药醇
α-Bisabolol　　C₁₅H₂₆O　　MW: 222.37

133.76	100	s
130.92	62	s
125.62	83	d
121.35	72	d
73.86	90	s
43.32	64	d
40.60	57	t
31.35	57	t
27.19	59	t
25.70	86	t
23.58	57	q
23.41	84	q
23.24	76	t
22.41	69	q
17.57	78	q

230 220 210 200 190 180 170 160 150 140 130 120 110 100 90 80 70 60 50 40 30 20 10 0

α-红没药醇氧化物A
α-Bisabolol oxide A　　C₁₅H₂₆O₂　　MW: 238.37

134.07	65	s
120.89	74	d
74.93	100	s
74.25	92	s
71.79	54	d
44.47	50	d
31.19	50	t (2×)
28.73	27	q
27.74	33	t
26.84	51	t
25.92	29	q
23.81	26	t
23.39	85	q (2×)

(溶剂CDCl₃, Flaskamp *et al.*, 1981)

230 220 210 200 190 180 170 160 150 140 130 120 110 100 90 80 70 60 50 40 30 20 10 0

α-红没药醇氧化物B
α-Bisabolol oxide B　　C₁₅H₂₆O₂　　MW: 238.37

134.02	55	s
120.61	87	d
85.16	100	s
84.06	66	d
71.48	72	s
43.91	52	d
35.31	45	t
31.01	53	t
27.48	54	t
27.30	41	q
26.35	44	t
24.40	64	t+q
23.38	36	q
22.04	28	q

(溶剂CDCl₃, Flaskamp *et al.*, 1981)

230 220 210 200 190 180 170 160 150 140 130 120 110 100 90 80 70 60 50 40 30 20 10 0

α-红没药酮氧化物
α-Bisabolone oxide　　C₁₅H₂₄O₂　　MW: 236.35

214.57	47	s
134.32	75	s
120.35	98	d
79.33	79	s
75.55	100	s
43.52	63	d
32.51	73	t
31.29	74	t
31.08	58	t
27.90	50	q (2×)
27.32	62	t
23.30	66	q+t
21.89	41	q

(溶剂CDCl₃, Flaskamp *et al.*, 1981)

230 220 210 200 190 180 170 160 150 140 130 120 110 100 90 80 70 60 50 40 30 20 10 0

龙脑
Borneol　　　C₁₀H₁₈O　　MW: 154.25

76.89	62	d
49.56	28	s
47.90	32	s
45.47	62	d
39.14	100	t
28.48	75	t
26.16	81	t
20.12	75	q
18.63	72	q
13.35	67	q

乙酸龙脑酯
Bornyl acetate　　　C₁₂H₂₀O₂　　MW: 196.29

170.08	51	s
79.36	100	d
48.75	63	s
47.76	61	s
45.11	97	d
36.96	77	t
28.18	80	t
27.25	75	t
20.57	41	q
19.59	71	q
18.63	60	q
13.41	63	q

异戊酸龙脑酯
Bornyl isovalerate　　　C₁₅H₂₆O₂　　MW: 238.37

171.87	15	s
79.13	47	d
48.91	16	s
48.00	30	s
45.37	53	d
43.77	63	t
37.31	45	t
28.44	67	t
27.56	53	t
25.97	53	d
22.62	100	q
19.92	51	q
19.12	64	q
13.72	59	q

β-波旁烯
β-Bourbonene　　　C₁₅H₂₄　　MW: 204.36

157.57	s
103.59	t
56.76	d
54.96	d
47.87	d
45.68	d
43.15	s
42.02	t
33.81	t
41.14	d
29.08	t
27.30	t
21.83	q
21.56	q
21.51	q

(溶剂CDCl₃, Joulain and König, 1998)

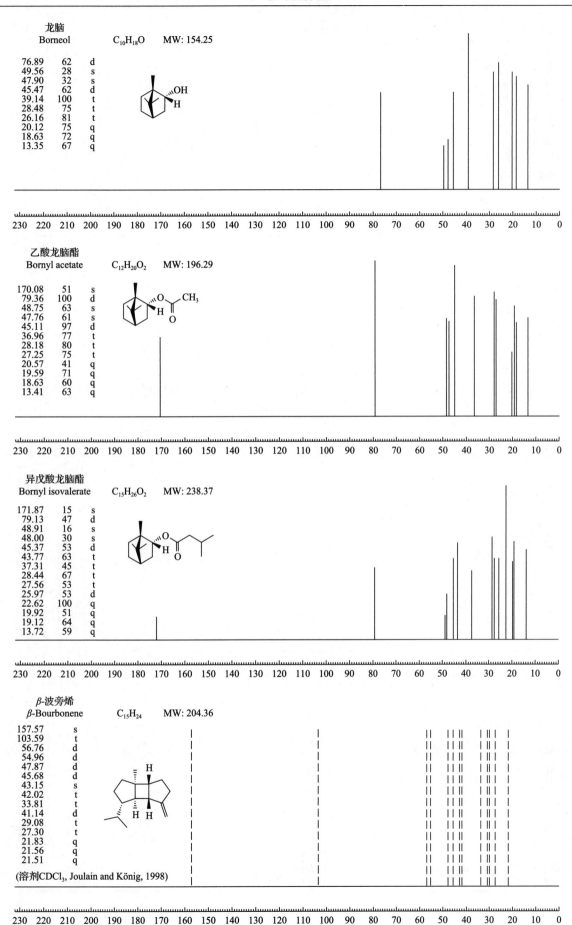

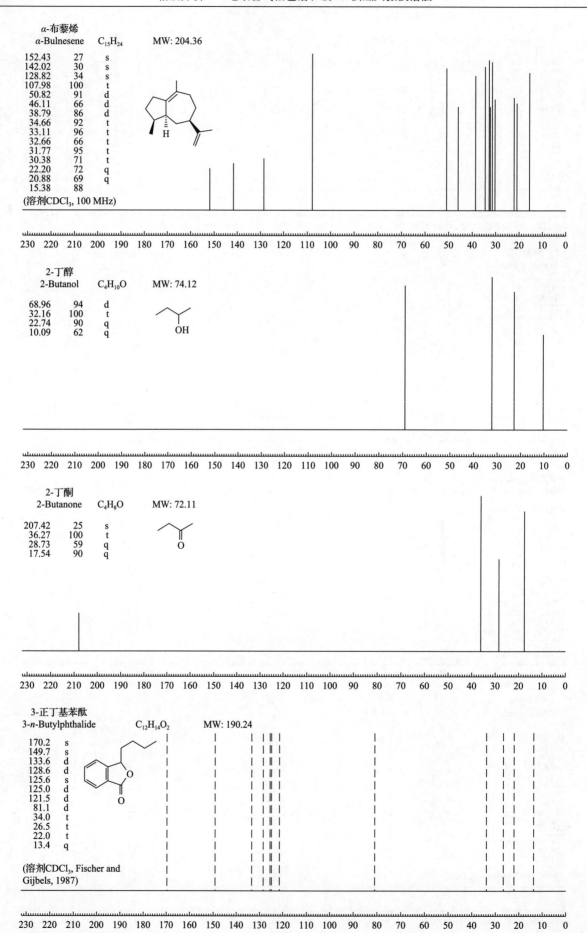

α-布藜烯
α-Bulnesene   C₁₅H₂₄   MW: 204.36

152.43	27	s
142.02	30	s
128.82	34	s
107.98	100	t
50.82	91	d
46.11	66	d
38.79	86	d
34.66	92	t
33.11	96	t
32.66	66	t
31.77	95	t
30.38	71	t
22.20	72	q
20.88	69	q
15.38	88	

(溶剂CDCl₃, 100 MHz)

2-丁醇
2-Butanol   C₄H₁₀O   MW: 74.12

68.96	94	d
32.16	100	t
22.74	90	q
10.09	62	q

2-丁酮
2-Butanone   C₄H₈O   MW: 72.11

207.42	25	s
36.27	100	t
28.73	59	q
17.54	90	q

3-正丁基苯酞
3-n-Butylphthalide   C₁₂H₁₄O₂   MW: 190.24

170.2	s
149.7	s
133.6	d
128.6	d
125.6	s
125.0	d
121.5	d
81.1	d
34.0	t
26.5	t
22.0	t
13.4	q

(溶剂CDCl₃, Fischer and Gijbels, 1987)

δ-杜松烯
δ-Cadinene　　C₁₅H₂₄　　MW: 204.36

133.93	60	s
130.35	65	s
125.05	95	d
124.05	66	s
45.75	95	s
39.88	80	d
32.69	81	t
32.32	82	t
27.16	82	t
27.02	95	d
23.67	90	q
21.89	100	t
21.61	80	q
18.57	70	q
15.90	85	q

α-杜松醇
α-Cadinol　　C₁₅H₂₆O　　MW: 222.37

134.90	s
122.32	d
72.88	s
50.04	d
46.75	d
42.23	t
39.88	d
30.95	t
26.00	d
23.31	q
22.69	t
21.99	t
21.52	q
20.76	q
15.15	q

(溶剂CDCl₃, Hera and Watanabe, 1983)

莰烯
Camphene　　C₁₀H₁₆　　MW: 136.24

165.86	25	s
99.75	83	t
48.53	76	d
47.29	86	d
41.94	31	s
37.62	90	t
29.55	100	q
29.15	88	t
25.94	97	q
24.11	78	t

樟脑
Camphor　　C₁₀H₁₆O　　MW: 152.24

216.18	38	s
57.10	39	s
46.38	40	s
43.21	75	d
43.06	100	t
29.91	91	t
27.11	71	t
19.51	84	q
9.29	68	q

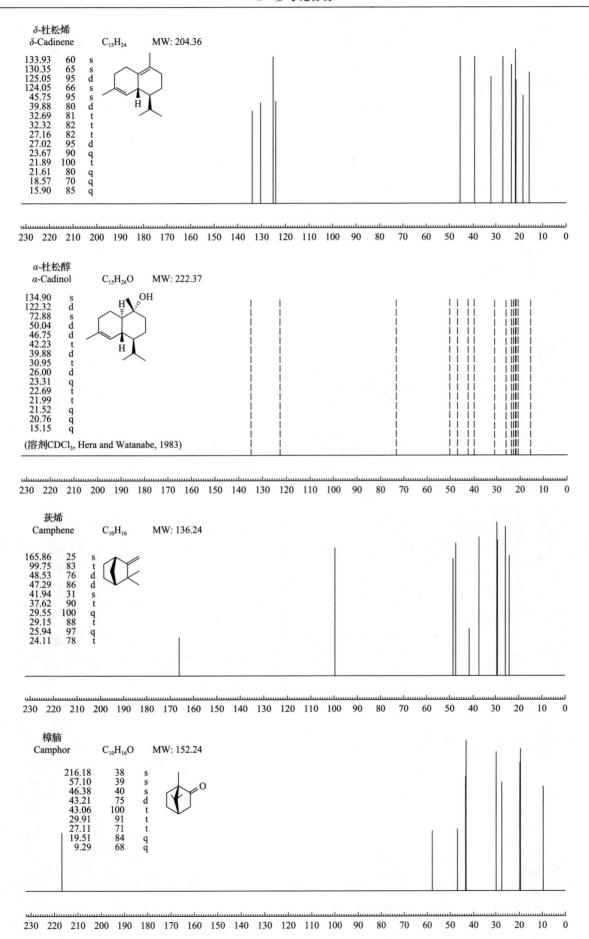

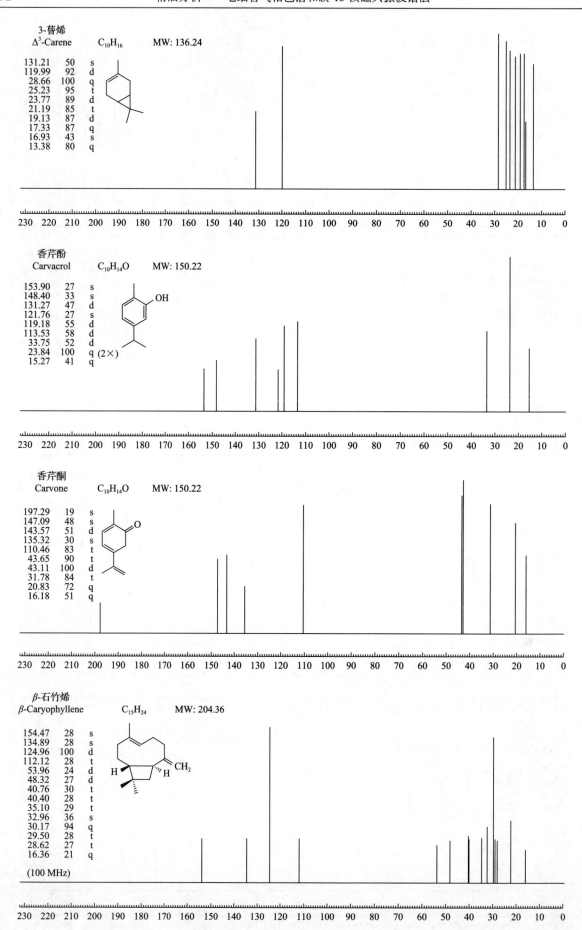

3-蒈烯
Δ^3-Carene　　　$C_{10}H_{16}$　　　MW: 136.24

131.21	50	s
119.99	92	d
28.66	100	q
25.23	95	t
23.77	89	d
21.19	85	t
19.13	87	d
17.33	87	q
16.93	43	s
13.38	80	q

230 220 210 200 190 180 170 160 150 140 130 120 110 100 90 80 70 60 50 40 30 20 10 0

香芹酚
Carvacrol　　　$C_{10}H_{14}O$　　　MW: 150.22

153.90	27	s
148.40	33	s
131.27	47	d
121.76	27	s
119.18	55	d
113.53	58	d
33.75	52	d
23.84	100	q (2×)
15.27	41	q

230 220 210 200 190 180 170 160 150 140 130 120 110 100 90 80 70 60 50 40 30 20 10 0

香芹酮
Carvone　　　$C_{10}H_{14}O$　　　MW: 150.22

197.29	19	s
147.09	48	s
143.57	51	d
135.32	30	s
110.46	83	t
43.65	90	t
43.11	100	d
31.78	84	t
20.83	72	q
16.18	51	q

230 220 210 200 190 180 170 160 150 140 130 120 110 100 90 80 70 60 50 40 30 20 10 0

β-石竹烯
β-Caryophyllene　　　$C_{15}H_{24}$　　　MW: 204.36

154.47	28	s
134.89	28	s
124.96	100	d
112.12	28	t
53.96	24	d
48.32	27	d
40.76	30	t
40.40	28	t
35.10	29	t
32.96	36	s
30.17	94	q
29.50	28	t
28.62	27	t
16.36	21	q

(100 MHz)

230 220 210 200 190 180 170 160 150 140 130 120 110 100 90 80 70 60 50 40 30 20 10 0

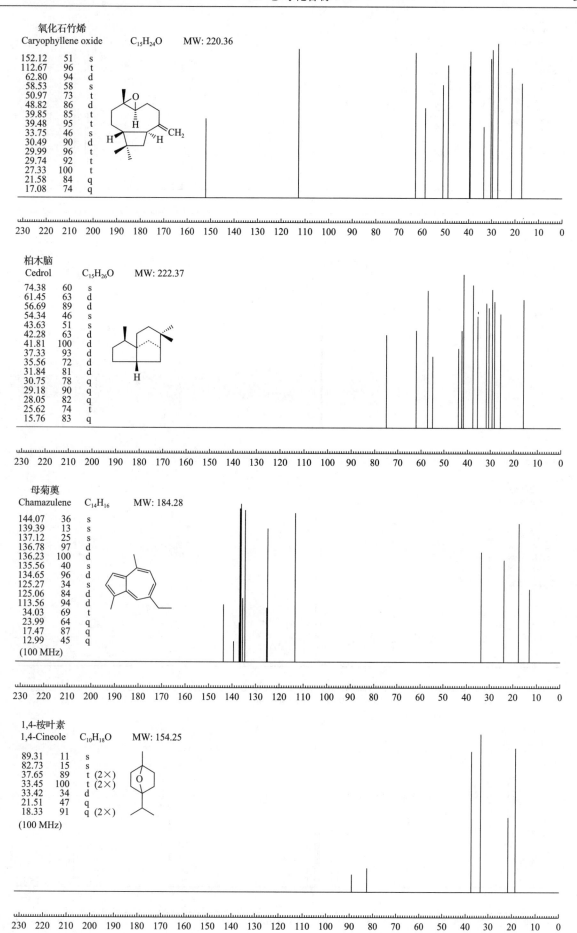

氧化石竹烯
Caryophyllene oxide　　C₁₅H₂₄O　　MW: 220.36

152.12	51	s
112.67	96	t
62.80	94	d
58.53	58	s
50.97	73	t
48.82	86	d
39.85	85	t
39.48	95	t
33.75	46	s
30.49	90	d
29.99	96	t
29.74	92	t
27.33	100	t
21.58	84	q
17.08	74	q

230 220 210 200 190 180 170 160 150 140 130 120 110 100 90 80 70 60 50 40 30 20 10 0

柏木脑
Cedrol　　C₁₅H₂₆O　　MW: 222.37

74.38	60	s
61.45	63	d
56.69	89	d
54.34	46	s
43.63	51	s
42.28	63	d
41.81	100	d
37.33	93	d
35.56	72	d
31.84	81	d
30.75	78	q
29.18	90	q
28.05	82	q
25.62	74	t
15.76	83	q

230 220 210 200 190 180 170 160 150 140 130 120 110 100 90 80 70 60 50 40 30 20 10 0

母菊薁
Chamazulene　　C₁₄H₁₆　　MW: 184.28

144.07	36	s
139.39	13	s
137.12	25	s
136.78	97	d
136.23	100	d
135.56	40	s
134.65	96	d
125.27	34	s
125.06	84	d
113.56	94	d
34.03	69	t
23.99	64	q
17.47	87	q
12.99	45	q

(100 MHz)

230 220 210 200 190 180 170 160 150 140 130 120 110 100 90 80 70 60 50 40 30 20 10 0

1,4-桉叶素
1,4-Cineole　　C₁₀H₁₈O　　MW: 154.25

89.31	11	s
82.73	15	s
37.65	89	t (2×)
33.45	100	t (2×)
33.42	34	d
21.51	47	q
18.33	91	q (2×)

(100 MHz)

230 220 210 200 190 180 170 160 150 140 130 120 110 100 90 80 70 60 50 40 30 20 10 0

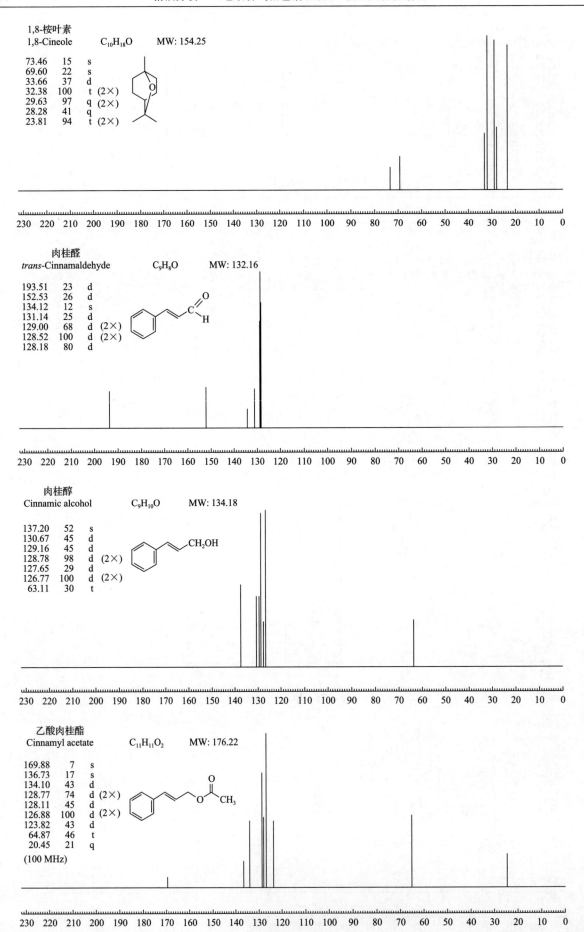

1,8-桉叶素
1,8-Cineole　　　　$C_{10}H_{18}O$　　　　MW: 154.25

73.46	15	s
69.60	22	s
33.66	37	d
32.38	100	t (2×)
29.63	97	q (2×)
28.28	41	q
23.81	94	t (2×)

230 220 210 200 190 180 170 160 150 140 130 120 110 100 90 80 70 60 50 40 30 20 10 0

肉桂醛
trans-Cinnamaldehyde　　　　C_9H_8O　　　　MW: 132.16

193.51	23	d
152.53	26	d
134.12	12	s
131.14	25	d
129.00	68	d (2×)
128.52	100	d (2×)
128.18	80	d

230 220 210 200 190 180 170 160 150 140 130 120 110 100 90 80 70 60 50 40 30 20 10 0

肉桂醇
Cinnamic alcohol　　　　$C_9H_{10}O$　　　　MW: 134.18

137.20	52	s
130.67	45	d
129.16	45	d
128.78	98	d (2×)
127.65	29	d
126.77	100	d (2×)
63.11	30	t

230 220 210 200 190 180 170 160 150 140 130 120 110 100 90 80 70 60 50 40 30 20 10 0

乙酸肉桂酯
Cinnamyl acetate　　　　$C_{11}H_{11}O_2$　　　　MW: 176.22

169.88	7	s
136.73	17	s
134.10	43	d
128.77	74	d (2×)
128.11	45	d
126.88	100	d (2×)
123.82	43	d
64.87	46	t
20.45	21	q

(100 MHz)

230 220 210 200 190 180 170 160 150 140 130 120 110 100 90 80 70 60 50 40 30 20 10 0

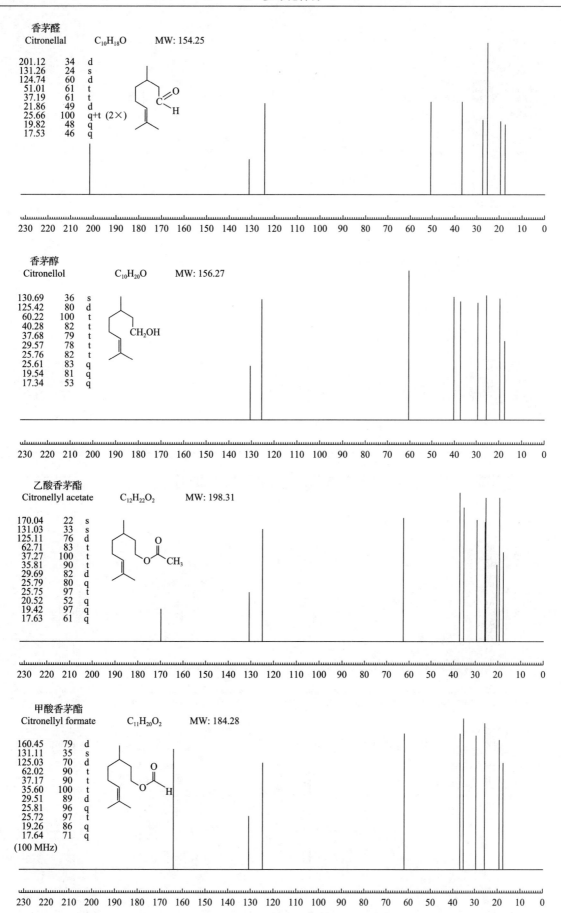

香茅醛
Citronellal　　　C₁₀H₁₈O　　　MW: 154.25

201.12	34	d
131.26	24	s
124.74	60	d
51.01	61	t
37.19	61	t
21.86	49	d
25.66	100	q+t (2×)
19.82	48	q
17.53	46	q

230 220 210 200 190 180 170 160 150 140 130 120 110 100 90 80 70 60 50 40 30 20 10 0

香茅醇
Citronellol　　　C₁₀H₂₀O　　　MW: 156.27

130.69	36	s
125.42	80	d
60.22	100	t
40.28	82	t
37.68	79	t
29.57	78	t
25.76	82	t
25.61	83	q
19.54	81	q
17.34	53	q

230 220 210 200 190 180 170 160 150 140 130 120 110 100 90 80 70 60 50 40 30 20 10 0

乙酸香茅酯
Citronellyl acetate　　　C₁₂H₂₂O₂　　　MW: 198.31

170.04	22	s
131.03	33	s
125.11	76	d
62.71	83	t
37.27	100	t
35.81	90	t
29.69	82	d
25.79	80	q
25.75	97	t
20.52	52	q
19.42	97	q
17.63	61	q

230 220 210 200 190 180 170 160 150 140 130 120 110 100 90 80 70 60 50 40 30 20 10 0

甲酸香茅酯
Citronellyl formate　　　C₁₁H₂₀O₂　　　MW: 184.28

160.45	79	d
131.11	35	s
125.03	70	d
62.02	90	t
37.17	90	t
35.60	100	t
29.51	89	d
25.81	96	q
25.72	97	t
19.26	86	q
17.64	71	q
(100 MHz)		

230 220 210 200 190 180 170 160 150 140 130 120 110 100 90 80 70 60 50 40 30 20 10 0

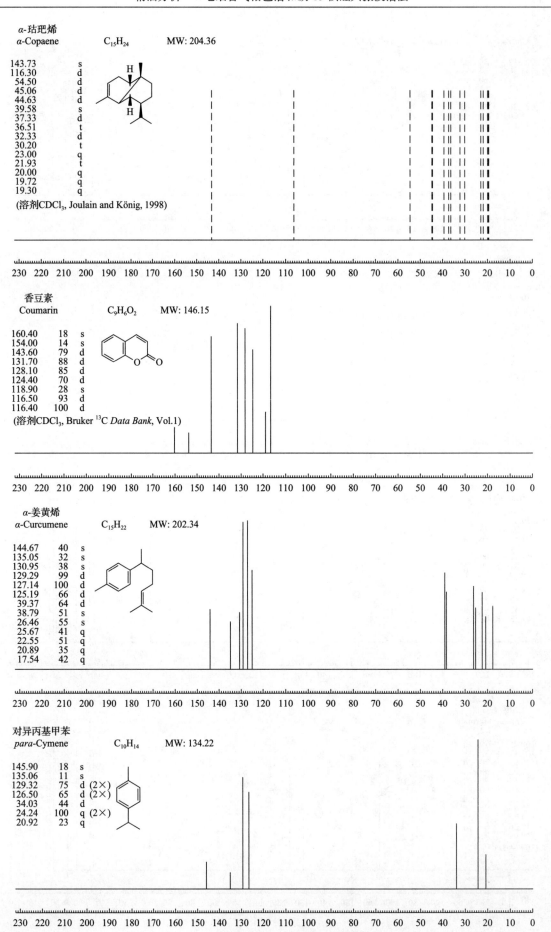

α-珂杷烯
α-Copaene　　　$C_{15}H_{24}$　　　MW: 204.36

143.73	s
116.30	d
54.50	d
45.06	d
44.63	d
39.58	s
37.33	d
36.51	t
32.33	d
30.20	t
23.00	q
21.93	t
20.00	q
19.72	q
19.30	q

(溶剂CDCl₃, Joulain and König, 1998)

230 220 210 200 190 180 170 160 150 140 130 120 110 100 90 80 70 60 50 40 30 20 10 0

香豆素
Coumarin　　　$C_9H_6O_2$　　　MW: 146.15

160.40	18	s
154.00	14	s
143.60	79	d
131.70	88	d
128.10	85	d
124.40	70	d
118.90	28	s
116.50	93	d
116.40	100	d

(溶剂CDCl₃, Bruker ¹³C *Data Bank*, Vol.1)

230 220 210 200 190 180 170 160 150 140 130 120 110 100 90 80 70 60 50 40 30 20 10 0

α-姜黄烯
α-Curcumene　　　$C_{15}H_{22}$　　　MW: 202.34

144.67	40	s
135.05	32	s
130.95	38	s
129.29	99	d
127.14	100	d
125.19	66	d
39.37	64	d
38.79	51	s
26.46	55	s
25.67	41	q
22.55	51	q
20.89	35	q
17.54	42	q

230 220 210 200 190 180 170 160 150 140 130 120 110 100 90 80 70 60 50 40 30 20 10 0

对异丙基甲苯
para-Cymene　　　$C_{10}H_{14}$　　　MW: 134.22

145.90	18	s
135.06	11	s
129.32	75	d (2×)
126.50	65	d (2×)
34.03	44	d
24.24	100	q (2×)
20.92	23	q

230 220 210 200 190 180 170 160 150 140 130 120 110 100 90 80 70 60 50 40 30 20 10 0

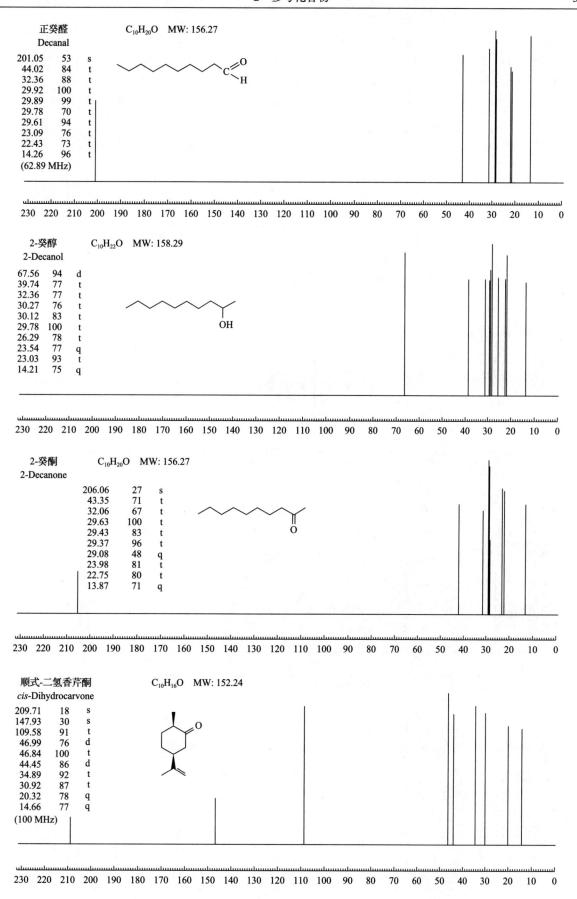

正癸醛
Decanal
C₁₀H₂₀O   MW: 156.27

201.05	53	s
44.02	84	t
32.36	88	t
29.92	100	t
29.89	99	t
29.78	70	t
29.61	94	t
23.09	76	t
22.43	73	t
14.26	96	t
(62.89 MHz)		

230 220 210 200 190 180 170 160 150 140 130 120 110 100 90 80 70 60 50 40 30 20 10 0

2-癸醇
2-Decanol
C₁₀H₂₂O   MW: 158.29

67.56	94	d
39.74	77	t
32.36	77	t
30.27	76	t
30.12	83	t
29.78	100	t
26.29	78	t
23.54	77	q
23.03	93	t
14.21	75	q

230 220 210 200 190 180 170 160 150 140 130 120 110 100 90 80 70 60 50 40 30 20 10 0

2-癸酮
2-Decanone
C₁₀H₂₀O   MW: 156.27

206.06	27	s
43.35	71	t
32.06	67	t
29.63	100	t
29.43	83	t
29.37	96	t
29.08	48	q
23.98	81	t
22.75	80	t
13.87	71	q

230 220 210 200 190 180 170 160 150 140 130 120 110 100 90 80 70 60 50 40 30 20 10 0

顺式-二氢香芹酮
cis-Dihydrocarvone
C₁₀H₁₆O   MW: 152.24

209.71	18	s
147.93	30	s
109.58	91	t
46.99	76	d
46.84	100	t
44.45	86	d
34.89	92	t
30.92	87	t
20.32	78	q
14.66	77	q
(100 MHz)		

230 220 210 200 190 180 170 160 150 140 130 120 110 100 90 80 70 60 50 40 30 20 10 0

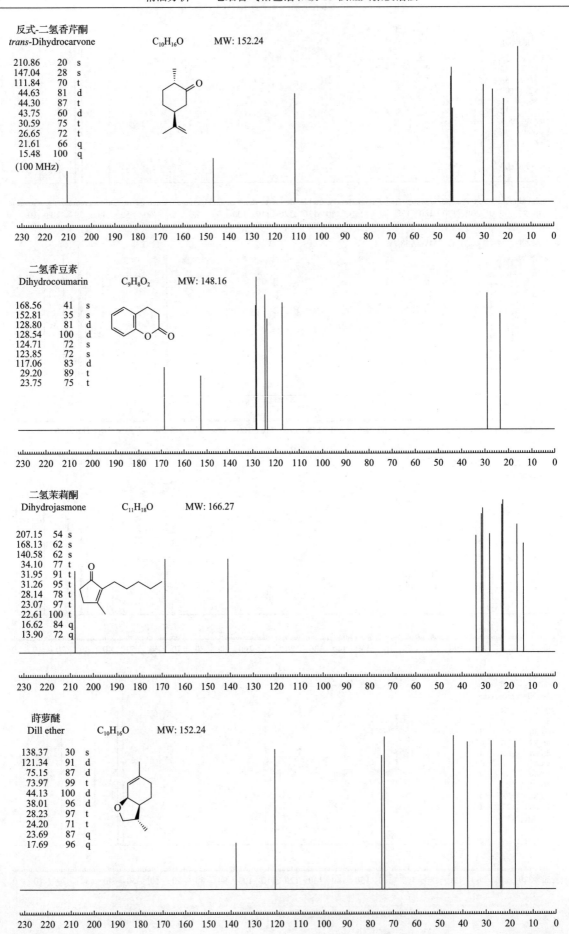

反式-二氢香芹酮
trans-Dihydrocarvone　　　　C₁₀H₁₆O　　　MW: 152.24

210.86	20	s
147.04	28	s
111.84	70	t
44.63	81	d
44.30	87	t
43.75	60	d
30.59	75	t
26.65	72	t
21.61	66	q
15.48	100	q
(100 MHz)		

230 220 210 200 190 180 170 160 150 140 130 120 110 100 90 80 70 60 50 40 30 20 10 0

二氢香豆素
Dihydrocoumarin　　　　C₉H₈O₂　　　MW: 148.16

168.56	41	s
152.81	35	s
128.80	81	d
128.54	100	d
124.71	72	s
123.85	72	s
117.06	83	d
29.20	89	t
23.75	75	t

230 220 210 200 190 180 170 160 150 140 130 120 110 100 90 80 70 60 50 40 30 20 10 0

二氢茉莉酮
Dihydrojasmone　　　　C₁₁H₁₈O　　　MW: 166.27

207.15	54	s
168.13	62	s
140.58	62	s
34.10	77	t
31.95	91	t
31.26	95	t
28.14	78	t
23.07	97	t
22.61	100	t
16.62	84	q
13.90	72	q

230 220 210 200 190 180 170 160 150 140 130 120 110 100 90 80 70 60 50 40 30 20 10 0

莳萝醚
Dill ether　　　　C₁₀H₁₆O　　　MW: 152.24

138.37	30	s
121.34	91	d
75.15	87	d
73.97	99	t
44.13	100	d
38.01	96	d
28.23	97	t
24.20	71	t
23.69	87	q
17.69	96	q

230 220 210 200 190 180 170 160 150 140 130 120 110 100 90 80 70 60 50 40 30 20 10 0

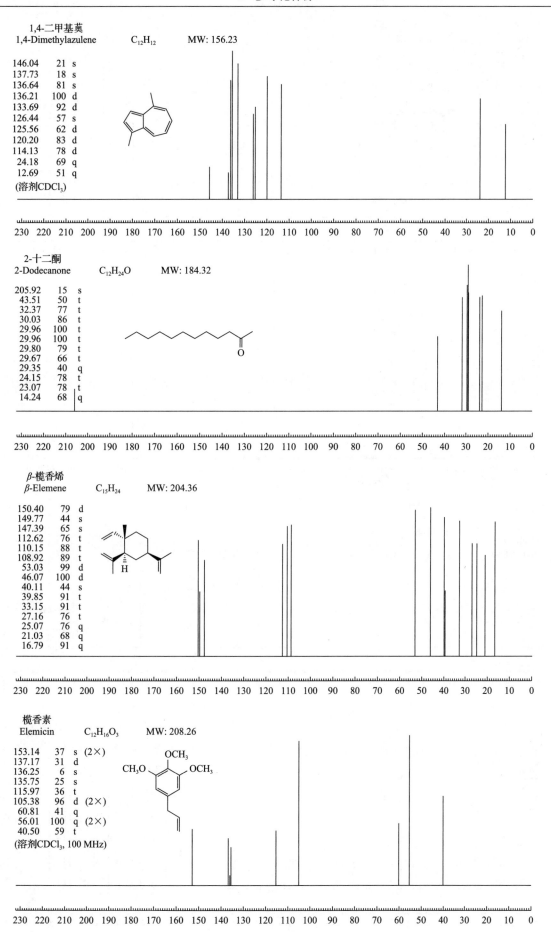

1,4-二甲基薁
1,4-Dimethylazulene $C_{12}H_{12}$ MW: 156.23

146.04	21	s
137.73	18	s
136.64	81	s
136.21	100	d
133.69	92	d
126.44	57	s
125.56	62	d
120.20	83	d
114.13	78	d
24.18	69	q
12.69	51	q

(溶剂CDCl₃)

230 220 210 200 190 180 170 160 150 140 130 120 110 100 90 80 70 60 50 40 30 20 10 0

2-十二酮
2-Dodecanone $C_{12}H_{24}O$ MW: 184.32

205.92	15	s
43.51	50	t
32.37	77	t
30.03	86	t
29.96	100	t
29.96	100	t
29.80	79	t
29.67	66	t
29.35	40	q
24.15	78	t
23.07	78	t
14.24	68	q

230 220 210 200 190 180 170 160 150 140 130 120 110 100 90 80 70 60 50 40 30 20 10 0

β-榄香烯
β-Elemene $C_{15}H_{24}$ MW: 204.36

150.40	79	d
149.77	44	s
147.39	65	s
112.62	76	t
110.15	88	t
108.92	89	t
53.03	99	d
46.07	100	d
40.11	44	s
39.85	91	t
33.15	91	t
27.16	76	t
25.07	76	q
21.03	68	q
16.79	91	q

230 220 210 200 190 180 170 160 150 140 130 120 110 100 90 80 70 60 50 40 30 20 10 0

榄香素
Elemicin $C_{12}H_{16}O_3$ MW: 208.26

153.14	37	s (2×)
137.17	31	d
136.25	6	s
135.75	25	s
115.97	36	t
105.38	96	d (2×)
60.81	41	q
56.01	100	q (2×)
40.50	59	t

(溶剂CDCl₃, 100 MHz)

230 220 210 200 190 180 170 160 150 140 130 120 110 100 90 80 70 60 50 40 30 20 10 0

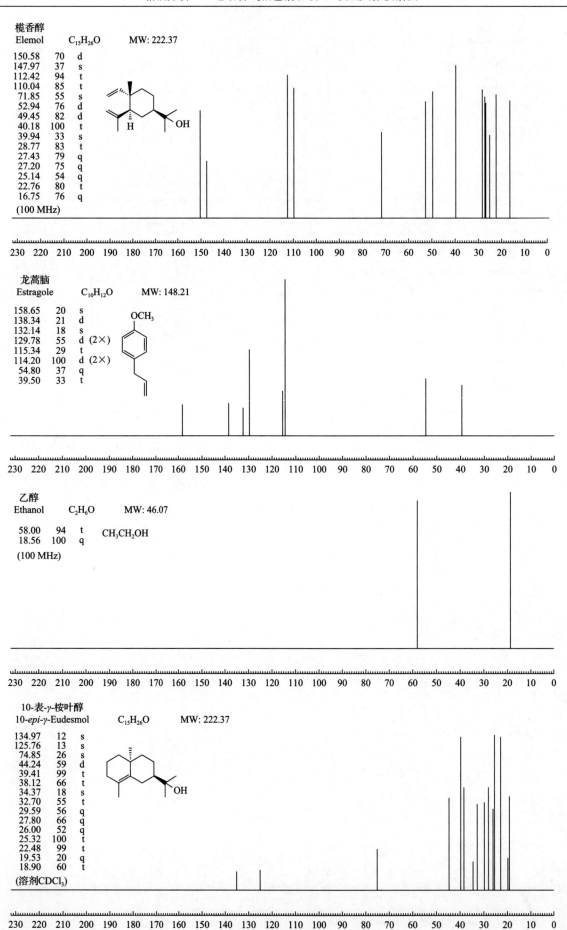

榄香醇
Elemol　　　　$C_{15}H_{26}O$　　　MW: 222.37

150.58	70	d
147.97	37	s
112.42	94	t
110.04	85	t
71.85	55	s
52.94	76	d
49.45	82	d
40.18	100	t
39.94	33	s
28.77	83	t
27.43	79	q
27.20	75	q
25.14	54	q
22.76	80	t
16.75	76	q

(100 MHz)

龙蒿脑
Estragole　　　　$C_{10}H_{12}O$　　　MW: 148.21

158.65	20	s
138.34	21	d
132.14	18	s
129.78	55	d (2×)
115.34	29	t
114.20	100	d (2×)
54.80	37	q
39.50	33	t

乙醇
Ethanol　　　　C_2H_6O　　　MW: 46.07

58.00	94	t
18.56	100	q

CH_3CH_2OH

(100 MHz)

10-表-γ-桉叶醇
10-epi-γ-Eudesmol　　　　$C_{15}H_{26}O$　　　MW: 222.37

134.97	12	s
125.76	13	s
74.85	26	s
44.24	59	d
39.41	99	t
38.12	66	t
34.37	18	s
32.70	55	t
29.59	56	q
27.80	66	q
26.00	52	q
25.32	100	t
22.48	99	t
19.53	20	q
18.90	60	t

(溶剂CDCl₃)

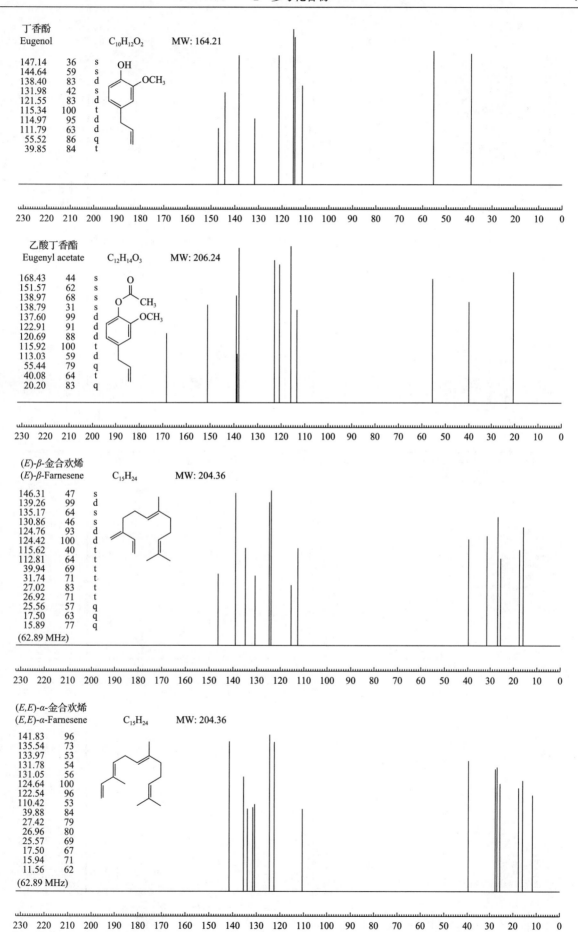

丁香酚
Eugenol   C₁₀H₁₂O₂   MW: 164.21

147.14	36	s
144.64	59	s
138.40	83	d
131.98	42	s
121.55	83	d
115.34	100	t
114.97	95	d
111.79	63	d
55.52	86	q
39.85	84	t

230 220 210 200 190 180 170 160 150 140 130 120 110 100 90 80 70 60 50 40 30 20 10 0

乙酸丁香酯
Eugenyl acetate   C₁₂H₁₄O₃   MW: 206.24

168.43	44	s
151.57	62	s
138.97	68	s
138.79	31	s
137.60	99	d
122.91	91	d
120.69	88	d
115.92	100	t
113.03	59	d
55.44	79	q
40.08	64	t
20.20	83	q

230 220 210 200 190 180 170 160 150 140 130 120 110 100 90 80 70 60 50 40 30 20 10 0

(E)-β-金合欢烯
(E)-β-Farnesene   C₁₅H₂₄   MW: 204.36

146.31	47	s
139.26	99	d
135.17	64	s
130.86	46	s
124.76	93	d
124.42	100	d
115.62	40	t
112.81	64	t
39.94	69	t
31.74	71	t
27.02	83	t
26.92	71	t
25.56	57	q
17.50	63	q
15.89	77	q

(62.89 MHz)

230 220 210 200 190 180 170 160 150 140 130 120 110 100 90 80 70 60 50 40 30 20 10 0

(E,E)-α-金合欢烯
(E,E)-α-Farnesene   C₁₅H₂₄   MW: 204.36

141.83	96
135.54	73
133.97	53
131.78	54
131.05	56
124.64	100
122.54	96
110.42	53
39.88	84
27.42	79
26.96	80
25.57	69
17.50	67
15.94	71
11.56	62

(62.89 MHz)

230 220 210 200 190 180 170 160 150 140 130 120 110 100 90 80 70 60 50 40 30 20 10 0

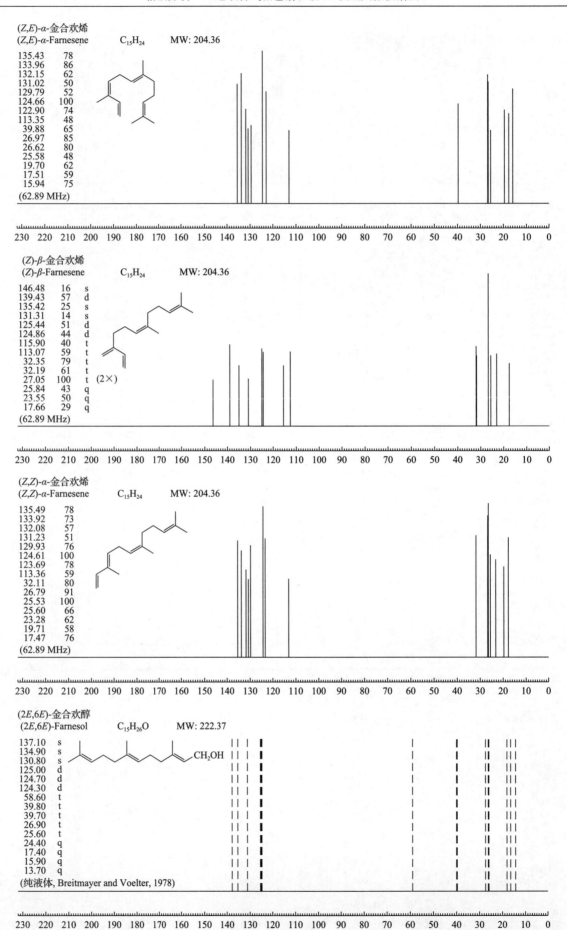

(Z,E)-α-金合欢烯
(Z,E)-α-Farnesene　　C₁₅H₂₄　　MW: 204.36

135.43	78
133.96	86
132.15	62
131.02	50
129.79	52
124.66	100
122.90	74
113.35	48
39.88	65
26.97	85
26.62	80
25.58	48
19.70	62
17.51	59
15.94	75

(62.89 MHz)

230 220 210 200 190 180 170 160 150 140 130 120 110 100 90 80 70 60 50 40 30 20 10 0

(Z)-β-金合欢烯
(Z)-β-Farnesene　　C₁₅H₂₄　　MW: 204.36

146.48	16	s
139.43	57	d
135.42	25	s
131.31	14	s
125.44	51	d
124.86	44	d
115.90	40	t
113.07	59	t
32.35	79	t
32.19	61	t
27.05	100	t
25.84	43	q
23.55	50	q
17.66	29	q

(2×)

(62.89 MHz)

230 220 210 200 190 180 170 160 150 140 130 120 110 100 90 80 70 60 50 40 30 20 10 0

(Z,Z)-α-金合欢烯
(Z,Z)-α-Farnesene　　C₁₅H₂₄　　MW: 204.36

135.49	78
133.92	73
132.08	57
131.23	51
129.93	76
124.61	100
123.69	78
113.36	59
32.11	80
26.79	91
25.53	100
25.60	66
23.28	62
19.71	58
17.47	76

(62.89 MHz)

230 220 210 200 190 180 170 160 150 140 130 120 110 100 90 80 70 60 50 40 30 20 10 0

(2E,6E)-金合欢醇
(2E,6E)-Farnesol　　C₁₅H₂₆O　　MW: 222.37

137.10	s
134.90	s
130.80	s
125.00	d
124.70	d
124.30	d
58.60	t
39.80	t
39.70	t
26.90	t
25.60	t
24.40	q
17.40	q
15.90	q
13.70	q

(纯液体, Breitmayer and Voelter, 1978)

230 220 210 200 190 180 170 160 150 140 130 120 110 100 90 80 70 60 50 40 30 20 10 0

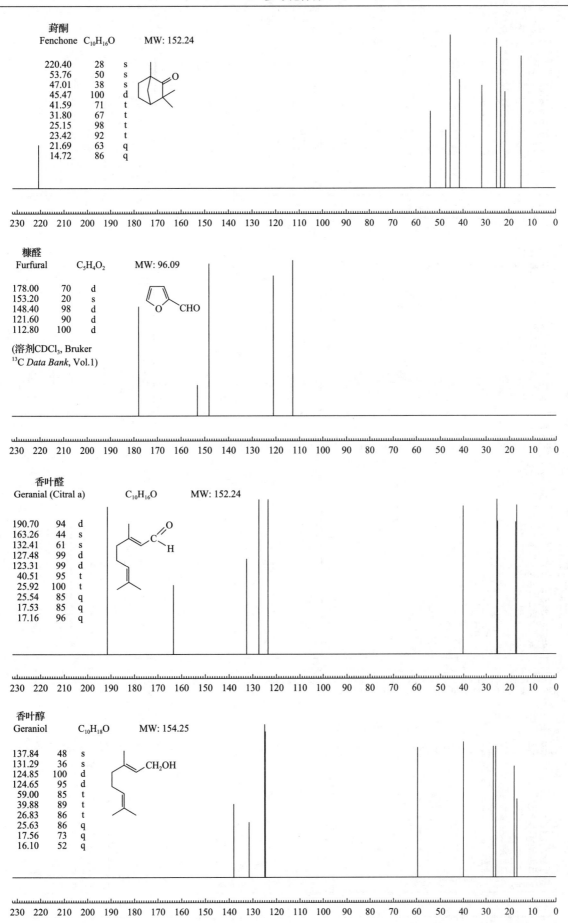

崀酮
Fenchone C₁₀H₁₆O   MW: 152.24

220.40	28	s
53.76	50	s
47.01	38	s
45.47	100	d
41.59	71	t
31.80	67	t
25.15	98	t
23.42	92	t
21.69	63	q
14.72	86	q

230 220 210 200 190 180 170 160 150 140 130 120 110 100 90 80 70 60 50 40 30 20 10 0

糠醛
Furfural   C₅H₄O₂   MW: 96.09

178.00	70	d
153.20	20	s
148.40	98	d
121.60	90	d
112.80	100	d

(溶剂CDCl₃, Bruker
¹³C *Data Bank*, Vol.1)

230 220 210 200 190 180 170 160 150 140 130 120 110 100 90 80 70 60 50 40 30 20 10 0

香叶醛
Geranial (Citral a)   C₁₀H₁₆O   MW: 152.24

190.70	94	d
163.26	44	s
132.41	61	s
127.48	99	d
123.31	99	d
40.51	95	t
25.92	100	t
25.54	85	q
17.53	85	q
17.16	96	q

230 220 210 200 190 180 170 160 150 140 130 120 110 100 90 80 70 60 50 40 30 20 10 0

香叶醇
Geraniol   C₁₀H₁₈O   MW: 154.25

137.84	48	s
131.29	36	s
124.85	100	d
124.65	95	d
59.00	85	t
39.88	89	t
26.83	86	t
25.63	86	q
17.56	73	q
16.10	52	q

230 220 210 200 190 180 170 160 150 140 130 120 110 100 90 80 70 60 50 40 30 20 10 0

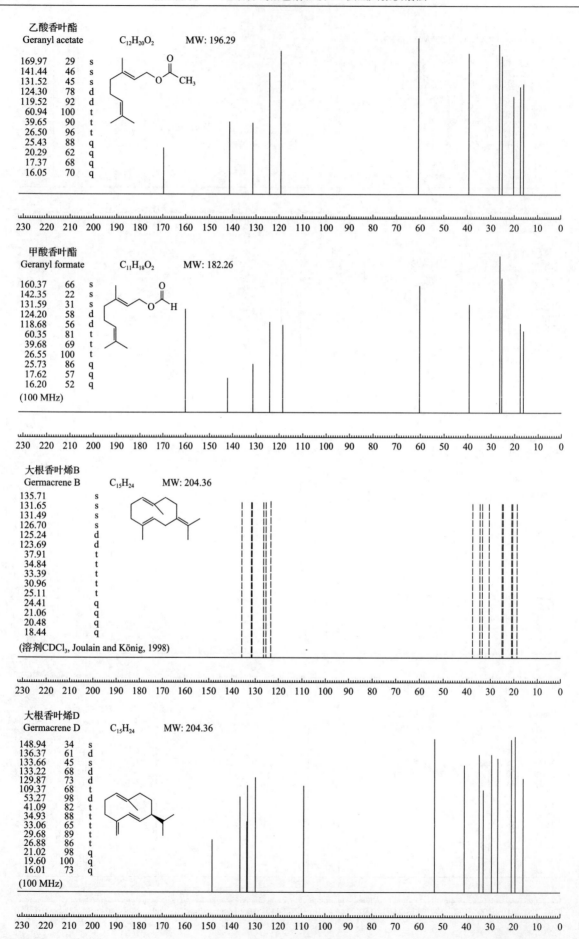

乙酸香叶酯
Geranyl acetate　　C₁₂H₂₀O₂　　MW: 196.29

169.97	29 s
141.44	46 s
131.52	45 s
124.30	78 d
119.52	92 d
60.94	100 t
39.65	90 t
26.50	96 t
25.43	88 q
20.29	62 q
17.37	68 q
16.05	70 q

甲酸香叶酯
Geranyl formate　　C₁₁H₁₈O₂　　MW: 182.26

160.37	66 s
142.35	22 s
131.59	31 s
124.20	58 d
118.68	56 d
60.35	81 t
39.68	69 t
26.55	100 t
25.73	86 q
17.62	57 q
16.20	52 q

(100 MHz)

大根香叶烯B
Germacrene B　　C₁₅H₂₄　　MW: 204.36

135.71	s
131.65	s
131.49	s
126.70	s
125.24	d
123.69	d
37.91	t
34.84	t
33.39	t
30.96	t
25.11	t
24.41	q
21.06	q
20.48	q
18.44	q

(溶剂CDCl₃, Joulain and König, 1998)

大根香叶烯D
Germacrene D　　C₁₅H₂₄　　MW: 204.36

148.94	34 s
136.37	61 d
133.66	45 s
133.22	68 d
129.87	73 d
109.37	68 t
53.27	98 d
41.09	82 t
34.93	88 t
33.06	65 t
29.68	89 t
26.88	86 t
21.02	98 q
19.60	100 q
16.01	73 q

(100 MHz)

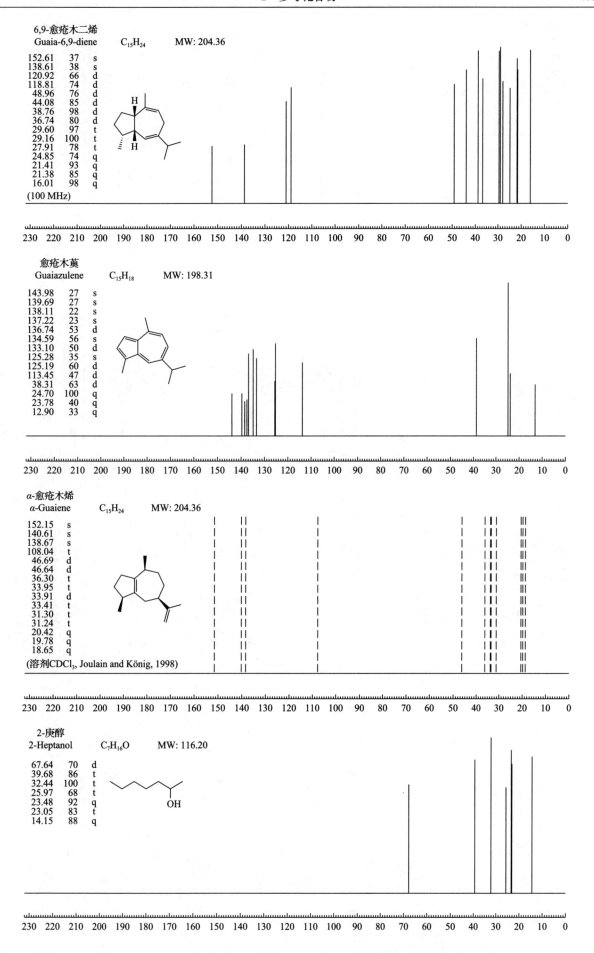

6,9-愈疮木二烯 / Guaia-6,9-diene
$C_{15}H_{24}$ MW: 204.36

ppm		
152.61	37	s
138.61	38	s
120.92	66	d
118.81	74	d
48.96	76	d
44.08	85	d
38.76	98	d
36.74	80	d
29.60	97	t
29.16	100	t
27.91	78	t
24.85	74	q
21.41	93	q
21.38	85	q
16.01	98	q

(100 MHz)

愈疮木薁 / Guaiazulene
$C_{15}H_{18}$ MW: 198.31

ppm		
143.98	27	s
139.69	27	s
138.11	22	s
137.22	23	s
136.74	53	d
134.59	56	s
133.10	50	d
125.28	35	s
125.19	60	d
113.45	47	d
38.31	63	d
24.70	100	q
23.78	40	q
12.90	33	q

α-愈疮木烯 / α-Guaiene
$C_{15}H_{24}$ MW: 204.36

ppm	
152.15	s
140.61	s
138.67	s
108.04	t
46.69	d
46.64	d
36.30	t
33.95	t
33.91	d
33.41	t
31.30	t
31.24	t
20.42	q
19.78	q
18.65	q

(溶剂CDCl₃, Joulain and König, 1998)

2-庚醇 / 2-Heptanol
$C_7H_{16}O$ MW: 116.20

ppm		
67.64	70	d
39.68	86	t
32.44	100	t
25.97	68	t
23.48	92	q
23.05	83	t
14.15	88	q

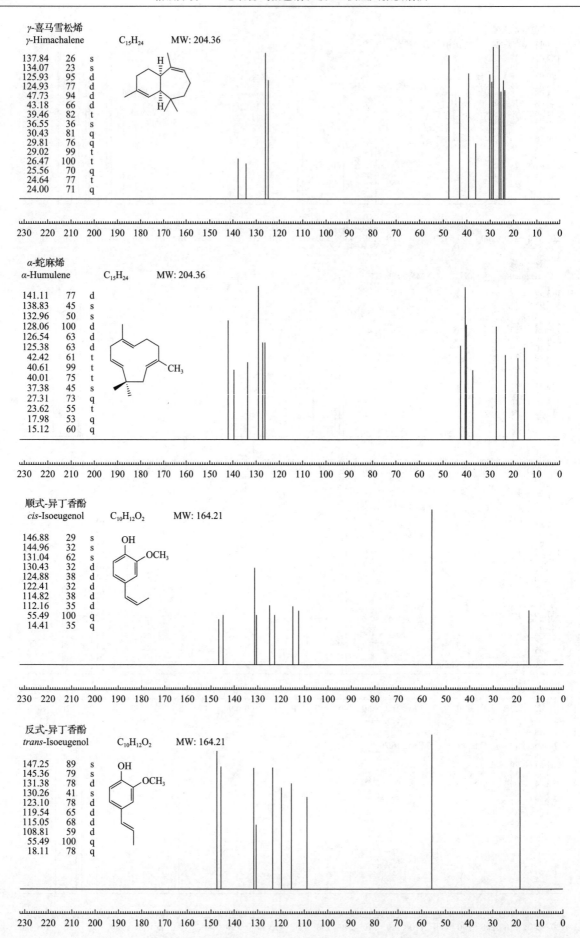

γ-喜马雪松烯
γ-Himachalene　　C₁₅H₂₄　　MW: 204.36

137.84	26	s
134.07	23	s
125.93	95	d
124.93	77	d
47.73	94	d
43.18	66	d
39.46	82	t
36.55	36	s
30.43	81	q
29.81	76	q
29.02	99	t
26.47	100	t
25.56	70	q
24.64	77	t
24.00	71	q

α-蛇麻烯
α-Humulene　　C₁₅H₂₄　　MW: 204.36

141.11	77	d
138.83	45	s
132.96	50	s
128.06	100	d
126.54	63	d
125.38	63	d
42.42	61	t
40.61	99	t
40.01	75	t
37.38	45	s
27.31	73	q
23.62	55	t
17.98	53	q
15.12	60	q

顺式-异丁香酚
cis-Isoeugenol　　C₁₀H₁₂O₂　　MW: 164.21

146.88	29	s
144.96	32	s
131.04	62	s
130.43	32	d
124.88	38	d
122.41	32	d
114.82	38	d
112.16	35	d
55.49	100	q
14.41	35	q

反式-异丁香酚
trans-Isoeugenol　　C₁₀H₁₂O₂　　MW: 164.21

147.25	89	s
145.36	79	s
131.38	78	d
130.26	41	s
123.10	78	d
119.54	65	d
115.05	68	d
108.81	59	d
55.49	100	q
18.11	78	q

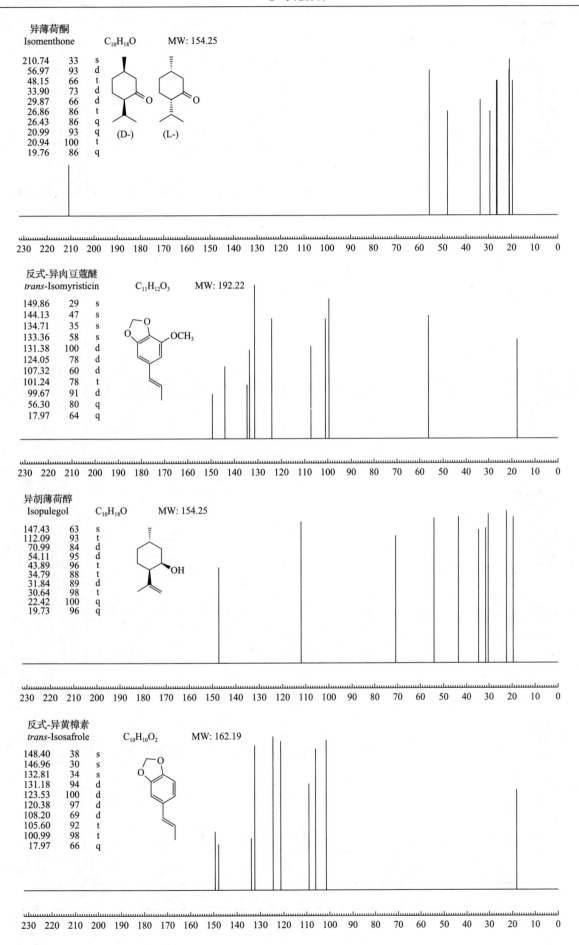

异薄荷酮
Isomenthone $C_{10}H_{18}O$ MW: 154.25

210.74	33	s
56.97	93	d
48.15	66	t
33.90	73	d
29.87	66	d
26.86	86	t
26.43	86	q
20.99	93	q
20.94	100	t
19.76	86	q

(D-) (L-)

230 220 210 200 190 180 170 160 150 140 130 120 110 100 90 80 70 60 50 40 30 20 10 0

反式-异肉豆蔻醚
trans-Isomyristicin $C_{11}H_{12}O_3$ MW: 192.22

149.86	29	s
144.13	47	s
134.71	35	s
133.36	58	s
131.38	100	d
124.05	78	d
107.32	60	d
101.24	78	t
99.67	91	d
56.30	80	q
17.97	64	q

230 220 210 200 190 180 170 160 150 140 130 120 110 100 90 80 70 60 50 40 30 20 10 0

异胡薄荷醇
Isopulegol $C_{10}H_{18}O$ MW: 154.25

147.43	63	s
112.09	93	t
70.99	84	d
54.11	95	d
43.89	96	t
34.79	88	t
31.84	89	d
30.64	98	t
22.42	100	q
19.73	96	q

230 220 210 200 190 180 170 160 150 140 130 120 110 100 90 80 70 60 50 40 30 20 10 0

反式-异黄樟素
trans-Isosafrole $C_{10}H_{10}O_2$ MW: 162.19

148.40	38	s
146.96	30	s
132.81	34	s
131.18	94	d
123.53	100	d
120.38	97	d
108.20	69	d
105.60	92	t
100.99	98	t
17.97	66	q

230 220 210 200 190 180 170 160 150 140 130 120 110 100 90 80 70 60 50 40 30 20 10 0

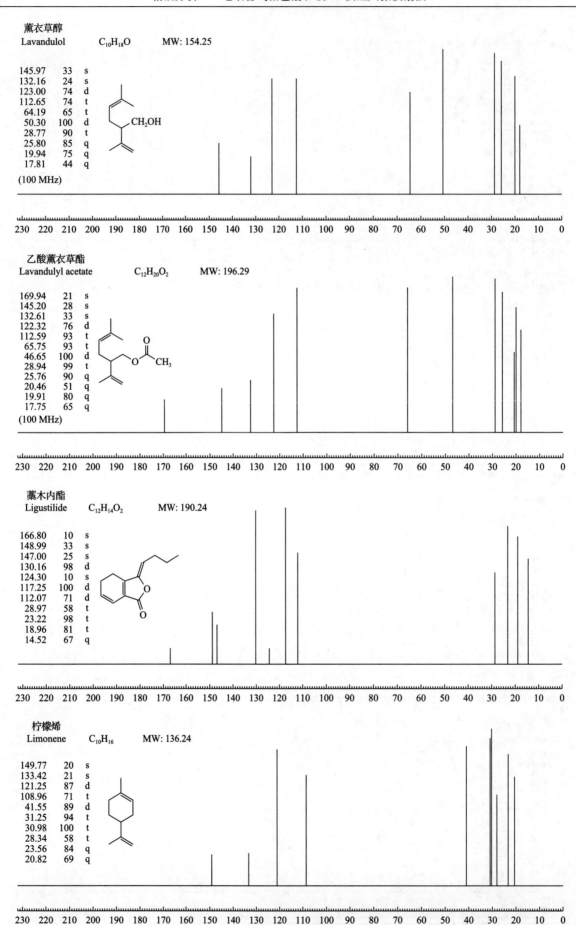

薰衣草醇
Lavandulol　　　　C$_{10}$H$_{18}$O　　　　MW: 154.25

145.97	33	s
132.16	24	s
123.00	74	d
112.65	74	t
64.19	65	t
50.30	100	d
28.77	90	t
25.80	85	q
19.94	75	q
17.81	44	q

(100 MHz)

乙酸薰衣草酯
Lavandulyl acetate　　　　C$_{12}$H$_{20}$O$_2$　　　　MW: 196.29

169.94	21	s
145.20	28	s
132.61	33	s
122.32	76	d
112.59	93	t
65.75	93	t
46.65	100	d
28.94	99	t
25.76	90	q
20.46	51	q
19.91	80	q
17.75	65	q

(100 MHz)

藁木内酯
Ligustilide　　　　C$_{12}$H$_{14}$O$_2$　　　　MW: 190.24

166.80	10	s
148.99	33	s
147.00	25	s
130.16	98	d
124.30	10	s
117.25	100	d
112.07	71	d
28.97	58	t
23.22	98	t
18.96	81	t
14.52	67	q

柠檬烯
Limonene　　　　C$_{10}$H$_{16}$　　　　MW: 136.24

149.77	20	s
133.42	21	s
121.25	87	d
108.96	71	t
41.55	89	d
31.25	94	t
30.98	100	t
28.34	58	t
23.56	84	q
20.82	69	q

芳樟醇
Linalool　C$_{10}$H$_{18}$O　　MW: 154.25

145.76　72　d
130.98　63　s
125.22　100　d
111.61　99　t
73.14　77　s
42.60　68　t
27.65　92　q
25.59　77　q
22.95　72　t
17.51　70　q

230 220 210 200 190 180 170 160 150 140 130 120 110 100 90 80 70 60 50 40 30 20 10 0

顺式-氧化芳樟醇
cis-Linalool oxide (furanoid)　　C$_{10}$H$_{18}$O$_2$　　MW: 170.25

144.99　41　d
111.30　54　t
85.75　61　d
82.80　26　s
71.31　44　s
37.93　43　t
26.88　48　q
26.30　50　t
25.85　46　q
25.27　54　q

230 220 210 200 190 180 170 160 150 140 130 120 110 100 90 80 70 60 50 40 30 20 10 0

反式-氧化芳樟醇
trans-Linalool oxide (furanoid)　　C$_{10}$H$_{18}$O$_2$　　MW: 170.25

144.30　41　d
111.24　54　t
85.66　57　d
83.11　28　s
71.22　47　s
37.36　43　t
26.50　54　q
26.30　50　t
26.16　53　q
25.19　51　q

230 220 210 200 190 180 170 160 150 140 130 120 110 100 90 80 70 60 50 40 30 20 10 0

乙酸芳樟酯
Linalyl acetate　C$_{12}$H$_{20}$O$_2$　　MW: 196.29

173.63　45　s
142.19　74　d
131.42　60　s
124.35　100　d
113.10　96　t
82.91　70　s
39.57　69　t
25.56　79　q
23.70　71　q
22.51　76　t
20.30　62　q
17.34　69　q

230 220 210 200 190 180 170 160 150 140 130 120 110 100 90 80 70 60 50 40 30 20 10 0

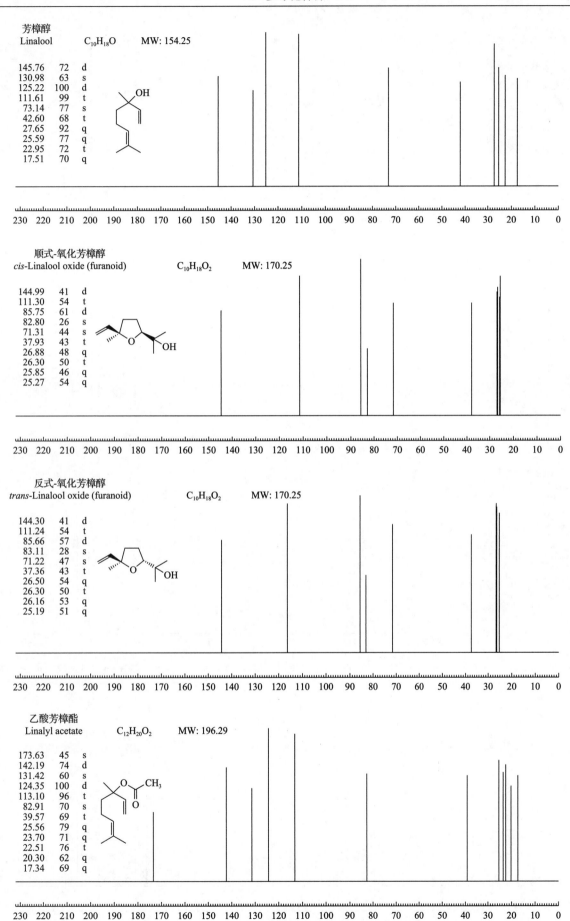

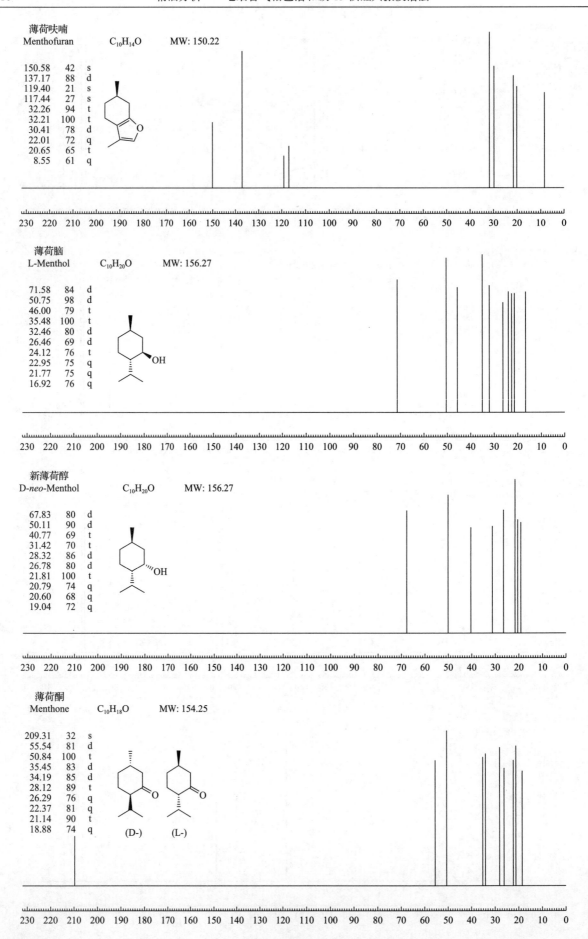

薄荷呋喃
Menthofuran　　　C₁₀H₁₄O　　MW: 150.22

150.58	42	s
137.17	88	d
119.40	21	s
117.44	27	s
32.26	94	t
32.21	100	t
30.41	78	d
22.01	72	q
20.65	65	t
8.55	61	q

薄荷脑
L-Menthol　　　C₁₀H₂₀O　　MW: 156.27

71.58	84	d
50.75	98	d
46.00	79	t
35.48	100	t
32.46	80	d
26.46	69	d
24.12	76	t
22.95	75	q
21.77	75	q
16.92	76	q

新薄荷醇
D-neo-Menthol　　　C₁₀H₂₀O　　MW: 156.27

67.83	80	d
50.11	90	d
40.77	69	t
31.42	70	t
28.32	86	d
26.78	80	d
21.81	100	t
20.79	74	q
20.60	68	q
19.04	72	q

薄荷酮
Menthone　　　C₁₀H₁₈O　　MW: 154.25

209.31	32	s
55.54	81	d
50.84	100	t
35.45	83	d
34.19	85	d
28.12	89	t
26.29	76	q
22.37	81	q
21.14	90	t
18.88	74	q

(D-)　　(L-)

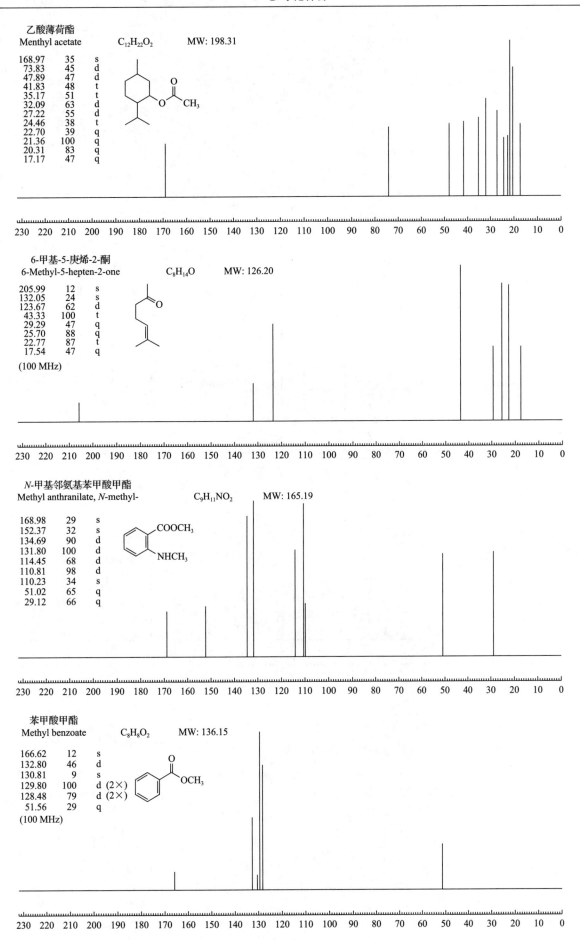

乙酸薄荷酯
Menthyl acetate   C₁₂H₂₂O₂   MW: 198.31

168.97	35	s
73.83	45	d
47.89	47	d
41.83	48	t
35.17	51	t
32.09	63	d
27.22	55	d
24.46	38	t
22.70	39	q
21.36	100	q
20.31	83	q
17.17	47	q

6-甲基-5-庚烯-2-酮
6-Methyl-5-hepten-2-one   C₈H₁₄O   MW: 126.20

205.99	12	s
132.05	24	s
123.67	62	d
43.33	100	t
29.29	47	q
25.70	88	q
22.77	87	t
17.54	47	q

(100 MHz)

N-甲基邻氨基苯甲酸甲酯
Methyl anthranilate, N-methyl-   C₉H₁₁NO₂   MW: 165.19

168.98	29	s
152.37	32	s
134.69	90	d
131.80	100	d
114.45	68	d
110.81	98	d
110.23	34	s
51.02	65	q
29.12	66	q

苯甲酸甲酯
Methyl benzoate   C₈H₈O₂   MW: 136.15

166.62	12	s
132.80	46	d
130.81	9	s
129.80	100	d (2×)
128.48	79	d (2×)
51.56	29	q

(100 MHz)

对甲酚甲醚
Methyl-*p*-cresol   C₈H₁₀O   MW: 122.17

158.24	12	s
130.13	100	d (2×)
129.63	11	s
114.10	66	d (2×)
54.73	50	q
20.45	32	q

(100 MHz)

甲基丁香酚
Methyleugenol   C₁₁H₁₄O₂   MW: 178.23

148.85	23	s
147.33	17	s
137.65	49	d
132.59	32	s
120.34	80	d
115.55	80	t
111.81	80	d
111.20	86	d
55.75	100	q (2×)
39.76	69	t

(溶剂CDCl₃,100 MHz)

反式-异丁香酚甲醚
trans-Methylisoeugenol   C₁₁H₁₄O₂   MW: 178.23

150.06	35	s
149.31	32	s
131.38	72	s
123.19	56	d
119.00	52	d
112.27	30	d
109.87	27	d
55.41	100	q (2×)
18.08	52	q

γ-木罗烯
γ-Muurolene   C₁₅H₂₄   MW: 204.36

154.32	s
133.86	s
124.57	d
106.51	t
44.80	d
43.54	d
39.75	d
31.62	t
30.86	t
26.71	d
25.87	t
25.41	t
23.89	q
21.72	q
15.49	q

(溶剂CDCl₃, Joulain and König, 1998)

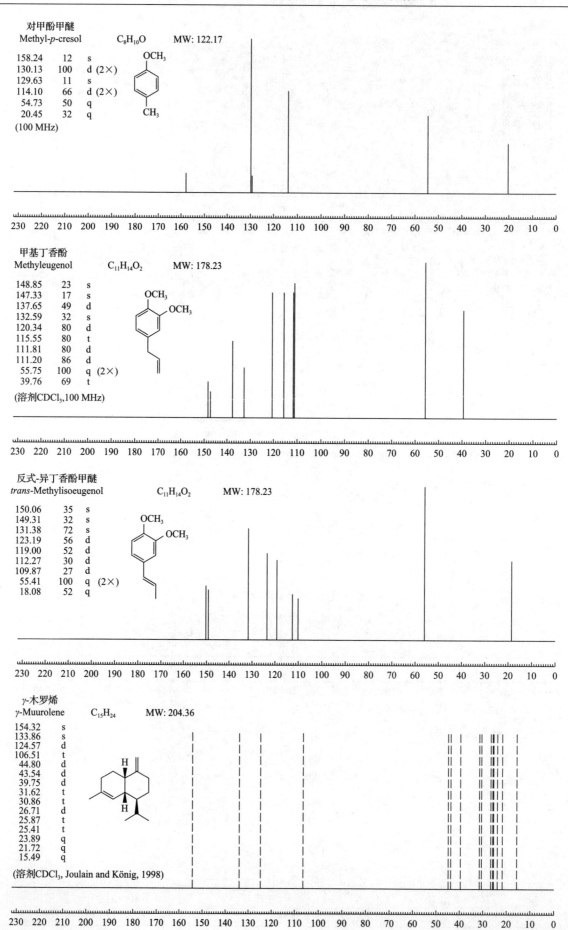

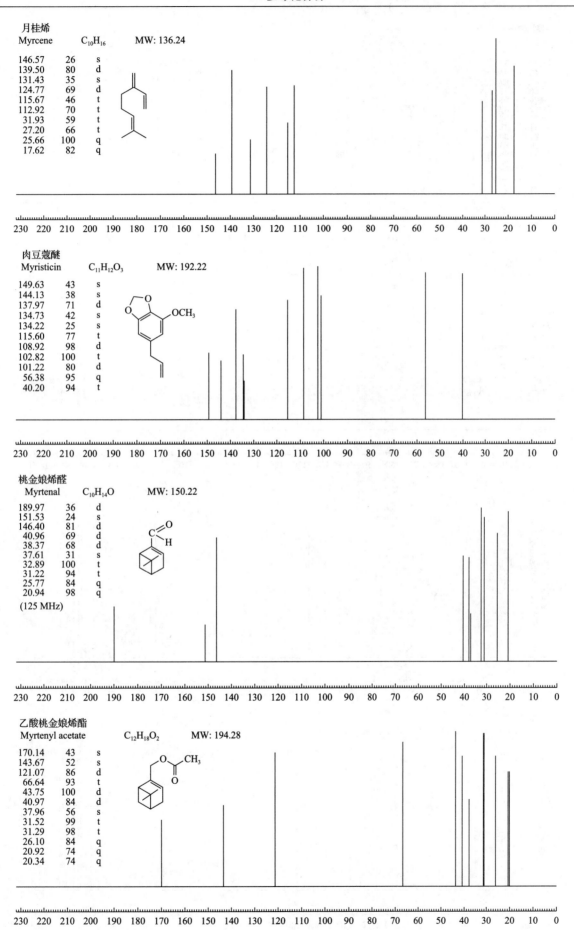

月桂烯
Myrcene   C₁₀H₁₆   MW: 136.24

146.57	26	s
139.50	80	d
131.43	35	s
124.77	69	d
115.67	46	t
112.92	70	t
31.93	59	t
27.20	66	t
25.66	100	q
17.62	82	q

230 220 210 200 190 180 170 160 150 140 130 120 110 100 90 80 70 60 50 40 30 20 10 0

肉豆蔻醚
Myristicin   C₁₁H₁₂O₃   MW: 192.22

149.63	43	s
144.13	38	s
137.97	71	d
134.73	42	s
134.22	25	s
115.60	77	t
108.92	98	d
102.82	100	t
101.22	80	d
56.38	95	q
40.20	94	t

230 220 210 200 190 180 170 160 150 140 130 120 110 100 90 80 70 60 50 40 30 20 10 0

桃金娘烯醛
Myrtenal   C₁₀H₁₄O   MW: 150.22

189.97	36	d
151.53	24	s
146.40	81	d
40.96	69	d
38.37	68	d
37.61	31	s
32.89	100	t
31.22	94	t
25.77	84	q
20.94	98	q

(125 MHz)

230 220 210 200 190 180 170 160 150 140 130 120 110 100 90 80 70 60 50 40 30 20 10 0

乙酸桃金娘烯酯
Myrtenyl acetate   C₁₂H₁₈O₂   MW: 194.28

170.14	43	s
143.67	52	s
121.07	86	d
66.64	93	t
43.75	100	d
40.97	84	d
37.96	56	s
31.52	99	t
31.29	98	t
26.10	84	q
20.92	74	q
20.34	74	q

230 220 210 200 190 180 170 160 150 140 130 120 110 100 90 80 70 60 50 40 30 20 10 0

甘松新酮
Nardosinone　　C₁₅H₂₂O₃　　MW: 250.34

195.01	32	s
140.40	45	s
136.48	87	d
84.66	57	s
78.04	91	d
59.62	87	d
39.94	98	t
38.31	38	s
32.81	100	d
26.59	83	q
25.73	94	t
25.47	94	t
23.24	72	q
22.01	87	q
15.71	89	q

橙花醛
Neral (Citral b)　　C₁₀H₁₆O　　MW: 152.24

190.13	74	d
163.20	38	s
133.12	31	s
128.74	73	d
123.08	73	d
32.44	76	t
27.15	93	t
25.54	86	q
24.63	100	q
17.53	96	q

橙花醇
Nerol　　C₁₀H₁₈O　　MW: 154.25

137.73	54	s
131.58	66	s
125.85	86	d
124.54	87	d
58.60	100	t
32.30	92	t
27.00	85	t
25.60	90	q
23.37	98	q
17.50	77	q

乙酸橙花酯
Neryl acetate　　C₁₂H₂₀O₂　　MW: 196.29

170.01	39	s
142.15	37	s
131.98	45	s
123.81	73	d
119.67	81	d
61.66	82	t
31.34	91	t
26.78	100	t
25.71	83	q
25.56	87	q
20.31	76	q
17.64	83	q

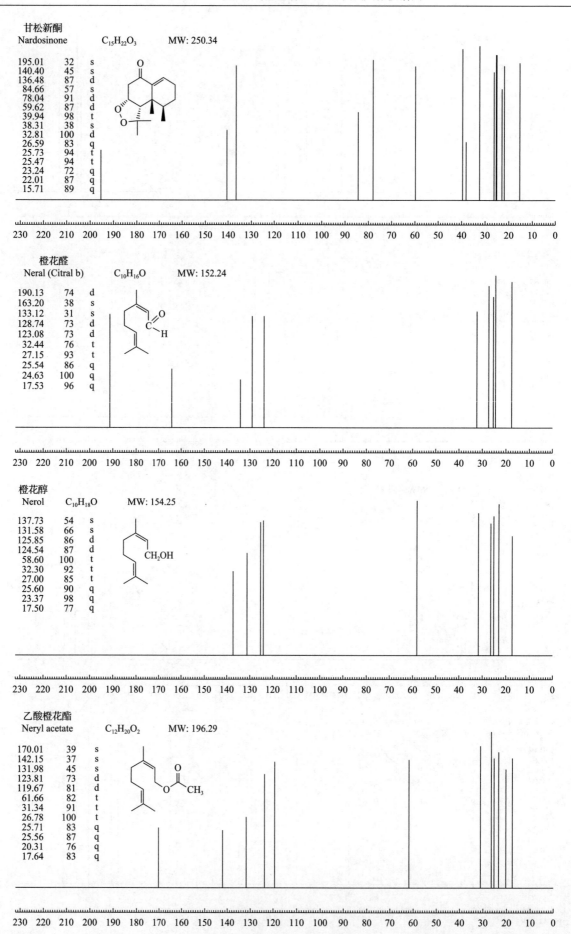

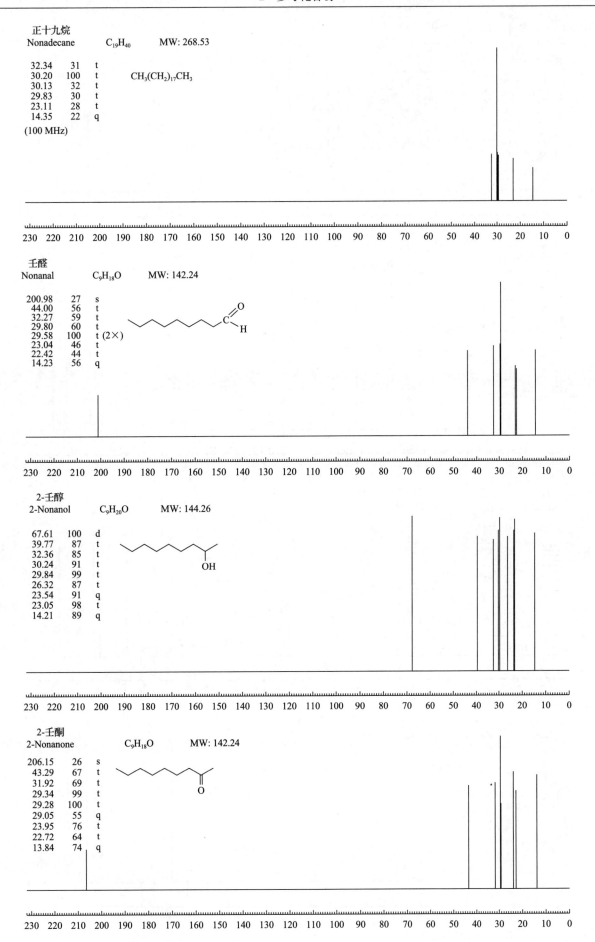

正十九烷
Nonadecane   C₁₉H₄₀   MW: 268.53

32.34	31	t
30.20	100	t
30.13	32	t
29.83	30	t
23.11	28	t
14.35	22	q

CH₃(CH₂)₁₇CH₃

(100 MHz)

230 220 210 200 190 180 170 160 150 140 130 120 110 100 90 80 70 60 50 40 30 20 10 0

壬醛
Nonanal   C₉H₁₈O   MW: 142.24

200.98	27	s
44.00	56	t
32.27	59	t
29.80	60	t
29.58	100	t (2×)
23.04	46	t
22.42	44	t
14.23	56	q

230 220 210 200 190 180 170 160 150 140 130 120 110 100 90 80 70 60 50 40 30 20 10 0

2-壬醇
2-Nonanol   C₉H₂₀O   MW: 144.26

67.61	100	d
39.77	87	t
32.36	85	t
30.24	91	t
29.84	99	t
26.32	87	t
23.54	91	q
23.05	98	t
14.21	89	q

230 220 210 200 190 180 170 160 150 140 130 120 110 100 90 80 70 60 50 40 30 20 10 0

2-壬酮
2-Nonanone   C₉H₁₈O   MW: 142.24

206.15	26	s
43.29	67	t
31.92	69	t
29.34	99	t
29.28	100	t
29.05	55	q
23.95	76	t
22.72	64	t
13.84	74	q

230 220 210 200 190 180 170 160 150 140 130 120 110 100 90 80 70 60 50 40 30 20 10 0

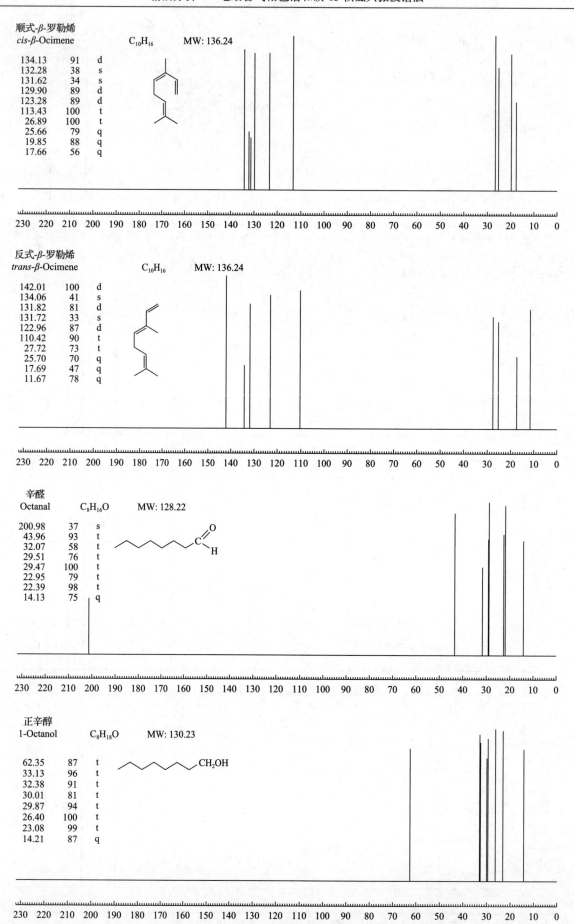

顺式-β-罗勒烯
cis-β-Ocimene　　C₁₀H₁₆　　MW: 136.24

134.13	91	d
132.28	38	s
131.62	34	s
129.90	89	d
123.28	89	d
113.43	100	t
26.89	100	t
25.66	79	q
19.85	88	q
17.66	56	q

反式-β-罗勒烯
trans-β-Ocimene　　C₁₀H₁₆　　MW: 136.24

142.01	100	d
134.06	41	s
131.82	81	d
131.72	33	s
122.96	87	d
110.42	90	t
27.72	73	t
25.70	70	q
17.69	47	q
11.67	78	q

辛醛
Octanal　　C₈H₁₆O　　MW: 128.22

200.98	37	s
43.96	93	t
32.07	58	t
29.51	76	t
29.47	100	t
22.95	79	t
22.39	98	t
14.13	75	q

正辛醇
1-Octanol　　C₈H₁₈O　　MW: 130.23

62.35	87	t
33.13	96	t
32.38	91	t
30.01	81	t
29.87	94	t
26.40	100	t
23.08	99	t
14.21	87	q

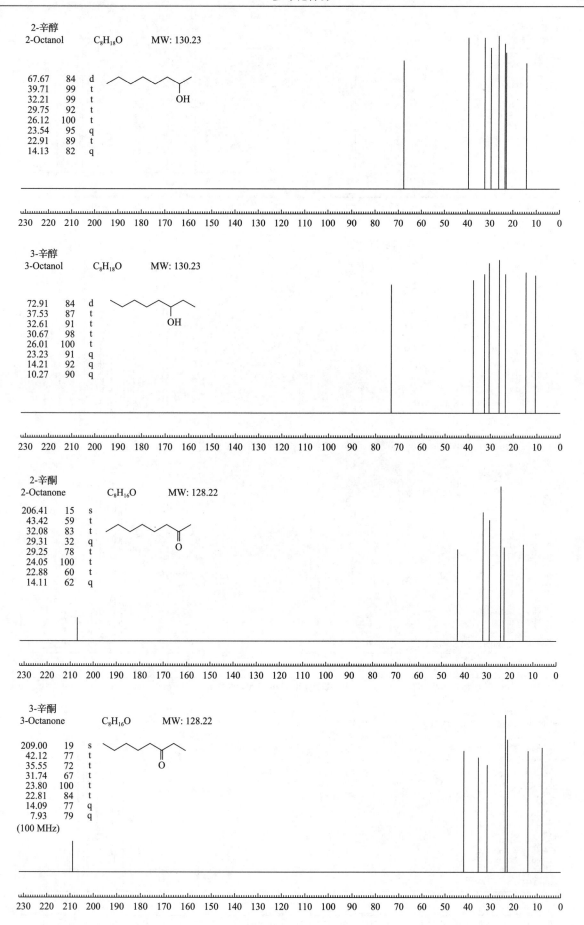

2-辛醇
2-Octanol   C$_8$H$_{18}$O   MW: 130.23

67.67	84	d
39.71	99	t
32.21	99	t
29.75	92	t
26.12	100	t
23.54	95	q
22.91	89	t
14.13	82	q

230 220 210 200 190 180 170 160 150 140 130 120 110 100 90 80 70 60 50 40 30 20 10 0

3-辛醇
3-Octanol   C$_8$H$_{18}$O   MW: 130.23

72.91	84	d
37.53	87	t
32.61	91	t
30.67	98	t
26.01	100	t
23.23	91	q
14.21	92	q
10.27	90	q

230 220 210 200 190 180 170 160 150 140 130 120 110 100 90 80 70 60 50 40 30 20 10 0

2-辛酮
2-Octanone   C$_8$H$_{16}$O   MW: 128.22

206.41	15	s
43.42	59	t
32.08	83	t
29.31	32	q
29.25	78	t
24.05	100	t
22.88	60	t
14.11	62	q

230 220 210 200 190 180 170 160 150 140 130 120 110 100 90 80 70 60 50 40 30 20 10 0

3-辛酮
3-Octanone   C$_8$H$_{16}$O   MW: 128.22

209.00	19	s
42.12	77	t
35.55	72	t
31.74	67	t
23.80	100	t
22.81	84	t
14.09	77	q
7.93	79	q

(100 MHz)

230 220 210 200 190 180 170 160 150 140 130 120 110 100 90 80 70 60 50 40 30 20 10 0

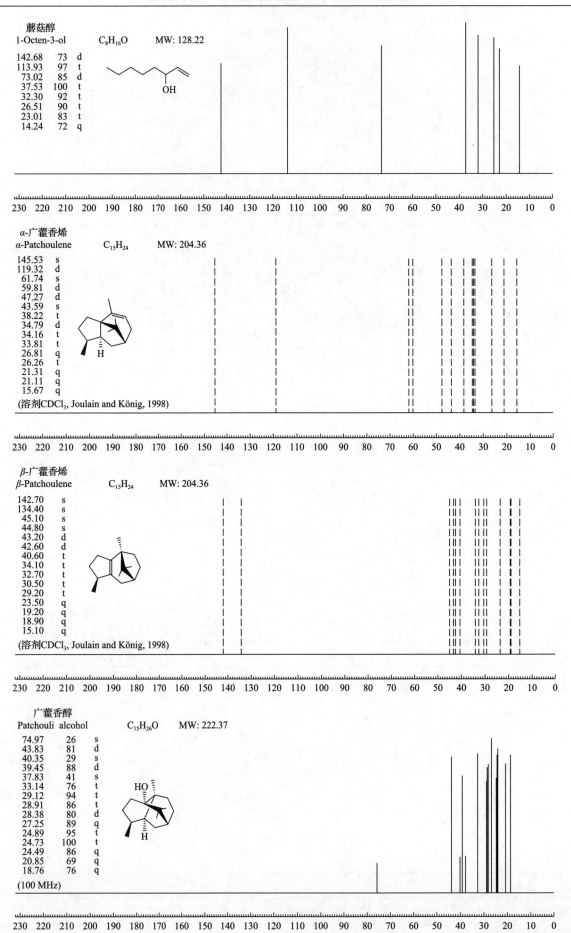

蘑菇醇
1-Octen-3-ol   C₈H₁₆O   MW: 128.22

142.68	73	d
113.93	97	t
73.02	85	d
37.53	100	t
32.30	92	t
26.51	90	t
23.01	83	t
14.24	72	q

α-广藿香烯
α-Patchoulene   C₁₅H₂₄   MW: 204.36

145.53	s
119.32	d
61.74	s
59.81	d
47.27	d
43.59	s
38.22	t
34.79	d
34.16	t
33.81	t
26.81	q
26.26	t
21.31	q
21.11	q
15.67	q

(溶剂CDCl₃, Joulain and König, 1998)

β-广藿香烯
β-Patchoulene   C₁₅H₂₄   MW: 204.36

142.70	s
134.40	s
45.10	s
44.80	s
43.20	d
42.60	d
40.60	t
34.10	t
32.70	t
30.50	t
29.20	t
23.50	q
19.20	q
18.90	q
15.10	q

(溶剂CDCl₃, Joulain and König, 1998)

广藿香醇
Patchouli alcohol   C₁₅H₂₆O   MW: 222.37

74.97	26	s
43.83	81	d
40.35	29	s
39.45	88	d
37.83	41	s
33.14	76	t
29.12	94	t
28.91	86	t
28.38	80	d
27.25	89	q
24.89	95	t
24.73	100	t
24.49	86	q
20.85	69	q
18.76	76	q

(100 MHz)

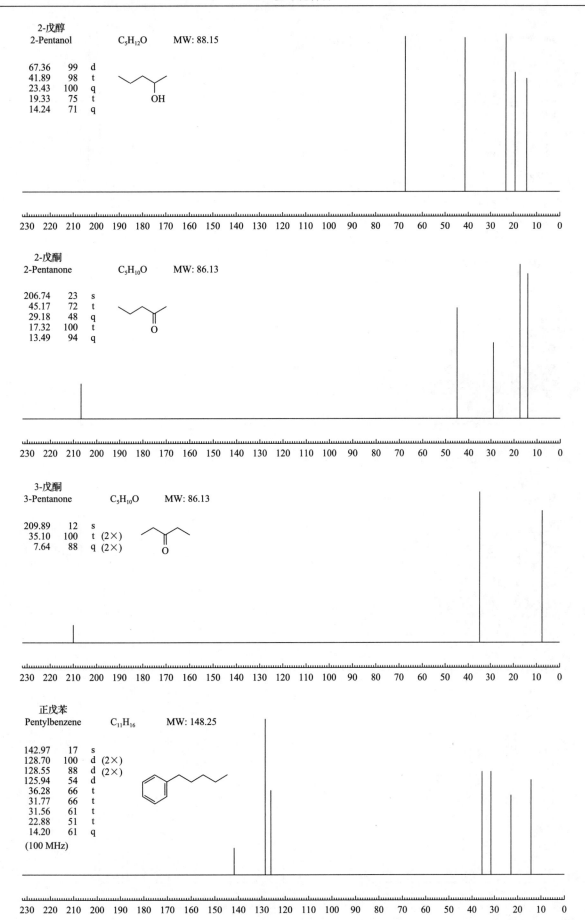

2-戊醇
2-Pentanol　　　$C_5H_{12}O$　　　MW: 88.15

67.36	99	d
41.89	98	t
23.43	100	q
19.33	75	t
14.24	71	q

230 220 210 200 190 180 170 160 150 140 130 120 110 100 90 80 70 60 50 40 30 20 10 0

2-戊酮
2-Pentanone　　　$C_5H_{10}O$　　　MW: 86.13

206.74	23	s
45.17	72	t
29.18	48	q
17.32	100	t
13.49	94	q

230 220 210 200 190 180 170 160 150 140 130 120 110 100 90 80 70 60 50 40 30 20 10 0

3-戊酮
3-Pentanone　　　$C_5H_{10}O$　　　MW: 86.13

209.89	12	s
35.10	100	t (2×)
7.64	88	q (2×)

230 220 210 200 190 180 170 160 150 140 130 120 110 100 90 80 70 60 50 40 30 20 10 0

正戊苯
Pentylbenzene　　　$C_{11}H_{16}$　　　MW: 148.25

142.97	17	s
128.70	100	d (2×)
128.55	88	d (2×)
125.94	54	d
36.28	66	t
31.77	66	t
31.56	61	t
22.88	51	t
14.20	61	q

(100 MHz)

230 220 210 200 190 180 170 160 150 140 130 120 110 100 90 80 70 60 50 40 30 20 10 0

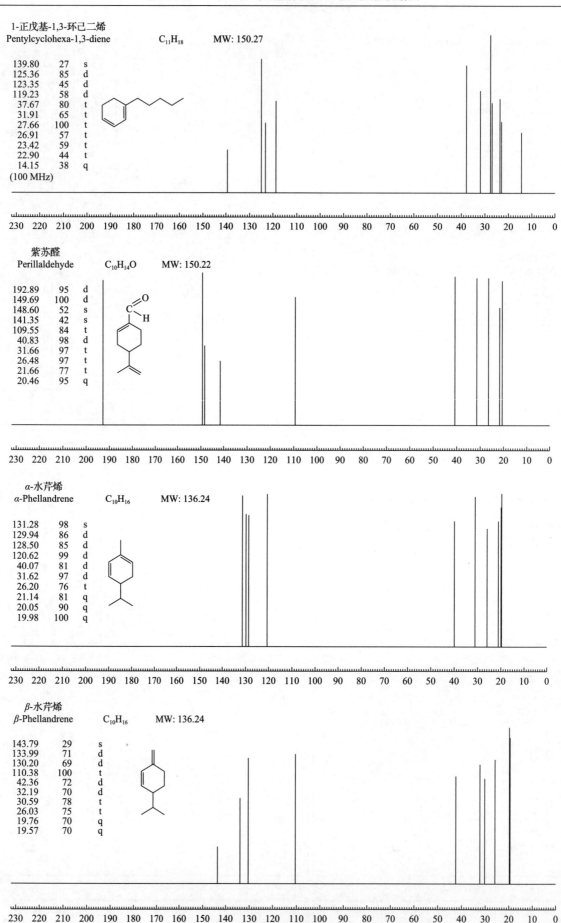

1-正戊基-1,3-环己二烯
Pentylcyclohexa-1,3-diene　　　　　$C_{11}H_{18}$　　　MW: 150.27

139.80	27	s
125.36	85	d
123.35	45	d
119.23	58	d
37.67	80	t
31.91	65	t
27.66	100	t
26.91	57	t
23.42	59	t
22.90	44	t
14.15	38	q

(100 MHz)

紫苏醛
Perillaldehyde　　　$C_{10}H_{14}O$　　　MW: 150.22

192.89	95	d
149.69	100	d
148.60	52	s
141.35	42	s
109.55	84	t
40.83	98	d
31.66	97	t
26.48	97	t
21.66	77	t
20.46	95	q

α-水芹烯
α-Phellandrene　　　$C_{10}H_{16}$　　　MW: 136.24

131.28	98	s
129.94	86	d
128.50	85	d
120.62	99	d
40.07	81	d
31.62	97	d
26.20	76	t
21.14	81	q
20.05	90	q
19.98	100	q

β-水芹烯
β-Phellandrene　　　$C_{10}H_{16}$　　　MW: 136.24

143.79	29	s
133.99	71	d
130.20	69	d
110.38	100	t
42.36	72	d
32.19	70	d
30.59	78	t
26.03	75	t
19.76	70	q
19.57	70	q

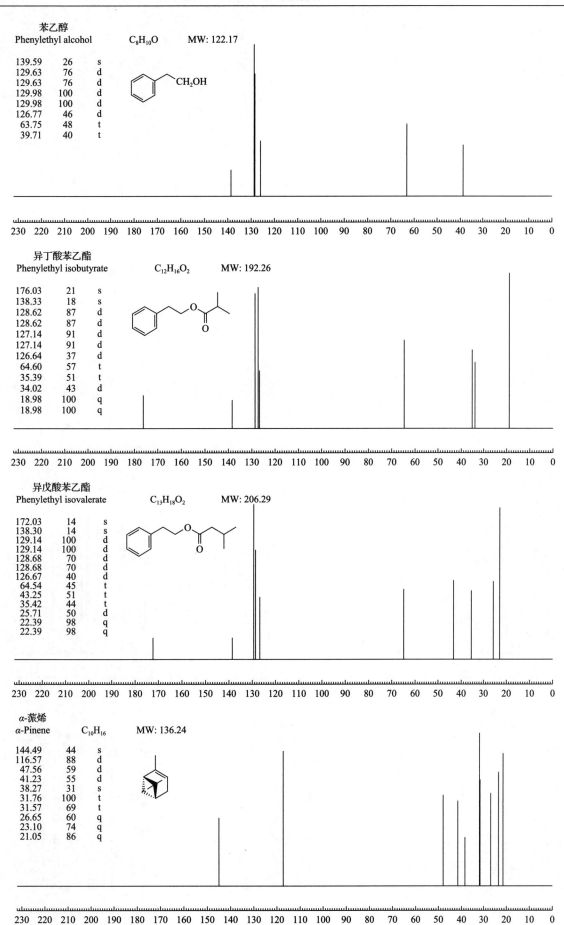

苯乙醇
Phenylethyl alcohol　　　C$_8$H$_{10}$O　　　MW: 122.17

139.59	26	s
129.63	76	d
129.63	76	d
129.98	100	d
129.98	100	d
126.77	46	d
63.75	48	t
39.71	40	t

230 220 210 200 190 180 170 160 150 140 130 120 110 100 90 80 70 60 50 40 30 20 10 0

异丁酸苯乙酯
Phenylethyl isobutyrate　　　C$_{12}$H$_{16}$O$_2$　　　MW: 192.26

176.03	21	s
138.33	18	s
128.62	87	d
128.62	87	d
127.14	91	d
127.14	91	d
126.64	37	d
64.60	57	t
35.39	51	t
34.02	43	d
18.98	100	q
18.98	100	q

230 220 210 200 190 180 170 160 150 140 130 120 110 100 90 80 70 60 50 40 30 20 10 0

异戊酸苯乙酯
Phenylethyl isovalerate　　　C$_{13}$H$_{18}$O$_2$　　　MW: 206.29

172.03	14	s
138.30	14	s
129.14	100	d
129.14	100	d
128.68	70	d
128.68	70	d
126.67	40	d
64.54	45	t
43.25	51	t
35.42	44	t
25.71	50	d
22.39	98	q
22.39	98	q

230 220 210 200 190 180 170 160 150 140 130 120 110 100 90 80 70 60 50 40 30 20 10 0

α-蒎烯
α-Pinene　　　C$_{10}$H$_{16}$　　　MW: 136.24

144.49	44	s
116.57	88	d
47.56	59	d
41.23	55	d
38.27	31	s
31.76	100	t
31.57	69	t
26.65	60	q
23.10	74	q
21.05	86	q

230 220 210 200 190 180 170 160 150 140 130 120 110 100 90 80 70 60 50 40 30 20 10 0

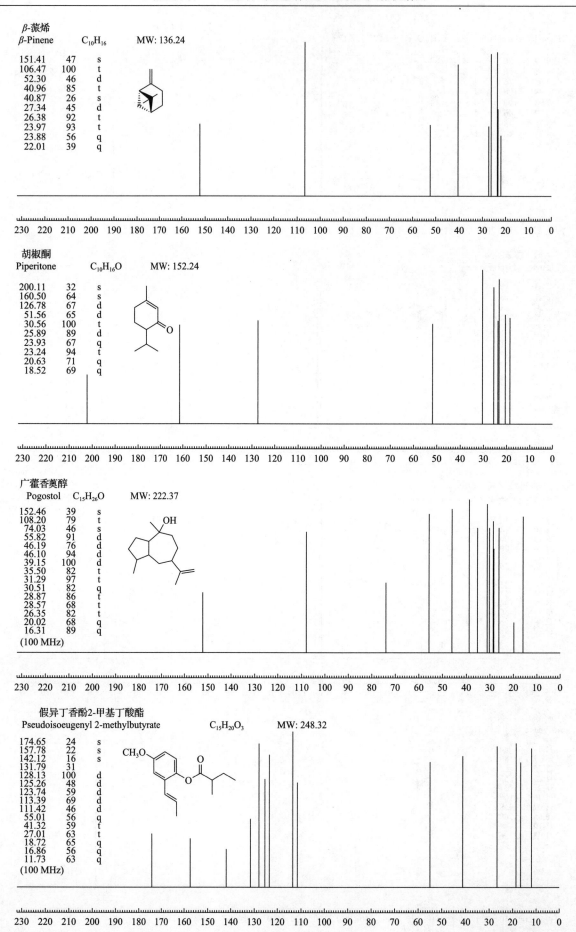

β-蒎烯
β-Pinene C₁₀H₁₆ MW: 136.24

151.41	47	s
106.47	100	t
52.30	46	d
40.96	85	t
40.87	26	s
27.34	45	d
26.38	92	t
23.97	93	t
23.88	56	q
22.01	39	q

230 220 210 200 190 180 170 160 150 140 130 120 110 100 90 80 70 60 50 40 30 20 10 0

胡椒酮
Piperitone C₁₀H₁₆O MW: 152.24

200.11	32	s
160.50	64	s
126.78	67	d
51.56	65	d
30.56	100	t
25.89	89	d
23.93	67	q
23.24	94	t
20.63	71	q
18.52	69	q

230 220 210 200 190 180 170 160 150 140 130 120 110 100 90 80 70 60 50 40 30 20 10 0

广藿香奥醇
Pogostol C₁₅H₂₆O MW: 222.37

152.46	39	s
108.20	79	t
74.03	46	s
55.82	91	d
46.19	76	d
46.10	94	d
39.15	100	d
35.50	82	t
31.29	97	t
30.51	82	q
28.87	86	t
28.57	68	t
26.35	82	t
20.02	68	q
16.31	89	q

(100 MHz)

230 220 210 200 190 180 170 160 150 140 130 120 110 100 90 80 70 60 50 40 30 20 10 0

假异丁香酚2-甲基丁酸酯
Pseudoisoeugenyl 2-methylbutyrate C₁₅H₂₀O₃ MW: 248.32

174.65	24	s
157.78	22	s
142.12	16	s
131.79	31	
128.13	100	d
125.26	48	d
123.74	59	d
113.39	69	d
111.42	46	d
55.01	56	q
41.32	59	t
27.01	63	t
18.72	65	q
16.86	56	q
11.73	63	q

(100 MHz)

230 220 210 200 190 180 170 160 150 140 130 120 110 100 90 80 70 60 50 40 30 20 10 0

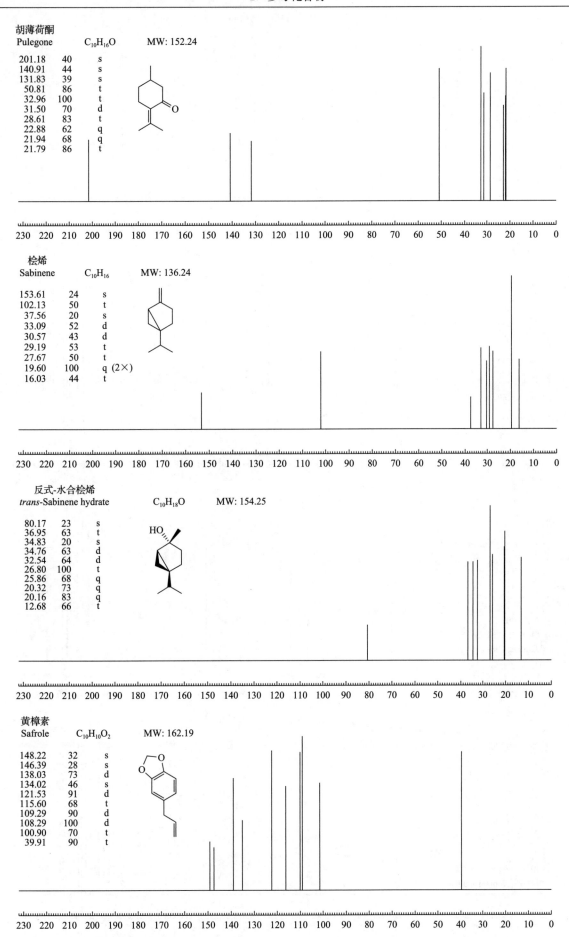

胡薄荷酮
Pulegone　　　　C₁₀H₁₆O　　MW: 152.24

201.18	40	s
140.91	44	s
131.83	39	s
50.81	86	t
32.96	100	t
31.50	70	d
28.61	83	t
22.88	62	q
21.94	68	q
21.79	86	t

桧烯
Sabinene　　　C₁₀H₁₆　　MW: 136.24

153.61	24	s
102.13	50	t
37.56	20	s
33.09	52	d
30.57	43	d
29.19	53	t
27.67	50	t
19.60	100	q (2×)
16.03	44	t

反式-水合桧烯
trans-Sabinene hydrate　　　C₁₀H₁₈O　　MW: 154.25

80.17	23	s
36.95	63	t
34.83	20	s
34.76	63	d
32.54	64	d
26.80	100	t
25.86	68	q
20.32	73	q
20.16	83	q
12.68	66	t

黄樟素
Safrole　　　C₁₀H₁₀O₂　　MW: 162.19

148.22	32	s
146.39	28	s
138.03	73	d
134.02	46	s
121.53	91	d
115.60	68	t
109.29	90	d
108.29	100	d
100.90	70	t
39.91	90	t

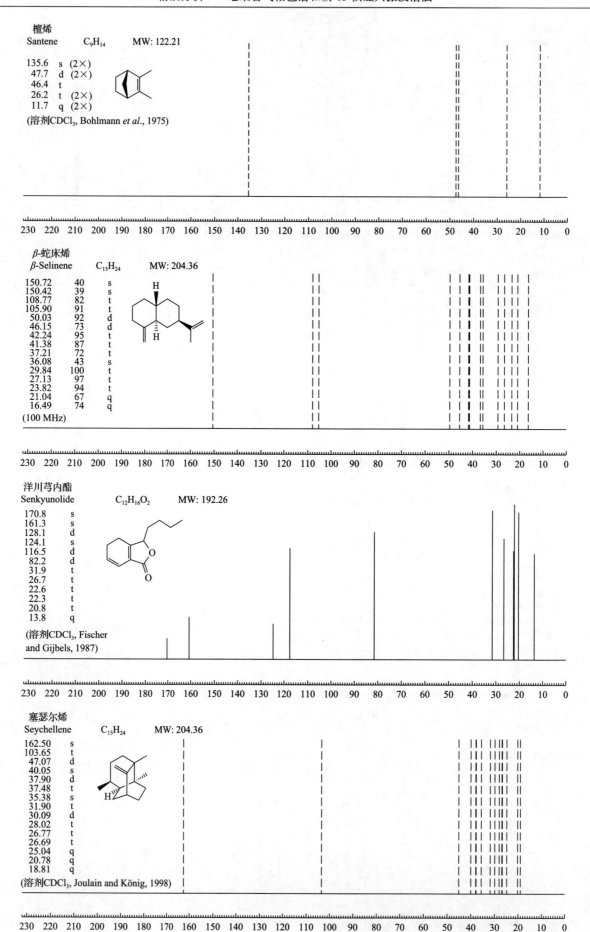

檀烯
Santene　　C₉H₁₄　　MW: 122.21

135.6　s　(2×)
47.7　d　(2×)
46.4　t
26.2　t　(2×)
11.7　q　(2×)

(溶剂CDCl₃, Bohlmann et al., 1975)

230 220 210 200 190 180 170 160 150 140 130 120 110 100 90 80 70 60 50 40 30 20 10 0

β-蛇床烯
β-Selinene　　C₁₅H₂₄　　MW: 204.36

150.72　40　s
150.42　39　s
108.77　82　t
105.90　91　t
50.03　92　d
46.15　73　d
42.24　95　t
41.38　87　t
37.21　72　t
36.08　43　s
29.84　100　t
27.13　97　t
23.82　94　t
21.04　67　q
16.49　74　q

(100 MHz)

230 220 210 200 190 180 170 160 150 140 130 120 110 100 90 80 70 60 50 40 30 20 10 0

洋川芎内酯
Senkyunolide　　C₁₂H₁₆O₂　　MW: 192.26

170.8　s
161.3　s
128.1　d
124.1　s
116.5　d
82.2　d
31.9　t
26.7　t
22.6　t
22.3　t
20.8　t
13.8　q

(溶剂CDCl₃, Fischer
and Gijbels, 1987)

230 220 210 200 190 180 170 160 150 140 130 120 110 100 90 80 70 60 50 40 30 20 10 0

塞瑟尔烯
Seychellene　　C₁₅H₂₄　　MW: 204.36

162.50　s
103.65　t
47.07　d
40.05　s
37.90　d
37.48　t
35.38　s
31.90　t
30.09　d
28.02　t
26.77　t
26.69　t
25.04　q
20.78　q
18.81　q

(溶剂CDCl₃, Joulain and König, 1998)

230 220 210 200 190 180 170 160 150 140 130 120 110 100 90 80 70 60 50 40 30 20 10 0

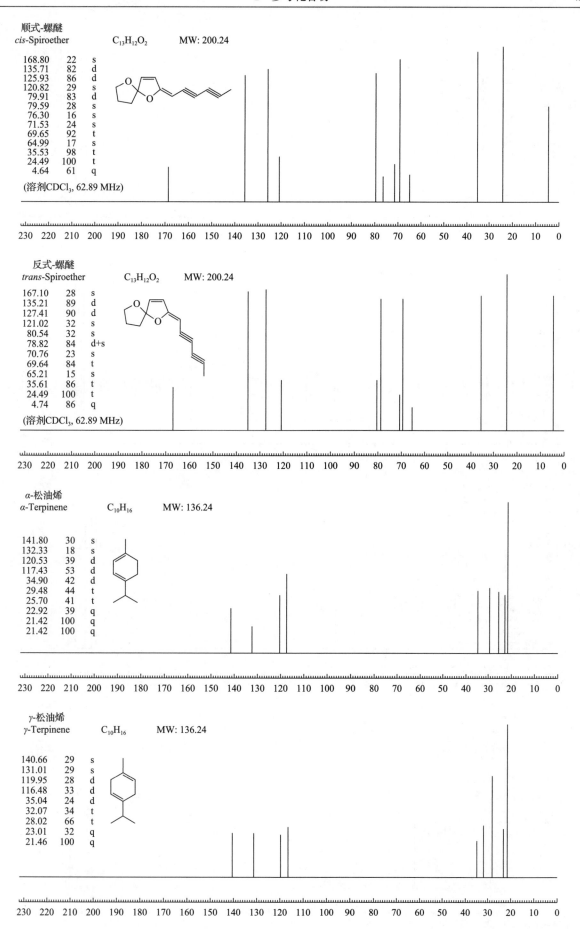

顺式-螺醚
cis-Spiroether   C₁₃H₁₂O₂   MW: 200.24

168.80	22	s
135.71	82	d
125.93	86	d
120.82	29	s
79.91	83	d
79.59	28	s
76.30	16	s
71.53	24	s
69.65	92	t
64.99	17	s
35.53	98	t
24.49	100	t
4.64	61	q

(溶剂CDCl₃, 62.89 MHz)

230 220 210 200 190 180 170 160 150 140 130 120 110 100 90 80 70 60 50 40 30 20 10 0

反式-螺醚
trans-Spiroether   C₁₃H₁₂O₂   MW: 200.24

167.10	28	s
135.21	89	d
127.41	90	d
121.02	32	s
80.54	32	s
78.82	84	d+s
70.76	23	s
69.64	84	t
65.21	15	s
35.61	86	t
24.49	100	t
4.74	86	q

(溶剂CDCl₃, 62.89 MHz)

230 220 210 200 190 180 170 160 150 140 130 120 110 100 90 80 70 60 50 40 30 20 10 0

α-松油烯
α-Terpinene   C₁₀H₁₆   MW: 136.24

141.80	30	s
132.33	18	s
120.53	39	d
117.43	53	d
34.90	42	d
29.48	44	t
25.70	41	t
22.92	39	q
21.42	100	q
21.42	100	q

230 220 210 200 190 180 170 160 150 140 130 120 110 100 90 80 70 60 50 40 30 20 10 0

γ-松油烯
γ-Terpinene   C₁₀H₁₆   MW: 136.24

140.66	29	s
131.01	29	s
119.95	28	d
116.48	33	d
35.04	24	d
32.07	34	t
28.02	66	t
23.01	32	q
21.46	100	q

230 220 210 200 190 180 170 160 150 140 130 120 110 100 90 80 70 60 50 40 30 20 10 0

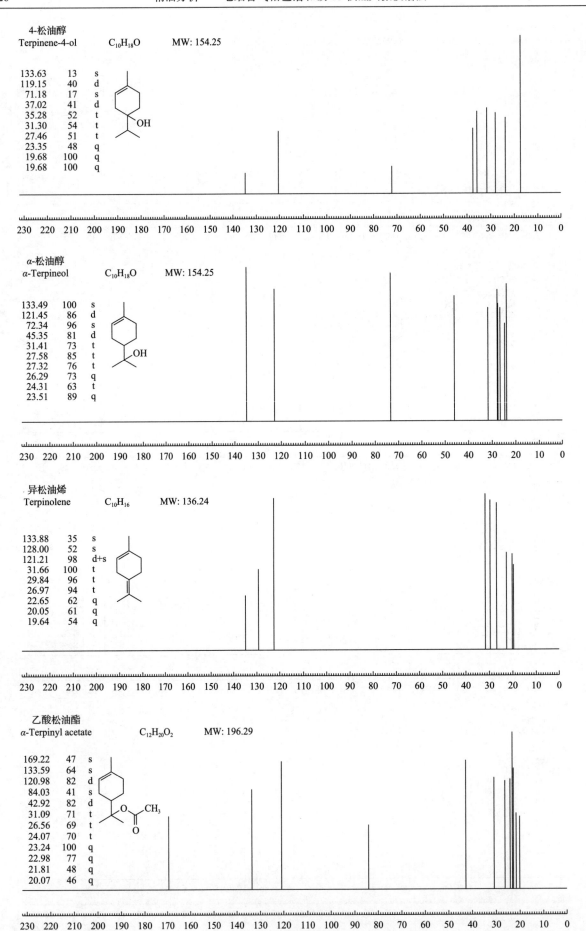

4-松油醇
Terpinene-4-ol　　　　C₁₀H₁₈O　　　MW: 154.25

133.63	13	s
119.15	40	d
71.18	17	s
37.02	41	d
35.28	52	t
31.30	54	t
27.46	51	t
23.35	48	q
19.68	100	q
19.68	100	q

α-松油醇
α-Terpineol　　　　C₁₀H₁₈O　　　MW: 154.25

133.49	100	s
121.45	86	d
72.34	96	s
45.35	81	d
31.41	73	t
27.58	85	t
27.32	76	t
26.29	73	q
24.31	63	t
23.51	89	q

异松油烯
Terpinolene　　　　C₁₀H₁₆　　　MW: 136.24

133.88	35	s
128.00	52	s
121.21	98	d+s
31.66	100	t
29.84	96	t
26.97	94	t
22.65	62	q
20.05	61	q
19.64	54	q

乙酸松油酯
α-Terpinyl acetate　　　　C₁₂H₂₀O₂　　　MW: 196.29

169.22	47	s
133.59	64	s
120.98	82	d
84.03	41	s
42.92	82	d
31.09	71	t
26.56	69	t
24.07	70	t
23.24	100	q
22.98	77	q
21.81	48	q
20.07	46	q

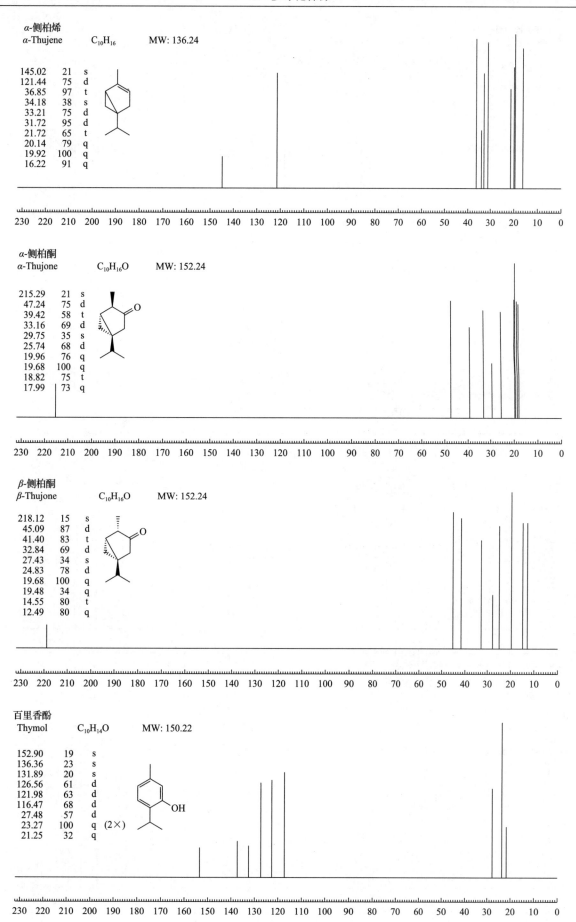

α-侧柏烯
α-Thujene   C₁₀H₁₆   MW: 136.24

145.02	21	s
121.44	75	d
36.85	97	t
34.18	38	s
33.21	75	d
31.72	95	d
21.72	65	t
20.14	79	q
19.92	100	q
16.22	91	q

230 220 210 200 190 180 170 160 150 140 130 120 110 100 90 80 70 60 50 40 30 20 10 0

α-侧柏酮
α-Thujone   C₁₀H₁₆O   MW: 152.24

215.29	21	s
47.24	75	d
39.42	58	t
33.16	69	d
29.75	35	s
25.74	68	d
19.96	76	q
19.68	100	q
18.82	75	t
17.99	73	q

230 220 210 200 190 180 170 160 150 140 130 120 110 100 90 80 70 60 50 40 30 20 10 0

β-侧柏酮
β-Thujone   C₁₀H₁₆O   MW: 152.24

218.12	15	s
45.09	87	d
41.40	83	t
32.84	69	d
27.43	34	s
24.83	78	d
19.68	100	q
19.48	34	q
14.55	80	t
12.49	80	q

230 220 210 200 190 180 170 160 150 140 130 120 110 100 90 80 70 60 50 40 30 20 10 0

百里香酚
Thymol   C₁₀H₁₄O   MW: 150.22

152.90	19	s
136.36	23	s
131.89	20	s
126.56	61	d
121.98	63	d
116.47	68	d
27.48	57	d
23.27	100	q	(2×)
21.25	32	q

230 220 210 200 190 180 170 160 150 140 130 120 110 100 90 80 70 60 50 40 30 20 10 0

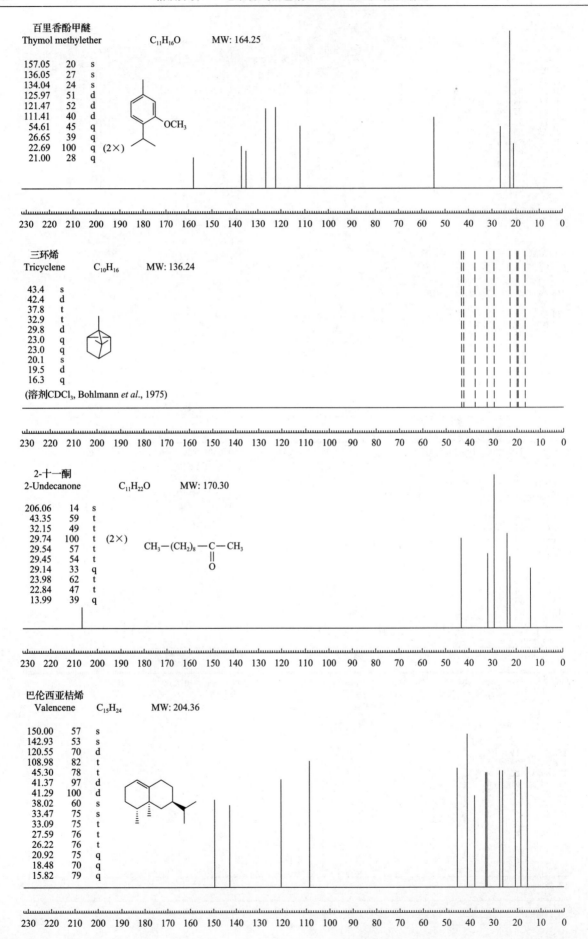

百里香酚甲醚
Thymol methylether　　　　$C_{11}H_{16}O$　　　MW: 164.25

157.05	20	s
136.05	27	s
134.04	24	s
125.97	51	d
121.47	52	d
111.41	40	d
54.61	45	q
26.65	39	q
22.69	100	q (2×)
21.00	28	q

230 220 210 200 190 180 170 160 150 140 130 120 110 100 90 80 70 60 50 40 30 20 10 0

三环烯
Tricyclene　　　$C_{10}H_{16}$　　　MW: 136.24

43.4	s
42.4	d
37.8	t
32.9	t
29.8	d
23.0	q
23.0	q
20.1	s
19.5	d
16.3	q

(溶剂CDCl₃, Bohlmann *et al.*, 1975)

230 220 210 200 190 180 170 160 150 140 130 120 110 100 90 80 70 60 50 40 30 20 10 0

2-十一酮
2-Undecanone　　　$C_{11}H_{22}O$　　　MW: 170.30

206.06	14	s
43.35	59	t
32.15	49	t
29.74	100	t (2×)
29.54	57	t
29.45	54	t
29.14	33	q
23.98	62	t
22.84	47	t
13.99	39	q

$CH_3-(CH_2)_8-\underset{\underset{O}{\|}}{C}-CH_3$

230 220 210 200 190 180 170 160 150 140 130 120 110 100 90 80 70 60 50 40 30 20 10 0

巴伦西亚桔烯
Valencene　　　$C_{15}H_{24}$　　　MW: 204.36

150.00	57	s
142.93	53	s
120.55	70	d
108.98	82	t
45.30	78	t
41.37	97	d
41.29	100	d
38.02	60	s
33.47	75	s
33.09	75	t
27.59	76	t
26.22	76	t
20.92	75	q
18.48	70	q
15.82	79	q

230 220 210 200 190 180 170 160 150 140 130 120 110 100 90 80 70 60 50 40 30 20 10 0

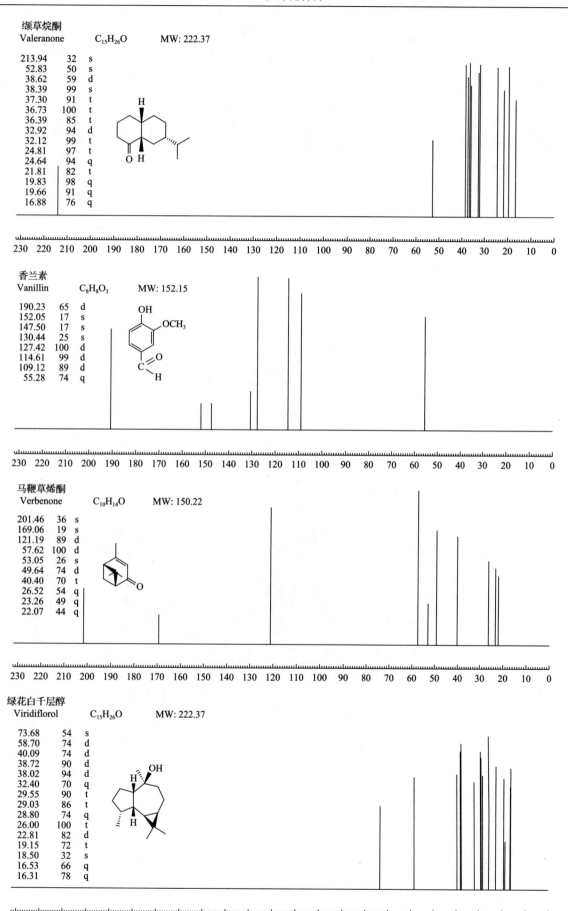

缬草烷酮
Valeranone　　$C_{15}H_{26}O$　　MW: 222.37

213.94	32	s
52.83	50	s
38.62	59	d
38.39	99	s
37.30	91	t
36.73	100	t
36.39	85	t
32.92	94	d
32.12	99	t
24.81	97	t
24.64	94	q
21.81	82	t
19.83	98	q
19.66	91	q
16.88	76	q

230 220 210 200 190 180 170 160 150 140 130 120 110 100 90 80 70 60 50 40 30 20 10 0

香兰素
Vanillin　　$C_8H_8O_3$　　MW: 152.15

190.23	65	d
152.05	17	s
147.50	17	s
130.44	25	s
127.42	100	d
114.61	99	d
109.12	89	d
55.28	74	q

230 220 210 200 190 180 170 160 150 140 130 120 110 100 90 80 70 60 50 40 30 20 10 0

马鞭草烯酮
Verbenone　　$C_{10}H_{14}O$　　MW: 150.22

201.46	36	s
169.06	19	s
121.19	89	d
57.62	100	d
53.05	26	s
49.64	74	d
40.40	70	t
26.52	54	q
23.26	49	q
22.07	44	q

230 220 210 200 190 180 170 160 150 140 130 120 110 100 90 80 70 60 50 40 30 20 10 0

绿花白千层醇
Viridiflorol　　$C_{15}H_{26}O$　　MW: 222.37

73.68	54	s
58.70	74	d
40.09	74	d
38.72	90	d
38.02	94	d
32.40	70	q
29.55	90	t
29.03	86	t
28.80	74	q
26.00	100	t
22.81	82	d
19.15	72	t
18.50	32	s
16.53	66	q
16.31	78	q

230 220 210 200 190 180 170 160 150 140 130 120 110 100 90 80 70 60 50 40 30 20 10 0

姜烯
Zingiberene　　　　C₁₅H₂₄　　　MW: 204.36

131.27	28	s
131.01	46	d
130.91	22	s
128.36	67	d
125.37	54	d
120.66	61	d
38.50	72	d
36.42	61	d
34.64	74	t
26.39	74	t
25.88	100	q
24.88	59	t
21.30	47	q
17.74	62	q
16.77	65	q

(100 MHz)

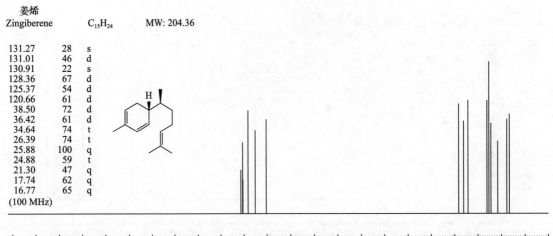

附录 A　参考化合物 ^{13}C NMR 数据表

（依据化学位移值降序排列）

δ 值	英文名称	中文名称	δ 值	英文名称	中文名称
220.40	Fenchone	葑酮	192.00	Benzaldehyde	苯甲醛
218.12	β-Thujone	β-侧柏酮	190.70	Geranial (Citral a)	香叶醛
216.18	Camphor	樟脑	190.67	Anisaldehyde	大茴香醛
215.29	α-Thujone	α-侧柏酮	190.23	Vanillin	香兰素
214.57	α-Bisabolone oxide	α-红没药酮氧化物	190.13	Neral (Citral b)	橙花醛
213.94	Valeranone	缬草烷酮	189.97	Myrtenal	桃金娘烯醛
210.86	trans-Dihydrocarvone	反式-二氢香芹酮	178.00	Furfural	糠醛
210.74	Isomenthone	异薄荷酮	176.03	Phenylethyl isobutyrate	异丁酸苯乙酯
209.89	3-Pentanone	3-戊酮	175.10	Pseudoisoeugenyl 2-methyl butyrate	假异丁香酚 2-甲基丁酸酯
209.71	cis-Dihydrocarvone	顺式-二氢香芹酮	173.63	Linalyl acetate	乙酸芳樟酯
209.31	Menthone	薄荷酮	172.03	Phenylethyl isovalerate	异戊酸苯乙酯
209.00	3-Octanone	3-辛酮	171.87	Bornyl isovalerate	异戊酸龙脑酯
207.42	2-Butanone	2-丁酮	170.80	Senkyunolide	洋川芎内酯
207.15	Dihydrojasmone	二氢茉莉酮	170.20	3-n-Butylphthalide	3-正丁基苯酞
206.74	2-Pentanone	2-戊酮	170.19	Benzyl salicylate	水杨酸苄酯
206.41	2-Octanone	2-辛酮	170.11	Benzyl acetate	乙酸苄酯
206.15	2-Nonanone	2-壬酮	170.10	Myrtenyl acetate	乙酸桃金娘烯酯
206.06	2-Decanone	2-癸酮	170.08	Bornyl acetate	乙酸龙脑酯
206.06	2-Undecanone	2-十一酮	170.04	Citronellyl acetate	乙酸香茅酯
205.99	Hept-5-en-2-one,6-methyl-	6-甲基-5-庚烯-2-酮	170.01	Neryl acetate	乙酸橙花酯
205.92	2-Dodecanone	2-十二酮	169.97	Geranyl acetate	乙酸香叶酯
201.46	Verbenone	马鞭草烯酮	169.94	Lavandulyl acetate	乙酸薰衣草酯
201.18	Pulegone	胡薄荷酮	169.88	Cinnamyl acetate	乙酸肉桂酯
201.12	Citronellal	香茅醛	169.22	α-Terpinyl acetate	乙酸松油酯
201.05	Decanal	正癸醛	169.06	Verbenone	马鞭草烯酮
200.98	Nonanal	壬醛	168.98	Methyl anthranilate,N-methyl-	N-甲基邻氨基苯甲酸甲酯
200.98	Octanal	辛醛	168.97	Menthyl acetate	乙酸薄荷酯
200.11	Piperitone	胡椒酮	168.80	cis-Spiroether	顺式-螺醚
197.29	Carvone	香芹酮	168.56	Dihydrocoumarin	二氢香豆素
197.12	Acetophenone	苯乙酮	168.43	Eugenyl acetate	乙酸丁香酯
195.01	Nardosinone	甘松新酮	168.13	Dihydrojasmone	二氢茉莉酮
193.51	trans-Cinnamaldehyde	肉桂醛	167.10	trans-Spiroether	反式-螺醚
192.89	Perillaldehyde	紫苏醛	166.80	Ligustilide	藁本内酯

δ 值	英文名称	中文名称	δ 值	英文名称	中文名称
166.62	Methyl benzoate	苯甲酸甲酯	152.37	Methyl anthranilate, N-methyl-	N-甲基邻氨基苯甲酸甲酯
166.00	Benzyl benzoate	苯甲酸苄酯	152.15	α-Guaiene	α-愈疮木烯
165.86	Camphene	莰烯	152.12	Caryophyllene oxide	氧化石竹烯
163.71	Anisaldehyde	大茴香醛	152.05	Vanillin	香兰素
163.26	Geranial (Citral a)	香叶醛	151.57	Eugenyl acetate	乙酸丁香酯
163.20	Neral (Citral b)	橙花醛	151.53	Myrtenal	桃金娘烯醛
162.63	Benzyl salicylate	水杨酸苄酯	151.41	β-Pinene	β-蒎烯
162.50	Seychellene	塞瑟尔烯	150.72	β-Selinene	β-蛇床烯
161.30	Senkyunolide	洋川芎内酯	150.58	Elemol	榄香醇
160.50	Piperitone	胡椒酮	150.58	Menthofuran	薄荷呋喃
160.45	Citronellyl formate	甲酸香茅酯	150.42	β-Selinene	β-蛇床烯
160.40	Coumarin	香豆素	150.40	β-Elemene	β-榄香烯
160.37	Geranyl formate	甲酸香叶酯	150.26	Allyl-2,3,4,5-tetramethoxybenzene	2,3,4,5-四甲氧基烯丙基苯
159.37	Anise alcohol	茴香醇	150.06	trans-Methylisoeugenol	反式-异丁香酚甲醚
159.23	trans-Anethole	反式-茴香脑	150.00	Valencene	巴伦西亚桔烯
158.82	cis-Anethole	顺式-茴香脑	149.86	trans-Isomyristicin	反式-异肉豆蔻醚
158.65	Estragole	龙蒿脑	149.77	β-Elemene	β-榄香烯
158.24	Methyl-p-cresol	对甲酚甲醚	149.77	Limonene	柠檬烯
157.57	β-Bourbonene	β-波旁烯	149.70	3-n-Butylphthalide	3-正丁基苯酞
157.30	Pseudoisoeugenyl 2-methyl-butyrate	假异丁香酚 2-甲基丁酸酯	149.69	Perillaldehyde	紫苏醛
157.05	Thymol methylether	百里香酚甲醚	149.63	β-Elemene	β-榄香烯
154.47	β-Caryophyllene	β-石竹烯	149.31	trans-Methylisoeugenol	反式-异丁香酚甲醚
154.32	α-Muurolene	α-木罗烯	148.99	Ligustilide	藁本内酯
154.17	Aromadendrene	香橙烯	148.85	Methyleugenol	甲基丁香酚
154.03	β-Bisabolene	β-红没药烯	148.72	Germacrene D	大根香叶烯 D
154.00	Coumarin	香豆素	148.60	Perillaldehyde	紫苏醛
153.90	Carvacrol	香芹酚	148.40	Carvacrol	香芹酚
153.61	Sabinene	桧烯	148.40	Furfural	糠醛
153.20	Furfural	糠醛	148.40	trans-Isosafrole	反式-异黄樟素
153.14	Elemicin	榄香素	148.22	Safrole	黄樟素
152.90	Thymol	百里香酚	147.97	Elemol	榄香醇
152.83	Aciphyllene	顺式-β-愈疮木烯	147.93	cis-Dihydrocarvone	顺式-二氢香芹酮
152.81	Dihydrocoumarin	二氢香豆素	147.91	Allyl-2,3,4,5-tetramethoxyben-zene	2,3,4,5-四甲氧基烯丙基苯
152.61	Guaia-6,9-diene	6,9-愈疮木二烯	147.50	Vanillin	香兰素
152.53	trans-Cinnamaldehyde	肉桂醛	147.43	Isopulegol	异胡薄荷醇
152.46	Pogostol	广藿香萜醇	147.39	β-Elemene	β-榄香烯
152.43	α-Bulnesene	α-布藜烯	147.33	Methyleugenol	甲基丁香酚

δ 值	英文名称	中文名称	δ 值	英文名称	中文名称
147.25	*trans*-Isoeugenol	反式-异丁香酚	143.78	Allyl-2,3,4,5-tetramethoxybenzene	2,3,4,5-四甲氧基烯丙基苯
147.14	Eugenol	丁香酚	143.73	α-Copaene	α-珂珀烯
147.09	Carvone	香芹酮	143.67	Myrtenyl acetate	乙酸桃金娘烯酯
147.04	*trans*-Dihydrocarvone	反式-二氢香芹酮	143.60	Coumarin	香豆素
147.00	Ligustilide	藁本内酯	143.57	Carvone	香芹酮
146.96	*trans*-Isosafrole	反式-异黄樟素	142.97	Pentylbenzene	正戊苯
146.88	*cis*-Isoeugenol	顺式-异丁香酚	142.93	Valencene	巴伦西亚桔烯
146.57	Myrcene	月桂烯	142.70	β-Patchoulene	β-广藿香烯
146.48	(Z)-β-Farnesene	(Z)-β-金合欢烯	142.68	1-Octen-3-ol	蘑菇醇(1-辛烯-3-醇)
146.40	Myrtenal	桃金娘烯醛	142.35	Geranyl formate	甲酸香叶酯
146.39	Safrole	黄樟素	142.19	Linalyl acetate	乙酸芳樟酯
146.31	(E)-β-Farnesene	(E)-β-金合欢烯	142.15	Neryl acetate	乙酸橙花酯
146.19	Allyl-2,3,4,5-tetramethoxybenzene	2,3,4,5-四甲氧基烯丙基苯	142.02	α-Bulnesene	α-布藜烯
146.04	1,4-Dimethylazulene	1,4-二甲基薁	142.01	(E)-β-Ocimene	(E)-β-罗勒烯
145.97	Lavandulol	薰衣草醇	141.98	(E,Z)-α-Farnesene	(E,Z)-α-金合欢烯
145.90	*para*-Cymene	对异丙基甲苯	141.83	(E,E)-α-Farnesene	(E,E)-α-金合欢烯
145.76	Linalool	芳樟醇	141.80	α-Terpinene	α-松油烯
145.53	α-Patchoulene	α-广藿香烯	141.60	Pseudoisoeugenyl 2-methylbutyrate	假异丁香酚 2-甲基丁酸酯
145.36	*trans*-Isoeugenol	反式-异丁香酚	141.44	Geranyl acetate	乙酸香叶酯
145.20	Lavandulyl acetate	乙酸薰衣草酯	141.42	Benzyl alcohol	苯甲醇
145.03	Apiole,dill	莳萝油脑	141.35	Perillaldehyde	紫苏醛
145.02	α-Thujene	α-侧柏烯	141.11	α-Humulene	α-蛇麻烯
145.00	Apiole,dill	莳萝油脑	140.91	Pulegone	胡薄荷酮
144.99	*cis*-Linalool oxide	顺式-氧化芳樟醇	140.66	α-Terpinene	α-松油烯
144.96	*cis*-Isoeugenol	顺式-异丁香酚	140.61	α-Guaiene	α-愈疮木烯
144.67	α-Curcumene	α-姜黄烯	140.58	Dihydrojasmone	二氢茉莉酮
144.64	Eugenol	丁香酚	140.40	Nardosinone	甘松新酮
144.51	Bicyclogermacrene	二环大根香叶烯	139.80	Pentylcyclohexa-1,3-diene	1-正戊基-1,3-环己二烯
144.49	α-Pinene	α-蒎烯	139.69	Apiole,parsley	欧芹脑
144.30	*trans*-Linalool oxide	反式-氧化芳樟醇	139.69	Guaiazulene	愈疮木薁
144.13	*trans*-Isomyristicin	反式-异肉豆蔻醚	139.59	Phenylethyl alcohol	苯乙醇
144.13	Myristicin	肉豆蔻醚	139.50	Myrcene	月桂烯
144.10	Aristolene	马兜铃烯	139.43	(Z)-β-Farnesene	(Z)-β-金合欢烯
144.07	Chamazulene	母菊薁	139.39	Chamazulene	母菊薁
144.00	*trans*-α-Bergamotene	反式-α-香柠檬烯	139.26	(E)-β-Farnesene	(E)-β-金合欢烯
143.98	Guaiazulene	愈疮木薁	139.15	Apiole,parsley	欧芹脑
143.79	β-Phellandrene	β-水芹烯	138.97	Eugenyl acetate	乙酸丁香酯

δ值	英文名称	中文名称	δ值	英文名称	中文名称
138.83	α-Humulene	α-蛇麻烯	136.48	Nardosinone	甘松新酮
138.79	Eugenyl acetate	乙酸丁香酯	136.40	Germacrene D	大根香叶烯 D
138.67	α-Guaiene	α-愈疮木烯	136.36	Thymol	百里香酚
138.61	Guaia-6,9-diene	6,9-愈疮木二烯	136.30	Benzyl benzoate	苯甲酸苄酯
138.40	Eugenol	丁香酚	136.25	Elemicin	榄香素
138.37	Dill ether	莳萝醚	136.23	Chamazulene	母菊薁
138.34	Estragole	龙蒿脑	136.21	1,4-Dimethylazulene	1,4-二甲基薁
138.33	Phenylethyl isobutyrate	异丁酸苯乙酯	136.09	Apiole,parsley	欧芹脑
138.30	Phenylethyl isovalerate	异戊酸苯乙酯	136.05	Thymol methylether	百里香酚甲醚
138.21	Apiole,dill	莳萝油脑	135.91	Benzyl salicylate	水杨酸苄酯
138.11	Guaiazulene	愈疮木薁	135.76	(E,Z)-α-Farnesene	(E,Z)-α-金合欢烯
138.03	Safrole	黄樟素	135.75	Elemicin	榄香素
138.01	Apiole,dill	莳萝油脑	135.72	Benzyl salicylate	水杨酸苄酯
138.00	Allyl-2,3,4,5-tetramethoxyben-zene	2,3,4,5-四甲氧基烯丙基苯	135.71	Germacrene B	大根香叶烯 B
137.97	Myristicin	肉豆蔻醚	135.71	cis-Spiroether	顺式-螺醚
137.96	Apiole,parsley	欧芹脑	135.60	Santene	檀烯
137.84	Geraniol	香叶醇	135.56	Chamazulene	母菊薁
137.84	γ-Himachalene	γ-喜马雪松烯	135.54	(E,E)-α-Farnesene	(E,E)-α-金合欢烯
137.73	1,4-Dimethylazulene	1,4-二甲基薁	135.49	(Z,Z)-α-Farnesene	(Z,Z)-α-金合欢烯
137.73	Nerol	橙花醇	135.43	(Z,E)-α-Farnesene	(Z,E)-α-金合欢烯
137.65	Methyleugenol	甲基丁香酚	135.42	(Z)-β-Farnesene	(Z)-β-金合欢烯
137.60	Eugenyl acetate	乙酸丁香酯	135.32	Carvone	香芹酮
137.39	Acetophenone	苯乙酮	135.21	trans-Spiroether	反式-螺醚
137.22	Guaiazulene	愈疮木薁	135.17	Aciphyllene	顺式-β-愈疮木烯
137.20	Cinnamic alcohol	肉桂醇	135.17	(E)-β-Farnesene	(E)-β-金合欢烯
137.17	Elemicin	榄香素	135.06	para-Cymene	对异丙基甲苯
137.17	Menthofuran	薄荷呋喃	135.05	α-Curcumene	α-姜黄烯
137.12	Chamazulene	母菊薁	134.97	10-epi-γ-Eudesmol	10-表-γ-桉叶醇
137.10	(2E,6E)-Farnesol	(2E,6E)-金合欢醇	134.90	α-Cadinol	α-杜松醇
136.96	Apiole,parsley	欧芹脑	134.90	(2E,6E)-Farnesol	(2E,6E)-金合欢醇
136.78	Chamazulene	母菊薁	134.89	β-Caryophyllene	β-石竹烯
136.74	Benzyl acetate	乙酸苄酯	134.73	Myristicin	肉豆蔻醚
136.74	Guaiazulene	愈疮木薁	134.71	trans-Isomyristicin	反式-异肉豆蔻醚
136.73	Cinnamyl acetate	乙酸肉桂酯	134.69	Methyl anthranilate, N-methyl-	N-甲基邻氨基苯甲酸甲酯
136.70	Benzaldehyde	苯甲醛	134.65	Chamazulene	母菊薁
136.64	1,4-Dimethylazulene	1,4-二甲基薁	134.59	Guaiazulene	愈疮木薁
136.59	Apiole,dill	莳萝油脑	134.40	β-Patchoulene	β-广藿香烯

δ值	英文名称	中文名称	δ值	英文名称	中文名称
134.32	α-Bisabolone oxide	α-红没药酮氧化物	132.54	Aciphyllene	顺式-β-愈疮木烯
134.30	Benzaldehyde	苯甲醛	132.41	Geranial (Citral a)	香叶醛
134.22	Myristicin	肉豆蔻醚	132.33	α-Terpinene	α-松油烯
134.13	(Z)-β-Ocimene	(Z)-β-罗勒烯	132.28	(Z)-β-Ocimene	(Z)-β-罗勒烯
134.12	trans-Cinnamaldehyde	肉桂醛	132.16	Lavandulol	薰衣草醇
134.10	Cinnamyl acetate	乙酸肉桂酯	132.15	(Z,E)-α-Farnesene	(Z,E)-α-金合欢烯
134.07	α-Bisabolol oxide A	α-红没药醇氧化物 A	132.14	Estragole	龙蒿脑
134.07	γ-Himachalene	γ-喜马雪松烯	132.14	(E,Z)-α-Farnesene	(E,Z)-α-金合欢烯
134.06	(E)-β-Ocimene	(E)-β-罗勒烯	132.08	(Z,Z)-α-Farnesene	(Z,Z)-α-金合欢烯
134.04	Thymol methylether	百里香酚甲醚	132.05	Hept-5-en-2-one,6-methyl-	6-甲基-5-庚烯-2-酮
134.02	α-Bisabolol oxide B	α-红没药醇氧化物 B	131.98	Eugenol	丁香酚
134.02	Safrole	黄樟素	131.98	Neryl acetate	乙酸橙花酯
133.99	β-Phellandrene	β-水芹烯	131.89	Thymol	百里香酚
133.97	(E,E)-α-Farnesene	(E,E)-α-金合欢烯	131.87	Anisaldehyde	大茴香醛
133.96	(Z,E)-α-Farnesene	(Z,E)-α-金合欢烯	131.83	Pulegone	胡薄荷酮
133.93	δ-Cadinene	δ-杜松烯	131.82	(E)-β-Ocimene	(E)-β-罗勒烯
133.92	(Z,Z)-α-Farnesene	(Z,Z)-α-金合欢烯	131.80	Methyl anthranilate,N-methyl-	N-甲基邻氨基苯甲酸甲酯
133.88	Terpinolene	异松油烯	131.78	(E,E)-α-Farnesene	(E,E)-α-金合欢烯
133.87	Anise alcohol	茴香醇	131.72	(E)-β-Ocimene	(E)-β-罗勒烯
133.86	α-Muurolene	α-木罗烯	131.70	Coumarin	香豆素
133.76	β-Bisabolol	β-红没药醇	131.65	Germacrene B	大根香叶烯 B
133.69	1,4-Dimethylazulene	1,4-二甲基薁	131.62	(Z)-β-Ocimene	(Z)-β-罗勒烯
133.63	Terpinen-4-ol	4-松油醇	131.59	Geranyl formate	甲酸香叶酯
133.60	3-n-Butylphthalide	3-正丁基苯酞	131.58	Nerol	橙花醇
133.51	Germacrene D	大根香叶烯 D	131.52	Geranyl acetate	乙酸香叶酯
133.49	α-Terpineol	α-松油醇	131.49	Germacrene B	大根香叶烯 B
133.42	Limonene	柠檬烯	131.44	(E,Z)-α-Farnesene	(E,Z)-α-金合欢烯
133.39	β-Bisabolol	β-红没药醇	131.43	Myrcene	月桂烯
133.36	trans-Isomyristicin	反式-异肉豆蔻醚	131.42	Linalyl acetate	乙酸芳樟酯
133.12	Neral (Citral b)	橙花醛	131.40	Pseudoisoeugenyl 2-methyl- butyrate	假异丁香酚 2-甲基丁酸酯
133.11	Germacrene D	大根香叶烯 D	131.38	trans-Isoeugenol	反式-异丁香酚
133.10	Guaiazulene	愈疮木薁	131.38	trans-Methylisoeugenol	反式-异丁香酚甲醚
132.96	α-Humulene	α-蛇麻烯	131.38	trans-Isomyristicin	反式-异肉豆蔻醚
132.94	Acetophenone	苯乙酮	131.31	(Z)-β-Farnesene	(Z)-β-金合欢烯
132.81	trans-Isosafrole	反式-异黄樟素	131.29	Geraniol	香叶醇
132.80	Methyl benzoate	苯甲酸甲酯	131.28	α-Phellandrene	α-水芹烯
132.61	Lavandulyl acetate	乙酸薰衣草酯	131.27	Carvacrol	香芹酚
132.59	Methyleugenol	甲基丁香酚	131.27	Zingiberene	姜烯

δ值	英文名称	中文名称	δ值	英文名称	中文名称
131.26	Citronellal	香茅醛	130.04	Germacrene D	大根香叶烯 D
131.23	(Z,Z)-α-Farnesene	(Z,Z)-α-金合欢烯	130.01	cis-Anethole	顺式-茴香脑
131.21	Δ³-Carene	3-蒈烯	129.94	α-Phellandrene	α-水芹烯
131.18	β-Bisabolene	β-红没药烯	129.93	(Z,Z)-α-Farnesene	(Z,Z)-α-金合欢烯
131.18	trans-Isosafrole	反式-异黄樟素	129.90	(Z)-β-Ocimene	(Z)-β-罗勒烯
131.14	trans-Cinnamaldehyde	肉桂醛	129.80	Methyl benzoate	苯甲酸甲酯
131.12	trans-Anethole	反式-茴香脑	129.79	(Z,E)-α-Farnesene	(Z,E)-α-金合欢烯
131.11	Citronellyl formate	甲酸香茅酯	129.78	Estragole	龙蒿脑
131.05	(E,E)-α-Farnesene	(E,E)-α-金合欢烯	129.70	Benzaldehyde	苯甲醛
131.04	cis-Isoeugenol	顺式-异丁香酚	129.70	Benzyl benzoate	苯甲酸苄酯
131.03	Citronellyl acetate	乙酸香茅酯	129.63	Phenylethyl alcohol	苯乙醇
131.02	(Z,E)-α-Farnesene	(Z,E)-α-金合欢烯	129.63	Methyl-p-cresol	对甲酚甲醚
131.01	trans-Anethole	反式-茴香脑	129.32	para-Cymene	对异丙基甲苯
131.01	α-Terpinene	α-松油烯	129.29	α-Curcumene	α-姜黄烯
130.98	Linalool	芳樟醇	129.16	Cinnamic alcohol	肉桂醇
130.95	Bicyclogermacrene	二环大根香叶烯	129.14	Phenylethyl isovalerate	异戊酸苯乙酯
130.95	α-Curcumene	α-姜黄烯	129.00	Benzaldehyde	苯甲醛
130.92	α-Bisabolol	α-红没药醇	129.00	trans-Cinnamaldehyde	肉桂醛
130.91	Zingiberene	姜烯	128.98	Phenylethyl alcohol	苯乙醇
130.86	(E)-β-Farnesene	(E)-β-金合欢烯	128.82	α-Bulnesene	α-布藜烯
130.81	Methyl benzoate	苯甲酸甲酯	128.80	Dihydrocoumarin	二氢香豆素
130.80	(2E,6E)-Farnesol	(2E,6E)-金合欢醇	128.78	Cinnamic alcohol	肉桂醇
130.69	Citronellol	香茅醇	128.77	Cinnamyl acetate	乙酸肉桂酯
130.67	trans-α-Bergamotene	反式-α-香柠檬烯	128.76	Benzyl salicylate	水杨酸苄酯
130.67	Cinnamic alcohol	肉桂醇	128.74	Anise alcohol	茴香醇
130.65	cis-Anethole	顺式-茴香脑	128.74	Neral (Citral b)	橙花醛
130.44	Vanillin	香兰素	128.70	Pentylbenzene	正戊苯
130.43	cis-Isoeugenol	顺式-异丁香酚	128.68	Phenylethyl isovalerate	异戊酸苯乙酯
130.40	Benzyl benzoate	苯甲酸苄酯	128.62	Acetophenone	苯乙酮
130.35	cis-Anethole	顺式-茴香脑	128.62	Phenylethyl isobutyrate	异丁酸苯乙酯
130.35	δ-Cadinene	δ-杜松烯	128.60	3-n-Butylphthalide	3-正丁基苯酞
130.28	Anisaldehyde	大茴香醛	128.57	Benzyl acetate	乙酸苄酯
130.26	trans-Isoeugenol	反式-异丁香酚	128.55	Pentylbenzene	正戊苯
130.20	β-Phellandrene	β-水芹烯	128.54	Dihydrocoumarin	二氢香豆素
130.17	Benzyl salicylate	水杨酸苄酯	128.53	Benzyl salicylate	水杨酸苄酯
130.16	Ligustilide	藁本内酯	128.52	Benzyl alcohol	苯甲醇
130.13	Methyl-p-cresol	对甲酚甲醚	128.52	trans-Cinnamaldehyde	肉桂醛

续表

δ 值	英文名称	中文名称	δ 值	英文名称	中文名称
128.50	Benzyl benzoate	苯甲酸苄酯	126.44	1,4-Dimethylazulene	1,4-二甲基薁
128.50	α-Phellandrene	α-水芹烯	126.22	Apiole,dill	莳萝油脑
128.48	Benzyl salicylate	水杨酸苄酯	125.97	Thymol methylether	百里香酚甲醚
128.48	Methyl benzoate	苯甲酸甲酯	125.94	Pentylbenzene	正戊苯
128.37	Benzyl acetate	乙酸苄酯	125.93	γ-Himachalene	γ-喜马雪松烯
128.36	Acetophenone	苯乙酮	125.93	cis-Spiroether	顺式-螺醚
128.36	Zingiberene	姜烯	125.88	Apiole,dill	莳萝油脑
128.30	Benzyl benzoate	苯甲酸苄酯	125.85	trans-α-Bergamotene	反式-α-香柠檬烯
128.20	Pseudoisoeugenyl 2-methylbu-tyrate	假异丁香酚 2-甲基丁酸酯	125.85	Nerol	橙花醇
128.20	Benzyl benzoate	苯甲酸苄酯	125.76	10-epi-γ-Eudesmol	10-表-γ-桉叶醇
128.18	trans-Cinnamaldehyde	肉桂醛	125.62	α-bisabolol	α-红没药醇
128.14	Benzyl acetate	乙酸苄酯	125.60	3-n-Butylphthalide	3-正丁基苯酞
128.11	Cinnamyl acetate	乙酸肉桂酯	125.56	1,4-Dimethylazulene	1,4-二甲基薁
128.10	Coumarin	香豆素	125.44	(Z)-β-Farnesene	(Z)-β-金合欢烯
128.10	Senkyunolide	洋川芎内酯	125.42	Citronellol	香茅醇
128.06	α-Humulene	α-蛇麻烯	125.41	Bicyclogermacrene	二环大根香叶烯
128.00	Terpinolene	异松油烯	125.38	α-Humulene	α-蛇麻烯
127.97	Allyl-2,3,4,5-tetramethoxyben-zene	2,3,4,5-四甲氧基烯基苯	125.37	Zingiberene	姜烯
127.65	Cinnamic alcohol	肉桂醇	125.36	Pentylcyclohexa-1,3-diene	1-正戊基-1,3-环己二烯
127.48	Geranial (Citral a)	香叶醛	125.28	Guaiazulene	愈疮木薁
127.42	Benzyl alcohol	苯甲醇	125.27	Chamazulene	母菊薁
127.42	Vanillin	香兰素	125.24	Germacrene B	大根香叶烯 B
127.41	trans-Spiroether	反式-螺醚	125.22	Linalool	芳樟醇
127.28	trans-Anethole	反式-茴香脑	125.19	α-Curcumene	α-姜黄烯
127.19	Benzyl alcohol	苯甲醇	125.19	Guaiazulene	愈疮木薁
127.14	α-Curcumene	α-姜黄烯	125.11	Citronellyl acetate	乙酸香茅酯
127.14	Phenylethyl isobutyrate	异丁酸苯乙酯	125.06	Chamazulene	母菊薁
126.88	Cinnamyl acetate	乙酸肉桂酯	125.05	δ-Cadinene	δ-杜松烯
126.78	Piperitone	胡椒酮	125.03	Citronellyl formate	甲酸香茅酯
126.77	Cinnamic alcohol	肉桂醇	125.00	3-n-Butylphthalide	3-正丁基苯酞
126.77	Phenylethyl alcohol	苯乙醇	125.00	(2E,6E)-Farnesol	(2E,6E)-金合欢醇
126.70	Germacrene B	大根香叶烯 B	124.96	β-Caryophyllene	β-石竹烯
126.67	Phenylethyl isovalerate	异戊酸苯乙酯	124.93	β-Bisabolene	β-红没药烯
126.64	Phenylethyl isobutyrate	异丁酸苯乙酯	124.93	γ-Himachalene	γ-喜马雪松烯
126.56	Thymol	百里香酚	124.88	cis-Isoeugenol	顺式-异丁香酚
126.54	α-Humulene	α-蛇麻烯	124.86	(Z)-β-Farnesene	(Z)-β-金合欢烯
126.50	para-Cymene	对异丙基甲苯	124.85	cis-Anethole	顺式-茴香脑

续表

δ值	英文名称	中文名称	δ值	英文名称	中文名称
124.85	Geraniol	香叶醇	123.10	trans-Isoeugenol	反式-异丁香酚
124.80	Pseudoisoeugenyl 2-methyl-butyrate	假异丁香酚 2-甲基丁酸酯	123.08	Neral (Citral b)	橙花醛
124.77	Myrcene	月桂烯	123.02	trans-Anethole	反式-茴香脑
124.76	(E)-β-Farnesene	(E)-β-金合欢烯	123.00	Lavandulol	薰衣草醇
124.74	Citronellal	香茅醛	122.96	(E)-β-Ocimene	(E)-β-罗勒烯
124.71	Dihydrocoumarin	二氢香豆素	122.91	Eugenyl acetate	乙酸丁香酯
124.70	(E,Z)-α-Farnesene	(E,Z)-α-金合欢烯	122.90	(Z,E)-α-Farnesene	(Z,E)-α-金合欢烯
124.70	(2E,6E)-Farnesol	(2E,6E)-金合欢醇	122.54	(E,E)-α-Farnesene	(E,E)-α-金合欢烯
124.66	(Z,E)-α-Farnesene	(Z,E)-α-金合欢烯	122.41	cis-Isoeugenol	顺式-异丁香酚
124.65	Geraniol	香叶醇	122.32	α-Cadinol	α-杜松醇
124.64	(E,E)-α-Farnesene	(E,E)-α-金合欢烯	122.32	Lavandulyl acetate	乙酸薰衣草酯
124.61	(Z,Z)-α-Farnesene	(Z,Z)-α-金合欢烯	121.98	Thymol	百里香酚
124.57	α-Muurolene	α-木罗烯	121.76	Carvacrol	香芹酚
124.54	Nerol	橙花醇	121.60	Furfural	糠醛
124.42	(E)-β-Farnesene	(E)-β-金合欢烯	121.55	Eugenol	丁香酚
124.40	Coumarin	香豆素	121.53	Safrole	黄樟素
124.35	Linalyl acetate	乙酸芳樟酯	121.50	3-n-Butylphthalide	3-正丁基苯酞
124.30	(2E,6E)-Farnesol	(2E,6E)-金合欢醇	121.47	Thymol methylether	百里香酚甲醚
124.30	Geranyl acetate	乙酸香叶酯	121.45	α-Terpineol	α-松油醇
124.30	Ligustilide	藁本内酯	121.44	α-Thujene	α-侧柏烯
124.20	Geranyl formate	甲酸香叶酯	121.35	α-Bisabolol	α-红没药醇
124.10	Senkyunolide	洋川芎内酯	121.34	Dill ether	莳萝醚
124.05	δ-Cadinene	δ-杜松烯	121.33	β-Bisabolene	β-红没药烯
124.05	trans-Isomyristicin	反式-异肉豆蔻醚	121.25	Limonene	柠檬烯
123.85	Dihydrocoumarin	二氢香豆素	121.21	Terpinolene	异松油烯
123.82	Cinnamyl acetate	乙酸肉桂酯	121.19	Verbenone	马鞭草烯酮
123.81	Neryl acetate	乙酸橙花酯	121.07	Myrtenyl acetate	乙酸桃金娘烯酯
123.69	(Z,Z)-α-Farnesene	(Z,Z)-α-金合欢烯	121.02	trans-Spiroether	反式-螺醚
123.69	Germacrene B	大根香叶烯 B	120.98	α-Terpinyl acetate	乙酸松油酯
123.67	Hept-5-en-2-one,6-methyl-	6-甲基-5-庚烯-2-酮	120.92	Guaia-6,9-diene	6,9-愈疮木二烯
123.53	trans-Isosafrole	反式-异黄樟素	120.89	α-Bisabolol oxide A	α-红没药醇氧化物 A
123.44	(E,Z)-α-Farnesene	(E,Z)-α-金合欢烯	120.82	cis-Spiroether	顺式-螺醚
123.35	Pentylcyclohexa-1,3-diene	1-正戊基-1,3-环己二烯	120.75	Aristolene	马兜铃烯
123.31	Geranial (Citral a)	香叶醛	120.69	Eugenyl acetate	乙酸丁香酯
123.30	Pseudoisoeugenyl 2-methylbutyrate	假异丁香酚 2-甲基丁酸酯	120.66	Zingiberene	姜烯
123.28	(Z)-β-Ocimene	(Z)-β-罗勒烯	120.62	α-Phellandrene	α-水芹烯
123.19	trans-Methylisoeugenol	反式-异丁香酚甲醚	120.61	α-Bisabolol oxide B	α-红没药醇氧化物 B

δ 值	英文名称	中文名称	δ 值	英文名称	中文名称
120.55	Valencene	巴伦西亚桔烯	115.67	Myrcene	月桂烯
120.53	α-Terpinene	α-松油烯	115.62	(E)-β-Farnesene	(E)-β-金合欢烯
120.38	trans-Isosafrole	反式-异黄樟素	115.60	Myristicin	肉豆蔻醚
120.35	α-Bisabolone oxide	α-红没药酮氧化物	115.60	Safrole	黄樟素
120.34	Methyleugenol	甲基丁香酚	115.55	Methyleugenol	甲基丁香酚
120.20	1,4-Dimethylazulene	1,4-二甲基薁	115.45	Allyl-2,3,4,5-tetramethoxybenzene	2,3,4,5-四甲氧基烯丙基苯
119.99	Δ³-Carene	3-蒈烯	115.37	Apiole,dill	莳萝油脑
119.95	α-Terpinene	α-松油烯	115.34	Estragole	龙蒿脑
119.67	Neryl acetate	乙酸橙花酯	115.34	Eugenol	丁香酚
119.54	trans-Isoeugenol	反式-异丁香酚	115.19	Apiole,parsley	欧芹脑
119.52	Geranyl acetate	乙酸香叶酯	115.05	trans-Isoeugenol	反式-异丁香酚
119.40	Menthofuran	薄荷呋喃	114.97	Eugenol	丁香酚
119.32	α-Patchoulene	α-广藿香烯	114.82	cis-Isoeugenol	顺式-异丁香酚
119.23	Pentylcyclohexa-1,3-diene	1-正戊基-1,3-环己二烯	114.61	Vanillin	香兰素
119.18	Carvacrol	香芹酚	114.45	Methyl anthranilate,N-methyl-	N-甲基邻氨基苯甲酸甲酯
119.15	Terpinen-4-ol	4-松油醇	114.43	Anisaldehyde	大茴香醛
119.14	Benzyl salicylate	水杨酸苄酯	114.20	Estragole	龙蒿脑
119.00	trans-Methylisoeugenol	反式-异丁香酚甲醚	114.19	trans-Anethole	反式-茴香脑
118.90	Coumarin	香豆素	114.13	1,4-Dimethylazulene	1,4-二甲基薁
118.81	Guaia-6,9-diene	6,9-愈疮木二烯	114.10	Methyl-p-cresol	对甲酚甲醚
118.68	Geranyl formate	甲酸香叶酯	114.02	Anise alcohol	茴香醇
118.00	Benzyl salicylate	水杨酸苄酯	113.96	cis-Anethole	顺式-茴香脑
117.44	Menthofuran	薄荷呋喃	113.93	1-Octen-3-ol	蘑菇醇(1-辛烯-3-醇)
117.43	α-Terpinene	α-松油烯	113.56	Chamazulene	母菊薁
117.25	Ligustilide	藁本内酯	113.53	Carvacrol	香芹酚
117.06	Dihydrocoumarin	二氢香豆素	113.45	Guaiazulene	愈疮木薁
117.00	trans-α-Bergamotene	反式-α-香柠檬烯	113.43	(Z)-β-Ocimene	(Z)-β-罗勒烯
116.57	α-Pinene	α-蒎烯	113.36	(Z,Z)-α-Farnesene	(Z,Z)-α-金合欢烯
116.54	Bicyclogermacrene	二环大根香叶烯	113.35	(Z,E)-α-Farnesene	(Z,E)-α-金合欢烯
116.50	Coumarin	香豆素	113.30	Pseudoisoeugenyl 2-methylbutyrate	假异丁香酚 2-甲基丁酸酯
116.50	Senkyunolide	洋川芎内酯	113.10	Linalyl acetate	乙酸芳樟酯
116.48	α-Terpinene	α-松油烯	113.07	(Z)-β-Farnesene	(Z)-β-金合欢烯
116.47	Thymol	百里香酚	113.03	Eugenyl acetate	乙酸丁香酯
116.40	Coumarin	香豆素	112.92	Myrcene	月桂烯
116.30	α-Copaene	α-玷𤑢烯	112.81	(E)-β-Farnesene	(E)-β-金合欢烯
115.97	Elemicin	榄香素	112.80	Furfural	糠醛
115.92	Eugenyl acetate	乙酸丁香酯	112.75	Benzyl salicylate	水杨酸苄酯
115.90	(Z)-β-Farnesene	(Z)-β-金合欢烯	112.67	Caryophyllene oxide	氧化石竹烯

δ 值	英文名称	中文名称	δ 值	英文名称	中文名称
112.65	Lavandulol	薰衣草醇	108.92	Myristicin	肉豆蔻醚
112.62	β-Elemene	β-榄香烯	108.84	Allyl-2,3,4,5-tetramethoxybenzene	2,3,4,5-四甲氧基烯丙基苯
112.59	Lavandulyl acetate	乙酸薰衣草酯	108.81	trans-Isoeugenol	反式-异丁香酚
112.42	Elemol	榄香醇	108.77	β-Selinene	β-蛇床烯
112.27	trans-Methylisoeugenol	反式-异丁香酚甲醚	108.29	Safrole	黄樟素
112.16	cis-Isoeugenol	顺式-异丁香酚	108.20	Pogostol	广藿香奥醇
112.12	β-Caryophyllene	β-石竹烯	108.20	trans-Isosafrole	反式-异黄樟素
112.09	Isopulegol	异胡薄荷醇	108.04	α-Guaiene	α-愈疮木烯
112.07	Ligustilide	藁本内酯	107.98	α-bulnesene	α-布藜烯
111.84	trans-Dihydrocarvone	反式-二氢香芹酮	107.70	β-Bisabolene	β-红没药烯
111.81	Methyleugenol	甲基丁香酚	107.55	Aciphyllene	顺式-β-愈疮木烯
111.79	Eugenol	丁香酚	107.32	trans-Isomyristicin	反式-异肉豆蔻醚
111.61	Linalool	芳樟醇	106.51	α-Muurolene	α-木罗烯
111.41	Thymol methylether	百里香酚甲醚	106.47	β-Pinene	β-蒎烯
111.30	cis-Linalool oxide	顺式-氧化芳樟醇	106.05	Aromadendrene	香橙烯
111.24	trans-Linalool oxide	反式-氧化芳樟醇	105.90	β-Selinene	β-蛇床烯
111.20	Methyleugenol	甲基丁香酚	105.60	trans-Isosafrole	反式-异黄樟素
111.10	Pseudoisoeugenyl 2-methyl-butyrate	假异丁香酚 2-甲基丁酸酯	105.38	Elemicin	榄香素
110.81	Methyl anthranilate,N-methyl-	N-甲基邻氨基苯甲酸甲酯	103.65	Seychellene	塞瑟尔烯
110.67	(E,Z)-α-Farnesene	(E,Z)-α-金合欢烯	103.59	β-Bourbonene	β-波旁烯
110.46	Carvone	香芹酮	103.02	Apiole,dill	莳萝油脑
110.42	(E,E)-α-Farnesene	(E,E)-α-金合欢烯	102.82	Myristicin	肉豆蔻醚
110.42	(E)-β-Ocimene	(E)-β-罗勒烯	102.13	Sabinene	桧烯
110.38	β-Phellandrene	β-水芹烯	101.30	Apiole,dill	莳萝油脑
110.23	methyl anthranilate,N-methyl-	N-甲基邻氨基苯甲酸甲酯	101.30	Apiole,parsley	欧芹脑
110.15	β-Elemene	β-榄香烯	101.24	trans-Isomyristicin	反式-异肉豆蔻醚
110.04	Elemol	榄香醇	101.22	Myristicin	肉豆蔻醚
109.87	trans-Methylisoeugenol	反式-异丁香酚甲醚	100.99	trans-Isosafrole	反式-异黄樟素
109.78	Apiole,dill	莳萝油脑	100.90	Safrole	黄樟素
109.58	cis-Dihydrocarvone	顺式-二氢香芹酮	99.75	Camphene	莰烯
109.55	Germacrene D	大根香叶烯 D	99.67	trans-Isomyristicin	反式-异肉豆蔻醚
109.55	Perillaldehyde	紫苏醛	89.31	1,4-Cineole	1,4-桉叶素
109.29	Safrole	黄樟素	85.75	cis-Linalool oxide	顺式-氧化芳樟醇
109.12	Vanillin	香兰素	85.66	trans-Linalool oxide	反式-氧化芳樟醇
108.98	Valencene	巴伦西亚桔烯	85.16	α-Bisabolol oxide B	α-红没药醇氧化物 B
108.96	Limonene	柠檬烯	84.66	Nardosinone	甘松新酮
108.92	β-Elemene	β-榄香烯	84.06	α-Bisabolol oxide B	α-红没药醇氧化物 B

续表

δ 值	英文名称	中文名称	δ 值	英文名称	中文名称
84.03	*α*-Terpinyl acetate	乙酸松油酯	71.58	L-Menthol	L-薄荷脑
83.11	*trans*-Linalool oxide	反式-氧化芳樟醇	71.53	*cis*-Spiroether	顺式-螺醚
82.91	Linalyl acetate	乙酸芳樟酯	71.48	*α*-Bisabolol oxide B	*α*-红没药醇氧化物 B
82.80	*cis*-Linalool oxide	顺式-氧化芳樟醇	71.31	*cis*-Linalool oxide	顺式-氧化芳樟醇
82.73	1,4-Cineole	1,4-桉叶素	71.22	*trans*-Linalool oxide	反式-氧化芳樟醇
82.20	Senkyunolide	洋川芎内酯	71.18	Terpinen-4-ol	4-松油醇
81.10	3-*n*-Butylphthalide	3-正丁基苯酞	70.99	Isopulegol	异胡薄荷醇
80.54	*trans*-Spiroether	反式-螺醚	70.76	*trans*-Spiroether	反式-螺醚
80.17	*trans*-Sabinene hydrate	反式-水合桧烯	69.65	*cis*-Spiroether	顺式-螺醚
79.91	*cis*-Spiroether	顺式-螺醚	69.64	*trans*-Spiroether	反式-螺醚
79.59	*cis*-Spiroether	顺式-螺醚	69.60	1,8-Cineole	1,8-桉叶素
79.36	Bornyl acetate	乙酸龙脑酯	68.96	Butanol-2	2-丁醇
79.33	*α*-Bisabolone oxide	*α*-红没药酮氧化物	67.83	D-*neo*-Menthol	D-新薄荷醇
79.13	Bornyl isovale rate	异戊酸龙脑酯	67.67	2-Octanol	2-辛醇
78.82	*trans*-Spiroether	反式-螺醚	67.64	2-Heptanol	2-庚醇
78.04	Nardosinone	甘松新酮	67.61	2-Nonanol	2-壬醇
76.89	Borneol	龙脑	67.56	2-Decanol	2-癸醇
76.30	*cis*-Spiroether	顺式-螺醚	67.36	2-Pentanol	2-戊醇
75.62	Patchouli alcohol	广藿香醇	66.96	Benzyl salicylate	水杨酸苄酯
75.55	*α*-Bisabolone oxide	*α*-红没药酮氧化物	66.64	Myrtenyl acetate	乙酸桃金娘烯酯
75.15	Dill ether	莳萝醚	66.50	Benzyl benzoate	苯甲酸苄酯
74.93	*α*-Bisabolol oxide A	*α*-红没药醇氧化物 A	65.84	Benzyl acetate	乙酸苄酯
74.85	10-*epi*-*γ*-Eudesmol	10-表-*γ*-桉叶醇	65.75	Lavandulyl acetate	乙酸薰衣草酯
74.38	Cedrol	柏木脑	65.21	*trans*-Spiroether	反式-螺醚
74.25	*α*-Bisabolol oxide A	*α*-红没药醇氧化物 A	64.99	*cis*-Spiroether	顺式-螺醚
74.03	Pogostol	广藿香薁醇	64.87	Cinnamyl acetate	乙酸肉桂酯
73.97	Dill ether	莳萝醚	64.60	Phenylethyl isobutyrate	异丁酸苯乙酯
73.86	*α*-Bisabolol	*α*-红没药醇	64.54	Phenylethyl isovalerate	异戊酸苯乙酯
73.83	Menthyl acetate	乙酸薄荷酯	64.47	Benzyl alcohol	苯甲醇
73.68	Viridiflorol	绿花白千层醇	64.19	Lavandulol	薰衣草醇
73.46	1,8-Cineole	1,8-桉叶素	64.17	Anise alcohol	茴香醇
73.14	Linalool	芳樟醇	63.75	Phenylethyl alcohol	苯乙醇
73.02	1-Octen-3-ol	蘑菇醇(1-辛烯-3-醇)	63.11	Cinnamic alcohol	肉桂醇
72.91	3-Octanol	3-辛醇	62.80	Caryophyllene oxide	氧化石竹烯
72.88	*α*-Cadinol	*α*-杜松醇	62.71	Citronellyl acetate	乙酸香茅酯
72.34	*α*-Terpineol	*α*-松油醇	62.35	1-Octanol	正辛醇
71.85	Elemol	榄香醇	62.02	Citronellyl formate	甲酸香茅酯
71.79	*α*-Bisabolol oxide A	*α*-红没药醇氧化物 A	61.74	*α*-Patchoulene	*α*-广藿香烯

δ值	英文名称	中文名称	δ值	英文名称	中文名称
61.66	Neryl acetate	乙酸橙花酯	55.40	Pseudoisoeugenyl 2-methylbutyrate	假异丁香酚 2-甲基丁酸酯
61.45	Cedrol	柏木脑	55.28	Vanillin	香兰素
60.94	Geranyl acetate	乙酸香叶酯	55.17	Anisaldehyde	大茴香醛
60.87	Apiole,dill	莳萝油脑	54.96	β-Bourbonene	β-波旁烯
60.81	Elemicin	榄香素	54.80	Estragole	龙蒿脑
60.74	Allyl-2,3,4,5-tetramethoxybenzene	2,3,4,5-四甲氧基烯丙基苯	54.78	cis-Anethole	顺式-茴香脑
60.65	Allyl-2,3,4,5-tetramethoxybenzene	2,3,4,5-四甲氧基烯丙基苯	54.75	anise alcohol	茴香醇
60.35	Geranyl formate	甲酸香叶酯	54.73	Methyl-p-cresol	对甲酚甲醚
60.22	Citronellol	香茅醇	54.64	trans-Anethole	反式-茴香脑
59.81	α-Patchoulene	α-广藿香烯	54.61	Thymol methylether	百里香酚甲醚
59.64	Apiole, parsley	欧芹脑	54.50	α-Copaene	α-玷㖣烯
59.62	Nardosinone	甘松新酮	54.34	Cedrol	柏木脑
59.61	Apiole,dill	莳萝油脑	54.11	Isopulegol	异胡薄荷醇
59.00	Geraniol	香叶醇	54.06	Aromadendrene	香橙烯
58.70	Viridiflorol	绿花白千层醇	53.97	Germacrene D	大根香叶烯 D
58.60	(2E,6E)-Farnesol	(2E,6E)-金合欢醇	53.96	β-Caryophyllene	β-石竹烯
58.60	Nerol	橙花醇	53.76	Fenchone	葑酮
58.53	Caryophyllene oxide	氧化石竹烯	53.28	Aciphyllene	顺式-β-愈疮木烯
58.00	Ethanol	乙醇	53.05	Verbenone	马鞭草烯酮
57.62	Verbenone	马鞭草烯酮	53.03	β-Elemene	β-榄香烯
57.10	Camphor	樟脑	52.94	Elemol	榄香醇
56.97	Isomenthone	异薄荷酮	52.83	Valeranone	缬草烷酮
56.87	Apiole,parsley	欧芹脑	52.30	β-Pinene	β-蒎烯
56.76	β-Bourbonene	β-波旁烯	51.56	Methyl benzoate	苯甲酸甲酯
56.69	Cedrol	柏木脑	51.56	Piperitone	胡椒酮
56.38	Myristicin	肉豆蔻醚	51.02	Methyl anthranilate,N-methyl-	N-甲基邻氨基苯甲酸甲酯
56.30	trans-Isomyristicin	反式-异肉豆蔻醚	51.01	Citronellal	香茅醛
56.01	Allyl-2,3,4,5-tetramethoxybenzene	2,3,4,5-四甲氧基烯丙基苯	50.97	Caryophyllene oxide	氧化石竹烯
56.01	Elemicin	榄香素	50.84	Menthone	薄荷酮
55.82	Pogostol	广藿香奥醇	50.82	α-Bulnesene	α-布藜烯
55.75	Methyleugenol	甲基丁香酚	50.81	Pulegone	胡薄荷酮
55.54	Menthone	薄荷酮	50.75	L-Menthol	L-薄荷脑
55.52	Eugenol	丁香酚	50.30	Lavandulol	薰衣草醇
55.49	trans-Isoeugenol	反式-异丁香酚	50.11	D-neo-Menthol	D-新薄荷醇
55.49	cis-Isoeugenol	顺式-异丁香酚	50.04	α-Cadinol	α-杜松醇
55.44	Eugenyl acetate	乙酸丁香酯	50.03	β-Selinene	β-蛇床烯
55.41	trans-Methylisoeugenol	反式-异丁香酚甲醚	49.64	Verbenone	马鞭草烯酮

续表

δ 值	英文名称	中文名称	δ 值	英文名称	中文名称
49.56	Borneol	龙脑	45.68	β-Bourbonene	β-波旁烯
49.45	Elemol	榄香醇	45.52	Bicyclogermacrene	二环大根香叶烯
48.96	Guaia-6,9-diene	6,9-愈疮木二烯	45.47	Borneol	龙脑
48.91	Bornyl isovale rate	异戊酸龙脑酯	45.47	Fenchone	葑酮
48.82	Caryophyllene oxide	氧化石竹烯	45.37	Bornyl isovalerate	异戊酸龙脑酯
48.75	Bornyl acetate	乙酸龙脑酯	45.35	α-Terpineol	α-松油醇
48.53	Camphene	莰烯	45.30	Valencene	巴伦西亚桔烯
48.32	β-Caryophyllene	β-石竹烯	45.17	2-Pentanone	2-戊酮
48.15	Isomenthone	异薄荷酮	45.11	Bornyl acetate	乙酸龙脑酯
48.00	Bornyl isovale rate	异戊酸龙脑酯	45.10	β-Patchoulene	β-广藿香烯
47.90	Borneol	龙脑	45.09	β-Thujone	β-侧柏酮
47.89	Menthyl acetate	乙酸薄荷酯	45.06	α-Copaene	α-玷𤧠烯
47.87	β-Bourbonene	β-波旁烯	44.80	α-Muurolene	α-木罗烯
47.76	Bornyl acetate	乙酸龙脑酯	44.80	β-Patchoulene	β-广藿香烯
47.73	γ-Himachalene	γ-喜马雪松烯	44.63	α-Copaene	α-玷𤧠烯
47.70	Santene	檀烯	44.63	trans-Dihydrocarvone	反式-二氢香芹酮
47.56	α-Pinene	α-蒎烯	44.47	α-Bisabolol oxide A	α-红没药醇氧化物 A
47.29	Camphene	莰烯	44.45	cis-Dihydrocarvone	顺式-二氢香芹酮
47.27	α-Patchoulene	α-广藿香烯	44.30	trans-Dihydrocarvone	反式-二氢香芹酮
47.24	α-Thujone	α-侧柏酮	44.24	10-epi-γ-Eudesmol	10-表-γ-桉叶醇
47.07	Seychellene	塞瑟尔烯	44.13	Dill ether	莳萝醚
47.01	Fenchone	葑酮	44.08	Guaia-6,9-diene	6,9-愈疮木二烯
46.99	cis-Dihydrocarvone	顺式-二氢香芹酮	44.02	Decanal	正癸醛
46.84	cis-Dihydrocarvone	顺式-二氢香芹酮	44.00	Aromadendrene	香橙烯
46.75	α-Cadinol	α-杜松醇	44.00	Nonanal	壬醛
46.69	α-Guaiene	α-愈疮木烯	43.96	Octanal	辛醛
46.65	Lavandulyl acetate	乙酸薰衣草酯	43.91	α-Bisabolol oxide B	α-红没药醇氧化物 B
46.40	Santene	檀烯	43.89	Isopulegol	异胡薄荷醇
46.38	Camphor	樟脑	43.77	Bornyl isovale rate	异戊酸龙脑酯
46.19	Pogostol	广藿香奠醇	43.75	trans-Dihydrocarvone	反式-二氢香芹酮
46.15	β-Selinene	β-蛇床烯	43.75	Myrtenyl acetate	乙酸桃金娘烯酯
46.11	α-Bulnesene	α-布藜烯	43.73	Patchouli alcohol	广藿香醇
46.10	Pogostol	广藿香奠醇	43.65	Carvone	香芹酮
46.07	β-Elemene	β-榄香烯	43.63	Cedrol	柏木脑
46.00	L-Menthol	L-薄荷脑	43.59	α-Patchoulene	α-广藿香烯
45.92	trans-α-Bergamotene	反式-α-香柠檬烯	43.54	α-Muurolene	α-木罗烯
45.75	δ-Cadinene	δ-杜松烯	43.52	α-Bisabolone oxide	α-红没药酮氧化物
45.72	Aciphyllene	顺式-β-愈疮木烯	43.51	2-Dodecanone	2-十二酮

δ 值	英文名称	中文名称	δ 值	英文名称	中文名称
43.42	2-Octanone	2-辛酮	41.25	Bicyclogermacrene	二环大根香叶烯
43.40	Tricyclene	三环烯	41.23	α-Pinene	α-蒎烯
43.35	2-Decanone	2-癸酮	41.14	β-Bourbonene	β-波旁烯
43.35	2-Undecanone	2-十一酮	40.97	Myrtenyl acetate	乙酸桃金娘烯酯
43.33	Hept-5-en-2-one,6-methyl-	6-甲基-5-庚烯-2-酮	40.96	Myrtenal	桃金娘烯醛
43.32	α-Bisabolol	α-红没药醇	40.96	β-Pinene	β-蒎烯
43.29	2-Nonanone	2-壬酮	40.87	β-Pinene	β-蒎烯
43.25	Phenylethyl isovalerate	异戊酸苯乙酯	40.83	Perillaldehyde	紫苏醛
43.21	Camphor	樟脑	40.77	D-neo-Menthol	D-新薄荷醇
43.20	β-Patchoulene	β-广藿香烯	40.76	β-Caryophyllene	β-石竹烯
43.18	γ-Himachalene	γ-喜马雪松烯	40.61	α-Humulene	α-蛇麻烯
43.15	β-Bourbonene	β-波旁烯	40.60	α-Bisabolol	α-红没药醇
43.11	Carvone	香芹酮	40.60	β-Patchoulene	β-广藿香烯
43.06	Camphor	樟脑	40.51	Geranial（Citral a)	香叶醛
42.92	α-Terpinyl acetate	乙酸松油酯	40.50	Elemicin	榄香素
42.60	Linalool	芳樟醇	40.40	β-Caryophyllene	β-石竹烯
42.60	β-Patchoulene	β-广藿香烯	40.40	Verbenone	马鞭草烯酮
42.42	α-Humulene	α-蛇麻烯	40.28	Citronellol	香茅醇
42.40	Tricyclene	三环烯	40.20	Myristicin	肉豆蔻醚
42.36	β-Phellandrene	β-水芹烯	40.18	Elemol	榄香醇
42.34	β-Selinene	β-蛇床烯	40.13	Patchouli alcohol	广藿香醇
42.28	Cedrol	柏木脑	40.11	β-Elemene	β-榄香烯
42.23	α-Cadinol	α-杜松醇	40.10	β-Bisabolene	β-红没药烯
42.12	3-Octanone	3-辛酮	40.09	Viridiflorol	绿花白千层醇
42.02	β-Bourbonene	β-波旁烯	40.08	Eugenyl acetate	乙酸丁香酯
41.94	Camphene	莰烯	40.07	β-Phellandrene	β-水芹烯
41.89	2-Pentanol	2-戊醇	40.05	Seychellene	塞瑟尔烯
41.83	Menthyl acetate	乙酸薄荷酯	40.01	α-Humulene	α-蛇麻烯
41.82	Germacrene D	大根香叶烯 D	39.94	Elemol	榄香醇
41.81	Cedrol	柏木脑	39.94	(E)-β-Farnesene	(E)-β-金合欢烯
41.59	Fenchone	葑酮	39.94	Nardosinone	甘松新酮
41.55	Limonene	柠檬烯	39.91	Safrole	黄樟素
41.47	trans-α-Bergamotene	反式-α-香柠檬烯	39.88	δ-Cadinene	δ-杜松烯
41.40	β-Thujone	β-侧柏酮	39.88	α-Cadinol	α-杜松醇
41.38	β-Selinene	β-蛇床烯	39.88	(E,E)-α-Farnesene	(E,E)-α-金合欢烯
41.37	Valencene	巴伦西亚桔烯	39.88	(Z,E)-α-Farnesene	(Z,E)-α-金合欢烯
41.30	Pseudoisoeugenyl 2-methyl-butyrate	假异丁香酚 2-甲基丁酸酯	39.88	Geraniol	香叶醇
41.29	Valencene	巴伦西亚桔烯	39.85	Caryophyllene oxide	氧化石竹烯

续表

δ 值	英文名称	中文名称	δ 值	英文名称	中文名称
39.85	β-Elemene	β-榄香烯	38.31	Nardosinone	甘松新酮
39.85	Eugenol	丁香酚	38.27	α-Pinene	α-蒎烯
39.80	(2E,6E)-Farnesol	(2E,6E)-金合欢醇	38.22	α-Patchoulene	α-广藿香烯
39.79	α-Curcumene	α-姜黄烯	38.12	10-epi-γ-Eudesmol	10-表-γ-桉叶醇
39.77	2-Nonanol	2-壬醇	38.02	Valencene	巴伦西亚桔烯
39.76	Methyleugenol	甲基丁香酚	38.02	Viridiflorol	绿花白千层醇
39.75	α-Muurolene	α-木罗烯	38.01	Dill ether	莳萝醚
39.74	2-Decanol	2-癸醇	37.96	Myrtenyl acetate	乙酸桃金娘烯酯
39.71	Phenylethyl alcohol	苯乙醇	37.93	cis-Linalool oxide	顺式-氧化芳樟醇
39.71	2-Octanol	2-辛醇	37.91	Germacrene B	大根香叶烯 B
39.70	(2E,6E)-Farnesol	(2E,6E)-金合欢醇	37.90	Seychellene	塞瑟尔烯
39.68	Geranyl formate	甲酸香叶酯	37.80	Tricyclene	三环烯
39.65	Geranyl acetate	乙酸香叶酯	37.67	Patchouli alcohol	广藿香醇
39.58	α-Copaene	α-玷𤧭烯	37.67	Pentylcyclohexa-1,3-diene	1-正戊基-1,3-环己二烯
39.57	Linalyl acetate	乙酸芳樟酯	37.65	1,4-Cineole	1,4-桉叶素
39.50	Estragole	龙蒿脑	37.62	Camphene	莰烯
39.48	Caryophyllene oxide	氧化石竹烯	37.61	Myrtenal	桃金娘烯醛
39.46	trans-α-Bergamotene	反式-α-香柠檬烯	37.56	Sabinene	桧烯
39.46	γ-Himachalene	γ-喜马雪松烯	37.53	1-Octen-3-ol	蘑菇醇(1-辛烯-3-醇)
39.44	Aromadendrene	香橙烯	37.48	Seychellene	塞瑟尔烯
39.42	α-Thujone	α-侧柏酮	37.44	Aciphyllene	顺式-β-愈疮木烯
39.41	10-epi-γ-Eudesmol	10-表-γ-桉叶醇	37.36	trans-Linalool oxide	反式-氧化芳樟醇
39.37	α-Curcumene	α-姜黄烯	37.33	Cedrol	柏木脑
39.15	Pogostol	广藿香奠醇	37.33	α-Copaene	α-玷𤧭烯
39.14	Borneol	龙脑	37.31	Bornyl isovale rate	异戊酸龙脑酯
39.11	Patchouli alcohol	广藿香醇	37.30	Valeranone	缬草烷酮
39.09	Bicyclogermacrene	二环大根香叶烯	37.27	Citronellyl acetate	乙酸香茅酯
39.08	trans-α-Bergamotene	反式-α-香柠檬烯	37.21	β-Selinene	β-蛇床烯
38.79	α-Bulnesene	α-布藜烯	37.17	Citronellyl formate	甲酸香茅酯
38.76	Guaia-6,9-diene	6,9-愈疮木二烯	37.10	Aciphyllene	顺式-β-愈疮木烯
38.73	Bicyclogermacrene	二环大根香叶烯	37.02	Terpinen-4-ol	4-松油醇
38.72	Viridiflorol	绿花白千层醇	37.00	Aristolene	马兜铃烯
38.62	Valeranone	缬草烷酮	36.96	Aciphyllene	顺式-β-愈疮木烯
38.50	Zingiberene	姜烯	36.96	Bornyl acetate	乙酸龙脑酯
38.39	Fenchone	葑酮	36.95	trans-Sabinene hydrate	反式-水合桧烯
38.39	Valeranone	缬草烷酮	36.85	α-Thujene	α-侧柏烯
38.37	Myrtenal	桃金娘烯醛	36.74	Guaia-6,9-diene	6,9-愈疮木二烯
38.31	Guaiazulene	愈疮木薁	36.73	Valeranone	缬草烷酮

δ值	英文名称	中文名称	δ值	英文名称	中文名称
36.55	γ-Himachalene	γ-喜马雪松烯	34.66	α-Bulnesene	α-布藜烯
36.51	α-Copaene	α-玷𤧭烯	34.64	Zingiberene	姜烯
36.42	Zingiberene	姜烯	34.51	Apiole, parsley	欧芹脑
36.39	Valeranone	缬草烷酮	34.46	Aromadendrene	香橙烯
36.30	α-Guaiene	α-愈疮木烯	34.37	10-epi-γ-Eudesmol	10-表-γ-桉叶醇
36.28	Pentylbenzene	正戊苯	34.35	Allyl-2,3,4,5-tetramethoxybenzene	2,3,4,5-四甲氧基烯丙基苯
36.27	2-Butanone	2-丁酮	34.30	Apiole, dill	莳萝油脑
36.08	β-Selinene	β-蛇床烯	34.19	Menthone	薄荷酮
35.81	Citronellyl acetate	乙酸香茅酯	34.18	α-Thujene	α-侧柏烯
35.69	Germacrene D	大根香叶烯 D	34.16	α-Patchoulene	α-广藿香烯
35.61	trans-Spiroether	反式-螺醚	34.10	Dihydrojasmone	二氢茉莉酮
35.60	Citronellyl formate	甲酸香茅酯	34.10	β-Patchoulene	β-广藿香烯
35.58	Aromadendrene	香橙烯	34.03	Chamazulene	母菊薁
35.56	Cedrol	柏木脑	34.03	para-Cymene	对异丙基甲苯
35.55	3-Octanone	3-辛酮	34.02	Phenylethyl isobutyrate	异丁酸苯乙酯
35.53	cis-Spiroether	顺式-螺醚	34.00	3-n-Butylphthalide	3-正丁基苯酞
35.50	Pogostol	广藿香薁醇	33.95	α-Guaiene	α-愈疮木烯
35.48	L-Menthol	L-薄荷脑	33.91	α-Guaiene	α-愈疮木烯
35.45	Menthone	薄荷酮	33.90	Isomenthone	异薄荷酮
35.42	Phenylethyl isovalerate	异戊酸苯乙酯	33.82	Germacrene D	大根香叶烯 D
35.39	Phenylethyl isobutyrate	异丁酸苯乙酯	33.81	β-Bourbonene	β-波旁烯
35.38	Seychellene	塞瑟尔烯	33.81	α-Patchoulene	α-广藿香烯
35.32	β-Bisabolene	β-红没药烯	33.75	Carvacrol	香芹酚
35.31	α-Bisabolol oxide B	α-红没药醇氧化物 B	33.75	Caryophyllene oxide	氧化石竹烯
35.28	Terpinen-4-ol	4-松油醇	33.72	Aristolene	马兜铃烯
35.17	Menthyl acetate	乙酸薄荷酯	33.66	1,8-Cineole	1,8-桉叶素
35.14	Aciphyllene	顺式-β-愈疮木烯	33.47	Valencene	巴伦西亚桔烯
35.10	β-Caryophyllene	β-石竹烯	33.45	1,4-Cineole	1,4-桉叶素
35.10	3-Pentanone	3-戊酮	33.42	1,4-Cineole	1,4-桉叶素
35.04	α-Terpinene	α-松油烯	33.41	α-Guaiene	α-愈疮木烯
34.90	α-Terpinene	α-松油烯	33.39	Germacrene B	大根香叶烯 B
34.89	cis-Dihydrocarvone	顺式-二氢香芹酮	33.21	α-Thujene	α-侧柏烯
34.84	Germacrene B	大根香叶烯 B	33.16	α-Thujone	α-侧柏酮
34.83	trans-Sabinene hydrate	反式-水合桧烯	33.15	β-Elemene	β-榄香烯
34.79	α-Patchoulene	α-广藿香烯	33.13	1-Octanol	正辛醇
34.79	Isopulegol	异胡薄荷醇	33.11	α-Bulnesene	α-布藜烯
34.76	trans-Sabinene hydrate	反式-水合桧烯	33.09	Sabinene	桧烯

续表

δ值	英文名称	中文名称	δ值	英文名称	中文名称
33.09	Valencene	巴伦西亚桔烯	32.16	2-Butanol	2-丁醇
32.96	β-Caryophyllene	β-石竹烯	32.15	2-Undecanone	2-十一酮
32.96	Pulegone	胡薄荷酮	32.12	Valeranone	缬草烷酮
32.92	Valeranone	缬草烷酮	32.11	(Z,Z)-α-Farnesene	(Z,Z)-α-金合欢烯
32.90	Tricyclene	三环烯	32.09	Menthyl acetate	乙酸薄荷酯
32.89	Myrtenal	桃金娘烯醛	32.08	2-Octanone	2-辛酮
32.84	β-Thujone	β-侧柏酮	32.07	Octanal	辛醛
32.81	Nardosinone	甘松新酮	32.07	α-Terpinene	α-松油烯
32.70	10-epi-γ-Eudesmol	10-表-γ-桉叶醇	32.06	2-Decanone	2-癸酮
32.70	β-Patchoulene	β-广藿香烯	31.96	Aciphyllene	顺式-β-愈疮木烯
32.70	Patchouli alcohol	广藿香醇	31.95	trans-α-Bergamotene	反式-α-香柠檬烯
32.69	δ-Cadinene	δ-杜松烯	31.95	Dihydrojasmone	二氢茉莉酮
32.66	α-Bulnesene	α-布藜烯	31.93	Myrcene	月桂烯
32.61	3-Octanol	3-辛醇	31.92	2-Nonanone	2-壬酮
32.54	trans-Sabinene hydrate	反式-水合桧烯	31.91	Pentylcyclohexa-1,3-diene	1-正戊基-1,3-环己二烯
32.51	α-Bisabolone oxide	α-红没药酮氧化物	31.90	Senkyunolide	洋川芎内酯
32.46	L-Menthol	L-薄荷脑	31.90	Seychellene	塞瑟尔烯
32.44	Neral (Citralb)	橙花醛	31.88	β-Bisabolene	β-红没药烯
32.44	2-Heptanol	2-庚醇	31.84	Cedrol	柏木脑
32.40	Viridiflorol	绿花白千层醇	31.84	Isopulegol	异胡薄荷醇
32.38	1,8-Cineole	1,8-桉叶素	31.80	Fenchone	葑酮
32.38	1-Octanol	正辛醇	31.78	Carvone	香芹酮
32.37	2-Dodecanone	2-十二酮	31.77	α-Bulnesene	α-布藜烯
32.36	Decanal	正癸醛	31.77	Pentylbenzene	正戊苯
32.36	2-Decanol	2-癸醇	31.76	α-Pinene	α-蒎烯
32.36	2-Nonanol	2-壬醇	31.74	(E)-β-Farnesene	(E)-β-金合欢烯
32.35	(Z)-β-Farnesene	(Z)-β-金合欢烯	31.74	3-Octanone	3-辛酮
32.34	Nonadecane	正十九烷	31.72	α-Thujene	α-侧柏烯
32.33	α-Copaene	α-玷理烯	31.66	Bicyclogermacrene	二环大根香叶烯
32.32	δ-Cadinene	δ-杜松烯	31.66	Perillaldehyde	紫苏醛
32.30	Nerol	橙花醇	31.66	Terpinolene	异松油烯
32.30	1-Octen-3-ol	蘑菇醇(1-辛烯-3-醇)	31.62	α-Muurolene	α-木罗烯
32.27	Nonanal	壬醛	31.62	α-Phellandrene	α-水芹烯
32.26	Menthofuran	薄荷呋喃	31.61	trans-α-Bergamotene	反式-α-香柠檬烯
32.25	(E,Z)-α-Farnesene	(E,Z)-α-金合欢烯	31.57	α-Pinene	α-蒎烯
32.21	Menthofuran	薄荷呋喃	31.56	Pentylbenzene	正戊苯
32.21	2-Octanol	2-辛醇	31.52	Myrtenyl acetate	乙酸桃金娘烯酯
32.19	(Z)-β-Farnesene	(Z)-β-金合欢烯	31.50	Pulegone	胡薄荷酮
32.19	β-Phellandrene	β-水芹烯	31.42	D-neo-Menthol	D-新薄荷醇

δ值	英文名称	中文名称	δ值	英文名称	中文名称
31.41	α-Terpineol	α-松油醇	30.24	2-Nonanol	2-壬醇
31.35	α-Bisabolol	α-红没药醇	30.20	α-Copaene	α-玷𤩋烯
31.34	Neryl acetate	乙酸橙花酯	30.20	Nonadecane	正十九烷
31.31	Bicyclogermacrene	二环大根香叶烯	30.17	β-Caryophyllene	β-石竹烯
31.30	α-Guaiene	α-愈疮木烯	30.14	Aristolene	马兜铃烯
31.30	Terpinen-4-ol	4-松油醇	30.13	Nonadecane	正十九烷
31.29	α-Bisabolone oxide	α-红没药酮氧化物	30.12	2-Decanol	2-癸醇
31.29	Myrtenyl acetate	乙酸桃金娘烯酯	30.09	Seychellene	塞瑟尔烯
31.29	Pogostol	广藿香奠醇	30.03	2-Dodecanone	2-十二酮
31.26	Dihydrojasmone	二氢茉莉酮	30.01	1-Octanol	正辛醇
31.25	Limonene	柠檬烯	29.99	Caryophyllene oxide	氧化石竹烯
31.24	α-Guaiene	α-愈疮木烯	29.97	Aristolene	马兜铃烯
31.22	Myrtenal	桃金娘烯醛	29.96	2-Dodecanone	2-十二酮
31.19	α-Bisabolol oxode A	α-红没药醇氧化物 A	29.92	Decanal	正癸醛
31.09	α-Terpinyl acetate	乙酸松油酯	29.91	Camphor	樟脑
31.08	α-Bisabolone oxide	α-红没药酮氧化物	29.89	Decanal	正癸醛
31.04	β-Bisabolene	β-红没药烯	29.88	Aromadendrene	香橙烯
31.01	α-Bisabolol oxide B	α-红没药醇氧化物 B	29.87	Isomenthone	异薄荷酮
30.98	Limonene	柠檬烯	29.87	1-Octanol	正辛醇
30.96	Germacrene B	大根香叶烯 B	29.84	2-Nonanol	2-壬醇
30.95	α-Cadinol	α-杜松醇	29.84	β-Selinene	β-蛇床烯
30.92	cis-Dihydrocarvone	顺式-二氢香芹酮	29.84	Terpinolene	异松油烯
30.86	α-Muurolene	α-木罗烯	29.83	Nonadecane	正十九烷
30.75	Cedrol	柏木脑	29.81	γ-Himachalene	γ-喜马雪松烯
30.67	3-Octanol	3-辛醇	29.80	2-Dodecanone	2-十二酮
30.64	Isopulegol	异胡薄荷醇	29.80	Nonanal	壬醛
30.59	trans-Dihydrocarvone	反式-二氢香芹酮	29.80	Tricyclene	三环烯
30.57	β-Phellandrene	β-水芹烯	29.78	Decanal	正癸醛
30.57	Sabinene	桧烯	29.78	2-Decanol	2-癸醇
30.56	Piperitone	胡椒酮	29.75	2-Octanol	2-辛醇
30.51	Pogostol	广藿香奠醇	29.75	α-Thujone	α-侧柏酮
30.50	β-Patchoulene	β-广藿香烯	29.74	Caryophyllene oxide	氧化石竹烯
30.49	Caryophyllene oxide	氧化石竹烯	29.74	2-Undecanone	2-十一酮
30.47	Germacrene D	大根香叶烯 D	29.68	Citronellyl acetate	乙酸香茅酯
30.43	γ-Himachalene	γ-喜马雪松烯	29.67	2-Dodecanone	2-十二酮
30.41	Menthofuran	薄荷呋喃	29.63	1,8-Cineole	1,8-桉叶素
30.38	α-Bulnesene	α-布藜烯	29.63	2-Decanone	2-癸酮
30.27	2-Decanol	2-癸醇	29.61	Decanal	正癸醛

δ 值	英文名称	中文名称	δ 值	英文名称	中文名称
29.60	Guaia-6,9-diene	6,9-愈疮木二烯	28.87	Pogostol	广藿香奠醇
29.59	10-*epi*-γ-Eudesmol	10-表-γ-桉叶醇	28.86	Patchouli alcohol	广藿香醇
29.58	Nonanal	壬醛	28.83	Aromadendrene	香橙烯
29.57	Citronellol	香茅醇	28.80	Viridiflorol	绿花白千层醇
29.55	Camphene	莰烯	28.77	Elemol	榄香醇
29.55	Viridiflorol	绿花白千层醇	28.77	Lavandulol	薰衣草醇
29.54	2-Undecanone	2-十一酮	28.74	β-Bisabolene	β-红没药烯
29.51	Citronellyl formate	甲酸香茅酯	28.73	α-Bisabolol oxide A	α-红没药醇氧化物 A
29.51	Octanal	辛醛	28.66	Δ³-Carene	3-蒈烯
29.50	β-Caryophyllene	β-石竹烯	28.62	β-Caryophyllene	β-石竹烯
29.48	α-Terpinene	α-松油烯	28.61	Pulegone	胡薄荷酮
29.47	Octanal	辛醛	28.60	Patchouli alcohol	广藿香醇
29.45	2-Undecanone	2-十一酮	28.57	Pogostol	广藿香奠醇
29.43	Aromadendrene	香橙烯	28.52	Aciphyllene	顺式-β-愈疮木烯
29.43	2-Decanone	2-癸酮	28.48	Borneol	龙脑
29.37	2-Decanone	2-癸酮	28.44	Bornyl isovale rate	异戊酸龙脑酯
29.35	2-Dodecanone	2-十二酮	28.34	Limonene	柠檬烯
29.34	2-Nonanone	2-壬酮	28.32	D-*neo*-Menthol	D-新薄荷醇
29.31	2-Octanone	2-辛酮	28.28	1,8-Cineole	1,8-桉叶素
29.29	Hept-5-en-2-one,6-methyl-	6-甲基-5-庚烯-2-酮	28.23	Dill ether	莳萝醚
29.28	2-Nonanone	2-壬酮	28.18	Bornyl acetate	乙酸龙脑酯
29.25	2-Octanone	2-辛酮	28.14	Dihydrojasmone	二氢茉莉酮
29.20	Dihydrocoumarin	二氢香豆素	28.12	Menthone	薄荷酮
29.20	β-Patchoulene	β-广藿香烯	28.11	Patchouli alcohol	广藿香醇
29.18	Cedrol	柏木脑	28.05	Cedrol	柏木脑
29.18	2-Pentanone	2-戊酮	28.02	Seychellene	塞瑟尔烯
29.17	Sabinene	桧烯	28.02	α-Terpinene	α-松油烯
29.16	Guaia-6,9-diene	6,9-愈疮木二烯	27.91	Guaia-6,9-diene	6,9-愈疮木二烯
29.15	Camphene	莰烯	27.90	α-Bisabolone oxide	α-红没药酮氧化物
29.14	2-Undecanone	2-十一酮	27.86	Citronellal	香茅醛
29.12	Methyl anthranilate,*N*-methyl-	*N*-甲基邻氨基苯酸甲酯	27.82	Aromadendrene	香橙烯
29.08	β-Bourbonene	β-波旁烯	27.80	10-*epi*-γ-Eudesmol	10-表-γ-桉叶醇
29.08	2-Decanone	2-癸酮	27.74	α-Bisabolol oxide A	α-红没药醇氧化物 A
29.05	2-Nonanone	2-壬酮	27.72	(*E*)-β-Ocimene	(*E*)-β-罗勒烯
29.03	Viridiflorol	绿花白千层醇	27.69	Germacrene D	大根香叶烯 D
29.02	γ-Himachalene	γ-喜马雪松烯	27.67	Sabinene	桧烯
28.97	Ligustilide	藁本内酯	27.66	Pentylcyclohexa-1,3-diene	1-正戊基-1,3-环己二烯
28.94	Lavandulyl acetate	乙酸薰衣草酯	27.65	Linalool	芳樟醇

δ 值	英文名称	中文名称	δ 值	英文名称	中文名称
27.59	Valencene	巴伦西亚桔烯	26.90	(E,Z)-α-Farnesene	(E,Z)-α-金合欢烯
27.58	α-Terpineol	α-松油醇	26.90	(2E,6E)-Farnesol	(2E,6E)-金合欢醇
27.56	Bornyl isovale rate	异戊酸龙脑酯	26.89	(Z)-β-Ocimene	(Z)-β-罗勒烯
27.48	Aristolene	马兜铃烯	26.88	cis-Linalool oxide	顺式-氧化芳樟醇
27.48	β-Bisabolol oxide B	红没药醇氧化物	26.86	Isomenthone	异薄荷酮
27.48	(E,Z)-α-Farnesene	(E,Z)-α-金合欢烯	26.84	α-Bisabolol oxide A	α-红没药醇氧化物 A
27.48	Thymol	百里香酚	26.83	Geraniol	香叶醇
27.46	Terpinen-4-ol	4-松油醇	26.83	Patchouli alcohol	广藿香醇
27.43	Elemol	榄香醇	26.81	α-Patchoulene	α-广藿香烯
27.42	(E,E)-α-Farnesene	(E,E)-α-金合欢烯	26.80	Pseudoisoeugenyl 2-methylbutyrate	假异丁香酚 2-甲基丁酸酯
27.40	β-Thujone	β-侧柏酮	26.80	trans-Sabinene hydrate	反式-水合桧烯
27.34	β-Pinene	β-蒎烯	26.79	(Z,Z)-α-Farnesene	(Z,Z)-α-金合欢烯
27.33	Caryophyllene oxide	氧化石竹烯	26.78	D-neo-Menthol	D-新薄荷醇
27.32	α-Bisabolone oxide	α-红没药酮氧化物	26.78	Neryl acetate	乙酸橙花酯
27.32	α-Terpineol	α-松油醇	26.77	Seychellene	塞瑟尔烯
27.31	β-Bisabolene	β-红没药烯	26.71	α-Muurolene	α-木罗烯
27.31	α-Humulene	α-蛇麻烯	26.70	Senkyunolide	洋川芎内酯
27.30	α-Bisabolol oxide B	α-红没药醇氧化物 B	26.69	Seychellene	塞瑟尔烯
27.30	β-Bourbonene	β-波旁烯	26.65	trans-Dihydrocarvone	反式-二氢香芹酮
27.25	Bornyl acetate	乙酸龙脑酯	26.65	α-Pinene	α-蒎烯
27.22	Menthyl acetate	乙酸薄荷酯	26.65	Thymol methylether	百里香酚甲醚
27.20	Elemol	榄香醇	26.62	(Z,E)-α-Farnesene	(Z,E)-α-金合欢烯
27.20	Myrcene	月桂烯	26.59	Nardosinone	甘松新酮
27.19	α-Bisabolol	α-红没药醇	26.56	α-Terpinyl acetate	乙酸松油酯
27.16	δ-Cadinene	δ-杜松烯	26.55	Geranyl formate	甲酸香叶酯
27.16	β-Elemene	β-榄香烯	26.53	(Z,Z)-α-Farnesene	(Z,Z)-α-金合欢烯
27.15	Neral (Citral b)	橙花醛	26.52	Verbenone	马鞭草烯酮
27.13	β-Selinene	β-蛇床烯	26.50	3-n-Butylphthalide	3-正丁基苯酞
27.11	Camphor	樟脑	26.50	Geranyl acetate	乙酸香叶酯
27.05	(Z)-β-Farnesene	(Z)-β-金合欢烯	26.50	trans-Linalool oxide	反式-氧化芳樟醇
27.02	δ-Cadinene	δ-杜松烯	26.48	Perillaldehyde	紫苏醛
27.02	(E)-β-Farnesene	(E)-β-金合欢烯	26.47	γ-Himachalene	γ-喜马雪松烯
27.00	Nerol	橙花醇	26.46	α-Curcumene	α-姜黄烯
26.97	(Z,E)-α-Farnesene	(Z,E)-α-金合欢烯	26.46	L-Menthol	L-薄荷脑
26.97	Terpinolene	异松油烯	26.43	Isomenthone	异薄荷酮
26.96	(E,E)-α-Farnesene	(E,E)-α-金合欢烯	26.40	1-Octanol	正辛醇
26.92	(E)-β-Farnesene	(E)-β-金合欢烯	26.39	Zingiberene	姜烯
26.91	Pentylcyclohexa-1,3-diene	1-正戊基-1,3-环己二烯	26.38	β-Pinene	β-蒎烯

续表

δ 值	英文名称	中文名称	δ 值	英文名称	中文名称
26.35	α-Bisabolol oxide B	α-红没药醇氧化物 B	25.80	Lavandulol	薰衣草醇
26.35	Pogostol	广藿香萜醇	25.79	Citronellyl acetate	乙酸香茅酯
26.32	2-Nonanol	2-壬醇	25.78	Bicyclogermacrene	二环大根香叶烯
26.30	cis-Linalool oxide	顺式-氧化芳樟醇	25.77	Myrtenal	桃金娘烯醛
26.30	trans-Linalool oxide	反式-氧化芳樟醇	25.76	Citronellol	香茅醇
26.29	2-Decanol	2-癸醇	25.76	Lavandulyl acetate	乙酸薰衣草酯
26.29	Menthone	薄荷酮	25.75	Citronellyl acetate	乙酸香茅酯
26.29	α-Terpineol	α-松油醇	25.74	α-Thujone	α-侧柏酮
26.26	α-Patchoulene	α-广藿香烯	25.73	Geranyl formate	甲酸香叶酯
26.22	Valencene	巴伦西亚桔烯	25.73	Nardosinone	甘松新酮
26.20	α-Phellandrene	α-水芹烯	25.72	Citronellyl formate	甲酸香茅酯
26.20	Santene	檀烯	25.71	Neryl acetate	乙酸橙花酯
26.16	Acetophenone	苯乙酮	25.71	Phenylethyl isovalerate	异戊酸苯乙酯
26.16	Borneol	龙脑	25.70	α-Bisabolol	α-红没药醇
26.16	trans-Linalool oxide	反式-氧化芳樟醇	25.70	Hept-5-en-2-one,6-methyl-	6-甲基-5-庚烯-2-酮
26.12	2-Octanol	2-辛醇	25.70	(E)-β-Ocimene	(E)-β-罗勒烯
26.10	Myrtenyl acetate	乙酸桃金娘烯酯	25.70	α-Terpinene	α-松油烯
26.03	β-Phellandrene	β-水芹烯	25.67	α-Curcumene	α-姜黄烯
26.01	3-Octanol	3-辛醇	25.66	Citronellal	香茅醛
26.00	α-Cadinol	α-杜松醇	25.66	Myrcene	月桂烯
26.00	10-epi-γ-Eudesmol	10-表-γ-桉叶醇	25.66	(Z)-β-Ocimene	(Z)-β-罗勒烯
26.00	Viridiflorol	绿花白千层醇	25.63	Geraniol	香叶醇
25.97	Bornyl isovale rate	异戊酸龙脑酯	25.62	Cedrol	柏木脑
25.97	2-Heptanol	2-庚醇	25.61	Citronellol	香茅醇
25.94	Camphene	莰烯	25.60	(Z,Z)-α-Farnesene	(Z,Z)-α-金合欢烯
25.92	α-Bisabolol oxide A	α-红没药醇氧化物 A	25.60	(2E,6E)-Farnesol	(2E,6E)-金合欢醇
25.92	Geranial (Citral a)	香叶醛	25.60	Nerol	橙花醇
25.90	Aristolene	马兜铃烯	25.59	Linalool	芳樟醇
25.89	Piperitone	胡椒酮	25.58	(Z,E)-α-Farnesene	(Z,E)-α-金合欢烯
25.88	Zingiberene	姜烯	25.57	(E,E)-α-Farnesene	(E,E)-α-金合欢烯
25.87	α-Muurolene	α-木罗烯	25.56	(E)-β-Farnesene	(E)-β-金合欢烯
25.86	trans-α-Bergamotene	反式-α-香柠檬烯	25.56	γ-Himachalene	γ-喜马雪松烯
25.86	trans-Sabinene hydrate	反式-水合桧烯	25.56	Linalyl acetate	乙酸芳樟酯
25.85	β-Bisabolene	β-红没药烯	25.54	Geranial (Citral a)	香叶醛
25.85	cis-Linalool oxide	顺式-氧化芳樟醇	25.54	Neral (Citral b)	橙花醛
25.84	(Z)-β-Farnesene	(Z)-β-金合欢烯	25.51	1-Octen-3-ol	蘑菇醇(1-辛烯-3-醇)
25.81	Citronellyl formate	甲酸香茅酯	25.47	Nardosinone	甘松新酮
25.81	(E,Z)-α-Farnesene	(E,Z)-α-金合欢烯	25.43	Geranyl acetate	乙酸香叶酯

δ 值	英文名称	中文名称	δ 值	英文名称	中文名称
25.41	α-Muurolene	α-木罗烯	24.05	2-Octanone	2-辛酮
25.40	(2E,6E)-Farnesol	(2E,6E)-金合欢醇	24.00	γ-Himachalene	γ-喜马雪松烯
25.32	10-epi-γ-Eudesmol	10-表-γ-桉叶醇	23.99	Chamazulene	母菊薁
25.27	cis-Linalool oxide	顺式-氧化芳樟醇	23.98	2-Decanone	2-癸酮
25.23	Δ³-Carene	3-蒈烯	23.98	2-Undecanone	2-十一酮
25.19	trans-Linalool oxide	反式-氧化芳樟醇	23.97	β-Pinene	β-蒎烯
25.15	Fenchone	葑酮	23.95	2-Nonanone	2-壬酮
25.14	Elemol	榄香醇	23.93	Piperitone	胡椒酮
25.13	Aromadendrene	香橙烯	23.89	α-Muurolene	α-木罗烯
25.11	Germacrene B	大根香叶烯 B	23.88	Bicyclogermacrene	二环大根香叶烯
25.07	β-Elemene	β-榄香烯	23.88	β-Pinene	β-蒎烯
25.04	Seychellene	塞瑟尔烯	23.84	Carvacrol	香芹酚
24.88	Zingiberene	姜烯	23.82	β-Selinene	β-蛇床烯
24.85	Guaia-6,9-diene	6,9-愈疮木二烯	23.81	α-Bisabolol oxide A	α-红没药醇氧化物 A
24.83	β-Thujone	β-侧柏酮	23.81	1,8-Cineole	1,8-桉叶素
24.81	Valeranone	缬草烷酮	23.80	3-Octanone	3-辛酮
24.70	Guaiazulene	愈疮木薁	23.78	Guaiazulene	愈疮木薁
24.64	γ-Himachalene	γ-喜马雪松烯	23.77	Δ³-Carene	3-蒈烯
24.64	Valeranone	缬草烷酮	23.75	Dihydrocoumarin	二氢香豆素
24.63	Neral (Citralb)	橙花醛	23.70	Linalyl acetate	乙酸芳樟酯
24.57	Patchouli alcohol	广藿香醇	23.69	Dill ether	莳萝醚
24.49	cis-Spiroether	顺式-螺醚	23.67	β-Bisabolene	β-红没药烯
24.49	trans-Spiroether	反式-螺醚	23.67	δ-Cadinene	δ-杜松烯
24.46	Menthyl acetate	乙酸薄荷酯	23.62	α-Humulene	α-蛇麻烯
24.41	Germacrene B	大根香叶烯 B	23.58	α-Bisabolol	α-红没药醇
24.40	α-Bisabolol oxide B	α-红没药醇氧化物 B	23.56	Limonene	柠檬烯
24.32	Patchouli alcohol	广藿香醇	23.56	Neryl acetate	乙酸橙花酯
24.31	α-Terpineol	α-松油醇	23.55	(Z)-β-Farnesene	(Z)-β-金合欢烯
24.29	Patchouli alcohol	广藿香醇	23.54	2-Decanol	2-癸醇
24.28	trans-α-Bergamotene	反式-α-香柠檬烯	23.54	2-Nonanol	2-壬醇
23.24	α-Terpinyl acetate	乙酸松油酯	23.54	2-Octanol	2-辛醇
24.24	para-Cymene	对异丙基甲苯	23.51	α-Terpineol	α-松油醇
24.20	Dill ether	莳萝醚	23.50	β-Patchoulene	β-广藿香烯
24.18	1,4-Dimethylazulene	1,4-二甲基薁	23.48	2-Heptanol	2-庚醇
24.15	2-Dodecanone	2-十二酮	23.47	(E,Z)-α-Farnesene	(E,Z)-α-金合欢烯
24.12	L-Menthol	L-薄荷脑	23.43	2-Pentanol	2-戊醇
24.11	Camphene	莰烯	23.42	Fenchone	葑酮
24.07	α-Terpinyl acetate	乙酸松油酯	23.42	Pentylcyclohexa-1,3-diene	1-正戊基-1,3-环己二烯

δ 值	英文名称	中文名称	δ 值	英文名称	中文名称
23.41	α-Bisabolol	α-红没药醇	22.91	2-Octanol	2-辛醇
23.39	α-Bisabolol oxide A	α-红没药醇氧化物 A	22.90	Pentylcyclohexa-1,3-diene	1-正戊基-1,3-环己二烯
23.38	α-Bisabolol oxide B	α-红没药醇氧化物 B	22.88	2-Octanone	2-辛酮
23.37	Nerol	橙花醇	22.88	Pentylbenzene	正戊苯
23.35	Terpinen-4-ol	4-松油醇	22.88	Pulegone	胡薄荷酮
23.31	α-Cadinol	α-杜松醇	22.84	2-Undecanone	2-十一酮
23.30	α-Bisabolone oxide	α-红没药酮氧化物	22.81	3-Octanone	3-辛酮
23.28	(Z,Z)-α-Farnesene	(Z,Z)-α-金合欢烯	22.81	Viridiflorol	绿花白千层醇
23.27	Thymol	百里香酚	22.77	Hept-5-en-2-one,6-methyl-	6-甲基-5-庚烯-2-酮
23.26	Verbenone	马鞭草烯酮	22.76	Elemol	榄香醇
23.24	α-Bisabolol	α-红没药醇	22.75	2-Decanone	2-癸酮
23.24	Nardosinone	甘松新酮	22.74	2-Butanol	2-丁醇
23.24	Piperitone	胡椒酮	22.72	β-Caryophyllene	β-石竹烯
23.24	α-Terpinyl acetate	乙酸松油酯	22.72	2-Nonanone	2-壬酮
23.23	3-Octanol	3-辛醇	22.70	Menthyl acetate	乙酸薄荷酯
23.22	Ligustilide	藁本内酯	22.69	α-Cadinol	α-杜松醇
23.13	trans-α-Bergamotene	反式-α-香柠檬烯	22.69	Thymol methylether	百里香酚甲醚
23.11	Nonadecane	正十九烷	22.65	Terpinolene	异松油烯
23.10	α-Pinene	α-蒎烯	22.62	Bornyl isovale rate	异戊酸龙脑酯
23.09	Decanal	正癸醛	22.61	Dihydrojasmone	二氢茉莉酮
23.08	1-Octanol	1-辛醇	22.60	Senkyunolide	洋川芎内酯
23.07	Bicyclogermacrene	二环大根香叶烯	22.55	α-Curcumene	α-姜黄烯
23.07	2-Dodecanone	2-十二酮	22.51	Linalool	芳樟醇
23.07	Dihydrojasmone	二氢茉莉酮	22.48	10-epi-γ-Eudesmol	10-表-γ-桉叶醇
23.05	2-Heptanol	2-庚醇	22.43	Decanal	正癸醛
23.05	2-Nonanol	2-壬醇	22.42	Nonanal	壬醛
23.04	Nonanal	壬醛	22.42	Isopulegol	异胡薄荷醇
23.03	2-Decanol	2-癸醇	22.41	α-Bisabolol	α-红没药醇
23.01	Aristolene	马兜铃烯	22.39	Octanal	辛醛
23.01	1-Octen-3-ol	蘑菇醇(1-辛烯-3-醇)	22.39	Phenylethyl isovalerate	异戊酸苯乙酯
23.01	α-Terpinene	α-松油烯	22.37	Menthone	薄荷酮
23.00	α-Copaene	α-玷𤭝烯	22.30	Senkyunolide	洋川芎内酯
23.00	Tricyclene	三环烯	22.20	α-Bulnesene	α-布藜烯
22.98	α-Terpinyl acetate	乙酸松油酯	22.07	Verbenone	马鞭草烯酮
22.95	Linalool	芳樟醇	22.04	α-Bisabolol oxide B	α-红没药醇氧化物 B
22.95	L-Menthol	L-薄荷脑	22.01	Menthofuran	薄荷呋喃
22.95	Octanal	辛醛	22.01	Nardosinone	甘松新酮
22.92	α-Terpinene	α-松油烯	22.01	β-Pinene	β-蒎烯

δ 值	英文名称	中文名称	δ 值	英文名称	中文名称
22.00	3-*n*-Butylphthalide	3-正丁基苯酞	21.04	β-Selinene	β-蛇床烯
21.99	α-Cadinol	α-杜松醇	21.03	β-Elemene	β-榄香烯
21.94	Pulegone	胡薄荷酮	21.00	Aristolene	马兜铃烯
21.93	α-Copaene	α-珂珆烯	21.00	Thymol methylether	百里香酚甲醚
21.89	α-Bisabolone oxide	α-红没药酮氧化物	20.99	Isomenthone	异薄荷酮
21.89	δ-Cadinene	δ-杜松烯	20.94	Isomenthone	异薄荷酮
21.84	Germacrene D	大根香叶烯 D	20.94	Myrtenal	桃金娘烯醛
21.83	β-Bourbonene	β-波旁烯	20.92	*para*-Cymene	对异丙基甲苯
21.81	D-*neo*-Menthol	D-新薄荷醇	20.92	Valencene	巴伦西亚桔烯
21.81	α-Terpinyl acetate	乙酸松油酯	20.89	α-Curcumene	α-姜黄烯
21.81	Valeranone	缬草烷酮	20.88	α-Bulnesene	α-布藜烯
21.79	Pulegone	胡薄荷酮	20.83	Carvone	香芹酮
21.77	L-Menthol	L-薄荷脑	20.82	Limonene	柠檬烯
21.72	α-Muurolene	α-木罗烯	20.80	Senkyunolide	洋川芎内酯
21.72	α-Thujene	α-侧柏烯	20.79	D-*neo*-Menthol	D-新薄荷醇
21.69	Fenchone	葑酮	20.78	Seychellene	塞瑟尔烯
21.66	Perillaldehyde	紫苏醛	20.76	α-Cadinol	α-杜松醇
21.61	δ-Cadinene	δ-杜松烯	20.65	Menthofuran	薄荷呋喃
21.61	*trans*-Dihydrocarvone	反式-二氢香芹酮	20.63	Piperitone	胡椒酮
21.58	Caryophyllene oxide	氧化石竹烯	20.62	Patchouli alcohol	广藿香醇
21.56	β-Bourbonene	β-波旁烯	20.60	D-*neo*-Menthol	D-新薄荷醇
21.52	α-Cadinol	α-杜松醇	20.57	Bornyl acetate	乙酸龙脑酯
21.51	β-Bourbonene	β-波旁烯	20.51	Citronellyl acetate	乙酸香茅酯
21.51	1,4-Cineole	1,4-桉叶素	20.48	Germacrene B	大根香叶烯 B
21.46	α-Terpinene	α-松油烯	20.46	Lavandulyl acetate	乙酸薰衣草酯
21.42	α-Terpinene	α-松油烯	20.46	Perillaldehyde	紫苏醛
21.41	Guaia-6,9-diene	6,9-愈疮木二烯	20.45	Cinnamyl acetate	乙酸肉桂酯
21.38	Guaia-6,9-diene	6,9-愈疮木二烯	20.45	Methyl-*p*-cresol	对甲酚甲醚
21.36	Menthyl acetate	乙酸薄荷酯	20.42	Germacrene D	大根香叶烯 D
21.31	α-Patchoulene	α-广藿香烯	20.42	α-Guaiene	α-愈疮木烯
21.30	Zingiberene	姜烯	20.34	Myrtenyl acetate	乙酸桃金娘烯酯
21.25	Thymol	百里香酚	20.32	*cis*-Dihydrocarvone	顺式-二氢香芹酮
21.19	Δ³-Carene	3-蒈烯	20.32	*trans*-Sabinene hydrate	反式-水合桧烯
21.14	Menthone	薄荷酮	20.31	Menthyl acetate	乙酸薄荷酯
21.14	α-Phellandrene	α-水芹烯	20.31	Neryl acetate	乙酸橙花酯
21.11	α-Patchoulene	α-广藿香烯	20.30	Linalyl acetate	乙酸芳樟酯
21.06	Germacrene B	大根香叶烯 B	20.29	Geranyl acetate	乙酸香叶酯
21.05	α-Pinene	α-蒎烯	20.23	Aciphyllene	顺式-β-愈疮木烯

续表

δ 值	英文名称	中文名称	δ 值	英文名称	中文名称
20.20	Eugenyl acetate	乙酸丁香酯	19.51	Camphor	樟脑
20.16	*trans*-Sabinene hydrate	反式-水合桧烯	19.50	Tricyclene	三环烯
20.14	α-Thujene	α-侧柏烯	19.48	β-Thujone	β-侧柏酮
20.12	Benzyl acetate	乙酸苄酯	19.42	Citronellyl acetate	乙酸香茅酯
20.12	Borneol	龙脑	19.33	2-Pentanol	2-戊醇
20.10	Tricyclene	三环烯	19.30	α-Copaene	α-玷𡕢烯
20.09	Aromadendrene	香橙烯	19.26	Citronellyl formate	甲酸香茅酯
20.07	α-Terpinyl acetate	乙酸松油酯	19.20	β-Patchoulene	β-广藿香烯
20.05	α-Phellandrene	α-水芹烯	19.15	Viridiflorol	绿花白千层醇
20.05	Terpinolene	异松油烯	19.13	Δ³-Carene	3-蒈烯
20.02	Pogostol	广藿香薁醇	19.12	Bornyl isovale rate	异戊酸龙脑酯
20.00	α-Copaene	α-玷𡕢烯	19.04	D-*neo*-Menthol	D-新薄荷醇
19.98	α-Phellandrene	α-水芹烯	18.98	Phenylethyl isobutyrate	异丁酸苯乙酯
19.96	α-Thujone	α-侧柏酮	18.96	Ligustilide	藁本内酯
19.94	Lavandulol	薰衣草醇	18.94	Camphor	樟脑
19.92	Bornyl isovale rate	异戊酸龙脑酯	18.90	10-*epi*-γ-Eudesmol	10-表-γ-桉叶醇
19.92	α-Thujene	α-侧柏烯	18.90	β-Patchoulene	β-广藿香烯
19.91	Lavandulyl acetate	乙酸薰衣草酯	18.88	Menthone	薄荷酮
19.85	(Z)-β-Ocimene	(Z)-β-罗勒烯	18.82	α-Thujone	α-侧柏酮
19.83	Aristolene	马兜铃烯	18.81	Seychellene	塞瑟尔烯
19.83	Valeranone	缬草烷酮	18.70	Pseudoisoeugenyl 2-methylbutyrate	假异丁香酚 2-甲基丁酸酯
19.82	Citronellal	香茅醛	18.65	α-Guaiene	α-愈疮木烯
19.78	α-Guaiene	α-愈疮木烯	18.63	Borneol	龙脑
19.76	Isomenthone	异薄荷酮	18.63	Bornyl acetate	乙酸龙脑酯
19.76	β-Phellandrene	β-水芹烯	18.57	δ-Cadinene	δ-杜松烯
19.73	Isopulegol	异胡薄荷醇	18.56	Ethanol	乙醇
19.72	α-Copaene	α-玷𡕢烯	18.56	Patchouli alcohol	广藿香醇
19.71	(Z,Z)-α-Farnesene	(Z,Z)-α-金合欢烯	18.54	Aristolene	马兜铃烯
19.70	(Z,E)-α-Farnesene	(Z,E)-α-金合欢烯	18.52	Piperitone	胡椒酮
19.68	α-Thujone	α-侧柏酮	18.50	Viridiflorol	绿花白千层醇
19.68	β-Thujone	β-侧柏酮	18.48	Valencene	巴伦西亚桔烯
19.66	Valeranone	缬草烷酮	18.44	Germacrene B	大根香叶烯 B
19.64	Terpinolene	异松油烯	18.33	1,4-Cineole	1,4-桉叶素
19.60	Sabinene	桧烯	18.22	*trans*-Anethole	反式-茴香脑
19.59	Bornyl acetate	乙酸龙脑酯	18.11	*trans*-Isoeugenol	反式-异丁香酚
19.57	β-Phellandrene	β-水芹烯	18.08	*trans*-Methylisoeugenol	反式-异丁香酚甲醚
19.54	Citronellol	香茅醇	17.99	α-Thujone	α-侧柏酮
19.53	10-*epi*-γ-Eudesmol	10-表-γ-桉叶醇	17.98	α-Humulene	α-蛇麻烯

δ值	英文名称	中文名称	δ值	英文名称	中文名称
17.97	*trans*-Isomyristicin	反式-异肉豆蔻醚	17.34	Linalyl acetate	乙酸芳樟酯
17.97	*trans*-Isosafrole	反式-异黄樟素	17.33	Δ³-Carene	3-蒈烯
17.81	Lavandulol	薰衣草醇	17.32	2-Pentanone	2-戊酮
17.75	Lavandulyl acetate	乙酸薰衣草酯	17.19	Citronellal	香茅醛
17.74	Zingiberene	姜烯	17.17	*β*-Bisabolene	*β*-红没药烯
17.70	*trans*-*α*-Bergamotene	反式-*α*-香柠檬烯	17.17	Menthyl acetate	乙酸薄荷酯
17.69	Dill ether	莳萝醚	17.16	Geranial（Citral a）	香叶醛
17.69	(*E*)-*β*-Ocimene	(*E*)-*β*-罗勒烯	17.08	Caryophyllene oxide	氧化石竹烯
17.66	(*Z*)-*β*-Farnesene	(*Z*)-*β*-金合欢烯	16.98	Terpinen-4-ol	4-松油醇
17.66	(*Z*)-*β*-Ocimene	(*Z*)-*β*-罗勒烯	16.93	Δ³-Carene	3-蒈烯
17.64	Citronellyl formate	甲酸香茅酯	16.92	L-Menthol	L-薄荷脑
17.64	(*E,Z*)-*α*-Farnesene	(*E,Z*)-*α*-金合欢烯	16.88	Valeranone	缬草烷酮
17.64	Neryl acetate	乙酸橙花酯	16.85	Germacrene D	大根香叶烯 D
17.63	Citronellyl acetate	乙酸香茅酯	16.80	Pseudoisoeugenyl 2-methyl- butyrate	假异丁香酚 2-甲基丁酸酯
17.62	*trans*-*α*-Bergamotene	反式-*α*-香柠檬烯	16.79	*β*-Elemene	*β*-榄香烯
17.62	Bicyclogermacrene	二环大根香叶烯	16.77	Zingiberene	姜烯
17.62	Geranyl formate	甲酸香叶酯	16.75	Elemol	榄香醇
17.62	Myrcene	月桂烯	16.62	Dihydrojasmone	二氢茉莉酮
17.57	*α*-Bisabolol	*α*-红没药醇	16.53	Aristolene	马兜铃烯
17.56	Geraniol	香叶醇	16.53	Viridiflorol	绿花白千层醇
17.54	2-Butanone	2-丁酮	16.49	*β*-Selinene	*β*-蛇床烯
17.54	*α*-Curcumene	*α*-姜黄烯	16.36	*β*-Caryophyllene	*β*-石竹烯
17.54	Hept-5-en-2-one,6-methyl-	6-甲基-5-庚烯-2-酮	16.31	Pogostol	广藿香薁醇
17.53	Bicyclogermacrene	二环大根香叶烯	16.31	Viridiflorol	绿花白千层醇
17.53	Geranial（Citral a）	香叶醛	16.30	Tricyclene	三环烯
17.53	Neral（Citral b）	橙花醛	16.22	*α*-Thujene	*α*-侧柏烯
17.53	Citronellal	香茅醛	16.20	Geranyl formate	甲酸香叶酯
17.51	(*Z,E*)-*α*-Farnesene	(*Z,E*)-*α*-金合欢烯	16.18	Carvone	香芹酮
17.51	Linalool	芳樟醇	16.16	Aristolene	马兜铃烯
17.50	(*E*)-*β*-Farnesene	(*E*)-*β*-金合欢烯	16.10	Geraniol	香叶醇
17.50	(*E,E*)-*α*-Farnesene	(*E,E*)-*α*-金合欢烯	16.05	Geranyl acetate	乙酸香叶酯
17.50	Nerol	橙花醇	16.03	Sabinene	桧烯
17.47	Chamazulene	母菊薁	16.01	Guaia-6,9-diene	6,9-愈疮木二烯
17.47	(*Z,Z*)-*α*-Farnesene	(*Z,Z*)-*α*-金合欢烯	15.94	(*E,E*)-*α*-Farnesene	(*E,E*)-*α*-金合欢烯
17.41	Aromadendrene	香橙烯	15.94	(*Z,E*)-*α*-Farnesene	(*Z,E*)-*α*-金合欢烯
17.40	(2*E*,6*E*)-Farnesol	(2*E*,6*E*)-金合欢醇	15.90	*δ*-Cadinene	*δ*-杜松烯
17.37	Geranyl acetate	乙酸香叶酯	15.90	(2*E*,6*E*)-Farnesol	(2*E*,6*E*)-金合欢醇
17.34	Citronellol	香茅醇	15.89	Aromadendrene	香橙烯

续表

δ值	英文名称	中文名称	δ值	英文名称	中文名称
15.89	(E)-β-Farnesene	(E)-β-金合欢烯	13.99	2-Undecanone	2-十一酮
15.87	α-Patchoulene	α-广藿香烯	13.90	Dihydrojasmone	二氢茉莉酮
15.82	Valencene	巴伦西亚桔烯	13.87	2-Decanone	2-癸酮
15.76	Cedrol	柏木脑	13.84	2-Nonanone	2-壬酮
15.71	Nardosinone	甘松新酮	13.80	Senkyunolide	洋川芎内酯
15.49	α-Muurolene	α-木罗烯	13.72	Bornyl isovale rate	异戊酸龙脑酯
15.48	trans-Dihydrocarvone	反式-二氢香芹酮	13.70	(2E,6E)-Farnesol	(2E,6E)-金合欢醇
15.38	α-Bulnesene	α-布藜烯	13.49	2-Pentanone	2-戊酮
15.33	Aristolene	马兜铃烯	13.41	Bornyl acetate	乙酸龙脑酯
15.27	Carvacrol	香芹酚	13.40	3-n-Butylphthalide	3-正丁基苯酞
15.15	α-Cadinol	α-杜松醇	13.38	Δ³-Carene	3-蒈烯
15.12	α-Humulene	α-蛇麻烯	13.35	Borneol	龙脑
15.10	β-Patchoulene	β-广藿香烯	12.99	Chamazulene	母菊薁
14.72	Fenchone	葑酮	12.94	Aciphyllene	顺式-β-愈疮木烯
14.66	cis-Dihydrocarvone	顺式-二氢香芹酮	12.90	Guaiazulene	愈疮木薁
14.55	cis-Anethole	顺式-茴香脑	12.88	trans-Sabinene hydrate	反式-水合桧烯
14.55	β-Thujone	β-侧柏酮	12.69	1,4-Dimethylazulene	1,4-二甲基薁
14.52	Ligustilide	藁本内酯	12.49	β-Thujone	β-侧柏酮
14.41	cis-Isoeugenol	顺式-异丁香酚	11.74	(E,Z)-α-Farnesene	(E,Z)-α-金合欢烯
14.35	Nonadecane	正十九烷	11.70	Santene	檀烯
14.26	Decanal	正癸醛	11.67	(E)-β-Ocimene	(E)-β-罗勒烯
14.24	2-Dodecanone	2-十二酮	11.60	Pseudoisoeugenyl 2-methylbutyrate	假异丁香酚 2-甲基丁酸酯
14.24	1-Octen-3-ol	蘑菇醇(1-辛烯-3-醇)	11.56	(E,E)-α-Farnesene	(E,E)-α-金合欢烯
14.24	2-Pentanol	2-戊醇	10.27	3-Octanol	3-辛醇
14.23	Nonanal	壬醛	10.09	2-Butanol	2-丁醇
14.21	2-Decanol	2-癸醇	9.29	Camphor	樟脑
14.21	2-Nonanol	2-壬醇	8.55	Menthofuran	薄荷呋喃
14.21	1-Octanol	正辛醇	7.93	3-Octanone	3-辛酮
14.21	3-Octanol	3-辛醇	7.64	3-Pentanone	3-戊酮
14.20	Pentylbenzene	正戊苯	4.74	trans-Spiroether	反式-螺醚
14.15	2-Heptanol	2-庚醇	4.64	cis-Spiroether	顺式-螺醚
14.15	Pentylcyclohexa-1,3-diene	1-正戊基-1,3-环己二烯			
14.14	Aciphyllene	顺式-β-愈疮木烯			
14.13	Octanal	辛醛			
14.13	1-Octanol	正辛醇			
14.13	2-Octanol	2-辛醇			
14.11	2-Octanone	2-辛酮			
14.09	3-Octanone	3-辛酮			

附录 B 参 考 文 献

Arctander, S. *Perfume and Flavor Materials of Natural Origin*, Elizabeth, New Jersey (1960).

Bohlmann, F., Zeisberg, R., and Klein, E. ^{13}C-NMR-Spektren von Monoterpenen, *Org. Magn. Resonance*, 7, 426-432 (1975).

Breitmaier, E. and Voelter, W. ^{13}*C-NMR Spectroscopy, Methods and Applications*, Verlag Chemie, Weinheim (1987).

Bremser, W., Ernst, L., Franke, B., Gerhards, R. and Hardt, A. *Carbon-13 Spectral Data*, Verlag Chemie, Weinheim, Deerfield Beach, Florida, Basel (1981).

Brunke, E.J., Hammerschmidt, F.J., Koester, F.H. and Mair, P. Constituents of Dill (*Anethum graveolens* L.) with Sensory Importance, *J. Ess, Oil Res.*, 3, 257-267 (1991).

Connolly, J. D. and Hill, R. A. *Dictionary of Terpenoids* (Vol. 1-3), Chapman & Hall, London, New York, Tokyo, Melbourne, Madras (1991).

Fischer, F. C. and Gijbels, M. J. M. *cis-* and *trans-*Neocnidilide; ^{1}H- and ^{13}C-NMR Data of Some Phthalides, *Planta medica* 77- 80 (1987).

Flaskamp, E., Nonnenmacher, G., Zimmermann, G. and Isaac, O. On the Stereochemistry of the Bisaboloids from *Matricaria chamomilla* L., *Z .Naturforsch.*, 36b, 1023- 1030 (1981).

Formáček, V. *Einsatzmöglichkeiten der ^{13}C-NMR-Spektroskopie bei der direkten Analyse ätherischer Öle*, Thesis, Würzburg (1979).

Formáček, V., Desnoyer, L., Kellerhals, H. P., Keller, T. and Clerc, J. T. ^{13}*C Data Bank, Vol. 1*, Bruker Physik, Karlsruhe (1976).

Gaydou, E. M., Faure, R., Bianchini, J.P., Lamaty, G., Rakotonirainy, O. and Randriamiharisoa, R. Sesquiterpene Composition of Basil Oil. Assignment of the ^{1}H and ^{13}C NMR Spectra of β-Elemene with Two-Dimensional NMR, *J. Agric. Food Chem.*, 37, 1032- 1037 (1989).

Gildemeister, E. and Hoffmann, F. *Die ätherischen Öle*, 4th Edn, Akademie Verlag, Berlin (1965- 1968).

Herz, W. and Watanabe, K. Sesquiterpene alcohols and triterpenoids from *Liatris microcephala, Phytochem.*, 22, 1457- 1459 (1983).

Joulain, D. and König, W. A. *The Atlas of Spectral Data of Sesquiterpene Hydrocarbons,* E. B.-Verlag, Hamburg (1998).

Kalinowski, H.O., Berger, S. and Braun, S. ^{13}*C-NMR-Spektroskopie*, G. Thieme Verlag, Stuttgart, New York (1984).

Lawrence, B. M. *Essential Oils (Vol. 1- 5)*, Allured Publishing Corp., Carol Stream, Ⅱ (1976- 1994).

Lawrence, B. M. *Progress in Essential Oils*, Perfumer & Flavorist, Allured Publishing Corp., Carol Stream, IL (1994- 2000).